Textil-
Hilfsmittel-Tabellen

(insbesondere Schaum-, Netz-, Wasch-, Reinigungs-, Dispergier- usw.-Mittel)

von

Dr. J. Hetzer
Ludwigshafen a. Rh.

Zweite
erweiterte Auflage

Berlin
Verlag von Julius Springer
1938

ISBN-13: 978-3-642-98574-4 e-ISBN-13: 978-3-642-99389-3
DOI: 10.1007/978-3-642-99389-3

Vorwort zur ersten Auflage.

Die chemisch-technische Literatur besitzt eine ganze Anzahl bekannter Werke, die sich mit der Herstellung und der Veredelung von Textilien sowie mit den maschinellen und stofflichen Hilfsmitteln der Textilindustrie, insbesondere auch mit der Herstellung von Seifen, Türkischrotölen usw. befassen. In einigen dieser, teils sehr umfangreichen Bücher finden sich auch Zusammenstellungen über das Gebiet der chemischen Textilhilfsmittel. Das Spezialgebiet der Textilhilfsmittel, insbesondere das der Schaum-, Netz-, Wasch-, Reinigungs-, Dispergier- usw. Mittel, erfreute sich aber gerade in den letzten 10 Jahren einer äußerst regen Bearbeitung und zunehmender Wichtigkeit, so daß vieles, insbesondere Neues der letzten Jahre nur zerstreut in der einschlägigen Literatur zu finden ist. Von verschiedenster Seite ist daher der Wunsch nach einer umfassenden Behandlung des Stoffes unter Berücksichtigung des derzeitigen Standes der Technik laut geworden. Da, wie es scheint, mit den allerneuesten Produkten, den „hochbeständigen Ölen“ und den „Alkoholsulfonaten“ das Gebiet wenigstens zu einem gewissen Abschluß gelangt ist, bin ich gerne der Aufforderung des Verlages gefolgt, die hier in Rede stehenden Produkte in Form von Textilhilfsmitteltabellen zu besprechen und habe die Form der Tabellen um so lieber gewählt, als die Monographie mit Rücksicht auf die wirtschaftlichen Verhältnisse bezüglich des Preises und damit des Umfanges auf das äußerste beschränkt sein sollte, und weil die Tabellenform mit ihrer kurzen, stich- und schlagwortartigen Ausdrucksweise dieses Ziel der Raumersparnis am ehesten zu erreichen versprach.

So habe ich etwa 900 Produkte im folgenden zusammengestellt und besprochen, die in der Literatur erwähnt werden bzw. von deutschen Firmen unter Phantasienamen in Deutschland auf dem Markte sind oder waren, und für die mir die betreffenden Herstellerfirmen durch Überlassung von Prospekt- und Probematerial hinreichend Unterstützung gewährten.

Die Angaben über die einzelnen Produkte sind insbesondere für die Verbraucher der Textilhilfsmittel bestimmt, denen sie die oft nicht leichte Auswahl des Richtigen aus der Fülle des Gebotenen erleichtern sollen; ihrer werden sich Kaufleute, insbesondere mit dem Einkauf Betraute, Meister, Ingenieure und Chemiker in Textilfabriken, Färbereien, Wäschereien und chemischen Reinigungsanstalten — hoffe ich — mit Erfolg bedienen. Es sind aus den Angaben für vorgenannte Interessenten ersichtlich: die Namen der Hersteller, die Eigenschaften, das Äußere, die Reaktion der Produkte, die Löslichkeits- und Beständigkeitsverhältnisse, besondere Vorzüge, Verwendungsmöglichkeiten, Arbeitsweisen und Arbeitsbedingungen,

Anwendungsmengen, bestehende Verwandtschaften und Ähnlichkeiten unter den verschiedenen Produkten, die Zeit ihres Erscheinens auf dem Markte, weiterhin, ob die betreffenden Produkte heute noch im Handel sind und wenn nicht, durch welche neueren sie ersetzt wurden. Jedoch nicht nur der Verbraucher, auch die Hersteller von Textilhilfsmitteln mögen aus dem Gebrauch der Tabellen Nutzen ziehen. Der Kaufmann, der Reisende, der Verkäufer, Meister, Techniker, Chemiker, vor allem auch der synthetisch arbeitende Laboratoriumschemiker, Ingenieure bei Herstellerfirmen aus der chemischen, Türkischrotöl- und Seifenindustrie finden neben dem oben schon Gesagten das insbesondere sie Interessierende über Konstitution und Zusammensetzung der einzelnen Produkte, über Analogien, ferner Angaben über die Patentverhältnisse sowie Hinweise auf die Zeitschriftenliteratur.

Ich übergebe die Textilhilfsmitteltabellen der Öffentlichkeit und wünsche und hoffe, daß sie sich als brauchbar und nützlich erweisen mögen.

Einer angenehmen Pflicht bitte ich, mich hier noch entledigen zu dürfen: Ich danke den Firmen, die mir durch Lieferung von Proben und Prospekten die Arbeit erleichterten, für ihre liebenswürdige Unterstützung, Fräulein Hilda Tischendorf für ihre nimmermüde Hilfe, sowie der Verlagsbuchhandlung Julius Springer für ihr stets bereitwilliges Entgegenkommen.

Weinheim, den 1. Juli 1933.

Dr. J. Hetzer.

Vorwort zur zweiten Auflage.

Nach einer, in Anbetracht des verhältnismäßig kleinen Interessentenkreises kurzen Zeit ist die erste Auflage meiner „Textilhilfsmitteltabellen" vergriffen gewesen. Dies war mir ein Beweis dafür, daß mit der Herausgabe der Tabellen einem wirklichen Bedürfnis nachgekommen wurde und die gute Aufnahme, welche das Werkchen bei Lesern und Kritikern gefunden hat, veranlaßten Verlag und mich, die Neuauflage der ersten gegenüber erheblich zu erweitern.

Für den mehr wissenschaftlich Interessierten wurde ein besonderer Teil über die Konstitution bzw. die Chemie der Textilhilfsmittel vorangestellt.

Der zweite Teil des Buches enthält — wie die erste Auflage — die einzelnen Textilhilfsmittel in alphabetischer Reihenfolge. Die wenigen, mir bekannt gemachten Fehler der ersten Auflage wurden verbessert, ältere Produkte nachgetragen und eingetretene Änderungen berücksichtigt. Erloschene Firmen und solche, die sich nicht mehr mit der Herstellung von Textilhilfsmitteln befassen bzw. die von den betreffenden Firmen hergestellten Produkte wurden fortgelassen. Textilhilfsmittel, die inzwischen neu auf den Markt kamen, sind eingefügt und die Tabellen so auf den neuesten Stand der Technik gebracht worden. Daß hierbei diejenigen Mittel, die für die Bearbeitung bzw. Veredlung der jüngsten Faserart, der „Zellwolle", in Anwendung kommen, gebührende Berücksichtigung fanden, versteht sich von selbst.

Das Lesen der Korrekturen hat Herr Dr. Walther Clauß, Leipzig, übernommen, dem auch an dieser Stelle herzlich gedankt sei.

Mit dem Danke an die Herren Kritiker für ihre wertvollen Hinweise, an die Firmen für ihre Unterstützung und an den Verlag für das meiner Arbeit bekundete Interesse verbinde ich die Hoffnung, daß die so verbesserte und erweiterte zweite Auflage eine ebenso gute Aufnahme bei den Lesern finden möge wie die erste.

Ludwigshafen a. Rh., den 23. Dezember 1937.

Dr. J. Hetzer.

Inhaltsverzeichnis.

I. Systematik der Textilhilfsmittel.

In der ersten Auflage der „Textilhilfsmitteltabellen" habe ich 921 Produkte zusammengetragen und beschrieben. Wenn damit auch nicht sämtliche Textilhilfsmittel, angefangen bei der alten Seife und fortgeführt bis zu den modernsten, restlos erfaßt sind, so wurden doch die hauptsächlichsten Vertreter der einzelnen Gruppen von Textilhilfsmitteln aufgezeigt.

Von diesen 921 Produkten der ersten Auflage sind nur 150 (etwa 17%) ohne jede Konstitutionsangabe und 50 (etwa 5%) ohne genügend geklärte Konstitution gewesen.

Die verbleibenden 721 Produkte mit hinreichend geklärter Konstitution (etwa 78%) wurden systematisch geordnet und so mit Nachstehendem dem Fachmanne eine Übersicht über sein so umfangreich gewordenes Spezialgebiet, dem interessierten Nichtspezialisten eine kurze Einführung in die chemischen Textilhilfsmittel und dem Nachwuchs an Textilhilfsmittelchemikern ein Leitfaden der Textilhilfsmittelchemie gegeben.

Über Konstitution (auch allgemeine Anwendungsweise) der Textilhilfsmittel.

Systematik der Textilhilfsmittel.

Bis vor etwa 15 Jahren war die Chemie der Wasch- und Textilhilfsmittel ein verhältnismäßig einfaches Sondergebiet. Außer der seit Karl dem Großen schon in Deutschland fabrizierten Seife und dem seit etwa 1835 bekannten Türkischrotöl gab es kaum anderes. Wissenschaft und Technik haben aber in der Zwischenzeit mit größtem Erfolge an der Herstellung neuer und verbesserter Textilhilfspräparate gearbeitet. So ist eine große Anzahl von Ersatz- und Fortentwicklungsprodukten der Seife und des Türkischrotöles herausgebracht worden. Außer diesen Netzstoffen, wie wir die einschlägigen Produkte kurz nennen wollen, existieren in der Textilindustrie aber auch noch viele andere Hilfsstoffe, die kein Netz-, Wasch-, Reinigungs-, Dispergier- usw. -Vermögen haben. Die Zahl der auf dem Markte befindlichen Textilhilfsmittel wird weiter noch um ein Erhebliches dadurch vergrößert, daß „Netzer" und „Nichtnetzer" in allen möglichen Variationen miteinander zur Erzielung besonderer Effekte kombiniert werden bzw. wurden. Das Gebiet der Textilhilfsmittel ist heutigen Tages nicht nur umfangreich, sondern auch recht unübersichtlich geworden und es ergibt sich für den Forscher die dringende Notwendigkeit, das vorhandene Material zu sichten und zu ordnen, nicht zuletzt auch, um festzustellen, welche Netzstoffe einerseits und welche Nichtnetzer andererseits bislang schon miteinander vereinigt worden sind und welche Kombinationsmöglichkeiten unter Verwendung der bisher benutzten Einzelbestandteile noch weiter bestehen.

Es werden nachstehend sämtliche in der ersten Auflage alphabetisch aufgeführten Textilhilfsmittel systematisch nach ihrer Konstitution geordnet, soweit diese genügend bekannt war. (Die zu den einzelnen Rubriken hier aufgeführten Textilhilfsmittel stellen jeweils nur Beispiele dorthin gehöriger Produkte dar; mit ihrer Nennung ist keinerlei Kritik beabsichtigt!)

In die Zusammenstellung wurden nicht aufgenommen:

1. diejenigen Waschmittel, die während des Krieges nur vorübergehende Bedeutung hatten, wie die von Riedel-de Haen, Britz herausgebrachten Waschkolloide (gallertartige Aluminium-Magnesium-Hydroxyde und Kieselsäure-Hydrate) mit Namen „Eupolin“ und „Kollodor“.
2. Farbstoffe und
3. die wie Farbstoffe auf die Textilfaser aufziehenden Mottenschutzmittel der Farbenindustrie, Frankfurt: „Eulan extra, -neu, -F, -M, -NK, -RHF und Eulan W extra“.

Hie und da sind bei den einzelnen Gruppen auch dorthingehörige Auslandsprodukte aufgenommen worden. (Sonst — im Tabellenteil der zweiten Auflage — konnte ich dem Wunsche des Großteils meiner ausländischen Kritiker um Aufnahme auch nichtdeutscher Firmen bzw. Produkte nicht nachkommen!)

Einer großen Anzahl von Textilhilfsmitteln ist eines gemeinsam, daß sie nämlich mehr oder weniger gut sich in Wasser — meist zu kolloidalen Lösungen — auflösen und daß sie die Oberflächenspannung des Wassers mehr oder minder herabsetzen. Sie werden als Schaum-, Netz-, Wasch-, Reinigungs-, Dispergiermittel usw. verwendet und lassen sich alle unter dem Sammelbegriff „Netzstoffe“ zusammenfassen; anderen in der Textilindustrie gebräuchlichen Mitteln wiederum haften diese Eigenschaften nicht bzw. in kaum merklicher Weise an. Bei Benützung dieses Unterscheidungsmerkmales lassen sich die Textilhilfsmittel in zwei große Hauptgruppen unterteilen, in „Netzstoffe“ und „Nichtnetzer“. Da die einzelnen Glieder dieser beiden Gruppen sowohl mit sich selbst als auch die Produkte einer Gruppe mit solchen einer anderen Gruppe in mannigfachster Weise kombiniert sein können, ergibt sich eine Stoffeinteilung nach folgender Übersicht:

A. Nichtnetzer.
B. Kombinationen von Nichtnetzern unter sich (2 Komponenten).
C. Netzstoffe (Netz-, Schaum-, Reinigungs-, Dispergiermittel usw.).
D. Kombinationen von Netzstoffen unter sich (2 Komponenten).
E. Kombinationen von Netzstoffen mit Nichtnetzern (2 Komponenten).
F. Mischungen mit 3 Komponenten:
   I. Nichtnetzer unter sich.
   II. Netzstoffe und Nichtnetzer.
G. Mischungen von Netzstoffen und Nichtnetzern mit 4 Komponenten.

A. Nichtnetzer.

Zuerst soll die Gruppe der „Nichtnetzer“ betrachtet werden. Sie läßt sich in folgender Weise unterteilen:

A. I. Anorganische Nichtnetzer:
   Komplexe Phosphorwolframsäureverbindungen.

A. II. Organische Nichtnetzer:
   1. Organische Säuren.
   2. Kohlehydrate.
   3. Kunstharze.
   4. Zellulosekörper.
   5. Pflanzenprodukte.
   6. Stärkepräparate.
   7. Malzprodukte.

8. Maltosepräparate.
9. Diastasepräparate.
10. Malzdiastasen.
11. Pflanzenfermente.
12. Enzympräparate.
13. Pankreaspräparate.
14. Bakteriendiastasen.
15. Eiweißspalt- oder -abbauprodukte.
16. Leim.
17. Fette, Öle bzw. deren Fettsäuren.
18. Synthetische Wachse.
19. Fettalkohole.
20. Lösungsmittel.
21. Bleichmittel:
    a) Reduktionsmittel.
    b) Oxydationsmittel.
22. Phenol- bzw. Naphthalinschwefelungsprodukte.

A. I. Anorganische Nichtnetzer.

Komplexe Phosphorwolframsäureverbindungen:

Auxanin B	Farbenindustrie, Frankfurt.

A. II. Organische Nichtnetzer.

1. Organische Säuren:

Aviviersäure	Böhringer, Nieder-Ingelheim.

2. Kohlehydrate:

Stoko-Glyzerin	Stockhausen, Krefeld.

3. Kunstharze:

Hutsteife A	Farbenindustrie, Frankfurt.

4. Zellulosekörper:

Cellappret	Farbenindustrie, Frankfurt
Colloresin D	„ „
„ D trocken	„ „
Serikose LC extra	„ „
Tylose S	„ „ .

5. Pflanzenprodukte:

Sie werden in der Appretur und Schlichterei, dann als Aviviermittel sowie zur Herstellung von Druckverdickungen verwendet. Hierher gehören:

Adurin in Pulver	Böhme, Dresden
Algatine (Pflanzenschleim)	Zschimmer & Schwarz, Chemnitz
Caragheenextrakt (Extrakt aus Caragheenmoos)	„ & „ „
Diagum (aus Johannisbrotkernen)	Diamalt, München
Leico-Gummi (aus Johannisbrotkernen)	Leico, Frankfurt
Meconin (Johannisbrotkernmehlpräparat)	Zschimmer & Schwarz, Chemnitz

Protamol (Reismehlabkochung)	
Sidurolpflanzengummi (Pflanzengummi)	Simon & Dürkheim, Offenbach.

6.—14. Enzyme, Fermente und mit ihrer Hilfe hergestellte Produkte:

Die in der folgenden Gruppe zusammengefaßten Präparate bestehen entweder aus Produkten mit fermentativer Wirkung, oder sie sind aus anderen Stoffen durch Enzyme erhalten worden.

In der Textilindustrie müssen die vom Spinnen her rauhen Fäden, insbesondere die Kettfäden vor dem Verweben gefestigt und geglättet werden; hierzu dienen die Schlichten. Sie bestehen ganz oder größtenteils aus Stärke. Auch Bindfäden und Leinengarne usw. werden durch Stärkeschlichten glatt und geschmeidig gemacht.

Fertige Gewebe sollen einen gewissen Glanz, Festigkeit und Griff erhalten; dies wird durch Appreturen erzielt, die ebenfalls meist aus Stärke bestehen. Beim Druck finden Verdickungen aus Stärke Anwendung.

Schlichten, Appreturen und Druckverdickungen werden durch Verflüssigung von Stärkekleistern erzeugt. Diese Verflüssigung bewirkt man durch Diastasen (Amylasen), d. h. Enzyme, die die unlösliche Stärke zunächst teilweise abbauen und flüssig machen, so daß sie in den Faden eindringen und ihn umhüllen kann. Sobald die gewünschte Viskosität erreicht ist, hebt man durch Aufkochen die Enzymwirkung auf.

Im Handel befindliche „lösliche Stärken“ sind solche bis zu einer gewissen Dünnflüssigkeit aufgeschlossene Stärken, die demnach nicht mehr weiter aufgeschlossen zu werden brauchen.

Diastase wird aus Getreide, z. B. stärkereicher Gerste durch Keimung angereichert. Aus dem so erhaltenen Malz stellt man auch den Malzextrakt dar, indem die diastatischen Fermente durch Extraktion noch weiter angereichert und neben Maltose (Malzzucker), Dextrinen und Salzen vorhanden sind.

Werden Amylasen aus der Bauchspeicheldrüse (Pankreas) hergestellt, so enthalten sie meist neben den stärkeabbauenden Fermenten auch noch Proteasen und Lipasen. Proteasen sind Enzyme, welche unlösliche Eiweißkörper zersetzen, Lipasen Fermente, die Fett spalten.

Wenn auch die Anwesenheit der beiden zuletztgenannten Fermente neben Diastase manchmal von Vorteil sein kann, so haben Eiweißabbau und Fettspaltung wirkliche Bedeutung weniger in der Textilindustrie selbst, als vielmehr bei der Vorbehandlung schmutziger Wäsche; beim Entbasten der Seide jedoch finden hauptsächlich Proteasen Verwendung.

Vor dem Färben bzw. Drucken, vor Bleiche und Beuche und vor dem Merzerisieren der Gewebe müssen Schlichten bzw. Appreturen und auch Druckverdickungen wieder entfernt werden, die Gewebe müssen entschlichtet bzw. entappretiert werden, damit man gleichmäßige Färbungen erhält, den Bleich- und Beuchprozeß abkürzen und somit die Gewebe schonen kann und die Merzerisierlaugen nicht verunreinigt.

Hierbei bedient man sich nun wiederum diastatischer Fermente, die durch ihre verzuckernde Wirkung die Schlichten usw. rasch in wasserlösliche und leicht auswaschbare Abbauprodukte überführen.

Man macht übrigens auch in Färberei und chemischer Wäscherei bei der Entappretierung zu reinigender oder wieder aufzufärbender Gewebe von der stärkeabbauenden Wirkung von Fermenten Gebrauch.

6. Stärkepräparate (lösliche Stärken):

Sie finden in der Hauptsache zum Schlichten, Appretieren, sowie als Verdickungsmittel beim Drucken Verwendung und brauchen nicht aufgeschlossen zu werden. Solche sind:

Amylose	Farbenindustrie, Frankfurt
„ AN	„ „
„ D	„ „
„ N	„ „
Apparatine	
Appretose	Pyrgos, Radebeul-Dresden
Appreturstärke Grünau	Grünau Landshoff & Meyer
Haake-Stärke	
Kristallappretur	
Maizena	
Mondamin	
Oborstärke	Stolle & Kopke
Ozonstärke	
Pflanzengummi	
Pflanzenleim	Simon u. Dürkheim, Offenbach
Poliokolle	
Purtonstärke	Zschimmer & Schwarz, Chemnitz
Quellin	
Rabic	Chem. Fabr., Augsburg-Pfersee
„ L	„ „ „
Universalleim,	
sowie das Auslandsprodukt:	
Feculoseschlichte	Feculose Comp., Paisly (England).

7. Malzprodukte:

Als Malzprodukt ist anzusprechen:

Kromokon — Diamalt, München,

das als Zusatz zu Chlorkalkbleichflotten benützt wird.

8. Maltosepräparate:

Sie werden als Appretur- und Füllmittel zur Verbesserung der Reibechtheit, Weichheit und Griffigkeit verwandt:

Avimalt	Diamalt, München
„ R	„ „
Diamidon	„ „
Lysamil	„ „ .

9. Diastasepräparate:

Hierher gehören die nachstehenden Produkte, die alle gemeinsam haben, daß sie zur Verflüssigung der Stärke durch Abbau dienen:

Backros liquefier
Brimal
Diastase L
Diastol
Glicorzo
Maltine
Multomalt
Orzil
Polygen
Polyval
Syrop de malt

Unomalt	
Zellomaltin,	
sowie die Auslandsprodukte:	
Ferment A	Schweizerische Ferment A.-G., Basel
„ D	„ „ „ „ .

10. Malzdiastasen:

Diastafor	Diamalt, München
„ extra stark	„ „
„ doppelt konz.	„ „
Gabalit	
Maltoferment	
Maltose	
Textilomalt.	

11. Pflanzenfermente, auch Amylasen, sind:

Biolase flüssig C 6	Farbenindustrie, Frankfurt
„ N extra i/Pulver	„ „ .

12. Enzympräparate: Als solche sind

Viveral E	Farbenindustrie, Frankfurt
„ E konz.	„ „

anzusprechen.

13. Pankreaspräparate:

Sie sind tierische Diastasen, aus der Bauchspeicheldrüse von Schlachttieren gewonnene, tryptische Enzyme, für Reinigungszwecke wirksame Enzyme, Pankreastryptasen, -diastasen, -lipasen. Sie dienen, wie die Novofermasol-, Fermasol- und Degommamarken, zum Aufschließen der Stärke, zum Verflüssigen der Stärke durch Abbau und werden beim Schlichten, Appretieren, Entschlichten und Entbasten verwendet, die Burnus- und Enzymolinmarken zum Einweichen und Vorwaschen gebraucht.

Burnus	Röhm & Haas, Darmstadt
„ neutral	„ & „ „
Enzymolin	„ & „ „
Novofermasol	Diamalt, München
„ A	„ „
„ AS	„ „
„ B	„ „
„ S	„ „ .

Pankreaspräparate + alkalisch reagierende Salze:

Degomma S	Röhm & Haas, Darmstadt.

Pankreaspräparate + Glaubersalz und Kochsalz:

Degomma DH	Röhm & Haas, Darmstadt
„ DL	„ & „ „
„ HF	„ & „ „

Pankreaspräparate + Holzmehl:

Degomma D	Röhm & Haas, Darmstadt
Fermasol DB konz.	Diamalt, München.

Hierher gehören auch die Auslandsprodukte:

Fermasol DB konz.	Schweizerische Ferment A.-G., Basel
Novofermasol	„ „ „ „
„ A	„ „ „ „
„ B	„ „ „ „

14. Bakteriendiastasen: stellen

Biolase	Farbenindustrie, Frankfurt,
sowie das Auslandsprodukt	
Rapidase	Soc.de laRapidase,Seclin(Frankreich)
dar.	

15. Eiweißspalt- und Abbauprodukte:

Sie bestehen in der Hauptsache aus den Alkalisalzen der Lysalbinsäure bzw. Protalbinsäure und werden als Egalisierungsmittel und als Faserschutzmittel für Wolle angewandt:

Atefix	Böhme, Dresden
Cardosal	
Egalisal	Grünau Landshoff & Meyer
Perkosal	
Titon SF	Röhm & Haas, Darmstadt.

16. Leim:

Darmstädter Flocken-Hautleim	Röhm & Haas, Darmstadt.

17. Fette, Öle bzw. deren Fettsäuren:

Softening	Stockhausen, Krefeld
Spulöl ATB	Böhme, Dresden
„ M	„ „ .

18. Synthetische Wachse:

Lanettewachsester	Dehydag, Charlottenburg
Rilanit	„ „
Rilanwachs	„ „
Walrat synth. raff.	„ „ .

19. Fettalkohole:

Lanettewachs	Dehydag, Charlottenburg
„ U	„ „
Lorol	„ „
Ocenol	„ „
Physetol	„ „ .

20. Lösungsmittel:

Acetin N	Farbenindustrie, Frankfurt
Asordin	„ „
Cyclonol	Dehydag, Charlottenburg
Dekalin	„ „
Detachol	Schmitz, Düsseldorf-Oberkassel
Diformin	Nitritfabrik, Cöpenick
Dioxan	Farbenindustrie, Frankfurt
Effektol WU	Böhme, Dresden
„ WU extra	„ „
Floranit HF	„ Chemnitz
Heptalin	Dehydag, Charlottenburg
Hexalin	„ „
Hydralin	„ „
Hystabol D	Böhme, Chemnitz
„ F	„ „
Methylhexalin	Dehydag, Charlottenburg
Newalol	Zschimmer & Schwarz, Chemnitz
Setaform-Detachiermittel T	„ & „ „
Sipalin MOB	

Tetralin	Dehydag, Charlottenburg
Transferin	Böhme, Dresden
„ J (spez.)	„ „ .

Nach ihrer chemischen Konstitution sind die Lösungsmittel unter anderem Alkohole, hydrierte Phenole und Kresole, wie Hexahydrophenol, Hexahydrokresole, Kohlenwasserstoffe, insbesondere hydrierte Naphthaline, Tetrahydro- und Dekahydronaphthalin, dann gechlorte Kohlenwasserstoffe, z. B. Tetrachlorkohlenstoff und weiterhin z. B. substituierte Dihydrodioxole, Diäthylenoxyd usw. Es handelt sich bei den in dieser Rubrik aufgezählten Produkten ebensowohl um einheitliche Körper wie um Gemische. Die verschiedenen Stoffe werden entweder als solche, z. B. zum Fleckenentfernen oder in der Trockendetachur gebraucht, oder sie werden bei der Zubereitung von Lösungsmittelpräparaten als Zusätze verwendet.

21. Bleichmittel:

a) Reduktionsmittel:

Diese Stoffe dienen, wie schon der Name sagt, als Bleich- und Reduktionsmittel, dann hauptsächlich auch zum Abziehen und Ätzen (in der Küpenfärberei und im Küpendruck):

Blankit	Farbenindustrie, Frankfurt
„ I	„ „
Burmol	„ „
Candit V Tg.	Pyrgos, Radebeul, Dresden

und weiter die I. G.-Produkte:

Deflavit G	Hyraldit C extra
Dekrolin	„ CL
„ löslich. konz. pat.	„ CW extra
„ A	„ Z lösl. konz.
„ AZA	„ Z z. Abziehen
Hydrosulfit konz. Pulver	„ ZA z. Abziehen
„ AZ	Palatinit
„ AZ lösl. konz.	
„ AZA	Rongalit C
„ BZ	„ CL
„ BZ wasserlösl.	„ CL extra
„ CL	„ CW.
„ NF konz.	
„ NFA	
„ NFW konz.	
„ R konz.	

Nach ihrer chemischen Konstitution sind die Reduktionsbleichmittel meist Hydrosulfitverbindungen; es kommen ihnen die folgenden Formeln zu:

dem Natriumhydrosulfit — $Na_2S_2O_4$ (auch $+ 2\,H_2O$) — bzw. dem formaldehydsulfoxylsauren Natrium (primäres Salz)

$$HO \cdot CH_2 \cdot SO_2Na \text{ bzw. } NaHSO_2 \cdot CH_2 \cdot O\,(+ 2\,H_2O),$$

dem formaldehydsulfoxylsauren Zink (primäres Salz)

$$Zn{<}^{SO_2H \cdot CH_2O}_{SO_2H \cdot CH_2O} \text{ und}$$

dem formaldehydsulfoxylsauren Zink (sekundäres Salz)

$$Zn{<}^{OH}_{SO_2H \cdot CH_2O} \text{ bzw. } O{<}^{CH_2 \cdot SO_2 + 3\,H_2O}_{Zn},$$

sowie dem acetaldehydsulfoxylsauren Zink

$$Zn<^{OH}_{SO_2H \cdot CH_3 \cdot CHO}.$$

Hier ist ferner noch das Zink-Natrium-Glykose-Hydrosulfit zu nennen.

b) Oxydationsmittel:

Aktivin	Pyrgos, Radebeul, Dresden
„ S	„ „
„ S spezial	„ „
Amidonit	Böhme, Chemnitz
Biancal	Flesch, Frankfurt
Chloramin	v. Heyden, Radebeul, Dresden
Ludigol	
Mianin	Fahlberg, List
Pantosept	Ehrenstein
Peractivin	Pyrgos, Radebeul, Dresden
Perstabil	Zschimmer & Schwarz, Chemnitz,

sowie das Auslandsprodukt:

Perkuramin	Esseff, Linz a. D. (Österreich).

Die Oxydationsbleichmittel, wie beispielsweise Perborate bzw. generell Persalze, Verbindungen wie p-Toluolsulfochloramidnatrium,

$$CH_3 \cdot C_6H_4 \cdot SO_2 \cdot N<^{Cl}_{Na} + 3\,H_2O,$$

p-Sulfamidobenzoesäure, Toluolsulfodichloramid,

$$CH_3 \cdot C_6H_4 \cdot SO_2NCl_2,$$

werden als Bleich-, Wasch- und Oxydationsmittel, zum Aufschließen von Stärke, zum Entschlichten, zur Bereitung von Schlichten und Appreturen, beim Beuchen, beim Chloren von Wolle, zum Desinfizieren und Konservieren usw. gebraucht.

22. Phenol- bzw. Naphthalinschwefelungsprodukte:

Katanol O	Farbenindustrie, Frankfurt
„ ON	„ „
„ W	„ „
Paradurol	

finden als Beizmittel beim Färben und Drucken mit basischen Farbstoffen bzw. für die Reservierung von Wolle und Seide Verwendung.

B. Kombinationen von Nichtnetzern unter sich (2 Komponenten).

Von den möglichen Kombinationen von „Nichtnetzern" unter sich sind nachstehend einige Beispiele von solchen Produkten gebracht, die auf dem Markte anzutreffen sind. Es gibt darüber hinaus natürlich noch eine ganze Unzahl von Möglichkeiten, unter Benützung der bislang gebrauchten Komponenten, neue Mischungen mit neuen Eigenschaften und neuen Verwendungsmöglichkeiten zusammenzustellen:

a/b Leim + Fette, Öle bzw. Fettsäuren
b/c Öle, Fette bzw. Fettsäuren + aliphatische Alkohole
d/e Lösungsmittel + Kresole
f/g anorganische Salze + Zucker.

a/b Leim + Fette, Öle bzw. Fettsäuren:

Eukesolappretur	Farbenindustrie, Frankfurt.

b/c Öle, Fette bzw. Fettsäuren + aliphatische Alkohole:

Lanettewachs extra	Dehydag, Charlottenburg.

d/e Lösungsmittel + Kresole:

Mercerisier-Flerhenol	Flesch, Frankfurt,

sowie die Auslandsprodukte:

Arburol	Chem. Fabr. Zimmerli A.-G., Aarburg (Schweiz)
Mercerol	Chem. Fabr. vorm. Sandoz, Basel (Schweiz).

f/g Anorganische Salze + Zucker:

Gummappret	Grünau Landshoff & Meyer
Gummagon	Zschimmer & Schwarz, Chemnitz.

C. Netzstoffe (Netz-, Schaum-, Reinigungs-, Dispergiermittel usw.).

Wie bereits oben erwähnt, ist einer großen Anzahl von Textilhilfsmitteln trotz oft durchaus verschiedener Zusammensetzung bzw. chemischer Konstitution eines gemeinsam: Sie lösen sich alle mehr oder minder leicht in Wasser bzw. bilden kolloidale Lösungen, setzen die Oberflächenspannung des Wassers mehr oder weniger stark herab und zeigen ein mehr oder minder hohes Schaum-, Netz-, Wasch-, Reinigungs- und Dispergiervermögen. Es gehören hierher ebensowohl die altbekannte Seife wie auch die Türkischrotöle und alle ihre Abarten, Schwefelsäureester wie echte Sulfosäuren, Sulfonierungsprodukte aliphatischer, zykloaliphatischer wie aromatischer Kohlenwasserstoffe bzw. ihrer Derivate und nicht zuletzt die Alkoholsulfonate usw. Anderen Textilhilfsmitteln hinwiederum fehlen diese Eigenschaften ganz oder fast gänzlich.

Unter Benutzung dieses Unterscheidungsmerkmales haben wir bereits die Textilhilfsmittel in die beiden Hauptgruppen: „Nichtnetzer" und „Netzstoffe" unterteilt. Nachstehend soll von den unter dem Sammelbegriff

Netzstoffe

zusammengefaßten Netz-, Schaum-, Reinigungs-, Dispergiermitteln usw. die Rede sein.

Eine Zusammenfassung der genannten Mittel unter obigem Begriff ist erlaubt, sofern man sich dabei nur vor Augen hält, daß unter dieser Bezeichnung — die an sich zu eng ist, die aber den Vorteil der Kürze hat — ganz generell oberflächenspannungsvermindernde Stoffe verstanden werden und daß diesen Stoffen außer der Netzkraft noch weitere, analoge Eigenschaften innewohnen, als da sind: Schaum-, Wasch-, Reinigungs-, Dispergiervermögen usw. Selbstredend muß ein und derselbe Stoff nicht alle die genannten Eigenschaften in gleich hohem Maße aufweisen. Es kann beispielsweise ein solcher „Netz"stoff unter Umständen ein ganz geringes Netzvermögen im Vergleich zu seiner besonders stark ausgeprägten Emulgierkraft haben, und umgekehrt kann es vorkommen, daß ein unter diese Rubrik fallendes, in bezug auf Netzkraft ausgezeichnetes Mittel kaum irgendwelche Waschwirkung aufweist.

Die „Netzstoffe" können bezüglich ihrer chemischen Konstitution, wie folgt, unterteilt und geordnet werden:

I. Salze aliphatischer, höhermolekularer Karbonsäuren (Seifen).

1. Seifen allgemein.
2. Kaliseifen.
3. Natronseifen.
4. Ammonseifen.
5. Saure Seifen.
6. Schwermetallseifen.
   a) Aluminiumseifen.
   b) Magnesiumseifen.

II. Den Seifen gleichgeartete Verbindungen.
  1. Salze der Tauroglykocholsäure.
  2. Naphthenseifen.
  3. Seifen von Polymerisations- bzw. Anhydrisierungsprodukten des Rizinusöles.

III. Einwirkungsprodukte von Schwefelsäure auf aliphatische, höhermolekulare Karbonsäuren bzw. deren Glyzerinester (Türkischrotöle).
  1. Natron-, Kali-, Ammonrotöle.
    a) Produkte, über deren Sulfonierungsgrad in der Literatur keine Angaben gemacht werden.
    b) Produkte niederen Sulfonierungsgrades.
    c) Produkte mittleren Sulfonierungsgrades.
    d) Hochsulfonierte Produkte.
  2. Schwermetallsalze von Türkischrotölen.

IV. Mineralölsulfonate.
V. Sulfonierungsprodukte von Naphthenen.
VI. Fettaromatische Sulfosäuren.
VIa. Fettspalter.
VII. Aromatische Sulfosäuren.
VIIa. Gerbstoffe.
VIIb. Zellstoffablaugeprodukte.

VIII. Ester aliphatischer Alkohole.
  a) Mit Schwefelsäure (Alkohol-Fettalkoholsulfonate).
  b) Mit anderen Säuren.

IX. Fettsäurekondensationsprodukte.
X. Sulfonierungs- und Kondensationsprodukte aliphatischer Karbonsäuren.
XI. Kondensationsprodukte aliphatischer Alkohole mit aliphatischen Polysulfosäuren.
XII. Sulfonierungs- und Formaldehydkondensationsprodukte aliphatischer Karbonsäuren.
XIII. Eiweißfettsäurekondensationsprodukte.
XIV. Sulfonierungsprodukte von Fettsäuren mit getarnter Karboxylgruppe.
XV. Spezialsulfonate auf Ölbasis.

XVI. Basen.
  a) Pyridinbasen.
  b) Quaternäre Ammoniumbasen.
  c) Salze von Fettbasen und ähnlichen Verbindungen (Säureseifen).

I. Salze aliphatischer, höhermolekularer Karbonsäuren (Seifen).

Streng genommen versteht man unter Seifen die Salze von Fettsäuren, d. h. nach dem Sprachgebrauch die Alkalisalze, Natron- und Kalisalze, und zwar von höheren aliphatischen Karbonsäuren mit mindestens acht Kohlenstoffatomen im Molekül, von gesättigten wie ungesättigten als auch von Oxygruppen enthaltenden. Zweckmäßig reiht man hier aber auch die Ammonsalze obengenannter Fettsäuren an und die sog. sauren Seifen. Als Salze von Fettsäuren können weiterhin auch die Schwermetallsalze der oben näher definierten Fettsäuren Aufnahme finden und weiterhin dann die Alkalisalze der Cholsäure und Desoxycholsäure, wie endlich auch die Salze der Naphthenkarbonsäuren, zykloaliphatischer Karbonsäuren, die Naphthenseifen und die Salze von Verbindungen, die durch Wasserabspaltung bzw. Polymerisation aus Fetten und Fettsäuren, insbesondere Rizinusöl bzw. Rizinusölfettsäure erhalten werden.

(Die Salze der arom. Karbonsäuren, Harzsäuren, bedürfen keiner gesonderten Erwähnung, die Resinate sind Bestandteile der gewöhnlichen Seifen, sofern Harze im Ansatz mitverwendet werden. Schließlich gehören hierher auch die Salze von Fettsäuren mit organischen Basen, z. B. die Triäthanolaminseifen.

Die von Willstätter [DRP. 336212, Z. dtsch. Öl- u. Fettindustrie Bd. 41 (1921) S. 326] vorgeschlagenen Salze der Hydroverbindungen der Phenylnaphthylmethan-o-Karbonsäure, die sich, was Löslichkeit in Wasser, Viskosität, Oberflächenspannung und Emulgierkraft anbelangt, ähnlich wie gewöhnliche Seife verhalten, seien nur der Vollständigkeit halber erwähnt. Besondere praktische Bedeutung als Textilhilfsmittel haben sie nicht erlangt.)

Alle im vorstehenden benannten Verbindungen sind also Salze von Karbonsäuren mit den verschiedensten Basen.

Die Seife zeigt vor allem ein gutes Netz-, Dispergier-, Schaum- und Reinigungsvermögen, Eigenschaften, denen sie ihre lange behauptete Stellung in der Textilindustrie und besonders auch im Haushalt verdankt.

Seife zeigt auf der anderen Seite leider auch erhebliche Nachteile, so beispielsweise eine hohe Härteempfindlichkeit; sie bildet unlösliche Kalk- und Magnesiasalze. In hartem Wasser scheiden sich Kalkseifen aus, die zunächst Verluste an Seifen bedeuten, die zu Klumpen zusammenballen und auf dem Textilgut Flecken, Streifen usw. hinterlassen. Oft entstehen diese störenden Kalkseifen nicht im eigentlichen Wasch-, Netz- usw. -prozeß, sondern vielmehr erst beim Spülen, indem sich im behandelten Textilgut zurückgebliebene Seifenreste mit den Härtebildnern des meist reichlich angewandten Spülwassers zu den genannten störenden Kalkseifen umsetzen; das für die Kalkseifen Gesagte gilt in ähnlicher Weise für Magnesiasalze von Fettsäuren, mit denen man in bittersalzhaltigen Appreturflotten rechnen müßte und für die Seife also ausscheidet. Auch mit anderen Metallen, wie Eisen, Kupfer, Chrom, Zink, Mangan usw. bildet die Seife unlösliche Verbindungen, die sich an den Gefäßwänden und auf dem Textilgut absetzen und der Ware gefährlich werden können. Des weiteren weist die Seife eine außerordentliche Säureempfindlichkeit auf, wodurch sie für eine große Anzahl von Anwendungsgebieten ausscheidet, bei denen man den weichen Griff, der bei Verwendung von Seife zu erzielen ist oder zu erzielen wäre, nur ungern vermißt, so in der Seiden- und Wollfärberei, in der sauren Walke, beim Absäuern von Bleichware usw. Weiterhin dissoziiert die Seife in wäßriger Lösung als das Salz einer schwachen Säure mit einer starken Base (Hydrolyse), spaltet also freies Alkali ab, das für tierische Fasern sowohl wie auch für Azetatseide eine schwere Gefahr bedeutet, z. B. auch das unerwünschte Filzen der Wolle bewirkt. Außerdem ist Seife auch gegen höherkonzentrierte Alkalien unbeständig; sie wird von diesen ausgesalzen. (Die Salzempfindlichkeit macht bekanntlich die Verwendung von Seife in Seewasser unmöglich!)

Die Affinität zwischen Faser und Seife ist sehr stark, so daß nur zu leicht Seifenreste im behandelten Textilgut auch bei sorgfältigem Spülen zurückbleiben; da Seife jedoch nicht unbegrenzt lange haltbar ist, sondern beim Lagern ranzig wird, weist das Textilgut den ranzigen Geruch nach längerem Lagern ebenfalls auf und wird, wie Seife selbst, auch gelbfleckig.

Diese verschiedenen Nachteile der Seife haben dazu geführt, daß man nach anderen Hilfsmitteln gesucht hat, die die genannten Nachteile der Seife nicht aufweisen, ohne von ihren Vorteilen etwas einzubüßen. Man hat in dieser Richtung sicherlich große Fortschritte gemacht; jedoch steht der Verwendung dieser neuen Produkte ihr hoher Preis hindernd im Wege. Andererseits hat man durch Wasserenthärtung der Seifenverwendung weitgehendst die Wege geebnet, so daß sie — wie schon eingangs erwähnt — auch heute noch das meist gebrauchte Textilhilfsmittel darstellt. So erklärt sich die große Anzahl der auf dem Markte befindlichen, auf Seifenbasis aufgebauten Textilhilfsmittel (Seifen, Kaliseifen, Natronseifen, Ammonseifen, saure Seifen, Schwermetallseifen und ähnliche).

1. Seifen allgemein:

Appreturfett „Esdeform“	Simon & Dürkheim, Offenbach
Avivageöl 164 O	Hansawerke, Hemelingen
Cocosölseife	Simon & Dürkheim, Offenbach
Diamantseife	Stockhausen, Velten, Mark
Diamantseife	Stockhausen, Krefeld
Imprägnierseife CFD	Zschimmer & Schwarz, Chemnitz
Pellastol EN Pulver	Flesch, Frankfurt
Softening	Simon & Dürkheim, Offenbach
Spezialindustrieseife B	Stockhausen, Krefeld
Walk-Kernseife CFD	Zschimmer & Schwarz, Chemnitz.

2. Kaliseifen:

Kalischnitzelseife	Stockhausen, Berlin
Kavonseife	Kavonwerke, Dresden
Lanablankseife	Böhme, Chemnitz
Olivenöl-Avivage	Zschimmer & Schwarz, Chemnitz
Olivenölkaliseife 40%ig	Simon & Dürkheim, Offenbach.

3. Natronseifen:

Appreturöl W	Stockhausen, Krefeld
Rizinusölsaures Natrium	„ „ .

4. Ammonseifen:

Alsatine	
Ammoniumlinoleat	Riedel-de Haen, Berlin-Britz
Ammoniumlinoleat-Paste „N“	„ „ „ „
Paranantholin	
Paraseife PN	Farbenindustrie, Frankfurt
Sapoleine	
Spezialöl	Thann-Mühlhausener Fabrik
Spinnschmelze CFD	Zschimmer & Schwarz, Chemnitz
Türkischrotöl F	Farbenindustrie, Frankfurt.

5. Saure Seifen:

Benzapon	Stockhausen, Velten, Mark
Thionseife	Blumer, Zwickau
Türkischrotöl D.	

Hier seien Auslandsprodukte eingeschaltet, die nach ihrer Konstitution ebenfalls gewöhnliche Seifen darstellen:

Ceranin	Chem. Fabr. vorm. Sandoz, Basel (Schweiz)
Omnapolseife	Société Ame pour l'industrie chimique à Saint-Denis (Frankreich)
Prestoseife	Th. Pontzen, Seifenfabrik, Eupen (Belgien)

Radiactine liqu.	Chem. Fabr. vorm. Sandoz, Basel (Schweiz)
„ S	„ „ „ „ „ „ .

6. Schwermetallseifen:

a) Aluminiumseifen:

Die in Wasser unlöslichen Produkte finden hauptsächlich beim Imprägnieren Anwendung. Als Beispiel sei genannt:

Anthydrin	Zschimmer & Schwarz, Chemnitz.

b) Magnesiumseifen:

Diese Verbindungen, die ebenso wasserunlöslich sind, finden, wie die beiden ersten der nachstehenden Produkte, in der Trockenwäscherei, oder aber, wie die Thionseifen MG, als Füll- und Beschwerungsmittel Verwendung:

Antibenzinpyrin	
Richterol	
Thionseife MG	Blumer, Zwickau.

II. Den Seifen gleichgeartete Verbindungen.

1. Salze der Tauroglykocholsäure:

Als Beispiel sei hier

Curacit-Natron	Böhringer, Nieder-Ingelheim

genannt, ein Gemisch von cholsaurem Natrium ($C_{24}H_{39}O_5Na$) und desoxycholsaurem Natrium ($C_{24}H_{39}O_4Na$) im Verhältnis 8 : 2. Es handelt sich bei diesem Produkt um ein Ochsengallenpräparat, das nach Professor Herbig tauroglykocholsaures Natron darstellt. Es wird in der Textilindustrie als Netz-, Wasch-, Reinigungs-, Emulgier- usw. Mittel bei den mannigfachsten Operationen verwendet.

2. Naphthenseifen:

Als Salze von Naphthensäuren, das sind zykloaliphatische Karbonsäuren, sog. Naphthenate, kommt das beim Imprägnieren von Netzen und Tauen verwandte

Soligen	Farbenindustrie, Frankfurt

in Betracht (es wird auch als Sikkativ gebraucht).

3. Seifen von Polymerisations- bzw. Anhydrisierungsprodukten des Rizinusöls:

Durch Einwirkung von Alkali (Verseifung) auf Polymerisationsprodukte von Rizinusöl (Polyrizinusöl) wird das als gutes Emulgiermittel, insbesondere für Kohlenwasserstoffe, unter der Bezeichnung

Emulgin	Simon & Dürkheim, Offenbach

im Handel befindliche Produkt erhalten.

Nach Professor Herbig werden durch Wasserentziehung aus Rizinusöl Präparate gewonnen, die nach der Verseifung insbesondere als Emulgator dienen:

Puropolöl EM	Simon & Dürkheim, Offenbach
„ EMK	„ & „ „
„ EMP	„ & „ „

III. Einwirkungsprodukte von Schwefelsäure auf aliphatische, höhermolekulare Karbonsäuren bzw. deren Glyzerinester (Türkischrotöle).

Läßt man auf aliphatische Karbonsäuren bzw. deren Glyzerinester, d. h. auf Fette, Öle und Fettsäuren, die in ihrem Molekül eine oder auch mehrere

Doppelbindungen bzw. Oxygruppen oder auch beides enthalten, konz. Schwefelsäure, wie auch SO_3-haltige Schwefelsäure, Oleum und schließlich auch gasförmiges SO_3 oder Chlorsulfonsäure einwirken, so entstehen Verbindungen, die in ihrem Molekül die SO_3H-Gruppe enthalten. Je nach Stärke bzw. SO_3-Gehalt der Schwefelsäure, nach der Menge dieser und den weiteren Reaktionsbedingungen (Temperatur, Dauer) und je nach der Konstitution der verwandten Fette, Öle bzw. Fettsäuren entstehen dabei Gemische der mannigfachsten Verbindungen. Die Schwefelsäure reagiert entweder unter Wasseraustritt mit einer Hydroxylgruppe nach folgender Gleichung:

$$R \cdot OH + HO \cdot SO_2 \cdot OH = ROSO_2OH + H_2O$$

oder es lagert sich die Schwefelsäure an die doppelte Bindung an, eine Reaktion, die nach folgender Gleichung verläuft:

$$R \cdot CH = CH \cdot R_1 = R \cdot CH_2 - CHOSO_2OH \cdot R_1$$

oder aber es reagiert die Schwefelsäure mit einem H-Atom einer Methylengruppe unter Wasseraustritt nach folgendem Reaktionsschema:

$$R \cdot CH_2 \cdot R_1 + H_2SO_4 = H_2O + R \cdot CHSO_2OH \cdot R_1.$$

Wie man aus den obigen Reaktionsgleichungen ersieht, entstehen also entweder Ester der Schwefelsäure mit aliphatischen Oxykarbonsäuren oder aber es entstehen echte Sulfosäuren. Die letzteren enthalten den Schwefel der Sulfogruppe in direkter Kohlenstoffbindung: $C—SO_2—OH$, während die vorher genannten Schwefelsäureester durch eine Schwefel-Sauerstoff-Kohlenstoffbindung: $C—O—SO_2—OH$ gekennzeichnet sind.

Neben den genannten möglichen Reaktionen laufen jedoch noch weitere einher, wie Verseifung der Glyzerinester unter Bildung von Glyzerin und Fettsäuren, Abspaltung von Wasser, Polymerisation usw., und es entstehen demgemäß neben Sulfosäuren und Schwefelsäureestern noch andere Produkte. Geht man bei der Herstellung eines Türkischrotöls beispielsweise von Rizinusöl aus, so enthält das Reaktionsgemisch neben unverändertem Tririzin: Rizinolsäure, Rizinolschwefelsäureester, 9—12-Dioxystearinsäure, Dioxystearinmono- und Dischwefelsäureester, Dirizinsäure, Polyrizinolsäuren und die Glyzeride der letztgenannten usw. Durch Behandlung von Rizinusöl oder Olivenöl bzw. von Fettsäuren oder Gemischen dieser Öle mit H_2SO_4 erhält man die sog.

Türkischrotöle

oder Rizinusrotöle, auch Sulforizinate genannt. (Auch aus Rizinusöl zweiter Pressung und aus Sulfurolivenöl stellt man Türkischrotöle her, die jedoch ausdrücklich als solche zu kennzeichnen sind.)

Man spricht nicht nur von Produkten mit mehr oder weniger hohem Gehalt an gebundener Schwefelsäure, sondern auch von hoch-, höher- usw. sulfonierten Ölen. Diese Bezeichnungen, die früher teilweise heiß umstritten waren, sind heute von minderer Wichtigkeit. Im folgenden wird die Einteilung in Sulfonierungsprodukte niederen, mittleren und hohen Sulfonierungsgrades beibehalten. Welche Wirkungen der Sulfonierungsgrad bezüglich der Eigenschaften der erhältlichen Sulfonierungsprodukte ausübt, wird weiter unten noch auseinandergesetzt werden.

Nach der Schwefelsäurebehandlung werden die erhaltenen Produkte gewaschen und mit Ätzalkalien neutralisiert; Türkischrotöle sollen gegen Methylorange neutral reagieren, also weder freie Schwefelsäure noch freie Schwefelsäureester enthalten.

Die aus Rizinusöl erster Pressung hergestellten Türkischrotöle sind hellgelbe bis gelblichbraune Flüssigkeiten, die aus Rizinusöl zweiter Pressung erhaltenen gelbgrüne bis braune und die durch Schwefelsäurebehandlung von Olivenöl dunkler als die Rizinusölprodukte gefärbte Öle. Die aus Olivenöl hergestellten Türkischrotöle neigen, besonders bei tiefen Temperaturen, zu Abscheidungen.

Im Gegensatz zu Seife zeigen Türkischrotöle eine gewisse Beständigkeit gegenüber Säuren und Alkalien, Härtebildnern des Wassers und anderen Salzen, z. B. Glaubersalz und Bittersalz.

Neutrale und schwach saure Türkischrotöle lösen sich klar in Wasser, stark sauer eingestellte geben opaleszierende Lösungen, sehr stark sauer eingestellte bilden Emulsionen, die jedoch auf Alkalizusatz klar in Lösung gehen (ist das letztere bei einem Türkischrotöl nicht der Fall, so ist das Produkt nicht einwandfrei, meist zu schwach oder unsachgemäß „sulfoniert"!).

Rizinolschwefelsäure ist wasserlöslich und diese Eigenschaft verleiht den Sulforizinaten eine gewisse Kalk- und Säurebeständigkeit. Ebenso sind etwa entstandene echte Sulfokarbonsäuren von erhöhter Säure- und Kalkbeständigkeit, das Reaktionsprodukt im ganzen jedoch genügt in bezug auf diese Eigenschaften bei weitem deshalb nicht, weil — wie oben dargetan — eine ganze Anzahl von Verbindungen entsteht, die beispielsweise schwer lösliche Kalk-, Magnesia- usw. Seifen bilden. Die Kalk- und Säurebeständigkeit der Türkischrotöle ist um so größer, je mehr Schwefelsäure in das Fettsäuremolekül eingetreten ist, die Säurebeständigkeit insbesondere um so größer, je mehr echte Sulfosäuren bei der Reaktion entstanden sind. Die Schwefelsäureester zerfallen beim Kochen mit Säure in Oxyfettsäuren und Schwefelsäure, während die Sulfokarbonsäuren dieser Behandlung widerstehen.

Türkischrotöle werden hauptsächlich beim Färben und Drucken von Alizarinrot und auch in der Appretur angewandt. Die „höhersulfonierten" weisen eine den älteren Präparaten gegenüber höhere Beständigkeit gegen Härtebildner, Salze, Säuren und Alkalien auf, so daß sie sich als Färbe- und Appreturöle weit besser, insbesondere auch als die Seifen, eignen. Der große Mangel der Türkischrotöle, auch der „hochsulfonierten" ist aber, daß sie im Vergleich zur Seife kaum Wasch- und Reinigungswirkung besitzen.

Wenn trotzdem auch heute noch, wo eine ganze Anzahl von Produkten geschaffen worden ist, denen die Nachteile der Türkischrotöle nicht anhaften, die aber deren gute Eigenschaften zeigen, Türkischrotöle in großer Menge auf dem Markte sind, so hat dies seinen Grund in folgendem:

1. Für viele Zwecke sind Säure- und Kalkbeständigkeit usw. der Türkischrotöle vollkommen ausreichend.
2. Die oben angedeuteten Fortentwicklungsprodukte stellen sich im Preise oft weit ungünstiger, so daß man auch aus Gründen der Kalkulation in vielen Fällen zu den Türkischrotölen greift.

Anschließend werden die Türkischrotölpräparate aufgeführt:

1. Natron-, Kali-, Ammonrotöle:

a) Produkte, über deren Sulfonierungsgrad keine Angaben gemacht werden[1]*:*

Appreturöl	Simon & Dürkheim, Offenbach
Arbylöl 50%	Grünau Landshoff & Meyer
„ 95%	„ „ & „
Avirol E	Böhme, Chemnitz
Beuchöl T 2	Schmitz, Düsseldorf-Oberkassel
Brillant-Avirol SM 100	Böhme, Chemnitz
Diaminöl	Schmitz, Düsseldorf-Oberkassel

[1] Da heute die Frage, ob hoch-, höher- oder sehr hochsulfoniert nicht mehr ganz die bedeutsame Rolle wie ehedem spielt, wurde auf allzu genaue Unterteilung und Einordnung in diesem Sinne besonderer Wert nicht gelegt.

Efinol M	
Entbastungsöl	Schmitz, Düsseldorf-Oberkassel
Färböl KM	Wunderlich, Glauchau
Hydrosan	Chem. Fabr. Pfersee
Isomerpin	Pott, Pirna-Copitz
Isoseife	Blumer, Zwickau
Iso-Seife, flüssig	„ „
„ A	„ „
Lavado F	Sternberg, Hamburg
Monopolbrillantöl	Stockhausen, Krefeld
„ konz.	„ „
„ F	„ „
„ NFE	„ „
„ NFE konz.	„ „
Monopolöl	Schmitz, Düsseldorf-Oberkassel
„ I extra	„ „
Neberon B	„ „
„ BF	„ „
Nebrol B	„ „
„ BF	„ „
Noval B	Sternberg, Hamburg
Okoton	
Oleonat D	Chem. Fabr. Pfersee
Patentappreturöl IW	Schmitz, Düsseldorf-Oberkassel
Purol	Dörr, Frankfurt
Puropolöl S	Simon & Dürkheim, Offenbach
Puropol-Seife	„ & „ „
Rodogen M.L.B.	Farbenindustrie, Frankfurt
Rosulfonseife	Wagner, Worms-Pfiffligheim
Solvin	
Sultafonöl	Stockhausen, Krefeld
Stocko-Emulgator 0	„ „
Stocko-Paste SS	„ „
Triumph-Öl	Zschimmer & Schwarz, Chemnitz
„ Spezial	„ & „ „
„ Seife	„ & „ „
Türkischrotöl	Riedel-de Haen, Berlin-Britz
Türkon-Avivageöl P	Stockhausen, Velten, Mark
Türkonöl	„ „ „
„ A	„ „ „
„ N	„ „ „
„ S	„ „ „
„ 2	„ „ „
Universalöl	Schmitz, Düsseldorf-Oberkassel
„ E	„ „
„ FD	„ „
„ GKW	„ „
„ GKW „Monosolvol"	„ „
Vegta-Seife A	Blumer, Zwickau
Visco-Flerhenol	Flesch, Frankfurt
Viscosil S	Böhme, Dresden
„ S doppelt konz.	„ „
Weißappreturöl CFD	Zschimmer & Schwarz, Chemnitz.

b) Produkte niederen Sulfonierungsgrades:

Monopolbrillantöl So 100%ig hü	Stockhausen, Krefeld
Oleonat	Chem. Fabr. Pfersee.

c) Produkte mittleren Sulfonierungsgrades:

Geneucol M	Böhme, Dresden
Monopolseife	Stockhausen, Krefeld
Puropolöl „A“	Simon & Dürkheim, Offenbach
„ amg	„ & „ „
Textilol KS	Böhme, Dresden.

d) Hochsulfonierte Produkte:

Appret-Flerhenol	Flesch, Frankfurt
Arbylöl A	Grünau Landshoff & Meyer
Flerhenol M Superior	Flesch, Frankfurt
Geneucol MM	Böhme, Dresden
Inferol 50	„ „
Prästabitöl G	Stockhausen, Krefeld
„ GA	„ „
„ K spez.	„ „
„ S	„ „
„ V	„ „
„ VA	„ „
Textilol KS doppelt konz.	Böhme, Dresden
Triumphöl-Supra	Zschimmer & Schwarz, Chemnitz.

Türkischrotöle sind auch folgende Auslandsprodukte:

Appret-Gezetol	Chem. Fabrik Zimmerli A.-G., Aarburg (Schweiz)
Gezetol	„ „ „ „ „ „
Huile Polysulfol	Laroche & Juillard, Lyon (Frankreich)
Olivol	Chem. Fabrik Zimmerli A.-G., Aarburg (Schweiz)
Omnapolöl	Société Ame pour l'industrie chimique à Saint-Denis (Frankreich)
Solapolöl	Chem. Fabrik Zimmerli A.-G., Aarburg (Schweiz)
„ F	„ „ „ „ „ „
Tipagolseife	Chem. Fabrik Cottoferm A.-G., Horgen b. Zürich [früher Tipag A.-G., Basel] (Schweiz)
Tipagol Spezial	Chem. Fabrik Cottoferm A.-G., Horgen b. Zürich [früher Tipag A.-G., Basel] (Schweiz)
„ 0	do.
„ 00	do.
„ 000	do.

2. Schwermetallsalze von Türkischrotölen:

Ebenso, wie bei den Seifen die Schwermetallsalze, finden auch solche Schwermetall-Türkischrotöle in der Textilindustrie Verwendung, so beispielsweise in der Druckerei:

Zinnöl.

Zwischen den Türkischrotölen und den weiter unten zu behandelnden aromatischen Sulfosäuren stehen die Sulfonierungsprodukte der Mineralöle und die Naphthensulfonate. Ebenso wie bezüglich der Konstitution sind diese Produkte auch hinsichtlich ihrer Eigenschaften Zwischendinge zwischen Türkischrotölen und aromatischen Sulfosäuren.

IV. Mineralölsulfonate

stellen teilweise aliphatische Sulfosäuren, mitunter sogar nur Schwefelsäureester aliphatischer Verbindungen und teilweise aromatische Sulfosäuren dar.

Ein sulfoniertes Mineralöl ist beispielsweise:

Universalöl BP 200	Schmitz, Düsseldorf-Oberkassel.

Die zweite Gruppe hierhergehöriger Produkte sind die

V. Sulfonierungsprodukte von Naphthenen,

Gemische von zykloaliphatischen Schwefelsäureestern und Sulfosäuren, die auch noch aromatische Sulfosäuren enthalten können. Als Vertreter dieser Gruppe von Verbindungen sei das beim Entschlichten benutzte

Epifosol

genannt.

Auch

VI. Fettaromatische Sulfosäuren

(Sulfonierungsprodukte von Fettstoffen, kondensiert mit aromatischen Verbindungen), wie

Melioran B 9	Oranienburger, Charlottenburg
„ D 12	„ „
„ D 12 spezial	„ „
„ F 6	„ „ ,

die demnach eher als echte aromatische Sulfosäuren denn als Türkischrotöle anzusprechen sind, sowie die sog. Fettspalter sollen hier als aromatische Sulfosäuren mit aliphatischen Seitenketten bzw. zykloaliphatischen Sulfosäuren usw. vorweggenommen werden. Die sogenannten

VIa. Fettspalter,

denen ein hohes Emulgiervermögen für Öle und Fette sowie entschlichtende Wirkung zugeschrieben wird, sind als Zusatz zu Seife zum Zwecke der Erhöhung der Schaumkraft des öfteren empfohlen worden. Nach ihrer Konstitution stellen sie Salze von Sulfonierungsprodukten, von Oktohydroanthracen oder von Naphthenen oder von Kondensationsprodukten des Rizinusöles oder der Ölsäure mit Naphthalin dar.

Oktohydroanthracensulfosaures Natrium (nach anderen Quellen: Alkylnaphthalinsulfosaures Natrium):

Idrapidspalter 100%ig	Dehydag, Charlottenburg
Idrapidspaltpulver 50%ig	„ „ .

Naphthasulfosäuren:

Kontaktspalter	Sudfeldt, Melle
„ T	„ „ .

Naphthalin-Rizinusöl- (gehärtet) -Sulfonierungsprodukt:

Pfeilring-Spalter	Ver. chem. Werke, Charlottenburg.

Naphthalin-Ölsäure-Sulfonierungsprodukt:

Twitchell-Spalter	Sudfeldt, Melle.

Naphthalin-Ölsäure-Sulfonierungsprodukt (Bariumsalz):

Twitchells Doppelreaktiv	Sudfeldt, Melle.

VII. Aromatische Sulfosäuren (bzw. deren Salze).

Durch Sulfonierung von aromatischen Kohlenwasserstoffen und deren Derivaten entstehen Verbindungen, echte Sulfosäuren, die sowohl als solche wie auch in Form ihrer Alkalisalze wasserlöslich sind. Während nun aber z. B. Benzolsulfosäuren bzw. benzolsulfosaures Natrium oder Kalium in wäßriger Lösung kaum seifenartige Eigenschaften aufweisen, sind $\alpha + \beta$-Naphthalinsulfosäuren und deren Alkalisalze schon von bemerkenswerter Schaumkraft und als Zusatz zu Seifen bereits vorgeschlagen worden. Mit steigendem Molekulargewicht nehmen die seifenartigen Eigenschaften zu. Oktohydroanthracensulfosäure unterscheidet sich von den beiden vorgenannten Verbindungen nicht nur durch das höhere Molekulargewicht, sondern auch noch dadurch, daß die dem sulfonierten Benzolkern anhängenden hydrierten Kerne zykloaliphatische Seitenketten darstellen. Solche aliphatische Seitenketten, insbesondere offene Ketten, wie Propyl- oder Butylreste erhöhen die Seifeneigenschaften aromatischer Sulfosäuren in besonderem Maße. Die Netz- und Schaumfähigkeit eines Produktes ist z. B. um so größer, je weiter rechts es sich in der untenstehenden Reihe befindet.

Benzol-sulfosäure	Naphthalin-sulfosäure	Tetralin-sulfosäure	Oktohydro-anthracen-sulfosäure	Propyl-naphthalin-sulfosäure	Dibutyl-naphthalin-sulfosäure.

Diese aromatischen Sulfosäuren, insbesondere die beiden letzten der obigen Reihe, zeichnen sich durch hohes Schaum-, Netz- und Emulgiervermögen aus. Außerdem sind die Produkte nicht kalkempfindlich. Ihr Hauptvorteil aber liegt in ihrer großen Säurebeständigkeit; auch die freien Sulfosäuren sind wasser- und säurelöslich und demzufolge in allen in der Textilindustrie vorkommenden Säurekonzentrationen beständig, so daß sie die idealen Netz- und Durchdringungsmittel beispielsweise in der Karbonisation heute noch darstellen. Universeller Anwendung sind diese Stoffe jedoch deshalb nicht fähig, weil sie der mit ihnen behandelten Ware nicht jenen Griff verleihen, den man Textilien nachrühmt, bei deren Behandlung bzw. Herstellung Produkte auf Fettbasis Verwendung gefunden haben. Es fehlt ihnen außerdem, ebenso wie den Türkischrotölen, das typische Waschvermögen der Seife.

Aromatische Sulfosäuren:
Carbolan — Zschimmer & Schwarz, Chemnitz.

Monobenzylanilin-p-sulfosaures Natrium:
Algosol.

Benzylsulfanilsaures Natrium:
Solvenol.

N-dimethylmetanilsaures Natrium:
Dinaton.

Naphthalinsulfosaures Natrium:
Parasanol.

β-Tetralinsulfosaures Natrium:
Mayamin — Dehydag, Charlottenburg.

β-Tetralinsulfosaures Kalium:
Mayaminkalium — Dehydag, Charlottenburg.

β-Tetralinsolfosaures Ammonium:
Mayammonium — Dehydag, Charlottenburg.

Oktohydroanthracensulfosaures Natrium:
Oktaton.

Alkylnaphthalinsulfosaures Natrium:

Betan	Dehydag, Charlottenburg
„ N 50	„ „
„ N 80	„ „
„ R 100	„ „
Leonil N	Farbenindustrie, Frankfurt
„ S	„ „
„ SB	„ „
Nekal A trocken	„ „
„ BX trocken	„ „
Oranit Pulver	Oranienburger, Charlottenburg.

Alkylnaphthalinsulfosaures Kalium:

Eunaphtol K	Farbenindustrie, Frankfurt.

Alkylnaphthalinsulfosäuren:

Leonil SBS Teig hochkonz.	Farbenindustrie, Frankfurt
Nekal S	„ „
Neomerpin N (Stoff X)	Pott, Pirna-Copitz.

Alkylnaphthalinsulfosäuren sind auch die Auslandsprodukte:

Brécolane N	Etablissement Kuhlmann, Paris (Frankreich)
Rigal N	Chem.Fabrik Cottoferm A.-G., Horgen b. Zürich [früher Tipag A.-G., Basel] (Schweiz)
„ P	do.
„ Rex	do.

Aromatische Sulfosäuren sind ferner auch die als Seifenersatz vorgeschlagenen

VIIa. Gerbstoffe.

Sulfonierte Anthracenrückstände:

Ordoval G	Farbenindustrie, Frankfurt
„ 2 G	„ „ .

Kondensationsprodukte von Arylsulfosäuren mit Formaldehyd bzw. Schwefel:

Kresolsulfosäure-Formaldehydverbindungen:

Neradol D	Farbenindustrie, Frankfurt.

Naphthalinsulfosäure-Formaldehydverbindungen:

Neradol ND	Farbenindustrie, Frankfurt
Gerbstoff F	„ „ .

Naphthalinsulfosäure-Schwefel-Kondensationsprodukt:

Gerbstoff H	Farbenindustrie, Frankfurt

und die

VIIb. Zellstoffablaugeprodukte,

deren wirksamer Bestandteil ligninsulfosaures Natrium ist:

Dekol	Farbenindustrie, Frankfurt
Protektol I Pulver	„ „
„ I Pulver doppelt	„ „
„ II Pulver	„ „
„ II Pulver doppelt	„ „
„ -Agfa I	„ „
„ -Agfa II	„ „ .

VIII. Ester aliphatischer Alkohole.

Das fehlende Waschvermögen der aromatischen Sulfosäuren und der mangelnde Griff mit ihnen behandelter Textilien war die Veranlassung, daß man zu aliphatischen Verbindungen als Ausgangsmaterial für die Herstellung von Textilhilfsmitteln zurückkehrte. Diese Rückkehr zu Netzstoffen auf Fettsäurebasis stellte die Forschung erneut vor die Aufgabe, die Kalk- und Säureunbeständigkeit der Seifen und der Türkischrotöle zu vermindern bzw. ganz zu beseitigen. Die von Reychler zuerst beschriebene Cetylsulfosäure leitet sich vom Cetylalkohol (Palmitylalkohol, Äthal, $C_{16}H_{33}OH$) ab und hat die Formel $CH_3 \cdot (CH_2)_{14} \cdot CH_2 \cdot SO_2 \cdot OH$. Sie ist eine Alkylsulfosäure und zeigt als solche, wie in Form ihrer Alkalisalze ein hohes Schaum- und Reinigungsvermögen; Fett- und Schmutzlösefähigkeit sowie Reinigungswirkung sind mindestens ebenso groß wie bei Seife. Die Sulfosäure ist kalkbeständig und — wie man von ihr als echter Sulfosäure erwarten durfte — säurebeständig.

Ein Vergleich zwischen dieser aliphatischen Sulfosäure und den Sulfokarbonsäuren bzw. Schwefelsäureestern von Oxykarbonsäuren, wie sie den Türkischrotölen zugrunde liegen, zeigt, daß an der Säure- und Kalkunbeständigkeit der Türkischrotöle und auch der Seifen eigentlich nur die Karboxylgruppe Schuld haben kann. Diesbezüglich angestellte Versuche ergaben denn auch, daß die bestehenden Übelstände, die man bislang bei Seifen und Türkischrotölen in Kauf nehmen mußte, in dem Moment beseitigt sind, wo die Karboxylgruppe ihres schädlichen Einflusses beraubt bzw. ganz entfernt ist. Durch Reduktion der Karboxylgruppe zur Hydroxylgruppe stellte man aus höhermolekularen, aliphatischen Karbonsäuren, also aus Fetten und Ölen, höhermolekulare, aliphatische Alkohole dar, beispielsweise aus der Laurinsäure den Laurylalkohol ($C_{12}H_{25}OH$), aus der Myristinsäure den Myristylalkohol ($C_{14}H_{29}OH$), aus der Palmitinsäure den Palmityl- oder Cetylalkohol ($C_{16}H_{33}OH$) und aus der Stearinsäure den Stearylalkohol ($C_{18}H_{37}OH$); aus der Ölsäure erhielt man den ungesättigten Oleylalkohol ($C_{18}H_{35}OH$). Die Reduktion verläuft nach folgender Gleichung:

$$R \cdot COOH + 2\,H_2 = R \cdot CH_2OH + H_2O.$$

Durch Behandlung mit Schwefelsäure entstehen nach der Gleichung:

$$R \cdot CH_2OH + HO \cdot SO_2 \cdot OH = H_2O + R \cdot CH_2 \cdot O \cdot SO_2 \cdot OH$$

die Schwefelsäureester der Alkohole, die mit Natriumsulfit beispielsweise nach folgender Gleichung in Sulfosäuren überführbar sind:

$$R \cdot CH_2 \cdot O \cdot SO_2 \cdot ONa + Na_2SO_3 = R \cdot CH_2 \cdot SO_2 \cdot ONa + Na_2SO_4.$$

Die erhaltenen Fettalkoholsulfonate, die meist in Form ihrer Alkalisalze in den Handel kommen, sind in Wasser leicht löslich; sie reagieren als Salze starker Säuren mit starken Basen in wäßriger Lösung neutral, zeigen ein hohes Netz-, Schaum- und Reinigungsvermögen und sind praktisch kalk-, magnesia-, salz-, säure- und alkalibeständig. Das bedeutet, daß sie in hartem Wasser keine schädlichen Kalkseifen bilden, auch in Meerwasser sowie in mäßig konzentrierten Säuren oder Alkalien brauchbar sind, eine vollkommen neutrale Wäsche ermöglichen (kein Ausbluten!) und das unerwünschte Filzen bei Wolle nicht fördern. Fettalkoholsulfonate sind in der Bittersalzappretur brauchbar. Mit ihnen kann in Apparaturen aus Eisen, Kupfer, Zink, Messing usw. gearbeitet werden. Fettalkoholsulfonate bilden einen selbsttätigen Faserschutz und verleihen der Ware einen weichen Griff; mit Alkoholsulfonaten behandelte Ware wird auf Lager nicht ranzig. Die Waschkraft ist der der Seife mindestens ebenbürtig. Auch können Alkoholsulfonate zusammen mit Seife verwendet werden, ohne daß sie wesentlich von ihren Vorzügen verlieren.

Aliphatische Alkohole können nicht nur mit Schwefelsäure, sondern auch mit anderen Säuren verestert sein. Es folgen nunmehr die hierhergehörigen Produkte:

a) Ester mit Schwefelsäure:

Alkoholsulfonate (Salze von sauren Schwefelsäureestern von Alkoholen):

Aducisol	
Homogenit B	Böhme, Chemnitz
„ W	„ „

Fettalkoholsulfonate (Natriumsalze saurer Alkylschwefelsäureester):

Acorit	Böhme, Chemnitz
Brillant-Avirol L 142	„ „
„ L 142 konz.	„ „
„ L 144	„ „
„ L 168	„ „
„ L 168 konz.	„ „
„ L 333	„ „
C.F.D. 1931 N	Zschimmer & Schwarz, Chemnitz
C.F.D. 1931 S	„ & „ „
Gardinol	Böhme, Chemnitz
„ CA	„ „
„ R	„ „
„ SE	„ „
„ WA konz.	„ „
„ WPP	„ „
Homogenol WW	„ „
Inferol 229 BNS	Böhme, Dresden
„ 229 G	„ „
„ 229 W	„ „
Metapon	Blumer, Zwickau
Ocenolsulfonat	Dehydag, Charlottenburg
Oxyvol CA	Böhme, Chemnitz
Propylat K 10	„ „
Pulitol	Schmitz, Düsseldorf-Oberkassel
Sapidan	Böhme, Dresden
„ spezial	„ „
„ CAN	„ „
„ N	„ „
„ W	„ „
Stenolat V	Böhme, Chemnitz
Texapon Paste	Dehydag, Charlottenburg
„ Pulver	„ „

b) Ester mit anderen Säuren:

Setavin ON	Zschimmer & Schwarz, Chemnitz.

IX. Fettsäurekondensationsprodukte.

Auch ein anderer Weg führt zu dem bereits gekennzeichneten Ziele: Fettsäuren, d. h. ihre Karboxylgruppen werden mit Stoffen in Reaktion gebracht, die einerseits „Tarnung“ der Karboxylgruppe besorgen und andererseits gleichzeitig eine Sulfogruppe ins Molekül bringen, bzw. einen zur Aufnahme einer solchen befähigten Rest. Auf diese Weise gelangt man beispielsweise zum Kondensationsprodukte einer Fettsäure mit Äthionsäure oder, um ein zweites Beispiel zu nennen, zur Amidverbindung einer Fettsäure mit dem Taurin, einer Aminoäthansulfosäure. Den beiden Verbindungen kommen die nachstehenden Formeln zu:

$$CH_3 \cdot (CH_2)_x \cdot CO \cdot O \cdot CH_2 \cdot CH_2 \cdot SO_2 \cdot ONa;$$

$$CH_3 \cdot (CH_2)_x \cdot CO \cdot \underset{\displaystyle CH_3}{\underset{|}{N}} \cdot CH_2 \cdot CH_2 \cdot SO_2 \cdot ONa.$$

Auf solche Weise erreicht man nicht nur eine „Maskierung“ und damit eine Unschädlichmachung der Karboxylgruppe, sondern man placiert auch die Sulfogruppe zielsicher an das Ende einer langen aliphatischen Kette. Welche Bedeutung dieser Steuerung zukommt, ist ausführlich in meiner Arbeit: „100 Jahre Netzchemie“ (Chemiker-Zeitung 1935, S. 73) dargelegt, in welcher die Beziehungen zwischen chemischer Konstitution und oberflächenaktiven Eigenschaften erörtert sind. Die eben genannte Gruppe von Verbindungen zeigt ähnliche Eigenschaften wie die Alkoholsulfonate, so insbesondere hohe Kalk-, Magnesia-, Salz-, Säure- und Alkalibeständigkeit, neutrale Reaktion, vorzügliche Netz-, Schaum- und Dispergierwirkung und vor allem auch hohes Waschvermögen.

Kondensationsprodukte aus Fettsäuren und Äthionsäure:

Igepon A	Farbenindustrie, Frankfurt
,, AP	,, ,,
,, AP extra	,, ,, .

Amidverbindungen aus Fettsäuren und Taurin (Aminoäthansulfosäuren):

Igepon T	Farbenindustrie, Frankfurt
,, T Pulver	,, ,, ,

ferner

Neopol	Stockhausen, Krefeld
,, T	,, ,,
,, T Pulver	,, ,,
,, T Pulver konz.	,, ,,
,, T extra	,, ,,
,, T extra Pulver	,, ,,
,, TB	,, ,, ,

sowie die Auslandsprodukte:

Emulsamin	Ges. chem. Ind. Basel (Schweiz)
Kowapon Pulver	Korndörfer & Wallenfels, Aussig/Elbe (C.S.R.)
,, Teig	,, & ,, ,, ,,
Sapamin	Ges. chem. Ind. Basel (Schweiz)
,, A	,, ,, ,, ,, ,,
,, CH	,, ,, ,, ,, ,,
,, L	,, ,, ,, ,, ,,
,, MS	,, ,, ,, ,, ,, .

X. Sulfonierungs- und Kondensationsprodukte aliphatischer Karbonsäuren:

Appret-Avirol E	Böhme, Chemnitz
Avirol KM	,, ,,
,, KM extra	,, ,,
Soyol	Oranienburger, Charlottenburg.

XI. Kondensationsprodukte aliphatischer Alkohole mit aliphatischen Polysulfosäuren:

Adulcinol LL	Flesch, Frankfurt
„ 7	„ „
„ 7 S	„ „ .

XII. Sulfonierungs- und Formaldehydkondensationsprodukte aliphatischer Karbonsäuren:

Lizarol	Farbenindustrie, Frankfurt
„ D	„ „ .

XIII. Eiweiß-Fettsäure-Kondensationsprodukte:

Lamepon A	Grünau Landshoff & Meyer.

XIV. Sulfonierungsprodukte von Fettsäuren mit getarnter Karboxylgruppe.

Die Unschädlichmachung der Karboxylgruppe kann auch dadurch erreicht werden, daß man sie durch Veresterung „blockiert"; man führt beispielsweise die Karboxylgruppe in ihren Butylester über und sulfoniert das so erhaltene Produkt. Man kann aber auch die Tarnung der Karboxylgruppe durch ihre Überführung in das Amid bewerkstelligen. Solch „maskierte" Produkte zeigen überragende Netzfähigkeit, verbunden mit einer von den Türkischrotölen her gewohnten weichmachenden Wirkung; außerdem sind die Produkte von guter Kalk- und ausreichender Säurebeständigkeit. Auch bei dieser Gruppe von Verbindungen können, wie bei den Türkischrotölen, Schwefelsäureester und echte Sulfosäuren vorliegen. Die genannten Präparate finden entsprechend ihren aufgezeigten Eigenschaften gute Aufnahme in der Textilindustrie:

Avirol AH extra	Böhme, Chemnitz.

XV. Spezialsulfonate auf Ölbasis.

Coloran B 7	Oranienburger, Charlottenburg
Carbo-Flerhenol	Flesch, Frankfurt
Intrasol	Farbenindustrie, Frankfurt.

XVI. Basen.

Während die bisher gebrachten Mittel ihre Wasserlöslichkeit entweder der Karboxylgruppe, dem Schwefelsäure- oder sonst einem Säurerest verdanken, enthalten die nachstehend noch zu besprechenden Textilhilfsmittel keine dieser wasserlöslich machenden Gruppen, sind vielmehr auf ganz anderem Prinzip aufgebaut.

Da sind die heterozyklischen Basen, die Pyridinbasen, zu nennen. Diese Flüssigkeiten von schwachalkalischer Reaktion sind in jedem Verhältnis mit Wasser verdünnbar und vollkommen beständig gegen hartes Wasser, Alkalien und Säuren und Salze; sie besitzen egalisierende, dispergierende und netzende, sowie auch reinigende Eigenschaften; das Wasch- und Reinigungsvermögen der Seife allerdings wird von ihnen bei weitem nicht erreicht.

a) Pyridinbasen:

Oxycarnit BR	Böhme, Chemnitz
Tetracarnit	„ „
„	Stockhausen, Velten, Mark,

sowie das Auslandsprodukt:

Tetracarnit	Chem. Fabr. vorm. Sandoz, Basel (Schweiz).

b) Quaternäre Ammoniumbasen:

Flerhenol P	Flesch, Frankfurt.

c) Salze von Fettbasen und ähnlichen Verbindungen (Säureseifen):

Eine andere Gruppe von Verbindungen hat ebenfalls Basen zur Grundlage. Diese liefern sog. „Säureseifen“. Ihre Lösungen in Wasser sind kolloidal und verhalten sich ähnlich wie Seifenlösungen. Sie sind schmutzauflockernd, fettemulgierend, dispergierend, netzend und waschend; ihre Schaumfähigkeit ist sogar größer als die von Seifenlösungen. Während diese Körper beispielsweise von Kochsalz ausgesalzen werden und während sich auf Zusatz von Alkalien die Seifenbase ausscheidet, sind die Stoffe gegen Metallsalze, auch Schwermetallsalze beständig. Sie können also in hartem Wasser verwendet werden. Die Säurebeständigkeit ist so hoch, daß eine Verwendung bei der Karbonisation möglich ist. Die Lösungen solcher salzartiger Körper reagieren neutral bzw. schwach sauer und besitzen sonach Wolle und Kunstseide gegenüber die bewußten Nachteile der Seife nicht. Es gehören hierher die Salze der basischen Urethane, insbesondere solcher, die sich vom Äthylendiamin ableiten, wie beispielsweise das Diurethan des Menthols bzw. dessen Salze, wie insbesondere das Chlorhydrat. Dem genannten Körper kommt folgende Formel zu:

$$\begin{matrix} C_{10}H_{19}OCO \\ C_{10}H_{19}OCO \end{matrix}\!> N \cdot CH_2 \cdot CH_2 \cdot N <\!\begin{matrix} CH_2 \cdot CH_3 \\ CH_2 \cdot CH_3 \end{matrix}.$$

Ein halbseitiges Säureamid, abgeleitet vom bisubstituierten Äthylendiamin und höheren Fettsäuren ist das Diäthylamino-Äthyl-Oleylamid. Es wird durch Erhitzen von Ölsäure mit dem unsymmetrisch bisubstituierten Diäthyläthylendiamin dargestellt. Diese Base ist in Form ihres Azetates, Chlorhydrates und Laktates in Verwendung. Die Verbindung hat die Formel:

$$CH_3 \cdot (CH_2)_7 \cdot CH = CH \cdot (CH_2)_7 \cdot CO \cdot NH \cdot CH_2 \cdot CH_2 \cdot N <\!\begin{matrix} CH_2 \cdot CH_3 \\ CH_2 \cdot CH_3 \end{matrix}.$$

Die besprochenen Produkte können auf Grund ihrer Eigenschaften den „maskierten“ Türkischrotölen, den Fettsäurekondensationsprodukten und den Alkoholsulfonaten würdig an die Seite gestellt werden.

Da sie nach ihrer Konstitution nicht nur zu der in Rede stehenden Rubrik gehören, sondern anders gesehen auch Kondensationsprodukte von Fettsäuren darstellen, wurden sie zusammen mit den Igeponen und Neopolen bereits weiter vorne aufgeführt.

D. Kombinationen von Netzstoffen unter sich (2 Komponenten).

Von den möglichen Kombinationen von Netzstoffen unter sich sind nachstehend einige Beispiele von solchen Produkten gebracht, die auf dem Markte anzutreffen sind. Es gibt darüber hinaus auch hier natürlich noch eine ganze Anzahl von Möglichkeiten, unter Benützung der bislang gebrauchten Komponenten neue Mischungen mit neuen Eigenschaften und neuen Verwendungsmöglichkeiten zusammenzustellen:

1/2 Seifen + Türkischrotöle.
2/3 Türkischrotöle + aromatische Sulfosäuren.
2/4 Türkischrotöle + aliphatische Sulfosäuren.
2/5 Fettalkoholsulfonate + Türkischrotöle.

1/2 Seifen + Türkischrotöle:

Monopolbrillantöl SO fest	Stockhausen, Krefeld
Prästabitöl NR	„ „

2/3 Türkischrotöle + aromatische Sulfosäuren:

Triumph-Öl Spezial M	Zschimmer & Schwarz, Chemnitz
Flerhenol S	Flesch, Frankfurt.

2/4 Türkischrotöle + aliphatische Sulfosäuren:

Intrasol	Stockhausen, Krefeld.

2/5 Fettalkoholsulfonate + Türkischrotöle:

Brillant-Avirol K 10	Böhme, Chemnitz.

E. Kombinationen von Netzstoffen mit Nichtnetzern (2 Komponenten).

Bei der folgenden Übersicht über die nach ihrer Konstitution bekannten Kombinationen von Netzstoffen mit Nichtnetzern erwies es sich als notwendig, neben genau definierten Einzelbestandteilen, wie „Seifen, aliphatische und aromatische Sulfosäuren“ auch solche allgemeinerer Art, wie „Sulfonate bzw. Netz- und Emulgiermittel“ aufzunehmen.

Wie man aus der Zusammenstellung leicht ersehen kann, sind neben den tatsächlich bekannten Kombinationen wiederum noch erhebliche Möglichkeiten ungenutzt, so daß man allein unter Verwendung der bisher gebrauchten Komponenten eine Vielzahl von Präparaten zusammensetzen kann, unter denen sich bestimmt eine Unmenge brauchbarer und wertvoller Produkte mit neuen Eigenschaften befindet.

Die hierher gehörigen Produkte wurden auf Grund der Konstitution ihrer Einzelbestandteile, wie folgt, unterteilt:

1. Seifen + Lösungsmittel.
2. Türkischrotöle + Lösungsmittel.
3. Aliphatische Sulfosäuren + Lösungsmittel.
4. Aromatische Sulfosäuren + Lösungsmittel.
5. Fettalkoholsulfonate + Lösungsmittel.
6. Sulfonierungsprodukte bzw. ihre Salze + Lösungsmittel.
7. Netz- und Emulgiermittel (allgemein) + Lösungsmittel.
8. Aliphatische Sulfosäuren + Pyridinbasen.
9. Aromatische Sulfosäuren + Pyridinbasen.
10. Fettalkoholsulfonate + Pyridinbasen.
11. Türkischrotöle + Kresole.
12. Aromatische Sulfosäuren + Amine.
13. Aromatische Sulfosäuren + Formaldehyd.
14. Türkischrotöle + Harnstoff.
15. Türkischrotöle + Mineralöle.

15a. Sulfonierte Trane + Mineralöle.

16. Netz- und Emulgiermittel + Mineralöle.
17. Seifen + Fette, Öle bzw. Fettsäuren.
18. Türkischrotöle + Fette, Öle bzw. Fettsäuren.
19. Aliphatische Sulfosäuren + Fette, Öle bzw. Fettsäuren.

20. Netz- und Emulgiermittel + Fette, Öle bzw. Fettsäuren.
21. Netz- und Emulgiermittel + aliphatische Alkohole.
22. Netz- und Emulgiermittel + Paraffin bzw. Wachs.
23. Schwermetallseifen + Paraffin.
24. Türkischrotöle + Eiweiß(-spalt oder -abbau)-produkte.
25. Seifen + Stärke.
26. Türkischrotöle + Stärke.
27. Türkischrotöle + Aviviermittel.
28. Aromatische Sulfosäuren + Leim.
29. Sulfonate + Perborate.
30. Aromatische Sulfosäuren + anorganische Salze.

Lösungsmittel enthaltende Präparate:

Neben der Seife usw. dürften wohl die Lösungsmittelpräparate die verbreitetsten Netz-, Wasch-, Reinigungs-, Dispergier- usw. Mittel sein. Als Lösungsmittel, die für die Herstellung der genannten Präparationen in Frage kommen, seien genannt: Alkohole, hydrierte Phenole und Kresole, wie Hexahydrophenol, Hexahydrokresole, dann Kohlenwasserstoffe, insbesondere hydrierte Naphthaline, wie Tetrahydro- und Dekahydro-Naphthalin, weiterhin gechlorte Kohlenwasserstoffe, z. B. Trichloräthylen, Tetrachlorkohlenstoff und schließlich substituierte Dihydrodioxole usw., usw.

In ihren Eigenschaften übertreffen die Lösungsmittelpräparate ihre lösungsmittelfreien Komponenten durch eine etwas erhöhte Kalkbeständigkeit und durch größere Wasch- und Reinigungskraft, die insbesondere dann stark hervortritt, wenn es sich um die Entfernung von solchen Schmutzstoffen handelt, die sich in dem betreffenden Lösungsmittel leicht lösen. So haben beispielsweise die Lösungsmittelseifen, welche Fettlöser enthalten, ein erhöhtes Waschvermögen bei fettigen Verunreinigungen, seien sie durch Mineralöle oder durch fette Öle verursacht.

Im nachstehenden werden nun die einzelnen Lösungsmittelpräparationen, geordnet entweder nach der „Seifenkomponente" oder zusammengereiht nach der „Lösungsmittelkomponente", aufgeführt.

1. Seifen + Lösungsmittel.

a) Seifen + Lösungsmittel (allgemein):

Benzinosol	
Buchol 124	Stockhausen, Velten, Mark
„ 124 E	„ „ „
Dölauer Benzinseife fest	Zschimmer & Schwarz, Chemnitz
„ „ flüssig	„ & „ „
Duferol	
Flüssige Industrieseife B	Stockhausen, Krefeld
Gumpenzapon	Stockhausen, Velten, Mark
Hydraphthal GF	Pott, Pirna-Copitz
Lanadin extra	Böhme, Chemnitz
Lanapolseife TE	„ „
Nilin	Hansawerke, Hemelingen
Resolin NCP	
Setaform-Benzinseife fest	Zschimmer & Schwarz, Chemnitz
„ flüssig	„ & „ „
Setaform-Detachiermittel N	„ & „ „
Sidurolkaliseife T	Simon & Dürkheim, Offenbach
Solventol	Böhme, Dresden
„ konz.	„ „
„ S	„ „

Solventol SC	Böhme, Dresden
„ SW extra	„ „
„ SWT	„ „
„ W	„ „
Spezialseife C	Stockhausen, Krefeld
Supralan extra	Zschimmer & Schwarz, Chemnitz
„ S 131	„ & „ „
Tetralix T	Stockhausen, Krefeld
Tetraseife	Zschimmer & Schwarz, Chemnitz
„ P	„ & „ „
„ WW	„ & „ „
„ WW Supra	„ & „ „
Tetrilsapon W	„ & „ „
Tetrol F	Stockhausen, Krefeld
Verapol konz.	„ „
„	„ „
Verapolbenzinseife extra	„ „
„ fest	„ „
„ W	„ „
Verapolseife	„ „
Vitranol	
Waschextrakt	Zschimmer & Schwarz, Chemnitz.

b) Seifen + Kohlenwasserstoffe:

Autosol	Oranienburger, Charlottenburg
Beuchöl K	Zschimmer & Schwarz, Chemnitz
„ P	„ & „ „
„ PL	„ & „ „
„ PO	„ & „ „
Desilpon VK	„ & „ „
„ VK konz.	„ & „ „
Esdeformkernseife	Simon & Dürkheim, Offenbach
Esdeform-Seifenextrakt	„ & „ „
Esdeform-Seifenpulver	„ & „ „
Hydraphtal	Pott, Pirna-Copitz
Listoform-Seifenextrakt	Simon & Dürkheim, Offenbach
Perpentol B	Oranienburger, Charlottenburg
„ BE	„ „
„ E	„ „
„ H	„ „
„ HN	„ „
Supralanseife	Zschimmer & Schwarz, Chemnitz
Terpuril	Chem. Fabr. Pfersee
Universol A	Simon & Dürkheim, Offenbach
„ T	„ „ „

c) Seifen + Chlorkohlenwasserstoffe:

Buchol	Stockhausen, Velten, Mark
Lanadin	Böhme, Chemnitz
„ LAN	„ „
„ W konz.	„ „
Lanapol	„ „
„ extra	„ „
Nettolavol	Schmitz, Düsseldorf-Oberkassel
Trioran B	Oranienburger, Charlottenburg
Westrol	Konsortium f. elektrochem. Ind.

d) Seifen + Alkohole:

Cycloran E	Oranienburger, Charlottenburg
„ FC	„ „
„ M	„ „
„ O	„ „
Diaphanöl	
Savonade	Müller & Kalkow, Magdeburg
„ W	Polborn, Eberswalde
Texapon	Müller & Kalkow, Magdeburg
Wasch-Extrakt N	Zschimmer & Schwarz, Chemnitz
Wasch-Savonade	Polborn, Eberswalde.

e) Seifen + sonstige Fettlösungsmittel:

Comedol (Tetralin + Hexalin + Trichloräthylen)

Marienhöher Saponin (Essigäther + Spiritus)	Gronewald & Stommel
Penterpol (Terpentinöl)	Oranienburger, Charlottenburg
Terpipetrol (Terpineol + Petroleum)	
Monoxantol (Schwefelkohlenstoff).	

Lösungsmittelhaltige Seifenpräparate sind auch die Auslandsprodukte:

Benzosapol OP	Chem. Fabr. Zimmerli A.-G., Aarburg (Schweiz)
Detergol N	Etablissement Kuhlmann, Paris (Frankreich)
Hydropalmine	Sapic à Saint-Denis (Frankreich)
Imerol S	Chem. Fabr. vorm. Sandoz, Basel (Schweiz)
Lavapolseife	Chem. Fabr. Zimmerli A.-G., Aarburg (Schweiz)
Linoxa N	Sapic à Saint-Denis (Frankreich)
Neropol	„ „ „ „
Sextolseifen	Howards & Sons Ltd., Upha Works Uphall rd. Ilford (Essex) (England)
Suprasol	Sapic à Saint-Denis (Frankreich)
Tipaxin P	Chem. Fabr. Cottoferm A.-G., Horgen b. Zürich [früher Tipag A.-G., Basel] (Schweiz)
Zicosol	Chem. Fabr. Zimmerli A.-G., Aarburg (Schweiz).

2. Türkischrotöle + Lösungsmittel.

a) Produkte, über deren Sulfonierungsgrad in der Literatur keine Angaben gemacht werden:

Adosal	Grünau Landshoff & Meyer
Avivan	
Benzapol	Chem. Fabrik Pfersee
Benzin-Isol	Blumer, Zwickau
Beuchöl Grünau	Grünau Landshoff & Meyer
Brillant Avirol	Böhme, Chemnitz
Coloran K	Oranienburger, Charlottenburg
„ S	„ „
Diffusil	Böhme, Dresden
Falxan	
Flerhenol BT	Flesch, Frankfurt
„ M Superior Spezial	„ „

Geneucol	Böhme, Dresden
„ konz.	” ”
Hexoran	Oranienburger, Charlottenburg
Inferol MO	Böhme, Dresden
Monopolbrillantöl G	Stockhausen, Krefeld
Nettolavol C	Schmitz, Düsseldorf-Oberkassel
Netzöl Brillant MW	Wunderlich, Glauchau
Newalol O	Zschimmer & Schwarz, Chemnitz
Novoneopol	Stockhausen, Krefeld
Oxyvol RK	Böhme, Chemnitz
Perintrol	Stockhausen, Krefeld
Perpentol BT	Oranienburger, Charlottenburg
Pertürkol	Stockhausen, Velten, Mark
Terpenisol	Blumer, Zwickau
Terpin	
„ -Isol	Blumer, Zwickau
Terpinopol	Stockhausen, Krefeld
„ K	” ”
Tetra-Isol	Blumer, Zwickau
Tetralix	Stockhausen, Krefeld
Triumphol-Spezial L	Zschimmer & Schwarz, Chemnitz
Unisol	
Universalbrillantöl SO 30	Schmitz, Düsseldorf-Oberkassel
Usol	
Viscosil	Böhme, Dresden
„ SP	” ” .

b) Produkte mittleren Sulfonierungsgrades:

Puropolöl „NB“	Simon & Dürkheim, Offenbach
Schiropol A	Schürmann, Wuppertal-Barmen.

c) Hochsulfonierte Produkte:

Avirol AH	Böhme, Chemnitz
Flerhenol BT Spezial	Flesch, Frankfurt
Neo-Flerhenol	” ”
Prästabitöl KG	Stockhausen, Krefeld
Transferin O	Böhme, Dresden
Triumph-Avivage K.S.P.	Zschimmer & Schwarz, Chemnitz.

Fettlöserhaltige Sulforizinate sind auch die Auslandsprodukte:

Bäuchöl PN	Chem. Fabr. Zimmerli A.-G., Aarburg (Schweiz)
Gezetol ES	” ” ” ” ” ”
Hydroexamin	” ” ” ” ” ”
„ M	” ” ” ” ” ”
„ S	” ” ” ” ” ”
Solvanol	Société Ame pour l'industrie chimique à Saint-Denis (Frankreich)
Tipaxin S	Chem. Fabr. Cottoferm A.-G., Horgen b. Zürich [früher Tipag A.-G., Basel] (Schweiz).

3. Aliphatische Sulfosäuren + Lösungsmittel:

Laventin HW	Farbenindustrie, Frankfurt
Oranit BN konz.	Oranienburger, Charlottenburg
„ FWN konz.	” ”
„ KSN konz.	” ” .

4. Aromatische Sulfosäuren + Lösungsmittel:

Acidol	Böhme, Dresden
,, O	,, ,,
Citomerpin	Pott, Pirna-Copitz
Eucarnit	Böhme, Chemnitz
Eufullon H	Flesch, Frankfurt
Flerhenol PF	,, ,,
Lanaclarin hü.	Böhme, Chemnitz
Laventin	Farbenindustrie, Frankfurt
,, BL	,, ,,
,, KB	,, ,,
Neomerpin	Pott, Pirna-Copitz
Oranit B	Oranienburger, Charlottenburg
,, FW	,, ,,
,, KS	,, ,, ,

sowie das Auslandsprodukt:

Dysol	Société Ame pour l'industrie chimique à Saint-Denis (Frankreich).

5. Fettalkoholsulfonate + Lösungsmittel:

Breviol	Böhme, Chemnitz
Inferol 229 B	,, Dresden
Lanaclarin LM	,, Chemnitz
,, LT	,, ,,
Sapidan L	,, Dresden
,, LN	,, ,,
,, LN konz.	,, ,,
Supralan TS	Zschimmer & Schwarz, Chemnitz
Texaponöl	Dehydag, Charlottenburg.

6. Sulfonierungsprodukte bzw. ihre Salze + Lösungsmittel:

Amercit P	Oranienburger, Charlottenburg
,, PN	,, ,,
Coloran O extra	,, ,,
Eufullon extra	Flesch, Frankfurt
Melioran CY	Oranienburger, Charlottenburg
,, CY konz.	,, ,,
Optan extra	Zschimmer & Schwarz, Chemnitz
Perpentol BNT	Oranienburger, Charlottenburg
,, S	,, ,,
,, SN	,, ,,
Trioran W extra	,, ,, .

7. Netz- und Emulgiermittel (allgemein) + Lösungsmittel:

Diffusil C	Böhme, Dresden
,, P	,, ,,
,, T	,, ,,
Effektol	,, ,,
,, C	,, ,,
Emulgator BE	Oranienburger, Charlottenburg
,, BEN	,, ,,
Floranit M	Böhme, Chemnitz
Perlano	,, ,,
Supralan LA	Zschimmer & Schwarz, Chemnitz
Terpinopol B T	Stockhausen, Krefeld.

8. Aliphatische Sulfosäuren + Pyridinbasen:

Oleocarnit	Böhme, Chemnitz.

9. Aromatische Sulfosäuren + Pyridinbasen:

Novocarnit	Böhme, Chemnitz
„ doppelt konz.	„ „ .

10. Fettalkoholsulfonate + Pyridinbasen:

Oxycarnit	Böhme, Chemnitz
„ L 50	„ „
„ L 65	„ „ .

11. Türkischrotöle + Kresole:

Neberon M 40	Schmitz, Düsseldorf-Oberkassel.

12. Aromatische Sulfosäuren + Amine:

Eulysin A	Farbenindustrie, Frankfurt.

13. Aromatische Sulfosäuren + Formaldehyd:

Feltron C	Farbenindustrie, Frankfurt.

14. Türkischrotöle + Harnstoff:

Hydrosan D	Chem. Fabrik Pfersee.

15. Türkischrotöle + Mineralöle:

Este-Öl für Schwefelschwarz	Stockhausen, Krefeld
Monopolavivageöl	„ „
Monopolspinnöl	„ „
Triumph Avivage SW	Zschimmer & Schwarz, Chemnitz.

15a. Sulfonierte Trane + Mineralöle:

Karbidöl	Korndörfer & Junginger, Wiesbaden
„ BX	„ & „ „
„ SW	„ & „ „ .

16. Netz- und Emulgiermittel + Mineralöle:

Reisöl CFD	Zschimmer & Schwarz, Chemnitz.

17. Seifen + Fette, Öle bzw. Fettsäuren (und eventuell Ammoniak oder Alkali und Wasser):

Aixolein	Klokle, Aachen
„ konz.	Ölraffinerie Neuß
Erdnußölemulsion 100%ig	Simon & Dürkheim, Offenbach
Filatoleum konz.	Blumer, Zwickau
„ A	„ „
Karbidöl BH	Heydenreich, Leipzig-Lindenau
Oleinemulsat	Krimmelbein, Leipzig
Olivenölemulsion 100%ig	Simon & Dürkheim, Offenbach
Olivenölavivage	„ & „ „
Prima Wollschmälze K	Städting, Leipzig-Lindenau
„ „ M	„ „
Softenol	Simon & Dürkheim, Offenbach
Spinnöl „Saponifikat“	Hennes, Gummersbach
Schmälzöl FF	Städting, Leipzig-Lindenau
„ SS	„ „
Werdauer Elfenbeinschmälze	Schön, Werdau
Wollschmälzöl	Blumer, Zwickau.

18. Türkischrotöle + Fette, Öle bzw. Fettsäuren (sulfonierte Talge):

Este-Emulsion WK	Stockhausen, Krefeld
Tallosan BWK	„ „
„ K	„ „

Tallosan L	Stockhausen, Krefeld
„ LT	„ „
„ S	„ „
„ St	„ „
Thiolfest	
Universat S	Böhme, Dresden
„ SW	„ „ .

19. Aliphatische Sulfosäuren + Fette, Öle bzw. Fettsäuren:

Soromin A	Farbenindustrie, Frankfurt
„ F	„ „ .

20. Netz- und Emulgiermittel + Fette, Öle bzw. Fettsäuren:

Lorinol E	Böhme, Chemnitz
Orapret SL	Oranienburger, Charlottenburg
„ SL konz.	„ „
„ SLB	„ „
„ WSL	„ „
Sebumol extra	Zschimmer & Schwarz, Chemnitz
Trikolin	„ & „ „ .

21. Netz- und Emulgiermittel + aliphatische Alkohole:

Lanettewachs SX	Dehydag, Charlottenburg.

22. Netz- und Emulgiermittel + Paraffin bzw. Wachs:

Imprägnierung CFD	Zschimmer & Schwarz, Chemnitz
Paraffinemulsion	Simon & Dürkheim, Offenbach
„ 100%ig	„ & „ „
„ EMP 100%ig	„ & „ „
Rayonit	„ & „ „
Prädigen T	Böhme, Chemnitz.

23. Schwermetallseifen + Paraffin:

Aperlan	Grünau Landshoff & Meyer
Impregnator	Simon & Dürkheim, Offenbach.

24. Türkischrotöle + Eiweiß(-spalt- oder -abbau)produkte:

Atefix K	Böhme, Dresden
Cupalit	Grünau Landshoff & Meyer
Metasal K	„ „ & „ .

25. Seifen + Stärke:

Ortoxin K (Paste)	Farbenindustrie, Frankfurt
„ K (Pulver)	„ „ .

26. Türkischrotöle + Stärke:

Kunstseidenschlichte Grünau	Grünau Landshoff & Meyer.

27. Türkischrotöle + Aviviermittel:

Coloran L	Oranienburger, Charlottenburg.

28. Aromatische Sulfosäuren + Leim:

Leonil LE	Farbenindustrie, Frankfurt
Nekal AEM	„ „ .

29. Sulfonate + Perborate:

Boilit	Zschimmer & Schwarz, Chemnitz.

30. Aromatische Sulfosäuren + anorganische Salze:

Servital A	Farbenindustrie, Frankfurt.

F. Kombinationen mit 3 Einzelbestandteilen.

Sie können in nachstehender Weise geordnet werden:

I. Nichtnetzer unter sich.
1. Reis + Eiweiß + Stärke.
2. Fettsäuren + Wachse + Paraffin.
3. Öle + harzartige Stoffe + Lösungsmittel.
4. Wollfett + Pottasche + Mineralöl.

II. Netzstoffe und Nichtnetzer.

a) Seifenhaltige Präparate:
1. Seifen + Eiweißspalt- bzw. -abbauprodukte + Soda.
2. Seifen + Fette, Öle bzw. Fettsäuren + Lösungsmittel.
3. Seifen + Säureamide bzw. Acidylderivate aromatischer Basen + Öle.

b) Seifen- und türkischrotölhaltige Präparate:
1. Seifen + Türkischrotöle + Lösungsmittel.
2. Seifen + Türkischrotöle + Fette, Öle bzw. Fettsäuren.
3. Seifen + Türkischrotöle + Mineralöle.

c) Seifen und aromatische Sulfosäuren enthaltende Präparate:
Seifen + aromatische Sulfosäuren + Lösungsmittel.

d) Türkischrotölhaltige Präparate:
1. Türkischrotöle + Bleichmittel + Fette, Öle bzw. Fettsäuren.
2. Türkischrotöle + Öle + Lösungsmittel.

e) Türkischrotöle und aromatische Sulfosäuren enthaltende Präparate:
Türkischrotöle + aromatische Sulfosäuren + Lösungsmittel.

f) Türkischrotöle und fettaromatische Sulfosäuren enthaltende Präparate:
Türkischrotöle + fettaromatische Sulfosäuren + Fette, Öle bzw. Fettsäuren.

g) Aromatische Sulfosäuren enthaltende Präparate:
aromatische Sulfosäuren + Leim + Paraffin.

h) Netzmittelhaltige Präparate:
1. Netzmittel + Lösungsmittel + Kresole.
2. Netzmittel + Lösungsmittel + Fette, Öle bzw. Fettsäuren.

i) Emulgatorhaltige Präparate:
Emulgator + Paraffin + Lösungsmittel.

Es folgen nun die zu den einzelnen Abteilungen gehörigen Präparate:

I. Nichtnetzer unter sich.

1. Reis + Eiweiß + Stärke:

Supramolstärke	Zschimmer & Schwarz, Chemnitz.

2. Fettsäuren + Wachse + Paraffin:

Fadenfest	
Ketterol	
Owokettenglätte	
Webewachs	
Webolin	
Zanit A	Thouet & Schüller, Aachen
„ B	„ & „ „
„ C	„ & „ „ .

3. Öle + harzartige Stoffe + Lösungsmittel:
Kunstseidenschlichte ZS — Zschimmer & Schwarz, Chemnitz.
4. Wollfett + Pottasche + Mineralöl:
Oleolith.

II. Netzstoffe und Nichtnetzer.

a 1. Seifen + Eiweißspalt- oder -abbauprodukte + Soda:
Nutrilan — Grünau Landshoff & Meyer.

a 2. Seifen + Fette, Öle bzw. Fettsäuren + Lösungsmittel:
Supralan A 132 — Zschimmer & Schwarz, Chemnitz
Stocko-Präparation G — Stockhausen, Krefeld.

a 3. Seifen + Säureamide bzw. Acidylderivate aromatischer Basen + Öle:
Duronschmälze — Hansa-Werke, Hemelingen.

b 1. Seifen + Türkischrotöle + Lösungsmittel:
Beuchseife N — Zschimmer & Schwarz, Chemnitz
Desilpon A — „ & „ „
Kaseito — „ & „ „
Tetrapol — Stockhausen, Krefeld
„ konz. — „ „
Trioran E — Oranienburger, Charlottenburg.

b 2. Seifen + Türkischrotöle + Fette, Öle bzw. Fettsäuren:
Stocko-Präparation S — Stockhausen, Krefeld.

b 3. Seifen + Türkischrotöle + Mineralöle:
Stocko-Präparation R — Stockhausen, Krefeld.

c. Seifen + aromatische Sulfosäuren + Lösungsmittel:
Tetralix spez. — Stockhausen, Krefeld.

d 1. Türkischrotöle + Bleichmittel + Fette, Öle bzw. Fettsäuren:
Stocko-Tablette — Stockhausen, Krefeld.

d 2. Türkischrotöle + Öle + Lösungsmittel:
Triumph-Avivage V — Zschimmer & Schwarz, Chemnitz.

e. Türkischrotöle + aromatische Sulfosäuren + Lösungsmittel:
Flerhenol M — Flesch, Frankfurt
Prästabitöl KN — Stockhausen, Krefeld.

f. Türkischrotöle + fettaromatische Sulfosäuren + Fette, Öle bzw. Fettsäuren:
Stocko-Tablette N — Stockhausen, Krefeld.

g. Aromatische Sulfosäuren + Leim + Paraffin:
Ramasit I — Farbenindustrie, Frankfurt
„ K konz. (+ Salz) — „ „
„ WD konz. — „ „ ,
sowie das Auslandsprodukt:
Cerol S — Chem. Fabr. vorm. Sandoz, Basel (Schweiz).

h 1. Netzmittel + Lösungsmittel + Kresole:
Inferol M — Böhme, Dresden
„ M extra — „ „
„ M spezial — „ „ .

h 2. Netzmittel + Lösungsmittel + Fette, Öle bzw. Fettsäuren:
Supralan H — Zschimmer & Schwarz, Chemnitz
„ T — „ & „ „ .

i. Emulgator + Paraffin + Lösungsmittel:
Präparol — Stockhausen, Krefeld.

G. Kombinationen mit 4 Bestandteilen.

Die Unterteilung kann auf folgende Weise geschehen:

1. Seifen + Türkischrotöle + fettaromatische Sulfosäuren + Lösungsmittel.
2. Netzmittel + Fettalkoholderivate + Perborat + Soda.
3. Netzmittel + Fettalkoholderivate + Lösungsmittel + Weichmachmittel.

Zum Schlusse folgen nun die wenigen, unter diese drei Rubriken gehörigen Präparate:

1. Seifen + Türkischrotöle + fettaromatische Sulfosäuren + Lösungsmittel:
   Tetrol BF — Stockhausen, Krefeld.
2. Netzmittel + Fettalkoholderivate + Perborat + Soda:
   Purton, Wasch- und Bleichpulver — Zschimmer & Schwarz, Chemnitz.
3. Netzmittel + Fettalkoholderivate + Lösungsmittel + Weichmachmittel:
   Peptapon — Zschimmer & Schwarz, Chemnitz.

Am Schlusse dieses ersten Teiles der Arbeit sei mir eine Bemerkung bzw. Bitte an die Textilhilfsmittel herstellenden Firmen gestattet.

So, wie in dieser zweiten Auflage die vorstehende Gesamtübersicht auf Grund des in der ersten Auflage enthaltenen Materiales gebracht wurde, soll auch künftig bei einer späteren Auflage wieder das Material der vorausgegangenen als Grundlage für eine ähnliche, neue Übersicht dienen. Hierzu ist jedoch unbedingt erforderlich, daß neue Textilhilfsmittel oder solche, die nach abgeändertem Verfahren hergestellt sind, auch einen neuen Namen oder — bei Beibehaltung des alten Phantasienamens – eine neue Zusatzbezeichnung erhalten.

Bei der Bearbeitung der Unterlagen für den nachstehenden Teil II der vorliegenden Auflage hat sich herausgestellt, daß dies nicht immer so gehandhabt worden ist. Beispielsweise wurde ein „Seifenpräparat" der ersten Auflage heute als „Kondensationsprodukt" bzw. ein früheres „Türkischrotöl mittleren Sulfonierungsgrades" als „Spezialsulfonat" deklariert — unter Beibehaltung des früheren Namens und ohne irgendwelche Zusatzbezeichnung wie „neu", „1937" oder „extra" usw.

Daß solches Tun das ohnehin schon recht weitverzweigte Gebiet unnötigerweise nur noch komplizierter macht, ist klar und wird in jedermanns Interesse besser vermieden.

Mit der Bitte an die Herstellerfirmen, meine Ausführungen richtig zu verstehen und nicht etwa als unerwünschte Einmischung in ihre Belange aufzufassen, verbinde ich die Hoffnung, daß der in die Tabellen neu eingefügte systematische Teil dazu beitragen wird, dem Werkchen noch mehr Interessenten und Freunde zu werben.

II. Tabellen-Teil.

Einleitung.

Unter dem Namen „Textilindustrie" faßt man alle Gewerbezweige zusammen, die sich mit der Verarbeitung von Faserstoffen befassen, ausgenommen die Papierindustrie, so die gesamten Woll-, Baumwoll-, Seiden-, Jute-, Leinen-, Haar- wie Kunstseideindustrien und auch die Betriebe der Kleider-, Wäsche- und Filzherstellung. Dazu kommt heutigen Tages die Verarbeitung von Zellwolle. Bei der Zubereitung der Faserstoffe, in der Wäscherei, Kämmerei, Spinnerei, in der Spulerei, Zwirnerei, Weberei, bei der Strickerei, Wirkerei, bei der Gardinen-, Spitzen- und Filzherstellung, in Bleichereien, Färbereien, Druckereien, in der Appretur usw. benötigt man außer den als Ausgangsmaterialien dienenden Faserstoffen pflanzlichen und tierischen Ursprungs eine Unmenge von „Hilfsprodukten". Diese kommen teils in der Natur vor, teils werden sie, hauptsächlich von der chemischen Industrie, auf künstlichem Wege erzeugt. Einige wenige seien hier beispielsweise kurz angeführt; es sind vor allem — neben Wasser — Salze, wie Kochsalz, Glaubersalz, Bittersalz usw., Säuren, z. B. Salzsäure, Schwefelsäure usw., Alkalien, wie Natronlauge, Soda, Ätzkalk, dann weiterhin Öle, Fette, Wachse, Harze, Stärke, Dextrin, Leim, Tannin, Kartoffelmehl, Lösungsmittel, Seifen und ähnliche Produkte, Oxydations- und Reduktionsmittel, Farbstoffe und viele andere mehr; sie werden zum Netzen, Waschen, Reinigen, Emulgieren, Dispergieren, Imprägnieren, zum Spinnen, Spicken, Schlichten, Ölen, Schmelzen, beim Beuchen, Bleichen, Merzerisieren, Entbasten, Entschlichten, Karbonisieren, Färben, Egalisieren, zum Drucken, in der Appretur und Avivage sowie noch zu vielen anderen Zwecken gebraucht und führen den gemeinsamen Namen „Textilhilfsmittel".

Soweit die genannten Stoffe von deutschen Firmen unter Phantasienamen in Deutschland für die Verwendung in der Textilindustrie auf den Markt gebracht wurden bzw. heute noch auf dem Markte sind, bilden sie Stoff und Gegenstand meiner „Textilhilfsmitteltabellen". Eine Ausnahme hiervon machen die Produkte, die zum Färben der Textilien dienen; Farbstoffe werden im vorliegenden nicht besprochen. Wenn hier und da heute unwichtig gewordene Produkte kurz besprochen werden, und wenn in einigen Fällen auch Produkte aufgenommen worden sind, die für die Textilindustrie nicht oder weniger in Frage kommen, so geschah dies dann, wenn die Herstellerfirmen solcher Produkte sich in der Hauptsache mit der Erzeugung von Textilhilfsmitteln befassen, und wenn auf Grund des Namens solcher Produkte oder mit Rücksicht auf ihre Herstammung der Eindruck entstehen konnte, als ob es sich auch bei ihnen um Textilhilfsmittel handle sowie auch dann, wenn die Produkte in der Literatur unter Textilhilfsmitteln — vielleicht nicht ganz zu Recht — geführt waren.

Die Anordnung der Textilhilfsmittel geschah in alphabetischer Reihenfolge; ich habe daher geglaubt, von einem Inhaltsverzeichnis absehen zu dürfen; dagegen ist eine Zusammenstellung in alphabetischer Reihenfolge aller der Firmen angehängt, deren Produkte in den Tabellen besprochen werden und eine Zusammenstellung der besprochenen Produkte, gleichfalls in alphabetischer Reihenfolge, jeweils unter dem betreffenden Hersteller.

Erklärung einiger Abkürzungen.

Geb.-J. = Geburtsjahr = Jahr, in dem das Produkt erstmalig auf den Markt gebracht wurde.

Konstit. = Konstitution.

Äuß. = Äußeres des Produktes.

Reakt. = Reaktion des Produktes.

Eigensch. = Eigenschaften.

Lö. Be. = Löslichkeits- und Beständigkeitseigenschaften.

Verw. = Verwendungsmöglichkeiten.

H. Pat., V. Pat. = Patentverhältnisse = ob und eventuell welche in- bzw. ausländische Patente bzw. Patentanmeldungen bestehen [1].

---

[1] Die unter diesem Stichwort gebrachten Hinweise auf Aktenzeichen laufender Patentanmeldungen bzw. auf in- oder ausländische Patente können naturgemäß keinen Anspruch auf Vollständigkeit erheben und wollen lediglich für den Interessierten Fingerzeige sein, daß für die Herstellung oder Verwendung des betreffenden Produktes Patentschutz besteht oder ein solcher angestrebt ist. Der Interessent wird sich in einem solchen Falle zweckmäßig die betreffenden Patente bzw. Patentanmeldungen durchsehen bzw. einen Patentsachverständigen zu Rate ziehen, um sich keiner Patentverletzung schuldig zu machen oder auch, um sich unnötige Versuchsarbeit in einer durch Patente oder Anmeldungen versperrten Richtung zu ersparen. In diesem Zusammenhange sei auch auf „Neuere Sulfonierungs-

Lit. = Literaturangaben.
S = Seide.
KS = Kunstseide.
W = Wolle.
BW = Baumwolle.
L = Leinen.
HL = Halbleinen.
HS = Halbseide.
KW = Kunstwolle.
HW = Halbwolle.
MG = Mischgewebe.
ZW = Zellwolle.
J = Jute.
usw.
DRP. = Deutsches Reichspatent.
EP. = Englisches Patent.
AP. = Amerikanisches Patent.
usw.

Statistik.

a) Firmen.

Von den 59 Firmen, die in der ersten Auflage gebracht wurden, sind in der zweiten fortgelassen worden:

Stolle & Kopke (Oberstärke),
Schiedam (Trifol R), weil es Auslandsfirmen sind;
Adler-Farbwerke, Essen (Fixacol),
H. Klokle, Aachen (Aixolein),
Chem. Fabrik Polborn G. m. b. H., Eberswalde (Savonade W, Wasch-Savonade),
Seifen- u. Chem. Fabr. S. Sonneborn, Marburg, Lahn (Dry-O-Wet),
Wagner & Co., Worms-Pfiffligheim (Rosulfonseife), weil sie erloschen sind;
Chem. Fabrik Ehrenstein (Pantosept),
Korndörfer & Junginger, Wiesbaden (Karbidöl, Karbidöl BX, Karbidöl SW),
F. Krimmelbein Nachf., Leipzig (Oleinemulsat),
Thann-Mühlhausener Fabrik (Spezialöl),
Wacker & Schmitt, Mühlhausen (Rhodenol), weil sie anscheinend erloschen sind (von der Post jedenfalls nicht ermittelt werden können);
Dörr, Frankfurt a. M. (Purol), der sich nur noch mit Anilinfarben beschäftigt;
L. E. Heydenreich, Leipzig-Lindenau (Karbidöl BH), der nur noch Großhandelsfirma ist.

Diesen 14 Firmen, die nicht mehr gebracht wurden, stehen 12 Firmen gegenüber, die in der zweiten Auflage neu hinzugekommen sind, so daß insgesamt 57 Firmen mit den zugehörigen Produkten aufgeführt werden.

b) Produkte.

Von den 921 Produkten der ersten Auflage wurden 121 Produkte ganz gestrichen (99 weitere wurden wohl gestrichen, aber unter gleichem Namen — durch neugefaßte Angaben ergänzt und richtig gestellt — wieder gebracht).

Zu den verbleibenden 800 Produkten aus der ersten Auflage kamen 545 Produkte neu hinzu, so daß die zweite Auflage 1345 Produkte (= etwa 46% mehr!) aufweist.

---

verfahren zur Herstellung von Dispergier-, Netz- und Waschmitteln, bearbeitet von Dr. Ing. A. van der Werth und Dr. Ing. F. Müller, erschienen bei „Allgemeiner Industrie-Verlag G. m. b. H., Berlin-Lichterfelde", hingewiesen.

Acetin N — **I. G. Farbenindustrie AG., Frankfurt a. M.**

Konstit.: Mono-, Di- und Triazetylglyzerin; *Äuß.:* dicke, wasserhelle Flüssigkeit; *Eigensch.:* nicht flüchtig; greift im Gegensatz zu Oxal- und Weinsäure die Faser nicht an; *Verw.:* als Lösungsmittel für basische und spritlösliche Farbstoffe sowie Tannin.

Acidol — **A. Th. Böhme, Dresden-N. 6.**

i/Kurs: ja; *Konstit.:* Sulfosäuren + Lösungsmittel; *Äuß.:* rotbraune Flüssigkeit; *Reakt.:* schwach sauer; *Eigensch.:* löst Öle und Fette; gute Löse- bzw. Verteilungswirkung für Farbstoffe; netzt lose Wolle, Garne, Kreuzspulen, Kopse, Stücke, Tuche, Filze, Hutstumpen in hohem Maße; *Lö. Be.:* sehr gut beständig gegen organische und anorganische Säuren sowie gegen Salze; *Verw.:* als Netzmittel spez. in sauren Bädern; zum Karbonisieren mit Schwefel- und Salzsäure in der Wollfärberei; zum Netzen dichter Waren, schwerer Tuche, Filze usw.; zum Durchfärben und Egalisieren; zum Farbstofflösen.

Acidol 0 — **A. Th. Böhme, Dresden-N. 6.**

analog: Acidol (mit dem es identisch ist).

Acorit — **Böhme Fettchemie, Chemnitz.**

Geb.-J.: 1931; *i/Kurs:* ja; *Konstit.:* Fettalkoholsulfonat + Lösungsmittel; *Äuß.:* hellbraune Flüssigkeit; *Reakt.:* sauer; *Eigensch.:* netzend, emulgierend, dispergierend; erleichtert das Lösen der Farbstoffe, insbesondere der Naphthole; *Lö. Be.:* leicht löslich in kaltem Wasser; gut beständig gegen Alkalien, Säuren und hartes Wasser; *Verw.:* zum Anteigen, Lösen, Grundieren der Naphthole der AS-Reihe, besonders der schwerlöslichen; zum Drucken der Naphthole, Rapidechtfarbstoffe und Indigosole; zum Färben mit Azetatseidenfarbstoffen; *Mengen:* für Naphtholfärbungen: 0,5—10 g/l; für das Färben mit Azetatseidenfarbstoffen: 0,5—2 g/l; *H. Pat., V. Pat.:* ja; *Lit.:* Mschr. Text.-Ind. 1931 Fachheft III S. 99; 1932 Fachheft III S. 58; Seide (u. Kunstseide) 1932 S. 201; 1933 S. 463; Fettchem. Umschau 1936 S. 38.

Adhäsin D — **Chem. Fabr. Pfersee, Augsburg.**

Geb.-J.: 1927; *i/Kurs:* ja; *Äuß.:* braune Paste; *Eigensch.:* gibt Geweben einen steifen, kräftigen Appret; bindet Schwerapprete und ermöglicht so starke Gewichtszunahmen; läßt sich mit Ausnahme von Salzzusätzen mit jedem Appreturmittel verarbeiten; belegt weder Farbe noch Glanz; ist auch wasserabstoßend (Jute!); *Verw.:* beim Appretieren; allein oder zusammen mit anderen Appreturmitteln; besonders beim Appretieren von Jute; sowohl in der Passage- als auch bei Linksappretur; nicht für Weißwaren (Eigenfarbe!); auch für die Appretur von Sackstoffen, Läuferstoffen, Teppichen, Schuhstoffen usw.; *Mengen:* ca. 3 kg auf 100 l Appreturflotte (in fünffacher Wassermenge aufkochen und der für sich bereiteten heißen Appreturflotte zurühren!).

Adosal **Chem. Fabr. Grünau Landshoff & Meyer AG., Berlin-Grünau.**

Geb.-J.: 1928; *i/Kurs:* ja; *Konstit.:* sulfoniertes Rizinusöl + Terpenlösungsmittel; *Äuß.:* gelbe, klare Flüssigkeit; *Reakt.:* neutral; *Eigensch.:* Geruch nach Terpentin; fettlösend und emulgierend; *Lö. Be.:* gibt mit Wasser Emulsionen; *Verw.:* zum Reinigen und Waschen von Textilwaren; zum Entfernen von Flecken und Pechspitzen; *Mengen:* allgemein: 0,5—2 g/l; NB. z. Entfernen von Flecken und Pechspitzen: einreiben mit unverdünntem Adosal, einige Zeit liegen lassen, mit schwacher Salmiakgeist- oder Sodalösung auswaschen!

Aducissol

ähnlich: Lanaclarin LM, Texapon, Igeponen; *Konstit.:* Sulfonierungsprodukt höherer Alkohole; *Verw.:* als Netz- und Emulgierungsmittel; *Lit.:* Seifensieder-Ztg. 1932 S. 838.

Adulcinol LL **Flesch-Werke, AG., Frankfurt a. M.**

Geb.-J.: 1930; *i/Kurs:* ja; *Konstit.:* Kondensationsprodukt von aliphatischen Alkoholen mit aliphatischen Polysulfosäuren (Lösungsmittel sind keine vorhanden!); *Äuß.:* Paste, gelblich; *Reakt.:* schwach sauer; $p_H = 6{,}5$; *Eigensch.:* reinigend, schäumend, emulgierend, netzend, egalisierend und weichmachend; zusammen mit Seife angewendet, hält es sich bildende Kalkseife in kolloidaler Emulsion; erhöht die Reibechtheit der verwendeten Farbstoffe; verhindert das Ausbluten nicht genügend echter Farbstoffe; spaltet in wässeriger Lösung im Gegensatz zu Seife kein Alkali ab; *Lö. Be.:* beim Abkühlen wird die Lösung schwach trüb, gibt aber keinerlei Abscheidungen; beständig gegen hartes Wasser, verdünnte Säuren und Alkalilaugen; *Verw.:* z. Entschlichten von Kunstseide; z. Beuchen und Färben von Baumwolle; z. Waschen und Walken in der Wollindustrie; als Weichmachungsmittel; bei der Wäsche roher Schafwolle; bei der Wäsche von Kammzug; bei der Wäsche von Wollgarn; zur Nachbehandlung aller mit Schwefelfarbstoffen gefärbter Waren; bei Färbungen mit Indanthrenfarbstoffen, bei Färbungen mit Naphtholrot; bei allen Spülprozessen, auch unter sofortigem Einbringen säurehaltiger Ware in Waschflotten; (s. a.: Mengen!); *Mengen:* allgemein: 0,2—1 g/l; bei der Wäsche und Walke von Streichgarngeweben: 1—2% d. W.; bei der der Walke folgenden Wäsche: im allgemeinen kein weiterer Zusatz; bei schweren Paletotstoffen: 0,2 bis 0,4% d. W.; bei der Wäsche von Kammgarnstoffen, Halbwollstoffen und anderen Mischgeweben mit Wolle: ca. 1% d. W.; bei der Schmutzwalke: ca. 0,8—1,5% d. W.; beim Anstoßen: ca. 0,8—1,5% d. W.; bei der sauren Wäsche von Halbwolle: ca. 0,5—1% d. W. neben ca. 1—2% Essigsäure 30%ig (zum Neutralisieren: 0,2—0,5% Ammoniak!); bei der Nachwäsche von Druckwaren: 0,5—0,8 g/l Waschflotte; *H. Pat., V. Pat.:* F 73261; F 73500; F 74634; F 74796; F 74797; F 75006; F 75653; F 75654; F 75594.

Adulcinol 7 **Flesch-Werke, AG., Frankfurt a. M.**

Geb.-J.: 1930; *i/Kurs:* ja; *Konstit.:* Kondensationsprodukt aliphatischer Alkohole mit aliphatischen Polysulfosäuren (Lösungsmittel sind keine vorhanden!); *Äuß.:* Pulver, gelblich; *Reakt.:* die Lösung ist neutral; $p_H = 7{,}0$; *Eigensch.:* reinigend, schäumend, emulgierend, netzend, weichmachend, egalisierend; zusammen mit Seife hält es sich bildende Kalkseife in kolloidaler Emulsion; verhindert das Verfilzen der Wolle; spaltet im Gegensatz zu Seife kein Alkali ab; *Lö. Be.:* die Lösungen sind in der Kälte schwach trübe, in der Wärme klar; beständig gegen hartes Wasser, verdünnte Säuren und Alkalilaugen; (man stellt am besten eine Stammlsg. 1 : 50 her!); *Verw.:* z. Entschlichten von Kunstseide (s. auch Pellastol EN Paste!); z. Beuchen und Färben von Baumwolle; z. Waschen und Walken in der Wollindustrie; b. Waschen von Makoware; (s. a.: Mengen!); *Mengen:* allgemein: 0,2—1 g/l; b. Färben von Strangware: 0,25 g/l; b. Ausrüsten kunstseidener Gewebe: 0,25 g/l (gleich dem Farbbad zusetzen; eine nachträgliche Avivage ist nicht erforderlich!); z. Ausrüsten von Trikotagen: 0,2—0,3 g/l; z. Ausrüsten gebleichter Trikotware: 0,5% d. W.; b. d. Behandlung ungefärbter, bedruckter oder im Strang gefärbter Stückware: 0,25 g/l; b. d. Ausrüstung von Cord, Velvet, Velveton: 0,3—0,5 g/l; *H. Pat., V. Pat.:* F 73261; F 73500; F 74634; F 74796; F 74797; F 75006; F 75653; F 75654; F 75594.

Adulcinol 7 S **Flesch-Werke, AG., Frankfurt a. M.**

Geb.-J.: 1931; *i/Kurs:* ja; *Konstit.:* Kondensationsprodukt eines aliphatischen Alkohols mit einer aliphatischen Polysulfoverbindung (Lösungsmittel sind keine vorhanden!); *Äuß.:* Pulver, weißlich; *Reakt.:* die Lösung reagiert schwach alkalisch; $p_H = 10{,}0$; *Eigensch.:* weichmachend; *Lö. Be.:* beständig gegen Härtebildner, verdünnte Säuren und Alkalilaugen; *Verw.:* z. Weichmachen von Textilgeweben; *Mengen:* allgemein: 0,2—1 g/l; *H. Pat., V. Pat.:* F 73261; F 73500; F 74634; F 74796; F 74797; F 75006; F 75653; F 75654; F 75594.

Adurin G **A. Th. Böhme, Dresden-N. 6.**

i/Kurs: ja; *Konstit.:* Johannisbrotkernmehlpräparat; *Äuß.:* weißes Pulver; *Verw.:* als Schlicht- und Appreturmittel für alle Textilfasern.

Adurin in Pulver **A. Th. Böhme, Dresden-N. 6.**

Konstit.: Pflanzenprodukt; *Verw.:* als Appretur- und Schlichtmittel für alle Textilfasern.

Adurin M 35 **A. Th. Böhme, Dresden-N. 6.**

Geb.-J.: 1935; *i/Kurs:* ja; *Konstit.:* Fett-Eiweißkörper; *Äuß.:* gelblichweiße Paste oder Pulver; *Reakt.:* neutral; *Eigensch.:* ergibt glatte, gut gleitende, geschlossene, nicht klebende Fäden; erhöht Festigkeit und Dehnung; leicht auswaschbar; *Lö. Be.:* leicht wasserlöslich; *Verw.:* als Schlichtemittel für Kunstseide- und Mischgespinste; *Mengen:* bei Viskose- und Kupferseiden: 30—50 g/l; bei Azetatseiden: 60—90 g/l; bei Mischgarnen 40—60 g/l.

Agressol **A. Th. Böhme, Dresden-N. 6.**

Geb.-J.: 1936; *i/Kurs:* ja; *Konstit.:* Öl- und Fettsäurederivat; *Äuß.:* braunes Öl; *Reakt.:* fast neutral; *Eigensch.:* zieht substantiv auf; verhindert das Bluten der Farben, schont die Faser, erhöht die Gebrauchsfestigkeit, verkürzt die Walkdauer, da die Tuche mit dem Produkt warm angegossen werden können; kein Riechen der Ware, weicher Griff, gute Auswaschbarkeit, klare Farben; *Lö. Be.:* in warmem Wasser leicht löslich; *Verw.:* als Walkmittel für Wolle (Lieferungstuche) und Wolle mit Zellwollbeimischung; *Mengen:* 2—3% d. W.; *H. Pat., V. Pat.:* DRP. a.

Aixolein konz. **Ölraffinerie Neuß.**

Konstit.: Seife (5,9%) + freie Ölsäure (2,6%) + Neutralfett (9,9%) + Wasser (79,9%); *Verw.:* als Schmelzmittel.

Akaustan N **I. G. Farbenindustrie AG., Frankfurt a. M.**

Geb.-J.: 1937; *i/Kurs:* ja; *Konstit.:* anorganisches Produkt; *Äuß.:* weißes, kristallines Pulver; *Reakt.:* neutral; *Eigensch.:* macht Textilien flammsicher; *Lö. Be.:* leicht löslich in kaltem Wasser; *Verw.:* zum Flammsichermachen von Textilien; *Mengen:* 100—200 g/l; (Nachsatz entsprechend dem Flottenverlust). NB. ohne weitere Zugabe von Netzmittel (höchstens bei ungefärbten oder echtgefärbten Materialien, da sonst Ausbluten!) Ware gut durchnetzen — Garne strangförmig auf der Wanne — Stückware auf dem Jigger, Foulard oder Haspelkufe — kalte oder lauwarme, keine heißen Bäder und keine kupferhaltigen Bäder — und dann bei möglichst niederer Temperatur (unterhalb 50° C), am besten in der Hänge, trocknen (keine Trockenzylinder! kein Kalandern! keine heiße, mechanische Nachbehandlung!).

Aktivin **Chemische Fabrik Pyrgos G. m. b. H., Radebeul-Dresden.**

Geb.-J.: 1923; *i/Kurs:* ja; *analog:* Aktivin S und Aktivin spezial; *Konstit.:* p-Toluolsulfochloramidnatrium ($CH_3 \cdot C_6H_4 \cdot SO_2 \cdot N{<}^{Cl}_{Na} \cdot 3\,H_2O$); *Äuß.:* weißes Pulver; *Reakt.:* auch in wässeriger Lösung praktisch neutral; *Eigensch.:* oxydative Bleichwirkung; äußerst geringe Neigung zur Bildung von Oxyzellulose infolge langsamer Sauerstoffentbindung; faserschonend; bildet indifferente Zersetzungsprodukte (Kochsalz, Toluolsulfonamid); greift die Haut, Metalle (wohl Eisen!), wie Kupfer, Nickel, Aluminium, Zinn, Monel-Metall, V 2 A-Stahl, auch Holz, Steingut, Porzellan, Zement, selbst in der Hitze nicht an; desinfizierend; ungiftig; schädigt auch bei heißer Behandlung BW oder KS nicht; *Lö. Be.:* leicht löslich in Wasser; 10%ige Lösungen sind bei Zimmertemperatur haltbar; beständig gegen hartes Wasser, Alkali und Neutralsalzlösungen; beständig auch in Natronlauge enthaltenden Beuchlösungen unter Druck (nur langsame Zersetzung); beständig gegen Seife in Lösung (nicht beim Lagern trockener Gemische); beständig gegen sonstige Netzmittel und Emulgatoren; als Pulver unbeschränkt haltbar; in wässeriger Lösung verliert es bei zweistündigem Kochen nur 10% seines Chlorgehaltes; zersetzungsträger als andere anorganische Bleichmittel, wie H_2O_2, Natriumsuperoxyd, Natriumperborat; mit Säuren entsteht eine Trübung und dann Kristallnadeln von Toluolsulfodichloramid neben Toluolsulfamid; lichtunbeständig; *Verw.:* beim Entschlichten und Beuchen unter gleichzeitiger Vorbleiche; als Vorbleichmittel allgemein; in der Kunstseidenbleiche; als Oxydationsmittel, insbesondere in der Färberei und Druckerei; zum Entschlichten von BW, L, KS, Mischgeweben aus BW, KS und W; in der Buntbleiche; in der Beuche von Buntware; zum Beuchen ohne Druck; in der Kunstseidenbleiche; i. d. Färberei; z. Vorbereiten v. Garnen, Wirkwaren und Geweben b. Baumwolle und Leinen; b. d. Vorbehandlung v. KS; b. Oxydieren v. Küpenfärbungen; b. Abziehen v. Färbungen; i. d. Kleiderfärberei; b. gleichmäßigem Decken verschossener Ware; i. d. Druckerei; zur Herstellung v. Druckverdickungen; zum Nachoxydieren von Küpendrucken; z. Entwickeln von Indigosoldrucken; beim Anilinschwarzdruck; z. Trockenchloren; z. Entfernen von Druckverdickungen; *Mengen:* allgemein: 0,5—2 g/l (zuerst in der 10fachen Menge heißen Wassers lösen!); z. Entschlichten ungefärbter Baumwollwaren vor der Beuche in gebrauchter Beuchlauge, verd. Merzerisierlauge oder 2%iger Sodalösung: 0,15% d. W. (80—90°, 2—3 Std.); b. Entschlichten und Vorbleichen von KS und Mischgeweben aus BW und KS sowie echtfarbenen Baumwollbuntgeweben ohne Mitverwendung von Alkali: 1—3 g/l Wasser (1 Std. kochen; heiß spülen!); z. Entschlichten v. KS: neben 3 g/l Seife: 0,5—2 g/l (evtl. auch Soda); *H. Pat., V. Pat.:* DRP. 423464, 443018, 438119;

EP. 229623; OeP. 104752; SchwP. 112204; TschP. 20842; AP. 1564955; *Lit.:* Chem.-Ztg. 1924 S. 297; Melliand Textilber. 1930 S. 610.

Aktivin S **Chemische Fabrik Pyrgos G. m. b. H., Radebeul-Dresden.**

Geb.-J.: 1927; *i/Kurs:* ja; *analog:* Aktivin und Aktivin spezial; *Konstit.:* Toluolsulfochloramidnatrium; *Äuß.:* weißes Pulver; *Reakt.:* neutral; *Eigensch.:* löst Stärke bzw. schließt sie auf, jedoch im Gegensatz zu Fermenten ohne Abbau zu wasserlöslichen Verbindungen ohne Stärkekraft, wie Dextrin, Maltose, Glykose (Traubenzucker); fördert auch die Löslichkeit anderer Stoffe, z. B. die von Gummiarten; mit Aktivin S aufgeschlossene Stärke gelatiniert noch, ist nicht wässerig, vollkommen farblos und klar kolloidal löslich, neutral, nicht schimmelnd und sauer werdend; dringt leicht in den Faden ein; stäubt beim Weben nicht ab; ist mischbar mit Fetten, Ölen, Glyzerin, Leim und Salzen; erspart Fett oder andere weichmachende Mittel; ergibt geschmeidige, elastische Ketten, die schnell trocknen; von mit Aktivin S aufgeschlossenen Schlichten nimmt der Faden 36% mehr auf als von gewöhnlicher Kleisterschlichte, wobei der Faden bei verhältnismäßig geringem Dehnbarkeitsverlust höhere Festigkeit erreicht; *Lö. Be.:* leicht löslich in Wasser; beständig gegen hartes Wasser, Alkalien und Neutralsalzlösungen; *Verw.:* zum Aufschließen von Stärke; zur Bereitung eindringungsfähiger Schlichte- und Appreturflotten für BW, L, W, KS, J aus Stärke; insbesondere zur Herstellung leicht fließender Stärke für gröberes Material (im Gegensatz zu Aktivin spezial, das zur Herstellung zäherer Schlichteflotten für feinere Garne dient); *Mengen:* i. d. Schlichterei: 1% der Stärke (10fache Wassermenge; zuerst mit wenig Wasser zu einem dünnen Brei verrühren, dann unter Zusatz des Restwassers 10—20 Min. lang mit Dampf aufkochen!); *V. Pat.:* In- und Auslandspatente; *Lit.:* Melliand Textilber. 1930 S. 610.

Aktivin spezial **Chem. Fabrik Pyrgos G. m. b. H., Radebeul-Dresden.**

Geb.-J.: 1930; *i/Kurs:* ja; *analog:* Aktivin und Aktivin S; *Konstit.:* Toluolsulfochloramidnatrium; *Äuß.:* weißes Pulver; *Reakt.:* neutral; *Eigensch.:* Stärke aufschließend; mit Aktivin spez. hergestellte Schlichte trocknet rasch, verklebt d. Fäden nicht, erzeugt einen faserarmen, glatten, sich leicht teilenden Faden (Zusätze: etwas Talg od. Glyzerin!); *Lö. Be.:* gibt beim Kochen der Stärke zunächst, wie gewöhnlich, einen Kleister, sodann eine viskose Masse, die leicht in den Faden eindringt; *Verw.:* zum Schlichten feinfädiger sowie gröberer, aber faserreicher Garne; zur Bereitung viskoser, eindringungsfähiger Schlichteflotten aus Stärke; *Mengen:* zur Herstellung einer Schlichte für Baumwoll- und Wollketten (feine Kammgarne), für gröbere, aber faserreiche Garne (Jute) und Garne für Stuhlwaren: 2% der Stärke (auf 1 kg Kartoffelstärke: 10—20 l Wasser!) neben 2% der Stärke an Fett (15—20 Min. kochen!).

Albit **A. Th. Böhme, Dresden-N. 6.**

Geb.-J.: 1936; *i/Kurs:* ja; *Konstit.:* Pigment; *Äuß.:* klare, gelbliche Flüssigkeit; *Reakt.:* schwach sauer ($p_H = 4{,}2$); *Eigensch.:* gibt wasserechten Matteffekt, da Aufziehen (direktziehend) und Bildung des Pigments mit steigender Temperatur in der Faser; *Lö. Be.:* wasserlöslich; *Verw.:* zum Mattieren kunstseidener Gewebe und Gewirke; *H. Pat., V. Pat.:* DRP. a.

Alfagum **Diamalt AG., München.**

i/Kurs: ja; *Konstit.:* Gummi; *Äuß.:* braune Kristalle; *Verw.:* für Verdickungszwecke in Kombination mit Tragant, Weizenstärke usw. in der Druckerei; für Appretur; zu Druckverdickungen.

Algatine **Zschimmer & Schwarz, Chemnitz.**

Geb.-J.: 1930; *i/Kurs:* ja; *Konstit.:* Pflanzenschleimpräparat; *Äuß.:* dickflüssiges, graues, gelatinöses Produkt; *Reakt.:* nahezu neutral; *Verw.:* als Zusatz für die Appretur, speziell für weichen, flauschigen Griff in der Woll-, Baumwoll-, Flanellappretur; *Mengen:* allgemein: 3—5 g/l Appreturflotte.

Algosol

ähnlich: Solvenol, Solutionsalz B; *Konstit.:* Monobenzylanilin-p-sulfosaures Na; *Eigensch.:* wirkt dispergierend auf Druckfarben; *Verw.:* z. Anteigen v. Druckfarben; *Lit.:* Seifensieder-Ztg. 1928 S. 95; Prof. Herbig: Die Öle u. Fette i. d. Textilind. S. 326.

Alipsol **Chem. Fabr. Pott & Co., Pirna-Copitz.**

i/Kurs: ja; *Konstit.:* Seife + Fettlöser; *Äuß.:* dickliche, gelbl. Flüssigkeit; *Eigensch.:* hohe Reinigungskraft; *Verw.:* für Wollstück- und Strangwäsche.

Alka-Paralin Z **Chem. Fabr. Th. Rotta, Zwickau i. Sa.**

i/Kurs: ja; *Reakt.:* schwach alkalisch; *Eigensch.:* enthält keine Aluminiumsalze; keine nachträgliche Änderung der Farbnuance; bei Mitverwendung von Weichmachungs- oder Appreturmitteln treten keine Ausfällungen ein; *Verw.:* zur wasserabstoßenden Imprägnierung sämtlicher Textilien im Einbad, hauptsächlich für pflanzliche Textilien (vermittelt auch wollenen Artikeln und Mischgeweben einen ausgezeichneten Wasserabperleffekt; macht die pflanzliche Faser nicht unnatürlich krachend, gibt insbesondere der Zellwolle typischen Wollgriff; bei Zusatz von etwas Säure zum Paralinbade kann man jedoch auch krachenden Griff erzielen), dem Alka-Paralinbade können auch 10—30 g/l ameisensaure Tonerde (12° Bé) zugesetzt werden; die Ware kann auch mit 10—30 g/l ameisensaurer Tonerde nachbehandelt werden und schließlich kann das normalerweise alkalische Bad mit Ameisen- oder Essigsäure angesäuert werden; möglich ist auch die gleichzeitige Mitverwendung von Weichmachungsmitteln (2—5 g/l Melanol W), Appreturmitteln (30—100 g/l Pyran WN) und Beschwermitteln (50—150 g/l Gravidol FLK); *Mengen:* 30—60 g/l (in etwas heißem Wasser lösen und dem etwa 50° C warmen Bad zusetzen!); nach der Imprägnierung abquetschen oder schleudern und trocknen; *H. Pat., V. Pat.:* DRP. Anm.

Alrunol B **Sudfeldt & Co., Melle.**

i/Kurs: ja; *Äuß.:* gelbes, fluoreszierendes Öl; *Verw.:* für den Zeugdruck, als Zusatzmittel für Druckfarben.

Alsatine

Konstit.: Rizinsaures Ammonium.

Aluminiumtriformiat **Zschimmer & Schwarz, Chemnitz.**

Geb.-J.: 1932; *i/Kurs:* ja; *Ersatz:* für flüssige Aluminiumformiate; *Konstit.:* $Al(HCOO)_3 \cdot 3\,H_2O$; *Äuß.:* weiße, kristalline Masse; *Reakt.:* schwach sauer; *Lö. Be.:* in Wasser klar löslich; *Verw.:* zum Imprägnieren; zum Fixieren; zur Verbesserung der Wasserechtheit; *H. Pat., V. Pat.:* DRP. und Auslandspatente.

Amercit **Oranienburger Chemische Fabrik AG., Charlottenburg 2.**

i/Kurs: nein; *Ersatz:* Amercit PN; *Konstit.:* Gemisch flüssiger organischer Verbindungen; *Lit.:* Melliand Textilber. 1930 S. 610.

Amercit M **Oranienburger Chemische Fabrik AG., Charlottenburg 2.**

i/Kurs: nein; *Ersatz:* wurde durch Amercit M extra und dieses durch Amercit P ersetzt; *Lit.:* Melliand Textilber. 1930 S. 788.

Amercit M extra **Oranienburger Chem. Fabr. AG., Charlottenburg 2.**

i/Kurs: nein; *Ersatz:* ist ersetzt durch Amercit P; war Ersatz für Amercit M; *Äuß.:* ölige Flüssigkeit; *Eigensch.:* verleiht Merzerisierlaugen erhöhtes Netz- und Durchdringungsvermögen und gewährleistet so gleichmäßige und intensive Merzerisation; die Ware erhält erhöhten Glanz; die Netzfähigkeit der Laugen steigt beim Stehen; *Lö. Be.:* in den üblichen Merzerisierlaugen, bis 32° Bé, vollkommen klar löslich; *Verw.:* als Netzmittel in der Merzerisation; (mit der 5—10fachen Menge Merzerisierlauge verrühren!); *Mengen:* 5—10 g/l Merzerisierlauge; *H. Pat., V. Pat.:* DRP. angemeldet.

Amercit P **Oranienburger Chemische Fabrik AG., Charlottenburg 2.**

i/Kurs: ja; *Ersatz:* für Amercit M und M extra; *analog:* Amercit PN; *Konstit.:* Alkalisalz einer hochmolekularen Sulfosäure + Gemisch von Lösungsmitteln; *Äuß.:* klares, braunes Öl; *Reakt.:* gegen Lackmus schwach alkalisch; *Eigensch.:* erzeugt erhöhten Glanz, egale Färbungen und ausgezeichnete Schrumpfungseffekte; sichert gleichmäßige und intensive Merzerisation; hohes Netz- und Durchdringungsvermögen, besonders auch in gealterten Merzerisierflotten; *Lö. Be.:* in den üblichen Merzerisierlaugen von 28—32° Bé vollkommen klar löslich und beständig; in Wasser nicht löslich; *Verw.:* als Netzmittel für Baumwolle in Merzerisierlaugen; *Mengen:* 10—15 g/l Merzerisierlauge (zunächst mit der 5—10fachen Menge Merzerisierlauge verrühren!); *H. Pat., V. Pat.:* In- und Auslandspatente.

Amercit PN **Oranienburger Chemische Fabrik AG., Charlottenburg 2.**

i/Kurs: ja; *Ersatz:* für Amercit; *analog:* Amercit P; *Konstit.:* Alkalisalz einer hochmolekularen Sulfosäure + Gemisch von Lösungsmitteln; *Reakt.:* gegen Lackmus schwach alkalisch; *Eigensch.:* erzeugt erhöhten Glanz, egale Färbungen und ausgezeichnete Schrumpfungseffekte; sichert gleichmäßige und intensive Merzerisation; hohes Netz- und Durchdringungsvermögen, besonders auch in gealterten Merzerisierflotten; *Lö. Be.:* in den üblichen Merzerisierlaugen von 28—32° Bé vollkommen klar löslich und beständig; in Wasser nicht löslich; *Verw.:* als Netzmittel für Baumwolle in Merzerisierlaugen; *Mengen:* 10—15 g/l Merzerisierlauge (NB. zunächst mit der 5- bis 10fachen Menge Merzerisierlauge verrühren!); *H. Pat., V. Pat.:* In- und Auslandspatente.

Amerpin **Chem. Fabr. Pott & Co., Pirna-Copitz.**

i/Kurs: ja; *Reakt.:* neutral; *Eigensch.:* fettfrei; netzend und egalisierend; *Verw.:* für Baumwoll- und Kunstseidefärberei, als Schlichte- und Appreturzusatz.

Amerpin-S **Chem. Fabr. Pott & Co., Pirna-Copitz.**

i/Kurs: ja; *Reakt.:* sauer; *Eigensch.:* fettfrei; netzend, egalisierend; *Verw.:* in Wollfärberei und Karbonisation.

Amicrol **Chemische Fabrik Pyrgos G. m. b. H., Radebeul-Dresden.**

Geb.-J.: 1931—1937; *i/Kurs:* ja; *Reakt.:* bildet neutrale wässerige Lösungen; *Eigensch.:* desinfizierend; konservierend; praktisch ungiftig; greift kein

Material an; erzeugt weder Geruch noch Färbung; *Lö. Be.:* beständig gegen hartes Wasser, Salze, Alkali, löslich in Wasser i. Verh. 1 : 1000; leicht löslich in Schlichteflotten; *Verw.:* zum Konservieren (wird in mehreren Spezialqualitäten herausgebracht, da die Konservierungsfrage durch ein Universalmittel nicht zu lösen ist) von Stärke- und Leimflotten (Schutz gegen Schimmel!) sowie von Wollschmelzen (Verhütung des Ranzigwerdens!); allgemein: für Eiweiß und Kasein enthaltende Stoffe, Leimlösungen, Schlichte- und Appreturflotten, Verdickungsmittel; *Mengen:* z. Konservierung schimmelgefährdeter Textilstoffe: 0,05—0,1% geschlichteter oder appretierter Ware; als Zusatz zur Schlichte bzw. Appreturflotte: 0,5 g/l; *H. Pat., V. Pat.:* DRP. angem.; *Lit.:* Der Spinner u. Weber 1935 Nr. 3 S. 10; Der Farbenchemiker 1931 Nr. 10 S. 474.

Ammoniumlinoleat **J. D. Riedel-E. de Haen AG., Berlin-Britz.**

i/Kurs: nein; *Ersatz:* Ammoniumlinoleat-Paste „N"; *analog:* Ammoniumlinoleat-Paste „N"; *Konstit.:* leinölsaures Ammonium, ohne Gehalt an Lösungsmitteln usw.; *Äuß.:* gelbweiße Paste; *Reakt.:* schwach alkalisch; *Eigensch.:* Emulgierkraft; *Lö. Be.:* unbeständig gegen freie Säuren, Brunnen- oder Leitungswasser (ölfreies Kondenswasser oder dest. Wasser verwenden!); *Verw.:* zur Herstellung von Spinnölen, Schmelzen, Textilwaschmitteln, Emulsionen; *Lit.:* Seifensieder-Ztg. 1931 S. 318, 663, 696, 705; 1932 S. 141ff., 181, 320.

Ammoniumlinoleat-Paste „N" **J. D. Riedel-E. de Haen AG., Berlin-Britz.**

i/Kurs: ja; *Ersatz:* für Ammoniumlinoleat; *analog:* Ammoniumlinoleat; *Konstit.:* leinölsaures Ammonium; ohne Gehalt an Lösungsmitteln usw.; *Äuß.:* gelbweiße Paste; *Reakt.:* schwach alkalisch; *Eigensch.:* liefert Emulsionen wasserunlöslicher Fettlösungsmittel, tierischer, pflanzlicher und mineralischer Öle, natürlicher und künstlicher Wachse (Benzin, Petroleum, Benzol, Toluol, Xylol, Tetralin, Methylhexalin, Tetrachlorkohlenstoff, Bienenwachs); *Lö. Be.:* unbeständig gegen freie Säure, Brunnen- oder Leitungswasser (ölfreies Kondenswasser oder dest. Wasser verwenden!); *Verw.:* z. Herstellung von Spinnöl, spinnfertigen Schmelzen, Gerbereifetten, Walkmitteln, Bohrfetten, Poliermitteln, Textilwaschmitteln usw.; *Mengen:* 6,7 Teile Ammoniumlinoleat in der gleichen Menge Spiritus, evtl. Hexalin, gelöst, mit 86,6 Teilen Benzin vermischt gibt mit 100 Teilen Wasser haltbare weiße Emulsionen; 2,76 Teile Ammoniumlinoleat in 19,34 Teilen Wasser gelöst ergibt mit 2,9 Teilen Petroleum klare Lösung. *Lit.:* Seifensieder-Ztg. 1930 S. 620; 1931 S. 318, 663, 705.

Amollin H **A. Holtmann & Co., Berlin NO 43.**

i/Kurs: ja; *analog:* Amollin V; *Konstit.:* Lipoide; *Äuß.:* klares Öl; *Reakt.:* neutral; *Eigensch.:* gibt weichen, geschmeidigen, fließenden Griff; kein Abfetten, Ranzig- und Gelbwerden; glättet Stränge und Fäden gut; *Lö. Be.:* in Wasser klar löslich; beständig gegen hartes Wasser, organische und Mineralsäuren, Alkalien und Salze; *Verw.:* zum Appretieren und Weichmachen von KS, BW und MG, zum Glätten von Zwirnen, Nähfäden und Stickereigarnen, allein oder zusammen mit anderen Appreturmitteln, in kalten wie in warmen Bädern; *Mengen:* für Viskosekunstseide auf Kufen: 0,7—1,5 g/l (Nachsatz: 0,5—0,7 g/l); für Kupferkunstseide auf Kufen: 1—2 g/l (Nachsatz: 0,7—1 g/l); für merzerisierte BW: 1,5—3 g/l (Nachsatz: 1—2 g/l); beim Arbeiten mittels Foulard: 3—5 g/l.

Amollin V **A. Holtmann & Co., Berlin NO 43.**

i/Kurs: ja; *analog:* Amollin H; *Konstit.:* Lipoide; *Äuß.:* klares Öl; *Reakt.:* neutral; *Eigensch.:* gibt weichen, geschmeidigen, fließenden Griff; kein Abfetten, Ranzig- und Gelbwerden; glättet Stränge und Fäden gut; *Verw.:* zum Appretieren und Weichmachen von KS, BW und MG, zum Glätten von Zwirnen, Nähfäden und Stickereigarnen, allein oder zusammen mit anderen Appreturmitteln, in kalten wie in warmen Bädern; *Mengen:* für Viskosekunstseide auf Kufen: 0,7–1,5 g/l (Nachsatz: 0,5–0,7 g/l); für Kupferkunstseide auf Kufen: 1—2 g/l (Nachsatz: 0,7—1 g/l); für merzerisierte BW: 1,5—3 g/l (Nachsatz: 1—2 g/l); beim Arbeiten mittels Foulard: 3—5 g/l.

Amylose AN **I. G. Farbenindustrie AG., Frankfurt a. M.**

Geb.-J.: 1929; *i/Kurs:* ja; *analog:* den übrigen Amylose-Marken D und N; *Konstit.:* aus Kartoffelstärke hergestellte lösliche Stärke; *Äuß.:* Pulver, weiß; *Reakt.:* neutral; *Eigensch.:* erzeugt beim Appretieren von den drei Marken den weichsten Griff; besitzt die doppelte Steifungskraft wie Dextrin; mit ihr appretierte Ware schreibt auch bei dunklen Färbungen nicht; mit ihr geschlichtete Fäden sind voll und geschmeidig, kleben und stäuben nicht; ermöglicht bei Schwerschlichten eine höhere Beschwerung als bei Verwendung von Kartoffelmehl; erzeugt schaumfreie Schlichteflotten, ermöglicht bei Rohketten die Anwendung unter Zusatz nur ganz geringer Mengen an Ölen und Fetten; bei der Appretur gefärbter Waren bleiben die Farben klarer als bei Verwendung gewöhnlicher Stärke; läßt Weißwaren sowohl bei Klotz- als auch bei Rakelappreturen hervorragend weiß; *Lö. Be.:* rasch und vollständig zerteilbar in kaltem Wasser; löslich beim Erhitzen auf 90° C, wobei eine dünnflüssige Lösung entsteht; *Verw.:* als Stärkeschlichte, die nicht aufgeschlossen zu werden braucht; allein oder insbesondere in Verbindung mit Ramasit I als Appreturmittel für Baumwolle, Halbwolle, Halbseide, Mischgewebe aus Baumwolle und Kunstseide, Filze, Teppiche usw., Garne, Zwirne, Bindfäden usw.; bei der Imprägnierung von Windjackenstoff, Schirmseide usw.; als Schlichtemittel für Baumwolle, Wolle, Jute, Leinen usw.; als Zusatz zur Kartoffelmehlschlichte; zusammen mit Ölen und Fetten, z. B. Monopolbrillantöl, Talg, Wachsen usw.; zum Weichmachen des Griffs und zur Erzielung besonderer Effekte; in Verbindung mit löslichen Beschwerungsmitteln, wie Bittersalz, Glaubersalz usw.; zur Beschwerung (200 g Amylose und 200 g anorgan. Salze pro kg Appreturmasse geben noch keinerlei Ausscheidungen! NB. besonders gut eignen sich hierbei Zusätze von Igepon T; zusammen mit unlöslichen Beschwerungsmitteln, wie Chinaclay, Talkum usw., auch zusammen mit Leim, Tragant usw., evtl. unter weiterem Zusatz von Nekal BX trocken bzw. BX extra zur Appretur- oder Schlichteflotte, insbesondere bei gleichzeitiger Mitverwendung von Kartoffelmehl — etwa 0,25—1 g Nekal BX trocken bzw. BX extra pro Liter Masse —; zusammen mit Ramasit WD konz. bei Imprägnierungen (die Ware erhält einen guten Griff, ohne daß die Wasserdichtigkeit darunter leidet); zusammen mit Ramasit I (ca. 5 g/l) bei der Schlichterei bunter Ketten, die zu Stuhlware verarbeitet werden; NB. man rühre mit der nötigen Menge kalten Wassers an; nachdem evtl. Kartoffelmehl, andere Stärken oder Dextrin zugesetzt sind, erhitzt man unter Rühren auf 90—100° C! — Lösungen, die lange Zeit stehen sollen, versetzt man mit 0,2% Solbrol M techn., gelöst in heißem Wasser —; *H. Pat., V. Pat.:* patentiert.

Amylose D **I. G. Farbenindustrie AG., Frankfurt a. M.**

Geb.-J.: 1929; *i/Kurs:* ja; *analog:* den übrigen Amylose-Marken AN und N; *Konstit.:* aus Kartoffelstärke hergestellte lösliche Stärke; *Äuß.:* Pulver, weiß; *Reakt.:* neutral; *Eigensch.:* erzeugt beim Appretieren von den drei Marken den härtesten Griff, der aber weicher und angenehmer ist noch als der mit Kartoffelmehl erhältliche; die Steifungskraft ist größer als die von Dextrin; mit ihr hergestellte Füllappreturen sind geschmeidiger und nicht so brettig als solche aus Kartoffelmehl; bei der Appretur gefärbter Waren bleiben die Farben klarer als bei Verwendung gewöhnlicher Stärke; läßt Weißwaren hervorragend weiß sowohl bei Klotz- als auch bei Rakelappreturen auf Weißwaren; mit ihr appretierte Ware schreibt bedeutend weniger als mit Kartoffelmehl appretierte; mit ihr geschlichtete Fäden sind voll und geschmeidig, kleben und stäuben nicht; ermöglicht bei Schwerschlichten eine höhere Beschwerung als bei Verwendung von Kartoffelmehl; erzeugt schaumfreie Schlichteflotten; ermöglicht bei Rohketten die Anwendung unter Zusatz nur ganz geringer Öl- oder Fettmengen; *Lö. Be.:* rasch und vollständig zerteilbar in kaltem Wasser; löslich beim Erhitzen auf 90° C, wobei eine dickflüssige Lösung entsteht; *Verw.:* als Zusatz zu Füllappreturen; eignet sich am besten von allen drei Marken für die Schlichterei; als Stärkeschlichte, die nicht aufgeschlossen zu werden braucht; allein oder insbesondere in Verbindung mit Ramasit I als Appreturmittel für Baumwolle, Halbwolle, Halbseide, Mischgewebe aus Baumwolle und Kunstseide, Filze, Teppiche usw., Garne, Zwirne, Bindfäden usw.; bei der Imprägnierung von Windjackenstoff, Schirmseide usw.; als Schlichtemittel für Baumwolle, Wolle, Jute, Leinen usw.; als Zusatz zur Kartoffelmehlschlichte; zusammen mit Ölen und Fetten, z. B. Monopolbrillantöl, Talg, Wachsen usw.; zum Weichmachen des Griffs und zur Erzielung besonderer Effekte; in Verbindung mit löslichen Beschwerungsmitteln, wie Bittersalz, Glaubersalz usw.; zur Beschwerung (200 g Amylose und 200 g anorgan. Salze pro kg Appreturmasse geben noch keinerlei Ausscheidungen! NB. besonders gut eignen sich hierbei Zusätze von Igepon T); zusammen mit unlöslichen Beschwerungsmitteln, wie Chinaclay, Talkum usw.; auch zusammen mit Leim, Tragant usw., evtl. unter weiterem Zusatz von Nekal BX trocken bzw. BX extra zur Appretur- oder Schlichteflotte, insbesondere bei gleichzeitiger Mitverwendung von Kartoffelmehl — etwa 0,25—1 g Nekal BX trocken bzw. BX extra pro Liter Masse —; zusammen mit Ramasit WD konz. bei Imprägnierungen (die Ware erhält einen guten Griff, ohne daß die Wasserdichtigkeit darunter leidet); zusammen mit Ramasit I (ca. 5 g/l) bei der Schlichterei bunter Ketten, die zu Stuhlware verarbeitet werden; NB. man rühre mit der nötigen Menge kalten Wassers an; nachdem evtl. Kartoffelmehl, andere Stärken oder Dextrin zugesetzt sind, erhitzt man unter Rühren auf 90—100° C! — Lösungen, die lange Zeit stehen sollen, versetzt man mit 0,2% Solbrol M techn., gelöst in heißem Wasser —; *H. Pat., V. Pat.:* patentiert; *Lit.:* Melliand Textilber. 1930 S. 610.

Amylose N **I. G. Farbenindustrie AG., Frankfurt a. M.**

Geb.-J.: 1929; *i/Kurs:* ja; *analog:* den übrigen Amylose-Marken AN und D; *Konstit.:* aus Kartoffelstärke hergestellte lösliche Stärke; *Äuß.:* Pulver, weiß; *Reakt.:* neutral; *Eigensch.:* erzeugt beim Appretieren einen Griff, der in bezug auf Härte und Steife zwischen denen von AN und D steht; die Steifungskraft ist größer als die von Dextrin; bei der Appretur gefärbter Waren bleiben die Farben klarer als bei Verwendung gewöhnlicher Stärke; läßt Weißwaren sowohl bei Klotz- als auch bei Rakelappreturen hervorragend weiß; mit ihr appretierte Ware schreibt bedeutend weniger als mit Kartoffelmehl appretierte; mit ihr geschlichtete Fäden sind voll und geschmeidig, kleben und stäuben nicht; ermöglicht bei Schwerschlichten eine höhere Beschwerung als bei Verwendung von Kartoffelmehl; erzeugt schaumfreie Schlichteflotten; ermöglicht bei Rohketten die Anwendung unter Zusatz nur ganz geringer Öl- und Fettmengen; *Lö. Be.:* rasch und vollständig zerteilbar in kaltem Wasser; löslich beim Erhitzen auf 90° C, wobei eine Lösung entsteht, deren Viskosität zwischen der der Marken AN und D liegt; *Verw.:* als Stärkeschlichte, die nicht aufgeschlossen zu werden braucht; allein oder insbesondere in Verbindung mit Ramasit I als Appreturmittel für Baumwolle, Halbwolle, Halbseide, Mischgewebe aus Baumwolle und Kunstseide, Filze, Teppiche usw., Garne, Zwirne, Bindfäden usw.; bei der Imprägnierung von Windjackenstoff, Schirmseide usw.; als Schlichtemittel für Baumwolle, Wolle, Jute, Leinen usw.; als Zusatz zur Kartoffelmehlschlichte; zusammen mit Ölen und Fetten, z. B. Monopolbrillantöl, Talg, Wachsen usw.; zum Weichmachen des Griffs und zur Erzielung besonderer Effekte; in Verbindung mit löslichen Beschwerungsmitteln, wie Bittersalz, Glaubersalz usw.; zur Beschwerung (200 g Amylose und 200 g anorgan. Salze pro kg Appreturmasse geben noch keinerlei Ausscheidungen! NB. besonders gut eignen sich hierbei Zusätze von Igepon T!); zusammen mit unlöslichen Beschwerungsmitteln, wie Chinaclay, Talkum usw.; auch zusammen mit Leim, Tragant usw., evtl. unter weiterem Zusatz von Nekal BX trocken bzw. BX extra zur Appretur- oder Schlichteflotte, insbesondere bei gleichzeitiger Mitverwendung von Kartoffelmehl — etwa 0,25—1 g Nekal BX trocken bzw. BX extra pro Liter Masse —; zusammen mit Ramasit WD konz. bei Imprägnierungen (die Ware erhält einen guten Griff, ohne daß die Wasserdichtigkeit darunter leidet); zusammen mit Ramasit I (ca. 5 g/l) bei der Schlichterei bunter Ketten, die zu Stuhlware verarbeitet werden; NB. man rühre mit der nötigen Menge kalten Wassers an; nachdem evtl. Kartoffelmehl, andere Stärken oder Dextrin zugesetzt sind, erhitzt man unter Rühren auf 90—100° C! — Lösungen, die lange Zeit stehen sollen, versetzt man mit 0,2% Solbrol M techn., gelöst in heißem Wasser —; *H. Pat., V. Pat.:* patentiert.

Anthydrin **Zschimmer & Schwarz, Chemnitz.**

Geb.-J.: 1931; *i/Kurs:* ja; *analog:* Imprägnierung CFD (letzteres jedoch für ganz feine Textilien!); *Konstit.:* Gemisch fettsaurer Aluminiumsalze; *Äuß.:* Paste (wird auch in Pulverform geliefert!); *Reakt.:* nahezu neutral; *Eigensch.:* imprägnierend im Einbadverfahren; *Verw.:* zum Wasserabstoßendmachen von Web- und Wirkwaren (Kleider- und Mantelstoffe usw., Strümpfe, Schals) im Einbadverfahren; *Mengen:* allgemein: 5—10 g/l.

Anthydrin PL **Zschimmer & Schwarz, Chemnitz.**

Geb.-J.: 1935; *i/Kurs:* ja; *Ersatz:* für Anthydrin A; *Konstit.:* Paraffinemulsion; *Äuß.:* weiße Paste; *Reakt.:* neutral; *Lö. Be.:* beständig in wässeriger Lösung gegen Zusatz von Salzen und schwachen Säuren; *Verw.:* für die einbadige Imprägnierung unter Zusatz von „Fixim“ oder „Aluminiumtriformiat krist.“.

Antibenzinpyrin

ähnlich: identisch mit Richterol; *Konstit.:* wasserfreies Magnesiumoleat; *Eigensch.:* erhöht die Leitfähigkeit des Benzins und verhütet so Brände; *Verw.:* i. d. Trockenwäscherei.

Antigum **Münzing & Co., Heilbronn a. N.**

i/Kurs: ja; *Konstit.:* Pankreas-Diastase-(Enzym-)Präparat; *Äuß.:* pulverförmig; weißlich; *Reakt.:* neutral; *Eigensch.:* kann bei allen Temperaturen bis zu 60° C verwendet werden; baut die Stärke bis zur leicht löslichen Glukose (nicht nur bis zu den schwerer löslichen Dextrinen) ab, daher geringer Verbrauch, restlose und leichte Auswaschbarkeit der abgebauten Schlichte und reine, weichgriffige Ware; keine Faserschädigung; farb- und geruchlos; ermöglicht bei geeigneter Wahl der Dosierung, Einwirkungsdauer und Temperatur die Erreichung jedes gewünschten Verflüssigungsgrades (der Stärkeabbau läßt sich durch Zusatz von Essigsäure oder Erwärmen auf ca. 90° in jedem beliebigen Stadium unterbrechen); *Lö. Be.:* rasch und leicht in kaltem Wasser löslich; *Verw.:* zum Aufschließen von Stärke; bei der Herstellung von Schlichte- und Appreturmassen; zum Entschlichten von Textilwaren auf Waschmaschinen, Jiggern und Bottichen; *Mengen:* bei normaler Ware zur Entschlichtung: 0,1—0,2% der Ware; bei der Schnellentschlichtung: 0,2—0,4% der Ware; (NB.! vor Gebrauch in der 4—5fachen Menge Wassers von 40° C lösen und der 55—60° warmen Flotte zugeben! nachträgliches Erhitzen vermeiden! Temperaturen nicht über 60° C! alkalische Schlichten vorher heiß auswaschen! bei schwer quellbaren Schlichten aus Mais, Reis und Weizenstärke mit heißem Wasser vornetzen!); Flottenverhältnis: 0,1—0,2%ige Lösungen.

Aperlan **Chem. Fabr. Grünau Landshoff & Meyer AG., Berlin-Grünau.**

Geb.-J.: 1933; *i/Kurs:* ja; *Konstit.:* Tonerdesalz + Paraffin; *Reakt.:* schwach sauer; *Äuß.:* feste, weiße Paste; *Lö. Be.:* in heißem Wasser leicht löslich; gibt Emulsionen; *Verw.:* zum Wasserdichtmachen von Baumwoll-, Woll-, Seiden- und Kunstseidenwaren im Einbadverfahren; *Mengen:* zum Wasserdichtmachen für Baumwollwaren: 20—30 g/l; zum Wasserdichtmachen für Wollwaren: 10—20 g/l; zum Wasserdichtmachen für Seiden- und Kunstseidenwaren: 10 g/l; *H. Pat., V. Pat.:* DRP. angem.

Apparatine

Konstit.: Stärke (löslicher Stärkeleim, erhalten durch Quellen von Stärke mit Lauge); *Verw.:* als Verdickungsmittel.

Appret-Avirol E **Böhme Fettchemie, Chemnitz.**

Geb.-J.: 1928; *i/Kurs:* ja; *Konstit.:* Rizinusölsulfonat (hochsulfoniert und hochkondensiert); *Äuß.:* hellgelbe, viskose Flüssigkeit; *Reakt.:* schwach sauer; *Eigensch.:* netzend; weichmachend; *Lö. Be.:* leicht löslich in Wasser; gut beständig gegen verdünnte Säuren und Alkalien, sowie gegen Härtebildner; besonders beständig gegen Bittersalzlösungen hoher Konzentration; *Verw.:* in der Appretur, insbesondere für Beschwerungsappreturen mit Bittersalz; *Mengen:* bei reinen Bittersalzappreturen: 10—20% der Bittersalzmenge; bei Bittersalzappreturen mit Dextrinzusatz: 5—10% der Bittersalzmenge; *H. Pat., V. Pat.:* ja; *Lit.:* Melliand Textilber. 1928 S. 259; 1930 S. 610; 1932 S. 421; 1935 S. 62, 134, 288; Seifensieder-Ztg. 1931 S. 87; Fettchem. Umschau 1936 S. 38.

Appret-Flerhenol **Flesch-Werke, AG., Frankfurt a. M.**

Geb.-J.: 1927; *i/Kurs:* ja; *Konstit.:* Natriumsalz einer hochsulfonierten Rizinolsäure (Lösungsmittel sind keine vorhanden!); *Äuß.:* rotbraunes Öl; *Reakt.:* die wässerige Lösung reagiert schwach sauer, $p_H = 6,5$; *Lö. Be.:* gegen Bittersalz 1: unendlich beständig; auch bei Wasser großer Härte beständig; *Verw.:* für Beschwerungsappreturen mit Bittersalz bei Matratzendrell, Kretonnestücken, bunten Schürzenstoffen, Blauware, schwarzen Filzstoffen, baumwollenen Hosenstoffen; (s. a.: Mengen!); *Mengen:* bei der

Appretur: 0,5—3%; *H. Pat., V. Pat.:* F 62915; *Lit.:* Seifensieder-Ztg. 1931 S. 650.

Appret J **Chem. Fabr. Pfersee, Augsburg.**

Geb.-J.: 1933; *i/Kurs:* ja; *Äuß.:* weißliche Paste; *Verw.:* beim Imprägnieren, beim Appretieren; *Mengen:* das Produkt mit seinem Behälter in kochend heißes Wasser einstellen, gut durchrühren, wobei das Produkt aufschmilzt und die Masse auf etwa 65° C erhitzen! dann mit der 4—5fachen Menge Wasser von 50—60° C verrühren, weiterverdünnen und der fertigen Appreturflotte zusetzen.

Appretan A **I. G. Farbenindustrie AG., Frankfurt a. M.**

Geb.-J.: 1935; *i/Kurs:* ja; *Konstit.:* hochpolymeres Produkt; *Äuß.:* milchigweiße Flüssigkeit; *Reakt.:* neutral; *Eigensch.:* gibt beim Eintrocknen elastischen, wasserunlöslichen Film; füllt Gewebe; leicht verarbeitbar; keine ungünstige Griffsbeeinflussung; bleibt auch in konzentrierten Lösungen dünnflüssig; klebt bei Samten, Plüsch usw. lose sitzende Fäden auf der Rückseite fest an (Rückenappretur); mischbar mit den üblichen Appreturmitteln (nicht mit tonerdehaltigen!); *Lö. Be.:* mit Wasser bei gewöhnlicher Temperatur in jedem Verhältnis verdünnbar; hartwasserbeständig; nicht löslich in organischen Lösungsmitteln; *Verw.:* zur Erzielung eines Fülleffektes bei Futterstoffen aus KS, BW, MG aus BW und KS-Trikotagen, Damenkleiderstoffen, Krepps, Cloquéstoffen usw.; für Leinenfinish auf BW; zur Rückenappretur von Samten, Plüschgeweben aus KS, W usw.; allein oder zusammen mit anderen Appretur- oder Weichmachungsmitteln; zur Verhütung des Schiebens bei lose eingestellten Futterstoffen (zusammen mit Appretan SF usw.), als Latexersatz in Verbindung mit den üblichen Rakelappreturen; *Mengen:* allgemein: 40 g/l Wasser (bei Futterstoffartikeln etwas mehr!); bei Kreppsatins und Cloquéstoffen: ca. 25 g/l; für Leinenfinish: ca. 50 g/l; nach dem Spritzverfahren: ca. 30—75 g/l; (Behandlung foulardmäßig oder nach dem Spritzverfahren!); *H. Pat., V. Pat.:* patentiert.

Appretan B **I. G. Farbenindustrie AG., Frankfurt a. M.**

Geb.-J.: 1935; *i/Kurs:* ja; *Konstit.:* hochpolymeres Produkt; *Äuß.:* milchigweiße Flüssigkeit; *Reakt.:* neutral; *Eigensch.:* wie Appretan A, doch macht es die Ware besonders weich und elastisch; mit den üblichen Appreturmitteln, auch mit tonerdehaltigen mischbar; gibt Leinen besonders guten Glanz; *Lö. Be.:* mit Wasser bei gewöhnlicher Temperatur in jedem Verhältnis verdünnbar; hartwasserbeständig; nicht löslich in organischen Lösungsmitteln; *Verw.:* außer für die unter Appretan A genannten Zwecke noch für reine Leinenstoffe, Leinenkrepps usw.; *Mengen:* die gleichen wie bei Appretan A; *H. Pat., V. Pat.:* patentiert.

Appretan SF **I. G. Farbenindustrie AG., Frankfurt a. M.**

Geb.-J.: 1935; *i/Kurs:* ja; *Konstit.:* hochpolymeres Produkt; *Äuß.:* braune Flüssigkeit (hochviskos); *Reakt.:* neutral; *Eigensch.:* verhindert das Schieben von Geweben aus KS, ohne Griff und Weichheit ungünstig zu beeinflussen; füllt das Gewebe; kein Nachhärten; kann den Appreturansätzen direkt zugegeben und mit den Appreturmitteln zusammen aufgekocht werden; mit Ausnahme von Bittersalz mischbar mit den üblichen Appreturmitteln; kann zusammen mit den üblichen Appreturmitteln verwendet werden (zuviel Weichmachungsmittel beeinflußt den Schiebefesteffekt ungünstig!); macht die Behandlung mit Spezialkalandern überflüssig; *Lö. Be.:* hartwasserbeständig; beständig in schwachsauren Flotten; *Verw.:* zum Schiebefestmachen in der Kunstseidenindustrie (Futterstoffe, Kreppmarocain, lose eingestellte Gewebe, Azetatkunstseidentaft, Gummiband usw.) und von unerschwerter Naturseide; als Latexersatz; zweckmäßig gleichzeitig zusammen mit Appretur- und Füllmitteln; *Mengen:* 20—75 (bis 120) g/l (im Foulard oder auf der Haspelkufe oder mittels Spritzapparatur 40—45° C); *H. Pat., V. Pat.:* patentiert; *Lit.:* Melliand Textilber. 1937 S. 155.

Appretan WL **I. G. Farbenindustrie AG., Frankfurt a. M.**

Geb.-J.: 1936; *i/Kurs:* ja; *Konstit.:* hochpolymeres Produkt; *Äuß.:* gelbliche, dickliche Flüssigkeit; *Reakt.:* neutral; *Eigensch.:* verleiht Geweben aus KS, ZW, BW/KS, HW, W usw. eine sehr starke Fülle; kein Verschleiern der Farbtöne; keine Härtung des Griffes; gibt Futterstoffen den erwünschten „Stoß"; verbessert die Schiebefestigkeit lose eingestellter Gewebe; läßt sich von Geweben wieder entfernen; erhöht die Saugfähigkeit der Wolle (daher in der Wollappretur nicht zusammen mit Imprägnierflotten!); läßt sich mit Weichmachungsmitteln, geringen Mengen Appreturmitteln — nicht mit Stärke — gemeinsam verwenden, wenn diese kalt verarbeitbar sind; *Lö. Be.:* in kaltem Wasser leicht (bis 30° C!), in heißem nicht löslich; empfindlich gegen höhere Alkali- und Bittersalz- (mehr als 15 g/l) Konzentrationen; absolut hartwasserbeständig; *Verw.:* als Füllappretur für Futterstoffe aus KS, KS/BW, ZW, Krepp und glatte Gewebe; zum Gummieren von HW, W usw.; zusammen mit Appretan SF zum gleichzeitigen Füllen und Schiebefestmachen; *Mengen:* allgemein: ca. 20—60 g/l Wasser; für Krepps: 5—20 g/l; bei Spritzappretur: 40—50 g/l; (NB. nur kalt — durch Hitze unlöslich gewordene Abscheidungen gehen beim Abkühlen wieder in Lösung — auf Foulards — auch bei Kreppstoffen, wenn Walzen aus Weichgummi vorhanden — Spannrahmentrockenmaschinen oder durch Spritzvorrichtungen); *H. Pat., V. Pat.:* patentiert; *Lit.:* Melliand Textilber. 1937 S. 155.

Appretin **J. Simon & Dürkheim, Offenbach a. M.**

i/Kurs: ja; *Eigensch.:* kräftigt den Faden; füllt lichte Stellen aus; *Verw.:* als Appretur für Jute, Futterleinen usw.; als Schlichtezusatz.

Appretose **Chem. Fabr. Pyrgos G. m. b. H., Radebeul-Dresden.**

Geb.-J.: 1930; *i/Kurs:* ja; *Konstit.:* Stärke; *Äuß.:* weißes Pulver; *Reakt.:* neutral; *Eigensch.:* die Appretoselösung ist dünnflüssig, dringt daher leicht in das Gewebe ein; bildet auf der Ware einen feinen, durchsichtigen, glasklaren Film; geruchlos; *Lö. Be.:* löslich in Wasser (bis zu 50% klar in kochendem Wasser!); die 10%ige Lösung bleibt auch beim Erkalten flüssig; *Verw.:* als Appreturmittel; zum Schlichten von Kunstseide; für alle Warengattungen, wie gebleichte, gefärbte, bedruckte Gewebe aus BW, L, KS, W, Gardinen, Spitzen, Bänder, Litzen, Filz usw.; Appretoselösung kann auch lauwarm oder kalt angewendet werden (Appretur auf unechten, leicht auslaufenden Färbungen!); *Mengen:* 2—10%ige wässerige Lösungen (Pulver mit Wasser verrühren und aufkochen!) evtl. unter Zusatz von Glyzerin, Salzen, Fetten, Ölen usw.

Appretur PE **Böhme Fettchemie, Chemnitz.**

Geb.-J.: 1934; *i/Kurs:* ja; *Konstit.:* Paraffin-Emulsion; *Äuß.:* weiße Paste; *Reakt.:* neutral; *Eigensch.:* erteilt BW und KS weichen, vollen Griff und Fülle; *Lö. Be.:* gibt mit heißem Wasser haltbare Emulsion; relativ unempfindlich gegen schwache Alkalien, niedrige bis mittlere Wasserhärte; *Verw.:* als

Zusatz zu Appretur- und Schlichteflotten (Glanzerzeugung); *Mengen:* 5—20, in Sonderfällen bis zu 100 g/l; *H. Pat., V. Pat.:* ja.

Appreturfett „Esdeform“ **J. Simon & Dürkheim, Offenbach a. M.**

i/Kurs: ja; *Konstit.:* Stearinseife; *Eigensch.:* gilbt beim Kalandern nicht nach; macht die Ware weich; *Verw.:* beim Appretieren für weiße Gewebe.

Appreturmittel SB **Diamalt A. G., München.**

i/Kurs: ja; *Konstit.:* Öl-Zucker-Präparat; *Äuß.:* graue Paste; *Verw.:* in der Appretur als Füll- und Beschwerungsmittel für Baumwolle, Halbwolle und Wolle.

Appreturöl **J. Simon & Dürkheim, Offenbach a. M.**

i/Kurs: ja; *Konstit.:* Sulforicinat; *Eigensch.:* verbindet sich gut mit Dextrin; gibt eine geschmeidige Appretur; *Lö. Be.:* in Wasser vollkommen klar löslich; *Verw.:* beim Appretieren.

Appreturöl conc. **A. Th. Böhme, Dresden.**

i/Kurs: ja; *Reakt.:* neutral; *Eigensch.:* weichmachend, nicht nachgilbend; *Verw.:* als Zusatz zu Appreturen; besonders für Weißwaren.

Appreturöl IK **Baur, Gaebel & Cie., Köln-Radertal.**

Geb.-J.: 1902; *i/Kurs:* ja; *Konstit.:* Seife + Fettungsmittel; *Äuß.:* gelbliches Öl; *Reakt.:* neutral gegen Phenolphthalein; *Lö. Be.:* in kaltem Wasser löslich; *Verw.:* als Weichmachungsmittel in weichem oder Kondenswasser für Appreturen.

Appreturöl W **Chemische Fabrik Stockhausen & Cie., Krefeld.**

i/Kurs: ja; *analog:* Rizinusölsaures Natrium; *Konstit.:* Seife; *Äuß.:* klares Öl, schwach gelb; *Reakt.:* neutral bis schwach alkalisch; *Eigensch.:* geringe Eigenfarbe; kein vergilbender Einfluß auf den Weißgrad; weichmachende Wirkung; *Lö. Be.:* in Wasser klar löslich; nicht beständig gegen hartes Wasser; *Verw.:* als Appreturöl für hellfarbige und weiße Ware.

Appreturöl wasserhell **A. Th. Böhme, Dresden-N. 6.**

i/Kurs: ja; *Reakt.:* neutral; *Eigensch.:* nicht nachgilbend; *Verw.:* für die Appretur von Bleichware.

Appreturpulver „Esdeform“ **J. Simon & Dürkheim, Offenbach a. M.**

i/Kurs: ja; *Eigensch.:* wasserfrei; *Verw.:* als Appretur, zum Füllen und Kräftigen weißer Gewebe.

Appreturstärke Grünau **Chem. Fabr. Grünau Landshoff & Meyer AG., Berlin-Grünau.**

Geb.-J.: 1929; *i/Kurs:* ja; *analog:* Kunstseidenschlichte Grünau; *Konstit.:* aufgeschlossene Stärke, frei von Salzen; *Äuß.:* weißes Pulver; *Reakt.:* neutral; *Eigensch.:* gibt dünnflüssige, leicht eindringende Lösungen; macht Kartoffelstärkekleister dünnflüssiger; Appreturmassen aus Appreturstärke Grünau und Kartoffelmehl oder Leim dringen gut in das Gewebe ein und zeichnen sich durch gutes Steifungsvermögen aus; *Lö. Be.:* in kaltem Wasser unlöslich; beim Erwärmen der wässerigen Suspension tritt bei 60—65° C Verkleisterung ein, die Masse wird dickflüssig; bei weiterem Erwärmen und kurzem Aufkochen wird sie dünnflüssig und klar; bei einem Gehalt von über 150 g Stärke im Liter bleibt auch die gekochte Masse dickflüssig; *Verw.:* zur Herstellung von Schlichte-, Appretur- und Druckmassen; *Mengen:* zum Schlichten von Kunstseide: 10—30 g/l; zum Schlichten von Baumwollketten: 50 g Appreturstärke und 50 g Kartoffelmehl auf 1 kg; zum Schlichten von Wollketten: 80 g Appreturstärke und 20 g Leim auf 1 kg; zum Appretieren von Baumwollgeweben: 50—100 g Appreturstärke auf 1 kg; zur Herstellung von Druckmassen: 150—200 g auf 1 kg.

Appreturtalg **J. Simon & Dürkheim, Offenbach a. M.**

i/Kurs: ja; *Eigensch.:* verbindet sich gut mit Stärke; dringt leicht in den Faden ein; macht das Gewebe geschmeidig; *Verw.:* allein oder zusammen mit gewöhnlichem Talg; beim Appretieren; als Ersatz für Naturtalg.

Appretur- u. Schlichttalg **A. Th. Böhme, Dresden-N. 6.**

i/Kurs: ja; *analog:* Weißappretur; *Konstit.:* verseifte Fettkörper; *Eigensch.:* frei von Füllmitteln; praktisch nicht nachgilbend; *Verw.:* in der Schlichterei, Appretur und Avivage (NB.! für Bleichware ist „Weißappretur“ mehr geeignet!).

Appretur- u. Schlichttalg konz. **A. Th. Böhme, Dresden-N. 6.**

analog: Universat C; *Konstit.:* Fetterzeugnis (frei von Füllmitteln); *Verw.:* in der Schlichterei, Appretur und Avivage.

Arbylöl A **Chem. Fabr. Grünau Landshoff & Meyer AG., Berlin-Grünau.**

Geb.-J.: 1931; *i/Kurs:* ja; *Konstit.:* hochsulfoniertes Rizinusöl; *Äuß.:* hellgelbbraunes Öl; *Reakt.:* schwach alkalisch; *Lö. Be.:* in Wasser klar löslich; beständig gegen Kalk und Magnesiumsalze, Säuren und konz. Natronlauge; *Verw.:* als Netz-, Färbe- und Appreturöl; *Mengen:* b. d. Verw. als Netzöl: 1—3 g/l; b. d. Verw. als Färbeöl: 0,5—1% d. W.; b. d. Verw. als Appreturöl: 5—20 g/kg; b. d. Verw. als Netzöl für Merzerisierlaugen: 5—10 g/l; *H. Pat., V. Pat.:* DRP. angem.

Arbylöl 50% **Chem. Fabr. Grünau Landshoff & Meyer AG., Berlin-Grünau.**

Geb.-J.: 1928; *i/Kurs:* ja; *analog:* Arbylöl 95%; *Konstit.:* sulfoniertes Rizinusöl (ohne Beimengungen!); *Äuß.:* Flüssigkeit, gelb, klar; *Reakt.:* schwach alkalisch; *Eigensch.:* wie Türkischrotöl; *Lö. Be.:* in Wasser klar löslich; kalk- und säurebeständig; *Verw.:* in der Appretur- und Färberei; *Mengen:* allgemein: etwa die doppelten Mengen wie Arbylöl 95%!

Arbylöl 95% **Chem. Fabr. Grünau Landshoff & Meyer AG., Berlin-Grünau.**

Geb.-J.: 1928; *i/Kurs:* ja; *analog:* Arbylöl 50%; *Konstit.:* sulf. Rizinusöl (ohne Beimengungen!); *Äuß.:* dunkelgelbe, ölige Flüssigkeit; *Reakt.:* neutral; *Eigensch.:* wie Türkischrotöl; *Lö. Be.:* leicht löslich in warmem Wasser; gibt haltbare, milchige Emulsionen; (um klare Lösungen zu erhalten, sind für 1 kg Arbylöl 50—60 g Soda kalz. oder 80 g Natronlauge 40° Bé lore;

70 ccm Salmiakgeist 0,91 spez. Gew. notwendig! vor dem Zugeben des Alkalis das Arbylöl mit der doppelten bis dreifachen Menge heißem Wasser verdünnen!); die neutralisierten bzw. schwach alkalischen Lösungen sind gegen hartes Wasser und Säuren gut beständig; die nicht neutralisierte Lösung gibt mit Magnesiumsalzen Trübungen, aber keine käsigen Abscheidungen; (das Produkt ist also für Schwerappreturen zu gebrauchen!); *Verw.:* als Netz- und Färbeöl für Baumwolle und Kunstseide; als weichmachendes Appreturöl; als Emulgierungsmittel für Olein zur Herstellung von Spinnschmelzen; *Mengen:* als Netzmittel beim Abkochen und Beuchen von Baumwolle: 0,5—2% d. W.; als Färbeöl beim Färben von Baumwolle und Kunstseide: 1—2% d. W.; (NB. in die Farbflotte gibt man zunächst die Soda, dann das Arbylöl und zum Schluß den Farbstoff!); als Weichmachungsmittel für Baumwolle und Kunstseide: 2—3 g/l; zur Herstellung von Spinnschmelzen: 1 Teil Arbylöl 95% mit 2 Teilen Olein verrühren und allmählich mit Wasser verdünnen, zum Schluß 10—20 ccm Salmiakgeist (0,91 spez. Gew.), mit etwas Wasser verdünnt, zugeben; zur Herstellung von Schlichtemassen: auf 1 kg Kartoffelmehl: 50—100 g; zur Herstellung von Appreturfetten: 60 kg neben: 40 kg Talg (zusammenschmelzen!).

Arosin 841 **Böhme Fettchemie, Chemnitz.**

Geb.-J.: 1937; *i/Kurs:* ja; *Konstit.:* Sulfonat + Lösungsmittel; *Äuß.:* braune Flüssigkeit; *Reakt.:* neutral; *Eigensch.:* gutes Netzvermögen in kalten und warmen Flotten; *Lö. Be.:* leicht löslich in Wasser; beständig gegen verdünnte Alkalien und Säuren, sowie gegen Härtebildner; *Verw.:* als Netzmittel bei allen Veredlungsprozessen; als Zusatz zu Druckpasten, Schlichten und Appreturen; *Mengen:* 0,3—1 g/l; *H. Pat., V. Pat.:* ja.

Asordin **I. G. Farbenindustrie AG., Frankfurt a. M.**

i/Kurs: ja; *Konstit.:* Tetrachlorkohlenstoff; *Verw.:* in der chemischen Reinigung an Stelle von Benzin; nach Herstellers Angaben: kein eigentliches Textilhilfsmittel; *Lit.:* Seifensieder-Ztg. 1931 S. 668.

Atebin-Pulver **A. Th. Böhme, Dresden-N. 6.**

Verw.: in der Schlichte und Appretur; als Ersatz für Kartoffelstärke und zum Aufschließen der Stärke.

Atefix **A. Th. Böhme, Dresden-N. 6.**

i/Kurs: ja; *Konstit.:* Eiweißabbauprodukt; *Äuß.:* gelbbraune, dicke Flüssigkeit; *Eigensch.:* schützt die tierische Faser gegen Alkali; *Lö. Be.:* in den üblichen Konzentrationen beständig gegen Säuren, Salz und Alkali; *Verw.:* in der Wollfärberei (Wollküpenfärberei); als Zus. z. Waschen von HW; *Mengen:* allgemein: 0,5—2 g/l; beim Abziehen und Entfetten dunkelfarbiger Lumpen: neben 4—6% Na_2S kristallisiert: 10—20% (30 Min., 50—60° C); *H. Pat., V. Pat.:* DRP.

Atefix K **A. Th. Böhme, Dresden-N. 6.**

analog: Atefix; *Konstit.:* Eiweißprodukt + sulfoniertes Öl; *Verw.:* als Faserschutzmittel in der Wäscherei.

Atefix 208 **A. Th. Böhme, Dresden-N. 6.**

i/Kurs: ja; *analog:* Atefix; *Verw.:* für saure Bäder.

Atesan **A. Th. Böhme, Dresden-N. 6.**

Geb.-J.: 1937; *i/Kurs:* ja; *Konstit.:* Harzprodukt; *Äuß.:* transparente Paste; *Reakt.:* neutral bis schwach alkalisch; *Verw.:* zum Schiebefestmachen lose eingestellter Kunstseidengewebe.

Athanol BB **Baur, Gaebel & Cie., Köln-Radertal.**

Geb.-J.: 1930; *i/Kurs:* ja; *Konstit.:* Sulfokörper (aliphatisch) + Lösungsmittel (hochsiedend); *Äuß.:* gelbliches Öl; *Reakt.:* neutral; *Lö. Be.:* löslich in Wasser (zweckmäßig solches von 50—60° C nehmen!); vollkommen beständig in hartem Wasser; *Verw.:* zum Abkochen und Beuchen für Baumwollwaren und Baumwolltrikotagen.

Autosol **Oranienburger Chemische Fabrik AG., Charlottenburg 2.**

Konstit.: Seife + Kohlenwasserstoff (nach Prof. Herbig: 80% Benzin).

Auxanin B **I. G. Farbenindustrie AG., Frankfurt a. M.**

Geb.-J.: 1927; *Konstit.:* Komplexe Phosphorwolframsäureverbindungen; *Eigensch.:* verbessert die Lichtechtheit basischer Färbungen.

Avimalt **Diamalt A. G., München.**

i/Kurs: ja; *Konstit.:* (Diastasefreier) Malzauszug; *Verw.:* für Avivagezwecke.

Avimalt R **Diamalt A. G., München.**

i/Kurs: ja; *Konstit.:* Maltosepräparat; *Eigensch.:* hygroskopisch; *Verw.:* in der Appretur.

Avirol AH **Böhme Fettchemie, Chemnitz.**

Geb.-J.: 1928; *i/Kurs:* ja; *Konstit.:* sulfonierter Rizinolfettsäureester; *Äuß.:* hellbraune Flüssigkeit; *Reakt.:* schwach sauer; *Eigensch.:* netzend, weichmachend; *Lö. Be.:* leicht löslich in kaltem Wasser; gut beständig gegen Säuren und hartes Wasser, sowie gegen schwache Alkalien; *Verw.:* zum Vornetzen aller Fasermaterialien in Färberei und Bleicherei in warmen Flotten; als Netzmittel in Druckpasten, Schlichten und Appreturmassen; zum Anteigen von Farbstoffen; *Mengen:* auf der Wanne und im Färbebad: 1—3 g/l; in der Druckpaste: 10—40 g/kg; in Schlichte- und Appreturmassen: 2—15 g/l; *H. Pat., V. Pat.:* ja; *Lit.:* Melliand Textilber. 1930 S. 610; Kunstseide 1930 S. 441; Mschr. Textilind. 1932 Fachheft III S. 58.

Avirol AH extra **Böhme Fettchemie, Chemnitz.**

Geb.-J.: 1928; *i/Kurs:* ja; *Konstit.:* sulfonierter Rizinolfettsäureester; *Äuß.:* hellbraune Flüssigkeit; *Reakt.:* schwach sauer; *Eigensch.:* hohes Netzvermögen; weichmachend; *Lö. Be.:* leicht löslich in Wasser; gut beständig gegen Säure, hartes Wasser und schwaches Alkali; *Verw.:* zum Vornetzen aller Fasermaterialien; in Färberei und Bleicherei; in warmen Flotten; als Netzmittel in Druckpasten, Schlichten und Appreturmassen; zum Anteigen von Farbstoffen; *Mengen:* 0,5—2 g/l beim Vornetzen; 5—30 g/kg Druckpaste; 1—10 g/l Appreturmasse; *H. Pat., V. Pat.:* ja; *Lit.:* Melliand Textilber. 1926 S. 841; 1930 S. 381, 610, 788; 1931 S. 111, 421; 1935 S. 62, 134, 288; Z. ges. Textilind. 1930 S. 634; 1931 S. 163; Dtsch. Wollengewerbe 1931 S. 1685; Chem. Umschau 1932 S. 217, 274; 1933 S. 31, 88; Fettchem.

Umschau 1936 S. 38; Mschr. Textilind. 1932 Fachheft II S. 39, Fachheft III S. 58.

Avirol DS extra **Böhme Fettchemie, Chemnitz.**

Geb.-J.: 1910; *i/Kurs:* ja; *Konstit.:* emulgiertes Mineralöl; *Äuß.:* braune Flüssigkeit; *Reakt.:* neutral; *Eigensch.:* avivierend, farbvertiefend; *Lö. Be.:* in kaltem Wasser zu einer Emulsion löslich; begrenzt beständig gegen Alkalien, Säuren und hartes Wasser; *Verw.:* speziell zum Avivieren von Schwefel-, Diazo- und Anilinschwarzfärbungen; *Mengen:* auf der Wanne oder Kufe: 2—3 g/l; auf dem Foulard: 20—30 g/l.

Avirol KM **Böhme Fettchemie, Chemnitz.**

Geb.-J.: 1912; *i/Kurs:* ja; *Konstit.:* Rizinol-Fettsäure-Derivat (höher sulfoniert und kondensiert); *Äuß.:* hellbraune Flüssigkeit; *Reakt.:* neutral bis schwach sauer; *Lö. Be.:* leicht löslich in kaltem Wasser; gut beständig gegen Alkalien, Säuren und hartes Wasser; besitzt höhere Beständigkeitseigenschaften als Türkischrotöl; *Verw.:* in Färberei, Druckerei, Schlichterei und Appretur; *Mengen:* in der Färbeflotte: 1—2 g/l; in Schlichte, Appretur bzw. Druckmasse: 2—50 g/kg; NB.! bei Avirol KM dopp. konz. genügen halbe Mengen! *Lit.:* Melliand Textilber. 1926 S. 841; 1933 S. 297; Seifensieder-Ztg. 1930 S. 495; Dtsch. Wollengewerbe 1931 S. 1685; Mschr. Textilind. 1932 Fachheft II S. 39; Fettchem. Umschau 1936 S. 38.

Avirol KM dopp. konz. **Böhme Fettchemie, Chemnitz.**

Geb.-J.: 1912; *i/Kurs:* ja; *Konstit.:* Rizinol-Fettsäure-Derivat (höher sulfoniert und kondensiert); *Äuß.:* hellbraune Flüssigkeit; *Reakt.:* neutral bis schwach sauer; *Lö. Be.:* leicht löslich in kaltem Wasser; gut beständig gegen Alkalien, Säuren und hartes Wasser; besitzt höhere Beständigkeitseigenschaften als Türkischrotöl; *Verw.:* in Färberei, Druckerei, Schlichterei und Appretur; *Mengen:* in der Färbeflotte: 1—2 g/l; in Schlichte, Appretur bzw. Druckmasse: 2—50 g/kg; NB.! bei Avirol KM dopp. konz. genügen halbe Mengen! *Lit.:* Melliand Textilber. 1926 S. 841; 1933 S. 297; Seifensieder-Ztg. 1930 S. 495; Dtsch. Wollengewerbe 1931 S. 1685; Mschr. Textilind. 1932 Fachheft II S. 39; Fettchem. Umschau 1936 S. 38.

Avirol KM extra **Böhme Fettchemie, Chemnitz.**

Geb.-J.: 1928; *i/Kurs:* ja; *Konstit.:* Rizinol-Fettsäure-Derivat (hochsulfoniert und hochkondensiert); *Äuß.:* hellbraune Flüssigkeit; *Reakt.:* neutral bis schwach sauer; *Eigensch.:* netzend und avivierend; *Lö. Be.:* leicht löslich in kaltem Wasser; hoch beständig gegen Alkalien und hartes Wasser und besonders gegen Säuren; *Verw.:* in Färberei, Appretur und Schlichterei; besonders für die Wollfärberei; *Mengen:* 1—2 g/l zum Vornetzen und im Färbebad; bis zu 50 g/kg bei Schlichte-, Appretur- und Druckansätzen; *H. Pat., V. Pat.:* ja; *Lit.:* Melliand Textilber. 1928 S. 759; 1930 S. 610; Z. ges. Textilind. 1928 S. 49; Dtsch. Wollengewerbe 1931 S. 1685; Mschr. Textilind. 1932 Fachheft II S. 39, Fachheft III S. 58; Fettchem. Umschau 1936 S. 38.

Avirol KM konz. **Böhme Fettchemie, Chemnitz.**

Geb.-J.: 1912; *i/Kurs:* ja; *Konstit.:* Rizinol-Fettsäure-Derivat (höher sulfoniert und kondensiert); *Äuß.:* hellbraune Flüssigkeit; *Reakt.:* neutral bis schwach sauer; *Lö. Be.:* leicht löslich in kaltem Wasser; gut beständig gegen Alkalien, Säuren und hartes Wasser; besitzt höhere Beständigkeitseigenschaften als

Türkischrotöl; *Verw.:* in Färberei, Druckerei, Schlichterei und Appretur; *Mengen:* in der Färbeflotte: 1—2 g/l; in Schlichte, Appretur bzw. Druckmasse: 2—50 g/kg; NB.! bei Avirol KM dopp. konz. genügen halbe Mengen! *Lit.:* Melliand Textilber. 1926 S. 841; 1933 S. 297; Seifensieder-Ztg. 1930 S. 495; Dtsch. Wollengewerbe 1931 S. 1685; Mschr. Textilind. 1932 Fachheft II S. 39; Fettchem. Umschau 1936 S. 38.

Avirol SW 20 **Böhme Fettchemie, Chemnitz.**

Geb.-J.: 1910; *i/Kurs:* ja; *Konstit.:* emulgiertes Mineralöl; *Äuß.:* hellbraune Flüssigkeit; *Reakt.:* neutral; *Eigensch.:* weichmachend; *Lö. Be.:* gibt mit kaltem Wasser Emulsionen; begrenzt beständig gegen Alkalien, Säuren und hartes Wasser; *Verw.:* als Präparationsöl für Kunstseide; zur Herstellung mineralölhaltiger Schmelzen; *Mengen:* zum Avivieren: 5—6 g/l; zum Schmelzen: 100—300 g/l.

Avirol SW 30 **Böhme Fettchemie, Chemnitz.**

Geb.-J.: 1910; *i/Kurs:* ja; *Konstit.:* emulgiertes Mineralöl; *Äuß.:* hellbraune Flüssigkeit; *Reakt.:* neutral; *Eigensch.:* weichmachend; *Lö. Be.:* gibt mit kaltem Wasser Emulsionen; begrenzt beständig gegen Alkalien, Säuren und hartes Wasser; *Verw.:* als Durchspulöl; *Mengen:* zum Avivieren: 20—40 g/l zum Durchspulen; zum Schmelzen: 100—300 g/l.

Avivagemittel BG **Baur, Gaebel & Cie., Köln-Radertal.**

Geb.-J.: 1932; *i/Kurs:* ja; *Konstit.:* höherer Alkohol + Emulgator; *Äuß.:* weißliche Paste; *Reakt.:* neutral; *Eigensch.:* nicht nachgilbend; kein Ranzigwerden; *Lö. Be.:* (NB.! kochend 5%ige Stammlösungen ansetzen); *Verw.:* als Avivagemittel, insb. für Kunstseide.

Avivageöl 164 O **Hansa-Werke, Hemelingen.**

Konstit.: Olivenölseife; *Verw.:* als Avivageöl und Spulöl für Kunstseide.

Avivan O **Chem. Fabr. Pfersee, Augsburg.**

Geb.-J.: 1933; *i/Kurs:* ja; *Konstit.:* Fettemulsion; *Äuß.:* gelbe Paste; *Verw.:* beim Appretieren, beim Avivieren.

Avivan OT **Chem. Fabr. Pfersee, Augsburg.**

Geb.-J.: 1933; *i/Kurs:* ja; *Konstit.:* Fettemulsion; *Äuß.:* gelbliche Paste; *Eigensch.:* verleiht S, L, BW und Mischgeweben aus diesen Fasern angenehmen, weichen, geschmeidigen Griff; die Emulsionen sind nach Gebrauchsverdünnung beständig und haltbar; mit den meisten Appreturmitteln zusammen verarbeitbar; *Lö. Be.:* kalk- und kochbeständig; läßt sich mit Wasser in jedem Verhältnis zu einer Emulsion verdünnen; *Verw.:* beim Appretieren, beim Avivieren; als Weichmachungs- bzw. Avivagemittel für alle Arten von Kunstseide in Strang, Stück und Gewirk; auf der Kufe, Haspelkufe, Waschmaschine, Walzenrakel, Einsprengmaschine, dem Jigger, Foulard usw.; *Mengen:* durchschnittlich: auf der Haspelkufe für KS: 1—3, für S: 2—5, für MG: 3—8, für L: 3—15 g/l; auf dem Jigger für KS: 2—15, für S: 2—15, für MG: 3—20, für L: 10—30 g/l; auf dem Foulard für KS: 15—30, für S: 15—30, für MG: 20—40, für L: 20—50 g/l; auf der Gummiermaschine (linksseitig) für KS und S: 20—40, für MG und L: 20—50 g/l; zum Weichmachen von Kunstseidekreppgeweben: 20—50 g/l (Einsprengen!); beim Avivieren von Strümpfen auf stehendem Bad: 2 g/l (ca. 15—20 Minuten bei 25—30° C, Nachsatz entsprechend dem Flottenverbrauch); beim Färben und gleichzeitigen Avivieren von Kunstseidenstrang- oder Stückware: 0,5—1,5 g/l im Färbebad; (mit wenig 70—80° heißem Wasser anteigen, dann mit der 10fachen Menge heißen Wassers aufkochen, schließlich mit warmem oder kaltem Wasser nach Belieben verdünnen).

Avivieröl **A. Th. Böhme, Dresden-N. 6.**

i/Kurs: ja; *Konstit.:* Ölprodukt; *Eigensch.:* gibt blumigen Farbton und weichen Griff; *Lö. Be.:* wasserlöslich; *Verw.:* besonders für die Apparatefärberei.

Avivieröl conc. **A. Th. Böhme, Dresden-N. 6.**

i/Kurs: ja; *Konstit.:* Mineralölprodukt; *Eigensch.:* gibt besonders schönes und blumiges Schwarz und weichen Griff; *Lö. Be.:* ergibt beständige Emulsionen; *Verw.:* zum Avivieren.

Avivieröl H 94 **Dr. G. Eberle & Cie., Stuttgart.**

i/Kurs: ja; *Konstit.:* (reine) Pflanzenöle (unter Ausschluß von Rizinusöl hergestellt); *Äuß.:* dunkelgelbe Flüssigkeit; *Eigensch.:* kein Nachgilben der Ware; *Lö. Be.:* ergibt in hartem Wasser beständige Emulsionen; *Verw.:* zum Egalisieren und Weichmachen.

Avivieröl konz., emulgierbar **A. Th. Böhme, Dresden-N. 6.**

Eigensch.: gibt besonders schöne, tiefschwarze Fülle, Blume und weichen Griff; *Verw.:* als Avivieröl für Schwarz.

Avivieröl, wasserlöslich **A. Th. Böhme, Dresden-N. 6.**

Eigensch.: gibt besonders schöne, tiefschwarze Fülle, Blume und weichen Griff; *Verw.:* als Avivieröl für Schwarz; besonders für Apparatefärberei.

Aviviersäure **C. H. Böhringer Sohn AG., Nieder-Ingelheim a. Rh.**

Konstit.: Gemisch von Milch- und Weinsäure; *Verw.:* zum Säuern bei der Erzielung knirschenden Seidengriffs; *H. Pat., V. Pat.:* DRP. 472604; *Lit.:* Chem. Zbl. 1929 S. 2718.

Azolon FLA **I. G. Farbenindustrie AG., Frankfurt a. M.**

Geb.-J.: 1937; *i/Kurs:* ja; *Konstit.:* Zellulosepräparat; *Äuß.:* weiße Flocken; *Reakt.:* neutral; *Eigensch.:* fixiert bei Cordware, Waschsamt usw. den Flor so fest, daß er sich nicht mehr herausreiben läßt; keine Beeinträchtigung der Färbefähigkeit der Ware; besseres Anfärben, besonders der toten BW; *Verw.:* zum Florfestmachen von Cordware, Waschsamten usw.; besonders für leichte Artikel, die mit wenig Material oder kurzstapeligen Garnen hergestellt sind; *Mengen:* NB.! 10 kg mit 60 kg Wasser gewöhnlicher Temperatur übergießen, eine viertel bis eine halbe Stunde quellen lassen und eine vorteilhaft auf 15° C abgekühlte Mischung von 16 kg Natronlauge, 14 kg Wasser und 15—20 kg Harnstoff zusetzen! zum Appretieren:

88,5 kg	obiger Lösung
10 kg	Natronlauge (7° Bé)
1 kg	Sprit
0,5 kg	Ultramarin (zur Kontrolle des gleichmäßigen Aufstrichs!)
100 kg	

im Fällbad: 5 l Schwefelsäure von 60° Bé, 5 kg Natriumsulfat/100 l Wasser. Nachsatz: pro 120 Meter Ware 1 l Schwefelsäure von 60° Bé (1:1 mit Wasser verdünnt), in besonderen Fällen: + 1 kg Glaubersalz; Appretur-Foulard mit anschließender Breitwaschmaschine! Appreturmasse auf die Rückseite des gebleichten, gut abgequetschten Gewebes bringen, mit der Rakel abstreichen! Gewebe durch ein Fällbad ziehen, spülen und fertigstellen! im allgemeinen vor dem Färben appretieren! gefärbte Textilien können nur dann florfest appretiert werden, wenn die Färbungen genügend echt sind — bei stark alkalischer Behandlung nicht ausbluten! *H. Pat., V. Pat.:* patentiert; *Lit.:* Melliand Textilber. 1937 S. 239.

Azolon FLM **I. G. Farbenindustrie AG., Frankfurt a. M.**

Geb.-J.: 1936; *i/Kurs:* ja; *Konstit.:* Zellulosepräparat; *Äuß.:* trübe, dickliche, gelbe Flüssigkeit; *Reakt.:* neutral; *Eigensch.:* fixiert bei Cordware, Waschsamt usw. den Flor so fest, daß er sich nicht mehr herausreiben läßt; keine Beeinträchtigung der Färbefähigkeit der Ware; besseres Anfärben, besonders der toten BW; *Verw.:* zum Florfestmachen von Cordware, Waschsamten usw.; besonders für leichte Artikel, die mit wenig Material oder kurzstapeligen Garnen hergestellt sind; *Mengen:* NB.! 10 kg mit 60 kg Wasser gewöhnlicher Temperatur übergießen, $^1/_4$—$^1/_2$ Stunde quellen lassen und eine vorteilhaft auf 15° C abgekühlte Mischung von 16 kg Natronlauge, 14 kg Wasser und 15—20 kg Harnstoff zusetzen! zum Appretieren:

88,5 kg obiger Lösung
10 kg Natronlauge (7° Bé)
1 kg Sprit
0,5 kg Ultramarin (zur Kontrolle des gleichmäßigen Aufstrichs!)
100 kg

im Fällbad: 5 l Schwefelsäure von 60° Bé, 5 kg Natriumsulfat/100 l Wasser. Nachsatz: pro 120 Meter Ware 1 l Schwefelsäure von 60° Bé (1:1 mit Wasser verdünnt), in besonderen Fällen: + 1 kg Glaubersalz; Appretur-Foulard mit anschließender Breitwaschmaschine! Appreturmasse auf die Rückseite des gebleichten, gut abgequetschten Gewebes bringen, mit der Rakel abstreichen! Gewebe durch ein Fällbad ziehen, spülen und fertigstellen! im allgemeinen vor dem Färben appretieren! gefärbte Textilien können nur dann florfest appretiert werden, wenn die Färbungen genügend echt sind — bei stark alkalischer Behandlung nicht ausbluten! *H. Pat., V. Pat.:* patentiert; *Lit.:* Melliand Textilber. 1937 S. 239.

Backros liquefier

Konstit.: Diastasepräparat; *Verw.:* zur Verflüssigung der Stärke durch Abbau.

Bensodin R 1006 **Böhme Fettchemie, Chemnitz.**

Geb.-J.: 1932; *i/Kurs:* ja; *Konstit.:* Sulfonat + Fettlöser; *Äuß.:* gelbe, gallertartige Flüssigkeit; *Reakt.:* schwach alkalisch; *Eigensch.:* starkes Weich-, Löse- und Emulgiervermögen; *Lö. Be.:* in kaltem Wasser zu einer Emulsion verteilbar; beständig gegen Alkali, Säure und Wasserhärte; *Verw.:* zur Entfernung von Pechspitzen in Hut- und Filzindustrie; *Mengen:* in der Hammerwalke: 1—3 l auf 30—35 kg (15—20 Dutzend Hüte); *H. Pat., V. Pat.:* ja.

Benzapol

Konstit.: Türkischrotöl + Fettlöser.

Benzapon **Chem. Fabr. Stockhausen, Velten, Mark.**

i/Kurs: ja; *Konstit.:* saure Seife; *Äuß.:* braune Flüssigkeit; *Reakt.:* sauer; *Eigensch.:* reinigt, ohne Farben und Appretur anzugreifen; nimmt Wasser in Benzin auf; ist nicht brennbar; wirkt antielektrisch; *Lö. Be.:* klar löslich in Benzin.

Benzin-Isol **Louis Blumer, Zwickau Sa.**

i/Kurs: nein; *Konstit.:* Ölsulfonierungsprodukt (20—25% Fettgehalt) + Benzin.

Benzinosol

Konstit.: Seife + Fettlösungsmittel; *Lit.:* Seifensieder-Ztg. 1930 S. 495.

Betan **Dehydag, Berlin-Charlottenburg.**

i/Kurs: nein; wurde früher von I. D. Riedel AG., Berlin-Britz, hergestellt; *analog:* den übrigen Betanmarken; *Konstit.:* Natriumsalz der β-Tetralinsulfosäure; Natriumsalz alkylierter Naphthalinsulfosäuren[1, 2]; *Äuß.:* weißliches Pulver; *Eigensch.:* netzend, schäumend, emulgierend; *Lö. Be.:* leicht löslich in Wasser; ziemlich unempfindlich gegen Härtebildner des Wassers; *Verw.:* als Netz- und Emulgiermittel in der Textilindustrie; *Lit.:* Seifensieder-Ztg. 1931 S. 663 u. 697; [1] Z. ges. Textilind. 1930 Heft 38; Seifensieder-Ztg. 1932 S. 181; [2] Melliand Textilber. 1930 S. 610.

Betan N 50 **Dehydag, Berlin-Charlottenburg.**

i/Kurs: nein; wurde früher von I. D. Riedel AG., Berlin-Britz, hergestellt; *analog:* den übrigen Betanmarken; *Konstit.:* Natriumsalz der β-Tetralinsulfosäure; Natriumsalz alkylierter arom. Sulfosäuren[1]; *Äuß.:* weißliches Pulver; *Eigensch.:* netzend, schäumend, emulgierend; *Lö. Be.:* leicht löslich in Wasser; ziemlich unempfindlich gegen Härtebildner des Wassers; *Verw.:* als Netz- und Emulgiermittel in der Textilindustrie; *Lit.:* Seifensieder-Ztg. 1928 S. 95; 1931 S. 663; [1] Z. ges. Textilind. 1930 Heft 38.

Betan N 80 **Dehydag, Berlin-Charlottenburg.**

i/Kurs: nein; wurde früher von I. D. Riedel AG., Berlin-Britz, hergestellt; *analog:* den übrigen Betanmarken; *Konstit.:* Natriumsalz der β-Tetralinsulfosäure; Natriumsalz alkylierter arom. Sulfosäuren[1]; *Äuß.:* weißliches Pulver; *Eigensch.:* netzend; schäumend; emulgierend; *Lö. Be.:* leicht löslich in Wasser; ziemlich unempfindlich gegen Härtebildner des Wassers; *Verw.:* als Netz- und Emulgiermittel in der Textilindustrie; *Lit.:* Seifensieder-Ztg. 1928 S. 95; 1931 S. 663; [1] Z. ges. Textilind. 1930 Heft 38.

Betan R 100 **Dehydag, Berlin-Charlottenburg.**

i/Kurs: nein; wurde früher von I. D. Riedel AG., Berlin-Britz, hergestellt; *analog:* den übrigen Betanmarken; *Konstit.:* Natriumsalz der β-Tetralinsulfosäure; Natriumsalz alkylierter arom. Sulfosäuren[1]; *Äuß.:* weißliches Pulver; *Eigensch.:* netzend; schäumend; emulgierend; *Lö. Be.:* leicht löslich in Wasser; ziemlich unempfindlich gegen Härtebildner des Wassers; *Verw.:* als Netz- und Emulgiermittel in der Textilindustrie; *Lit.:* Seifensieder-Ztg. 1928 S. 95; 1931 S. 663; [1] Z. ges. Textilind. 1930 Heft 38.

Beuchöl **Chem. Fabr. Meerane, Meerane Sa.**

i/Kurs: ja; *analog:* Beuchöl EM; *Konstit.:* Kohlenwasserstoffe + Emulgator (lediglich vermischt).

Beuchöl EM **Chem. Fabr. Meerane, Meerane Sa.**

i/Kurs: ja; *analog:* Beuchöl; *Konstit.:* Kohlenwasserstoffe + Emulgator (fertige Emulsion).

Beuchöl „Esdeform" **J. Simon & Dürkheim, Offenbach a. M.**

i/Kurs: ja; *Eigensch.:* hohe Netzwirkung; fettlösend; verkürzt infolge seiner fettlösenden Eigenschaften den Beuchprozeß; *Lö. Be.:* in Wasser klar löslich; *Verw.:* beim Waschen, insbesondere auch von loser Wolle mit Sodalösung, von Gerberwolle in salzsäurehaltigen Bädern, von Kammzug und Kammgarn unter Sodazusatz, von Streichgarn und Stückware, auch in saurem Medium.

Beuchöl Grünau **Chem. Fabr. Grünau Landshoff & Meyer AG., Berlin-Gr.**

Geb.-J.: 1928; *i/Kurs:* ja; *Konstit.:* sulfoniertes Rizinusöl + Lösungsmittel (Terpenlösungsmittel!); *Äuß.:* gelbe Flüssigkeit; *Reakt.:* schwach alkalisch; *Eigensch.:* gute Netzwirkung; gutes Lösungsvermögen für Fette und Pektinstoffe (Ligninstoffe); verh. Oxyzellulosebildung; Geruch nach Terpentin; *Lö. Be.:* kalkbeständig; gibt mit Wasser opaleszierende Lösungen; beständig gegen verd. Natronlauge (Beuchlauge); *Verw.:* beim Abkochen (Beuchen) von Baumwolle mit Soda oder Natronlauge; *Mengen:* z. Beuchen: 0,5 bis 1% d. W.; z. Abkochen von Baumwolle in Apparaten: 1—2 g/l Flotte.

Beuchöl K **Zschimmer & Schwarz, Chemnitz.**

Geb.-J.: 1919; *i/Kurs:* ja; *analog:* den übrigen Beuchölmarken; *Konstit.:* Seife (evtl. Türkischrotöl bzw. Gemisch aus Seife + Türkischrotöl) + Kohlenwasserstoff; *Äuß.:* Flüssigkeit, gelb; *Reakt.:* neutral bis schwach alkalisch; *Eigensch.:* netzend; reinigend; Lösevermögen für Öle, Fette, Wachse, Schmelzen, Flecke, Schmieren, Schmutz usw.; weichmachend; erzeugt vollen Griff; *Lö. Be.:* besser beständig als Beuchöle P, PL, PO; *Verw.:* zum Fleckentfernen; zur Verhinderung von Kalkseifenausscheidungen.

Beuchöl P **Zschimmer & Schwarz, Chemnitz.**

Geb.-J.: 1919; *i/Kurs:* ja; *analog:* den übrigen Beuchölmarken; *Konstit.:* Seife (evtl. Türkischrotöl bzw. Gemisch aus Seife + Türkischrotöl) + Kohlenwasserstoff; *Äuß.:* Flüssigkeit, gelb; *Reakt.:* neutral bis schwach alkalisch; *Eigensch.:* netzend; reinigend; Lösevermögen für Öle, Fette, Wachse, Schmelzen, Flecke, Schmieren, Schmutz usw.; weichmachend; erzeugt vollen Griff; *Lö. Be.:* wie Beuchöle PL und PO, nicht so gut wie Beuchöl K beständig; gibt mit Wasser äußerst feine, weiße Emulsionen, mit den in der Beuche üblichen Laugen aus Ätznatron und Soda kalz. (1—5° Bé) auch in der Kochhitze haltbare Emulsionen; *Verw.:* beim Beuchen von Artikeln aus Baumwolle, Leinen, Jute, Ramie usw.; *Mengen:* allgemein: 0,25—1% vom Gewicht der zu beuchenden Ware.

Beuchöl PL **Zschimmer & Schwarz, Chemnitz.**

Geb.-J.: 1919; *i/Kurs:* ja; *analog:* den übrigen Beuchölmarken; *Konstit.:* Seife (evtl. Türkischrotöl bzw. Gemisch aus Seife + Türkischrotöl) + Kohlenwasserstoff; *Äuß.:* weißliche Paste; *Reakt.:* neutral bis schwach alkalisch; *Eigensch.:* netzend; reinigend; Lösevermögen für Öle, Fette, Wachse, Schmelzen, Flecke, Schmieren, Schmutz usw.; weichmachend; erzeugt vollen Griff; *Lö. Be.:* wie Beuchöle P und PO beständig; nicht so gut wie Beuchöl K beständig; *Verw.:* beim Beuchen von Artikeln aus Baumwolle, Leinen, Jute, Ramie usw.; *Mengen:* allgemein: 0,25—1% vom Gewicht der zu beuchenden Ware.

Beuchöl PO **Zschimmer & Schwarz, Chemnitz.**

Geb.-J.: 1919; *i/Kurs:* ja; *analog:* den übrigen Beuchölmarken; *Konstit.:* Seife (evtl. Türkischrotöl bzw. Gemisch aus Seife + Türkischrotöl) + Kohlenwasserstoff; *Äuß.:* Flüssigkeit, gelb; *Reakt.:* neutral bis schwach alkalisch; *Eigensch.:* netzend; reinigend; Lösevermögen für Öle, Fette, Wachse, Schmelzen, Flecke, Schmieren, Schmutz usw.; weichmachend; erzeugt vollen Griff; *Lö. Be.:* wie Beuchöle P und PL, nicht so gut wie Beuchöl K beständig; *Verw.:* beim Beuchen von Artikeln aus Baumwolle, Leinen, Jute, Ramie usw.; *Mengen:* allgemein: 0,25—1% vom Gewicht der zu beuchenden Ware.

Beuchöl T 2 **Dr. A. Schmitz, Düsseldorf-Oberkassel.**

i/Kurs: ja; *Konstit.:* Schwefelsäureester aus Rizinusöl; *Äuß.:* Flüssigkeit; *Eigensch.:* es werden Kochflecke vermieden, die Baumwollschalen gelöst und eine gute Halb- oder Vorbleiche erzielt; *Lö. Be.:* ziemlich gut beständig gegen hartes Wasser, gegen Kochlaugen gut; *Verw.:* als Beuchöl für Baumwolle und Leinen; zum Auskochen der Baumwolle, wobei durch Lösen der Baumwollwachse und Pektinsubstanzen die Kochdauer verkürzt wird; *Mengen:* 0,5—0,75% d. W. neben: 2,5—3% d. W. Soda kalz. oder 2—3% d. W. Natronlauge 40° Bé; (das Beuchöl T 2 wird zweckmäßig vorher in einem Eimer warmem Wasser unter Rühren aufgelöst).

Beuchseife N **Zschimmer & Schwarz, Chemnitz.**

Geb.-J.: 1920; *i/Kurs:* ja; *Konstit.:* Kaliseife + sulfoniertes Öl + Kohlenwasserstoffe; *Äuß.:* dickliche Flüssigkeit, gelb; *Reakt.:* schwach alkalisch; *Lö. Be.:* Beständigkeitseigenschaften besser als Seife; *Verw.:* bei der Beuche; *Mengen:* allgemein: 0,25—1% vom Gewicht der zu beuchenden Ware.

Biancal **Baur, Gaebel & Cie., Köln-Radertal.**

Geb.-J.: 1931; *i/Kurs:* ja; *Konstit.:* organ. Persulfosäure (Na-Salz); *Äuß.:* weißes Pulver; *Reakt.:* schwach alkalisch; *Eigensch.:* lagerbeständig; gibt haltbare Lösungen; hoher Gehalt an aktivem Sauerstoff; *Lö. Be.:* in 50° warmem Wasser löslich; *Verw.:* als Bleichmittel für Textilien.

Biancal **Flesch-Werke, AG., Frankfurt a. M.**

Geb.-J.: 1931; *i/Kurs:* ja; *Konstit.:* Natriumsalz einer organischen Persulfosäure (ohne Lösungsmittel); *Äuß.:* Pulver, gelblich; *Reakt.:* die wässerige Lösung ist schwach alkalisch, $p_H = 8$; *Eigensch.:* bleichend (oxydierend) und desinfizierend, sowie netzend, reinigend und emulgierend zugleich; die Lösung ist mehrere Tage ohne Zersetzung bzw. Sauerstoffabgabe haltbar; *Verw.:* NB. man löst a. b. in handwarmem Kondenswasser 1 : 50! zum Bleichen von Textilien; beim Reinigen und Beuchen von Textilien, von Leinen, Hanf, Baumwollwaren, seidenen, kunstseidenen Garnen und Geweben; b. d. Vorbereitung von Druckwaren und Verbandsstoffen; beim Entschlichten, evtl. zusammen mit Pellastol EN Pulver oder Paste; b. Auskochen; b. d.

Chlorbleiche als Vorbehandlungsmittel; bei der Nachbehandlung gechlorter Ware (wirkt entchlorend); b. d. reinen Sauerstoffbleiche; b. d. kombinierten Chlor-Sauerstoffbleiche (wirkt stabilisierend); b. d. Sauerstoffbleiche im Vorbehandlungsbad; beim Aufschließen von Stärke; (s. a. Mengen!); *Mengen:* allgemein: 0,5—1 g/l; b. Auskochen und Beuchen von Baumwolle: 0,5—1 g/l Kochflotte; b. Bleichen von Baumwollmaterial (lose und als Garn), b. d. Kettbaumbleiche, i. d. Stück- und Trikotbleiche, i. d. Buntwarenbleiche: 0,2—0,5 g/l Bleichflotte (Flottenlänge 1 : 5); i. d. Leinenbleiche: 0,3—1 g/l Bleichflotte (Flottenlänge 1 : 7 bis 1 : 10); b. Bleichen von Kunstseide: 1 g/l Entschlichtungsbad; b. Bleichen von Naturseide: 0,5—3 g/l Entbastungsbad; b. Entschlichten: neben 3 g/l Soda: 1,5 g/l; *H. Pat.:* DRP. 561521; F 70407; *V. Pat.:* F 68.30; F 81.30.

Biolase N extra i/Pulver **I. G. Farbenindustrie AG., Frankfurt a. M.**

Geb.-J.: 1923; *i/Kurs:* ja; *analog:* Biolase flüssig C 6; *Konstit.:* Bakteriendiastase; *Äuß.:* Pulver, grau; *Reakt.:* in wässeriger Lösung alkalisch. $p_H = 7,2$; *Eigensch.:* geruchlos; frei von die Textilfaser schädigenden Substanzen; baut Stärke ab (führt sie in wasserlösliche Form über) sowohl bei niedrigen (15—30° C) als auch bei hohen Temperaturen (75—85° C), am besten und raschesten bei 45—50° C (bei schweren und dichtgeschlagenen Stoffen netze man vorher unter Zusatz von 0,3—0,5 g/l Humectol CX oder bei sehr hartem Wasser von 0,5—1 g/l Igepon T); haltbar in Substanz wie auch in wässeriger Lösung; unempfindlich beim Lagern gegen Feuchtigkeit und höhere Temperaturen; zeigt insbesondere auch bei hohen Temperaturen stark verflüssigende Kraft; bewirkt weder bei Rohware noch bei echtfarbigen Materialien eine Trübung oder Veränderung des Tones; auch in kalkhaltigem Wasser verwendbar; erteilt der Kunstseide entschlichteter Mischgewebe schönen Glanz und Griff; gibt nachbehandelten bedruckten Kunstseide- und Kunstseidemischgeweben den verlorengegangenen Glanz sowie weichen und voluminösen Griff wieder; *Lö. Be.:* in kaltem Wasser leicht und vollkommen löslich; beständig gegen Wasser bis ca. 10° Härte; *Verw.:* zum Entschlichten von roh- und echtfarbigen Buntwaren aller Art; besonders bei der Veredlung von Baumwollwaren und kunstseidenen Mischgeweben; zum Degummieren von gedruckten Stoffen; zum Entschlichten von Farb- oder Bleichware, Inletts, kunstseidenen Mischgeweben (kunstseidener Schuß, baumwollene Ketten); zur Nachbehandlung von bedruckten Kunstseide- und Kunstseidemischgeweben; zum Reinigen von Mitläufern; zum Entschlichten von Wollstückware; *Mengen:* NB. man löst die zum Entschlichten benötigte Menge in der 45—50° C warmen Entschlichtungsflotte (wenn Entschlichten bei höherer Temperatur nicht möglich, netzt man die vom Webstuhl kommende Ware heiß bis kochend, evtl. unter Humectol- oder Igeponzusatz; leichtere Ware bringt man ohne Vornetzen direkt in das Biolasebad, sauer reagierende Stoffe nach Neutralisation mit Ammoniak in 50—60° warmem Bad und nach Abquetschen ohne Spülen!) NB. bei Wasser über 10° D. H. setzt man 0,5 g/l Igepon T zuerst zum Bad, läßt einmal durchlaufen und gibt dann die angerührte Biolase zu oder aber man geht direkt in das mit Igepon T oder Biolase beschickte Bad ein! NB. evtl. muß zur Erreichung neutraler Reaktion des Entschlichtungsbades mit Ammoniak oder Essigsäure neutralisiert werden! z. Entschlichten von Farb- oder Bleichware: a) auf dem Jigger: 0,2—0,4% d. W. (das Doppelte bis Vierfache der Ware an Wasser verwenden; Biolase zur 50—60° warmen Entschlichtungsflotte geben; mit der genetzten Ware eingehen; nach 3 bis 4 Passagen heiß, dann kalt spülen; NB. bei leichter Ware ohne Vornetzen 1—2 Passagen mehr!); b) auf der Strangmaschine oder dem Clapot: 0,2 bis 0,4% d. W. (doppelte Menge Wasser; 55—60° C; 1—$1^1/_2$ Stdn. heiß, dann kalt spülen!; NB. falls die Ware vor dem Spülen über Nacht liegen bleibt, genügen für 100 l Wasser 150—200 g!); c) auf der Breitmaschine oder Rollenkufe: 1. Kasten: 80—90° heiß netzen; abquetschen; 2. und 3. Kasten: 0,2—0,4%ige Lösung (45—50° C; leicht abquetschen; einige Stunden liegen lassen; auf der Waschmaschine heiß, dann kalt spülen!); NB. beim Entschlichten mit substantiven Farben gefärbter, sogenannter säureechter Ware darf nicht höher als bei 25° C entschlichtet und gespült werden; d) zum Entschlichten von Kunstseidemischgeweben auf dem Jigger: 3 g/l (50—55° C; 4—6 Touren; $^1/_2$—1 Stunde lang blind laufen lassen; heiß spülen); e) zum Entfernen der Verdickungsmittel aus bedruckten Kunstseide- oder Kunstseidemischgeweben nach der Fixierung der Farben: (warmes Wasserbad zuerst!) 3—4 g/l (40—50°; 20—30 Min., dann spülen!); f) zum Degummieren bedruckter Baumwollgewebe, soweit Stärkeverdickungen in Betracht kommen, nach dem Fixieren der Farben und warmem Spülen: 1—2 g/l (40—60° C; 15—20 Min.; warm, dann kalt spülen!); g) zum Reinigen von Mitläufern: 0,3—0,5 g/l; (50° C; über Nacht einlegen; heiß, dann kalt spülen); NB. bei kontinuierlichem Betrieb: 1—2 g/l (45—55° C; heiß, dann kalt spülen!); NB. bei Verwendung saurer Verdickungen vorher mit heißer Sodaflotte spülen!; h) zum Entschlichten von Wollstückware bei mit Stärke an Stelle von Hornleim geschlichteten Kammgarnstoffen in Verbindung mit dem Einbrennen (Crabben) der Ware: 4 g/l (90° C; darauf auf der Waschmaschine oder Haspelkufe warm spülen); NB. die Biolase ist vor dem Zusatz lauwarm zu lösen!

Blankit **I. G. Farbenindustrie AG., Frankfurt a. M.**

i/Kurs: ja; *Konstit.:* techn. reines, etwa 90%iges Natriumhydrosulfit; ($Na_2S_2O_4$); *Eigensch.:* bleichend; *Verw.:* in der Seifen- und Textilindustrie als Bleichmittel; (auch in der Zuckerindustrie); als Bleichmittel für Spezialzwecke.

Blankit I **I. G. Farbenindustrie AG., Frankfurt a. M.**

i/Kurs: ja; *Konstit.:* Natriumhydrosulfit, techn. rein ($Na_2S_2O_4 \cdot 2\,H_2O$); *Eigensch.:* hitzebeständig; bleichend; *Verw.:* in der Textilbleicherei.

Bleichavivage ZS **Zschimmer & Schwarz, Chemnitz.**

Geb.-J.: 1934; *i/Kurs:* ja; *Konstit.:* Fett- + Wachssulfonate; *Äuß.:* weiße Paste; *Reakt.:* neutral; *Lö. Be.:* gibt mit Wasser Emulsionen; *Verw.:* zum Weichmachen von Bleichware; *Mengen:* 3—5 g/l (30—40° C).

Blufajo **J. John Nchf., Dresden-A. 1.**

i/Kurs: ja; *Konstit.:* Eiweißpräparat; *Äuß.:* zähflüssige, braune Masse; *Reakt.:* neutral; *Eigensch.:* steril, unbegrenzt haltbar, hygienisch; besitzt gutes Durchdringungsvermögen schon bei niederer Temperatur; kräftigt Textilmaterialien und erhöht deren Reißfestigkeit; greift die Farben und Metalle nicht an; *Lö. Be.:* in warmem Wasser leicht lösbar; beständig gegen verdünnte Säuren; alkaliempfindlich; *Verw.:* als Appreturmittel (universell) für Gewebe und Gewirke, insbesondere leichte Wollmousseline, Drelle, Damaste, Mischgewebe, Linons; zur Nachappretur zertrennter und unzertrennter Kleidungsstücke; zum Appretieren von Juteerzeugnissen; *Mengen:* je nach Material und gewünschtem Effekt: 0,3—5% (bei Temperaturen bis zu 50°); *Lit.:* Z. ges. Textilind. 1929 Heft 32 S. 604.

Blufajo-A **J. John Nchf., Dresden-A. 1.**

i/Kurs: ja; *Konstit.:* Eiweißkörper (stark ölangereichert); *Äuß.:* Paste; *Eigensch.:* homogen; völlig steril; auf dem Faden nicht oxydierbar; tropenfest; gutes Netz- und Durchdringungsvermögen; starke Bindekraft; kein Stäuben; erhöht die Fadenfestigkeit ohne Dehnungsminderung; vorzügliche Glättewirkung; keine Glanzbeeinträchtigung der Seide; ermöglicht leichtes Entschlichten in warmem Wasser bei gutem Aufgehen des Fadens; *Verw.:* für Azetatseide in Strang und Kette; *Lit.:* Melliand Textilber. 1935 Nr. 9 S. 658, 659.

Blufajo-KGB **J. John Nchf., Dresden-A. 1.**

i/Kurs: ja; *Konstit.:* Eiweißkörper; *Äuß.:* Paste; *Eigensch.:* homogen; konserviert; gutes Netz- und Durchdringungsvermögen; erhöht die Fadenfestigkeit; ermöglicht leichtes Entschlichten; *Lö. Be.:* in warmem Wasser löslich; gegen verdünnte Säuren und Laugen unempfindlich; *Verw.:* zum Schlichten von Kreuzspulseide.

Blufajo-Neu I **J. John Nchf., Dresden-A. 1.**

i/Kurs: ja; *Konstit.:* Öl-Eiweißprodukt; *Äuß.:* Paste; *Eigensch.:* homogen; steril; erzeugt gute Festigkeit und Dehnbarkeit des Kunstseidenfadens; ergibt gleichmäßig und gut aufgehenden Krepp; *Verw.:* beim Kreppen.

Blufajo-Ohnecon **J. John Nchf., Dresden-A. 1.**

i/Kurs: ja; *Konstit.:* Eiweißkörper; *Äuß.:* Pulver; *Eigensch.:* gutes Netz- und Durchdringungsvermögen; gibt dem Faden vorzügliche Glätte, hohe Festigkeit ohne Dehnungsminderung und schönen seidenen Glanz; ermöglicht leichtes Entschlichten in warmem Wasser; *Lö. Be.:* in Wasser bei 50 bis höchstens 70° leicht löslich; *Verw.:* zum Schlichten von Kunstseide in Kette und Strang.

Blufajo-superfein **J. John Nchf., Dresden-A. 1.**

i/Kurs: ja; *Konstit.:* Eiweißpräparat; *Äuß.:* helle, in der Kälte gallertartige Masse; *Reakt.:* neutral; *Eigensch.:* kann durch Erwärmen im Wasserbad verflüssigt werden; steril, unbegrenzt haltbar, hygienisch; besitzt gutes Durchdringungsvermögen schon bei niederer Temperatur; kräftigt Textilmaterialien; erhöht die Reißfestigkeit, greift Farben und Metalle nicht an; *Lö. Be.:* beständig gegen verdünnte Säuren; alkaliempfindlich; *Verw.:* zur Appretur von feinmaschigen Gardinen und Spitzen nach Brüsseler Art; *Mengen:* je nach Material und gewünschtem Effekt: 0,3—5% (bei Temperaturen bis zu 50°).

Blufajo-U **J. John Nchf., Dresden-A. 1.**

i/Kurs: ja; *Konstit.:* Eiweißkörper (ölangereichert); *Äuß.:* Paste; *Eigensch.:* homogen; völlig steril; auf dem Faden nicht oxydierbar; tropenfest; gutes Netz- und Durchdringungsvermögen; starke Bindekraft; kein Stäuben; erhöht die Fadenfestigkeit ohne Dehnungsminderung; vorzügliche Glättewirkung; keine Glanzbeeinträchtigung der Seide; ermöglicht leichtes Entschlichten in warmem Wasser bei gutem Aufgehen des Fadens; *Verw.:* als Universalschlichte für die verschiedensten Kunstseidenarten; insbesondere für die Strangschlichtung; *Lit.:* Mschr. Textilind. Juni 1934 Fachheft II S. 46; Die Kunstseide 1935 Nr. 11 S. 426.

Blufajo-V **J. John Nchf., Dresden-A. 1.**

i/Kurs: ja; *Konstit.:* Eiweißkörper; *Äuß.:* Paste; *Eigensch.:* homogen; völlig steril; auf dem Faden nicht oxydierbar; tropenfest; gutes Netz- und Durchdringungsvermögen; starke Bindekraft; kein Stäuben; erhöht die Fadenfestigkeit ohne Dehnungsminderung; vorzügliche Glättewirkung; keine Glanzbeeinträchtigung der Seide; ermöglicht leichtes Entschlichten in warmem Wasser bei gutem Aufgehen des Fadens; *Lö. Be.:* alkaliempfindlich; leicht löslich in warmem Wasser; immun gegen Säure; *Verw.:* zum Schlichten von Viskosekunstseide und Zellwolle im Strang und Kette; zum Verstärken von Baumwollschlichten; *Lit.:* Mschr. Textilind. Juni 1934 Fachheft II S. 46; Die Kunstseide 1935 Nr. 11 S. 426.

Blumol **Louis Blumer, Zwickau i. Sa.**

i/Kurs: ja; *analog:* Spulfett, Soietine, Seidol, Blumol 1698 d, Netzol; *Verw.:* zum Präparieren von Kunstseide, die auf Rundstrickmaschinen verarbeitet werden soll.

Blumol 1698 d **Louis Blumer, Zwickau i. Sa.**

i/Kurs: ja; *analog:* Spulfett, Soietine, Seidol, Blumol, Netzol; *Verw.:* zum Präparieren von Naturseide.

Boilit **Zschimmer & Schwarz, Chemnitz.**

Geb.-J.: 1933; *i/Kurs:* ja; *Konstit.:* Perborat + Stabilisator + Sulfokörper; *Äuß.:* weißes Pulver; *Reakt.:* neutral; *Eigensch.:* reinigend; weichmachend; hält den Sauerstoff lange; *Verw.:* als Bleichmittel in der Beuche; *Mengen:* 0,3—0,5% d. W.

Brillant-Avirol **Böhme Fettchemie, Chemnitz.**

Konstit.: Sulforizinat + Tetralin.

Brillant-Avirol AD **Böhme Fettchemie, Chemnitz.**

Geb.-J.: 1936; *i/Kurs:* ja; *Konstit.:* Fettalkoholsulfonat + Weichmacher; *Äuß.:* gelbliche Paste; *Reakt.:* neutral; *Eigensch.:* nicht gilbend; gutes Avivagevermögen; *Lö. Be.:* löslich in heißem Wasser; beständig gegen Alkali, Säure und hartes Wasser; *Verw.:* zum Avivieren von Kunstseide, Zellwolle, Baumwolle und Mischmaterial; *Mengen:* auf der Kufe: 0,5—2 g/l; auf dem Foulard: 4—10 g/l; *H. Pat., V. Pat.:* ja; *Lit.:* Kunstseide u. Zellwolle 1937 S. 314.

Brillant-Avirol L 142 **Böhme Fettchemie, Chemnitz.**

i/Kurs: ja; *analog:* Brillant-Avirol L 142 konz.; Brillant-Avirol L 168 (jedoch höhere Kalkbeständigkeit); Homogenol WW; Gardinol; Brillant-Avirol L 144; *ähnlich:* Setavin ON; *Konstit.:* Fettalkoholsulfonat; *Äuß.:* Pulver; *Reakt.:* vollkommen neutral; *Eigensch.:* steigert die Schaumkraft der Seifen, verleiht milden, elastischen, vollen Griff; behandeltes Gewebe fettet nicht ab, wird nicht ranzig und nicht gelb; verhindert die Bildung von Kalkseifen bei Mitverwendung von Seife; wäscht; schäumt und egalisiert; *Lö. Be.:* beständig gegen hartes Wasser; *Verw.:* NB. in Bädern von mindestens 55—60° C zu verwenden! am besten als Stammlösung 1 : 20 vorrätig halten! zum Ausrüsten von Kunstseide; zum Färben von Kunstseide mit Indanthrenfarbstoffen; zum gleichzeitigen Färben und Avivieren von Kunstseide,

Baumwolle und Mischgeweben (s. a. Mengen!); *Mengen:* b. Färben: 0,2 bis 0,3 g/l; b. mäßigem Mattieren v. Kunstseide: 0,5—1 g/l; b. Färben gebleichter, plattierter Trikotware: 0,3—0,4 g/l; zum Nachspülen b. d. Beuche von Trikotagen: 0,2—0,3 g/l; b. d. Avivage von Rohkunstseide: 1—2 g/l; b. d. Vorbleiche plattierter Trikotware: neben 0,2 g/l Blankit: 0,3 g/l; b. Färben und Avivieren von Kunstseide-Strangware auf d. Wanne und a. d. Maschine: 0,2—0,3 g/l; b. Färben und Avivieren v. Kunstseide-Stückware a) a. d. Kufe: 0,2—0,3 g/l; b) a. d. Jigger: 0,3—0,5 g/l oder $^1/_3$ bis $^1/_2$% d. W.; b. Färben v. Samt, Plüsch, Velvet, Cord und Ripsware: 0,3—0,5 g/l; b. Färben v. Strümpfen ohne Griff: 0,2—0,3 g/l (i. d. Wanne und a. d. Apparat); zum Färben v. Strümpfen mit krachendem Seidengriff: 0,1 g/l (unter Nachsatz von 1,5—2 g/l Seife und Nachbehandlung mit Milch-, Wein- oder Aviviersäure!); b. Färben v. Azetatseide: 0,2 g/l (vor dem Zusatz von 1,5—2 g/l Seife!); zum Färben v. Kupferseide: 0,5—1 g/l; b. Färben und Avivieren v. Mischgeweben: 0,2—0,4 g/l (neben 1,5 g/l bei Mischgeweben, die viel Azetatseide enthalten); b. d. Nachavivage von Kunstseide: 0,2—0,4 g/l; als Zusatz zu Seifenbädern: 0,12—0,2 g/l; *H. Pat., V. Pat.:* Pat. angem.; *Lit.:* Seifensieder-Ztg. 1931 S. 258 u. 760; Chem.-Ztg. 1932 S. 835 u. 893; Melliand Textilber. 1930 S. 610; 1931 Heft 2.

Brillant-Avirol L 142 konz. — Böhme Fettchemie, Chemnitz.

Geb.-J.: 1928; *i/Kurs:* ja; *Konstit.:* Fettalkoholsulfonat; *Äuß.:* weißes Pulver; *Reakt.:* schwach alkalisch; *Eigensch.:* nicht vergilbend; erteilt Kunstseide- und Zellwollmaterialien weichen und glatten Griff; *Lö. Be.:* löslich in heißem Wasser; gut beständig gegen Alkali, Säure und hartes Wasser; *Verw.:* als Zusatz zum Färbebade zwecks gleichzeitigem Erteilen weichen Griffs; zum Nachavivieren gefärbter und gebleichter Waren; *Mengen:* 0,2—0,5 g/l im Färbebad; 0,5—1 g/l beim Nachavivieren; 2—20 g/l auf dem Foulard; *H. Pat., V. Pat.:* angemeldet; *Lit.:* Melliand Textilber. 1930 S. 610; 1931 S. 111; 1934 S. 21; Z. ges. Textilind. 1930 S. 467; 1936 S. 380; Mschr. Textilind. 1930 Fachheft III S. 90; 1932 Fachheft II S. 39, Fachheft III S. 58; Appretur-Ztg. 1931 S. 114; Seifensieder-Ztg. 1931 S. 760; Kunstseide 1931 S. 230; 1932 S. 398; 1933 S. 21; Seide u. Kunstseide 1932 S. 201; Chem. Umschau 1933 S. 31; (Fettchem. Umschau) 1936 S. 39. Broschüre B 267.

Brillant-Avirol L 144 — Böhme Fettchemie, Chemnitz.

Geb.-J.: 1928; *i/Kurs:* ja; *Konstit.:* Fettalkoholsulfonat; *Äuß.:* goldgelbe Flüssigkeit; *Reakt.:* schwach sauer; *Eigensch.:* nicht vergilbend; gibt der Kunstseide einen fleischigen, weichen Griff; hohes Durchdringungsvermögen; *Lö. Be.:* leicht löslich in kaltem Wasser; beständig gegen Alkali, Säure und hartes Wasser; *Verw.:* als Kaltavivagemittel für Kunstseide; speziell für Spinnkuchen und Spulen; *Mengen:* 0,5—3 g/l; 10—30 g/l auf dem Foulard; *H. Pat., V. Pat.:* ja; *Lit.:* Mschr. Textilind. 1930 Fachheft III S. 90; 1932 Fachheft II S. 39; Kunstseide 1932 S. 398; Chem. Umschau 1932 S. 217, 274; (Fettchem. Umschau) 1936 S. 38.

Brillant-Avirol L 168 — Böhme Fettchemie, Chemnitz.

i/Kurs: ja; *analog:* Brillant-Avirol L 168 konz.; Gardinol; Brillant-Avirol L 142, L 144; Homogenol WW; *Konstit.:* Fettalkoholsulfonat; *Verw.:* als Avivagemittel für Kunstseide; *Mengen:* b. d. Nachavivage von Kunstseide: 0,3—0,5 g/l; b. mäßigen Mattieren von Kunstseide: 0,5—1 g/l; *H. Pat., V. Pat.:* Pat. angem.; *Lit.:* Melliand Textilber. 1930 S. 610; Chem.-Ztg. 1932 S. 835 u. 893.

Brillant-Avirol L 168 konz. **Böhme Fettchemie, Chemnitz.**

Geb.-J.: 1930; *i/Kurs:* ja; *Konstit.:* Fettalkoholsulfonat; *Äuß.:* weißes Pulver; *Reakt.:* neutral; *Eigensch.:* verleiht Kunstseide, Zellwolle, Baumwolle und Mischmaterial weichen und glatten Griff; nicht vergilbend; *Lö. Be.:* löslich in heißem Wasser; beständig gegen Alkali, Säure und hartes Wasser; *Verw.:* zum Avivieren, speziell für Kunstseidenstrangware; *Mengen:* 0,2—1 g/l; 2—20 g/l auf dem Foulard; *H. Pat., V. Pat.:* ja; *Lit.:* Mschr. Textilind. 1930 Fachheft III S. 90; 1932 Fachheft II S. 39; Kunstseide 1931 S. 230; 1932 S. 398; 1933 S. 21; Chem. Umschau 1932 S. 217, 274; (Fettchem. Umschau) 1936 S. 38; Melliand Textilber. 1934 S. 21.

Brillant-Avirol L 168 dopp. konz. **Böhme Fettchemie, Chemnitz.**

Geb.-J.: 1930; *i/Kurs:* ja; *Konstit.:* Fettalkoholsulfonat; *Äuß.:* weißes Pulver; *Reakt.:* neutral; *Eigensch.:* verleiht Kunstseide, Zellwolle, Baumwolle und Mischmaterial weichen und glatten Griff; nicht vergilbend; *Lö. Be.:* löslich in heißem Wasser; beständig gegen Alkali, Säure und hartes Wasser; *Verw.:* zum Avivieren, speziell für Kunstseidenstrangware; *Mengen:* s. L 168 konz.; *H. Pat., V. Pat.:* ja; *Lit.:* s. L 168 konz.

Brillant-Avirol SM 100 **Böhme Fettchemie, Chemnitz.**

Geb.-J.: 1928; *i/Kurs:* ja; *analog:* es existieren zwei Typen: E und K; *Konstit.:* Rizinolsulfonat + organisches Lösungsmittel; *Äuß.:* E: braune Flüssigkeit; K: dunkelbraune Flüssigkeit; *Reakt.:* schwach sauer; *Eigensch.:* verleiht Kunstseide, Baumwolle und Mischmaterial weichen, fleischigen Griff; *Lö. Be.:* emulgierend (E) bzw. klar (K) löslich; begrenzt beständig gegen Alkali, Säure und hartes Wasser; *Verw.:* zur Ölavivage aller Kunstseiden- und Baumwollmaterialien in Strang und Stück; *Mengen:* 1—3 g/l in Avivage- und Färbeflotten; 5—20 g/l auf dem Foulard; *Lit.:* Melliand Textilber. 1928 S. 759; 1930 S. 610; Mschr. Textilind. 1932 Fachheft II S. 39.

Brillant-Avivage T 149 konz. **Böhme Fettchemie, Chemnitz.**

Geb.-J.: 1936; *i/Kurs:* ja; *Konstit.:* Fettalkohol-Fettsäure-Spezialprodukt; *Äuß.:* gelbbraune Paste; *Reakt.:* schwach sauer; *Eigensch.:* nicht vergilbend; gibt Kunstseide, Baumwolle und Mischmaterial besonders gute Weichheit; *Lö. Be.:* gibt mit Wasser Emulsionen; beständig gegen geringe Alkali- und Säuremengen, ziemlich gut gegen hartes Wasser; *Verw.:* zur Avivage spinnmattierter Kupfer- und Viskosekunstseide, Zellwolle, gebleichter und gefärbter Baumwollmaterialien; *Mengen:* auf der Kufe: 1—2 g/l; auf dem Foulard: 10—20 g/l.

Brimal

Konstit.: Diastasepräparat.; *Verw.:* zur Verflüssigung der Stärke durch Abbau.

Buchol **Chem. Fabr. Stockhausen, Velten, Mark.**

Geb.-J.: 1913; *i/Kurs:* ja; *analog:* Pertürkol; Buchol 124; Buchol 124 E; *Konstit.:* Seife + Chlorkohlenwasserstoff; *Äuß.:* dickliche Flüssigkeit; hellbraun; *Reakt.:* schwach alkalisch; *Eigensch.:* erteilt Weichheit und Griff; Wasch-, Netz-, Reinigungs-, Fettlösevermögen; *Lö. Be.:* nicht beständig gegen Alkalien und Säuren; *Verw.:* zum Waschen, Walken, Abseifen; für die Appretur von Florstrümpfen.

Buchol 124 **Chem. Fabr. Stockhausen, Velten, Mark.**

i/Kurs: nein; *analog:* Buchol; *Eigensch.:* ergibt krachenden, weichen, haltbaren Seidengriff; *Verw.:* für die Strumpfappretur (Avivage).

Buchol 124 E **Chem. Fabr. Stockhausen, Velten, Mark.**

i/Kurs: ja; *analog:* Buchol; *Konstit.:* Seife + Fettlöser; *Äuß.:* hellgelbliche, dicke Flüssigkeit; *Reakt.:* schwach alkalisch; *Lö. Be.:* nicht beständig gegen Säure; *Verw.:* zum Weichmachen und Avivieren von Kunstseide.

Buranil konz. **Baur, Gaebel & Cie., Köln-Radertal.**

Geb.-J.: 1933; *i/Kurs:* ja; *Konstit.:* aliphatische Sulfosäure (Na-Salz); *Äuß.:* weißliche Paste; *Reakt.:* neutral; *Lö. Be.:* in kochendem Wasser löslich; beständig gegen Säure und hartes Wasser; *Verw.:* zum Veredeln aller Textilien; zum Enthärten von Wasser; zum Nachseifen von Bleichware und Färbungen; zum Netzen; zum Färben in sauren, neutralen oder alkalischen Bädern; zum Einweichen; in der Vorwäsche von BW, KS, ZW, W, Trikotagen und Strümpfen; zum Waschen loser Wolle, Gerberwolle in salzsaurem Bade, von Kammzug, Kammgarn, Streichgarn, Stückware; beim Walken.

Burmol **I. G. Farbenindustrie AG., Frankfurt a. M.**

i/Kurs: ja; *Konstit.:* 65%iges Natriumhydrosulfit ($Na_2S_2O_4 \cdot 2\,H_2O$); *Eigensch.:* bleichend; *Verw.:* für Abzieh- und Bleichzwecke; speziell für Kleiderfärbereien.

Burnus **Röhm & Haas AG., Darmstadt. Vertr.: Aug. Jacobi AG., Darmstadt.**

i/Kurs: ja; *analog:* Enzymolin und Burnus-Neutral; *Konstit.:* aus den Pankreasdrüsen der Schlachttiere gewonnene Enzyme (für Reinigungszwecke wirksame, tryptische Enzyme), die zwecks besserer Dosierung z. T. mit indifferenten Mitteln, wie Kochsalz (und nach Heermann: Soda sowie Bikarbonat), versetzt sind; Pankreatin-Präparat; Pankreas-Tryptase, -Diastase, -Lipase enthaltend; (enthält weder Wasserglas noch Chlor oder sauerstoffhaltige Mittel); *Äuß.:* weißes Pulver; *Reakt.:* alkalisch (NB. für Färbereien wird zur Entfernung von Eiweißflecken aus farbempfindlichen bunten Stoffen als Spezialsorte Burnus-Neutral geliefert); *Eigensch.:* hebt Anschmutzungen, wie Staub und Ruß, die durch Eiweiß, Stärke, Blut, Fett usw. auf der Faser festgekittet sind, vom Gewebe ab, so daß sie in die Einweich- oder Vorwaschlaugen übergehen, indem genannte „Kittsubstanzen" enzymatisch abgebaut, d. h. wasserlöslich gemacht werden; greift die Faser nicht an (künstliche Verdauung auf biochemischem Wege); nimmt an feuchter Luft etwas Wasser auf, zerfließt jedoch nicht; *Lö. Be.:* wirkt in weichem, hartem und auch Seewasser; *Verw.:* zum Einweichen bzw. Vorwaschen, insbesondere in der Weißwäscherei; zum Entfernen von Eiweißflecken in der Detachur und Färberei; *Mengen:* je nach Anwendungszweck und Verschmutzungsgrad; allgemein: 0,2—0,5% (einweichen in kaltem oder besser lauwarmem Wasser von etwa Blutwärme (34—40°), nicht in heißem Wasser; bei Wolle und Seide eine halbe Stunde lang, bei Baumwolle und anderen Textilien etwa 12 Stunden lang!); *V. Pat.:* DRP. 283923, 316098 (Otto Röhm); *Lit.:* Dtsch. Wäschereiztg. Nr. 20 v. 16. Mai

1931 und Nr. 9 v. 27. Februar 1932; Z. dtsch. Öl- u. Fettind. 1920 S. 166; Seifensieder-Ztg. 1915 S. 437; 1919 S. 707.

Burnus-Neutral **Röhm & Haas AG., Darmstadt. Vertr.: Aug. Jacobi AG., Darmstadt.**

i/Kurs: ja; *analog:* Enzymolin und Burnus; *Konstit.:* aus den Pankreasdrüsen der Schlachttiere gewonnene Enzyme (für Reinigungszwecke wirksame, tryptische Enzyme), die zwecks besserer Dosierung mit indifferenten Mitteln, wie Kochsalz, versetzt sind; Pankreatin-Präparat; Pankreas-Tryptase, -Diastase, -Lipase enthaltend; (enthält weder Wasserglas noch Chlor oder sauerstoffhaltige Mittel); *Äuß.:* Pulver, weiß; *Reakt.:* neutral; *Eigensch.:* hebt Anschmutzungen, wie Staub und Ruß, die durch Eiweiß, Stärke, Blut, Fett usw. auf der Faser festgekittet sind, vom Gewebe ab, so daß sie in die Einweich- oder Vorwaschlaugen übergehen, indem genannte „Kittsubstanzen" enzymatisch abgebaut, d. h. wasserlöslich gemacht werden; greift die Faser nicht an (künstliche Verdauung auf biochemischem Wege!); nimmt an feuchter Luft etwas Wasser auf, zerfließt jedoch nicht; *Lö. Be.:* wirkt in hartem Wasser ebenso wie in weichem und auch in Seewasser; *Verw.:* in Färbereien; zur Entfernung von Eiweißflecken aus farbempfindlichen, bunten Stoffen; *Mengen:* je nach Anwendungszweck und Verschmutzungsgrad; allgemein: 0,2—0,5% (einweichen in kaltem oder besser lauwarmem Wasser von etwa Blutwärme (35—40°), nicht in heißem Wasser; bei Wolle und Seide $^1/_2$ Stunde lang, bei Baumwolle und anderen Textilien etwa 12 Stunden lang!); *V. Pat.:* DRP. 283923, 316098 (Otto Röhm); *Lit.:* Dtsch. Wäschereiztg. Nr. 20 vom 16. Mai 1931 und Nr. 9 v. 27. Februar 1932; Z. dtsch. Öl- u. Fettind. 1920 S. 166; Seifensieder-Ztg. 1915 S. 437 und 1919 S. 707.

Calgon **Chem. Fabr. J. A. Benckiser, Ludwigshafen a. Rh.**

Geb.-J.: 1934; *i/Kurs:* ja; *Konstit.:* Salze der Phosphorsäure; *Äuß.:* weißes Pulver; *Eigensch.:* bindet die Härtebildner des Wassers in komplexer Form, verhindert dadurch deren Ausfällung; verhindert aber nicht nur die Entstehung und Ausfällung von Kalkseife, sondern löst bereits gebildete Kalkseife wieder zu Natronseife auf (das gleiche gilt auch für Eisen- und Manganseife); verbessert die Wirkung von Seifenlösungen, so daß man mit geringeren Mengen Seife und mit einem äußerst geringen Alkaligehalt auskommen kann, wodurch eine erhöhte Schonung der Faser und verbesserte Spinn- und Verarbeitsfähigkeit erzielt wird; *Verw.:* beim Waschen in der Textilindustrie, bei allen Einweich-, Vorwasch-, Bleich- und Avivageprozessen, dann beim Färben, Drucken, Merzerisieren, Karbonisieren, Walken, Entbasten und Entschlichten; *Mengen:* 0,5—3 g/l je nach Härte des Wassers; *H. Pat., V. Pat.:* Anwendungspatente ausgelegt; *Lit.:* Appretur Ztg. 1935 Heft 19/20; Klepzigs Textil-Z. 1935 Heft 44 S. 563; Mschr. Textilind. 1935 Fachheft III; Melliand Textilber. 1935 Nr. 11.

Candit V Tg. **Chem. Fabr. Pyrgos G. m. b. H., Radebeul-Dresden.**

Geb.-J.: 1928; *i/Kurs:* nein; *Konstit.:* Zink-Natrium-Glykose-Hydrosulfit; *Äuß.:* Teig, weiß; *Reakt.:* praktisch neutral; *Eigensch.:* Reduktions- und Bleichwirkung; Farbstoffe ziehen auf mit Candit gebleichte Wolle mit klarem, reinem, sattem Ton auf; *Lö. Be.:* beständig gegen hartes Wasser und Neutralsalze; unbeständig gegen Säuren; *Verw.:* in allen Reduktions- und Bleichprozessen; beim Bleichen von Wolle; als Reduktions- und Ätzmittel für Küpenfärbung und Druck ohne Dämpfen; (NB. kann auch im Anschluß an eine H_2O_2-Bleiche angewandt werden!); *Mengen:* in der Wollbleiche: 2—3 g/l bzw.

6—8% d. W. (zunächst in Wasser verteilen; diesen Brei zum 60° warmen Wasser im Bleichbottich zugeben; Wolle einbringen; zugedeckt 12 Stdn. stehen lassen; die Wolle mit H_2SO_4 säuern und auswaschen!); *H. Pat.:* DRP. 529617; *Lit.:* Melliand Textilber. 1930 S. 610.

Canetol Elixierseife — **Baur, Gaebel & Cie., Köln-Radertal.**

Geb.-J.: 1926; *i/Kurs:* ja; *Konstit.:* Sulforizinolsäure (Na-Salz); *Äuß.:* gelbliche Masse; *Reakt.:* gegen Lackmus schwach sauer; *Lö. Be.:* wasserlöslich; gut hartwasserbeständig; (NB. Stammlösung mit Wasser von 70—80° C 1 : 2 ansetzen!); *Verw.:* an Stelle von Türkischrotöl (ein Drittel dieses durch „CE" ersetzen!); als Appreturmittel, insbesondere für Dextrinappreturen; zum Netzen, Anteigen von Druckfarben und Weichmachen.

Caragheenextrakt — **Zschimmer & Schwarz, Chemnitz.**

Geb.-J.: 1919; *i/Kurs:* ja; *Konstit.:* sterilisierter Extrakt aus Caragheenmoos; *Äuß.:* hellgelbe, gallertartige Masse; *Reakt.:* neutral; *Eigensch.:* gibt vollen, flauschigen Griff, speziell in der Wollappretur; *Verw.:* in der Appretur; *Mengen:* je nach Ware verschieden.

Carbo-Florhenol — **Flesch-Werke, AG., Frankfurt a. M.**

i/Kurs: ja; *Konstit.:* Sulfosäure (Rizinusölspezialsulfonat[1]); *Eigensch.:* netzend; verhindert die Bildung schädlicher Kalkseifen; *Lö. Be.:* gegen H_2SO_4 von 6° Bé beständig; beständig gegen Wasser v. 20° d.H.; *Verw.:* als Zusatz bei der Karbonisation von Schafwolle; *Lit.:* Seifensieder-Ztg. 1931 S. 650; [1] Melliand Textilber. 1930 S. 610.

Carbolan — **Zschimmer & Schwarz, Chemnitz.**

Geb.-J.: 1927; *i/Kurs:* ja; *Konstit.:* Gemisch aromatischer Sulfosäuren; *Äuß.:* Flüssigkeit, braun; *Reakt.:* sauer; *Eigensch.:* netzend, auch in der Kälte; reinigend; schmutzlösend; *Lö. Be.:* beständig gegen konzentrierte Säuren, z. B. Schwefelsäure von ca. 4° Bé; *Verw.:* in der Karbonisation; *Mengen:* allgemein: 1—2 g/l Karbonisierflotte (10—20° C; 15—30 Min.).

Cardosal

Konstit.: Alkalisalze von Lysalbin- und Protalbinsäuren (erhalten aus Abbauprodukten des Eiweißes).

Cefadol V — **Zschimmer & Schwarz, Chemnitz.**

Geb.-J.: 1933; *i/Kurs:* ja; *Konstit.:* Seife + Lösungsmittel; *Äuß.:* gelbbraune, dicke, honigartige Flüssigkeit; *Reakt.:* schwach alkalisch; *Eigensch.:* löst Fette, Harze, Mineralöle; *Lö. Be.:* mittlere Kochbeständigkeit; *Verw.:* in der Wäscherei.

Cekit — **Chem. Fabr. Stockhausen & Cie., Krefeld.**

i/Kurs: ja; *Konstit.:* sulfoniertes Öl + hochwirksame, anorganische Salze; *Äuß.:* seifenartig; schnittfähige Konsistenz; *Reakt.:* alkalisch; *Eigensch.:* beschleunigt die Verseifung von fett- und wachsartigen Begleitstoffen der Baumwolle; beschleunigt den Beuchprozeß; *Lö. Be.:* in heißer Natronlauge von 2° Bé löslich; nur in alkalischen Lösungen beständig; *Verw.:* als Beuchzusatz zur Milderung der Arbeitsbedingungen mit Rücksicht auf den Zellwollgehalt; *Mengen:* Druckkochung: 0,35—0,4% vom Gewicht des Beuchgutes; offene Abkochung: 0,5—1%; *H. Pat., V. Pat.:* DRP. angem.

Cellana Schmelze ST **Zschimmer & Schwarz, Chemnitz.**

Geb.-J.: 1937; *i/Kurs:* ja; *Konstit.:* sulfonierter Fettkörper + Kohlenwasserstoffe + Neutralöl; *Äuß.:* trübe, gelbe Flüssigkeit; *Lö. Be.:* gibt mit Wasser (1 : 10) beständige, sämige, schneeweiße Emulsion; *Verw.:* zum Schmelzen von Zellwolle-, Wolle-, Mischgarn-, namentlich für Streichgarnspinnerei.

Cellana Schmelze WZ **Zschimmer & Schwarz, Chemnitz.**

Geb.-J.: 1937; *i/Kurs:* ja; *Konstit.:* sulfonierter Fettkörper + Kohlenwasserstoffe + Neutralöl; *Äuß.:* gelbe Paste; *Lö. Be.:* gibt mit Wasser (1 : 10) beständige, sämige, schneeweiße Emulsion; *Verw.:* zum Schmelzen von Zellwolle-, Wolle-, Mischgarn-, namentlich für Kammgarnspinnerei.

Cellappret Teig **I. G. Farbenindustrie AG., Frankfurt a. M.**

Geb.-J.: 1926; *i/Kurs:* ja; *Konstit.:* Zellulosepräparat; *Äuß.:* graugelbe, teigartige Masse; *Eigensch.:* wie Cellappret trocken; *Lö. Be.:* in kaltem, besser warmem Wasser löslich bzw. quellbar; *Verw.:* wie Cellappret trocken; *Mengen:* NB. mit wenig warmem Wasser unter Rühren quellen lassen, evtl. erwärmen und die restliche Wassermenge zugeben! allgemein: die doppelte Menge, wie Cellappret trocken angegeben; *H. Pat., V. Pat.:* patentiert; *Lit.:* Melliand Textilber. 1933 S. 404.

Cellappret trocken **I. G. Farbenindustrie AG., Frankfurt a. M.**

Geb.-J.: 1931; *i/Kurs:* ja; *Konstit.:* Zellulosepräparat; *Äuß.:* gelbliche Flocken; *Reakt.:* neutral; *Eigensch.:* gibt durchsichtige Appreturmassen, sehr vollen, nicht brettigen Griff; keine Verschleierung, auch dunkler Farben, kein Schreiben, keine Schimmelbildung; kann mit Imprägniermitteln gleichzeitig angewendet werden, ohne daß der Wasserdichteffekt beeinflußt wird; erhöht den Glanz von Wollstückware; erzeugt im Zweibadverfahren zusammen mit essigsaurer Tonerde einen wasserabstoßenden Effekt; *Lö. Be.:* in kaltem Wasser (einfaches Einstreuen!) in ca. 15 Minuten vollkommen löslich; gibt mit essigsaurer Tonerde Fällungen; *Verw.:* zum Appretieren von Kunstseideartikeln, Futterstoffen, Kunstseidenbändern usw.; besonders in der Bandindustrie; als Appretur- und Füllmittel bei der Wasserdichtimprägnierung; zur Ausrüstung von Markisen-, Strandkorb- und Zeltbahnstoffen; für die Glanzappretur von Wolle; zusammen mit Ramasit I für Spezialappreturen; als Zusatz zu Imprägnierflotten nach dem Zweibadverfahren, vorteilhaft in Kombination mit Ramasit WD konz. bzw. Seife [Cellappret zum Ramasit WD konz. bzw. Seifenbad geben, nach dem Abquetschen mit essigsaurer Tonerde (4—6° Bé) nachbehandeln!]; *Mengen:* je nach dem gewünschten Effekt: 10—50 g/l; für Hutbänder: 10—15 g/l; für Futterstoffe: 5—10 g/l; zur Glanzappretur: 4—5 g/l; *H. Pat., V. Pat.:* patentiert; *Lit.:* Melliand Textilber. 1937 S. 155.

Celloxan **I. G. Farbenindustrie AG., Frankfurt a. M.**

Geb.-J.: 1928; *Eigensch.:* erleichtert bzw. ermöglicht das Färben von Azetatseide mit basischen Farbstoffen in tiefen Tönen, ohne Glanz, Griff und Festigkeit der Azetatseide zu schädigen; erzeugt gut waschechte Färbungen; *Verw.:* beim Färben von Azetatseide mit basischen Farbstoffen in tiefen Tönen.

Cerafil J 30 **A. Th. Böhme, Dresden-N. 6.**

Geb.-J.: 1937; *i/Kurs:* ja; *Konstit.:* Emulgator + Paraffin + Wachs (ohne Schutzkolloid); *Äuß.:* gelbliche Paste; *Eigensch.:* weichmachend, füllend, glättend, besonders bei Gewirken und Geweben aus Kunstseide und Zellwolle sowie Leinengeweben; *Lö. Be.:* gibt sehr beständige Emulsionen; *Verw.:* für Schlichterei, Appretur und Avivage; für alle Faserarten; beim Ausrüsten von Inlett und Nähfäden.

Cerafil P 40 — **A. Th. Böhme, Dresden-N. 6.**

Geb.-J.: 1937; *i/Kurs:* ja; *Konstit.:* Emulgator + Paraffin (frei von Schutzkolloid); *Äuß.:* reinweiße Paste; *Reakt.:* neutral; *Eigensch.:* erhöht die Verwebbarkeit von Mischgespinsten; erhöht Glanz, Glätte und Weichheit; *Lö. Be.:* gibt mit Wasser milchigweiße, haltbare Emulsionen; gut salzbeständig, auch gegen Bittersalz bis zu mittlerer Konzentration; *Verw.:* in Schlichterei und Appretur.

Cerafil P 60 — **A. Th. Böhme, Dresden-N. 6.**

Geb.-J.: 1937; *i/Kurs:* ja; *analog:* Cerafil P 40; *Eigensch.:* nicht nachgilbend; *Verw.:* in Schlichterei und Appretur.

Cerat — **A. Th. Böhme, Dresden-N. 6.**

Geb.-J.: 1936; *i/Kurs:* ja; *Konstit.:* Fettkörper + hochschmelzende Wachse; *Äuß.:* weiße Paste; *Reakt.:* neutral bis schwach alkalisch; *Eigensch.:* nicht nachgilbend; *Verw.:* für Hochglanzappreturen bei Kalanderware.

Cerat W — **A. Th. Böhme, Dresden-N. 6.**

i/Kurs: ja; *Konstit.:* Fettkörper + hochschmelzende Wachse; *Äuß.:* reinweiße Paste; *Eigensch.:* nicht nachgilbend; *Verw.:* für Bleichware.

C. F. D. 1931 N — **Zschimmer & Schwarz, Chemnitz.**

Geb.-J.: 1930; *i/Kurs:* ja; *analog:* C. F. D. 1931 S; Setavin ON; Kaseito; *Konstit.:* Sulfonierungsprodukt höher molekularer aliphatischer Alkohole; *Äuß.:* fast weiße, schmierseifenähnliche Paste (auch als Pulver lieferbar!); *Reakt.:* neutral; *Eigensch.:* erleidet in wässeriger Lösung keine Hydrolyse; hohes Wasch-, Netz-, Emulgier-, Schaum-, Reinigungs- und Egalisiervermögen; faserschützend; verhütet das Verfilzen der Wolle auch bei Mitverw. v. NH_3; wirkt peptisierend auf Kalkseife; löst bereits gebildete Kalkseife wieder auf; erzeugt egale, leuchtende, reibechte Färbungen und weichen Griff; unbegrenzt haltbar und lagerbeständig (kein Ranzigwerden, Geruch oder Verfärbung auf Lager!); erzeugt Wolle besseren Glanzes und Griffes, höherer Weichheit (bes. Avivage entbehrlich, ebenso wie Spülen vor dem Färben!) und Spinnfähigkeit als mit Seife und Soda gewaschene Wolle; löst Mineralöl, Schmutz, Öl, Fettstoffe, Schmelzen; *Lö. Be.:* außerordentlich beständig gegen Härtebildner (bildet lösl. Kalk und Magnesiumsalze), Chlor, Säuren, Alkalien und Salze, insbesondere auch Bittersalz; leicht, klar und vollkommen löslich in Wasser jeden Härtegrades (auch beim Aufkochen erfolgt in der Hitze keine Ausscheidung!); bildet mit Schwermetallen, insbesondere Eisen, Mangan, Zink, Kupfer leicht lösliche Salze; *Verw.:* nicht für die Karbonisation und Merzerisation! als Wasch-, Reinigungs-, Netz-, Egalisier- usw. Mittel, allein oder zusammen mit Seife (auch in hartem Wasser); beim Färben, Appretieren (insbesondere für Bittersalzappreturen!); Avivieren, Beuchen vegetabilischer Fasern neben Ätznatron und Soda usw.; zum Anteigen von Farbstoffen in der Küpenfärberei; in der Walke, auch in der sauren Walke; zum Waschen von Wolle in Flocke, Strang und Stück (auch zusammen mit Seife und evtl. unter Zusatz von

Ammoniak); zum Entbasten, Vorreinigen und Färben von Naturseide im fetten Seifenbad; zur Veredelung von Azetatseide; zusammen mit mehr oder weniger Seife in der Walke, zur Erzeugung leichterer bzw. dichterer Filzdecke; beim Waschen von Gerberwolle, zusammen mit HCl bzw. nach einer HCl-Behandlung; beim kochend heißen Nachseifen mit Naphthol-Entwicklungs- und Küpenfarbstoffen gefärbter Ware zusammen mit Seife; bei der Wäsche von Azetatseide; in der Apparatfärberei von Wolle in Flocke, Kammzug oder Strang bzw. von Baumwolle als Flocke, Strang, Kops, Spule oder Kettbaum; allgemein auch für Halbwolle, Halbseide und Gemischtfasern; z. Entfernen v. Schlichten; *Mengen:* allgemein: 0,2—2 g/l; an Stelle von Seife: 1/10 dieser (z. B.: 0,3—0,5 g/l statt bisher 3—5 g/l im Schaumfärbebad!); b. Verwendung zusammen mit Seife: $^1/_5$—$^1/_3$ dieser (zusammen auflösen oder Seife zuletzt zugeben!); Wolle: b. Waschen loser Wolle a) in Gegenwart v. Härtebildnern: 1 g/l Sodalauge; b) bei weichem Wasser: neben $^2/_3$ der bisherigen Soda- und Seifenmenge: 0,3—0,5 g/l; b. Waschen von Kammzug und Kammgarn: neben Soda: 0,5—1 g/l; i. d. Streichgarnwäscherei (Schmelzen bis zu 10% d. W. Olein): 1 g/l neben viel Soda; b. d. normalen Stückwäsche: 0,5—1 g/l neben etwas NH_3; i. d. sauren Stückwäsche, insbesondere auch bei azetatseidehaltiger Ware: 1 g/l; b. Entgerbern wollener Stückware: neben abgebrochener Soda-Seifenmenge: 1—2 g/l; b. d. Walke im Schmutz: neben Seife und Soda: 1—2 g/l; i. d. sauren Walke: 0,5—1% d. W.; i. d. Wollbleiche mit H_2O_2 oder Na_2O_2: 1 g/l; (beim Nachseifen der Bleichware zusammen mit Seife!); Seide: z. Entbasten von Naturseide: neben 30—35% Seife: 0,5 g/l im ersten Bad; 1 g/l im Repassierbad; i. d. Bleiche der Naturseide mit H_2O_2, ebenso wie beim kochend heißen Seifen: 0,6 g/l; (bei hartem Wasser allein, sonst neben Marseiller Seife!); b. Färben von Naturseide: neben Marseiller Seife: 0,2 bis 0,5 g/l; Baumwolle: i. d. Beuche mit 3—4° Bé starker NaOH: 1% d. W. — bei hartem Wasser — (bei weichem Wasser 1% d. W. Beuchöl PO!); i. d. Chlorkalk- und Chlorbleiche, im Bleichbad: 0,3—0,6 g/l (zum kochend heißen Nachseifen allein oder zusammen mit Seife!); b. Abkochen von Strangware: 0,5—1% d. W.; i. d. Vorwäsche von Strümpfen aus Baumwolle und Kunstseide: neben Waschextrakt N oder Schmierseife und Soda: 0,5 g/l; (NB. bei Strümpfen, die Azetatseide enthalten oder Effekte aus Passiv- oder Kristallgarn oder immunisierte Indanthrenränder: 1—3 g/l neben Marseiller Seife oder Waschextrakt N!); b. d. Vorwäsche von Trikotagen aus Baumwolle, Kunstseide, Azetatseide, von Wäschestoffen aus Charmeuse und Milanese: 0,2—3 g/l; i. d. Färberei mit Schwefel-, Naphthol-, Entwicklungs-, Küpen- und substantiven Farben: allein (0,3 bis 1 g/l) oder zusammen mit Seife; Kunstseide: b. Färben von Kupfer- und Viskoseseide: 0,3—1 g/l; b. Färben von Azetatseide: 0,6 g/l (50° C, $^1/_2$ Stde.; dann 70—80° C Wasch- und Färbebad zugleich!); i. d. Appretur: 20%ige wässerige Lösung an Stelle der bisherigen Appreturölmengen; *H. Pat., V. Pat.:* DRP. angem.; *Lit.:* Z. ges. Textilind. 1931 Heft 42; Chem.-Ztg. 1932 S. 835 u. 893.

C. F. D. 1931 S **Zschimmer & Schwarz, Chemnitz.**

Geb.-J.: 1930; *i/Kurs:* ja; *analog:* C. F. D. 1931 N; Setavin ON; Kaseito; *Konstit.:* Sulfonierungsprodukt höher molekularer, aliphatischer Alkohole; *Äuß.:* hellgelbe, fast weiße, schmierseifenähnliche Paste; *Reakt.:* sauer; *Eigensch., Lö. Be.:* siehe C. F. D. 1931 N; *Verw.:* NB. nicht für die Karbonisation und Merzerisation!; speziell in der Avivage zur Erzeugung eines weichen Griffs; *Mengen:* siehe C. F. D. 1931 N; *H. Pat., V. Pat.:* DRP. angem.; *Lit.:* Z. ges. Textilind. 1931 Heft 42; Chem.-Ztg. 1932 S. 835 u. 893.

Chloramin **v. Heyden, Radebeul.**

i/Kurs: ja; *ähnlich:* Aktivin und Mianin; *Konstit.:* Toluolsulfochloramidnatrium; *Verw.:* nicht für textilindustrielle Verwendungszwecke; als Konservierungs- und Desinfektionsmittel; *Lit.:* Z. angew. Chem. 1927 S. 1032.

Chlorexit **Chem. Fabr. Stockhausen & Cie., Krefeld.**

i/Kurs: ja; *analog:* Chlorexit OP; *Konstit.:* Konservierungsmittel + Reduktionsmittel + schwaches Alkali; *Äuß.:* weißes Pulver; *Reakt.:* alkalisch; *Eigensch.:* bindet Chlor- und Sauerstoffreste sowie Säurereste und verhütet Schimmelbildung; ohne Nachteil für die Weiterbehandlung des Materials; *Lö. Be.:* in Wasser klar löslich; *Verw.:* bei der Nachbehandlung von Bleichware zur Wasserersparnis; *Mengen:* $^1/_2$—1 g/kg Ware je nach dem verwandten Bleichverfahren; *H. Pat., V. Pat.:* DRP. angem.

Chlorexit OP **Chem. Fabr. Stockhausen & Cie., Krefeld.**

i/Kurs: ja; *analog:* Chlorexit; *Konstit.:* Konservierungsmittel + schwaches Alkali; *Äuß.:* weißes Pulver; *Reakt.:* alkalisch; *Eigensch.:* bindet Reste von Säuren in der Ware; verhindert Schimmelbildung und Bakterienschäden beim feuchten Lagern; *Lö. Be.:* in Wasser klar löslich; *Verw.:* zur Nachbehandlung von Bleichware; zum Schutze aller feucht lagernden Waren, besonders für Flachs (als Zusatz zum Spinnwasser!); *Mengen:* $^1/_2$ g/kg Ware; im Spinnwasser: $^1/_2$ g/l.

Chloröl

Verw.: als Zusatz zu Alizarindruckfarben im Zeugdruck.

Chromalin D in Pulver **Dr. G. Eberle & Cie., Stuttgart.**

i/Kurs: ja; *Konstit.:* basisches Chromsalz; *Äuß.:* grobkörnig, schwarz; *Verw.:* für Vigoureuxdruck.

Citomerpin **Chem. Fabr. Pott & Co., Pirna-Copitz.**

i/Kurs: nein; *Konstit.:* Alkylierte Naphthalinsulfosäuren + Fettlöser; *Lö. Be.:* beständig gegen Wasser bis zu 20° d.H.; *Verw.:* als Netzmittel; *Lit.:* Melliand Textilber. 1930 S. 610, 788.

Clarol Grünau **Chem. Fabr. Grünau Landshoff & Meyer AG., Berlin-Grünau.**

i/Kurs: ja; *Konstit.:* Eiweiß-Fettkombination; *Äuß.:* bräunliches, viskoses Öl; *Eigensch.:* verbessert die Geschmeidigkeit, Zügigkeit und das Durchdruckvermögen der Druck- bzw. Ätzverdickungen; erhöht Klarheit und Brillanz der Drucke; konservierend; frei von Harzen, verseifbaren oder trocknenden Ölen; leicht und restlos auswaschbar; erhöht das Dispergiervermögen der Druckverdickungen, bewirkt feine Verteilung der Farbstoffe, erzeugt schöne, leuchtende Drucke, kann den Verdickungen oder den fertigen Druckpasten ohne weiteres zugesetzt werden; verhindert das Schäumen; *Lö. Be.:* verteilt sich leicht in Wasser bzw. Druckverdickungen unter Bildung stabiler Dispersionen, die unempfindlich sind gegen Härtebildner, Alkalien, Salze, Ätzmittel (ausgenommen Gerbstoffe wie Tannin); *Verw.:* in der Druckerei von Textilien, insbesondere in der Filmdruckerei; als Drucköl, als Zusatz zu Druckfarben und Ätzverdickungen; zum Drucken von substantiven, Indanthren-, Indigosol-, Rapid-, Rapidogen-, Beizen- und sauren Farbstoffen; *Mengen:* als

Zusatz zu Stärke oder Stärke-Tragantverdickungen: 40 g/kg; als Zusatz zu British Gum-, Dextrin-, Gummi- und ähnlichen Verdickungen: 30 g/kg; als Zusatz zu fertigen Druckpasten (wenn die Verdickung noch keinen Zusatz erhalten hat): bis zu 30 g/kg (etwas dickere Konsistenz durch Abbrechen des Verdickungsmittels korrigieren!); *H. Pat., V. Pat.:* zum Patent angemeldet.

Cleanol **Dr. A. Schmitz, Düsseldorf-Oberkassel.**

i/Kurs: ja; *Konstit.:* ... + Kohlenwasserstoff (90%), technisch wasserfrei; *Äuß.:* Flüssigkeit, gelbbraun; *Eigensch.:* löst leicht alle Mineralölflecken oder Verunreinigungen fettiger oder öliger Natur; verhütet, in der Weißwäscherei verwandt, ein Nachgilben der Ware; erleichtert beim Umfärben in der Kleiderfärberei das gleichmäßige Anfärben auch abgetragener Stellen; kann sowohl direkt der Seifenstammlsg. oder auch für sich, mit Wasser verdünnt, der Waschflotte zugegeben werden; greift die Farben nicht an; *Verw.:* allein, vorteilhaft aber zusammen mit Seife, als Entfettungs- und Reinigungsmittel für Faserstoffe aller Art; für die Weißwäsche; in der Kleiderfärberei als Reinigungsmittel vor dem Färben; als Detachiermittel; *Mengen:* b. d. Verwendung zusammen mit Seife: 15—20% der Kern- oder Schmierseife; i. d. Weißwäscherei: 1—3 g/l Waschflotte; z. Entfernung von starkem Schmutz, Fett- oder Mineralölflecken; unverdünnt (anbürsten, kurze Zeit liegen lassen, evtl. auswaschen, der übrigen Waschware beigeben!); NB. bei besonders starken Verunreinigungen mit konz. Cleanol vorbehandeln, nach $^1/_2$ Stde. auswaschen, dann nochmals mit Cleanol behandeln und sodann der übrigen Wäsche beigeben! i. d. Kleiderfärberei, beim Reinigen vor dem Färben stark verschmutzter Stellen (Rockkragen und Ärmel): 20%ige Lösung; b. d. Verwendung als Detachiermittel: a) konzentriert, b) 20%ige Lösung (Ware mit Wasser anfeuchten, mit der Lösung übergießen oder einreiben, $^1/_2$ Stde. ziehen lassen, dann auswaschen!); c) 10%ige Lösung (für leichtere Verschmutzung) 20—30 Min. behandeln und dann unter langsamer Zugabe lauwarmen Wassers auswaschen!).

Cocosölseife **J. Simon & Dürkheim, Offenbach a. M.**

i/Kurs: ja; *Konstit.:* Seife; *Verw.:* beim Appretieren; beim Waschen; als Appretur und Schlichteseife für feine Gewebe, Damaste usw.

Coloran B 7 **Oranienburger Chemische Fabrik AG., Charlottenburg 2.**

i/Kurs: ja; *Ersatz* für die Colorane K, L und S, deren Fortentwicklungsprodukt es ist; *analog:* Coloran O extra in der Verwendung als Färbeöl; dem Sojol i. d. Konstitution! (Sojol jedoch kalkbeständiger!); *Konstit.:* Spezialsulfonierungsprodukt auf Ölbasis (hochsulfoniertes Kondensationsprodukt aus Fettstoffen); *Äuß.:* braunes Öl; *Eigensch.:* Netz-, Durchdringungs-, Reinigungs-, Durchfärbe-, Egalisier-, Suspendier-, Lösevermögen für Schmutz, Farbstoffe und Druckpasten; erzeugt milden Griff; erhält Festigkeit und Elastizität der Faser; schützt die pflanzliche und tierische Faser (W, S) gegen die Einwirkung von Alkalien, Soda, Schwefelnatrium, Chrom- und Kupfersalzen sowie von Säuren; verhindert i. Gem. m. gew. Seifen oder Türkischrotölen (z. Hälfte Coloran B 7 und z. Hälfte Seife oder Türkischrotöl 50%ig) b. Verw. in hartem Wasser, Bittersalzlsg. oder schwach saurem Medium d. Bildung störender Kalk- oder Magnesiaseifen bzw. Fettsäureausscheidungen (NB. erst Coloran auflösen, dann gel. Seife oder TR-Öl nachsetzen!); *Lö. Be.:* klar löslich in destilliertem, Leitungs-, Fluß- oder Grundwasser; beständig gegen hartes Wasser bis zu 35° d. H. (auch beim Kochen), gegen 50%ige Bittersalzlösung (man kann krist. Bittersalz in

Coloran B 7 auflösen!), gegen Schwefelsäure (5%ig), Ameisensäure, Essigsäure der in der Färberei auftretenden Konzentrationen, gegen Natronlauge, Glaubersalz oder Kochsalzlösung (wird nicht ausgesalzen!), gegen Chlorlauge; *Verw.:* als Färbeöl; zum Anteigen von Farbstoffen und Druckpasten; zum Färben, Vornetzen und Aufweichen; in der Wollfärberei mit Säure- und Chromfarben; in der Küpen- und Naphtholrotfärberei; beim Schlichten und Appretieren, insbes. auch in der Salzappretur; für die Merzerisation; *Menge:* z. Lösen saurer, substantiver, Schwefel- und Küpenfarbstoffe: die für das Färbebad vorgesehene Menge, etwa 1% d. W. (anteigen; mit heißem Wasser verrühren; evtl. aufkochen und dem Farbbad zusetzen!); i. d. Wollfärberei mit Chromfarbstoffen: 0,5—1,5% d. W.; i. d. Wollfärberei mit Küpenfarbstoffen: 1—3 g/l Küpenflotte; i. d. Wollfärberei mit sauren Farbstoffen: 0,5—1,5% d. W.; b. Wiederauffärben getragener und abgezogener Woll- und Halbwollsachen: 1—2% d. W.; i. d. Halbwollfärberei mit subst. Farbstoffen: 0,8—2% d. W.; i. d. Halbwollfärberei mit Schwefelfarbstoffen: auf 1 Teil Schwefelnatrium $^1/_2$—$^3/_4$ Teile; i. d. Seidenfärberei: 0,5—1% d. W.; i. d. Färberei von KS, BW, auch merzerisierter BW: 1—1,5 g/l; i. d. Avivage wollener, seidener, baumwollener und kunstseidener Ware: 0,25—1 g/l; z. Entwickeln v. Küpen- und Naphtholfärbungen: 1 g/l; b. Abziehen von Farbstoffen von W-, HW- und BW-Artikeln: 1—2% d. W.; z. Vornetzen: 0,5—1% d. W. (10 Min.; 40—50°!); b. Beuchen (Abkochen roher Baumwolle): 0,3—0,5% d. W.; evtl. zusammen mit Perpentol E, z. B.: neben 0,2—0,3% d. W. Perpentol E: 0,2—0,3% d. W.; *H. Pat., V. Pat.:* In- und Auslandspatente; *Lit.:* Melliand Textilber. 1930 S. 610 u. 788.

Coloran K **Oranienburger Chem. Fabr. AG., Charlottenburg 2.**

i/Kurs: ja; *Ersatz:* das beständigere Coloran B 7; *analog:* den einfachen Türkischrotölen, deren Fortentwicklungsstufe es ist; auch Coloran O extra i. d. Verw. als Färbeöl; *Konstit.:* Sulfonierungsprodukt des Rizinusöls + Fettlöser; *Äuß.:* gelbe Flüssigkeit; *Eigensch.:* wie Türkischrotöl; *Lö. Be.:* etwas beständiger als Türkischrotöl; *Verw.:* wie Türkischrotöl, hauptsächlich als Färbeöl; *Mengen:* wie Türkischrotöl; *Lit.:* Melliand Textilber. 1926 Heft 10; 1930 S. 788.

Coloran L **Oranienburger Chem. Fabr. AG., Charlottenburg 2.**

i/Kurs: ja; *Ersatz:* das beständigere Coloran B 7; *analog:* den einfachen Türkischrotölen, deren Fortentwicklungsstufe es ist; *Konstit.:* Sulfonierungsprodukt des Rizinusöls + Aviviermittel; *Äuß.:* gelbe Flüssigkeit; *Eigensch.:* wie Türkischrotöl; *Lö. Be.:* etwas beständiger als Türkischrotöl; *Verw.:* wie Türkischrotöl; besonders beim Avivieren von Schwefelschwarz; *Mengen:* wie Türkischrotöl.

Coloran NZ **Oranienburger Chem. Fabr. AG., Charlottenburg 2.**

i/Kurs: ja; *Konstit.:* Ölsulfonat (beständiges) + Netzstoffe; *Äuß.:* gelbbraune Flüssigkeit; *Eigensch.:* netzend; *Verw.:* als Netzmittel.

Coloran O extra **Oranienburger Chem. Fabr. AG., Charlottenburg 2.**

analog: Coloran B 7 und Coloran K (in der Verwendung als Färbeöl); *Konstit.:* Sulfonierungsprodukt + Lösungsmittel; (Kombination aus Coloran K und Coloran B 7 mit einer geringen Menge des im Cycloran enth. Lösungsmittels!); Spezialsulfonat auf Ölbasis[1]; *Äuß.:* gelbbraune Flüssigkeit; *Reakt.:* neutral; *Eigensch.:* netzend; *Lö. Be.:* kalkbeständig (nicht so beständig wie Coloran B 7, aber preiswerter!); *Verw.:* in der Hauptsache als Färbeöl; *Lit.:* [1] Melliand Textilber. 1930 S. 788.

Coloran S **Oranienburger Chem. Fabr. AG., Charlottenburg 2.**

i/Kurs: ja; *Ersatz:* das beständigere Coloran B 7; *analog:* den einfachen Türkischrotölen, deren Fortentwicklungsstufe es ist; *Konstit.:* Sulfonierungsprodukt des Rizinusöls + Fettlöser; *Äuß.:* gelbe Flüssigkeit; *Reakt.:* schwach sauer; *Eigensch.:* wie Türkischrotöl; *Lö. Be.:* etwas beständiger als Türkischrotöl; *Verw.:* wie Türkischrotöl, in der Hauptsache als Färbeöl für Wollwaren; *Mengen:* wie Türkischrotöl; *Lit.:* Melliand Textilber. 1930 S. 788.

Colloresin DK **I. G. Farbenindustrie AG., Frankfurt a. M.**

Geb.-J.: 1930; *i/Kurs:* ja; *Konstit.:* Zelluloseäther; *Äuß.:* weißliche Preßwürfel; *Reakt.:* neutral; *Eigensch.:* verdickend; wird in der Hitze unlöslich; schützt Druckfarben vor Ausbluten und Abflecken; gewährleistet unbegrenzte Haltbarkeit der Verdickung, der Druckfarben und der ungedämpften Drucke; geht beim Auswaschen in kaltem Wasser wieder leicht in Lösung; ermöglicht die Verwendung alkalifreier Druckfarben, schont somit Druckfilze, Walzen, Bürsten usw.; *Lö. Be.:* ist in (heißem) Wasser löslich bzw. quellbar; Rhodansalze, Glyezin A, Glyzerin, Alkohol, Essigsäure, Milchsäure, Weinsäure, Ludigol usw. begünstigen die Quellung bzw. Zügigkeit der Verdickung, Ammoniak und verdünnte Natronlauge verändern sie nicht; läßt sich mit kaltem Wasser (oder einer Stärkeverdickung) leicht mischen, wird durch heißes Wasser, konzentrierte Salzlösung, fixe Alkalien, Phenole und Gerbstoffe ausgefällt, geht aber in neutralem Wasser wieder in Lösung; *Verw.:* als Verdickungsmittel in Druckfarben, hauptsächlich für Küpenfarbstoffe, Chrombeizenfarbstoffe, unlösliche Azofarbstoffe usw. (Rongalit- und Hydrosulfitverfahren); für Hand-, Spritz- und Kettendruck; *Mengen:* NB. mit der 24fachen Menge kochend heißen Wassers übergießen, durchrühren und abkühlen! durchschnittlich 40 g/kg Verdickung [vorteilhaft verwendet man Mischungen aus Colloresinverdickung und (bis zu 60%) Stärkeverdickung; für Spritzdruckfarben nimmt man nur die Hälfte der für Handdruckfarben notwendigen Verdickung! Farben aufdrucken! trocknen! beliebige Zeit nachher — entweder durch Klotzen mit einer alkalischen Rongalitlösung, Trocknen und nachfolgendes kurzes Dämpfen oder durch Behandeln in einer alkalischen Hydrosulfitlösung, kurzes Dämpfen ohne Zwischentrocknung — entwickeln und fixieren!]; *H. Pat., V. Pat.:* patentiert; *Lit.:* Melliand Textilber. 1935 S. 794; 1937 S. 378 u. 456.

Comedol

ähnlich: Duferol; *Konstit.:* Seife + Fettlöser (Tetralin + Hexalin + Trichloräthylen).

Consistentes Schlichteöl **J. Simon & Dürkheim, Offenbach a. M.**

i/Kurs: ja; *Äuß.:* weiß; *Verw.:* beim Appretieren; für feine Garne; in der Herstellung von Damasten usw.

Contrapon L 50 **Zschimmer & Schwarz, Chemnitz.**

Geb.-J.: 1935; *i/Kurs:* ja; *Konstit.:* Fettalkoholsulfonat + sulfonierter Fettsäureester; *Äuß.:* gelbliche Paste; *Reakt.:* neutral; *Lö. Be.:* in Wasser opalisierend löslich; mäßig kalk- und säurebeständig; *Verw.:* als Durchfärbe- und Reinigungsmittel, das gleichzeitig weich macht; für alle Faserarten.

Cottomerpin-34 **Chem. Fabr. Pott & Co., Pirna-Copitz.**

i/Kurs: ja; *Eigensch.:* netzend; *Verw.:* für Merzerisierlaugen; für die Trockenmerzerisage von Strang und Stück.

Cristallose-Universal-Appretur **Chem. Fabr. Meerane, Meerane i. Sa.**

i/Kurs: ja; *Verw.:* zum Appretieren, zum Gummieren wollener und halbwollener Stoffe.

Cupalit **Chem. Fabr. Grünau Landshoff & Meyer AG., Berlin-Grünau.**

Geb.-J.: 1928; *i/Kurs:* ja; *analog:* Lamepon A; *Konstit.:* Eiweißspaltprodukt + sulfoniertes Öl; *Äuß.:* Öl, braun; dickflüssig; *Reakt.:* schwach alkalisch, gegen Lackmus; *Eigensch.:* geruchlos; netzend; egalisierend; farbstofflösend; dispergierend; *Lö. Be.:* in Wasser und in schwachen Alkalien leicht löslich; verhindert die Bildung unlöslicher Kalkverbindungen; *Verw.:* als Färbeöl und Egalisierungsmittel beim Färben von Baumwolle und Kunstseide mit Farbstoffen aller Art; in der Küpenfärberei (Indanthren, Algol, Cibanon usw.) zum Färben und Anteigen der Farbstoffe; *Mengen:* b. Färben von Baumwolle: 2—5% d. W. oder 1—5 g/l; i. d. Strangfärberei: auf 100 kg Baumwollgarn in 2000 l Flotte neben: 2 kg Soda kalz., der Natronlauge und dem Hydrosulfit: 2 kg; i. d. Stückfärberei: für 100 kg Ware in 300 l Flotte neben: 600 g Soda, Natronlauge und Hydrosulfit: 2 kg; i. d. Apparatefärberei: für 100 kg Material (Cops, Kreuzspule, Kettbaum) in 1000 l Flotte neben: 2 kg Soda kalz., der Natronlauge und dem Hydrosulfit: 2 kg.

Curacit-Natron **C. H. Boehringer Sohn AG., Nieder-Ingelheim a. Rh.**

Geb.-J.: 1917; *i/Kurs:* ja; *Konstit.:* ein Gemisch von cholsaurem Natrium ($C_{24}H_{39}O_5Na$) und desoxycholsaurem Natrium ($C_{24}H_{39}O_4Na$) im Verhältnis 8 : 2; (ein Ochsengallenpräparat); frei von Lösungsmitteln (n. Prof. Herbig: Tauro-Glyko-cholsaures Natron); *Äuß.:* hellbraunes Pulver (wird auch als 40%ige Lösung geliefert); *Reakt.:* schwach alkalisch, etwa wie Seife; *Eigensch.:* von bitterem Geschmack, hygroskopisch; erhöht die Benetzungsfähigkeit, wirkt emulgierend, dispergierend, reinigend und fettlösend; erhöht die Schaumkraft von Seifen; *Lö. Be.:* leicht löslich in Wasser; gegen hartes Wasser nur in verdünnten Lösungen (unter 0,1%), gegen die Salze der Alkalien und des Magnesiums bis zum Aussalzen bei hohen Konzentrationen, gegen Säure nicht, gegen Alkalien unbegrenzt beständig; die Erdalkalien und die Schwermetallsalze bilden die entsprechenden schwer löslichen gallensauren Salze; *Verw.:* als Netz-, Wasch-, Reinigung-, Emulgier-, Dispergier- und Fettlösemittel; beim Walken, Entschlichten, Bleichen, Beuchen, Färben, Schaumfärben, Klotzen, Drucken, beim Ätzdruck, zum Dispergieren von Küpenfarbstoffen, zum Egalisieren von Färbungen, auch auf Leder, beim Beizen von Häuten und Fellen, beim Avivieren, zum Appretieren von Leder, zur Herstellung von Gallseifen und Waschmitteln; *Mengen:* 0,05—0,35% der Flotte; 0,4% der Appreturmasse; 0,5—3% der Ware beim Bleichen; *H. Pat.:* DRP. 321699, B 89622 IV/12 o 2; *V. Pat.:* DRP. 324575 Walkverfahren, DRP. 328817 Ätzdruck, DRP. 325470 Verhinderung des Vergilbens, DRP. 326573 Gewinnung fein verteilter Küpenfarbstoffe, DRP. 351015 Beizen von Häuten und Fellen, DRP. 318217 Netzen, DRP. 323804 Herstellung von Gallseifen und Waschmitteln, B 99169 IV/8 m Egalisieren von Färbungen auf Leder; *Lit.:* Seifensieder-Ztg. 1927 S. 987, Antwort 1042; Melliand Textilber. 1928 S. 759; 1930 S. 610.

Cyclanon L **I. G. Farbenindustrie AG., Frankfurt a. M.**

Geb.-J.: 1934; *i/Kurs:* ja; *analog:* den Gardinolen usw.; *Konstit.:* Fettalkoholsulfonat; *Äuß.:* weißes Pulver; *Reakt.:* schwach alkalisch, in Verdünnung praktisch neutral; *Eigensch.:* besonders gute Netzwirkung; gutes Wasch-, Schaum-, Egalisier- und Weichmachvermögen; in hartem Wasser wie in weichem gleich wirksam; besonders gutes Kalkseifendispergiervermögen; wird hydrolytisch nicht gespalten, zeigt auch in schwach saurem Bade volle Wasch- und Reinigungswirkung; kein Verfilzen; größte Schonung der Ware; verkürzt den Waschprozeß; verhindert das Ausfallen von Kalkseife; leicht auswaschbar; kein Ausbluten; *Lö. Be.:* gut beständig gegen Elektrolyte; in Wasser beliebiger Härte leicht und klar (auch bei starker Verdünnung) löslich; beständig gegen Härtebildner; unempfindlich gegen die meisten Schwermetallsalze, wie Zn- und Cu-Salze usw.; *Verw.:* in der Veredlung von W, BW, KS, ZW usw.; besonders in Färberei und zum Weichmachen von Textilien; zum Waschen loser Wolle; beim Lissieren von Kammzug; bei der Garnwäsche; bei der Vorappretur von Kammgarnstückware; zum Waschen wenig echt gefärbter Ware; zur Herstellung leichter Kammgarnware wie auch schwerer, bei welcher das offene Gefüge erhalten bleiben soll; zum Reinigen von Wirkware, bei der ein weicher Griff erzielt werden soll; als Schutzkolloid bei allen Seifprozessen, z. B. zum Nachseifen von Färbungen; zum Beuchen; als Egalisier- und Durchfärbemittel für W, BW, KS usw.; zum Weichmachen von KS, ZW, MG, Wirkwaren usw.; zum Detachieren; als Seifenersatz; *Mengen:* 0,5—5 g/l = 0,1—2% der Ware; *H. Pat., V. Pat.:* patentiert; *Lit.:* Melliand Textilber. 1934 S. 357; 1937 S. 248 u. 456.

Cyclanon LA **I. G. Farbenindustrie AG., Frankfurt a. M.**

Geb.-J.: 1935; *i/Kurs:* ja; *analog:* den Gardinolen usw.; *Konstit.:* Fettalkoholsulfonat; *Äuß.:* weißliches Pulver; *Reakt.:* schwach alkalisch, in Verdünnung praktisch neutral; *Eigensch.:* besonders gute Netzwirkung; gutes Wasch-, Schaum-, Egalisier- und Weichmachvermögen; in hartem Wasser wie in weichem gleich wirksam; etwas geringeres Kalkseifendispergiervermögen als Cyclanon L; wird hydrolytisch nicht gespalten; zeigt auch in schwach saurem Bade volle Wasch- und Reinigungswirkung; kein Verfilzen; größte Schonung der Ware; verkürzt den Waschprozeß; verhindert das Ausfallen von Kalkseife; leicht auswaschbar; kein Ausbluten; *Lö. Be.:* gut beständig gegen Elektrolyte; in Wasser beliebiger Härte leicht und klar (auch bei starker Verdünnung) löslich; beständig gegen Härtebildner; unempfindlich gegen die meisten Schwermetallsalze, wie Zn- und Cu-Salze usw.; *Verw.:* in der Veredlung von W, BW, KS, ZW usw.; besonders in Färberei und zum Weichmachen von Textilien; zum Waschen loser Wolle; beim Lissieren von Kammzug; bei der Garnwäsche; bei der Vorappretur von Kammgarnstückware; zum Waschen wenig echt gefärbter Ware; zur Herstellung leichter Kammgarnware wie auch schwerer, bei welcher das offene Gefüge erhalten bleiben soll; zum Reinigen von Wirkware, bei der ein weicher Griff erzielt werden soll; als Schutzkolloid bei allen Seifprozessen, z. B. zum Nachseifen von Färbungen zum Beuchen; als Egalisier- und Durchfärbemittel für W, BW, KS usw.; zum Weichmachen von KS, ZW, MG, Wirkwaren usw.; zum Detachieren; als Seifenersatz; *Mengen:* 0,5—5 g/l = 0,1—2% der Ware; *H. Pat., V. Pat.:* patentiert.

Cyclanon LA konz. Paste **I. G. Farbenindustrie AG., Frankfurt a. M.**

Geb.-J.: 1937; *i/Kurs:* ja; *Konstit.:* Fettalkoholsulfonat; *Äuß.:* gelbliche Paste; *Reakt.:* schwach alkalisch, in Verdünnung neutral; *Eigensch.:* ergiebiger (konzentrierter) als die Pulvermarken und dementsprechend besser in Netz-, Wasch-, Dispergier- usw. Wirkung; praktisch salzfrei; *Lö. Be.:* in Wasser beliebiger Härte leicht und klar (auch bei starker Verdünnung) löslich; beständig gegen die Härtebildner des Wassers, Säure, Alkali usw. (wie Cyclanon L!); *Verw.:* außer für die bei Cyclanon LA angegebenen Zwecke:

zum Emulgieren, zur Herstellung von Schmelzen und überall da, wo salzfreie Produkte benötigt werden; *Mengen:* 0,5—3,5 g/l = 0,1—1% der Ware; *H. Pat., V. Pat.:* patentiert.

Cyclanon O **I. G. Farbenindustrie AG., Frankfurt a. M.**

Geb.-J.: 1934; *i/Kurs:* ja; *analog:* den Gardinolen usw.; *Konstit.:* Fettalkoholsulfonate; *Äuß.:* weißlichgelbes Pulver; *Reakt.:* schwach alkalisch, in Verdünnung praktisch neutral; *Eigensch.:* gut fettlösend, waschend, netzend, schäumend, egalisierend, weichmachend; in hartem Wasser gleich wirksam wie im weichen; keine hydrolytische Spaltung; auch im schwachsauren Bade volle Wasch- und Reinigungswirkung; nicht filzend; faserschonend; leicht auswaschbar; verkürzt den Waschprozeß; verhindert das Ausfällen von Kalkseife besonders gut; kein Ausbluten; *Lö. Be.:* in Wasser leicht löslich; beständig gegen Härtebildner, Elektrolyte; klar, auch bei starker Verdünnung; unempfindlich gegen die meisten Schwermetallsalze (Zn-, Cu-Salze); *Verw.:* beim Veredeln von W, BW, KS, ZW usw. in allen Stadien, besonders zum Waschen; zum Dispergieren der Kalkseife; beim Lissieren von Kammzug, bei der Garnwäsche, beim Waschen loser Wolle und mit Olein geschmelzter Streichgarnware; bei der Vorappretur von Kammgarn, Stückware; zum Waschen von gefärbten Waren geringer Waschechtheit; zur Herstellung leichter Kammgarnware wie auch schwerer, bei der das offene Gefüge erhalten werden soll; zum Reinigen von Wirkwaren, bei denen ein weicher Griff erzielt werden soll; als Schutzkolloid bei allen Seifprozessen; zum Beuchen; als Egalisier- und Durchfärbemittel für W, BW, KS usw.; zum Weichmachen von KS, ZW, MG, Wirkware usw.; zum Detachieren; als Seifenersatz; *Mengen:* 0,5—5 g/l oder 0,1—2% der Ware; *H. Pat., V. Pat.:* patentiert; *Lit.:* Melliand Textilber. 1937 S. 248, 357 u. 456.

Cyclanon OA **I. G. Farbenindustrie AG., Frankfurt a. M.**

Geb.-J.: 1935; *i/Kurs:* ja: *analog:* den Gardinolen usw.; *Konstit.:* Fettalkoholsulfonate; *Äuß.:* gelbliches Pulver; *Reakt.:* schwach alkalisch, in Verdünnung praktisch neutral; *Eigensch.:* gut fettlösend, waschend, netzend, schäumend, egalisierend, weichmachend, in hartem Wasser gleich wirksam wie im weichen; keine hydrolytische Spaltung; auch im schwachsauren Bade volle Wasch- und Reinigungswirkung; nicht filzend; faserschonend; leicht auswaschbar; verkürzt den Waschprozeß; verhindert das Ausfällen von Kalkseife (jedoch nicht so gut wie Cyclanon O!); kein Ausbluten; *Lö. Be.:* in Wasser leicht löslich; beständig gegen Härtebildner, Elektrolyte; klar, auch bei starker Verdünnung; *Verw.:* beim Veredeln von W, BW, KS, ZW usw. in allen Stadien, besonders zum Waschen; zum dispergieren der Kalkseife; beim Lissieren von Kammzug, bei der Garnwäsche, beim Waschen loser Wolle und mit Olein geschmelzter Streichgarnware; bei der Vorappretur von Kammgarn, Stückware; zum Waschen von gefärbten Waren geringer Waschechtheit; zur Herstellung leichter Kammgarnware wie auch schwerer, bei der das offene Gefüge erhalten werden soll; zum Reinigen von Wirkwaren, bei denen ein weicher Griff erzielt werden soll; als Schutzkolloid bei allen Seifprozessen; zum Beuchen; als Egalisier- und Durchfärbemittel für W, BW, KS usw.; zum Weichmachen von KS, ZW, MG, Wirkware usw.; zum Detachieren; als Seifenersatz; *Mengen:* 0,5—5 g/l oder 0,1—2% der Ware; *H. Pat., V. Pat.:* patentiert.

Cyclanon OA konz. Paste **I. G. Farbenindustrie AG., Frankfurt a. M.**

Geb.-J.: 1937; *i/Kurs:* ja; *Konstit.:* Fettalkoholsulfonat; *Äuß.:* gelbe Paste; *Reakt.:* schwach alkalisch, in Verdünnung praktisch neutral; *Eigensch.:*

ausgiebiger (konzentrierter) als die Pulvermarken; dementsprechend besser netzend, waschend, dispergierend usw. als diese; praktisch salzfrei; *Lö. Be.:* in Wasser (beliebiger Härte) leicht löslich und auch bei starker Verdünnung klar bleibend (wie Cyclanon O); beständig gegen Härtebildner, Säure, Alkali usw.; *Verw.:* außer für die bei Cyclanon OA genannten Zwecke: zum Emulgieren, zur Herstellung von Schmelzen und überall da, wo man salzfreie Produkte benötigt; *Mengen:* 0,5—3,5 g/l = 0,1—1% der Ware; *H. Pat., V. Pat.:* patentiert.

Cyclonol **Dehydag, Berlin-Charlottenburg.**

i/Kurs: ja; *analog:* Hexalin und Methylhexalin; *Konstit.:* substituierte Dihydrodioxole (2-2-Methylpentamethylen-4-oxymethyldihydrodioxol); *Äuß.:* Flüssigkeit, wasserhell; *Reakt.:* neutral; *Eigensch.:* praktisch geruchfrei; (sonst ähnlich wie Hexalin und Methylhexalin); hohes Lösungsvermögen für Fette, Harze, Öle und andere Schmutz fixierende Substanzen; läßt sich mit Seifen zu klaren, wasserlöslichen Kombinationen verbinden; S.-Z. und V.-Z.: 0; Azetyl-V.-Z.: 246; Sp. 250° C; verbessert die Seifenwirkung und insbesondere die Lösewirkung der Seife; erhöht das Emulsionsvermögen von Seife; beeinflußt Kalkseifenbildung bezüglich der Struktur; steigert die Schaumkraft; *Lö. Be.:* wasserunlöslich; leicht löslich in organischen Lösungsmitteln, Benzol, Benzin, Alkohol; *Verw.:* als Zusatz zu Seifen; in Verbindung mit Seifen oder Kohlenwasserstoffen (Benzin, Benzol, Tetrachlorkohlenstoff. Tetralin usw.); als hochwertiges Waschmittel für Wäschereibetriebe; bei der Wäsche feiner Wolle mit starkem Schweißgehalt; bei der Wäsche von mit mineralölhaltigen Schmelzmitteln geschmälzten Garnen; bei der Reinigung von Hutfilzen und Filztuchen; bei der industriellen und häuslichen Reinigung der Baumwolle; als Zusatz beim Kochen und Beuchen unter Druck; zur Herstellung von Fleckseifen; *Mengen:* z. Herstellung von Waschextrakten: neben 14,3 Teilen Olein und 5,7 Teilen Kalilauge von 50° Bé: 80 Teile; *H. Pat., V. Pat.:* DRP. 542443 (Generallizenz für die Herstellung von Haushaltsseifen und -waschmitteln: Benzit A.-G.[1]); *Lit.:* Seifensieder-Ztg. 1932 S. 250 u. [1] 282 u. Nr. 21 u. Nr. 50.

Cykloran E **Oranienburger Chem. Fabr. AG., Charlottenburg 2.**

i/Kurs: ja; *analog:* den übrigen Cykloranen; *Konstit.:* Kaliseife aus pflanzlichen Fetten bzw. Ölen (ohne Harz und Tran) + höherer Alkohol (Sp. oberhalb 160° C); besonders starker Gehalt an Seife; *Äuß.:* goldgelbes, schmierseifenähnliches Produkt; *Eigensch.:* Netzvermögen (am stärksten bei Cykloran FC!); Löse- bzw. Emulgiervermögen für Vielfaches des Eigengewichtes an Fetten, Ölen, Kohlenwasserstoffen und anderen wasserunlöslichen Stoffen; Dispergiervermögen für feste Substanzen, wie Sand, Ruß, Graphit, Metallteilchen, Kalk, Pflanzenreste, Staub; feuerungefährlich; unschädlich für höchst empfindliches Woll- und Seidenmaterial (die Seifenhydrolyse wird durch den höheren Alkohol zurückgedrängt!); *Lö. Be.:* kalkbeständig (am höchsten Cykloran FC!); *Verw.:* meist allein, da es die für die Praxis notwendige hohe Seifenkonzentration (neben dem Fettlöser) bereits enthält; *H. Pat., V. Pat.:* patentiert; *Lit.:* Seifensieder-Ztg. 1930 S. 495; Melliand Textilber. 1926 Heft 10; 1928 S. 759; 1930 S. 610 u. 788.

Cykloran FC **Oranienburger Chem. Fabr. AG., Charlottenburg 2.**

i/Kurs: ja; *analog:* den übrigen Cykloranen; *Konstit.:* Natriumsalz eines Sulfonierungsproduktes aus Rizinusöl (ohne Harz und Tran) + höherer Alkohol (Sp. oberhalb 160° C): nach Herstellers Angaben; Seife + Fettlöser[1]; *Äuß.:* gelbe Flüssigkeit; *Reakt.:* neutral; *Eigensch.:* Netzvermögen (am stärksten bei Cykloran FC!); Egalisiervermögen; *Lö. Be.:* kalkbeständig (am höchsten Cykloran FC!); *Verw.:* in der Färberei; als Netzmittel für Eis-, Küpen- und Schwefelfarbstoffe; (allein oder zusammen mit Seife!); *Mengen:* i. d. Apparatfärberei (beim Färben von losen Fasern, Stranggarnen, Kopsen, Kreuzspulen, gescherten Ketten): 0,25—0,5% d. W.; b. Färben mit Küpen- und Entwicklungsfarben: 2—3 g/l; *H. Pat.:* patentiert; *Lit.:* Seifensieder-Ztg. 1930 S. 495; [1] Melliand Textilber. 1926 Heft 10; 1928 S. 759; 1930 S. 788.

Cykloran M **Oranienburger Chem. Fabr. AG., Charlottenburg 2.**

i/Kurs: ja; *analog:* den übrigen Cykloranen; *Konstit.:* Kaliseife aus pflanzlichen Fetten bzw. Ölen (ohne Harz und Tran) + höherer Alkohol (Sp. oberhalb 160° C); besonders starker Gehalt an höherem Alkohol; *Äuß.:* gelbe Flüssigkeit; *Eigensch.:* Netzvermögen (am stärksten bei Cykloran FC!); Löse- bzw. Emulgiervermögen für vielfaches des Eigengewichtes an Fetten, Ölen, Kohlenwasserstoffen und anderen wasserunlöslichen Stoffen; Dispergiervermögen für feste Substanzen, wie Sand, Ruß, Graphit, Metallteilchen, Kalk, Pflanzenreste, Staub; feuerungefährlich; unschädlich für höchstempfindliches Woll- oder Seidenmaterial (die Seifenhydrolyse wird durch den höheren Alkohol weitgehend zurückgedrängt!); besonders hohes Fett- und Öllöse- bzw. Emulgiervermögen; *Lö. Be.:* kalkbeständig (am höchsten Cykloran FC!); *Verw.:* (allein oder zusammen mit Seife!); s. Mengen!; *Mengen:* b. Reinigen ölhaltiger Baumwollabfälle (lose Faser, Fäden): a) neben 4% d. W. Ätznatron: 2% d. W. (1 : 15—1 : 20 Flottenlänge; $^1/_2$ Stde. kochen auf dem Holländer; dann spülen!); b) neben 3% d. W. Ätznatron: 1% d. W. (1 : 4—1 : 5 Flottenlänge; 1 Stde. kochen im offenen Druckkessel [Beuchekessel]; dann spülen sowie weiter mit gleichen Ansätzen und Flottenlängen zum Kochen treiben und 6 Stdn. bei 2 Atmosphären kochen; spülen und m. 1° Bé Chlorlauge bleichen!); (NB. die Angaben beziehen sich auf Material mit ca. 10—15% an unverseifbaren Fetten, Ölen und Schmutz!); z. Reinigen von Wirk- und Strickwaren von Öl und Graphit: neben der üblichen Ätznatron oder Soda kalz. haltigen Kochlauge: 0,25—0,5% d. W.; b. Kochen und Bleichen in einem Bad: neben 1,5 g/l Seife und 0,5 g/l Ammoniak (25%ig) sowie 2 g/l H_2O_2 (30 Gew.%ig bzw. 100 Vol.%ig): 1,5 g/l (50° C; während $^1/_2$ Stde. auf 90—95° C; 1 Stde. bei 95° C!); i. d. Stückfärberei: 1—2 g/l; z. Entschlichten von Rohseide: 1,5—2,5 g/l ($1^1/_2$—2 Stdn. bei 60—70° C; spülen!); z. Entschlichten von Kunstseide: neben 0,5—1 g/l Soda und 1—2 g/l Seife: 1,5—2,5 g/l ($^1/_2$—1 Stde.; 60—70° C!); i. d. Seidenbleiche, im kochend heißen Superoxydbad: 1—2 g/l; z. Fleckentfernen (Kleider- und Webstuhlflecken): a) örtlich mit dem konzentrierten Mittel; b) 5—10 g/l (mehrere Stunden lauwarm oder kochend!); z. Waschen loser Wolle auf dem Leviathan: Bottich 1: 4,5 g/l Soda kalz. und $^3/_4$ l Stammseifenlösung auf je 100 l (45° C); Bottich 2: 3,75 g/l Soda kalz. und 1 l Stammseifenlösung auf je 100 l (45° C); Bottich 3: 2 g/l Soda kalz. und $^1/_2$ l Stammseifenlösung auf je 100 l (45° C); Bottich 4: Wasser; (NB. die Stammseifenlösung besteht aus 38 kg Schmierseife 38%ig, 10 kg Cykloran M, 7 kg Soda in 400 l Wasser!) (Waschdauer: 2 Stdn.!); b. Waschen loser Wolle im Bottich: a) auf einem Bottich: neben 4—7 g/l Soda kalz.: 0,5—0,75 g/l; (1 : 15 Flottenverhältnis; $^1/_2$ Stde.; 45° C; einweichen; quetschen; kalt spülen!); b) auf zwei Bottichen: Bottich 1: neben 3—6 g/l Soda kalz.: 0,2—0,5 g/l (1 : 20 Flottenlänge; 20 Min.; 40° C; abquetschen!); Bottich 2: neben 0,5—1 g/l Seife: 0,5—1 g (1 : 20 Flottenlänge; 25 Min.; 45° C; abquetschen; kalt spülen!); z. Waschen von Kammzügen auf Lisseusen: siehe lose Wolle!; z. Waschen von Wollgarnen zwecks Entfernung der Schmelzen: bei Teppichgarnen: neben 6%

d. W. Soda kalz. und 3—4% d. W. Salmiakgeist: 4—6% d. W. (1 : 40 Flottenverhältnis; 40—45° C!); (NB. zum Nachsatz: $^1/_2$—$^3/_4$ der ersten Zusätze!) (NB. bei stark kalkhaltigen Haargarnen folgt auf das Spülen eine Behandlung mit 0,5%iger Salzsäure bei 30° C!); i. d. Wollbleiche, zwecks Bleiche und Reinigung in einem Bad: neben 0,5—1 g/l Seife und 0,5 g/l Ammoniak (25%ig) und 2—5 g/l H_2O_2 (30 Gew.%ig bzw. 100 Vol.%ig): 1,5 g/l (40 bis 50° C; einige Stdn.; dann spülen!); (NB. an Stelle von H_2O_2 können auch andere Sauerstoffbleichmittel, z. B. Perborat, verwendet werden!); b. d. Walke im Fett: a) bei ausreichenden Mengen Verseifbarem i. d. Spinnschmelzen: neben der erforderlichen Menge Sodalsg.: 0,5—1% d. W.; sonst b) neben 2—2,5% d. W. Seife: 0,5—1% d. W.: (NB. bei hohem Gehalt der Schmelze an unverseifbarem Öl kombiniert man die beiden vorgeschriebenen Verfahren!); b. Waschen von Streichgarn- und Kunstwollwaren nach der Walke: 0,5—1,5% neben evtl. auf $^3/_4$—$^1/_2$ herabgesetzten, bisherigen Soda- und Seifenmengen; b. Waschen ölhaltiger Wollabfälle und -fäden: neben 1,5—2 g/l Schmierseife und 1—2 g/l Soda kalz.: 1—2 g/l (42° C); i. d. Detachur wollener oder halbwollener Stoffe sowie von Kleidungsstücken: a) konzentriert; zusammen mit wenig Wasser zum vorherigen Betupfen (nachträglich mit Wasser wieder auswaschen!); oder b) neben 1—2 g/l Ammoniak: 4—6 g/l (30—35°; nachträglich kalt oder lauwarm spülen!); *H. Pat.:* patentiert; *Lit.:* Seifensieder-Ztg. 1930 S. 495; Melliand Textilber. 1926 Heft 10; 1928 S. 759; 1930 S. 788.

Cykloran O **Oranienburger Chem. Fabr. AG., Charlottenburg 2.**

i/Kurs: ja; *analog:* den übrigen Cykloranen; (billiger als Cykloran M!); *Konstit.:* Kaliseife aus pflanzlichen Fetten bzw. Ölen (ohne Harz und Tran) + höherer Alkohol (Sp. oberhalb 160° C); Gehalt an Seife und höherem Alkohol etwa wie 1 : 1; *Äuß.:* gelbbraune Flüssigkeit; *Eigensch.:* Netzvermögen (am stärksten bei Cykloran FC!); Löse- bzw. Emulgiervermögen für Vielfaches des Eigengewichtes an Fetten, Ölen, Kohlenwasserstoffen und anderen wasserunlöslichen Stoffen; Dispergiervermögen für feste Substanzen, wie Sand, Ruß, Graphit, Metallteilchen, Kalk, Pflanzenreste, Staub; feuerungefährlich; unschädlich für höchstempfindliches Woll- oder Seidenmaterial (die Seifenhydrolyse wird durch den höheren Alkohol weitgehend zurückgedrängt!); gleich gutes Fett- und Öllöse- bzw. Emulgiervermögen wie Dispergiervermögen für feste Stoffe; *Lö. Be.:* kalkbeständig (am höchsten Cykloran FC!); *Verw.:* (allein oder zusammen mit Seife!); s. Mengen!; *Mengen:* z. Waschen ölhaltiger Putzlappen: 1. in der Zentrifuge mit heißem Dampf behandeln; dann auf der Waschmaschine: neben 2% Soda kalz.: 0,5% d. W.; 2. nur auf der Waschmaschine: neben 5% d. W. Soda kalz. und 5% Wasserglas: 2% d. W.; i. d. Apparatfärberei (b. Färben von losen Fasern, Stranggarnen, Kopsen, Kreuzspulen, gescherten Ketten): 0,5—1% d. W.; i. d. Schaumfärberei: 3—5 g/l; b. substantiven und Schwefelfärbungen: 2—3 g/l; i. d. Strangfärberei auf der Kufe: 0,5—1% d. W.; b. Avivieren und Weichmachen: gleiche Mengen wie bisher Seife; f. d. Weichappretur von Stückware: 1—2 g/l Appreturflotte; z. Waschen von Wollgarnen zwecks Entfernung der Schmelzen bei gewöhnlichen Garnen: neben 6% d. W. Soda kalz.: 2—2,5% d. W. (1 : 40 Flottenverhältnis; 40—45° !); (NB. zum Nachsatz: $^1/_2$—$^3/_4$ der ersten Zusätze!); (NB. bei stark kalkhaltigen Haargarnen folgt auf das Spülen eine Behandlung mit 0,5%iger Salzsäure bei 30° C!); z. Waschen von Kammgarn- und Halbwollwaren: 0,25—0,5% d. W.; b. Waschen von Streichgarn- und Kunstwollwaren nach der Walke: 0,5—1,5% neben evtl. auf $^3/_4$—$^1/_2$ herabgesetzten bisherigen Soda- und Seifenmengen; i. d. Detachur wollener oder halbwollener Stoffe sowie von Kleidungsstücken: a) konzentriert, zusammen mit wenig Wasser zum vorherigen Betupfen (nachträglich mit Wasser wieder auswaschen!) oder b) neben 1—2 g/l Ammoniak: 4—6 g/l (30—35°; nachträglich kalt oder lauwarm spülen!); *H. Pat.:* patentiert; *Lit.:* Seifensieder-Ztg. 1930 S. 495; Melliand Textilber. 1926 Heft 10; 1928 S. 759; 1930 S. 610 u. 788.

Darmstädter Flocken-Hautleim **Röhm & Haas AG., Darmstadt.**

i/Kurs: nein; *analog:* wird geliefert als: 1. Textilqualität; 2. Sorte ST; 3. Sorte SCH; 4. Sorte 80 hell (= technische Gelatine); *Konstit.:* Leim (aus Hautabfällen); *Äuß.:* gelbliche, dünne Flocken bzw. Blättchen; *Reakt.:* neutral; *Eigensch.:* wie Leim, jedoch von neutraler Reaktion und von bedeutend leichterer Löslichkeit, so daß er nicht, wie Tafelleim, viele Stunden quellen muß; kann fertigen Leimlösungen, die zu dünn ausgefallen sind, ohne weiteres zugesetzt werden; *Lö. Be.:* leicht löslich in warmem Wasser nach kurzem Quellen; *Verw.:* für Schlichterei, Appretur und Imprägnierung.

Decrolin **I. G. Farbenindustrie AG., Frankfurt a. M.**

i/Kurs: nein; *Ersatz:* Decrolin AZA; *Konstit.:* Zink-Sulfoxylat-Formaldehyd; $\left(Zn <^{OH}_{SO_2H \cdot CH_2O}\right)$; $\left(\frac{O \cdot CH_2 \cdot SO_2 + 3\,H_2O}{\smallsmile Zn \smallsmile}\right)$*; *Eigensch.:* bleichend; *Lö. Be.:* wasserunlöslich; in Säure löslich; *Lit.:* * Melliand Textilber. 1930 S. 610.

Decrolin AZA **I. G. Farbenindustrie AG., Frankfurt a. M.**

i/Kurs: ja; *Ersatz:* für Decrolin; *Konstit.:* Zink-Sulfoxylat-Azetaldehyd; $\left(Zn <^{OH}_{SO_2H \cdot CH_3 \cdot CHO}\right)$; *Eigensch.:* bleichend; *Lö. Be.:* wasserunlöslich; in Säure löslich; *Verw.:* als Abziehmittel.

Decrolin lösl. konz. pat. **I. G. Farbenindustrie AG., Frankfurt a. M.**

i/Kurs: ja; *Konstit.:* Zink-Sulfoxylat-Formaldehyd; $\left(Zn <^{SO_2H \cdot CH_2O}_{SO_2H \cdot CH_2O}\right)$; *Eigensch.:* bleichend; *Lö. Be.:* wasserlöslich; *Verw.:* als Abziehmittel; *Lit.:* Melliand Textilber. 1930 S. 610.

Degomma BS **Röhm & Haas AG., Darmstadt.**

i/Kurs: ja; *Konstit.:* tryptisch wirksames Produkt aus der Bauchspeicheldrüse von Schlachttieren; *Reakt.:* alkalisch, und zwar so eingestellt, daß der optimale p_H-Wert bei den vorgeschriebenen Mengen erreicht wird; *Äuß.:* Pulver; *Verw.:* zum Einweichen, als Reinigungsmittel für Lumpen, Reißwolle usw., zum enzymatischen Waschen von Spinnereiabgängen, zum Reinigen von Filmdruckschablonen; *Lit.:* Textilbetrieb Pößneck 1936 Heft 3 u. 10.

Degomma D **Röhm & Haas AG., Darmstadt.**

i/Kurs: nein; *analog:* Degomma DL, jedoch anderer Diastaseträger, nämlich: Holzmehl, das vor der Verwendung abfiltriert wird; sonst ist es gleich stark wie DL; an Stelle von Degomma D wird heute DL oder DG geliefert; *Konstit.:* Pankreasdiastase.

Degomma DE **Röhm & Haas AG., Darmstadt.**

i/Kurs: ja; *Konstit.:* aus der Bauchspeicheldrüse von Schlachttieren gewonnenes Diastaseprodukt; *Äuß.:* Pulver; *Reakt.:* neutral; *Verw.:* beim

Entschlichten, zur Entfernung von Stärkeschlichten aus Textilfasern jeder Art und zum Aufschließen aller Stärken für Schlicht- und Appreturmassen; *Lit.:* Wollen- u. Leinenindustrie, Reichenberg 1931; 1933 Heft 8; Spinner u. Weber, Leipzig 1926 Heft 97; Z. ges. Textilind. Leipzig 1931 Heft 16; Kunstseide 1931 Heft 8; Textilbetrieb Pößneck 1937 Heft 5 u. 6.

Degomma DG **Röhm & Haas AG., Darmstadt.**

i/Kurs: ja; *Konstit.:* Diastaseprodukt aus der Bauchspeicheldrüse von Schlachttieren; *Äuß.:* pulverförmig; *Reakt.:* neutral; *Verw.:* beim Waschen von Stückware; Spezialentschlichtungsmittel für Gera-Greizer Artikel, wobei die Entschlichtung im Seifenbad zusammen mit der Wollwäsche erfolgt; *Lit.:* Textilbetrieb Pößneck 1934 Heft 24 (Die Vorappretur von Kammgarnstückware).

Degomma DH **Röhm & Haas AG., Darmstadt.**

i/Kurs: ja; *Konstit.:* aus der Bauchspeicheldrüse von Schlachttieren gewonnenes Diastaseprodukt; *Äuß.:* Pulver; *Reakt.:* neutral; *Verw.:* beim Entschlichten, zur Entfernung von Stärkeschlichten aus Textilfasern jeder Art und zum Aufschließen aller Stärken für Schlicht- und Appreturmassen; *Lit.:* Wollen- u. Leinenindustrie, Reichenberg 1931; 1933 Heft 8; Spinner u. Weber, Leipzig 1926 Heft 97; Z. ges. Textilind. Leipzig 1931 Heft 16; Kunstseide 1931 Heft 8; Textilbetrieb Pößneck 1937 Heft 5 u. 6.

Degomma DL **Röhm & Haas AG., Darmstadt.**

i/Kurs: ja; *Konstit.:* aus der Bauchspeicheldrüse von Schlachttieren gewonnenes Diastaseprodukt; *Äuß.:* Pulver; *Reakt.:* neutral; *Verw.:* beim Entschlichten, zur Entfernung von Stärkeschlichten aus Textilfasern jeder Art und zum Aufschließen aller Stärken für Schlicht- und Appreturmassen; *Lit.:* Wollen- u. Leinenindustrie, Reichenberg 1931; 1933 Heft 8; Spinner u. Weber, Leipzig 1926 Heft 97; Z. ges. Textilind. Leipzig 1931 Heft 16; Kunstseide 1931 Heft 8; Textilbetrieb Pößneck 1937 Heft 5 u. 6.

Degomma DLN **Röhm & Haas AG., Darmstadt.**

i/Kurs: ja; *Konstit.:* Diastaseprodukt aus der Bauchspeicheldrüse von Schlachttieren; *Äuß.:* Pulver; *Reakt.:* neutral; *Eigensch.:* nicht säuernd; *Verw.:* zum Entschlichten in Betrieben, in denen die Entschlichtungsbäder infolge der Gegenwart von Mikroorganismen leicht säuern.

Degomma HF **Röhm & Haas AG., Darmstadt.**

i/Kurs: ja; *Konstit.:* Diastaseprodukt aus der Bauchspeicheldrüse von Schlachttieren; *Äuß.:* Pulver; *Reakt.:* neutral; *Eigensch.:* ergibt vollen, elastischen Flor; *Verw.:* als Spezialentschlichtungsmittel für Samte.

Degomma S **Röhm & Haas AG., Darmstadt.**

i/Kurs: ja; *Konstit.:* tryptisch wirksames Produkt aus der Bauchspeicheldrüse von Schlachttieren; *Äuß.:* Pulver; *Reakt.:* alkalisch (der optimale p_H-Wert wird bei den vorgeschriebenen Konzentrationen erreicht); *Verw.:* zum Entbasten von Naturseide und Mischgeweben mit Naturseide; *Lit.:* Textilbetrieb Pößneck 1936 Heft 5 (die enzymatische Seidenentbastung).

Dekalin **Dehydag, Berlin-Charlottenburg.**

i/Kurs: ja; *analog:* Tetralin; *Konstit.:* Dekahydronaphthalin;

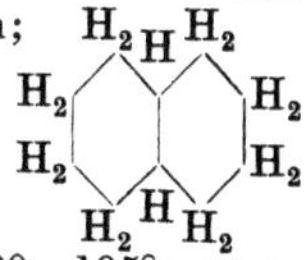

$C_{10}H_{18}$; *Äuß.:* Flüssigkeit, wasserklar; *Eigensch.:* Sp.: 180—195°; spez. Gew.: 0,887; Lösevermögen für Fette, Öle, Wachse, Harze, Pech; *Verw.:* zur Herstellung von Spezialseifen zum Geschmeidigmachen und Glänzendmachen von Fasern und Fäden; *H. Pat., V. Pat.:* DRP. 312465 (Simon & Dürkheim); *Lit.:* Chem.-Ztg. 1932 S. 294.

Dekol **I. G. Farbenindustrie AG., Frankfurt a. M.**

Geb.-J.: 1925; *i/Kurs:* ja; *Konstit.:* Sulfitzelluloseablauge (wirksame Substanz: ligninsulfosaures Natrium); *Äuß.:* Flüssigkeit, dunkelbraun; seit 1937 wird das Produkt auch in Pulverform geliefert (D Pulver: D flüssig = 1 : 2); *Eigensch.:* egalisierend; verhindert das Zusammenballen der Kalksalze in Auskoch- und Farbbädern sowie das Festsetzen dieser an Kufenwänden und auf der Faser; behebt Fleckenbildung; ergibt weiches und glanzreiches Färbegut; besitzt keinerlei färbende Eigenschaft und verträgt sich mit allen Färbereihilfsmitteln, Seifen, Netzölen, Türkischrotölen usw.; bringt beim Erkalten abgeschiedene Farbstoffe wieder in Lösung; *Verw.:* zur Verhinderung von Kalkschäden; als Egalisierhilfsmittel beim Färben von BW, L oder KS mit Indanthren-, Küpen- und Schwefelfarbstoffen; beim Färben von baumwollenen Strumpf- und Wirkwaren aus Dekol-Soda-Bädern; NB. nicht als Zusatz zu subst. Farbstoffbädern! *Mengen:* allgemein: 5—20 ccm/l (zu Anfang den Bädern zugeben!); *H. Pat., V. Pat.:* DRP. 313840; *Lit.:* Seifensieder-Ztg. 1915 S. 431.

Delinol **A. Th. Böhme, Dresden-N. 6.**

Geb.-J.: 1935; *i/Kurs:* ja; *Konstit.:* Emulgator + Lösungsmittel; *Äuß.:* braune Paste; *Reakt.:* neutral; *Eigensch.:* hochkonzentriert; *Verw.:* zum Entschlichten von Kunstseiden, insbesondere bei verharzten Leinölschlichten.

Demerpin **Chem. Fabr. Pott & Co., Pirna-Copitz.**

i/Kurs: ja; *Äuß.:* gelbe Flüssigkeit; *Verw.:* zum Entschlichten, für Leinölschlichte auf Kunstseiden aller Art.

Depoissine **Chem. Fabr. Pott & Co., Pirna-Copitz.**

i/Kurs: ja; *Verw.:* zum Entpechen loser Wolle, Kämmlingen und Hutfilzen.

Desilpon A **Zschimmer & Schwarz, Chemnitz.**

Geb.-J.: 1931; *i/Kurs:* ja; *analog:* Desilpon VK und VK konz.; *Konstit.:* Seifen + sulfonierte Fettkörper + Kohlenwasserstoffe; *Äuß.:* Flüssigkeit, gelb; *Reakt.:* neutral, auch in wässeriger Lösung; *Eigensch.:* reinigend; faserschützend; entfernt Schlichten, insbesondere auch verharzte Leinölschlichten; *Verw.:* als Waschmittel; als Mittel zum Entschlichten kunstseidener Waren, insbesondere zum Entfernen verharzter Leinölschlichten; zum Vorweichen vor dem Entschlichten (für Azetatseide); *Mengen:* 5—10 g/l neben evtl. etwas neutraler Marseiller Seife; *Lit.:* Z. ges. Textilind. 1931 Heft 39.

Desilpon VK **Zschimmer & Schwarz, Chemnitz.**

Geb.-J.: 1931; *i/Kurs:* ja; *analog:* Desilpon A u. Desilpon VK konz.; *Konstit.:* Seife + Kohlenwasserstoff; *Äuß.:* pastenartiges, schmierseifenähnliches Produkt; gelbbraun; *Reakt.:* alkalisch; *Eigensch.:* reinigend; faserschützend; entfernt Schlichten, insbesondere auch verharzte Leinölschlichten; *Verw.:* als Waschmittel; als Mittel zum Entschlichten kunstseidener Waren, insbesondere zum Entfernen verharzter Leinölschlichten (für Viskose- und Kupferseide); zum Vorweichen vor dem Entschlichten; *Mengen:* zum Entfernen von Leinölschlichten: 10 g/l neben: 5 g/l Soda oder Trinatriumphosphat (bei frisch geschlichteter Ware nur $^2/_3$; zum Nachsatz: $^1/_4$ der ursprünglichen Menge!); *Lit.:* Z. ges. Textilind. 1931 Heft 39.

Desilpon VK konz. **Zschimmer & Schwarz, Chemnitz.**

Geb.-J.: 1931; *i/Kurs:* ja; *analog:* Desilpon A und Desilpon VK, im Vergleich zu dem es dreimal so wirksam ist; *Konstit.:* siehe Desilpon VK; *Äuß.:* bräunliche, schmierseifenähnliche Masse; *Reakt., Eigensch., Lö. Be., Verw.:* siehe Desilpon VK; *Mengen:* zum Entfernen von Leinölschlichten: 3 g/l, evtl. neben: 3 g/l Schmierseife (bei frisch geschlichteter Ware nur $^2/_3$; zum Nachsatz: $^1/_4$ der ursprünglichen Menge!); *Lit.:* Z. ges. Textilind. 1931 Heft 39.

Detachol **Dr. A. Schmitz, Düsseldorf-Oberkassel.**

i/Kurs: ja; *Konstit.:* Fettlösungsmittel; *Äuß.:* Flüssigkeit, braun; *Eigensch.:* reinigend; schmutz-, fett-, mineralöllösend; unbrennbar; braucht nicht ausgewaschen zu werden; *Verw.:* als Reinigungsmittel in der gesamten Textilindustrie; zum Fleckentfernen; *Mengen:* b. Entfernen von Fettflecken: unverdünnt (den Stoff an der fleckigen Stelle bei untergelegtem Stoff oder Löschpapier mit einem mit Detachol getränkten Lappen bestreichen!).

Devetol W **Münzing & Co., Heilbronn a. N.**

i/Kurs: ja; *Konstit.:* Lösungsmittelseife; *Äuß.:* helles, konsistentes Produkt; *Reakt.:* neutral; *Eigensch.:* emulgierend, auflockernd, lösend, reinigend; entfernt Flecken von Mineralöl, Fett, Harz usw., ferner Staub, Ruß, Graphit; geringes Alkali durch Hydrolyse, daher Schonung der Faser; führt Kalkseife in kolloide, leicht ausspülbare Form über; hohes Netz- und Durchdringungsvermögen; nicht feuergefährlich; emulgiert Schmutz, Öl, Fett usw.; entfernt Leinölschlichten; *Verw.:* zum Waschen und Spülen von Textilien aller Art; auch beim Waschen ölhaltiger Wollabfälle, Halbwollwaren, Seiden- und Halbseiden, Filzen und Haarmaterialien usw.; *Mengen:* bei der Wäsche loser Wolle auf dem Leviathan: (im ersten Bad, wie gewöhnlich, Soda!) im zweiten Bad bei einem Flottenverhältnis 1 : 40: 0,5—1 g/l Flotte unter gleichzeitiger Reduzierung üblicher Seifen-Sodamengen um 10—15%; zum Nachsetzen bei kontinuierlichem Betrieb: $^2/_3$ obiger Mengen pro Charge; zum Waschen von Kammzügen auf der Lisseuse ohne Seife (nur mit Sodazusatz): 0,5—1 g bei einem Flottenverhältnis von 1 : 40; zum Waschen von Wollgarnen, normal: bei einem Flottenverhältnis 1 : 40: neben 8% Soda 3%, berechnet auf das Gewicht der Wollgarne; bei fetten Teppich- und Haargarnen: 5—10% neben 8% Soda und 5% Salmiakgeist; bei Kammgarnwollware und Halbwollware auf der Breitwaschmaschine: 0,3—0,5% der Ware; in der Walke bei Wegfall der Vorwäsche: 0,5—1% der Ware.

Devetol W konzentriert **Münzing & Co., Heilbronn a. N.**

i/Kurs: ja; *Konstit.:* Lösungsmittelseife; *Äuß.:* helles, konsistentes Produkt; *Reakt.:* neutral; *Eigensch.:* emulgierend, auflockernd, lösend, reinigend;

entfernt Flecken von Mineralöl, Fett, Harz usw., ferner Staub, Ruß, Graphit; geringes Alkali durch Hydrolyse, daher Schonung der Faser; führt Kalkseife in kolloide, leicht ausspülbare Form über; hohes Netz- und Durchdringungsvermögen; nicht feuergefährlich; emulgiert Schmutz, Öl, Fett usw.; entfernt Leinölschlichten; *Verw.:* zum Waschen und Spülen von Textilien aller Art; auch beim Waschen ölhaltiger Wollabfälle, Halbwollwaren, Seiden- und Halbseiden, Filzen und Haarmaterialien usw.; *Mengen:* bei der Wäsche loser Wolle auf dem Leviathan: (im ersten Bad, wie gewöhnlich, Soda!) im zweiten Bad bei einem Flottenverhältnis 1 : 40: 0,25—0,5 g/l Flotte unter gleichzeitiger Reduzierung üblicher Seifen-Sodamengen um 10—15%; zum Nachsetzen bei kontinuierlichem Betrieb: $^2/_3$ obiger Mengen pro Charge; zum Waschen von Kammzügen auf der Lisseuse ohne Seife (nur mit Sodazusatz): 0,25—0,5 g bei einem Flottenverhältnis 1 : 40; zum Waschen von Wollgarnen, normal: bei einem Flottenverhältnis 1 : 40: neben 8% Soda: 1,5%, berechnet auf das Gewicht der Wollgarne; bei fetten Teppich- und Haargarnen: 2,5—5% neben 8% Soda und 5% Salmiakgeist; bei Kammgarnwollware und Halbwollware auf der Breitwaschmaschine: 0,15—0,25% der Ware; in der Walke bei Wegfall der Vorwäsche: 0,25—0,5% der Ware.

Diagum **Diamalt AG., München.**

i/Kurs: ja; *Konstit.:* Johannisbrotkernmehl; *Verw.:* in der Appretur und Schlichterei; für Druckverdickungen; Zusatzmittel zur Kartoffelmehlschlichte.

Diamantseife **Chemische Fabrik Stockhausen & Cie., Krefeld.**

i/Kurs: ja; *Konstit.:* Seife (ohne Fettlöser); *Äuß.:* weiß; *Verw.:* insbesondere für gebleichte Waren; *Lit.:* Melliand Textilber. 1930 S. 610.

Diamantseife **Chem. Fabr. Stockhausen, Velten, Mark.**

i/Kurs: ja; *Konstit.:* Seife (ohne Fettlöser); *Äuß.:* rein weiß; *Reakt.:* neutral; *Eigensch.:* geruchlos; *Lö. Be.:* nicht beständig gegen Alkalien und Säuren; *Verw.:* zum Waschen feiner Weißwaren; zum Abseifen von Bleichware; als Zusatz zur Schlichte und Appretur; *Lit.:* Melliand Textilber. 1930 S. 610.

Diamidon **Diamalt AG., München.**

i/Kurs: ja; *Konstit.:* Maltosepräparat; *Verw.:* als Füllmittel für Weißappreturen; zur Erhöhung des Glanzes.

Diaminöl **Dr. A. Schmitz, Düsseldorf-Oberkassel.**

Konstit.: Rizinusölsulfonat (siehe bei Monopolöl!); *Verw.:* zum Entbasten von Seide.

Diaphanöl

Konstit.: ölsaures Kali + Methylhexalin; *Verw.:* zur Herstellung transparenter Seifen; *Lit.:* Z. dtsch. Öl- u. Fettind. 1925 S. 445; Chem. Umschau 1926 S. 6.

Diappret **Diamalt AG., München.**

i/Kurs: ja; *Konstit.:* lösliche Stärke (in verschiedenen Aufschließungsgraden) aus Kartoffeln; *Äuß.:* weißes Pulver; *Verw.:* in der Appretur.

Diappret S **Diamalt AG., München.**

i/Kurs: ja; *Konstit.:* Stärke-(Spezial-)Präparat; *Äuß.:* weißes Pulver; *Verw.:* zum Schlichten von Baumwolle, Wolle, Kunstseide, Zellwolle usw.

Diastafor **Diamalt AG., München.**

i/Kurs: nein; *analog:* Diastafor doppelt konz. und Diastafor extra stark; *ähnlich:* Gabalit, Maltoferment, Maltose, Textilomalt; *Konstit.:* Diastasepräparat (Malzprodukt); *Äuß.:* dicke, braungelbe Flüssigkeit; *Eigensch.:* säure- und fettfrei; *Lö. Be.:* in lauwarmem Wasser löslich; *Verw.:* zur Verflüssigung der Stärke durch Abbau; zum Entschlichten; *Lit.:* Melliand Textilber. 1930 S. 610.

Diastafor doppelt konz. **Diamalt AG., München.**

i/Kurs: ja; *Konstit.:* diastatischer Malzauszug; *Verw.:* zum Entschlichten; zum Aufschließen von Stärke.

Diastafor extra stark **Diamalt AG., München.**

i/Kurs: ja; *Konstit.:* diastatischer Malzauszug; *Verw.:* zum Entschlichten; zum Aufschließen von Stärke.

Diastase L

Konstit.: Diastasepräparat; *Verw.:* zur Verflüssigung der Stärke durch Abbau.

Diastol

Konstit.: Diastasepräparat; *Verw.:* zur Verflüssigung der Stärke durch Abbau.

Diazopon A **I. G. Farbenindustrie AG., Frankfurt a. M.**

Geb.-J.: 1932; *i/Kurs:* ja; *Konstit.:* hochpolymere organische Verbindung; *Äuß.:* schwach gelbe Flüssigkeit; *Eigensch.:* hält Farblack in kolloidaler Lösung; liefert Färbungen guter Reibechtheit; vermeidet die Ablagerung von ausgefälltem, nicht fixiertem Farblack auf der Faser; erhöht die Beständigkeit von Diazoverbindungen; *Lö. Be.:* gibt weder mit Diazoverbindungen noch mit Metallsalzen (Al-, Zn- oder Mg-Sulfat) Fällungen; *Verw.:* als Zusatz zum Entwicklungsbad zwecks Erzielung reibechter Naphthol-AS-Färbungen bei Garn-, Apparat- und Stückfärbungen; als Zusatz sowohl zu selbstdiazotierten Basenlösungen als auch zu Färbesalzlösungen; *Mengen:* als Zusatz zu den Farbbädern: beim Flottenverhältnis 1 : 10 und darüber: 1 ccm; beim Flottenverhältnis 1 : 5 und darunter: 2,5 ccm; b. Entwickeln auf der Passiermaschine: 2 ccm; b. Entwickeln auf dem Foulard: 4 ccm; (vor dem Zusatz mit etwa der doppelten Menge kochend heißem Wasser klar lösen; nach der Entwicklung mit kaltem Wasser spülen und dann $^1/_2$ Stde. lang in kochendem Seifenbad oder kochendem Bad mit ca. 2—3 g/l Soda und 0,5—1 g/l Igepon $^1/_2$ Stde. nachbehandeln, dann erst heiß, später kalt klar spülen!); *Lit.:* Melliand Textilber. 1937 S. 644 u. 739.

Dichtfest **A. Th. Böhme, Dresden-N. 6.**

i/Kurs: ja; *Verw.:* in Verbindung mit Tonerde (meist zweibadig) als Imprägniermittel.

Diffusil **A. Th. Böhme, Dresden-N. 6.**

i/Kurs: ja; *Konstit.:* Seife + Emulgator + hochsiedende Lösungsmittel; *Äuß.:* hellbraune Flüssigkeit; *Eigensch.:* netzend, reinigend, fettlösend, emulgierend; *Verw.:* als Zusatz zu Wasch-, Reinigungs-, Auskoch- und Beuchflotten; *Mengen:* 1—2% der Ware.

Diffusil B **A. Th. Böhme, Dresden-N. 6.**

Verw.: als Netzmittel für die Chlorlaugenbleiche (bei konzentrierten Bleichbädern).

Diffusil B extra **A. Th. Böhme, Dresden-N. 6.**

Verw.: als Netzmittel für die Chlorlaugenbleiche (bei konzentrierten Bleichbädern).

Diffusil C **A. Th. Böhme, Dresden-N. 6.**

analog: Effektol, Effektol C, Diffusil und den Diffusil-Marken P und T; *Konstit.:* Netz- und Emulgiermittel + Lösungsmittel (Sp. ca. 180° C, hoher Gehalt an diesen); *Reakt.:* neutral; *Eigensch.:* wasserfrei; netzend; fett- und öllösend; emulgierend; reinigend; *Lö. Be.:* bildet mit Wasser Emulsionen; ist nicht so beständig wie Diffusil P; *Verw.:* als Zusatz zu Wasch-, Reinigungs-, Auskoch- und Beuchbädern, insbesondere für Waren, die stark durch Graphit verunreinigt sind; *Mengen:* allgemein: 1—2% d. W.

Diffusil LL **A. Th. Böhme, Dresden-N. 6.**

Geb.-J.: 1936; *i/Kurs:* ja; *Konstit.:* Seife + Emulgator + hochsiedende Kohlenwasserstoffe; *Verw.:* besonders für Abkoch- und Beuchflotten von Mischgespinsten.

Diffusil N **A. Th. Böhme, Dresden-N. 6.**

Verw.: als Netzmittel; *Lit.:* Melliand Textilber. 1926 Heft 10.

Diffusil P **A. Th. Böhme, Dresden-N. 6.**

analog: Effektol; Effektol C; Diffusil und den Diffusil-Marken C und T; *Konstit.:* Netz- und Emulgiermittel + Lösungsmittel (Sp. ca. 180° C, hoher Gehalt an diesen); *Reakt.:* neutral; *Eigensch.:* wasserfrei; netzend; fett- und öllösend; emulgierend; reinigend; *Lö. Be.:* zeigt im Gegensatz zu den übrigen Diffusil-Marken Löslichkeit und höhere Beständigkeit; *Verw.:* als Zusatz zu Wasch-, Reinigungs-, Auskoch- und Beuchbädern; *Mengen:* allgemein: 1—2% d. W.

Diffusil S **A. Th. Böhme, Dresden-N. 6.**

Eigensch.: gute Netzfähigkeit; *Lö. Be.:* praktisch vollkommen säurebeständig; *Verw.:* als Entpechungsmittel für Wolle und Filz.

Diffusil T **A. Th. Böhme, Dresden-N. 6.**

i/Kurs: ja; *Verw.:* für besonders stark verölte Ware.

Diformin **Nitritfabrik, Cöpenick.**

ähnlich: Azetin; *Konstit.:* Ameisensäureglyzerinester; *Verw.:* als Lösungsmittel für basische und spritlösliche Farbstoffe sowie Tannin.

Digoral **Diamalt AG., München.**

i/Kurs: ja; *Konstit.:* wasserlöslicher Talg; weiße Paste; *Eigensch.:* hohes Dispergiervermögen; *Lö. Be.:* wasserlöslich(es Fettpräparat); *Verw.:* in der Appretur für Weichmachungszwecke; in der Avivage; als Schlichtezusatzmittel.

Dinaton

Konstit.: N-dimethylmetanilsaures Natrium; *Lit.:* Seifensieder-Ztg. 1928 S. 95.

Dioxan **I. G. Farbenindustrie AG., Frankfurt a. M.**

Konstit.: Diäthylenoxyd (Siedepunkt 100°) 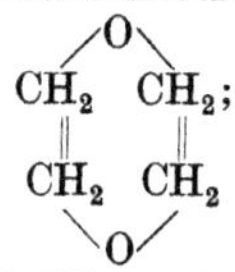; *Verw.:* als Netzmittel beim Durchfärben dichter Stoffe; als Dispersionsmittel für Farbstoffe; dann auch als Weichmachungsmittel für Zelluloseester; ist nach Herstellers Angaben kein eigentliches Textilhilfsmittel; *Lit.:* Seifensieder-Ztg. 1928 S. 95 u. 252.

Dissol **Hugo Weipert, Aachen.**

Verw.: als Durchfärbe- und Dispersionsmittel für Farbstoffe.

Dölauer Benzinseife fest **Zschimmer & Schwarz, Chemnitz.**

i/Kurs: ja; *analog:* (identisch mit Setaform-Benzinseife fest!) Dölauer Benzinseife flüssig.

Dölauer Benzinseife flüssig **Zschimmer & Schwarz, Chemnitz.**

i/Kurs: ja; *analog:* (identisch mit Setaform-Benzinseife flüssig!) Dölauer Benzinseife fest.

Dogmalin **Mainzer & Co., Mannheim-Neckarau.**

Verw.: beim Aufschließen der Stärke.

Drosogen **A. Holtmann & Co., Berlin NO 43.**

i/Kurs: ja; *Konstit.:* Säureamid + Polyoxyverbindungen; *Äuß.:* weiße Paste; *Reakt.:* neutral; *Eigensch.:* erleichtert Lösen und Fixieren der Farbstoffe, Dämpfen und Durchdrucken; verstärkt die Ätzwirkung; faserschonend in Ätzdruckpasten; gibt tiefe, volle und egale Drucke; mischbar mit jeder Druckfarbe; *Verw.:* im Rouleaux-, Relief-, Film-, Hand-, Garn- und Spritzdruck; *Mengen:* 20—100 g/kg Druckpaste; *H. Pat., V. Pat.:* DRP. und Auslandspatente.

Drucköl LT **F. Sager & Dr. Gossler, Heidelberg.**

i/Kurs: ja; *Konstit.:* Lösungsmittel + pflanzliche Öle; *Äuß.:* gelbliche Flüssigkeit; *Reakt.:* schwach alkalisch; *Eigensch.:* in der Druckpaste gut emulgierbar, macht die Farben geschmeidig und leichter druckbar; verhütet das Überziehen der Walzen und das Einsetzen der Farben in die

Gravur; ausgezeichnete Netzfähigkeit und trotzdem schaumdämpfende Wirkung; *Verw.:* für Druckfarben (soweit sie alkalisch oder neutral gedruckt werden); *Mengen:* 20—30 g/kg Druckfarbe (am besten zur fertigen Druckfarbe vor dem Passieren).

Drucköl RT **F. Sager & Dr. Gossler, Heidelberg.**

i/Kurs: ja; *Konstit.:* Lösungsmittel + pflanzliche Öle; *Äuß.:* gelbliche Flüssigkeit; *Reakt.:* schwach alkalisch; *Eigensch.:* in der Druckpaste gut emulgierbar, macht die Farben geschmeidig und leichter druckbar; verhütet das Überziehen der Walzen und das Einsetzen der Farben in die Gravur; ausgezeichnete Netzfähigkeit und trotzdem schaumdämpfende Wirkung; *Verw.:* für Druckfarben, und zwar speziell für Weißätzen und -reserven, die Zinkoxyd enthalten; *Mengen:* 20—30 g/kg Druckfarbe (am besten zur fertigen Druckfarbe vor dem Passieren).

Drucköl ST **F. Sager & Dr. Gossler, Heidelberg.**

i/Kurs: ja; *Konstit.:* Lösungsmittel + pflanzliche Öle; *Äuß.:* gelbliche Flüssigkeit; *Reakt.:* neutral; *Eigensch.:* in der Druckpaste gut emulgierbar, macht die Farben geschmeidig und leichter druckbar; verhütet das Überziehen der Walzen und das Einsetzen der Farben in die Gravur; ausgezeichnete Netzfähigkeit und trotzdem schaumdämpfende Wirkung; *Verw.:* für Druckfarben (und zwar für basische Farben, die mit Tannin gedruckt werden oder bei sauren Farben sowie bei Chromierfarben) als Zusatz; *Mengen:* 20—30 g/kg Druckfarbe (am besten zur fertigen Druckfarbe vor dem Passieren).

Duferol

ähnlich: Comedol; *Konstit.:* Seife + Fettlöser.

Dullit **I. G. Farbenindustrie AG., Frankfurt a. M.**

Geb.-J.: 1929; *i/Kurs:* ja; *Konstit.:* Pigment; *Äuß.:* nahezu farblos; *Eigensch.:* erteilt Kunstseide, wie insbesondere auch Agfa-Travis-Seide, Agfa-Feinseide und Agfa-Seide ein mattes Aussehen; *Verw.:* zum Mattieren kunstseidener Gewebe und Gewirke; insbesondere zum Mattieren von Strümpfen, wie auch von anderen Fertigwaren aus Kunstseide, insbesondere auch Agfa-Travis-Seide, Agfa-Feinseide, Agfa-Seide (am besten unmittelbar nach dem Färben!), evtl. unter gleichzeitiger Erzeugung von Griff; NB. nicht für Strangware! *Mengen:* b. Mattieren ohne Griff: neben 0,15 g/l (gleich 0,3% d. W.) Nekal BX trocken: 2,5 g/l (gleich 5% d. W.) (30—35° C; mit der gefärbten und leicht gespülten Ware eingehen, 20—30 Min. hantieren, ohne Spülen in üblicher Weise fertigstellen); (NB. zur Erzielung besonders weichen Griffs noch 1—2 ccm/l, am besten mit etwas Wasser verdünntes Soromin DM zusetzen!); b. Mattieren mit Seidengriff in zwei Bädern: 1. Bad: wie oben (darf wohl kleine Mengen Seife, aber kein Monopolbrillantöl enthalten!) (abtropfen lassen, mit der nassen Ware gehe man in das 2. Bad: 4 ccm Ameisensäure konz./l (35—45° C) neben 4 g/l Marseiller Seife und 0,4 g/l Nekal BX tr. (beide für sich in kochendem Wasser gelöst und unter gutem Rühren in das Säurebad gegeben) (10—15 Min. hantieren, in gewohnter Weise fertigstellen!) (NB. harter Seidengriff — der nach obigem Verfahren erhältliche ist sehr weich — kann in üblicher Weise mit Ameisen-, Milch- oder Essigsäure bzw. Mischungen dieser erreicht werden!); *V. Pat.:* DRP. angem.

Dullit W **I. G. Farbenindustrie AG., Frankfurt a. M.**

Geb.-J.: 1933; *i/Kurs:* ja; *Konstit.:* organische + anorganische, zur Pigmentbildung befähigte Stoffe; *Äuß.:* weißes Pulver; *Reakt.:* schwach sauer; *Eigensch.:* bildet beim Erwärmen auf etwa 55° C einen sich auf und in der Kunstseidenfaser ablagernden, wasserunlöslichen, festhaftenden, nicht abstäubenden, fleckenfreien, matten, gegen milde Seifenwäsche gut beständigen Niederschlag; keine Verschlechterung der Lichtechtheit substantiver Färbungen; keine Farbtonveränderung; *Lö. Be.:* in kaltem Wasser klar löslich; *Verw.:* zum Mattieren von Viskose und Kupfer-KS im Einbadverfahren nach dem Färben (Trikotagen, Strümpfe, Gewebe, Krepps); zur Erzeugung von Matteffekten im Textildruck auf Naturseide + Viskose- und Azetatkunstseidegeweben, Schals, Futterstoffen usw.; zusammen mit Soromin DM (zur Steigerung des Matteffektes und z. Erz. eines weichen Griffes); *Mengen:* [NB. Dullit W und Soda vor Zugabe getrennt in kaltem Wasser (1 : 20) lösen!] 5—15 g (bei sehr kurzer Flotte bis zu 80 g) im Liter (wobei stets 4,8% Soda kalz. — auf Dullit W berechnet — im Ansatzbad und 10% Soda kalz. im Nachsatzbad zugegeben werden müssen); — NB. bei der Mattierung von Strümpfen empfiehlt sich besondere Nachbehandlung mit Weichmachungsmitteln, um die Weichheit zu erhalten und schnelles Arbeiten auf den Formen zu ermöglichen! — zunächst kalt behandeln, allmählich auf ca. 50° erwärmen, bei dieser Temperatur eine halbe Stunde behandeln, bei Strümpfen mit Wasser kalt spülen! (bei stehendem Bad Nachsatz nur ins abgekühlte Bad geben, gründlich aufrühren!) bei Matteffekten auf S, VS und AS (Kupfer-KS weniger geeignet!) mit der Verdickung auftragen und Dämpfen (durch Anfärben der Dullit W-Verdickung mit substantiven Farben lassen sich farbige Matteffekte erzielen, wobei zum Lösen der Farbstoffe Glyezin A zu nehmen und der Druckpaste Printogen W zuzusetzen ist); nach dem Drucken Ware antrocknen, 10—20 Min. dämpfen, spülen und trocknen!; *H. Pat., V. Pat.:* patentiert; *Lit.:* Mschr. Textilind. 1934 S. 5.

Durchspulöl Spezial **Zschimmer & Schwarz, Chemnitz.**

Geb.-J.: 1928; *i/Kurs:* ja; *analog:* Durchspulöl SWN; *Konstit.:* Mineralöl + Öl- und Fettkörper; *Äuß.:* gelbes Öl; *Reakt.:* neutral; *Eigensch.:* haltbar emulgierbar; leicht auswaschbar; *Lö. Be.:* gibt mit Wasser Emulsionen; *Verw.:* zum Durchspulen von Kunstseide.

Durchspulöl SWN **Zschimmer & Schwarz, Chemnitz**

analog: Durchspulöl Spezial; *Verw.:* zum Durchspulen der Kunstseide.

Durin V **A. Th. Böhme, Dresden-N. 6.**

i/Kurs: ja; *Konstit.:* Harzkörper; *Verw.:* als Appretur- und Füllmittel, z. B. in der Futterstoffausrüstung; als Rückenappretur.

Duron **Hansa-Werke, Hemelingen.**

Konstit.: Säureamide bzw. Azidylderivate aromatischer Basen (Stearinsäureamid, Stearinsäuretoluidid, Rizinolsäureanilid) + Spuren von fettsaurem Alkali; *Eigensch.:* erzeugt Emulsionen von unbegrenzter Haltbarkeit; greift Metalle nicht an; *Verw.:* zur Herstellung von Emulsionen aus Fetten und Ölen jeder Art (Ölsäure ausgenommen); *H. Pat., V. Pat.:* DRP. 188712; *Lit.:* Leipzig. Mschr. Textilind. 1906 S. 364; 1907 S. 56.

Duron-Emulsion 63 **Hansa-Werke, Hemelingen.**

Verw.: als Kunstseidenavivageöl und Spulöl.

Duronschmälze **Hansa-Werke, Hemelingen.**

analog: (NB. die Duronschmälze wird nach dem Duron-Verfahren aus Duron hergestellt); *Konstit.:* Säureamide bzw. Azidylderivate aromatischer Basen + Spuren von fettsaurem Alkali + Öl (2% Fettgehalt); *Eigensch.:* leicht auswaschbar; *Verw.:* zum Schmelzen.

Ebrolin 2122 **Dr. G. Eberle & Cie., Stuttgart.**

i/Kurs: ja; *Konstit.:* Rizinusölsulfonat + Fettlöser; *Äuß.:* fast farblose Flüssigkeit; *Verw.:* zum Beuchen und Abkochen.

Ebrolin 2730 **Dr. G. Eberle & Cie., Stuttgart.**

i/Kurs: ja; *Konstit.:* Rizinusölsulfonat + Fettlöser; *Äuß.:* gelb, zähflüssig; *Verw.:* zum Beuchen und Abkochen.

Ebrolin 3204 **Dr. G. Eberle & Cie., Stuttgart.**

i/Kurs: ja; *Konstit.:* Rizinusölsulfonat; *Äuß.:* hellgelbe Flüssigkeit; *Lö. Be.:* hartwasser- und kochbeständig; *Verw.:* in der Färberei.

Edolan A **I. G. Farbenindustrie AG., Frankfurt a. M.**

Geb.-J.: 1935; *i/Kurs:* ja; *Äuß.:* weißes Pulver; *Reakt.:* neutral; *Eigensch.:* gibt Veloursshutstumpen einen kernigen Griff, besseren Stand des Velours, erhöhten Glanz und Erschwerung; *Lö. Be.:* leicht löslich im sauren Färbebad; *Verw.:* zur Nachbehandlung und Erschwerung von Veloursshutstumpen; *Mengen:* im sauren Färbebad (nach dem Färbeprozeß): 5% (eine halbe Stunde bei Kochtemperatur, spülen und, wie üblich, fertigstellen!); *H. Pat., V. Pat.:* patentiert.

Effektol **A. Th. Böhme, Dresden-N. 6.**

i/Kurs: ja; *Konstit.:* Emulgator + Lösungsmittel (hoher Gehalt); *Äuß.:* hellgelbe Flüssigkeit; *Reakt.:* schwach alkalisch; *Eigensch.:* besitzt Reinigungs- und Lösevermögen für Schmutz, Wachs, Pektine, Fette und Öle aller Art; *Verw.:* als Waschmittelzusatz zum Entfetten und Waschen von Waren; beim Waschen von Schweißwolle; als Hilfsprodukt beim Walken (Schmutzwalke) und beim Entgerbern; als Fleckputzmittel.

Effektol C **A. Th. Böhme, Dresden-N. 6.**

analog: Effektol (mit dem es identisch ist), Diffusil, Diffusil C, P, T.

Effektol S **A. Th. Böhme, Dresden-N. 6.**

Geb.-J.: 1935; *i/Kurs:* ja; *Konstit.:* Lösungsmittelpräparat; *analog:* den übrigen Effektolmarken (die sich nur hinsichtlich ihrer Säurebeständigkeit unterscheiden); *Äuß.:* Flüssigkeit; *Eigensch.:* hochkonzentriert; *Verw.:* als Entpechungsmittel für Wollwaren, Hüte, Filze usw.

Effektol SP **A. Th. Böhme, Dresden-N. 6.**

Geb.-J.: 1935; *i/Kurs:* ja; *Konstit.:* Lösungsmittelpräparat; *analog:* den übrigen Effektolmarken (die sich nur hinsichtlich ihrer Säurebeständigkeit unterscheiden); *Äuß.:* Flüssigkeit; *Eigensch.:* hochkonzentriert; *Verw.:* als Entpechungsmittel für Wollwaren, Hüte, Filze usw.

Effektol SS **A. Th. Böhme, Dresden-N. 6.**

Geb.-J.: 1935; *i/Kurs:* ja; *Konstit.:* Lösungsmittelpräparat; *analog:* den übrigen Effektolmarken (die sich nur hinsichtlich ihrer Säurebeständigkeit unterscheiden); *Äuß.:* Flüssigkeit; *Eigensch.:* hochkonzentriert; *Verw.:* als Entpechungsmittel für Wollwaren, Hüte, Filze usw.

Effektol WU **A. Th. Böhme, Dresden-N. 6.**

analog: Effektol WU extra (anderes Lösungsmittelgemisch!); *Konstit.:* Gemisch von Lösungsmitteln (nur Lösungsmittel!); *Äuß.:* flüssig, farblos; *Eigensch.:* fleckenentfernend; öl- und fettlösend; verflüchtigt sich leicht; gibt daher bei Farbware keine Ränder; *Lö. Be.:* unlöslich in Wasser; *Verw.:* als Fleckenputzmittel, sowohl für Rohware wie auch für Farbware; insbesondere in der Detachur; *Mengen:* wird als solches verwendet.

Effektol WU extra **A. Th. Böhme, Dresden-N. 6.**

analog: Effektol WU (anderes Lösungsmittelgemisch!); *Konstit.:* Gemisch von Lösungsmitteln (nur Lösungsmittel!); *Äuß.:* wasserhelle Flüssigkeit.

Efinol M

Konstit.: sulfoniertes Rizinusöl; *Lit.:* Seifensieder-Ztg. 1932 S. 46.

Egalin **A. Th. Böhme, Dresden-N. 6.**

i/Kurs: ja; *Konstit.:* Sulfitzelluloseablaugepräparat; *Äuß.:* dunkelbraune Flüssigkeit; *Eigensch.:* egalisierend; *Verw.:* als Egalisierungsmittel beim Färben mit Indanthren-, Küpen- und Schwefelfarbstoffen.

Egalin BF **Dr. A. Schmitz, Düsseldorf-Oberkassel.**

Geb.-J.: 1930; *i/Kurs:* ja; *analog:* Egalin W; *Äuß.:* Flüssigkeit, rotbraun; *Eigensch.:* Egalisier-, Netz- und Lösevermögen; *Lö. Be.:* leicht löslich in Wasser; gegen hartes Wasser, Säuren und Alkalien gut beständig; *Verw.:* als Farbstofflöse-, Netz-, Egalisier- und Fettlösungsmittel in der Baumwollfärberei; zum Färben, wobei schwer lösliche Farbstoffe in feine Verteilung gebracht werden; zum Vornetzen, wo in der Baumwollfärberei auch Materialien, welche noch Reste von Seifen, Fetten, Spinnölen usw. enthalten, ohne Vorwäsche gefärbt werden können; zum Anteigen von Farbstoffen; als Zusatz zur Küpe; außer für Baumwolle ist das Farböl auch noch für Kunstseide und Mischgewebe brauchbar; *Mengen:* zum Vornetzen: etwa 0,3—0,4 ccm/l, auf Apparaten: 0,5% vom Gewicht der Ware; zum Anteigen: 50—100 g pro kg Farbstoff (zum Anteigen von Küpenfarbstoffen wird eine mit Kondenswasser verdünnte Egalinlösung 1 : 5 verwendet); als Zusatz zum Färbebad: 0,2—0,4 ccm pro Liter Flotte.

Egalin W **Dr. A. Schmitz, Düsseldorf-Oberkassel.**

Geb.-J.: 1930; *i/Kurs:* ja; *analog:* Egalin BF; *Äuß.:* Flüssigkeit, rotbraun; *Eigensch.:* Egalisier-, Netz- und Lösevermögen; *Lö. Be.:* gegen Kalk und Säure sehr beständig; *Verw.:* als Egalisier- und Farbstofflöse-, Netz- und Fettlösungsmittel in der Wollfärberei; als Zusatz zum Färbebad und zum Vornetzen; *Mengen:* zum Vornetzen: 0,3—0,5 ccm pro Liter Wasser; beim Netzen auf dem Apparat: $^1/_4$—$^1/_2$% vom Gewicht der Ware; (zweckmäßig spült man dann und setzt dem Färbebad noch Egalin W zu! wenn nicht vorgenetzt wird, setzt man dem Färbebade pro Liter 0,3—0,5 ccm Egalin W direkt zu!).

Egalisal **Chem. Fabr. Grünau Landshoff & Meyer AG., Berlin-Grünau.**

Geb.-J.: 1918; *i/Kurs:* ja; *Konstit.:* Eiweißspaltprodukt (Lysalbinsaures Natron); ohne Beimengungen; (nach Prof. Herbig: Eiweißspaltprodukt + Alkali); *Äuß.:* rotbraune, dickliche Flüssigkeit; *Reakt.:* neutral; *Eigensch.:* Wollschutz- und Egalisierungsvermögen; verhindert Schädigungen der Wolle, die durch Chemikalien und Hitze verursacht werden; die Wolle bleibt weich, offen und elastisch beim Waschen, Färben, Bleichen, Abziehen, Dämpfen, Chlorieren usw.; vermindert beim Chlorieren der Wolle die Reaktionsgeschwindigkeit des Chlors, ermöglicht damit gleichmäßigere und schonendere Einwirkung auf die Wollfaser; *Lö. Be.:* leicht und klar löslich in Wasser, Säuren und Alkalien; beständig gegen die meisten gebräuchlichen Chemikalien (außer eiweißfällenden Stoffen, wie Tannin); *Verw.:* als Schutz- und Egalisierungsmittel bei allen Veredelungsoperationen von Wolle oder Mischfaserstoffen, beim Färben von Wolle mit sauren, Chromierungs- und Küpenfarbstoffen; beim Abziehen von Färbungen (Kleider, Lumpen); (als Schutzmittel in der Hut-, Leder- und Rauchwarenindustrie); *Mengen:* beim Färben von Wolle mit sauren und Chromierungsfarbstoffen: ebensoviel wie Farbstoff, jedoch nicht unter 3% d. W.; b. Färben mit Küpenfarbstoffen: ebensoviel wie in den speziellen Färbevorschriften angegebener Leim; beim Weiterfärben: 1% d. W.; in der Apparaturfärberei: zum Vornetzen und Reinigen der Wolle: neben 1—2% Salmiakgeist 25%ig: 1—2% d. W.; zum Färben: ebensoviel wie Farbstoff, nicht unter 3% d. W.; b. Abziehen von Färbungen: 1. alk.: neben 1% Soda: 3% d. W.; 2. mit Reduktionsmitteln (Hydrosulfit, Hyraldit, Decrolin): 3% d. W.; 3. mit Chromkali: 5% d. W.; beim sauren Ausstoßen in der Hutindustrie: gleiche Raumteile Schwefelsäure und Egalisal; beim alkalischen Ausstoßen: neben 2—3 ccm/l Salmiakgeist: 2—6 g/l; b. Färben von Wolle und Haarlabrazen mit Säure und Chromierungsfarbstoffen: im Netzbad: 5% d. W.; b. Fertigwalken: ebensoviel wie Ameisensäure oder Schwefelsäure bei Wollabrazen, doppelt soviel wie Säure bei Haarlabrazen; (in der Rauchwarenindustrie: b. Pickeln und Gerben von Fellen: 2—5 g/l schwefelsaurer Salzflotte (Schwimmbeize) bzw. 10 g/l bei Streichbeize; z. Töten der Felle: halbsoviel Egalisal wie Tötungsmittel (Soda, Salmiakgeist, Kalk); z. Färben von Fellen: gleiche Menge Egalisal wie Farbstoff; nicht weniger als 2 ccm/l); *H. Pat., V. Pat.:* DRP., Auslandspatente, Patentanmeldungen; *Lit.:* Melliand Textilber. 1930 S. 610; 1931 Heft 7; Z. ges. Textilind. 1931 Heft 23; 1934 Heft 34.

Elixieröl DN 222 **Baur, Gaebel & Cie., Köln-Radertal.**

Geb.-J.: 1927; *i/Kurs:* ja; *Konstit.:* Ölsulfonierungsprodukt + Fettlöser; *Äuß.:* gelbliches Öl; *Reakt.:* schwach sauer; *Lö. Be.:* in kaltem Wasser löslich; *Verw.:* als Netzmittel in alkalischem Bade, insbesondere für Kreuzspulen; als Einweichmittel in Verbindung mit Seife oder Soda für Leinölschlichte.

Elixieröl KM dopp. konz. **Baur, Gaebel & Cie., Köln-Radertal.**

Geb.-J.: 1931; *i/Kurs:* ja; *Konstit.:* Rizinusölsulfonierungsprodukt; *Äuß.:* gelbliches Öl; *Reakt.:* schwach sauer; *Lö. Be.:* in kaltem Wasser löslich; kalkbeständiger als Türkischrotöl; *Eigensch.:* wie Türkischrotöl (aber höhere Kalkbeständigkeit); *Verw.:* zusammen (1 Teil) mit Türkischrotöl (2 Teile); zum Netzen, Weichmachen, Anteigen, Färben in neutralen oder alkalischen Bädern.

Elixieröl SB 925 **Baur, Gaebel & Cie., Köln-Radertal.**

Geb.-J.: 1930; *i/Kurs:* ja; *Konstit.:* Ölsulfonierungsprodukt + Lösungsmittel; *Äuß.:* gelbliches Öl; *Reakt.:* gegen Lackmus schwach sauer; *Eigensch.:* netzend in alkalischem Bade (schwächer als Netz-Elixier Nr. 342); *Lö. Be.:* in kaltem Wasser löslich; gut härtebeständig; beständig gegen Natronlauge von 10° Bé; *Verw.:* als Netzmittel in alkalischem Bade, insbesondere zum Crepponieren.

Emulgator A 134 **Zschimmer & Schwarz, Chemnitz.**

Geb.-J.: 1928; *i/Kurs:* ja; *Konstit.:* wasserlöslicher Fettkörper; *Äuß.:* schmierseifenähnlich, bräunlich; *Reakt.:* neutral; *Eigensch.:* Emulgierfähigkeit für Olivenöl und andere Öle; liefert äußerst feine, lange haltbare Emulsionen; erzeugt weichen Griff; verhindert Geruch auf dem Lager, Farbenumschlag und Nachgilben, Kleben der Ware, Kalkseifenbildung; *Verw.:* zur Selbstherstellung äußerst feiner und lange haltbarer Emulsionen aus Olivenöl oder ähnlichen Ölen für die Avivage baumwollener, kunstseidener oder gemischtfaseriger Ware, sowie zur Herstellung von Durchspulöl; *Mengen:* z. Avivage: 1 Teil + 1 Teil Öl + 5 Teile Wasser (kalt zusammenrühren und in beliebigen Mengen der Avivierflotte zusetzen!); z. Durchspulen: 1 Teil + 5 Teile Öl + 5 Teile Wasser (kalt zusammenrühren!).

Emulgator BE **Oranienburger Chem. Fabr. AG., Charlottenburg 2.**

i/Kurs: ja; *Konstit.:* Lösungsmittelpräparat, das Kolloidstoffe enthält; *Äuß.:* durchsichtige, klare Lösung; *Reakt.:* neutral; *Eigensch.:* gutes Emulgierungsvermögen für Wachse und Harze; *Lö. Be.:* ergibt mit warmem Wasser eine milchigweiße Emulsion; *Verw.:* zum Emulgieren von Wachsen aller Art, z. B. Bienenwachs, Montanwachs, Japanwachs und Harzen, wie Kolophonium, Schellack usw.; zur Herstellung von Appreturmassen; *Mengen:* b. d. Herstellung von Wachsemulsionen: 50% von der anzuwendenden Wachsmenge.

Emulgator BE Pulver **Oranienburger Chem. Fabr. AG., Charlottenburg 2.**

i/Kurs: ja; *Konstit.:* Emulgierungsmittel + Kolloidstoff; *Äuß.:* gelblichweißes Pulver; *Reakt.:* neutral bis schwach alkalisch; *Eigensch.:* gutes Emulgierungsvermögen für flüssige Neutralfette sowie flüssige und feste Kohlenwasserstoffe; *Lö. Be.:* gibt mit Wasser eine gelatinöse Lösung; *Verw.:* zum Emulgieren von Paraffin, Mineralöl, Olivenöl, Erdnußöl usw.; bei der Herstellung von Appreturmassen und von Emulsionen zum Wasserdichtmachen von Geweben; *Mengen:* z. Emulgieren von Kohlenwasserstoffen: 50% des Gewichtes; z. Emulgieren von flüssigen Neutralfetten: 10% des Gewichtes.

Emulgator BEN **Oranienburger Chem. Fabr. AG., Charlottenburg 2.**

i/Kurs: ja; *Konstit.:* Lösungsmittelpräparat + Kolloidstoff; *Äuß.:* durchsichtige, braune, sirupartige bis halbfeste Masse; *Reakt.:* neutral; *Eigensch.:* gutes Emulgierungsvermögen für feste Neutralfette; *Lö. Be.:* gibt mit Wasser eine milchigweiße Emulsion; *Verw.:* zum Emulgieren von Kokosfett, Talg, Schmalz usw.; als Hilfsmittel bei der Herstellung von Appreturmassen der verschiedensten Art; *Mengen:* beim Emulgieren von Fetten: 10% vom angewandten Fettgewicht.

Emulgator C **A. Th. Böhme, Dresden-N. 6.**

Geb.-J.: 1935; *i/Kurs:* ja; *Konstit.:* Fettkörper (Ölbasis); *Äuß.:* bräunliche, schmierseifenähnliche Paste; *Reakt.:* neutral; *Eigensch.:* höchst konzentriert;

emulgierend für Fette und mineralische Öle, wie Olivenöl, Leinöl usw.; *Verw.:* zur Herstellung haltbarer Emulsionen aus Olivenöl usw. für die Avivage baumwollener, kunstseidener und gemischtfaseriger Ware.

Emulgator G **Sudfeldt & Co., Melle.**

i/Kurs: ja; *Äuß.:* braune Paste; *Verw.:* zur Herstellung von Emulsionen von Mineralölen (Paraffinölen usw.).

Emulgator R **Chem. Fabr. Pott & Co., Pirna-Copitz.**

i/*Kurs:* ja; *Eigensch.:* hohes Reinigungsvermögen; stark Schmutz lösend; *Verw.:* zum Reinigen von Putztüchern, Schlosser- und Maschinistenanzügen usw.

Emulgator T **Chem. Fabr. Pott & Co., Pirna-Copitz.**

i/Kurs: ja; *Äuß.:* braune Flüssigkeit; *Verw.:* zum Entfernen von Stuhlflecken, Öl- und Schmierflecken aus Webwaren, Trikotagen und Strümpfen.

Emulgator 157 **Th. Goldschmidt AG., Essen.**

i/Kurs: ja; *Konstit.:* Ester der Ölsäure und des Glykols (vermutlich[1]); *Verw.:* zur Herstellung neutraler Emulsionen; *Lit.:* Seifensieder-Ztg. 1932 S. 156; [1] S. 141ff.

Emulgin **J. Simon & Dürkheim, Offenbach a. M.**

i/Kurs: ja; *Konstit.:* polyrizinolsaures Natrium (frei von Lösungsmitteln); *Äuß.:* goldgelb, dickflüssig; *Reakt.:* sauer; *Eigensch.:* gutes Emulgiervermögen, insbesondere für Kohlenwasserstoffe; *Lö. Be.:* nicht beständig gegen hartes Wasser, Alkalien, Salze und Säuren; *Verw.:* als Emulgiermittel, insbesondere zur Herstellung von Emulsionen von Kohlenwasserstoffen.

Emulphor A extra **I. G. Farbenindustrie AG., Frankfurt a. M.**

Geb.-J.: 1937; *i/Kurs:* ja; *Konstit.:* hochpolymeres, organisches Produkt; *Äuß.:* braungelbe Flüssigkeit; *Reakt.:* neutral; *Eigensch.:* seifenfrei; öllöslich; ölartig; emulgiert — ohne besondere Apparatur, rasch, bei gewöhnlicher Temperatur — fette Öle und Mineralöle; liefert besonders stabile und feinverteilte Emulsionen; erhöht die Auswaschbarkeit der Öle; *Lö. Be.:* mit den meisten techn. Ölen gut mischbar; in Mineralöl klar löslich; unempfindlich gegen Härtebildner und andere Metallsalze; *Verw.:* zur Herstellung emulgierbarer Mineralöle, auswaschbarer Schmieröle, hochdisperser Emulsionen; — weil alkalifrei — besonders für die Behandlung empfindlicher Materialien; *Mengen:* 2,5—5% des zu emulgierenden Öles (bei selbstemulgierenden Ölen: bis zu 7,5% des zu emulgierenden Öles); *H. Pat., V. Pat.:* patentiert.

Emulphor A öllöslich **I. G. Farbenindustrie AG., Frankfurt a. M.**

Geb.-J.: 1933; *i/Kurs:* ja; *Konstit.:* hochpolymeres, organisches Produkt; *Äuß.:* braune Flüssigkeit; *Reakt.:* neutral; *Eigensch.:* seifenfrei; emulgiert Neutralöle, Maschinenöle usw.; verseift zu emulgierende Öle nicht; wirkt selbst fettend; gibt rasch bei gewöhnlicher Temperatur seifen- und alkalifreie Emulsionen; entfernt ölige (insbesondere eingetrocknete) Verunreinigungen; erleichtert das Auswaschen von Schmierölflecken; *Lö. Be.:* löslich in bzw. gut mischbar mit den meisten technischen Ölen; hartwasserbeständig; *Verw.:* zur Herstellung von Emulsionen aus flüssigen fetten Ölen und aus

Mineralölen, nicht aus Fettsäuren, Gemischen von Fettsäuren und Neutralölen, aus festen Fetten, Paraffin, Wachs usw.; *Mengen:* zum Emulgieren: minimal 4—5%; *H. Pat., V. Pat.:* patentiert.

Emulphor EL **I. G. Farbenindustrie AG., Frankfurt a. M.**

Geb.-J.: 1933; *i/Kurs:* ja; *Konstit.:* hochpolymeres, organisches Produkt; *Äuß.:* gelbe Flüssigkeit; *Reakt.:* neutral; *Eigensch.:* seifenfrei; emulgiert in der Kälte Fettsäuren, Gemische von Fettsäuren mit Mineralölen und fetten Ölen, Wachsen, organischen Lösungsmitteln, Kunstharzen, Zelluloseestern usw.; wirkt selbst fettend; gute Schutzkolloidwirkung; verhütet bei nachträglicher Verseifung von Oleinschmelzen Kalkseifenabscheidung in hartem Wasser, bewirkt leichtes und vollkommenes Auswaschen; *Lö. Be.:* gut mischbar mit Fettsäuren, Ölgemischen, Wachsen usw.; löslich in organischen Lösungsmitteln bzw. in Gemischen solcher mit Kunstharzen usw.; hartwasserbeständig; *Verw.:* als Emulgator; zur Herstellung von Schmelzen für die Streichgarnindustrie; *Mengen:* zum Emulgieren von Olein, Fettsäuren, Ölgemischen usw.: 2,5—5%; zum Emulgieren von organischen Lösungsmitteln, Zelluloseestern, Kunstharz usw.: 5—10%; zum Emulgieren von Wachsen (natürlich und synthetisch) usw.: nicht unter 10%; *H. Pat., V. Pat.:* patentiert.

Emulphor FM öllöslich **I. G. Farbenindustrie AG., Frankfurt a. M.**

Geb.-J.: 1931; *i/Kurs:* ja; *Konstit.:* Produkt auf Fettsäurebasis; *Äuß.:* mäßig viskoses Öl, dunkelbraun; *Eigensch.:* emulgierend, jedoch nur in Verb. m. Seife, auch in saurem Medium; ermöglicht die Herstellung hochkonzentrierter Emulsionen, die als solche oder nach Verdünnung Verwendung finden können sowie leichtes Emulgieren von fetten Ölen, festen Fetten und Mineralölen zu hochdispersen, stabilen, dünnflüssigen Emulsionen; besitzt Antioxydationswirkung; verhindert das Verharzen ungesättigter Öle; neutralisiert beim Lagern entstehende Fettsäure; fördert die Auswaschbarkeit der Ölemulsionen; gestattet das Arbeiten ohne Alkali (Emulsionen sind also auch für alkaliempfindliche Fasern unschädlich) und die Herstellung von Emulsionen aller flüssigen Öle auf kaltem Wege (bei festen Fetten arbeite man einige Grade über dem Schmelzpunkt!) schon mit geringen Mengen (1—5% des Öles); wirkt selbst fettend; *Lö. Be.:* in Wasser bzw. Seifenlösung nur wenig löslich, aber leicht emulgierbar; gut löslich bzw. mischbar in bzw. mit den meisten Ölen und Fetten; beständig auch in gewissen organischen Säuren; *Verw.:* in Verbindung mit Seifen zur Herstellung von Emulsionen von Ölen mit einem Gehalt an freier Fettsäure bis zu 20%, jedoch nicht zum Emulgieren von Fettsäuren, wie Olein; *Mengen:* allgemein: bei fetten Ölen: 1—5%, bei festen Fetten: 3—5%, bei Mineralölen: 1—3% des zu emulgierenden Öles; (Emulphor in das zu emulgierende Öl einrühren; das Gemisch in Seifenlösung eintragen — die Seifenlösung soll bei Herstellung von Stammemulsionen 10%ig, bei Bereitung sofort gebrauchsfähiger Emulsionen 0,5—2%ig sein! — zuletzt mit Wasser verdünnen!); (NB. um Stammemulsionen zum Gebrauch fertig zu machen, läßt man das Verdünnungswasser langsam in die Stammemulsion einlaufen!).

Olivenölemulsion:		Maschinenölemulsion:	
5,0 l	Seifenlsg. 10%ig	5 l	Seifenlsg. 10%ig
97,5 kg	Olivenöl	99 kg	Maschinenöl
2,5 kg	Emulphor...	1 kg	Emulphor...
45,0 l	Wasser	20 l	Wasser
150,0 kg	66%ige Stammemulsion;	125 kg	80%ige Stammemulsion;

Talgemulsion:

25 l	Seifenlösung 10%ig
95 kg	Rindertalg
5 kg	Emulphor...
175 l	heißes Wasser (langsam kalt rühren!)
300 kg	33%ige Stammemulsion;

Gebrauchsfertige Erdnußölemulsion:

50 l	Seifenlösung 2%ig
96 kg	Erdnußöl
4 kg	Emulphor...
100 l	Wasser
250 kg	40%ige Erdnußölemulsion;

Gebrauchsfertige Klauenölemulsion:

50 l	Seifenlösung 1%ig
97 kg	Klauenöl
3 kg	Emulphor...
850 l	Wasser
1000 kg	10%ige Klauenölemulsion;

Gebrauchsfertige Batschölemulsion:

25 l	Seifenlösung 2%ig
75 kg	Maschinenöl
23 kg	Tran
2 kg	Emulphor...
125 kg	80%ige Batschölemulsion;

H. Pat., V. Pat.: In- und Auslandspatente; *Lit.:* Seifensieder-Ztg. 1932 S. 141ff.

Emulphor O **I. G. Farbenindustrie AG., Frankfurt a. M.**

Geb.-J.: 1932; *i/Kurs:* ja; *Konstit.:* hochmolekulare organische Verbindung; *Äuß.:* hellbraune, wachsartige Masse (Schmelzpunkt: 45° C); *Reakt.:* in wässeriger Lösung neutral; *Eigensch.:* Emulgiervermögen; macht schon bei geringen Zusätzen Olein in Wasser emulgierbar; besitzt hohe schutzkolloide Wirkung; weitgehende Schutzwirkung gegen Kalkseifenablagerung; dispergiert während des alkalischen Auswaschens des Oleins sich bildende Kalkseife feinstens; gewährleistet gute Auswaschbarkeit des Oleins; beeinträchtigt die Textilfaser nicht; verhindert Verharzung auf der Faser; *Lö. Be.:* in geschmolzenem Zustand in Olein, Wasser und organischen Lösungsmitteln löslich; absolut unempfindlich gegen Wasser jeden Härtegrades; beständig gegen Salze, Säuren und Alkalien jeder Art; *Verw.:* als Emulgator in Streichgarnspinnereien für Olein oder Gemische aus Olein und fetten Ölen bzw. Mineralölen (der Zusatz von fetten Ölen oder Mineralölen kann bis zu 50% betragen); zur Herstellung auch von I. G.-Wachs-Emulsionen, besonders solchen von I. G.-Wachs E und BJ; *Mengen:* zur Herstellung einer Oleinemulsion in Wasser: 2,5—5% des Oleins (geschmolzenen Emulgator in der 5fachen Menge Olein lösen; unter gutem Umrühren zu 70 bis 85 Teilen Olein geben und dann in etwa die gleiche Menge Wassers unter Rühren einlaufen lassen; die erhaltene ca. 50%ige Stammemulsion kann durch weitere Wasserzugabe nach Bedarf vor Gebrauch verdünnt werden); z. Herstellung von I. G.-Wachs-Emulsionen: ca. 10% des Wachsgewichtes.

Emulphor OL Lösung **I. G. Farbenindustrie AG., Frankfurt a. M.**

Geb.-J.: 1937; *i/Kurs:* ja; *Konstit.:* hochpolymeres, organisches Produkt; *Äuß.:* gelbe Flüssigkeit; *Reakt.:* neutral; *Eigensch.:* seifenfrei; emulgiert Olein ohne weitere Hilfsmittel stabil und hochdispers in einfacher Weise; gibt Emulsionen, die frei von unerwünschtem Ballast sind; hohes Kalkseifenschutzvermögen; ermöglicht Auswaschen verseifter Schmelzen in hartem Wasser; liegt in gebrauchsfertiger Form vor, Herstellung von Stammlösungen daher überflüssig; *Lö. Be.:* wasserlöslich; nicht öllöslich; unempfindlich gegen die Härtebildner des Wassers und andere Metallsalze; *Verw.:* zur Herstellung stabiler Emulsionen aus Olein, Mischungen von Olein mit Neutralölen bzw. Mineralölen usw.; speziell in der Streichgarnindustrie; *Mengen:* zum Emulgieren von Olein: 2,5—5—10%; *H. Pat., V. Pat.:* patentiert.

Emulsit O — **A. Th. Böhme, Dresden-N. 6.**

Geb.-J.: 1935; *i/Kurs:* ja; *Konstit.:* Fettkörper (Ölbasis); *Verw.:* als Emulgator für Olein zur Herstellung gleichmäßiger Spinnschmelzen guter Auswaschbarkeit.

Encollin — **J. Simon & Dürkheim, Offenbach a. M.**

i/Kurs: ja; *Eigensch.:* macht den Faden geschmeidig und kräftig; *Verw.:* beim Appretieren; als Schlichte für grobe Garne, z. B. auch Jute usw.

Entbastungsöl — **Dr. A. Schmitz, Düsseldorf-Oberkassel.**

Konstit.: Rizinusölsulfonat (siehe bei Monopolöl!); *Verw.:* zum Entbasten von Seide.

Entschlichter ZS — **Zschimmer & Schwarz, Chemnitz.**

Geb.-J.: 1937; *i/Kurs:* ja; *Konstit.:* diastatischer Malzextrakt; *Äuß.:* brauner Sirup; *Reakt.:* neutral; *Lö. Be.:* in Wasser jeder Beschaffenheit bis 65° C beständig; *Verw.:* zum Entschlichten; zum Abbauen der Stärke.

Enzymolin — **Röhm & Haas AG., Darmstadt. Vertr.: Aug. Jacobi AG., Darmstadt.**

i/Kurs: ja; *analog:* Burnus und Burnus-Neutral; *Konstit.:* aus den Pankreasdrüsen der Schlachttiere gewonnene Enzyme (für Reinigungszwecke wirksame, tryptische Enzyme); Pankreas-Tryptase, -Diastase, -Lipase; (enthält weder Wasserglas noch Chlor noch sauerstoffhaltige Mittel!); *Äuß.:* Pulver, weiß; *Reakt.:* alkalisch; *Eigensch.:* kann im Gegensatz zu Burnus und Burnus-Neutral auch zusammen mit Seife angewandt werden (Enzymolin zuerst für sich allein dem Wasser zusetzen und dann 5 Min. hinterher die Seife, am besten eine solche, die bei der Temperatur der Vorwäsche, bei 35—40°, gut schäumt!); nimmt an feuchter Luft allmählich etwas Wasser auf, zerfließt jedoch nicht; *Lö. Be.:* wirkt in weichem, hartem und Seewasser; *Verw.:* zum Einweichen bzw. Vorwaschen; in der Weißwäscherei; zum Entfernen von Eiweißflecken in der Detachur und Färberei; zum Waschen von, insbesondere auch durch Blut und Eiter beschmutzter, Krankenhauswäsche; für Stärkewäsche (ein besonderes Entstärkungsverfahren ist nicht nötig!); *Mengen:* je nach Beschmutzungsgrad und Anwendungszweck: 0,2—0,5% (zum Einweichen und zum Vorwaschen zuerst Enzymolin, in kaltem oder besser lauwarmem Wasser gelöst, zusetzen!); *V. Pat.:* DRP. 283923 (Otto Röhm); DRP. 316098 (Otto Röhm); *Lit.:* Dtsch. Wäscherei-Ztg. Nr. 20 v. 16. Mai 1931 und Nr. 9 vom 27. Februar 1932.

Epifosol

Konstit.: Naphthensulfosäuren; *Eigensch.:* entschlichtend; *Lit.:* Melliand Textilber. 1925 S. 336 u. 417.

Erdnußölemulsion 100%ig (Olivenölemulsion 100%ig) **J. Simon & Dürkheim, Offenbach a. M.**

Geb.-J.: 1928; *i/Kurs:* ja; *Konstit.:* Erdnußöl + Emulgator (Puropolöl EM oder EMP); *Äuß.:* Flüssigkeit, bräunlich; *Reakt.:* neutral; *Eigensch.:* fast wasserfrei; *Lö. Be.:* gibt mit Wasser eine Emulsion; *Verw.:* für Kunstseidenappretur und -schlichte; *Mengen:* 1—10% d. W. der durch langsames Verdünnen mit Wasser erhältlichen Appretur- bzw. Schlichtemasse.

Esdeform A **J. Simon & Dürkheim, Offenbach a. M.**

i/Kurs: ja; *analog:* Esdeform T; *Eigensch.:* entfernt, für sich ohne Wasser angewandt, Flecken von Mineralöl, Harz usw.; sofort trocknend; *Verw.:* beim Detachieren.

Esdeformkernseife **J. Simon & Dürkheim, Offenbach a. M.**

i/Kurs: ja; *analog:* Esdeformseifenpulver; Esdeform-Seifen-Extrakt; *Konstit.:* Kaliseife + Kohlenwasserstoff (aromatisch); *Eigensch.:* harzfrei; macht Wolle und Baumwolle weich; erleichtert das Färben; *Verw.:* zur Vorbehandlung von feiner Baumwolle und Wolle; beim Waschen; *H. Pat., V. Pat.:* DRP.

Esdeform-Seifen-Extrakt **J. Simon & Dürkheim, Offenbach a. M.**

i/Kurs: ja; *Ersatz:* hieß früher Listoform-Seifen-Extrakt, mit dem es identisch ist; *analog:* Listoform-Seifen-Extrakt; Esdeformseifenpulver; Esdeformkernseife; *ähnlich:* Verapol; *Konstit.:* Seife + aromatischer Kohlenwasserstoff; *Äuß.:* dickflüssig; transparent; *Eigensch.:* beseitigt Schmutz aller Art, wie Schweiß, Fett, Öl, Harz usw.; gibt der Wäsche frisches, angenehmes Aroma; erhält der Seidenfaser den Glanz; vermeidet bei Wollwäsche das Einschrumpfen; frischt die Farben bei bunter Wäsche auf; *Verw.:* beim Waschen, auch von loser Wolle, von Gerberwolle, von Kammzug und Kammgarn, von Streichgarn, von Stückware; zum Vorwaschen bzw. Einweichen; für feine Wäsche, Hauswäsche; für bunte und gewerbliche Wäsche (evtl. unter Zusatz von etwas Esdeformseifenpulver!) ebenso wie für Küchenwäsche; für Seidenwäsche, Naßwäsche und Wollwäsche (bei der die Temperatur bis auf 60° gesteigert werden kann, ohne daß die Wolle einschrumpft!); für die Reinigung von Portieren und Teppichen; *H. Pat., V. Pat.:* DRP. 267439 und DRP. 312465 (DRGM. 224052).

Esdeformseifenpulver **J. Simon & Dürkheim, Offenbach a. M.**

i/Kurs: ja; *analog:* Esdeformkernseife; Esdeform-Seifen-Extrakt; *Konstit.:* Kaliseife + Kohlenwasserstoff (aromatisch); *Äuß.:* Pulver; *Verw.:* zum Waschen, evtl. zusammen mit Esdeform-Seifen-Extrakt; *H. Pat., V. Pat.:* DRP.

Esdeform T **J. Simon & Dürkheim, Offenbach a. M.**

i/Kurs: ja; *analog:* Esdeform A; *Eigensch.:* entfernt, für sich ohne Wasser angewandt, Flecken von Mineralöl, Harz usw.; sofort trocknend; *Verw.:* beim Detachieren.

Esdogen B **J. Simon & Dürkheim, Offenbach a. M.**

i/Kurs: ja; *Konstit.:* Emulgator + Lösungsmittel; *Äuß.:* gelbe Flüssigkeit; *Eigensch.:* reinigend, netzend, egalisierend, weichmachend; öl- und fettlösend; hochkonzentriert; faseraufschließend; *Lö. Be.:* wasserlöslich; *Verw.:*

in der Bleicherei als Zusatz zur Abkochflotte für B und L ebenso wie zur Vorbehandlung, Reinigung und Färberei von B und L, in der Wäscherei von W und HW; auch zur Entfernung von Pechspitzen; zum Entschlichten von Kunstseide; zum Fleckentfernen beim Färben, wobei sich vorheriges Abziehen erübrigt; zum Entflecken; *Mengen:* beim Bleichen von BW und L: 0,25—0,5% d. W.; beim Vorbehandeln und Reinigen der BW und des L: 0,25 g/l; in der Färberei von BW und L: 0,25—0,5 g/l (direkt dem Färbebad zugeben); in der Wäscherei von W und HW: 0,25—0,5 g/l; zum Entschlichten: 0,25—0,75 g/l, je nach Verharzung der Schlichte; beim Färben: 0,5 g/l Färbeflotte; beim Entflecken eine Lösung von 1 Teil mit 10 Teilen Wasser verwenden!; *Lit.:* Melliand Textilber. 1936 Nr. 3.

„Esdogen B hochsäurebeständig" **J. Simon & Dürkheim, Offenbach a. M.**

i/Kurs: ja; *analog:* Esdogen B; *Konstit.:* Emulgator + Lösungsmittel; *Lö. Be.:* hochsäurebeständig; *Verw.:* in sauren Farbbädern.

Estamit 302 **Böhme Fettchemie, Chemnitz.**

Geb.-J.: 1932; *i/Kurs:* ja; *Konstit.:* Fettalkoholsulfonat (basis); *Äuß.:* weiße Paste; *Reakt.:* neutral; *Eigensch.:* nicht vergilbend; kein Ranzigwerden; gibt guten Weichheitseffekt; *Lö. Be.:* gibt mit kaltem Wasser Emulsion; gut beständig gegen Alkali, Säure und hartes Wasser; *Verw.:* zum Avivieren von Woll- und Mischmaterialien; als Zusatz zu Schlichte- und Appreturmassen; *Mengen:* 2—20 g/l in der Avivage; 1—20 g/kg für Schlichte und Appreturmasse (bei Bedarf höhere Zusätze); *H. Pat., V. Pat.:* ja.

Este-Emulsion WK **Chemische Fabrik Stockhausen & Cie., Krefeld.**

i/Kurs: ja; *Konstit.:* Fette, Öle bzw. Fettsäuren + Türkischrotöl; *Äuß.:* Paste, weiß; *Reakt.:* neutral; *Eigensch.:* zusammen mit essigsaurer oder ameisensaurer Tonerde macht es wasserabstoßend (mit schwach mattierender Wirkung); *Verw.:* NB. möglichst nur mit weichem Wasser verwenden! zum Imprägnieren von Baumwolle, Wolle, Kunstseide; zur Herstellung wasserabstoßender Mattierungen im Zweibadverfahren zusammen mit essigsaurer oder ameisensaurer Tonerde; (NB. kann auch in Mischung mit Prästabitöl V oder Tallosan verwendet werden: Prästabitöl erhöht die Mattierung, Tallosan die Weichheit und Griffigkeit!); NB. für die Nachbehandlung zwecks Erzielung weichen Griffs ist essigsaure Tonerde günstiger! *Mengen:* zur Vorbehandlung b. d. Herst. von Mattierungen mit Wasserabstoßung: neben 5—10 g/l Prästabitöl V: 2—8 g/l; NB. zur Nachbehandlung nimmt man die 2—3fache Menge ccm essigsaure Tonerde von 6° Bé bezogen auf die Anzahl g Prästabitöl V! *V. Pat.:* DRP. angem.

Este-Mattierung EK **Chemische Fabrik Stockhausen & Cie., Krefeld.**

i/Kurs: ja; *Konstit.:* sulfoniertes Öl + anorganisches Pigment; *Äuß.:* weiße Paste; *Reakt.:* neutral; *Eigensch.:* mattierend, gut netzend, weichmachend, beschwerend; *Lö. Be.:* in warmem Wasser löslich; *Verw.:* zur Foulardmattierung (ohne Mitverwendung anderer Fettkörper); *Mengen:* 50—300 g/l.

Este-Mattierung P **Chemische Fabrik Stockhausen & Cie., Krefeld.**

i/Kurs: ja; *Äuß.:* Paste, weiß; *Reakt.:* neutral; *Eigensch.:* gibt Matteffekt jeden Grades auf Kunstseide; erzeugt geschlossene Maschen; erhält das Gewebe weich und geschmeidig; *Verw.:* NB. in hartem Wasser unter Zusatz von Neopol TB oder T extra anwenden! zum Mattieren von Kunstseide;

zur Herst. nicht wasserabstoßender Mattierungen im Einbadverfahren; zur Verstärkung beim Mattieren und gleichzeitiger Wasserabstoßendmachung im Spülbad nach der Tonerdebehandlung; *Mengen:* b. d. Herstellung von Mattierungen ohne Wasserabstoßung: 3—10—30 g/l (kalte bis lauwarme Mattierungsflotte; 10—15 Min.; ohne Spülen schleudern; abpressen); i. Nachbehandlungsbad b. Mattieren m. Wasserabstoßung unter Verwendung von Prästabitöl V, Tallosan oder Este-Emulsion WK: 3—5—10 g/l (wobei die Prästabitöl V-Menge wesentlich reduziert oder ganz weggelassen werden kann).

Este-Mattierung V **Chemische Fabrik Stockhausen & Cie., Krefeld.**

i/Kurs: ja; *Konstit.:* sulfoniertes Öl + anorganisches Pigment (neben anderem); *Äuß.:* weiße Paste; *Reakt.:* neutral; *Eigensch.:* mattierend, gut netzend, weichmachend, beschwerend; *Lö. Be.:* in warmem Wasser löslich; *Verw.:* zur Foulardmattierung, insbesondere für weiße Ware; *Mengen:* 50—300 g/l.

Este-Öl für Schwefelschwarz **Chem. Fabr. Stockhausen & Cie., Krefeld.**

i/Kurs: ja; *Konstit.:* Türkischrotöl + Mineralöl; *Äuß.:* Öl, gelb; *Reakt.:* neutral; *Eigensch.:* egalisierend in Schwefelfarbflotten; verhindert das Bronzieren und erhöht die Reibechtheit der Färbungen; *Verw.:* in Schwefelfarbflotten; zur Nachavivage von Schwefelfärbungen.

Eufullon extra **Flesch-Werke, AG., Frankfurt a. M.**

Geb.-J.: 1927; *i/Kurs:* ja; *Konstit.:* Fettsulfoverbindungen + Lösungsmittel (Trichloräthylen); *Reakt.:* die wässerige Lösung reagiert neutral, $p_H = 7$; *Eigensch.:* löst Mineralöle; hohes Reinigungs- und Netzvermögen; gibt vollen, weichen Griff; verhindert selbst bei Anwendung von Fettstoffen die Bildung von Kalkseife; *Verw.:* (s. a. Mengen!) in der Walke wollener Materialien; *Mengen:* b. d. Walke: neben der üblichen Menge Soda: 1,5% d. W.; z. Ausrüstung reinwollener und halbwollener Trikots: 2% d. W.

Eufullon H **Flesch-Werke, AG., Frankfurt a. M.**

Geb.-J.: 1927; *i/Kurs:* ja; *Konstit.:* aromatische Sulfosäure + Fettlösungsmittel (ca. 20%); *Äuß.:* bräunliche Flüssigkeit; *Reakt.:* die wässerige Lösung reagiert schwach sauer, $p_H = 6{,}5$; *Eigensch.:* löst Mineralöle; hohes Reinigungs- und Netzvermögen; gibt vollen, weichen Griff; verhindert selbst bei Anwendung von Fettstoffen die Bildung von Kalkseife; *Lö. Be.:* kalkbeständig; *Verw.:* (s. a. Mengen!) für die Wäsche, insbesondere wollener Materialien; *Mengen:* i. d. Wäsche: 1% d. W.

Eufullon W **Flesch-Werke, AG., Frankfurt a. M.**

i/Kurs: nein.

Eukarnit **Böhme Fettchemie, Chemnitz.**

Geb.-J.: 1928; *i/Kurs:* ja; *Konstit.:* aromatische Sulfosäure + organisches Lösungsmittel; *Äuß.:* dunkelbraune Flüssigkeit; *Reakt.:* neutral; *Eigensch.:* hohes Netzvermögen; *Lö. Be.:* in kaltem Wasser zur Emulsion verteilbar; gut beständig gegen hartes Wasser, besonders gegen Säuren; *Verw.:* zum Karbonisieren; *Mengen:* 1—3 g/l in der Karbonisierflotte; *Lit.:* Melliand Textilber. 1926 S. 841; 1928 S. 759; 1930 S. 610; Mschr. Textilind. 1937 S. 166.

Eukesolappretur

Konstit.: Leim + Fett; *Verw.:* für die Kunstseidenschlichte; *Lit.:* Melliand Textilber. 1930 S. 610.

Eulan BL **I. G. Farbenindustrie AG., Frankfurt a. M.**

Geb.-J.: 1935; *i/Kurs:* ja; *Äuß.:* gelbliche Flüssigkeit; *Eigensch.:* tötet Mottenraupen und Motteneier und bewirkt vollkommene Mottenechtheit; kein Ausbluten und kein Eingehen der behandelten Ware; büßt durch nachträgliche Wäsche bzw. chemische Reinigung an Wirkung ein (so daß nach solchen Operationen die Ware neu behandelt werden muß); *Lö. Be.:* löslich in organischen Lösungsmitteln (Asordin, Benzin, Trichloräthylen, Perchloräthylen usw.) völlig klar; *Verw.:* für die mottenechte Ausrüstung von Wollerzeugnissen, die nicht wässerig eulanisiert werden können; für die Entmottung vermotteter Ware; *Mengen:* 1,5—2% der trockenen Ware (entsprechend dem Schleudereffekt der Maschine 30—150 g/l organ. Lösungsmittel); NB.! die vorgereinigten Stücke (naß oder chemisch) in Eulan-Benzinlösung (Waschmaschine) 10—20 Min. behandeln, abschleudern und trocknen (Bespritzen, Besprühen und Bestreichen ist nicht ausreichend!); NB.! Eulan-Benzinlösung nicht mit Natronlauge klären und nicht destillieren, sondern mit Tierkohle, Asbestfilter oder Bleicherde (Tonsil) klären!; *H. Pat., V. Pat.:* patentiert.

Eulan neu **I. G. Farbenindustrie AG., Frankfurt a. M.**

Geb.-J.: 1928; *i/Kurs:* ja; *Ersatz:* für die Marken F und M; *analog:* den Eulanen NK und W extra; *Konstit.:* organische Sulfosäure; *Äuß.:* weißes Pulver; *Eigensch.:* schützt Wolle gegen Mottenfraß; kann dem sauren Färbebad zugesetzt werden; beginnt bei 60° C aus essig-, ameisen- oder schwefelsaurer Flotte auf die Wolle zu ziehen; läßt sich wie ein saurer Farbstoff aus kochendem Bade ausfärben; geruchlos; Egalisierungsvermögen; beeinflußt den Griff der Ware nicht; wasch-, walk-, bleich-, lichtecht; *Lö. Be.:* wasserlöslich; bleibt auch in saurem Bad in Lösung; beständig gegen Chrom; *Verw.:* als Mottenschutzmittel zum Mottenechtmachen; beim Färben von loser Wolle, Kammzug, Strang und Stück; *Mengen:* allgemein: 3% d. W.; *H. Pat., V. Pat.:* patentiert; *Lit.:* Seifensieder-Ztg. 1932 S. 382.

Eulan NK **I. G. Farbenindustrie AG., Frankfurt a. M.**

Geb.-J.: 1930; *i/Kurs:* ja; *Ersatz:* für die Eulane F und M; *analog:* Eulan neu und W extra; *Konstit.:* aromatische Verbindung; *Äuß.:* Pulver, hellbraun; *Reakt.:* neutral; *Eigensch.:* mottenschützend; gute Haftfestigkeit auf der Faser (wird in seiner Wirksamkeit nur durch eine intensive Naßwäsche beeinträchtigt); *Lö. Be.:* wasserlöslich, beim Übergießen mit heißem Wasser leicht; unbeständig gegen Zusätze zu den Eulanbädern (schwer lösl. Niederschläge!); *Verw.:* als Mottenschutzmittel; für die Nachbehandlung ungefärbter und gefärbter Wolle in jeder Form (Garne, Tuche, Möbelstoffe, Plüsche, Wirkwaren usw.) sowie für Haare und Borsten; besonders auch für die Nachbehandlung von Halbwollfabrikaten; *Mengen:* b. d. Behandlung von Wolle: 3% d. W. (Tuche, Möbelstoffe und ähnliche Fabrikate) auf der Waschmaschine; Garne: auf der Kufe oder im Apparat — bei Bleichware kann die Behandlung auch im Blankitbad erfolgen —; Decken, Plüsche, Filze, Trikotagen, Wirkwaren: auf der Breitwaschmaschine unter Druckwalzen, auf Haspel, Apparat oder Kufe; Teppiche: in flacher Kufe, (Flottenverhältnis 1 : 10 bis 1 : 30, ca. $^1/_2$ Stde. bei 20—40° behandeln abschleudern oder abquetschen und trocknen); b. d. Behandlung von Roßhaaren und Borsten: 2% d. W. (im Bottich bei Flottenlänge 1 : 10 behandeln, abschleudern, trocknen; bei gebleichten Borsten kann die Behandlung im Decrolinbad erfolgen); *Lit.:* Seifensieder-Ztg. 1932 S. 382.

Eulan NKF extra **I. G. Farbenindustrie AG., Frankfurt a. M.**

Geb.-J.: 1930; *i/Kurs:* ja; *Äuß.:* weißes Pulver; *Reakt.:* neutral; *Eigensch.:* schützt dauernd gegen Mottenfraß; sehr gute Haftfestigkeit; beeinflußt die Nuancen gefärbter Felle nicht wesentlich; verleiht den Haaren Stand; wird von der tierischen Faser aufgenommen; *Lö. Be.:* in warmem Wasser leicht löslich; beständig gegen geringe Mengen Kochsalz (größere Mengen erzeugen Ausscheidung!); *Verw.:* zum Mottenechtmachen, speziell von Rauchwaren, zugerichteten, gefärbten und gebleichten Fellen aller Art; *Mengen:* NB.! mit der 40fachen Menge heißen Wassers übergießen und mit warmem Wasser verdünnen; zum Mottenechtausrüsten (am besten anschließend an den Färbeprozeß in einem besonderen Bade, das frei von Säuren oder Alkalien sein soll): 5% der trockenen Ware (Flottenverhältnis für kurzhaarige Felle = 1 : 10, für langhaarige und stark aufsaugende Felle = 1 : 20) (NB.! die gefärbten, gewaschenen und geschleuderten Felle 2 Stunden bei 35° C bewegen, ohne Spülen abschleudern, trocknen und läutern! eulanisierte ungefärbte Felle müssen nach dem Färbeprozeß nochmals behandelt werden, weil ein intensiver Naßprozeß die Mottenschutzwirkung aufhebt); *H. Pat., V. Pat.:* patentiert; *Lit.:* Melliand Textilber. 1936 S. 232.

Eulan W extra **I. G. Farbenindustrie AG., Frankfurt a. M.**

Geb.-J.: 1927; *i/Kurs:* ja; *Ersatz:* für die Eulane F und M; *analog:* Eulan neu, NK und RHF; *Konstit.:* anorganische Fluorverbindung; *Äuß.:* weißes Pulver; *Reakt.:* sauer; *Eigensch.:* geruchlos; schützt die behandelte Ware vor Mottenfraß; bleibt auch nach der chemischen Reinigung (Benzin, Asordin) noch wirksam, leidet jedoch in der gewöhnlichen Seifenwäsche; auch wird die Schutzwirkung durch eine nachherige Walke oder starkes Spülen herabgesetzt (Eulanausrüstung daher als letzte Naßoperation ausführen!); *Lö. Be.:* in Wasser leicht löslich, auch in der Kälte; *Verw.:* zur Nachbehandlung von Wolle, Haaren, Borsten in kalter, wässeriger Lösung zum Zwecke des Mottenechtmachens; NB. nicht für Halbwollerzeugnisse oder Waren, die mit wasser- bzw. säureunechten Farbstoffen gefärbt wurden! *Mengen:* bei weichem Wasser: 2% d. W.; bei hartem Wasser: neben zunächst zuzusetzendem 0,5—1 g/l Igepon T: 2% d. W. (Flottenverhältnis 1 : 10 bis 1 : 30, 20—30° C, $^1/_2$—$^3/_4$ Stde.; Möbelstoffe: in der Waschmaschine; Wollabfälle: im Apparat; Schuh- und Filzstoffe: auf der Breitwaschmaschine unter Druckwalzen oder auf der Haspel; Roßhaare und Borsten: im Bottich; nach der Behandlung schleudern und trocknen!); NB. bei gebleichten Borsten setzt man dem Geradekoch- bzw. Brühbad 2—3 g/l zu! *Lit.:* Seifensieder-Ztg. 1932 S. 382; Wollen- u. Leinenind. 1934 Nr. 1.

Eulysin A **I. G. Farbenindustrie AG., Frankfurt a. M.**

Geb.-J.: 1928; *i/Kurs:* ja; *Konstit.:* alkylierte Naphthalinsulfosäuren + Fettlöser; nach Herstellers Angaben: nicht + Fettlöser, sondern + Amin; *Äuß.:* gelbliche Flüssigkeit (Siedepunkt über 200° C); *Reakt.:* stark basisch; *Eigensch.:* fast geruchlos; netzend; mit Wasserdämpfen nicht flüchtig; greift auch in verhältnismäßig hohen Mengen und bei Kochtemperatur die Wollfaser nicht an; befördert den Abbau der Schlichtemittel (Entschlichten evtl. unnötig); erzeugt geschonte, volle, weiche Ware; verhindert das Einbrennen der Schmelze in der Vorappretur von Wollstückware; ergibt gute

Lösung der Spinnfette; erleichtert den folgenden Waschprozeß; ergibt einwandfrei zu färbende Ware und vorzüglichen Griff; *Lö. Be.:* in jedem Verhältnis mit Wasser mischbar; gegen hartes Wasser unempfindlich; *Verw.:* allein oder zusammen mit Leonil S, SB, Nekal BX trocken, Laventin KB bzw. HW, Monopolbrillantöl, Prästabitöl, Intrasol usw. in der Veredlung von Baumwolle, Kunstseide usw.; zum Anteigen und Lösen von Farbstoffen beim Färben, auch in der Apparatfärberei; beim Veredeln von Wolle und Halbwolle; zum Anteigen und Lösen der Farbstoffe; in der Vorappretur von Wollstückware; als Ersatz für Soda bei schweren Walkartikeln; NB. nicht zum Lösen basischer Farbstoffe! s. a. Mengen! *Mengen:* b. Anteigen und Lösen subst. Farbstoffe sowie Schwefel- und Küpenfarbstoffe, besonders Indanthrenfarbstoffe: auf 1 Teil Farbstoff: die 2—3fache Menge einer 10%igen Eulysinlösung (dann mit heißem Wasser verdünnen, die erhaltene Farbstofflösung dem Färbebad zusetzen, bei Schwefel- und Küpenfarbstoffen unter gleichzeitigem Zusatz von Schwefelnatrium bzw. Hydrosulfit beim Lösen vor dem Zusatz zum Farbbad); im Färbebad als Egalisier- und Durchfärbemittel für Garn in Form von Strang, Kops, Kreuzspule, Kettbaum, ebenso für Stückware: 1 ccm/l; z. Verhinderung der Bronzebildung beim Färben von Schwefelfarbstoffen: 1—2 ccm/l; z. Verbesserung reibunechter, abschmierender Färbungen mit Schwefelfarbstoffen: 1—2 ccm/l ($^1/_2$—1 Stde. kochend nachbehandeln); z. Lösen und Anteigen der Farbstoffe für Wolle und Halbwolle: auf 1 Teil Farbstoff: 2—3fache Menge 10%ige Lösung (Farbstoff übergießen, mit heißem Wasser verdünnen und dem Färbebad zusetzen); (NB. bei Wollechtblau BL und GL die Hälfte der Eulysinmenge durch Alkohol ersetzen!); i. d. Vorappretur von Wollstückware (Kamm- und Streichgarn): 1—2 ccm/l Brennflotte; b. d. Nachwäsche von Stückware zur Beseitigung letzter Seifenreste und Vermeidung von Schwierigkeiten durch Fettsäureabscheidung im sauren Färbebad: 0,5—1 ccm/l; *H. Pat., V. Pat.:* In- und Auslandspatente; *Lit.:* Melliand Textilber. 1930 S. 610.

Eulysin AS **I. G. Farbenindustrie AG., Frankfurt a. M.**

Geb.-J.: 1937; *i/Kurs:* ja; *Äuß.:* gelbliches Pulver; *Reakt.:* schwach sauer; *Eigensch.:* bindet das in der Variaminblaufärberei schädliche Alkali; gibt mit Natronlauge keine Fällung; erzeugt klarbleibende Entwicklungsbäder; verbessert die Egalität der Färbungen; erhöht die Haltbarkeit der Diazolösungen; *Lö. Be.:* in warmem Wasser leicht löslich; *Verw.:* als Alkalibindemittel in der Variaminblaufärberei (nur für die A-Marken); zur Erzielung reiner, zuverlässig ausfallender Färbungen, besonders bei Entwicklungsbädern von Variaminblausalz BA und RTA; *Mengen:* NB.! in der 3—5fachen Menge Wasser von 50° C gelöst, dem mit lauwarmem Wasser und Diazopon A angeteigten und mit kaltem Wasser gelösten Variaminblausalz zusetzen! zur Alkalibindung: auf ein Gewichtsteil Ätznatron = 3 Gewichtsteile; *H. Pat., V. Pat.:* patentiert.

Eunaphtol AS **I. G. Farbenindustrie AG., Frankfurt a. M.**

Geb.-J.: 1933; *i/Kurs:* ja; *Äuß.:* dunkelbraune Flüssigkeit; *Eigensch.:* vorzügliches Anteige- und Lösevermögen; hervorragende Schutzkolloidwirkung; hohe Netzfähigkeit; verhütet das Schwimmen von Stranggarn; *Lö. Be.:* in Wasser leicht löslich; gut hartwasserbeständig; *Verw.:* als Anteig- und Lösemittel für Naphthole der AS-Reihe; zur Erzielung klarer und beständiger Grundierungsbäder, auch bei Zusatz von Koch- bzw. Glaubersalz; zur Verbesserung der Reibechtheit, der Reinheit und zur Erhöhung der Farbstärke; *Mengen:* bei Verwendung im Flottenverhältnis 1 : 20 = ca. 8—10 ccm/l,

1 : 10 = ca. 10—12 ccm/l, 1 : 5 = ca. 12—15 ccm/l; auf der Terrine oder Passiermaschine: 15—20 ccm/l; auf dem Foulard: 20—40 ccm/l je nach Stärke der Ware — bei ausgekochter Ware nimmt man die niedere, bei roher Ware die höhere Konzentration; (NB.! beim Kaltlösen Eunaphtol AS und Natronlauge vorlegen, die alkoholische, konzentrierte Naphthollösung langsam einrühren! bei hartem Wasser Lauge nach dem Verteilen des Eunaphtols sofort zusetzen, bei weichem Wasser Reihenfolge beliebig! beim Heißlöseverfahren Naphthol mit Eunaphtol und Natronlauge anteigen, anwärmen, mit kochendheißem Wasser klarlösen, evtl. aufkochen! zum Grundieren auf dem Foulard Lösung nach dem Auffüllen direkt zusetzen! beim Grundieren auf Apparat, Wanne, Jigger usw. aufgekochte Naphthollösung abkühlen, Formaldehyd zusetzen und dann erst auf das erforderliche Volumen auffüllen!); *H. Pat., V. Pat.:* patentiert.

Eunaphtol K — **I. G. Farbenindustrie AG., Frankfurt a. M.**

Geb.-J.: 1928; *i/Kurs:* ja; *Konstit.:* alkylierte Naphthalinsulfosäuren; *Äuß.:* Pulver; *Eigensch.:* gutes Netzvermögen; *Lö. Be.:* gut kalkbeständig; *Verw.:* zum Anteigen für die Naphthole der AS-Reihe; *Lit.:* Melliand Textilber. 1930 S. 610.

Eupolin — **J. D. Riedel — E. de Haen AG., Berlin-Britz.**

i/Kurs: nein; *analog:* Kollodor; *Konstit.:* gallertartige Aluminium-Magnesiumhydroxyde und Kieselsäurehydrate (kolloides Magnesiumhydroxyd oder Magnesiumsilikat oder Aluminiumhydroxyd[1]); *Verw.:* als Waschmittel (Seifenersatz während des Krieges); *H. Pat., V. Pat.:* DRP. 312220, — Max Buchner — Seifensieder-Ztg. 1919 S. 361; *Lit.:* [1] Ullmann, Bd. 10 S. 382.

Eupurol V — **A. Th. Böhme, Dresden-N. 6.**

i/Kurs: ja; *ähnlich:* Eupurol W; *Konstit.:* Fettalkoholsulfonat; *analog:* der anderen Eupurolmarke (V hat einen höheren Gehalt an bleichender Substanz; *Äuß.:* weißes Pulver; *Eigensch.:* reduzierend; *Verw.:* zum Bleichen und Auffrischen von Weißeffekten in Wollstoffen und in Halbwollmischgeweben; zum Bleichen von Filzhüten in der Walke.

Eupurol W — **A. Th. Böhme, Dresden-N. 6.**

i/Kurs: ja; *Konstit.:* Fettalkoholsulfonat; *analog:* der anderen Eupurolmarke (V hat einen höheren Gehalt an bleichender Substanz); *Äuß.:* weißes Pulver; *Eigensch.:* reduzierend; *Verw.:* zum Bleichen und Auffrischen von Weißeffekten in Wollstoffen und in Halbwollmischgeweben; zum Bleichen von Filzhüten in der Walke.

Fadenfest

Konstit.: Paraffin + Wachse + feste und flüssige Fettsäuren (Stearinsäure und Olein); *Verw.:* als Kettenglätte.

Färböl KM — **Max Wunderlich, Glauchau i. Sa.**

Geb.-J.: 1925; *i/Kurs:* ja; *analog:* Netzöl Brillant MW; *Konstit.:* sulfoniertes Rizinusöl; *Äuß.:* Flüssigkeit; *Reakt.:* schwach sauer; *Eigensch.:* Wasch-, Netz-, Reinigungs- und Egalisiervermögen; weichmachend; *Lö. Be.:* beständig gegen hartes Wasser, Säure und Lauge; *Verw.:* zum Netzen, Waschen, Egalisieren, b. Färben; *Mengen:* 2—5 g/l.

Falxan

Konstit.: Sulforizinat + Trichloräthylen.

Feltron C **I. G. Farbenindustrie AG., Frankfurt a. M.**

Geb.-J.: 1927; *Konstit.:* alkylierte Naphthalinsulfosäuren + Fettlöser; nach Herstellers Angaben: alkylierte Naphthalinsulfosäure im Gemisch mit Formaldehyd; *Eigensch.:* vermeidet die Verringerung der Walkfähigkeit der Labraze und losen Materials, Lockerung der Stumpen, Verkochen der hellen Farben; *Verw.:* für die Haar- und Wollhutindustrie als Zusatz zum sauren Färbebad; *Mengen:* im sauren Färbebad: 3,5—5 g/l; *Lit.:* Melliand Textilber. 1930 S. 610.

Fermasol DB konz. **Diamalt AG., München.**

i/Kurs: nein; *analog:* Novofermasol A, B, S und AS (verschieden durch die Konzentration); *Konstit.:* Pankreaspräparat (tierische Diastase auf Holzmehl); *Verw.:* zur Verflüssigung von Stärke durch Abbau; als Entschlichtungsmittel.

Fettlöser-GB **Chem. Fabr. Pott & Co., Pirna-Copitz.**

i/Kurs: ja; *Verw.:* als Lösungsmittel bei allen Koch- und Waschprozessen, für Baumwolle.

Fibrit D **I. G. Farbenindustrie AG., Frankfurt a. M.**

Geb.-J.: 1926; *ähnlich:* Glyezin A; *Äuß.:* Flüssigkeit, gelblich; *Reakt.:* neutral; *Lö. Be.:* mit Wasser in jedem Verhältnis mischbar; *Verw.:* zum Lösen basischer und saurer Farbstoffe.

Filanol **Chem. Fabr. Pott & Co., Pirna-Copitz.**

i/Kurs: ja; *Äuß.:* gelbe Paste; *Verw.:* allein oder zusammen mit Appreturen; als Weichmach- und Aviviermittel für KS und merz. BW, feine W-Stoffe und L-Waren.

Filanol-M **Chem. Fabr. Pott & Co., Pirna-Copitz.**

i/Kurs: ja; *Verw.:* für die Einbadmattierung von Kunstseiden und Mischmaterial.

Filatoleum A **Louis Blumer, Zwickau i. Sa.**

analog: Filatoleum konz.; *Konstit.:* Seife (5,8%) + freie Ölsäure (8,9%) + Neutralfett (18%) + Wasser (67,2%); *Verw.:* als Schmelzmittel.

Filatoleum konz. **Louis Blumer, Zwickau i. Sa.**

analog: Filatoleum A; *Konstit.:* Seife (6,3%) + freie Ölsäure (9,8%) + Neutralfett (45,3%) + Wasser (38,7%); *Verw.:* als Schmelzmittel.

Filzit

Lit.: Seifensieder-Ztg. 1917 S. 171 (R. König).

Fixan K **Chem. Fabr. Th. Rotta, Zwickau i. Sa.**

i/Kurs: ja; *Äuß.:* Paste; *Reakt.:* schwach alkalisch; *Eigensch.:* gibt der Ware keinen harten, spröden Griff; *Lö. Be.:* die Lösungen von Fixan K sind in hartem Wasser beständig; *Verw.:* zum Schiebefestmachen kunstseidener Gewebe; *Mengen:* für Krepps (auf der Gummiermaschine): 5—10 g/l, für glatte Kleiderstoffe: 10—25 g/l, für dünne Futterstoffe: 50—100 g/l (durch langsames Einrühren in kochendes Wasser lösen und die Lösung dem Behandlungsbade zugeben).

Fixapret B **I. G. Farbenindustrie AG., Frankfurt a. M.**

Geb.-J.: 1934; *i/Kurs:* ja; *Äuß.:* weißes Pulver; *Reakt.:* neutral; *Eigensch.:* geruchlos; fixiert Stärkeappreturen so, daß die Appretur auch nach mehrmaliger Wäsche erhalten bleibt (an Stelle von Kartoffelstärke können auch andere native Stärkesorten, wie Mais-, Reis- usw. Stärke, treten! auf stark aufgeschlossene Stärken, z. B. Dextrin wird kein fixierender Einfluß ausgeübt); erzeugt waschechte Appreturen, die beim Kalandern auf der geheizten Stahlwalze plastisch, wachstuchähnlich und von hohem Glanz werden (Herstellung von „Chintz"!); *Lö. Be.:* in viel heißem Wasser klar löslich; *Verw.:* für BW-Voile, Tüll, Vorhangstoff, Hemden- und Mützeneinlagestoff, halbsteife Kragen usw.; in Verbindung mit einer Imprägnierwirkung (zuerst waschecht appretieren und dann imprägnieren — also zweibadig, nicht einbadig!); *Mengen:* NB.! in die mit kaltem Wasser angerührte Kartoffelstärke einstreuen oder — für sich mit heißem Wasser 1 : 30 gelöst — vor dem Verkleistern zugeben! allgemein: 7—10 g/l Appreturmasse [möglichst heiß — auf der Zylindertrockenmaschine oder dem Spannrahmen — 3 bis 5 Min., oder: bei niederer Temperatur (etwa 90—100° C) 20—30 Min. trocknen]; *H. Pat., V. Pat.:* patentiert.

Flerhenol BT **Flesch-Werke, AG., Frankfurt a. M.**

i/Kurs: nein; *Konstit.:* Ölsulfonat + Fettlöser; *Eigensch.:* netzend; *Verw.:* beim Beuchen; in der Färberei und Druckerei; *Lit.:* Seifensieder-Ztg. 1931 S. 650.

Flerhenol BT Special **Flesch-Werke, AG., Frankfurt a. M.**

Geb.-J.: 1927; *i/Kurs:* ja; *Konstit.:* hochsulfonierte Rizinolsäureverbindung + hochsiedendes Fettlösungsmittel; Lösungsmittelgehalt: ca. 50%; *Äuß.:* hellgelbe Flüssigkeit; *Reakt.:* neutral, $p_H = 7$; *Eigensch.:* technisch wasserfrei; gutes Netzvermögen; ergibt weichen Griff; egalisiert; *Verw.:* NB. vor dem Zusatz zur Koch- oder Beuchflotte mit heißem Wasser verdünnen! zum Abkochen und Waschen; als Netzmittel in der Färberei und Druckerei; als Zusatz zur Beuchflotte; beim Bleichen von Baumwolle; (s. a. Mengen!); *Mengen:* z. Abkochen von Garn: 1% d. W. neben: 2% d. W. Soda und 1% d. W. Ätznatron; i. d. Beuche: $^1/_2$—1% d. W.; *Lit.:* Seifensieder-Ztg. 1931 S. 650.

Flerhenol M **Flesch-Werke, AG., Frankfurt a. M.**

Geb.-J.: 1925; *i/Kurs:* ja; *ähnlich:* Triumph-Öl-Spezial M; *Konstit.:* Natriumsalze von Sulfoverbindungen der Rizinolsäure und von Derivaten derselben und von aromatischen Sulfosäuren + ca. 5% Lösungsmittel; (nach Prof. Herbig: Ölsulfonat + aromatische Sulfosäure); (n. Dr. Heermann: Sulforizinat); *Äuß.:* bräunliche Flüssigkeit; *Reakt.:* die wässerige Lösung reagiert schwach sauer, $p_H = 6{,}5$; *Eigensch.:* netzend; *Verw.:* für Färberei und Ausrüstungsprozesse; *H. Pat., V. Pat.:* F 4/30; *Lit.:* Melliand Textilber. 1928 S. 759; 1930 S. 610.

Flerhenol M Superior **Flesch-Werke, AG., Frankfurt a. M.**

Geb.-J.: 1927; *i/Kurs:* ja; *Konstit.:* Natriumsalz des Schwefelsäureesters einer Dioxyfettsäure; (nach Prof. Herbig: fettlöserhaltig); (hochsulfoniertes Rizinusöl ohne Fettlöser[1]); *Äuß.:* rotbraune Flüssigkeit; *Reakt.:* die wässerige Lösung reagiert sauer, $p_H = 6{,}5$; *Eigensch.:* netzend; *Lö. Be.:* beständig gegen Schwefelsäure von 4° Bé sowie gegen Bittersalz bis zu 300 g Bittersalz pro Liter; *Verw.:* als Netzmittel in der Färberei von Wolle, Kunstseide, Baumwolle usw. und in der Druckerei; als Zusatz zur Beuchflotte; beim Bleichen von Baumwolle; für die Merzerisation; in der Karbonisation; in der Bittersalzappretur; *H. Pat., V. Pat.:* DRP. 557088; *Lit.:* [1] Melliand Textilber. 1930 S. 610; Seifensieder-Ztg. 1931 S. 650.

Flerhenol M Superior Special **Flesch-Werke, AG., Frankfurt a. M.**

Geb.-J.: 1928; *i/Kurs:* ja; *Konstit.:* Ölsäuresulfonat + Lösungsmittel; *Äuß.:* rotbraunes Öl; *Reakt.:* schwach sauer, $p_H = 6{,}0$; *Eigensch.:* netzend; dispergierend; emulgierend; egalisierend; reinigend; zusammen mit Seifen hält es sich bildende Kalkseifen in kolloidaler Emulsion; *Lö. Be.:* hohe Beständigkeit gegen hartes Wasser, verdünnte Säuren und Alkalilaugen; *Verw.:* in der Färberei und Druckerei; als Zusatz zur Beuchflotte beim Bleichen von BW; für die Merzerisation; in der Karbonisation; *H. Pat.:* DRP. 568209; F 71275; F 73347.

Flerhenol P **Flesch-Werke, AG., Frankfurt a. M.**

Geb.-J.: 1931; *i/Kurs:* ja; *Konstit.:* Quaternäre Ammoniumbasen; *Äuß.:* rotbraune Flüssigkeit; *Reakt.:* die wässerige Lösung reagiert schwach sauer, $p_H = 6$; *Eigensch.:* gutes Netz-, Durchdringungs-, Reinigungs- und Egalisiervermögen; *Lö. Be.:* in Säure- und Chromierungsflotten beständig; *Verw.:* in der Wollfärberei; zum Anteigen von Farbstoffen; z. Färben von sauren Farbstoffen und Chromierungsfarbstoffen; *Mengen:* $^1/_2$—1% d. W.; *H. Pat., V. Pat.:* F 72252.

Flerhenol PF **Flesch-Werke, AG., Frankfurt a. M.**

i/Kurs: nein; *Konstit.:* alkylierte Naphthalinsulfosäuren + Fettlöser (Trichloräthylen!); *Lö. Be.:* beständig gegen Wasser von 20° d.H.; *Verw.:* als Netzmittel; *Lit.:* Melliand Textilber. 1928 S. 759; 1930 S. 610.

Flerhenol S **Flesch-Werke, AG., Frankfurt a. M.**

i/Kurs: nein; *Konstit.:* Ölsulfonat + aromatische Sulfosäure.

Flerhenol 251 **Flesch-Werke, AG., Frankfurt a. M.**

i/Kurs: nein.

Flermatine 04 **Baur, Gaebel & Cie., Köln-Radertal.**

Geb.-J.: 1933; *i/Kurs:* ja; *Konstit.:* Pigment; *Äuß.:* weiße Paste; *Reakt.:* neutral; *Eigensch.:* kann ohne Zusatz von Weichmachungsmitteln benutzt werden; liefert ausgezeichnete Mattierungen bei weichem Ausfall; *Lö. Be.:* löslich in Wasser von 60°; *Verw.:* zur Einbadmattierung.

Flexabon **Diamalt AG., München.**

i/Kurs: ja; *Konstit.:* Öl-Zucker-Präparat; *Eigensch.:* verhütet das Bronzieren bei Schwefelfärbungen; *Verw.:* zum Egalisieren bei substantiven Färbungen.

Flexin MR **Böhme Fettchemie, Chemnitz.**

Geb.-J.: 1936; *i/Kurs:* ja; *Konstit.:* Harzprodukt; *Äuß.:* dunkelbraune gallertartige Paste; *Reakt.:* alkalisch; *Eigensch.:* erzeugt innige Bindung zwischen Kette und Schuß in Kunstseidegeweben; *Lö. Be.:* klar löslich in kaltem Wasser; begrenzt beständig gegen Alkali, Säure und hartes Wasser; *Verw.:* zum Schiebefestmachen leichter Kunstseidenware; *Mengen:* 5—15 g/l auf der Wanne oder Kufe; 30—50 g/l auf dem Foulard.

Fliol konz. **Böhme Fettchemie, Chemnitz.**

Geb.-J.: 1934; *i/Kurs:* ja; *Konstit.:* Fettalkoholsulfonat + organisches Lösungsmittel; *Äuß.:* hellgelbe Flüssigkeit; *Reakt.:* neutral; *Eigensch.:* feuchthaltend; antiseptisch; *Lö. Be.:* in kaltem Wasser mit Opaleszenz löslich; beständig gegen Alkali, Säure und hartes Wasser; *Verw.:* als Garnbefeuchtungsmittel; *Mengen:* 600—700 ccm auf 100 l Befeuchtungsflüssigkeit.

Floranit **Böhme Fettchemie, Chemnitz.**

Verw.: als Spezialnetzmittel für die Merzerisation; *H. Pat., V. Pat.:* Pat. angem.

Floranit HF **Böhme Fettchemie, Chemnitz.**

Geb.-J.: 1933; *i/Kurs:* ja; *Äuß.:* gelbbraune Flüssigkeit; *Reakt.:* neutral; *Eigensch.:* verleiht Laugen von 1—36° Bé erhöhte Netzfähigkeit und Schrumpfwirkung (günstiger Wirkungsbereich zwischen 26 und 36° Bé Lauge!); gibt der Ware besseren Glanz und weicheren Griff; Regenerierbarkeit der Laugen; kein Schäumen der Laugen; geruchfrei; erzeugt Netz- und Schrumpfwirkung auch bei wochenlangem Stehen der Lauge; *Lö. Be.:* vorzügliche Beständigkeit; löst sich in Laugen von 1—36° Bé hell und klar; *Verw.:* als Netzmittel in Merzerisierlaugen; als Zusatz zu Krepponierbädern sowie zu Druckpasten; vorzüglich für Rohmerzerisation, Strang- und Stückmerzerisation; *Mengen:* b. Rohmerzerisation: 10—18 ccm/l Merzerisierlauge von 26—36° Bé; b. Merzerisieren vorgenetzter Ware: 10—15 ccm in Laugen von 26—36° Bé; in Krepponierbädern: 5—10 ccm in Laugen von 1° Bé aufwärts; als Druckpastenzusatz: 1—30 ccm/kg Druckansatz; *H. Pat., V. Pat.:* Pat. angemeldet.

Floranit HF 22—28 **Böhme Fettchemie Chemnitz.**

Geb.-J.: 1932; *i/Kurs:* ja; *Konstit.:* Kresol (basis); *Äuß.:* dunkelbraune Flüssigkeit; *Reakt.:* schwach sauer; *Eigensch.:* erhöht die Netz-, Schrumpf- und Quellwirkung der Merzerisierlaugen; *Lö. Be.:* löslich in Natronlauge; gut beständig in konzentrierten Laugen; *Verw.:* in der Merzerisation, und zwar jeweils für den entsprechenden Laugenbereich (in Bé-Graden) 22—28 bzw. 28—36; *Mengen:* in 30—31° Bé-Laugen: 10—13 ccm/l; in 25—27° Bé-Laugen: 14—17 ccm/l; *Lit.:* Kunstseide u. Zellwolle 1937 S. 314.

Floranit HF 28—36 **Böhme Fettchemie, Chemnitz.**

Geb.-J.: 1932; *i/Kurs:* ja; *Konstit.:* Kresol (basis); *Äuß.:* braune Flüssigkeit; *Reakt.:* schwach sauer; *Eigensch.:* erhöht die Netz-, Schrumpf- und

Quellwirkung der Merzerisierlaugen; *Lö. Be.:* löslich in Natronlauge; gut beständig in konzentrierten Laugen; *Verw.:* in der Merzerisation, und zwar jeweils für den entsprechenden Laugenbereich (in Bé-Graden) 22—28 bzw. 28—36; *Mengen:* in 30—31° Bé-Laugen: 10—13 ccm/l; in 25—27° Bé-Laugen: 14—17 ccm/l; *Lit.:* Kunstseide u. Zellwolle 1937 S. 314.

Floranit M **Böhme Fettchemie, Chemnitz.**

Geb.-J.: 1928; *i/Kurs:* ja; *Konstit.:* hochsulfoniertes Fettsäure-Kondensationsprodukt + organisches Lösungsmittel; *Äuß.:* dunkelbraune Flüssigkeit; *Reakt.:* neutral; *Eigensch.:* steigert das Netzvermögen von Alkalilaugen; *Lö. Be.:* löslich in Natronlauge; beständig gegen konzentrierte Alkalilaugen; *Verw.:* als Netzmittel für Bleich- und Krepponierlaugen, sowie für Küpenflotten; *Mengen:* 0,5—2 ccm/l beim Bleichen und Färben; 0,5—3 ccm/l beim Abkochen und Kreppen; *Lit.:* Mschr. Textilind. 1926 S. 316; Melliand Textilber. 1928 S. 759; 1930 S. 610; Kunstseide u. Zellwolle 1937 S. 314.

Florinat VP hochkonz. **Böhme Fettchemie, Chemnitz.**

Geb.-J.: 1935; *i/Kurs:* ja; *Konstit.:* Fettalkoholsulfonat + organisches Lösungsmittel; *Äuß.:* hellgelbe Gallerte; *Reakt.:* alkalisch; *Eigensch.:* hohe Netzfähigkeit in kalten und warmen Bädern; *Lö. Be.:* klar löslich in Wasser; gut beständig gegen Alkali, Säure und hartes Wasser; *Verw.:* als Netz-, insb. Kaltnetzmittel bei allen Veredlungsvorgängen, beim Vorklotzen von Küpenfarbstoffen als Zusatz zu Natriumhypochloritbleichbädern, Krepponierlaugen und Karbonisierflotten, als Netz- und Egalisiermittel in Farbbädern; *Mengen:* 1—1,5 g/l in Natriumhypochloritbleichflotten; 1—2 g/l beim Vornetzen und Färben; 10—15 g/l beim Klotzen; 1—3 g/l beim Karbonisieren.

Flüssige Industrieseife B **Chem. Fabrik Stockhausen & Cie., Krefeld.**

i/Kurs: nein; *analog:* Spezialindustrieseife B; *Konstit.:* Seife + Lösungsmittel; *Äuß.:* Flüssigkeit; *Reakt.:* alkalisch; *Eigensch.:* erhöht die Waschwirkung von Seifenbädern; *Verw.:* zum Waschen von Baumwolle und Wolle (namentlich für billiges Material).

Gabalit

ähnlich: Diastafor; *Konstit.:* Malzdiastase; *Verw.:* als Entschlichtungsmittel; *Lit.:* Melliand Textilber. 1930 S. 610.

Gardinol **Böhme Fettchemie, Chemnitz.**

Geb.-J.: 1930; *i/Kurs:* ja; *Konstit.:* Fettalkoholsulfonat; *Äuß.:* weiß bis schwachgelb; Pulver, Paste oder Nadeln; *Reakt.:* neutral bis schwach alkalisch; *Eigensch.:* sehr gutes Wasch-, Emulgier-, Netz- und Avivagevermögen; *Lö. Be.:* leicht löslich in kaltem bis warmem Wasser; sehr gut beständig gegen Alkali, Säure und hartes Wasser; *Verw.:* in der Wollveredelung beim Waschen (alkalisch, neutral und sauer); beim Färben und beim Neutralisieren von Karbonisierware; zum Veredeln von KS, ZW, BW und Mischmaterial, beim Abkochen, Beuchen, Vorreinigen, Färben und Nachseifen von Farb- und Bleichware; *Mengen:* 0,5—2 g/l; *H. Pat., V. Pat.:* ja; *Lit.:* Mschr. Textilind. 1930 Fachheft III S. 90; 1931 S. 256, Fachheft II S. 67; 1932 Fachheft II S. 39, Fachheft III S. 58; 1933 S. 38, 59; 1935 Fachheft II S. 53; 1936 S. 134; 1937 S. 166; Melliand Textilber. 1931 S. 11; 1932 S. 423; 1933 S. 23, 297; 1934 S. 518; 1935 S. 62, 134, 288; Z. ges. Textilind. 1931 S. 283, 422, 434, 515; 1934 Heft 36; 1937 S. 445; Seifensieder-Ztg. 1931 S. 258; 1932 S. 357, 361; Dtsch. Wollengewerbe 1931 S. 1685; Seide (u. Kunstseide) 1931 S. 245; 1932 S. 201; Kunstseide (u. Zellwolle) 1933 S. 21; Dtsch. Textilbetrieb 1932 Heft 3 S. 10; 1937 Heft 1 S. 4; Chem.-Ztg. 1932 S. 835, 893; 1934 S. 557; 1935 S. 208; Chem. Umschau (Fettchem. Umschau, Fette u. Seifen) 1932 S. 217, 274; 1933 S. 31, 88, 104; 1936 S. 38, 179; Kolloid-Z. Bd. 64 (1933) S. 222, 327, 331; Spinner u. Weber 1934 Heft 36 S. 9; 1935 Heft 38 S. 9; Dtsch. Textilwirtschaft 1937 Heft 5 S. 2, Heft 12 S. 22.

Gardinol CA **Böhme Fettchemie, Chemnitz.**

Geb.-J.: 1930; *i/Kurs:* ja; *Konstit.:* Fettalkoholsulfonat; *Äuß.:* weiß bis schwach gelb; Pulver oder Paste; *Reakt.:* neutral bis schwach alkalisch; *Eigensch.:* ausgezeichnetes Waschvermögen; weichmachend; *Lö. Be.:* leicht löslich in kaltem bis warmem Wasser; sehr gut beständig gegen Alkali, Säure und hartes Wasser; *Verw.:* zum Waschen, Färben, Nachseifen aller Pflanzenfasern, von KS und ZW; *Mengen:* 0,5—2 g/l; *H. Pat., V. Pat.:* ja; *Lit.:* Melliand Textilber. 1931 S. 111; 1934 S. 21; Z. ges. Textilind. 1931 S. 283, 539; Dtsch. Wollengewerbe 1931 S. 1685; 1933 S. 414; Kunstseide 1932 S. 398; Fettchem. Umschau 1936 S. 38.

Gardinol J **Böhme Fettchemie, Chemnitz.**

Geb.-J.: 1930; *i/Kurs:* ja; *Konstit.:* Fettalkoholsulfonat; *Äuß.:* weiß bis schwach gelb; Pulver oder Paste; *Reakt.:* neutral bis schwach alkalisch; *Eigensch.:* ausgezeichnetes Waschvermögen; weichmachend; *Lö. Be.:* leicht löslich in kaltem bis warmem Wasser; sehr gut beständig gegen Alkali, Säure und hartes Wasser; *Verw.:* zum Waschen, Färben, Nachseifen aller Pflanzenfasern, KS und ZW; *Mengen:* 0,5—2 g/l; *H. Pat., V. Pat.:* ja.

Gardinol KD **Böhme Fettchemie, Chemnitz.**

Geb.-J.: 1934; *i/Kurs:* ja; *Konstit.:* Fettalkoholsulfonat; *Äuß.:* weißes bis schwach gelbes Pulver; *Reakt.:* neutral bis schwach alkalisch; *Eigensch.:* gute Waschwirkung, hohes Dispergiervermögen für Kalkseifen; *Lö. Be.:* leicht löslich in kaltem bis warmem Wasser; sehr gut beständig gegen Alkali, Säure und hartes Wasser; *Verw.:* in der Ausrüstung von W, BW, ZW, KS und Mischmaterial, bes. bei ungünstigen Wasserverhältnissen; *Mengen:* 0,5—2 g/l; *H. Pat., V. Pat.:* ja; *Lit.:* Mschr. Textilind. 1935 S. 65, 94, 120, 145.

Gardinol OTS **Böhme Fettchemie, Chemnitz.**

Geb.-J.: 1936; *i/Kurs:* ja; *Konstit.:* Fettalkoholsulfonat; *Äuß.:* gelbe flüssige Paste; *Reakt.:* neutral; *Eigensch.:* hohes Reinigungs- und Schaumvermögen; verbessert die Reibechtheit von Färbungen; unterstützt den Filzprozeß; *Lö. Be.:* leicht löslich in kaltem Wasser; beständig gegen Alkali, Säure und hartes Wasser; *Verw.:* zum Vorreinigen und Nachseifen von W und Mischungen aus W und ZW; speziell zum Walken (neutral und sauer) zus. mit Lanaclarin-RE; *Mengen:* beim Vorreinigen und Nachseifen: 0,5—2 g/l; *H. Pat., V. Pat.:* ja.

Gardinol WA konz. **Böhme Fettchemie, Chemnitz.**

Geb.-J.: 1930; *i/Kurs:* ja; *Konstit.:* Fettalkoholsulfonat; *Äuß.:* weiß bis schwach gelb; Pulver, Paste oder Nadeln; *Reakt.:* neutral bis schwach alkalisch; *Eigensch.:* gutes Reinigungs-, Emulgier- sowie Egalisiervermögen; *Lö. Be.:* leicht löslich in kaltem bis warmem Wasser; sehr gut beständig gegen Alkali, Säure und hartes Wasser; *Verw.:* zum Waschen und Vorreinigen von Wollmaterial; in der Wollfärberei; zum Reinigen, Waschen, Färben und Nachseifen aller anderen Faserarten; *Mengen:* 0,5—2 g/l; *H. Pat., V. Pat.:* ja; *Lit.:* Siehe Gardinol WA hochkonz.

Gardinol WA hochkonz. **Böhme Fettchemie, Chemnitz.**

Geb.-J.: 1930; *i/Kurs:* ja; *Konstit.:* Fettalkoholsulfonat; *Äuß.:* weiß bis schwach gelb; Pulver, Paste oder Nadeln; *Reakt.:* neutral bis schwach alkalisch; *Eigensch.:* gutes Reinigungs-, Emulgier- sowie Egalisiervermögen; *Lö. Be.:* leicht löslich in kaltem bis warmem Wasser; sehr gut beständig gegen Alkali, Säure und hartes Wasser; *Verw.:* zum Waschen und Vorreinigen von Wollmaterial; in der Wollfärberei; zum Reinigen, Waschen, Färben und Nachseifen aller anderen Faserarten; *Mengen:* 0,5—2 g/l; *H. Pat., V. Pat.:* ja; *Lit.:* Melliand Textilber. 1931 S. 111; 1932 S. 258, 599; 1933 S. 23, 297; 1934 S. 21; Z. ges. Textilind. 1931 S. 283, 422, 434, 539; 1936 S. 380; Dtsch. Wollengewerbe 1931 S. 414; Kunstseide 1932 S. 398; Mschr. Textilind. 1933 S. 38, 59; Seifensieder-Ztg. 1934 S. 255; Fettchem. Umschau 1936 S. 38.

Geneucol **A. Th. Böhme, Dresden-N. 6.**

i/Kurs: ja; *Konstit.:* Ölsulfonat; *Äuß.:* gelbe Flüssigkeit; *Reakt.:* neutral; *Eigensch.:* kaltnetzend; egalisierend, reinigend, farbstofflösend, weichmachend; *Lö. Be.:* in kaltem und in warmem Wasser in jedem Verhältnis klar löslich; gut beständig gegen Kalk, Säure und Alkali; *Verw.:* als Netz-, Beuch- und Färbeöl; als Zusatz zum Färbebad bei substantiven, Naphthol-, Schwefel- und Küpenfarbstoffen, für Apparatefärberei (Kops, Kreuzspule, Kettbaum); als Zusatz zu Chlorflotten; *Mengen:* beim Färben: 1—3 g/l, im Apparat: 0,25—0,3% der Ware; in der Chlorbleiche: 1—2 g/l; zum Vornetzen: 2—3 g/l; zum Beuchen: 0,25—0,5% der Ware.

Geneucol konz. **A. Th. Böhme, Dresden-N. 6.**

analog: Geneucol und Geneucol M (jedoch nicht so beständig und netzfähig wie dieses!) NB. Geneucol und Geneucol konz. sind bezüglich Konstitution gleich.

Geneucol M **A. Th. Böhme, Dresden-N. 6.**

i/Kurs: ja; *Konstit.:* Ölsulfonat; *Eigensch.:* netzend (stärker als Geneucol); *Lö. Be.:* beständiger als Geneucol; auch beständig gegen schwache Bittersalzlösung.

Geneucol MM **A. Th. Böhme, Dresden-N. 6.**

i/Kurs: ja; *Konstit.:* hochsulfoniertes Öl; *Reakt.:* schwach sauer; *Äuß.:* braune Flüssigkeit; *Eigensch.:* verhindert Schreiben der Ware bei Bittersalzschwerappreturen, gibt geschmeidigen und vollen Griff; läßt sich mit appretierenden und füllenden Zusätzen (Dextrin, Stärke, Johannisbrotkernmehl, Talkum, Glukose usw.) verwenden; *Lö. Be.:* hervorragend beständig gegen Bittersalz; höchstbeständig gegen Kalk, Salz und Alkali; *Verw.:* speziell für die Bittersalzappretur; *Lit.:* Melliand Textilber. 1930 S. 610.

Glicorzo

Konstit.: Diastasepräparat; *Verw.:* zur Verflüssigung der Stärke durch Abbau.

Gloy III **J. Simon & Dürkheim, Offenbach a. M.**

i/Kurs: ja; *Eigensch.:* wasserklar; gibt Glanz, Fülle und Geschmeidigkeit; greift die Farben nicht an; *Lö. Be.:* verträgt sich mit Bittersalz (und Dextrin!); *Verw.:* in der Appretur, vorzugsweise für Wolle und wollartige Gewebe; als Beschwerungsmittel, auch für merzerisierte Futterstoffe.

Glutinose **J. Simon & Dürkheim, Offenbach a. M.**

i/Kurs: ja; *Eigensch.:* hohe Ergiebigkeit; gibt vollen, kräftigen, doch geschmeidigen, auf Lager sich nicht ändernden, nicht fleckigen Appret; verbindet sich leicht mit Salzen, Dextrin usw.; *Verw.:* beim Appretieren, für sich allein oder zusammen mit Appreturöl, für alle Arten von Baumwolle.

Glycidin **Louis Blumer, Zwickau i. Sa.**

i/Kurs: ja; *Eigensch.:* erteilt dem Faden Kraft und Reißfestigkeit; der Griff ist etwas rüsch, kann jedoch durch Zugabe von beispielsweise Spulfett, Soietine oder Schlicht- und Appreturfett beliebig weich gemacht werden; allein verwandt gibt es Stand; *Verw.:* als Schlichtmittel: 1. allein zur Erzeugung von Stand und Griff, oder: 2. zusammen mit Spulfett, Soietine oder Schlicht- und Appreturfett zur Erzeugung weicheren Griffes; auch in der Farbflotte anwendbar; für die Weberei v. Kunstseide, Baumwolle und Wolle zusammen mit Schlichtfett; für d. Appretur v. KS, BW und W zusammen mit Appreturfett; *Mengen:* NB. mit Wasser aufkochen und während des Kochens gegebenenfalls Spulfett, Soietine oder Schlicht- und Appreturfett zugeben! in der Kettenschlichte: auf 10 Teile Wasser: 1 Teil, evtl. neben: 5% Spulfett, Soietine oder Schlicht- und Appreturfett.

Glydol **Zschimmer & Schwarz, Chemnitz.**

Geb.-J.: 1936; *i/Kurs:* ja; *Konstit.:* hochmolekulare Kohlenhydrate; *Äuß.:* wasserhelle Flüssigkeit; *Reakt.:* neutral; *Lö. Be.:* wasserlöslich; *Verw.:* als Ersatz für Glyzerin; zum Hygroskopischmachen; zum Beschweren von Geweben aller Art; (NB.! nicht als Glyzerinersatz in Druckereien!).

Glyezin A **I. G. Farbenindustrie AG., Frankfurt a. M.**

Geb.-J.: 1926; *i/Kurs:* ja; *ähnlich:* Fibrit D; *analog:* Glyezin J (jedoch teurer); *Konstit.:* Glykolderivat; *Äuß.:* gelbliche Flüssigkeit; *Reakt.:* neutral; *Eigensch.:* ähnlich wie Glyzerin; hygroskopisch; Lösevermögen für schwer lösliche basische und sauerziehende Farbstoffe; liefert sattere Drucke als Acetin bzw. Glyzerin und beständige Druckfarben mit basischen Farbstoffen, bei substantiven und sauren Farbstoffen im Woll- und Seidedruck sattere Drucke als Glyzerin; liefert beim Druck von Küpenfarben sowie als Zusatz bei Alizarinfarben stärkere Drucke; *Lö. Be.:* wasserlöslich; *Verw.:* beim Drucken mit basischen Farbstoffen als Ersatz für Acetin und Glyzerin sowohl beim Direktdruck als auch beim Buntätz- und Reservedruck, besonders bei schwer löslichen Farbstoffen, wie Indulin-Scharlach, Nilblau BBX, Indoinblau BB, Indolin NN; im Woll- und Seidedruck bei schwer löslichen substantiven und sauren Farbstoffen; beim Druck von Küpenfarben an Stelle von Glyzerin; als Zusatz bei einzelnen Alizarinfarben, z. B. Alizarin SX, Galozyanin D, Anthrazenbraun D; *Mengen:* allgemein: die gleichen wie bei Acetin bzw. Glyzerin; NB. darf nicht mit konzentrierter Salzsäure oder Salzsäure abspaltenden Substanzen bei einer Temperatur über 60° C zusammengebracht werden, da die Produkte sonst gesundheitsschädliche Wirkungen ausüben können.

Glyezin WD **I. G. Farbenindustrie AG., Frankfurt a. M.**

Geb.-J.: 1933; *i/Kurs:* ja; *analog:* Glyezin A (Glyezin A-haltige Spezialeinstellung für Wolldruck); *Konstit.:* Glykolderivat; *Äuß.:* braungelbe Flüssigkeit; *Reakt.:* neutral; *Eigensch.:* beschleunigt die Fixierung von Säure-, Palatinecht- und Chromfarbstoffen; erhöht die Ausgiebigkeit der Farbstoffe; bewirkt scharfes Ausdrucken feiner Druckmuster und tadellose Egalität von Deckerdrucken auf gechlortem wie ungleichmäßig, schwach und auch ungechlortem Wollmaterial; *Lö. Be.:* in Wasser in jedem Verhältnis löslich; *Verw.:* im Wollmusselin-, Woll-, Teppichgarn-, Wolltrikot- und Vigoureuxdruck; als Zusatz für Direkt- und Ätzdruck; NB.! nicht mit konzentrierter Salzsäure oder Salzsäure abspaltenden Substanzen bei Temperaturen über 60° C zusammenbringen! *Mengen:* 40—50 g (entweder der üblich angesetzten Wolldruckfarbe zum Schluß beirühren oder beim Lösen der Farbstoffe zusammen mit Glyzerin usw. verwenden); *H. Pat., V. Pat.:* patentiert.

Glyzerin-Ersatz-Stoko **Chem. Fabr. Stockhausen & Cie., Krefeld.**

i/Kurs: ja; *Ersatz:* für Stoko-Glyzerin; *Konstit.:* Kohlehydrat; *Äuß.:* helle, klare Flüssigkeit; *Reakt.:* neutral; *Eigensch.:* besitzt größere Weichmachwirkung und geringere Hygroskopizität als Glyzerin; liefert feuchtigkeitsbeständigere Appreturen; *Lö. Be.:* in Wasser klar löslich; *Verw.:* in Erschwerungsappreturen; in der Woll- und Halbwollappretur.

Gravidol FL **Chem. Fabr. Th. Rotta, Zwickau i. Sa.**

i/Kurs: ja; *analog:* den übrigen Gravidolmarken; *Konstit.:* organisch-anorganische Molekülverbindung; *Äuß.:* wasserhelle Flüssigkeit; *Reakt.:* neutral; *Eigensch.:* technisch wasserfrei; gibt trotz hoher Beschwerung keinen harten oder feuchten Griff, keine nachteilige Wirkung auf Haar oder Faser, Farbe oder Glanz, kein Belegen der Farbe, kein Schreiben; kein Nachhärten; Stabilität des erzielten Gewichtes, kein Feuchtwerden; *Lö. Be.:* in kaltem Wasser klar löslich; *Verw.:* zur Beschwerung für Kammgarn und Naturseide; *Mengen:* Flotten von 5° Bé geben meist eine Gewichtszunahme von etwa 10% (Ware mit der Gravidollösung auf Gummiermaschine, Haspel oder Kufe netzen, abquetschen oder schleudern und trocknen, wobei Temperaturen über 120° C möglichst zu vermeiden sind); *H. Pat., V. Pat.:* DRP.-Anm.

Gravidol FLK **Chem. Fabr. Th. Rotta, Zwickau i. Sa.**

i/Kurs: ja; *analog:* den übrigen Gravidolmarken; *Konstit.:* organisch-anorganische Molekülverbindung; *Äuß.:* wasserhelle Flüssigkeit; *Reakt.:* neutral; *Eigensch.:* technisch wasserfrei; gibt trotz hoher Beschwerung keinen harten oder feuchten Griff, keine nachteilige Wirkung auf Haar oder Faser, Farbe oder Glanz, kein Belegen der Farbe, kein Schreiben; kein Nachhärten; Stabilität des erzielten Gewichtes, kein Feuchtwerden; *Lö. Be.:* in kaltem Wasser klar löslich; *Verw.:* zur Beschwerung für Kunstseide und Mischgewebe; *Mengen:* Flotten von 5° Bé geben meist eine Gewichtszunahme von etwa 10% (Ware mit der Gravidollösung auf Gummiermaschine, Haspel oder Kufe netzen, abquetschen oder schleudern und trocknen, wobei Temperaturen über 120° C möglichst zu vermeiden sind); *H. Pat., V. Pat.:* DRP.-Anm.

Gravidol MA **Chem. Fabr. Th. Rotta, Zwickau i. Sa.**

i/Kurs: ja; *analog:* den übrigen Gravidolmarken; *Reakt.:* neutral; *Eigensch.:* technisch wasserfrei; gibt trotz hoher Beschwerung keinen harten oder feuchten Griff, keine nachteilige Wirkung auf Haar oder Faser, Farbe oder Glanz, kein Belegen der Farbe, kein Schreiben; kein Nachhärten; Stabilität des erzielten Gewichtes, kein Feuchtwerden; *Lö. Be.:* in kaltem Wasser klar löslich; *Verw.:* zur Beschwerung und gleichzeitigen Erzeugung eines vollen, geschmeidigen Griffes, speziell für Kreppwaren; *Mengen:* Flotten von 5° Bé geben meist eine Gewichtszunahme von etwa 10% (Ware mit der Gravidollösung auf Gummiermaschine, Haspel oder Kufe netzen, abquetschen oder schleudern und trocknen, wobei Temperaturen über 120° C möglichst zu vermeiden sind); *H. Pat., V. Pat.:* DRP.-Anm.

Gravidol P **Chem. Fabr. Th. Rotta, Zwickau i. Sa.**

i/Kurs: ja; *analog:* den übrigen Gravidolmarken; *Reakt.:* neutral; *Eigensch.:* technisch wasserfrei; gibt trotz hoher Beschwerung keinen harten oder feuchten Griff, keine nachteilige Wirkung auf Haar oder Faser, Farbe oder Glanz, kein Belegen der Farbe, kein Schreiben; kein Nachhärten; Stabilität des erzielten Gewichtes, kein Feuchtwerden; *Lö. Be.:* in kaltem Wasser klar löslich; *Verw.:* für Beschwerimprägnierung in Verbindung mit Paralin E konz.; *Mengen:* Flotten von 5° Bé geben meist eine Gewichtszunahme von etwa 10% (Ware mit der Gravidollösung auf Gummiermaschine, Haspel oder Kufe netzen, abquetschen oder schleudern und trocknen, wobei Temperaturen über 120° C möglichst zu vermeiden sind); *H. Pat., V. Pat.:* DRP.-Anm.

Gravidol P neutral **Chem. Fabr. Th. Rotta, Zwickau i. Sa.**

i/Kurs: ja; *analog:* den übrigen Gravidolmarken; *Konstit.:* organisch-anorganische Molekülverbindung; *Äuß.:* wasserhelle Flüssigkeit; *Reakt.:* neutral; *Eigensch.:* technisch wasserfrei; gibt trotz hoher Beschwerung keinen harten oder feuchten Griff, keine nachteilige Wirkung auf Haar oder Faser, Farbe oder Glanz, kein Belegen der Farbe, kein Schreiben; kein Nachhärten; Stabilität des erzielten Gewichtes, kein Feuchtwerden; *Lö. Be.:* in kaltem Wasser klar löslich; *Verw.:* zur Beschwerung und gleichzeitiger Erzeugung eines vollen, geschmeidigen Griffes für Trikotagen; zur Beschwerung für Baumwolle (NB.! bei der üblichen Beschwerung mit Bittersalz usw. wird das Stäuben bei Erhaltung eines weichen Griffes vermieden durch Mitverwendung von 5—10%, wodurch Gewichtszunahmen bis zu 40% möglich sind); *Mengen:* Flotten von 5° Bé geben meist eine Gewichtszunahme von etwa 10% (Ware mit der Gravidollösung auf Gummiermaschine, Haspel oder Kufe netzen, abquetschen oder schleudern und trocknen, wobei Temperaturen über 120° C möglichst zu vermeiden sind); *H. Pat., V. Pat.:* DRP.-Anm.

Gravidol WZ **Chem. Fabr. Th. Rotta, Zwickau i. Sa.**

i/Kurs: ja; *analog:* den übrigen Gravidolmarken; *Konstit.:* organisch-anorganische Molekülverbindung; *Äuß.:* Flüssigkeit; *Reakt.:* neutral; *Eigensch.:* technisch wasserfrei; gibt trotz hoher Beschwerung keinen harten oder feuchten Griff, keine nachteilige Wirkung auf Haar oder Faser, Farbe oder Glanz, kein Belegen der Farbe, kein Schreiben; kein Nachhärten; Stabilität des erzielten Gewichtes, kein Feuchtwerden; *Lö. Be.:* in kaltem Wasser klar löslich; *Verw.:* zur Beschwerung für Streichgarn, Velours und schwere Kammgarnstoffe; *Mengen:* Flotten von 5° Bé geben meist eine Gewichtszunahme von etwa 10% (Ware mit der Gravidollösung auf Gummiermaschine, Haspel oder Kufe netzen, abquetschen oder schleudern und trocknen, wobei Temperaturen über 120° C möglichst zu vermeiden sind); *H. Pat., V. Pat.:* DRP.-Anm.

Gravitan **A. Th. Böhme, Dresden-N. 6.**

Geb.-J.: 1935; *i/Kurs:* ja; *Eigensch.:* gibt Zellwolle einen gewissen Wollcharakter; *Lö. Be.:* wasserlöslich; *Verw.:* als Beschwerungsmittel für Appreturen von Woll-, Baumwoll- und Zellwollmischgeweben, besonders zusammen mit Inferol O 15.

Grecit **A. Holtmann & Co., Berlin NO 43.**

i/Kurs: ja; *Äuß.:* weiße Paste; *Reakt.:* neutral; *Eigensch.:* gibt Schlichte- und Appreturmassen Geschmeidigkeit, der appretierten Ware Fülle und Glätte; lagerbeständig; nicht hygroskopisch; kein Vergilben; kein Umschlagen des Farbtones appretierter Ware; kein Ranzigwerden; *Lö. Be.:* gibt mit Wasser Emulsionen; koch- und genügend härtebeständig; *Verw.:* zum Appretieren von BW, L sowie ZW und KS enthaltenden MG; zur Kalikoappretur, zum Ausrüsten gefärbter und bedruckter Gewebe; zum Appretieren von HW; insbesondere zum Präparieren vor dem Rauhen; als Zusatz zu stärke- und dextrinhaltigen Appreturen; *Mengen:* (mit heißem Wasser übergießen, verrühren und kurz am Stechrohr aufkochen!) je nach Arbeitsweise, Art des mitverwendeten Appreturmittels und dem gewünschten Effekt: 5—50 g/l.

Griff-Appret **A. Th. Böhme, Dresden-N. 6.**

Geb.-J.: 1936; *i/Kurs:* ja; *Konstit.:* Emulgator + Kunstharze; *Äuß.:* Paste; *Eigensch.:* erzeugt kernigen, leicht steifen Griff auf Kunstseide und Zellwollwaren; *Verw.:* als Füllappretur; als Rückenappretur (höhere Konzentrationen!).

Griffol C **Chem. Fabr. R. Baumheier, Oschatz-Zschöllau.**

i/Kurs: ja; *Äuß.:* kristalline, feuchte Masse; *Reakt.:* neutral; *Eigensch.:* verleiht der Ware vollen, weichen Griff; *Lö. Be.:* leicht wasserlöslich; *Verw.:* als Appretur- und Beschwerungsmittel für sämtliche Faserstoffe.

Griffol FL **Chem. Fabr. R. Baumheier, Oschatz-Zschöllau.**

i/Kurs: ja; *Äuß.:* helle Flüssigkeit; *Reakt.:* neutral; *Lö. Be.:* in Wasser leicht löslich; *Verw.:* als Appretur- und Beschwerungsmittel für sämtliche Faserstoffe, speziell Mischgewebe, zur Erzielung eines vollen, weichen Griffes.

Gumagon **Zschimmer & Schwarz, Chemnitz.**

Geb.-J.: 1936; *i/Kurs:* ja; *Konstit.:* organische + anorganische Salze; *Äuß.:* weißliche Paste; *Reakt.:* neutral; *Lö. Be.:* mit Wasser in jedem Verhältnis mischbar; *Verw.:* zum Beschweren; zum Appretieren von Kunstseide und Zellwolle-Mischwaren.

Gumappret **Chem. Fabr. Grünau Landshoff & Meyer AG., Berlin-Grünau.**

Geb.-J.: 1929; *i/Kurs:* ja; *Konstit.:* Stärkezucker + Salze; *Äuß.:* Teig; spez. Gew. = 1,5 (ca. 50° Bé); fast farblos, zähflüssig; *Reakt.:* neutral bis schwach sauer; *Eigensch.:* ist frei von jeglicher Schimmelbildung; gibt auf Woll- und Halbwollstoffen weichen, vollen Griff; verhindert den durch Pressen, Mangeln und Kalander verursachten Speckglanz; trübt die Farben nicht; verhindert das Stäuben der Ware; *Lö. Be.:* in Wasser klar löslich; *Verw.:* als Füll- und Appreturmittel für Woll- und Halbwollstoffe; *Mengen:* f. wollene und halbwollene Cheviots: 2—5° Bé; f. dünn eingestellte Ware, die hoch gefüllt werden kann: 10—12° Bé schwere Lösungen.

Gumbenzapon **Chem. Fabr. Stockhausen, Velten, Mark,**

i/Kurs: ja; *Konstit.:* Seife + Fettlöser; *Äuß.:* dicke, schmierseifenartige, braune Masse; *Reakt.:* alkalisch; *Lö. Be.:* nicht beständig gegen Alkalien und Säuren; *Verw.:* für Trenchcoats und Gummimäntel sowie zur Naßwäsche.

Gumminat BL **Chem. Fabr. Pfersee, Augsburg.**

Geb.-J.: 1920; *i/Kurs:* ja; *Konstit.:* Kohlehydrate + Mg-Salze; *Äuß.:* weiße Paste; *Eigensch.:* verleiht den Geweben vollen, dauerhaften Griff, Glätte und Glanz; kein Schreiben, kein Nachhärten, keine Beeinträchtigung von Faser oder Farbe, kein Belegen, Verschleiern oder Vergilben; antiseptisch, der Bildung von Stockflecken und Schimmel entgegenwirkend; kein Verstopfen der Düsen bei der Einsprengappretur, da in jeder Konzentration auch nach dem Erkalten dünnflüssig; unbegrenzt lagerbeständig; *Lö. Be.:* in warmem Wasser klar löslich; *Verw.:* beim Appretieren von Geweben aus BW, L, HL; für sich oder in Verbindung mit anderen Appreturmitteln; besonders auch zusammen mit Rabic; zum Einsprengen oder für links- oder beiderseitige Behandlung auf dem Foulard; auch als Zusatz zur Appreturflotte bei der Ausrüstung von Flanellen und Blautuchen; *Mengen:* für Haustuche, Bettzeuge, Tisch-, Hand-, Taschentücher usw.: 5—15 kg auf 100 l Wasser (einsprengen, einige Stunden oder über Nacht liegen lassen, mangeln, kalandern!); für etwas steifere Ware: 2—3% Rabic der Flotte zusetzen! auf dem Foulard bei einseitiger Appretur: 5—15%, bei Vollpassage: 2—10% (evtl. kombinieren mit Rabic, Dextrin oder Stärke oder mehreren Appreturmitteln!); NB! 20—30%ige Stammflotten ansetzen!

Gumminat ST **Chem. Fabr. Pfersee, Augsburg.**

Geb.-J.: 1936; *i/Kurs:* ja; *Konstit.:* Kohlehydrate + Mg-Salze; *Äuß.:* weiße Paste; *Eigensch.:* betont besonders den Wollcharakter; kein Belegen der Farben, kein Schreiben, auf Lager kein Nachhärten und keine Veränderung des Griffes; greift die Faser nicht an; kann mit den übrigen Appreturmitteln zusammen verwendet werden (wobei sich z. B. durch Zusatz von Volumin TO höhere Beschwerung, bei Zusatz von Imprägnol und Textal P besondere Griff- bzw. Imprägniereffekte erzielen lassen); unbegrenzt lagerbeständig; *Lö. Be.:* in heißem Wasser klar löslich; *Verw.:* beim Imprägnieren, beim Appretieren, insbesondere für Zellwollemischgewebe, wie z. B. ZW-W, ZW-BW, ZW-L, sowie für Wollgewebe als Appretur-Füll- und Beschwermittel; *Mengen:* zweckmäßig eine Stammlösung von 20—40 kg auf 100 l Flotte herstellen durch Verrühren mit der notwendigen Menge warmen Wassers und Erhitzen bis nahe zum Kochen!; zur Vollpassage auf dem Abquetschfoulard: 0,5—5 kg auf 100 l Flotte (kalt bis ca. 45° C, je nach Farbechtheit).

Gumminat W **Chem. Fabr. Pfersee, Augsburg.**

Geb.-J.: 1920; *i/Kurs:* ja; *Konstit.:* Kohlehydrate + Mg-Salze; *Äuß.:* weiße Paste; *Eigensch.:* verleiht den Geweben kernigen Griff, Fülle und Eleganz bei gleichzeitig geringer Beschwerung; kein Stauben oder Schreiben; indifferent gegen Faser und Farbe; von antiseptischer Wirkung, so daß Stockflecken oder Schimmelbildung unmöglich ist; kein Nachhärten auf Lager; schädigt die Wollfaser nicht, erhöht die Festigkeit des Gewebes; dringt in die Faser ein, wobei die Porosität des Gewebes erhalten bleibt; läßt sich mit anderen Appreturmitteln zusammen verwenden; unbegrenzt lagerbeständig; *Lö. Be.:* in warmem Wasser klar löslich; *Verw.:* beim

Appretieren; insbesondere für Wollgewebe; zusammen mit den Voluminen zur Erzeugung besonderer Griffeffekte; *Mengen:* zum zweiseitigen Gummieren mittels Vollpassage auf dem Abquetschfoulard: 4,2—8,4 kg auf 100 l Wasser; zur einseitigen Linksgummierung vermittels der in die Flotte eintauchenden Walze: 8,4—16,8 kg auf 100 l Wasser (trocknen und fertigstellen!); zweckmäßig 20—30%ige Stammlösungen ansetzen.

Haake-Stärke **Gebr. Haake, Medingen.**

Konstit.: Stärke (lösl.); *Verw.:* als Stärkeschlichte, die nicht aufgeschlossen zu werden braucht.

Heptalin **Dehydag, Berlin-Charlottenburg.**

i/Kurs: ja; *analog:* identisch mit Methylhexalin; *Konstit.:* 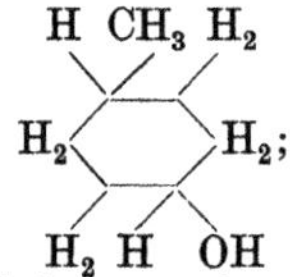

Hexahydrokresole (Methylcyclohexanole); *Lö. Be.:* klar löslich in wässeriger Seifenlösung.

Herial B **Böhme Fettchemie, Chemnitz.**

Geb.-J.: 1932; *i/Kurs:* ja; *Konstit.:* Fettalkoholsulfonat; *Äuß.:* schwach gelbe Paste; *Reakt.:* schwach alkalisch; *Eigensch.:* gutes Netz-, Reinigungs-, Fettlöse- und Emulgiervermögen; *Lö. Be.:* leicht löslich in kaltem bis warmem Wasser; sehr gut beständig gegen Alkali, Säure und hartes Wasser; *Verw.:* zum Beuchen von BW; zum Abkochen von Mischmaterial aus BW und ZW; *Mengen:* beim Abkochen oder Beuchen: 0,2—1% der Ware; *H. Pat., V. Pat.:* ja.

Hexalin **Dehydag, Berlin-Charlottenburg.**

i/Kurs: ja; *analog:* Methylhexalin und Cyclonol; *Konstit.:* Hexahydrophenol bzw. Cyclohexanol (erhalten durch Wasserstoffanlagerung an Phenol-Karbolsäure-); $C_6H_{11}OH$; 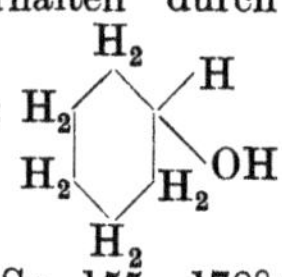

; *Äuß.:* Flüssigkeit, wasserhell; *Reakt.:* neutral; *Eigensch.:* Sp. 155—178° C, spez. Gew. 0,950; Azetylzahl 561; löst vorzüglich feste und flüssige Kohlenwasserstoffe, Fette, Öle, Harze, Wachse usw.; ergibt mit Seifen Gemische von hoher Lösekraft für organische Stoffe; *Lö. Be.:* wasserunlöslich; *Verw.:* als Zusatz zu Seifen; in Verbindung mit Seifen oder Kohlenwasserstoffen (Benzin, Benzol, Tetrachlorkohlenstoff, Tetralin usw.); als hochwertiges Waschmittel für Wäschereibetriebe; bei der Wäsche feiner Wolle mit starkem Schweißgehalt; bei der Wäsche von mit mineralölhaltigen Schmelzmitteln geschmelzten Garnen; bei der Reinigung von Hutfilzen und Filztuchen; bei der industriellen und häuslichen Reinigung der Baumwolle; als Zusatz beim Kochen und Beuchen unter Druck; zur Herstellung von Fleckseifen; zusammen mit den Alkalisalzen der Tetralinsulfosäure zur Herstellung von Lösungs- und Emulgierungsmitteln; *V. Pat.:* DRP. 365160 (ausschließliche Lizenz f. Herst. von Haushaltseifen steht der Benzit-AG. zu[1]); DRP. 371293; DRP. 393627; *Lit.:* [1] Seifensieder-Ztg. 1931 S. 862; Z. dtsch. Öl- u. Fettind. 1921 Nr. 34.

Hexapol **Oranienburger Chem. Fabr. AG., Charlottenburg 2.**

i/Kurs: nein (wurde früher von der chemischen Fabrik Milch AG., Oranienburg, hergestellt); *ähnlich:* Tetrapol und Verapol.

Hexasol **Oranienburger Chem. Fabr. AG., Charlottenburg 2.**

i/Kurs: nein (wurde früher von der Chemischen Fabrik Milch AG., Oranienburg, hergestellt); *ähnlich:* Tetrapol und Verapol.

Hexoran **Oranienburger Chem. Fabr. AG., Charlottenburg 2.**

Geb.-J.: 1911; *i/Kurs:* in größerem Umfange nicht mehr; *Ersatz:* fast vollständig durch Cyklorane ersetzt; *ähnlich:* Tetralix; *Konstit.:* Fettlöserseife; Tetrachlorkohlenstoffemulsion; (nach Prof. Herbig: Ölsulfonat 90% + Tetrachlorkohlenwasserstoff; nach Dr. P. Heermann: Türkischrotöl + Tetrachlorkohlenstoff[1]); *Äuß.:* milchigweiße, dünnflüssige Emulsion; *Eigensch.:* Lösevermögen für Fettstoffe aller Art; *Verw.:* als Detachiermittel; zum Entgerbern und Walken von Wolle und Halbwolle; zum Entfetten und Reinigen von Woll- und Baumwollgarnen; als Zusatz zu Beuchflotten; *Lit.:* Seifensieder-Ztg. 1930 S. 495; [1] Melliand Textilber. 1928 S. 759.

Homogenit B **Böhme Fettchemie, Chemnitz.**

Geb.-J.: 1934; *i/Kurs:* ja; *Konstit.:* Fettalkoholphosphorsäureester (Salz); *Äuß.:* weißes Pulver; *Reakt.:* alkalisch; *Eigensch.:* stabilisiert bei Mitverwendung von Natronlauge und Wasserglas die Superoxydbleichflotten; verbessert die Benetzbarkeit, Griff und Weißgrad der Bleichware; *Lö. Be.:* klar löslich in warmem Wasser; beständig gegen Alkali, Säure und hartes Wasser; *Verw.:* als Stabilisator für ätzalkalische Superoxydbleichflotten (und Ce-Es-Bleichverfahren-Patent); *Mengen:* 1% der Ware; *H. Pat., V. Pat.:* angem.; *Lit.:* Fettchem. Umschau 1936 S. 38.

Homogenit W **Böhme Fettchemie, Chemnitz.**

Geb.-J.: 1934; *i/Kurs:* ja; *Konstit.:* Fettalkoholphosphorsäureester (Salz); *Äuß.:* weißes Pulver; *Reakt.:* alkalisch; *Eigensch.:* stabilisiert Wasserstoffsuperoxydbleichbäder; *Lö. Be.:* klar löslich in warmem Wasser; beständig gegen Alkali, Säure und hartes Wasser; *Verw.:* für ammoniakalische Superoxydflotten als Stabilisator beim Bleichen von W und S; *Mengen:* 1—2,5 g/l; *H. Pat., V. Pat.:* ja; *Lit.:* Fettchem. Umschau 1936 S. 38.

Humectol CX **I. G. Farbenindustrie AG., Frankfurt a. M.**

Geb.-J.: 1934; *i/Kurs:* ja; *Konstit.:* Sulfonierungsprodukt eines Fettsäurederivates; *Äuß.:* gelbbraune Flüssigkeit; *Reakt.:* neutral; *Eigensch.:* in der Kälte und in der Wärme, in neutraler und alkalischer Flotte sehr gut netzend; egalisierend; begünstigt in Garn- und Stückfärberei nicht das Schwimmen der Garne; erhöht nicht das Schäumen der Färbeflotten; wird in alkalischer Flotte nicht verseift; vermeidet Luftflecken; *Lö. Be.:* leicht löslich in kaltem Wasser; beständig gegen hartes Wasser, weitgehend gegen Säuren und Alkalien; *Verw.:* als Netzmittel; besonders als Zusatz zu Farbbädern; für Garn- und Stückfärberei; zum Vornetzen von Bleichgut; zum Netzen nicht abgekochter BW und MG bei Bleichverfahren (Kaltbleiche); in der Apparatefärberei von loser Wolle und Garn; zum Durchfärben im Pigmentklotzverfahren; NB.! kann zusammen mit Leonil O-Lösung und Palatinechtsalz O angewandt werden! *Mengen:* 0,1—1 g/l; für Färbeflotten: 0,5—1 g/l; für das Pigmentklotzverfahren: 20 ccm/l Klotzflotte; *H. Pat., V. Pat.:* patentiert; *Lit.:* Melliand Textilber. 1937 S. 155.

Hydralin (Hydrohexalin) **Dehydag, Berlin-Charlottenburg.**

i/Kurs: nein; *Lö. Be.:* in Wasser klar löslich; *H. Pat., V. Pat.:* DRP. 365160; *Lit.:* Z. dtsch. Öl- u. Fettind. 1923 S. 695.

Hydraphthal **Chem. Fabr. Pott & Co., Pirna-Copitz.**

i/Kurs: nein; *Konstit.:* Seife + Fettlöser (90,5% Tetralin, 3,5% Wasser, 6% ölsaures Ammon[1]); (nach Dr. Heermann: Seife + Tetralin + Methylhexalin); *Reakt.:* stark alkalisch; *Lit.:* Herbig: Z. ges. Textilind. 1922 S. 197; Seifensieder-Ztg. 1930 S. 495; [1] Melliand Textilber. 1928 S. 759.

Hydraphthal-GB-extra **Chem. Fabr. Pott & Co., Pirna-Copitz.**

i/Kurs: ja; *Eigensch.:* starkes Fettlösungsvermögen; *Verw.:* zum Waschen, namentlich bei hohen Temperaturen.

Hydraphthal-GF **Chem. Fabr. Pott & Co., Pirna-Copitz.**

i/Kurs: ja; *Konstit.:* Seife + Fettlöser; *Äuß.:* gelbliche Flüssigkeit; *Eigensch.:* starkes Fettlösungsvermögen; *Verw.:* zum Waschen, namentlich bei hohen Temperaturen; *Lit.:* Melliand Textilber. 1930 S. 610.

Hydraphthal I **Chem. Fabr. Pott & Co., Pirna-Copitz.**

i/Kurs: ja; *Eigensch.:* hochkonzentriert; fettlösend; *Verw.:* bei allen Wollwaschprozessen.

Hydraphthalseife **Chem. Fabr. Pott & Co., Pirna-Copitz.**

i/Kurs: ja; *Eigensch.:* starkes Fettlösungsvermögen; *Verw.:* zum Waschen, namentlich bei hohen Temperaturen.

Hydrosan **Chem. Fabr. Pfersee, Augsburg.**

Geb.-J.: 1926; *i/Kurs:* ja; *ähnlich:* Intrasol; *Konstit.:* Ölsulfonat; *Äuß.:* rötliche Flüssigkeit; *Eigensch.:* liefert weiches Wasser bei allen Seifprozessen; verhindert unter Zusatz sehr geringer, der Wasserhärte angepaßter Mengen die Bildung schädlicher Kalkseife; NB. bereits gebildete Kalkseife wird nicht mehr beseitigt! erzeugt reine, fleckenlose Gewebe, weichen Griff, leuchtende Farben und geschonte Fasern; *Lö. Be.:* löst sich in Wasser schwerer als Seife (wird daher nach der Seife aus dem Gewebe gespült); *Verw.:* zur Enthärtung des Wassers (vor oder mit der Seife zugeben!); zur Verhütung der Kalkseifenbildung, beim Nachseifen von Bleichware und Färbungen, bei der Vorwäsche, beim Waschen allgemein, von loser Wolle mit Sodalösung, von Kammzug und Kammgarn unter Sodazusatz, von Streichgarn und von Stückware, beim Entgerbern von Stückware vor der Walke unter Sodaseifenzusatz, beim Walken mit Soda und Seife und im Schmutz sowie beim Entbasten; *H. Pat., V. Pat.:* Österr. Patent 128241 vom 11. 11. 1925, Österr. Patent 124540 vom 6. 3. 1925, DRP. 576366 vom 3. 12. 1925; *Lit.:* Seifensieder-Ztg. 1926 S. 624, 716, 833; 1930 S. 495; 1932 S. 733; Melliand Textilber. 1929 S. 40; Z. ges. Textilind. 1931 Heft 42.

Hydrosulfit konz. Pulver **I. G. Farbenindustrie AG., Frankfurt a. M.**

Geb.-J.: 1907; *i/Kurs:* ja; *Konstit.:* Natriumhydrosulfit, techn. wasserfrei; (hydroschwefligsaures Na, $Na_2S_2O_4$); (90% Gehalt an $Na_2S_2O_4$); *Verw.:* in der Küpenfärberei.

Hypak **Chem. Fabr. Pyrgos G. m. b. H., Radebeul-Dresden.**

Geb.-J.: 1935; *i/Kurs:* ja; *Konstit.:* Toluolderivat; *Äuß.:* weißes Pulver; *Reakt.:* alkalisch; *Eigensch.:* ermöglicht gleichmäßige Chlorierung, da die Geschwindigkeit der Chloraufnahme verlangsamt wird; schont die Wollfaser; Trocken- wie Naßreißfestigkeit der Wolle wird nicht beeinträchtigt; Walk- und Schrumpffähigkeit der Wolle wird aufgehoben; weicher Griff! erteilt gleichzeitig schönen, schwachen Glanz; wirkt auch bleichend; *Verw.:* zum Unschrumpfbar- und Unfilzbarmachen von Wolle; für Strangware sowohl als auch für fertige Gewebe; *Mengen:* für 10 kg trockene Wolle: a) Schwefelsäurebad: 300 l Wasser, 1,5 kg Schwefelsäure (s = 1,84); b) Lösung: 10 l Wasser, 200 g Hypak, 200 g aktives Chlor in Form von Bleichlauge (Chlorgehalt vorher ermitteln!) (chlor- und säurefeste Gefäße!); Wolle erst vorwaschen, dann abquetschen, hernach 10 Min. im Schwefelsäurebad umziehen und ablegen! jetzt 4 l Hypaklösung in das Schwefelsäurebad schütten, gut durchrühren und Wolle erneut umziehen, bis die anfängliche, milchige Trübung verschwunden ist, dann Wolle wieder herausnehmen, erneut Hypaklösung zum Schwefelsäurebad usw. Wenn alle Hypaklösung verbraucht ist (nach 45 Min. bis 1 Std.) zum Schluß, wie üblich, abquetschen und mit Wasser spülen; danach entchloren (Bad: 1 g Natriumthiosulfat pro Liter oder — wenn man gleichzeitig vorgebleichte oder flauschige Ware will, Entchlorungsbad: 0,1% H_2O_2 bei 30° C oder 1—2 g/l Ondal bei 50° C); *Lit.:* Melliand Textilber. 1936 Nr. 9 S. 759; Klepzigs Textil-Z. 1937 Nr. 14 S. 218; Textilbetrieb 1937, Februar.

Hystabol D **Böhme Fettchemie, Chemnitz.**

Geb.-J.: 1932; *i/Kurs:* ja; *Konstit.:* organisches Lösungsmittel; *Äuß.:* farblose bis schwach gelbliche Flüssigkeit; *Reakt.:* neutral; *Eigensch.:* hohes Lösevermögen für alle Farbstoffe; bei höheren Temperaturen nicht flüchtig; *Lö. Be.:* mit Wasser in jedem Verhältnis mischbar; beständig gegen Alkali, Säure, hartes Wasser, Salze und Druckverdickungen; *Verw.:* in der Druckerei zum Lösen der Farbstoffe, insbesondere der basischen, substantiven, sauren, Halbwoll- und Chromierungsfarbstoffe, der Rapidogen-, Rapidazol- und Rapidechtfarbstoffe; *Mengen:* 1 : 1 bis 1 : 10 mit Wasser verdünnt zum Lösen und Anteigen der Farbstoffe; 5—40 g/kg Druckpaste; *H. Pat., V. Pat.:* angem.; *Lit.:* Melliand Textilber. 1934 S. 516.

Hystabol F **Böhme Fettchemie, Chemnitz.**

Geb.-J.: 1932; *i/Kurs:* ja; *Konstit.:* organisches Lösungsmittel; *Äuß.:* farblose bis schwach gelbliche Flüssigkeit; *Reakt.:* neutral; *Eigensch.:* hohes Lösevermögen für alle Farbstoffe; bei höheren Temperaturen nicht flüchtig; *Lö. Be.:* mit Wasser in jedem Verhältnis mischbar; beständig gegen Alkalien, hartes Wasser, Säuren und Salze; *Verw.:* in der Färberei zum Lösen und Anteigen aller Farbstoffe; *Mengen:* 1 : 1 bis 1 : 10 mit Wasser verdünnt zum Lösen und Anteigen der Farbstoffe; *H. Pat., V. Pat.:* angem.

Idrapidspaltpulver 50%ig **Dehydag, Berlin-Charlottenburg.**

i/Kurs: nein; wurde früher von I. D. Riedel AG., Berlin-Britz, hergestellt; *analog:* Idrapidspalter 100%ig; *Konstit.:* hochmolekulare Sulfosäure; nach Schrauth: Oktohydroanthrazensulfosäure; Natriumsalz propylierter Naphthalinsulfosäuren; + gereinigte Kieselgur (im Verh. 1 : 1); *Äuß.:* Pulver; *Lit.:* Schrauth: Seifensieder-Ztg. 1927 S. 221; 1923 S. 97, 200, 209 u. 223.

Idrapidspalter 100%ig **Dehydag, Berlin-Charlottenburg.**

i/Kurs: nein; wurde früher von I. D. Riedel AG., Berlin-Britz, hergestellt; *analog:* Idrapidspaltpulver 50%ig; *Konstit.:* hochmolekulare Sulfosäure; nach Schrauth: Oktohydroanthrazensulfosäure; nach Noll: Natriumsalz propylierter Naphthalinsulfosäuren; *Äuß.:* Flüssigkeit; *Lit.:* Schrauth: Seifensieder-Ztg. 1927 S. 221; 1923 S. 97, 200, 209 u. 223.

Igepal C **I. G. Farbenindustrie AG., Frankfurt a. M.**

Geb.-J.: 1937; *i/Kurs:* ja; *Konstit.:* hochpolymeres, synthetisches Produkt; *Äuß.:* gelbe Flüssigkeit; *Reakt.:* neutral; *Eigensch.:* netzt, wäscht, reinigt, veredelt, kalt und heiß, in saurer, neutraler und alkalischer Lösung, auch in sehr hartem Wasser; schützt vor Kalkseifenschäden; steigert den Entschlichtungs-, Kreppungs- und Bleichprozeß; verhindert das Niederschlagen von Metallverbindungen auf Druckwaren; steigert die Reibechtheit, erhält den natürlichen guten Griff, erleichtert den Spülprozeß usw.; kann den Veredlungsbädern direkt zugegeben werden (Ansetzen von Stammlösungen überflüssig); keine Hydrolyse; kann zusammen mit Oxydationsmitteln angewandt werden; *Lö. Be.:* in kaltem Wasser in beliebiger Konzentration leicht löslich; beständig gegen alle Härtebildner und in der Textilindustrie vorkommenden Metallsalze, gegen kochende Alkalien, Säuren usw.; (beim Erwärmen der Lösungen treten bei 60—70° Trübungen auf, die beim Spülen oder Abkühlen wieder verschwinden); *Verw.:* für die Industrie der Zellulosefasern (BW, KS, ZW, MG, L usw.); zum Netzen und Vorreinigen von losem Material, Garn, Stückware usw.; zum Nachbehandeln von Webwaren und ganz besonders Druckwaren; zum Reinigen von präparierter ZW, verölten Abfällen; zum Netzen von Halbfabrikaten, Garnen, Wirk- und Webwaren vor dem Bleichen oder Färben; zum Benetzen von Roh-BW im Färbeapparat; als Zusatz zu Entschlichtungs-, Kreppungs- und Bleichflotten usw.; *Mengen:* $^1/_2$—$^1/_3$ der üblichen Seifenmenge, im allgemeinen: 0,5—2 g/l; zum Kalkseifendispergieren: 10—20% der Seife; für Entschlichtungs-, Kreppungs- und Bleichflotten: 0,5—2 g/l neben evtl. der gleichen Menge Soda; zum Nachbehandeln von Druckware: 1—2 g neben 1—2 g/l Soda; *H. Pat., V. Pat.:* patentiert; *Lit.:* Melliand Textilber. 1937 S. 248.

Igepal F **I. G. Farbenindustrie AG., Frankfurt a. M.**

Geb.-J.: 1937; *i/Kurs:* ja; *Konstit.:* hochpolymeres, synthetisches Produkt; *Äuß.:* hellgelbe Flüssigkeit; *Eigensch.:* wäscht und reinigt Bettfedern in neutraler, alkalischer und saurer Lösung, auch in außergewöhnlich hartem Wasser; schäumt auch in der Kälte sehr stark; hilft die Fahnen beim Dämpfen voll zu öffnen; hellt die Spitzen (gelb!) bei Mastfedern auf; erleichtert den Spülprozeß; beseitigt den Geruch der Mast- und Entenfedern; langsames und gleichmäßiges Aufziehen des Farbstoffes beim Bläuen gewaschener Federn; seidiger, leichter, elastischer Griff; kein Überbläuen; *Lö. Be.:* in kaltem Wasser in jedem Verhältnis (durch einfaches Eingießen) löslich; beständig gegen Wasser jeden Härtegrades (über 50° trüben sich die Lösungen, beim Erkalten werden sie wieder klar!); *Verw.:* zum Waschen von Federn aller Art, besonders für Mast- und Entenfedern, Hühnerfedern usw.; *Mengen:* NB.! kann unverdünnt in die kalten Waschflotten gegossen werden! auf der Zylinderwaschmaschine: 0,5—1,5 g/l; in der Holländerwaschmaschine: 0,25—0,8 g/l (kalt 5—15 Min., klar spülen, bläuen!) NB.! für stark verschmutzte Mastware zur Erzielung besonderer Wirkung kann man den Waschflotten 0,2—0,5 ccm/l Ammoniak 24%ig bzw. 0,5 ccm/l Milchsäure konz. zusetzen!; *H. Pat., V. Pat.:* patentiert; *Lit.:* Melliand Textilber. 1937 S. 248.

Igepal L **I. G. Farbenindustrie AG., Frankfurt a. M.**

Geb.-J.: 1937; *i/Kurs:* ja; *Konstit.:* hochpolymeres, synthetisches Produkt + Lösungsmittel; *Äuß.:* dickliche, gelbe Flüssigkeit; *Reakt.:* neutral; *Eigensch.:* wie Igepal C, doch von besonderem Fett- und Harzlösevermögen; *Lö. Be.:* wie Igepal C; *Verw.:* zum Waschen und Reinigen von Fasern aller Art, besonders für ölige und verharzte Materialien; zum Nachbehandeln von Farb- und Druckware; für die Garn- und Stückwäsche; zum Entfernen von Stuhl- und Schmierölflecken; beim Walken; zum Entfernen von verharzten, schwer auswaschbaren Schmelzen und Schlichten; zum Abkochen ungereinigter ZW-BW-Mischgarne; zum Entschlichten leinölgeschlichteter KS usw.; *Mengen:* 0,5—5 g/l je nach Verunreinigung, Flottenlänge usw.; *H. Pat., V. Pat.:* patentiert; *Lit.:* Melliand Textilber. 1937 S. 248.

Igepal W **I. G. Farbenindustrie AG., Frankfurt a. M.**

Geb.-J.: 1937; *i/Kurs:* ja; *Konstit.:* hochpolymeres, synthetisches Produkt; *Äuß.:* hellgelbe, dicke Flüssigkeit; *Reakt.:* neutral; *Eigensch.:* veredelt, netzt, wäscht und reinigt in neutraler, alkalischer und saurer Lösung, auch in der Kälte; schützt vor Kalkseifenschäden, erleichtert das Spülen; Faser und Färbung schonend; kein Filzen; keine Hydrolyse; kann direkt den Waschflotten zugegeben werden; *Lö. Be.:* in kaltem Wasser in jeder Konzentration leicht löslich; absolut metallsalz- und hartwasserbeständig; beständig gegen Säure, Alkali und andere, im Veredelungsprozeß von Wolle und gemischten Fasern vorkommenden Chemikalien; (über 40° tritt leichte Trübung der Flotten ein, die aber in Kälte wieder zurückgeht, ohne die Wirkung beeinträchtigt zu haben); *Verw.:* in der Wollindustrie; als Waschmittel für W, Mischgespinste, Mischgewebe mit ZW, BW usw.; zum Entfernen öliger und mechanischer Verunreinigungen; für Kammzug-Lisseusenwäsche, Garnwäsche im Strang und auf Apparaten, Stückwäsche auf Haspelkufe und Breitwaschmaschine; zur Vorbehandlung von Färbegut; für den Karbonisierprozeß; zum Entschlichten mit Fermenten usw.; zum Emulgieren von Neutral- und Mineralölen usw.; *Mengen:* zum Waschen: 0,5—2,5 g/l; zum Emulgieren: 10—15% des Öles; *H. Pat., V. Pat.:* patentiert; *Lit.:* Melliand Textilber. 1937 S. 248.

Igepon A **I. G. Farbenindustrie AG., Frankfurt a. M.**

Geb.-J.: 1930; *i/Kurs:* ja; *analog:* Igepon AP und AP extra (Preisunterschied!), jedoch nicht so wirksam wie AP extra, sowie Igepon T und T Pulver, jedoch von höherem Reinigungs- und Waschvermögen, aber von geringerer Säure- und Alkalibeständigkeit; *Konstit.:* (Fettalkoholsulfonat; Schwefelsäureester höher molekularer, mehrwertiger, aliphatischer Alkohole; nach Herstellers Angaben: Fettsäurederivat); nach H. Stadlinger: esterartiges Kondensationsprodukt aus Fettsäuren und Äthionsäure (Isäthionsäure)

$$\begin{array}{r|c|}\cline{2-2} CH_3(CH_2)_7CH = CH(CH_2)_7CO\cdot & OH \\ NaO\cdot SO_2\cdot CH_2\cdot CH_2\cdot O & H \\ \cline{2-2}\end{array}$$

Äuß.: Teig von schmierseifenartiger Konsistenz, gelblich; *Reakt.:* neutral, auch in wässeriger Lösung; spaltet kein freies Alkali ab; *Eigensch.:* hohe Waschkraft (größer als bei Seife!); die Wasch- und Reinigungswirkung ist auch in hartem Wasser und in schwach sauren Flotten sowie bei schwach alkalischer Reaktion gut; verhindert, auch bei der Verwendung zusammen mit Seife, die Bildung schädlicher Kalkseife; löst bereits gebildete, auch schon getrocknete Kalkseife; erhält der Seife die Wirksamkeit; zeigt nur ganz geringe Affinität zur Faser, so daß Bäder lange wirksam bleiben; schont die Textilfaser, insbesondere die Wolle (kein Verfilzen!); verleiht der Faser angenehmen, geschmeidigen Griff; erzeugt klare Töne, offene, gut verspinnbare Wolle; läßt sich leicht ausspülen, verringert daher die Wasch- und Spüldauer; besitzt hohes Emulgiervermögen, insbesondere auch gegenüber Wollfett und dies auch bei saurer Reaktion; besitzt hohes Schaumvermögen in verd. Lösungen; erzeugt reines Weiß und auch beim Trocknen nicht vergilbende Fasern; ermöglicht die Entfernung von Schmelzen aus mit Igepon geschmelzten Garnen durch einfaches Spülen unter Zusatz von etwas Ammoniak; verkürzt das Auswaschen bei Walkwaren, bei denen in der Walke Seife mitverwendet wurde; *Lö. Be.:* leicht löslich in Wasser, besonders in heißem; beständig gegen Säuren und Alkalien sowie gegen Wasser jeden Härtegrades; bildet leicht lösliche Zn-, Cu-, Fe-, Mg- und Ca-Salze; NB. konzentrierte, wässerige Lösungen gelatinieren in der Kälte! *Verw.:* nicht für die Karbonisation und Merzerisation! als Waschmittel für Wolle (lose, Garn oder Stück) sowie Seide; als Wasch- und Entfettungsmittel für Bettfedern bei gewöhnlicher Temperatur; zum Waschen von Geweben aus Baumwolle, Halbwolle, Kunstseide usw.; zum Waschen von Schweißwolle, Gerberwolle, Abfällen, Wickeln usw.; in der Vorappretur von Stückware; zur Entfernung geringer Mengen Neutralöl aus rohen Kammgarngeweben, evtl. unter Zusatz von wenig Ammoniak oder Soda; zur Entfernung von Ölschmierflecken durch örtliche Behandlung mit nachfolgendem Auswaschen; zur Wäsche leichter Kammgarnstoffe, z. B. Damenkonfektionsstoffe, ohne Seifenzusatz, nur unter Zugabe von wenig Ammoniak (wenn Schluß verlangt wird, evtl. auch unter Mitverwendung von etwas Seife); zur Reinhaltung von Weißeffekten in weißgemusterten Stoffen und zur Verhütung des Ausblutens von Farbstoff auf das Weiß in schwach essig- oder ameisensaurem Waschbad; zur Erzeugung gleichmäßiger Verteilung des Oleins in der Walke von schwer walkenden Kunstwollstoffen; *Mengen:* NB. man setze 5—10%ige Stammlösungen an durch Anrühren mit etwa der vierfachen Menge heißem Wasser, evtl. kurzem Aufkochen und Verdünnen mit warmem Wasser! b. Waschen, Entfetten und Bleichen von Bettfedern: 0,25—0,5 g/l (gew. Temp.); NB. bei stark fetthaltigem Material: 0,75—1 g/l und bei besonders schwierigem Material: neben 0,5 g/l Ammoniak oder Soda: 0,75—1 g/l ($^1/_4$ bis $^1/_2$ Stde.; $^1/_4$ Stde. spülen!); i. d. Walke von Stoffen vor der Wäsche ohne Vorwäsche: neben evtl. Ammoniak oder Soda: 100 g/Stück; i. d. Walke stückfarbiger Kammgarnfeintuche mit Seife und Soda oder Ammoniak nach Abstoßen des Gerbers, vor Beginn des Fertigspülens: 100 g/Stück; z. Walken von garnfarbigen Kammgarnstoffen, z. B. Herrenstoffen, an Stelle der Seifenwalke: neben $^1/_4$ l Ammoniak: 250 g/Stück von ca. 25 kg Rohgewicht; (Walkdauer wie bei der Seifenwalke! anschließend neben etwa 1 l Ammoniak: 1 kg Seife je Stück zugeben und zur Verbesserung des Schlusses auf die Waschmaschine geben!); i. d. Walke von Streichgarntuchen, wie Uniform- und Manteltuchen, Paletotstoffen und Wolldecken ohne Vorwäsche zur Erzielung guten Schlusses und guter Decke: neben Seife (beim Walken und Waschen): 100 g/Stück; i. d. Walke von Artikeln, bei denen eine starke Verfilzung der Oberfläche vermieden werden muß, z. B. Naßfilzen für die Papierindustrie: neben etwa der Hälfte der zur Verseifung des gesamten Oleins nötigen Sodamenge (bei 8% Oleingehalt etwa 1% d. W. Soda): 100 g/Stück (gelöst in der 20fachen Menge Wasser); (NB. beim Entgerbern nochmals Igepon und Soda zusetzen, daß das Bad auf Phenolphthaleinpapier kräftig rot reagiert); i. d. Wäsche von Waren, bei denen jegliche Verfilzung vermieden werden soll: neben 1,5 kg Soda: 150—200 g je Stück von 25 kg Rohgewicht; z. Entfernung unverseifbarer Öle (Mineralöle) aus Geweben nach kurzer Vorwäsche mit Soda (ca. 3 kg je Waschmaschine) und Seife

(0,5 kg je Waschmaschine): neben 4 kg Soda, 2 kg Seife und evtl. 0,7 kg Laventin: 1 kg je Waschmaschine und 150 kg Ware; *Lit.:* Seifensieder-Ztg. 1931 S. 543 u. 760; 1932 S. 65, 358, 608, 733 u. 838; Melliand Textilber. 1931 S. 196—198; Z. ges. Textilind. 1931 Heft 29/30 u. 42; Chem. Umschau, Fette 1932 S. 218 u. R. Hueter, Chem. Umschau, Fette 1932 S. 27; Seifensieder-Ztg. 1934 Nr. 14 S. 256.

Igepon AP **I. G. Farbenindustrie AG., Frankfurt a. M.**

Geb.-J.: 1931; *i/Kurs:* ja; *analog:* Igepon A und AP extra, jedoch nicht so wirksam wie AP extra, sowie Igepon T und T Pulver, jedoch besser im Wasch- und Reinigungsvermögen, aber nicht so säure- und alkalibeständig; *Konstit.:* (Fettalkoholsulfonat; Schwefelsäureester höher molekularer, mehrwertiger, aliphatischer Alkohole; nach Herstellers Angaben: Fettsäurederivat); nach H. Stadlinger: esterartiges Kondensationsprodukt aus Fettsäure und Äthionsäure (Isäthionsäure)

$$\begin{array}{r|c|} CH_3(CH_2)_7CH = CH(CH_2)_7CO \cdot & OH \\ NaO \cdot SO_2 \cdot CH_2 \cdot CH_2 \cdot O & H \end{array}$$

Äuß.: Pulver, gelblich; *Reakt.:* schwach sauer (praktisch neutral), auch in wässeriger Lösung; *Eigensch.:* hohe Waschkraft (größer als bei Seife!); die Wasch- und Reinigungswirkung ist auch in hartem Wasser und in schwach sauren Flotten, sowie bei schwach alkalischer Reaktion gut; verhindert, auch bei der Verwendung zusammen mit Seife, die Bildung schädlicher Kalkseife; löst bereits gebildete, auch schon getrocknete Kalkseife; erhält der Seife die Wirksamkeit; zeigt nur ganz geringe Affinität zur Faser, so daß Bäder lange wirksam bleiben; schont die Textilfaser, insbesondere die Wolle (kein Verfilzen!); verleiht der Faser angenehmen, geschmeidigen Griff; erzeugt klare Töne, offene, gut verspinnbare Wolle; läßt sich leicht ausspülen, verringert daher die Wasch- und Spüldauer; besitzt hohes Emulgiervermögen, insbesondere auch gegenüber Wollfett und dies auch bei saurer Reaktion; besitzt hohes Schaum-, Egalisier- und Durchdringungsvermögen in verd. Lösungen; erzeugt reines Weiß und auch beim Trocknen nicht vergilbende Fasern; fett- und schmutzlösend; erzeugt reine, reibechte Materialien; ermöglicht die Entfernung von Schmelzen aus mit Igepon geschmelzten Garnen durch einfaches Spülen unter Zusatz von etwas Ammoniak; verkürzt das Auswaschen bei Walkwaren, bei denen in der Walke Seife mitverwendet wurde; *Lö. Be.:* leicht löslich in Wasser, besonders in heißem; beständig gegen Säuren und Alkalien, sowie gegen Wasser jeden Härtegrades; bildet leicht lösliche Zn-, Cu-, Fe-, Mg- und Ca-Salze; NB. konzentrierte, wässerige Lösungen gelatinieren in der Kälte! *Verw.:* als Reinigungs- und Waschmittel, allein oder zusammen mit Seife; zum Waschen von loser Wolle (insbesondere schwer waschbaren Sorten), Kammgarn, Stückware, Wirkware, Plüschgeweben, Wollgarnen, Mischgeweben (in schwach alkalischer Flotte bei niederer Temperatur) auf Apparaten, Kufen und Haspelkufen; zum Waschen und Reinigen von Seide; zusammen mit Lösungsmittel enthaltenden Produkten, wie Laventin KB, zur Beseitigung schwer verseifbarer und auswaschbarer Verunreinigungen; zum Waschen von Schweißwolle, Gerberwolle, Abfällen, Wickeln; in der Vorappretur von Stückware; als Zusatz bei der Schmutzwalke oder beim Entgerbern in hartem Wasser; für die Tuchwalke; für Streichgarnware, beim Waschen von Baumwolle, Halbwollgeweben und Kunstseide, wie allgemein bei der neutralen oder annähernd neutralen Wäsche bei allen Temperaturen; beim Waschen von Garnen jeglicher Art, insbesondere zur Wäsche von Kammgarn sowie Kammzug unter Zusatz von Alkali (so, daß die Waschbäder auf Lackmus deutlich alkalisch reagieren; NB. bei hohem Ölsäuregehalt der

Schmelze größere Mengen!) auf allen Systemen; auch zum Waschen von Kreuzspulen oder Bündelgarn im Packapparat; zum Waschen von Streichgarnen (mit Olein geschmelzt!) unter Zusatz von Soda, Pottasche oder Ammoniak, besonders bei hartem Wasser oder bei Gerberwollen mit viel Kalk; als Schutzmittel gegen das Ausfallen von Kalkseife; in der Vorappretur; zur Entfernung geringer Mengen Neutralöl aus rohen Kammgarngeweben, evtl. unter Zusatz von wenig Ammoniak oder Soda; zur Entfernung von Ölschmierflecken durch örtliche Behandlung mit nachfolgendem Auswaschen; zur Wäsche von leichten Kammgarnstoffen, z. B. Damenkonfektionsstoffen, ohne Seifenzusatz, nur unter Zugabe von wenig Ammoniak (wenn Schluß verlangt wird, evtl. auch unter Mitverwendung von etwas Seife!); zur Reinhaltung von Weißeffekten in weißgemusterten Stoffen und zur Verhütung des Ausblutens von Farbstoff auf das Weiß in schwach essig- oder ameisensaurem Waschbad; zur Erzeugung gleichmäßiger Verteilung des Oleins in der Walke von schwer walkenden Kunstwollstoffen; *Mengen:* NB. man setze 5—10%ige Stammlösungen an durch Anrühren mit etwa der vierfachen Menge heißem Wasser, evtl. kurzem Aufkochen und Verdünnen mit warmem Wasser! b. Waschen: neben geringen Mengen Soda: 1—2 g/l: b. Verw. als Kalkschutzmittel: 0,5—1 g/l; i. d. Walke von Stoffen vor der Wäsche ohne Vorwäsche: neben evtl. Ammoniak oder Soda: 100 g/Stück; i. d. Walke stückfarbiger Kammgarnfeintuche mit Seife und Soda oder Ammoniak nach Abstoßen des Gerbers, vor Beginn des Fertigspülens: 100 g/Stück; z. Walken von garnfarbigen Kammgarnstoffen, z. B. Herrenstoffen, an Stelle der Seifenwalke: neben $^1/_4$ l Ammoniak: 250 g/Stück von ca. 25 kg Rohgewicht; (Walkdauer wie bei der Seifenwalke! anschließend neben etwa 1 l Ammoniak: 1 kg Seife je Stück zufügen und zur Verbesserung des Schlusses auf die Waschmaschine geben!); i. d. Walke von Streichgarntuchen, wie Uniform- und Manteltuchen, Paletotstoffen und Wolldecken ohne Vorwäsche zur Erzielung guten Schlusses und guter Decke: neben Seife (beim Walken und Waschen!): 100 g/Stück; i. d. Walke von Artikeln, bei denen eine starke Verfilzung der Oberfläche vermieden werden muß, z. B. Naßfilzen für die Papierindustrie: neben etwa der Hälfte der zur Verseifung des gesamten Oleins nötigen Sodamenge (bei 8% Oleingehalt etwa 1% d. W. Soda): 100 g/Stück (gelöst in der 20fachen Menge Wasser; NB. beim Entgerbern nochmals Igepon und Soda zusetzen, daß das Bad auf Phenolphthaleinpapier kräftig rot reagiert); i. d. Wäsche von Waren, bei denen jegliche Verfilzung vermieden werden soll: neben 1,5 kg Soda: 150—200 g je Stück von 25 kg Rohgewicht; z. Entfernung unverseifbarer Öle (Mineralöle) aus Geweben nach kurzer Vorwäsche mit Soda (ca. 3 kg je Waschmaschine) und Seife (0,5 kg je Waschmaschine): neben 4 kg Soda, 2 kg Seife und evtl. 0,7 kg Laventin: 1 kg je Waschmaschine und 150 kg Ware; *Lit.:* Seifensieder-Ztg. 1931 S. 543 u. 760; 1932 S. 358, 733 u. 838; Melliand Textilber. 1931 S. 196—198.

Igepon AP extra **I. G. Farbenindustrie AG., Frankfurt a. M.**

Geb.-J.: 1931; *i/Kurs:* ja; *analog:* den übrigen Igepon-Marken, jedoch besser in der Wasch- und Reinigungswirkung als Igepon A, AP, T und T Pulver; nicht so säure- und alkalibeständig als Igepon T und T Pulver; *Konstit.:* (Fettalkoholsulfonat; Schwefelsäureester höher molekularer, mehrwertiger aliphatischer Alkohole; nach Herstellers Angaben: Fettsäurederivat); nach H. Stadlinger: esterartiges Kondensationsprodukt aus Fettsäuren und Äthionsäure (Isäthionsäure)

$$\begin{array}{r|c|}
\hline
CH_3(CH_2)_7CH = CH(CH_2)_7CO \cdot & OH \\
NaO \cdot SO_2 \cdot CH_2 \cdot CH_2 \cdot O & H \\
\hline
\end{array}$$

Äuß.: Pulver, gelblich; *Reakt.:* schwach sauer (praktisch neutral), auch in wässeriger Lösung; *Eigensch.:* hohe Waschkraft (größer als bei Seife!); die Wasch- und Reinigungswirkung ist auch in hartem Wasser und in schwach sauren Flotten, sowie bei schwach alkalischer Reaktion gut; verhindert, auch bei der Verwendung zusammen mit Seife, die Bildung schädlicher Kalkseife; löst bereits gebildete, auch schon getrocknete Kalkseife; erhält der Seife die Wirksamkeit; zeigt nur ganz geringe Affinität zur Faser, so daß Bäder lange wirksam bleiben; schont die Textilfaser, insbesondere die Wolle (kein Verfilzen!); verleiht der Faser angenehmen, geschmeidigen Griff; erzeugt klare Töne, offene, gut verspinnbare Wolle; läßt sich leicht ausspülen, verringert daher die Wasch- und Spüldauer; besitzt hohes Emulgiervermögen, insbesondere auch gegenüber Wollfett und dies auch bei saurer Reaktion; besitzt hohes Schaum-, Egalisier- und Durchdringungsvermögen in verd. Lösungen; erzeugt reines Weiß und auch beim Trocknen nicht vergilbende Fasern; fett- und schmutzlösend; erzeugt reine, reibechte Materialien; ermöglicht die Entfernung von Schmelzen aus mit Igepon geschmelzten Garnen durch einfaches Spülen unter Zusatz von etwas Ammoniak, verkürzt das Auswaschen bei Walkwaren, bei denen in der Walke Seife mitverwendet wurde; *Lö. Be.:* leicht löslich in Wasser, besonders in heißem; beständig gegen Säuren und Alkalien, sowie gegen Wasser jeden Härtegrades; bildet leicht lösliche Zn-, Cu-, Fe-, Mg- und Ca-Salze; NB. konzentrierte, wässerige Lösungen gelatinieren in der Kälte! *Verw.:* als Wasch- und Reinigungsmittel, für sich allein oder zusammen mit Seife, für Wolle, Halbwolle, Baumwolle, Seide; beim Waschen und Walken neben üblichen Soda- oder Ammoniakmengen für mit Olein geschmelzte Streichgarnware; zum Waschen gepackter Ware; zusammen mit lösungsmittelhaltigen Produkten, wie Laventin KB, zur Beseitigung schwer verseifbarer und auswaschbarer Verunreinigungen; als Hilfsmittel beim Färben von Baumwolle, Kunstseide, Azetatseide in neutralen Färbebädern; als Hilfsmittel zur Veredlung von Wolle, besonders von Garn- und Stückware, Baumwolle, Kunstseide und Mischgeweben; in der Streichgarnindustrie; in der Vorappretur von Stückware; zum Waschen von Schweißwolle, Gerberwolle, Abfällen und Wickeln; bei der Behandlung vegetabilischer oder künstlicher Fasern, Gespinste oder Gewebe in Bädern üblicher Alkalität; bei der neutralen Wäsche von Azetatseide, Kunstseide und Mischgeweben bei allen Temperaturen; beim Waschen von Garnen jeglicher Art, insbesondere zur Wäsche von Kammgarn sowie Kammzug unter Zusatz von Alkali (daß die Waschbäder deutlich lackmus-alkalisch reagieren — NB. bei hohem Ölsäuregehalt der Schmelze größere Mengen!) auf allen Systemen, auch zum Waschen von Kreuzspulen oder Bündelgarn im Packapparat; als Schutzmittel gegen das Ausfallen von Kalkseife; zur Wäsche von Streichgarnen (mit Olein geschmelzt!) unter Zusatz von Soda, Pottasche oder Ammoniak, besonders bei hartem Wasser oder Gerberwollen mit viel Kalk; in der Vorappretur; zur Entfernung geringer Mengen Neutralöl aus rohen Kammgarngeweben, evtl. unter Zusatz von wenig Ammoniak oder Soda; zur Entfernung von Ölschmierflecken durch örtliche Behandlung mit nachfolgendem Auswaschen; zur Wäsche leichter Kammgarnstoffe, z. B. Damenkonfektionsstoffe, ohne Seifenzusatz, nur unter Zugabe von wenig Ammoniak (wenn Schluß verlangt wird, evtl. auch unter Mitverwendung von etwas Seife!); zur Reinhaltung von Weißeffekten in weißgemusterten Stoffen und zur Verhütung des Ausblutens von Farbstoff auf das Weiß in schwach essig- oder ameisensaurem Waschbad; zur Erzeugung gleichmäßiger Verteilung des Oleins in der Walke von schwer walkenden Kunstwollstoffen; *Mengen:* NB. man setze 5—10%ige Stammlösungen an durch Anrühren mit etwa der 4fachen Menge heißem Wasser, evtl. kurzem Aufkochen und Verdünnen mit warmem

Wasser! b. Waschen: neben soviel Soda oder Ammoniak, daß die Waschflotte schwach alkalisch ist: 0,5—1 g/l; z. Nachbehandlung gefärbter Artikel zwecks Verbesserung der Reibechtheit, allein oder zusammen mit Seife oder Walkerde: 1,5 g/l; b. Waschen von reichlich mit Olivenöl geschmelztem Kammgarn: neben 0,5 g/l Soda kalz.: 1 g/l (45° C); als Schutzmittel gegen das Ausfallen von Kalkseife: 0,3—0,5 g/l; z. Entfernen von eingetrockneten Kalkseifenniederschlägen: 1—5 g/l (15—30 Min.; ca. 50°; zweckmäßig vorher einige Stunden kalt einweichen!); z. Wäsche von Halbwoll-, Vigogne-, Haargarnen usw. (die z. B. meist auch mit Mineralöl geschmelzt sind): 1. neben 2—4 g/l Soda kalz. und evtl. 2—3 ccm/l Laventin KB: 2 g/l; 2. (neben 3—5 g/l Soda in einem Vorwaschbad m. kurzem Spülen!) neben 0,1 g/l Soda kalz. und 1—2 ccm/l Laventin KB: 1—1,5 g/l (ca. 50° C); 3. bei der Nachbehandlung von gefärbten Garnen zwecks Verbesserung der Reibechtheit bei sauer ziehenden Farbstoffen (z. B. Supramin- oder Supranolfarbstoffen): 0,5—1 g/l (1/2 Stde.; 60—65° C); z. Waschen von Schweißwolle: a) im Einweichtrog: neben 2 g/l Soda kalz.: 1 g/l; b) im Waschtrog: neben 1,3 g/l Soda kalz.: 1,3 g/l (50° C; spülen); b. Waschen von Wolle a. d. Leviathan: 1 g/l im 1. Bottich, 1,5 g/l im 2. und 3. Bottich, neben: je ca. 0,5—2 g/l Soda (und zwar im 1. Bad: niederste Igepon- und höchste Sodamenge, also 1 g/l und 2 g/l, in den folgenden: etwa gleiche Mengen, nämlich 1,5—1 g/l, im letzten Waschbad: nur 0,5 g/l Igepon A (ca. 50° C); z. Waschen von Abfällen, Enden, Wickeln, Haaren usw., auch Mineralöl enthaltenden Spinnereiabgängen: neben 1—2 g/l Soda kalz. u. 2 ccm/l Laventin KB: 2—3 g/l; z. Waschen von Gerberwollen (Hautwollen) nach einer Vorwäsche mit Soda bzw. einem Absäuern mit Salzsäure und Spülen: 1—2 g/l; b. Färben loser, ungewaschener Wolle mit sauren Farben: 5 g/l; (NB. vorzuziehen ist eine Vorwäsche im Apparat und dann erst nach kurzem Spülen das Färben!); i. d. Walke von Stoffen vor der Wäsche ohne Vorwäsche: neben evtl. Ammoniak oder Soda: 100 g/Stück; i. d. Walke stückfarbiger Kammgarnfeintuche mit Seife und Soda oder Ammoniak nach Abstoßen des Gerbers, vor Beginn des Fertigspülens: 100 g/Stück; z. Walken von garnfarbigen Kammgarnstoffen, z. B. Herrenstoffen, an Stelle der Seifenwalke: neben 1/4 l Ammoniak: 250 g/Stück von ca. 25 kg Rohgewicht; (Walkdauer wie bei der Seifenwalke; anschließend neben etwa 1 l Ammoniak: 1 kg Seife je Stück zufügen und zur Verbesserung des Schlusses auf die Waschmaschine geben!); i. d. Walke von Streichgarntuchen, wie Uniform- und Manteltuchen, Paletotstoffen und Wolldecken ohne Vorwäsche zur Erzielung guten Schlusses und guter Decke: neben Seife (beim Walken und Waschen!): 100 g/Stück; i. d. Walke von Artikeln, bei denen eine starke Verfilzung der Oberfläche vermieden werden muß, z. B. Naßfilzen für die Papierindustrie: neben etwa der Hälfte der zur Verseifung des gesamten Oleins nötigen Sodamenge (bei 8% Oleingehalt etwa 1% d. W. Soda!): 100 g/Stück (gelöst in der 20fachen Menge Wasser; NB. beim Entgerbern noch Igepon und Soda zusetzen, daß das Bad auf Phenolphthaleinpapier kräftig rot reagiert!); i. d. Wäsche von Waren, bei denen jegliche Verfilzung vermieden werden soll: neben 1,5 kg Soda: 150—200 g je Stück von 25 kg Rohgewicht; z. Entfernung unverseifbarer Öle (Mineralöle) aus Geweben nach kurzer Vorwäsche mit Soda (ca. 3 kg je Waschmaschine) und Seife (0,5 kg je Waschmaschine): neben 4 kg Soda, 2 kg Seife und evtl. 0,7 kg Laventin: 1 kg je Waschmaschine und 150 kg Ware; *Lit.:* Seifensieder-Ztg. 1931 S. 543 u. 760; 1932 S. 358, 733 u. 838; Melliand Textilber. 1931 S. 196—198.

Igepon T **I. G. Farbenindustrie AG., Frankfurt a. M.**

Geb.-J.: 1931; *i/Kurs:* ja; *analog:* Igepon T Pulver, von dem es sich nur durch die äußere Beschaffenheit und die schwerere Löslichkeit, nicht aber in seinen allgemeinen Eigenschaften und in der Ausgiebigkeit unterscheidet, sowie Igepon A, AP und AP extra, jedoch von höherer Säure- und Alkalibeständigkeit als die A-Marken, aber von geringerem Wasch- und Reinigungsvermögen; *Konstit.:* [Fettalkoholsulfonat (enthält noch ein zweites Sulfonierungsprodukt[1]); saure Gruppe enthaltender Schwefelsäureester des 7-18-Stearylen-Glykols (Hydr. Prod. des Rizinusöls[2]); nach Herstellers Angaben: Fettsäurederivat]; nach H. Stadlinger: Na-Salz der Amidverb. aus Ölsäure und Taurin (Aminoäthansulfosäure)

$$\begin{array}{rl} CH_3(CH_2)_7 \cdot CH = CH(CH_2)_7CO \cdot & \boxed{OH} \\ NaO \cdot SO_2 \cdot CH_2 \cdot CH_2 \cdot \underset{\underset{CH_3}{|}}{N} \cdot & \boxed{\;\;H} \end{array}$$

Äuß.: Paste, gelblich weiß; *Reakt.:* neutral, auch in wässeriger Lösung; erleidet keine Hydrolyse; *Eigensch.:* hohe Wasch- und Reinigungswirkung (besser als die der Seife!), auch in saurem Medium und in hartem Wasser; verhindert, auch zusammen mit Seife angewandt, die Bildung von Kalkseife; löst bereits gebildete und getrocknete Kalkseife; Schutz- und Lösewirkung auf Kalkseife, auch in alkalischen Flotten und bei hohen Temperaturen; Walkwirkung in saurer Flotte; Beuchwirkung; netzend, egalisierend, dispergierend; Lösevermögen für Fette, Wachse, Pektinstoffe, Schalen; hohes Schaumvermögen; faserschützend (kein Filzen!); gibt vollen, weichen, geschmeidigen Griff und hohen Weißeffekt (kein Vergilben der Weißtöne!); erzeugt reine Töne und reibechte Färbungen; ist fast geruchlos, sowie lager-, farb- und geruchsbeständig; in der Bleiche steigert es den Bleicheffekt; verringert die Dauer sowie den Alkaligehalt der Bleichbäder und die angewandten Bleichmittel; kann zusammen mit Ameisen- oder Essigsäure und evtl. Chromkali bzw. Perborat zur raschen Entwicklung von Färbungen verwendet werden; zieht, ähnlich wie ein Farbstoff, gut wasch- und walkecht auf die Faser, deren Gewicht dabei erhöhend; beeinträchtigt nicht die Licht- und Lagerechtheit von Färbungen bzw. Waren; verlangsamt i. d. Halbwollfärberei b. Kochtemperatur das Anfärben d. Wolle, so daß die Baumwolle tiefer als Wolle gefärbt wird; verringert die Gefahr des Ausblutens unechter Färbungen in der sauren Walke; erzeugt in der Herstellung von Wollhüten beim Schmelzen (an Stelle von Glyzerin oder Türkischrotöl) gleichmäßigen Krempelflor und ausgezeichnetes Rendement; beschleunigt, Spülbädern zugesetzt, das Auswaschen der letzten Seifenreste und erspart die Anwendung übermäßig großer Mengen Spülwasser; *Lö. Be.:* leicht löslich in Wasser (konzentrierte Lösungen werden beim Erkalten dickflüssig und fadenziehend); alkali- und säurebeständig (fast absolut), auch bei hohen Konzentrationen und bei allen Temperaturen; härtebeständig; (löst sich in Wasser von 100° d. H. klar); metallsalzbeständig (bildet lösliche Cu-, Cr-, Zn-, Pb-, Mn-, Fe- und Al-Salze!); beständig in Chlorkalk-, Natriumhypochlorit- und Wasserstoffsuperoxydlösungen; (im Gegensatz zu den Igepon A-Marken) auch beständig in kochendem, schwefelsaurem Bad; *Verw.:* nicht für Kaliumpermanganatbäder! nicht in Merzerisierlaugen! nicht beim Färben mit basischen Farbstoffen! beim Bleichen von Wolle als Zusatz zu den Bleichbädern (Superoxyd-, Blankit I- und Bisulfitbäder); zum Vornetzen bei der Schwefelkastenbleiche; zum Bleichen auch von unausgekochtem Material (lose, Garn, Kreuzspule, Kettbaum, Stückware!), Leinen und Stroh, sowohl auf der Haspelkufe wie auf dem Apparat; zum Veredeln vegetabilischer und künstlicher Fasern; zum Färben von Baumwolle; als Zusatz bei Direkt-, Schwefel- und Küpenfärbungen, für Apparat- und Stückfärberei, insbesondere beim Färben mit Indanthrenfarbstoffen; beim Färben von Kunstseide und Mischgeweben; zum Spülen und Nachwaschen; zum Nachbehandeln von Küpenfarbstoffen, insbesondere Indanthrenfarbstoffen, sowie zum Auswaschen von Drucken, für sich oder zusammen mit Seife; beim Färben von Naphtholprodukten; zum Lösen der Naphthole (evtl. in Kombination mit unbeständigen Färbeölen!); beim Entschlichten mit Säuren oder Fermenten (Biolase oder Viveral E!); zum Waschen von Wolle, Baumwolle und Kunstseide; als Egalisierungsmittel für saure Farbstoffe und Chromentwicklungsfarbstoffe; beim Färben mit schwer egalisierenden Farbstoffen oder bei schwer gleichmäßig und schwierig durchzufärbenden Materialien (Garne, Stückware, Filze!) neben den üblichen Mengen Ameisensäure, Essigsäure oder Schwefelsäure bei unter Umständen reduzierten Salzzusätzen; als Hilfsmittel beim Abziehen von Lappen mit Decrolin löslich konz. und von Umfärbern und als Hilfsmittel beim Umfärben oder bei der Nachbehandlung nicht einwandfrei ausgefallener Ware; beim Färben von Wolle (loses Material, Kammzug, Garn, Stückware, Filz!), besonders auf Apparaten; in der Halbwollfärberei; in der sauren (insbesondere in der schwefelsauren) Walke von Webartikeln, Filzen, Woll- und Haarhüten; zum Schmelzen der Wolle; in der Weißwäscherei, besonders bei hartem Wasser, allein oder neben Seife, in Einweich- und Kochflotten sowohl wie in Spülwässern; zum Abziehen von Imprägnierungen fettsaurer Tonerde; *Mengen:* NB. man setze 5—20%ige Stammlösungen an durch Verrühren der Paste mit kochend heißem Wasser, evtl. Aufkochen und weiterer Zugabe heißen Wassers! b. d. Wasserstoffsuperoxydbleiche: 1—2 g/l des schwach alkalischen oder sogar neutralen Superoxydbades (40° C; zum Alkalischmachen nimmt man statt des unstabilen Ammoniaks bzw. starker Alkalien besser Stoffe, wie Trinatriumphosphat, Wasserglas, Natriumpyrophosphat!); b. schwer bleichbarer Ware: 5 g/l; b. leicht bleichbarer Ware: 0,5 g/l; b. d. Blankit I-Bleiche: neben 2—3 g/l Blankit I: 1—2 g/l (nicht mehr, da keine Wirkungssteigerung!); b. d. Bisulfitbleiche: neben 8 ccm/l Natriumbisulfit (38—40° Bé) und 0,6 ccm/l H_2SO_4 (66° Bé = 96%): 0,2 g/l; b. d. Schwefelkastenbleiche im Vorbad: 2 g/l; i. d. Bleiche mit Hypochloritlauge, Chlorkalk, Peroxyd, sowie in der kombinierten Chlorsauerstoffbleiche: neben 2% d. W. Soda kalz. und 1—1,5 g/l akt. Chlor: 1—2% d. W. (2—$2^1/_2$ Stdn. bei 25° oder 1—$1^1/_2$ Stdn. bei 40—45°); b. Nachwaschen von Bleichware: 0,25 g/l; b. Nachbehandeln von Küpenfärbungen: neben 3—4 g/l Seife: 0,5—1 g/l; b. Nachbehandeln von Naphtholfärbungen: 0,5—1 g/l Seifenbad; z. Lösen von Kalkseife beim Spülen: 2 g/l Spülbad; b. Beuchen von Baumwolle mit Druck: 0,5—1 g/l; b. Beuchen von Baumwolle ohne Druck: 1—2 g/l; b. Schlichten als Zusatz zu mit Hilfe von Seife hergestellten, ölhaltigen Schlichte- und Appreturflotten: neben abgebrochenen Seifenmengen: 0,5—2 g/l; zum Entfernen von Leinölschlichte aus Kunstseide: neben 2 g/l Seife und 2 g/l Laventin BL (sowie 1—2 g/l Soda kalz. bei Viskose!): 0,5 g/l (70—80°); i. d. Woll- und Halbwollfärberei: 1—2% d. W.; beim Abziehen von Lappen mit Decrolin löslich konz. und von Umfärbern: 1—2 g/l; b. Umfärben und bei der Nachbehandlung nicht einwandfrei ausgefallener Ware: 2—4% d. W.; i. d. sauren Walke: 0,5 g/l; b. d. Herstellung von Wollhüten, zum Schmelzen an Stelle von Glyzerin oder Türkischrotöl: 15 l einer 6—10%igen Lösung/100 kg Material; i. d. Weißwäscherei, als Zusatz zu Einweichbädern, Kochflotten und ersten Spülwässern: 1—2 g/l; i. d. Weißwäscherei, als Zusatz neben Seife: 0,2 g/l (bei ungünstigen Wasserverhältnissen); b. Abziehen von Imprägnierungen fettsaurer Tonerde (in schwach saurem Bade): 3—5 g/l; *Lit.:* Seidensieder-Ztg. 1931 S. 543 u. 760; 1932 S. [1]65, 283, 358, 361, [2]643, 733 u. 838; Melliand Textilber. 1931 S. 196 bis 198; Chem. Umschau, Fette 1932 S. 218 u. R. Hueter, Chem. Umschau, Fette 1932 S. 27; Seifensieder-Ztg. 1934 Nr. 14 S. 256.

Igepon T Pulver **I. G. Farbenindustrie AG., Frankfurt a. M.**

Geb.-J.: 1931; *i/Kurs:* ja; *analog:* Igepon T, von dem es sich nur durch die äußere Beschaffenheit und Löslichkeit, nicht aber in seinen allgemeinen Eigenschaften und in der Ausgiebigkeit unterscheidet, sowie Igepon A, AP und AP extra, jedoch von höherer Säure- und Alkalibeständigkeit als die A-Marken, aber von geringerem Wasch- und Reinigungsvermögen; *Konstit.:* [Fettalkoholsulfonat (enthält noch ein zweites Sulfonierungsprodukt[1]!); saure Gruppe enthaltender Schwefelsäureester des 7-18-Stearylen-Glykols (Hydrierungsprodukt des Rizinusöls[2]); nach Herstellers Angaben: Fettsäurederivat]; nach H. Stadlinger: Na-Salz der Amidverb. aus Ölsäure und Taurin (Aminoäthansulfosäure)

$$\begin{array}{r|c|}\cline{2-2} CH_3(CH_2)_7 \cdot CH = CH(CH_2)_7CO \cdot & OH \\ NaO \cdot SO_2 \cdot CH_2 \cdot CH_2 \cdot \underset{\displaystyle CH_3}{\underset{|}{N}} \cdot & H \\ \cline{2-2} \end{array}$$

Äuß.: Pulver, weiß; *Reakt.:* siehe Igepon T! *Eigensch.:* siehe Igepon T! *Lö. Be.:* leichter löslich in Wasser als Igepon T, sonst jedoch wie Igepon T; *Verw., Mengen:* siehe Igepon T; *Lit.:* Seifensieder-Ztg. 1932 S. [1] 65, 283, 358, 361, [2] 643, 733 u. 838.

IG-Wachse **I. G. Farbenindustrie AG., Frankfurt a. M.**

i/Kurs: ja; *Konstit.:* synthetische Wachse;

	Reaktion:	*Aussehen:*	*Geb.-J.:*
IG-Wachs BJ ungebl.	neutral	gelb	1932
IG-Wachs BJ gebl.	„	weiß	1932
IG-Wachs E	„	schwach gelb	1931
IG-Wachs EG	„	„ „	1936
IG-Wachs L	schwach sauer	gelblich	1937
IG-Wachs N neu	neutral	grau-weiß	1933
IG-Wachs O	„	„	1930
IG-Wachs OP	„	„	1931
IG-Wachs S	schwach sauer	weiß	1930
IG-Wachs V	neutral	reinweiß	1933

Eigensch.: wachsartig; (unterscheiden sich voneinander hauptsächlich in der Härte, in der Verseifbarkeit und im Schmelzpunkt!)

		Konsistenz:	*Schmelzpunkt:* °C	*Verseifungszahl:*	*Unverseifbares:* %
IG-Wachs	BJ ungebl.	weich	71— 74	140—160	20—25
„	BJ gebl.	„	70— 73	163—183	21—24
„	E	hart	79— 82	158—178	5— 8
„	EG	„	72— 75	158—173	5— 8
„	L	sehr hart	80— 83	155—170	7—10
„	N neu	weich	72— 74	118—133	22—26
„	O	sehr hart	102—106	116—133	5— 8
„	OP	„ „	102—106	115—132	5— 8
„	S	„ „	80— 83	160—175	7—10
„	V	„ „	50— 52	—	100

Lö. Be.: in Wasser unlöslich; löslich in organischen Lösungsmitteln, Ölen u. dgl.; in Wasser emulgierbar (die Marken N und N neu ohne Emulgator in Wasser emulgierbar); *Verw.:* in der Textilindustrie beim Wasserdichtimprägnieren von schweren Zeltbahnen, Segeltuchen, Verdeckstoffen und ähnlichen Materialien; als Zusatz zu Appreturmassen zur Erzielung eines hohen Glanzes; in der Schlichterei zur Glättung der Fäden, besonders bei Bindfäden, Kordeln, Hanfbindfäden usw.; zum Polieren und Lüstrieren von Fäden und Kordeln, z. B. Bindfäden, Schusterzwirn, Harnischkordeln, Leinenzwirn, Eisengarn und Nähzwirn; zur Erhöhung der Geschmeidigkeit und Glätte von Zwirnen, Kordeln in der „Velvet"-Industrie (um beim Bürsten einen möglichst hohen Glanz zu erzielen); (IG-Wachs BJ besonders bei der Herstellung von Chintz-Artikeln).

Immofil **Röhm & Haas AG., Darmstadt.**

i/Kurs: ja; *Konstit.:* organische und anorganische komplexe Metallsalzverbindungen; *Reakt.:* sauer; *Äuß.:* wasserhelle Flüssigkeit; *Verw.:* zum Schiebefestmachen von Geweben aller Art, insbesondere Kunstseide.

Immofil ZW **Röhm & Haas AG., Darmstadt.**

i/Kurs: ja; *Konstit.:* organische und anorganische komplexe Metallsalzverbindungen; *Äuß.:* wasserhelle Flüssigkeit; *Reakt.:* sauer; *Eigensch.:* erhöht die Verspinnbarkeit der Zellwolle; *Verw.:* beim Spinnen von Zellwolle.

Imperialin B **Chem. Fabr. R. Baumheier, Oschatz-Zschöllau.**

i/Kurs: ja; *Äuß.:* gelblich, braune Flüssigkeit; *Lö. Be.:* in Wasser leicht emulgierbar; *Verw.:* als Fettlöser für alle Zwecke.

Imprägnier-Appretur **Chem. Fabr. Meerane, Meerane i. Sa.**

i/Kurs: ja; *Eigensch.:* verhütet das Schreiben der Ware; *Verw.:* zum Beschweren bei der Imprägnierung.

Imprägnierseife CFD **Zschimmer & Schwarz, Chemnitz.**

Konstit.: Kernseife; *Verw.:* speziell für Imprägnierungen aller Arten nach dem Seife-ameisensauren Tonerde-Verfahren.

Imprägnierung CFD (Fixierlösung CFD) **Zschimmer & Schwarz, Chemnitz.**

Geb.-J.: 1930; *i/Kurs:* ja; *analog:* Anthydrin; *Konstit.:* seifenartige Körper + Wachse; *Äuß.:* Paste, weiß; (die Fixierlösung ist eine wasserhelle Flüssigkeit!); *Reakt.:* fast neutral bis schwach alkalisch; *Eigensch.:* erzeugt weiches, elastisches, knitterfreies, luftdurchlässiges Gewebe; beeinträchtigt die Farben nicht; macht zusammen mit der Fixierlösung CFD angewandt Gewebe und Gewirke wasserabstoßend; *Verw.:* zum Wasserabstoßendmachen bei feinen und zarten Web- und Wirkwaren, wie kunstseidenen Strümpfen, leichten Mantel- und Schalstoffen; *Mengen:* z. Imprägnieren: a) Imprägnierbad: 1 Teil Imprägnierung CFD auf 20—60 Teile Wasser (zuerst mit der doppelten, 60—70° heißen Menge Wasser verrühren!) (10 Min.); b) Fixierbad: 25 g/l kalten Wassers (10 Min.); NB. das Fixierbad läßt sich nur einmal benützen! imprägniertes Material darf nicht getrocknet werden, um es dann wieder anzufeuchten, da es kein Wasser mehr aufnimmt! *H. Pat., V. Pat.:* DRP. a.

Imprägnol M **Chem. Fabr. Pfersee, Augsburg.**

Geb.-J.: 1930; *i/Kurs:* ja; *analog:* von Imprägnol M gibt es 2 Marken; die Marke D erzeugt neben der wasserabstoßenden Imprägnierung geringe

Appreturwirkung, während die Marke DL neben der wasserabstoßenden Imprägnierung keine Veränderung des Griffes bewirkt; *Konstit.:* Paraffinemulsion + Al-Salze; *Äuß.:* weiße Paste; *Eigensch.:* ohne irgendwelche Zusätze wirksam und verarbeitbar; frost- und hitzebeständig; unter Verschluß aufbewahrt, unbegrenzt haltbar; *Lö. Be.:* in heißem Wasser leicht auflösbar, dann mit kaltem Wasser beliebig verdünnbar; beständig gegen Härtebildner des Wassers (kein enthärtetes Wasser nehmen oder doch dieses vorher mit Essig oder Ameisensäure neutralisieren!); *Verw.:* beim Imprägnieren; zum Porös-Wasserabstoßendmachen; auf der Kufe, Haspelkufe, Strang- und Breitwaschmaschine, auf dem Färbeapparat, auf der Walke, Lisseuse usw. nach dem Passage- und Ausziehverfahren; *Mengen:* mit der 2—3fachen Menge ca. 60—70° C heißen Wassers verrühren und durch ein Haarsieb oder Filtertuch der Arbeitsflotte zusetzen! Nacherhitzen bzw. Wiedererwärmen der fertigen Flotte mit direktem oder indirektem Dampf vermeiden!; saubere Gefäße und Apparate — am besten aus Holz, Email, V 4 A-Stahl — nehmen! Reste von Säuren, Alkalien oder Seifen beeinträchtigen den Imprägniereffekt und die Beständigkeit der Flotte, sind also zu vermeiden; gefrorenes Imprägnol vor dem Auflösen im Wasserbad aufschmelzen! NB. die Arbeitsflotte kann beliebig bis zu 80° C vor Zugabe der Imprägnolansatzflotte erwärmt werden! beim Passageverfahren auf Maschinen mit einer Abquetschvorrichtung: 2—5%ige Flotten (je nach Faserart!); beim Ausziehverfahren sofort nach dem Färben und Spülen auf derselben Maschine, meist naß, doch auch trocken: bei einem Flottenverhältnis von 1 : 5 bis 1 : 60: 2—10% der Ware (eine halbe Stunde! bei zu schnellem Ausziehen Temperaturen senken oder Flotten verkürzen!); bei der Garnimprägnierung nach dem Ausziehverfahren auf Färbeapparaten oder Kufe: 4—6% der Ware bei einem Flottenverhältnis 1 : 40 bis 1 : 60; bei der laufenden Garnimprägnierung auf der Kufe: 20 g/l (eine halbe Stunde behandeln, kurz schleudern und trocknen! vor einer neuen Partie Nachsatz von 3% vom Trockengewicht der vorher imprägnierten Ware! eintretenden Flottenverlust durch Nachfüllen 2%iger Lösung ergänzen!).

Imprägnol SE **Chem. Fabr. Pfersee, Augsburg.**

Geb.-J.: 1927; *i/Kurs:* ja; *Konstit.:* Paraffinemulsion; *Äuß.:* weiße Paste; *Eigensch.:* gewährleistet gute Wasserundurchlässigkeit, ohne die Poren zu verkleben; erhält den natürlichen Stoffcharakter, verbessert den Griff; *Verw.:* beim Imprägnieren; zum Wasserdichtmachen von Geweben aller Art im Einbad- oder Klotzverfahren; gleich für BW, W, S, KS wie für MG; *Mengen:* NB. mit der 5fachen Menge 60° warmen Wassers anrühren, dann mit kaltem Wasser auf die notwendige Konzentration einstellen! wenn festgefroren, vorher durch Einstellen in ca. 50° warmes Wasser verflüssigen; für eine normale Imprägnierung nach dem Einbadverfahren: 2—3 kg pro 100 l Wasser neben 1 l ameisensaurer Tonerde von 8° Bé [Ware auf dem Jigger, auf einer Gummier- oder Breitwaschmaschine — ohne zu erwärmen — behandeln (Flotte dauernd bewegen!) abquetschen und trocknen]; nach dem Klotzverfahren im Zweibad für besondere Wasserdichtheit ohne Zwischentrocknung: 1. Bad: 10 l ameisensaure Tonerde von 8° Bé auf 100 l Flotte (abquetschen!); 2. (Klotz-) Bad: 50 g/l (anschließend trocknen!).

Impregnator **J. Simon & Dürkheim, Offenbach a. M.**

Geb.-J.: 1931; *i/Kurs:* ja; *analog:* Rayonit, Paraffinemulsion EMP 100%ig und Paraffinemulsion 100%ig; *Konstit.:* Paraffin + $\underbrace{\text{Emulgator + Tonerde}}_{\text{Metallseife}}$; *Äuß.:* weißl. Paste; *Reakt.:* techn. neutral; *Eigensch.:* wasserdichtmachend, wasserabstoßend; *Lö. Be.:* gibt mit Wasser eine Emulsion; *Verw.:* zum Imprägnieren pflanzl. und tier. Fasermaterialien in einem Bade; *Mengen:* 10% d. W.

Indulan PE **Dr. A. Schmitz, Düsseldorf-Oberkassel.**

Geb.-J.: 1930; *i/Kurs:* ja; *Äuß.:* Flüssigkeit, technisch wasserfrei, Siedepunkt von etwa 170° C, gelb; *Lö. Be.:* in hartem Wasser ziemlich, in Kochlaugen gut beständig; wegen der Gefahr des Aussalzens soll man es weder zu unverdünnter Natronlauge noch zu kalten, stark alkalischen Kochlaugen geben, sondern soll es der kochend heißen Kochlauge zusetzen; gibt, wenn mit heißem Wasser vermischt wird, haltbare und gleichmäßige Emulsionen; *Verw.:* für Baumwolle und Leinen als Beuchöl zum Entfetten und Reinigen beim Abkochen und Beuchen; für Bleicherei und Wäscherei; *Mengen:* b. Beuchen: 3—5% d. W. in sonst üblicher Beuchflotte von 2,5—4% Soda kalz. oder 2—3% Natronlauge 40° Bé.

Inferol DF **A. Th. Böhme, Dresden-N. 6.**

Geb.-J.: 1933; *i/Kurs:* ja; *Konstit.:* fettaromatische Sulfosäure; *Äuß.:* braunes Öl; *Reakt.:* neutral; *Eigensch.:* gutes Durchdringungsvermögen; *Lö. Be.:* hochbeständig gegen Alkali und Salze; *Verw.:* zum Egalisieren und Durchfärben von dichtem Material; beim Indanthren- und Schwefelfärben; *Mengen:* meist 1—2% der Ware.

Inferol M **A. Th. Böhme, Dresden-N. 6.**

i/Kurs: ja; *Äuß.:* braune Flüssigkeit; *Reakt.:* neutral; *Eigensch.:* hochwirksam; netzend; von unbegrenzt gleichbleibender Netzwirkung in alten Flotten; *Lö. Be.:* beständig in Merzerisierlaugen bis zu 36° Bé; *Verw.:* als Netzmittel für Merzerisierlaugen; *Mengen:* bei der Rohmerzerisation: 15 g/l; *Lit.:* Melliand Textilber. 1931 Heft 5.

Inferol M extra **A. Th. Böhme, Dresden-N. 6.**

analog: Inferol MO; Inferol M; Inferol M spezial; *Konstit.:* Kresol + Netzkörper + Lösungsmittel; *Äuß.:* Flüssigkeit; *Reakt.:* neutral; *Eigensch.:* netzend; *Lö. Be.:* beständig in Merzerisierlaugen über 36° Bé (unter 36° Bé siehe Inferol M!); monatelang gleichbleibend; *Verw.:* als Netzmittel für Merzerisierlaugen; *Mengen:* b. d. Merzerisation abgekochter Ware: 2—5 g/l; b. d. Rohmerzerisation: 15 g/l; *H. Pat., V. Pat.:* DRP. angem.

Inferol MO **A. Th. Böhme, Dresden-N. 6.**

i/Kurs: ja; *Konstit.:* sulfoniertes Öl + Netzmittel; *Äuß.:* braune Flüssigkeit; *Eigensch.:* netzfähig; *Lö. Be.:* hohe Laugenbeständigkeit; *Verw.:* als Zusatz zu Merzerisierlaugen, bei Krepponierungsbädern und zum Laugen; *Mengen:* bei vorgenetzter Ware, Bleich- oder Farbware: 2—5 g/l.

Inferol M spez. **A. Th. Böhme, Dresden-N. 6.**

i/Kurs: ja; *Eigensch.:* ausgezeichnete Netz- und Schrumpfwirkung in Laugen bis 30° Bé; *H. Pat., V. Pat.:* DRP.; *Lit.:* Klepzig 1931 S. 200.

Inferol NF **A. Th. Böhme, Dresden-N. 6.**

i/Kurs: nein; *analog:* (der Name Inferol NF wurde geändert in NFK) identisch mit NFK; *Eigensch.:* Netz- und Durchdringungsvermögen; verkürzt den Färbeprozeß; *Lö. Be.:* kalkbeständig; *Verw.:* als Kaltnetzmittel; beim Färben; beim Abkochen.

Inferol NFK **A. Th. Böhme, Dresden-N. 6.**

Geb.-J.: 1933; *i/Kurs:* ja; *Konstit.:* Fettalkoholsulfonat; *Äuß.:* klare bräunliche Flüssigkeit; *Eigensch.:* hohes Netz- und Durchdringungsvermögen in kalten und warmen Flotten; gut schäumend; reinigend; *Lö. Be.:* kalkbeständig; weitgehend magnesiabeständig; *Verw.:* zum Vornetzen, Abkochen, Vorreinigen; als Zusatz zum Farbbad; in Sauerstoffbleichflotten; zum Anteigen von Farbstoffen; als Zusatz zu Schlicht- und Appreturflotten als Netzmittel, besonders als Kaltnetzmittel; *Mengen:* allgemein: 0,5—1% der Ware.

Inferol O 15 **A. Th. Böhme, Dresden-N. 6.**

Geb.-J.: 1935; *i/Kurs:* ja; *Konstit.:* hochsulfonierte Fettsäuren; *Äuß.:* dickflüssiges, braunes Öl; *Eigensch.:* netzend und weichmachend; faserschützend; *Lö. Be.:* gut beständig gegen Salz, Säure, Kalk und Bittersalz (bis 20%ige Lösungen); *Verw.:* als Wollfärbeöl bei sauren Färbungen; als Weichmachmittel für Appreturen, vor allem für leichtere bis mittlere Bittersalzappreturen.

Inferol 50 **A. Th. Böhme, Dresden-N. 6.**

analog: Geneucol MM; *Konstit.:* hochsulfoniertes Ölprodukt; *Äuß.:* flüssig, braun; *Reakt.:* schwach sauer; *Eigensch.:* netzend; verhindert, zusammen mit Seife angewendet, die Bildung von Kalkseife; *Lö. Be.:* kalkbeständig bis zu 50° d. H.; bittersalz- und säurebeständig; *Verw.:* als Netz- und Färbeöl in Fällen, wo besonders hohe Kalkbeständigkeit verlangt wird; als Zusatz zu Seifenbädern, um Kalkseifenbildung zu verhindern; in der Bittersalzappretur; *Mengen:* 0,5—1 g/l; *Lit.:* Melliand Textilber. 1930 S. 610.

Inferol 229 B **A. Th. Böhme, Dresden-N. 6.**

Geb.-J.: 1931; *i/Kurs:* ja; *Konstit.:* Fettalkoholsulfonat (enthält höhere Äther); *Äuß.:* gelbliche, flüssige Paste; *Reakt.:* neutral; *Eigensch.:* egalisierend; hohes Netzvermögen bei Temperaturen von 35° aufwärts, höchste Netzfähigkeit zwischen 50—80° und in kochenden Flotten (auch in alkalischem Medium); *Lö. Be.:* in heißem Wasser (5—10fache Menge) mit leichter Opaleszenz löslich; vollkommen beständig in hartem Wasser (beim Kochen ca. 30° d. H.), in Alkalien (bis zu 3—4° Bé), in Säuren (selbst bei längerem Kochen), in Sauerstoffbleichbädern; *Verw.:* zum Vornetzen bei Temperaturen von 40° an aufwärts; zum Abkochen; als Zusatz zu Direkt- und Indanthrenfarbbädern, zum Durchfärben und Egalisieren; zum Durchfärben von Strumpfnähten; *Mengen:* allgemein: 0,3—1,5 g/l; zum Abkochen und Vornetzen: 0,5—1 g/l; in der Apparatefärberei: 0,5 g/l; *H. Pat., V. Pat.:* DRP.; *Lit.:* Klepzig 1930 Heft 49; 1931 S. 200.

Inferol 229 BNS **A. Th. Böhme, Dresden-N. 6.**

Geb.-J.: 1931; *analog:* den übrigen Inferol 229-Marken; *Konstit.:* sulfonierter Fettalkohol; *Äuß.:* gelbliche Paste; *Reakt.:* neutral, $p_H = 6{,}2$; *Eigensch.:* hohes Netzvermögen bei Temperaturen von 35° C an aufwärts; höchste Netzfähigkeit zwischen 50 und 80° C, jedoch auch noch beim Kochen; *Egalisiervermögen;* verhindert das Schäumen der Küpe sowie Hautbildung auf der Oberfläche in der Indanthrenfärberei; kein Schaumvermögen; *Lö. Be.:* löst sich durch Übergießen mit der 5—10fachen Menge heißem Wasser bzw. durch Aufkochen, ist alsdann in kaltem mit leichter Opaleszenz löslich; in hartem Wasser praktisch vollkommen beständig; bleibt in kaltem Wasser von 50° d. H. vollkommen klar; verträgt beim Kochen ca. 30° d. H.; vermag als Zusatz zu Seifenbädern bei Wasser bis zu 15° d. H. die klebrigen Kalkseifenausscheidungen zu verhindern; selbst bei härterem Wasser treten sich etwa bildende Kalkseifenausscheidungen in einer Form auf, die die Ware nicht verschmieren läßt; in Alkalien beständig bis zu 3° Bé Natronlauge (was praktisch für alle Indanthren- und Beuchbäder genügt); *Lö. Be.:* beständig in Schwefelsäure (2,5 g/l) selbst bei längerem Kochen; beständig in Sauerstoffbleichbädern üblicher Konzentration; *Verw.:* zum Färben von Wolle und Baumwolle; zum Vornetzen bei Temperaturen von 40° C und darüber; als Zusatz zu den gebräuchlichen Farbbädern; zum Drucken; in heißen Wasserstoffsuperoxydbleichbädern (H_2O_2, Na_2O_2); zum Durchfärben von Nähten bei Strumpfware; insbesondere für die Beuche; *Mengen:* allgemein: 0,3—1,5 g/l; z. Klotzen: 20—30 g/kg Paste; i. d. Beuche: 0,3—0,5 g/l; b. Abkochen vor dem Färben oder Bleichen in offener Kufe oder auf dem Jigger: 0,5 g/l; b. Vornetzen: 0,5—1 g/l (60—70° C); b. Vornetzen vor der Merzerisation: 0,5 g/l (60—70° C) evtl. unter Zusatz von etwas Soda; i. d. Apparatefärberei: 0,5 g/l; i. d. Schlichte: 0,3—0,5 g/kg Schlichtmasse; als Zusatz zu Waschbädern: auf 1 kg Seife: 70—100 g (in gut gelöstem Zustand bereits vor dem Seifenzusatz in das Bad geben); *H. Pat., V. Pat.:* DRP. angem.

Inferol 229 G **A. Th. Böhme, Dresden-N. 6.**

Geb.-J.: 1931; *analog:* den übrigen Inferol 229-Marken; *Konstit.:* sulfonierter Fettalkohol; *Äuß.:* gelbliche Paste; *Reakt.:* neutral, $p_H = 6{,}2$; *Eigensch.:* hohes Netzvermögen bei Temperaturen von 35° C an aufwärts; höchste Netzfähigkeit zwischen 50 und 80° C, jedoch auch noch beim Kochen; Egalisiervermögen; verhindert das Schäumen der Küpe sowie Hautbildung auf der Oberfläche in der Indanthrenfärberei; *Lö. Be.:* löst sich durch Übergießen mit der 5—10fachen Menge heißem Wasser bzw. durch Aufkochen, ist alsdann in kaltem mit leichter Opaleszenz löslich; in hartem Wasser praktisch vollkommen beständig; bleibt in kaltem Wasser von 50° d. H. vollkommen klar; verträgt beim Kochen ca. 30° d. H.; vermag als Zusatz zu Seifenbädern bei Wasser bis zu 15° d. H. die klebrigen Kalkseifenausscheidungen zu verhindern; selbst bei härterem Wasser treten sich etwa bildende Kalkseifenausscheidungen in einer Form auf, die die Ware nicht verschmieren läßt; in Alkalien beständig bis zu 3° Bé Natronlauge (was praktisch für alle Indanthren- und Beuchbäder genügt); *Lö. Be.:* beständig in Schwefelsäure (2,5 g/l) selbst bei längerem Kochen; beständig in Sauerstoffbleichbädern üblicher Konzentration; *Verw.:* zum Färben von Wolle und Baumwolle; zum Vornetzen bei Temperaturen von 40° C und darüber; als Zusatz zu den gebräuchlichen Farbbädern; zum Drucken; in heißen Wasserstoffsuperoxydbleichbädern (H_2O_2, Na_2O_2); zum Durchfärben von Nähten bei Strumpfware; wie 229 B insbes. f. die Veredlung pflanzl. Fasern sowie f. Halbwollwaren; *Mengen:* allgemein: 0,3 bis 1,5 g/l; z. Klotzen: 20—30 g/kg Paste; i. d. Beuche: 0,3—0,5 g/l; b. Abkochen vor dem Färben oder Bleichen in offener Kufe oder auf dem Jigger: 0,5 g/l; b. Vornetzen: 0,5—1 g/l (60—70° C); b. Vornetzen vor der Merzerisation: 0,5 g/l (60—70° C) evtl. unter Zusatz von etwas Soda; i. d. Apparatefärberei: 0,5 g/l; i. d. Schlichte: 0,3—0,5 g/kg Schlichtmasse; als Zusatz zu Waschbädern: auf 1 kg Seife: 70—100 g (in gut gelöstem Zustand bereits vor dem Seifenzusatz in das Bad geben!); *H. Pat., V. Pat.:* DRP. angem.

Inferol 229 W **A. Th. Böhme, Dresden-N. 6.**

Geb.-J.: 1931; *analog:* den übrigen Inferol 229-Marken; *Konstit.:* sulfonierter Fettalkohol; *Äuß.:* gelbliche Paste; *Reakt.:* neutral, $p_H = 6{,}2$; *Eigensch.:* hohes Netzvermögen bei Temperaturen von 35° C an aufwärts; höchste Netzfähigkeit zwischen 50 und 80° C, jedoch auch noch beim Kochen; Egalisiervermögen; verhindert das Schäumen der Küpe sowie Hautbildung auf der Oberfläche in der Indanthrenfärberei; *Lö. Be.:* löst sich durch Übergießen mit der 5—10fachen Menge heißem Wasser bzw. durch Aufkochen, ist alsdann in kaltem mit leichter Opaleszenz löslich; in hartem Wasser praktisch vollkommen beständig; bleibt in kaltem Wasser von 50° d. H. vollkommen klar; verträgt beim Kochen ca. 30° d. H.; vermag als Zusatz zu Seifenbädern bei Wasser bis zu 15° d. H. die klebrigen Kalkseifenausscheidungen zu verhindern; selbst bei härterem Wasser treten etwa sich bildende Kalkseifenausscheidungen in einer Form auf, die die Ware nicht verschmieren läßt; in Alkalien beständig bis zu 3° Bé Natronlauge (was praktisch für alle Indanthren- und Beuchbäder genügt); *Lö. Be.:* beständig in Schwefelsäure (2,5 g/l) selbst bei längerem Kochen; beständig in Sauerstoffbleichbädern üblicher Konzentration; *Verw.:* in erster Linie als Netzmittel für die Wollfärberei; zum Färben von Wolle und Baumwolle; zum Vornetzen bei Temperaturen von 40° C und darüber; als Zusatz zu den gebräuchlichen Farbbädern; zum Drucken; in heißen Wasserstoffsuperoxydbleichbädern (H_2O_2, Na_2O_2); zum Durchfärben von Nähten bei Strumpfware; *Mengen:* allgemein: 0,3—1,5 g/l; z. Klotzen: 20—30 g/kg Paste; i. d. Beuche: 0,3—0,5 g/l; b. Abkochen vor dem Färben oder Bleichen in offener Kufe oder auf dem Jigger: 0,5 g/l; b. Vornetzen: 0,5—1 g/l (60—70° C); b. Vornetzen vor der Merzerisation: 0,5 g/l (60—70° C) evtl. unter Zusatz von etwas Soda; i. d. Apparatefärberei: 0,5 g/l; i. d. Schlichte: 0,3—0,5 g/kg Schlichtmasse; als Zusatz zu Waschbädern: auf 1 kg Seife: 70—100 g (in gut gelöstem Zustand bereits vor dem Seifenzusatz in das Bad geben!); *H. Pat., V. Pat.:* DRP. angem.

Inferol 236 **A. Th. Böhme, Dresden-N. 6.**

Geb.-J.: 1936; *i/Kurs:* ja; *Konstit.:* Fettalkoholsulfonat (enthält höhere Äther); *Reakt.:* neutral; *Äuß.:* dicke, gelbe Paste; *Eigensch.:* ähnlich wie bei Inferol 229 B, doch etwas geringeres Schaumvermögen; *Verw.:* vor allem in der Apparatefärberei.

Intrasol **Chemische Fabrik Stockhausen & Cie., Krefeld.**

i/Kurs: ja; *ähnlich:* Intrasol v. d. I. G., Hydrosan; *analog:* Prästabitöl S; *Konstit.:* Rizinusöl - Spezialsulfonat (Schwefelsäureester + aliphatische Sulfosäure); *Äuß.:* Öl, rotbraun; *Reakt.:* sauer; *Eigensch.:* verhindert infolge seiner schutzkolloiden Wirkung das Ausfallen von Härtebildnerverbindungen der Seife in Form störender Niederschläge; wirksam auch gegen Eisen- und Manganverbindungen; *Lö. Be.:* leicht löslich in Wasser; hochbeständig gegen Säure; höchstbeständig gegen Kalk und Bittersalz; *Verw.:* bei Seif- und Spülprozessen; beim Färben kalkempfindlicher Farben; bei der Herstellung von Naphtholklotzen; (s. a. Mengen!) *Mengen:* allgemein: 0,5—1 g/l bei 30° d. H. hartem Wasser oder: 15% und mehr d. Seife; NB. mit der 10fachen Menge handwarmem Wasser verdünnen und vor der Seife oder dem Farbstoff usw. zusetzen; in heißen Bädern Seifenlösung erst zugeben, nachdem Intrasolflotte auf 70—80° erwärmt! — NB. nicht anwendbar beim Arbeiten mit basischen Farbstoffen! z. Färben von Baumwolle und Kunstseide mit Indanthrenfarben in hartem Wasser (am besten ohne

Sodazusatz): 1—1,5 g/l; b. Entwickeln von Indanthrenfärbungen in hartem Wasser: 1—1,5 g/l; b. Avivieren von Kunstseide mit Emulsionen neben Monopolbrillantöl SO 100%ig: 0,5 g/l; b. Waschen und Walken von Wolle: 25—33% der Seife; *H. Pat., V. Pat.:* C 36279; *Lit.:* Melliand Textilber. 1931 S. 196; Z. ges. Textilind. 1931 Heft 42; Seifensieder-Ztg. 1932 S. 733.

Jokalin LL **Baur, Gaebel & Cie., Köln-Radertal.**

Geb.-J.: 1931; *i/Kurs:* ja; *Konstit.:* Alkylschwefelsäureester (mittel- und endständiger Schwefelsäurerest); *Äuß.:* gelbliche Paste; *Reakt.:* neutral; *Lö. Be.:* in kochendem Wasser löslich; beständig gegen hartes Wasser, org. und anorg. Säuren üblicher Konzentration (nicht gegen Karbonisiersäuren); *Verw.:* zum Enthärten von Wasser; zur Verhütung von Kalkseifenbildung; zus. mit Seife zum Waschen, zum Färben, Detachieren, Einweichen, Vorwaschen, als Kalkseifenschutz- und Dispergiermittel; zum Waschen und Walken von Wolle; beim Entgerbern.

Jokalin LN **Baur, Gaebel & Cie., Köln-Radertal.**

Geb.-J.: 1935; *i/Kurs:* ja; *Konstit.:* Alkylschwefelsäureester (Na-Salz) + Lösungsmittel; *Äuß.:* gelbliche Gallerte; *Reakt.:* neutral; *Lö. Be.:* in kaltem Wasser löslich; beständig gegen org. und anorg. Säuren; vollkommen härtebeständig; *Verw.:* für fetthaltige Waren und Leinöl-geschlichtete KS und fetthaltige, Kartoffelmehl usw. enthaltende Schlichte; zum Vorwaschen von BW, KS oder MG, Trikotagen usw.; als Netzmittel zum Vornetzen, Färben, zum Einweichen, Entbasten, Entschlichten, Entfernen stark verharzter Leinölschlichte, Beuchen, Vorbleichen und Entfetten.

Jokalin PL **Baur, Gaebel & Cie., Köln-Radertal.**

Geb.-J.: 1931; *i/Kurs:* ja; *Konstit.:* Alkylschwefelsäureester (mittel- und endständige Schwefelsäurerest); *Äuß.:* weißes Pulver; *Reakt.:* neutral; *Lö. Be.:* in kochendem Wasser löslich; beständig gegen hartes Wasser, org. und anorg. Säuren üblicher Konzentration (nicht gegen Karbonisiersäuren); *Verw.:* zum Enthärten von Wasser; zur Verhütung von Kalkseifenbildung; zus. mit Seife zum Waschen, zum Färben, Detachieren, Einweichen, Vorwaschen, als Kalkseifenschutz- und Dispergiermittel; zum Waschen und Walken von Wolle; beim Entgerbern.

Jokalin PS **Baur, Gaebel & Cie., Köln-Radertal.**

Geb.-J.: 1931; *i/Kurs:* ja; *Konstit.:* Alkylschwefelsäureester (Na-Salz); *Äuß.:* Pulver; *Reakt.:* neutral; *Lö. Be.:* löslich in kochendem Wasser; beständig gegen Härte, org. und anorg. Säuren; *Verw.:* als Waschmittel, insb. für Wolle; zur Verhütung der Kalkseifenbildung; zum Nachseifen von Bleich-, Druck- und Farbware, zum Detachieren, Einweichen, Vorwaschen; zum Waschen loser Wolle, Gerberwolle, Kammzug, Kammgarn, Streichgarn, Stückware; zum Entgerbern, Walken, Färben in alkalischem, neutralem oder stark saurem Bade; nicht zur Karbonisation.

Jokalin P 5 **Baur, Gaebel & Cie., Köln-Radertal.**

Geb.-J.: 1930; *i/Kurs:* ja; *Konstit.:* Alkylschwefelsäureester (Na-Salz); *Äuß.:* Pulver; *Reakt.:* neutral; *Lö. Be.:* in kochendem Wasser löslich; beständig gegen Härte, org. und anorg. Säuren; *Verw.:* wie Jokalin SS bzw. PS.

Jokalin P 400 **Baur, Gaebel & Cie., Köln-Radertal.**

Geb.-J.: 1931; *i/Kurs:* ja; *Konstit.:* Alkylschwefelsäureester (mittel- und endständiger Schwefelsäurerest); *Äuß.:* weißes Pulver; *Reakt.:* neutral; *Eigensch.:* hochkonzentriert; *Lö. Be.:* in kochendem Wasser löslich; beständig gegen Härte, org. und anorg., nicht Karbonisiersäuren; *Verw.:* zum Enthärten von Wasser, Verhüten von Kalkseifenbildung; zum Waschen zus. mit Seife, Färben, Detachieren, Einweichen; als Kalkseifenschutzmittel bei der Vorwäsche; als Dispergiermittel; zum Waschen und Walken von Wolle; beim Entgerbern.

Jokalin SS **Baur, Gaebel & Cie., Köln-Radertal.**

Geb.-J.: 1931; *i/Kurs:* ja; *Konstit.:* Alkylschwefelsäureester (Na-Salz); *Äuß.:* weißliche Paste; *Reakt.:* neutral; *Lö. Be.:* löslich in kochendem Wasser; beständig gegen Härte, org. und anorg. Säuren; *Verw.:* als Waschmittel, insb. für Wolle; zur Verhütung der Kalkseifenbildung; zum Nachseifen von Bleich-, Druck- und Farbware, zum Detachieren, Einweichen, Vorwaschen; zum Waschen loser Wolle, Gerberwolle, Kammzug, Kammgarn, Streichgarn, Stückware; zum Entgerbern, Walken, Färben in alkalischem, neutralem oder stark saurem Bade; nicht zur Karbonisation.

Jokalin Nr. 130 **Baur, Gaebel & Cie., Köln-Radertal.**

Geb.-J.: 1930; *i/Kurs:* ja; *Konstit.:* Alkylschwefelsäureester (Na-Salz); *Äuß.:* weißliche Paste; *Reakt.:* neutral; *Lö. Be.:* in kochendem Wasser löslich; beständig gegen Härte, org. und anorg. Säuren; *Verw.:* wie Jokalin SS bzw. PS.

Isodrucköl **Louis Blumer, Zwickau i. Sa.**

Eigensch.: ermöglicht das Drucken auf ungeölter Ware; *Verw.:* als Zusatz zu Druckfarben.

Isol N **Louis Blumer, Zwickau i. Sa.**

analog: Iso-Seife, Thionseife und Isol S; *Verw.:* als Füll- und Beschwerungsmittel.

Isol S **Louis Blumer, Zwickau i. Sa.**

analog: Iso-Seife, Thionseife und Isol N; *Verw.:* als Füll- und Beschwerungsmittel.

Isomerpin **Chem. Fabr. Pott & Co., Pirna-Copitz.**

i/Kurs: ja; *Konstit.:* Ölsulfonat (nach Professor Herbig); Türkischrotölpräparat; *Verw.:* als Farb- und Avivieröl.

Iso-Seife **Louis Blumer, Zwickau i. Sa.**

Geb.-J.: 1907; *i/Kurs:* nein; *analog:* Iso-Seife flüssig und Iso-Seife A; Thionöl, Isol N und S; — Nachfolgerin der Vegta-Seife A —; *ähnlich:* Monopolseife; *Konstit.:* türkischrotähnliches Produkt, 80—85% Fettgehalt (nach Ullmann, Bd. 10, erhalten durch Wasserabspaltung aus freier Rizinsäure und nachfolgender Schwefelsäurebehandlung sowie Neutralisation); *Äuß.:* feste Riegel, wie Kernseife, dunkelbraun; *Reakt.:* neutral; *Eigensch.:* nicht hygroskopisch, nicht austrocknend; netzend, reinigend, emulgierend, avivierend; erzeugt volle Farben; bildet keine störenden Kalkseifen; *Lö. Be.:* vollkommen klar löslich in heißem Wasser; die erkalteten Lösungen bleiben klar; 2—3%ige Lösungen vertragen einen geringen Zusatz von Mineralsäure sowie von beliebig großen Mengen organischer Säuren; 5—10%ige Lösungen geben erst nach Zusatz von 20 ccm gesättigten Kalkwassers dauernd trübe Lösungen; ein bereits entstandener Kalkniederschlag wird bei Zusatz neuer Isoseifenlösung wieder vollkommen gelöst; *Verw.:* siehe Vegta-Seife A! außerdem in der Lederfabrikation: beim Fettungsprozeß, beim Schmieren während der Zurichtung (gibt guten Griff und gleichzeitig Füllung), sowie beim Färben für vegetabilisch und chromgegerbte Leder, bei basischen, sauren und substantiven Farbstoffen als Zusatz zum Färbebad; (NB. in heißem Wasser lösen vor der Zugabe zum Färbebad!); *Mengen:* beim Fetten chromgegerbter Leder: auf 1 kg Falzgewicht: neben 50 g Degras u. 25 g Talg: 25 g oder: 25 g neben: 25 g Knochenöl und 2 l Wasser; b. vegetabilisch gegerbten Leder: für 1 kg Trockengewicht: 35 g neben: 30 g Knochenöl, 30 g Degras, 30 g Talg und 2 l Wasser; *H. Pat.:* DRP. 227993; Chem. Revue 1910 S. 194; *Lit.:* Seifensieder-Ztg. 1930 S. 495; 1931 S. 87.

Iso-Seife A **Louis Blumer, Zwickau i. Sa.**

analog: Iso-Seife und identisch mit Iso-Seife flüssig; *Äuß.:* Flüssigkeit; *Eigensch.:* gibt als Zusatz zur Appreturflotte weichen Griff; *Verw.:* i. d. Appretur.

Iso-Seife flüssig **Louis Blumer, Zwickau i. Sa.**

analog: Iso-Seife und identisch mit Iso-Seife A; *Verw.:* zum Waschen und Avivieren von Wolle und Halbwolle.

Isolschmälze **Louis Blumer, Zwickau i. Sa.**

Äuß.: ölartige Flüssigkeit; *Verw.:* zum Schmelzen.

Kalischnitzelseife **Chem. Fabr. Stockhausen, Velten, Mark.**

Geb.-J.: 1924; *i/Kurs:* ja; *Konstit.:* Kaliseife; *Äuß.:* hellgelbe, transparente Schnitzel; *Reakt.:* neutral; *Eigensch.:* wie Seife! *Lö. Be.:* nicht beständig gegen Alkalien und Säuren; *Verw.:* zum Waschen von Wollstückwaren aller Art; zum Abseifen indanthrengefärbter Baumwolle; zum Entbasten von Seide.

Kaliseife **Chem. Fabr. Pott & Co., Pirna-Copitz.**

i/Kurs: ja; *Konstit.:* Kaliseife; *Äuß.:* transparente Stücke oder Schnitzel; *Eigensch.:* stark schäumend.

Kalk-Ex **Burnus Aktiengesellschaft, Darmstadt.**

i/Kurs: ja; *Konstit.:* NaOH + Schutzkolloide; *Äuß.:* weißes Pulver; *Eigensch.:* frei von Wasserglas; beseitigt in 1—3 Min. die vorübergehende (Karbonat-) Härte bei gewöhnlicher Temperatur, besser noch bei etwa 30° C (die bleibende Härte wird gleichzeitig durch Soda entfernt); *Verw.:* zur Wasserenthärtung; *Mengen:* für 100 l Wasser 3mal so viel Gramme Kalk-Ex, als Grade (d. H.) vorübergehender Härte im weichzumachenden Wasser sind.

Kaseito **Zschimmer & Schwarz, Chemnitz.**

Geb.-J.: 1924; *i/Kurs:* ja; *analog:* CFD 1931 N u. S bzw. Peptapon (in bezug auf Kalkseifenverhütung, jedoch nicht so wirksam als die beiden!); *Konstit.:* sulfoniertes Rizinusöl (Alkalisalz) + Seife + Tetralin + Methylhexalin; *Äuß.:* gelbliche Flüssigkeit; *Reakt.:* nahezu neutral; *Eigensch.:* Netz-, Wasch-, Reinigungs-, Emulgier- und Lösevermögen für Schmutz-, Schmieröl-, Paraffin- usw. Flecken; verhindert, zusammen mit Seife angewandt, die Bildung von Kalkseifen; vermeidet Fleckenbildung in der Appretur und Nachgilben; erzeugt leuchtendes Weiß und reine Farben; greift die Faser nicht an; *Lö. Be.:* beständig gegen Alkalien und nicht allzu hartes Wasser; gegen Säuren mäßig beständig; gibt mit Wasser milchig weiße, feine Emulsionen; *Verw.:* allein bzw. zusammen mit Seife (wird am besten vor der Seife den Flotten zugesetzt; verhütet jedoch störende Kalkseifenbildung auch dann noch, wenn es zusammen mit der flüssigen bzw. gelösten Seife zugesetzt wird!); in der Rohwollwäscherei; in der Wäscherei von Wolle in Strang und Stück; beim Entgerbern; vor dem Karbonisieren; zum Entbasten der Seide; in der Vorwäsche von Seide bei Gegenwart von Seife und Ammoniak; in allen Farbbädern, wo Seide in schwachem Seifenbade gefärbt wird; beim Beuchen von Baumwolle; im Spülbad; beim Nachseifen von Bleichware; beim Färben von Baumwolle, wo Seife zugesetzt wird; bei der Wäsche von Trikotagen, Strümpfen usw.; in der Vorwäsche und im Färbebad von Kunstseide; zum Lösen und Anteigen von Farbstoffen; in Appreturbädern; *Mengen:* 2—3 g/l; *Lit.:* Z. ges. Textilind. 1931 Heft 42.

Katanol LF **I. G. Farbenindustrie AG., Frankfurt a. M.**

Geb.-J.: 1928; *i/Kurs:* ja; *Konstit.:* geschwefeltes Phenol; *Äuß.:* beige Pulver; *Eigensch.:* fixiert basische Farbstoffe.

Katanol O **I. G. Farbenindustrie AG., Frankfurt a. M.**

Geb.-J.: 1920; *Ersatz:* für die alte Tannin-Antimonbeize für Baumwolle; *analog:* Phenoresin D; Katanol ON und W; *Konstit.:* Phenolschwefelungsprodukt; *Lö. Be.:* leicht löslich in Kondenswasser (stark kalkhaltiges Wasser vorher enthärten!); mit Säure entsteht Fällung; wenig empfindlich gegen Eisensalze; *Verw.:* einbadig beim Färben und Drucken mit basischen Farbstoffen; als Beizmittel; *H. Pat., V. Pat.:* DRP. 348530; *Lit.:* Melliand Textilber. 1930 S. 610.

Katanol ON **I. G. Farbenindustrie AG., Frankfurt a. M.**

Geb.-J.: 1929; *analog:* Katanol O und W; *Eigensch.:* läßt, im Gegensatz zu Katanol O, die Faser beim Beizen fast ungefärbt und ungetrübt und ermöglicht so lebhafte und leuchtende Töne; *Verw.:* als Beize.

Katanol SL **I. G. Farbenindustrie AG., Frankfurt a. M.**

Geb.-J.: 1934; *i/Kurs:* ja; *Konstit.:* geschwefeltes Phenol; *Äuß.:* hellgraues Pulver; *Reakt.:* schwach sauer; *Eigensch.:* läßt die Wolle praktisch ungefärbt; reserviert Naturseide beim Färben der BW mit substantiven Farbstoffen; bessere Ausnutzung der Farbstoffe; ergibt reibechte Färbungen; keine Veränderung beim Belichten; gibt klare Flotten; macht Zusatz von Soda beim Lösen überflüssig; *Lö. Be.:* in Wasser sehr leicht löslich; fällt auch aus einem mit Essigsäure oder Ameisensäure angesäuerten Bad nicht aus; *Verw.:* als Reservierungsmittel in der HW- und HS-Färberei; als Zusatz beim Decken der BW und KS in HW-Geweben, besonders bei höheren Temperaturen,

z. B. in der HW-Strumpffärberei, beim Umfärben fertiger Kleider; in der HS-Färberei zum Reservieren von S; *Mengen:* nach dem Vorfärben der Wolle mit Farbstoffen, die BW bzw. Viskose nicht anfärben und nach gutem Spülen: zum Decken 3% neben 10—20% Glaubersalz ($^3/_4$ Stunden bei 60° und mehr; Flottenverhältnis ca. 1 : 30); NB. der beste Effekt wird bei 50—60° erhalten! bei höheren Temperaturen oder beim Einbadverfahren unter Verwendung neutralziehender Säurefarbstoffe und die Wolle nicht anfärbender substantiver Farbstoffe die Zusatzmengen erhöhen! beim Reservieren der Naturseide — im Färbebade der Halbseide mit substantiven Farbstoffen — als Zusatz: 3% neben 20% Glaubersalz (eine Stunde — 60° — Flottenverhältnis 1 : 30); *H. Pat., V. Pat.:* patentiert; *Lit.:* Melliand Textilber. 1935 S. 47.

Katanol SL konz. **I. G. Farbenindustrie AG., Frankfurt a. M.**

Geb.-J.: 1934; *i/Kurs:* ja; *analog:* Katanol SL in Eigensch., Verw. usw., aber dreimal so ausgiebig; *Konstit.:* geschwefeltes Phenol; *Äuß.:* dunkelgraues Pulver.

Katanol W **I. G. Farbenindustrie AG., Frankfurt a. M.**

Geb.-J.: 1924; *analog:* Katanol O und ON; *Konstit.:* geschwefeltes Phenol; *Eigensch.:* verhindert beim Färben von Mischgeweben aus tierischen und pflanzlichen Fasern das Aufziehen der BW-Farbstoffe auf die W und S; *Lö. Be.:* im Gegensatz zu Katanol O in Essigsäure löslich; *Verw.:* als Beize für basische Farbstoffe, hauptsächlich aber für die Reservierung von Wolle und Seide; *H. Pat., V. Pat.:* DRP. 446219; *Lit.:* Melliand Textilber. 1930 S. 610.

Katanol WL **I. G. Farbenindustrie AG., Frankfurt a. M.**

Geb.-J.: 1928; *Ersatz:* für Katanol W; *analog:* Setamol WS; *Verw.:* als Beizmittel; *Lit.:* Melliand Textilber. 1930 S. 610.

Kavonseife **Kavon-Werke, Dresden.**

i/Kurs: ja; *Konstit.:* transparente feste Kaliseife; *Verw.:* für Textilzwecke.

Keranit

Lit.: Seifensieder-Ztg. 1917 S. 171 (R. König).

Kettenglätte **J. Simon & Dürkheim, Offenbach a. M.**

i/Kurs: ja; *Verw.:* zum Glätten der Ketten bei der Herstellung von Läufern usw. in Kokoswebereien.

Ketterol

Konstit.: Paraffin + Wachse + feste und flüssige Fettsäuren (Stearinsäure und Olein); *Verw.:* als Kettenglätte.

Kollamin **F. Sager & Dr. Gossler, Heidelberg.**

i/Kurs: ja; *Konstit.:* Salze schwacher, flüchtiger Säuren mit Aminen; *Äuß.:* dunkelbraune Flüssigkeit; *Reakt.:* schwach alkalisch; *Eigensch.:* verhütet die Schwächung der Faser, ergibt ein völlig unvergrünliches Schwarz; erhöht die Haltbarkeit von Flotten und Druckfarben; ermöglicht längeres Dämpfen bzw. Oxydieren, ohne daß die Reißfestigkeit der Ware leidet; *Verw.:* als

Faserschutzmittel bei der Herstellung von Anilinschwarz (Ferrocyandampfschwarz und Oxydationsschwarz); *H. Pat., V. Pat.:* DRP. 517916.

Kollodor **J. D. Riedel — E. de Haen AG., Berlin-Britz.**

i/Kurs: nein; *analog:* Eupolin; *Konstit.:* gallertartige Aluminium-Magnesiumhydroxyde und Kieselsäurehydrate (kolloides Magnesiumhydroxyd oder Magnesiumsilikat oder Aluminiumhydroxyd[1]); *Verw.:* als Waschmittel (Seifenersatz während des Krieges); *H. Pat., V. Pat.:* DRP. 312220 — Max Buchner —; Seifensieder-Ztg. 1919 S. 361; *Lit.:* [1] Ullmann, Bd. 10 S. 382.

Kontakt-Spalter **Sudfeldt & Co., Melle b. Hannover. Zweigniederlassung: Berlin W 35, Magdeburger Str. 5.**

i/Kurs: ja; *analog* bzw. *ähnlich:* Twitchell- und Pfeilring-Spalter; Kontaktspalter T; *Konstit.:* aromatische Sulfosäuren (n. Schrauth); die wirksamen Agentien sind Naphthasulfosäuren; *Eigensch.:* hohes Emulgiervermögen, das durch Zusätze von Glyzerin oder von freier Fettsäure noch erhöht wird; vermag die Schaumfähigkeit von Seifenlösungen außerordentlich zu steigern, wie dies auch andere organische Verbindungen, in geringer Menge zugesetzt, tun, und zwar freie Fettsäuren, meist ungesättigte oder hydroxylierte, wie Rizinolsäure (Schrauth, DRP. 275171; Stephan: Seifensieder-Ztg. 1915 Heft 42) weiter hydrogenierte Phenole, z. B. Cyclohexanol, ganz im Gegensatz zu Fetten, Mineralölen (Bergell: Seifensieder-Ztg. 1924 S. 627), organischen Lösungsmitteln (Stephan: Seifensieder-Ztg. 1915 Heft 42; Jungkunz: Seifensieder-Ztg. 1925 S. 260; Bergell: Seifensieder-Ztg. 1924 S. 627) und Kolloiden, wie Ton, Tragant (Kind u. Zschacke: Z. dtsch. Öl- u. Fettind. 1923 S. 499); *Verw.:* zum Spalten von Fetten und Ölen nach Petroff; als Zusatz zu Seifen; nicht eigentlich als Textilhilfsmittel! *H. Pat., V. Pat.:* engl. Patent 27244 (1911); DRP. 264785, 271433, 310455; *Lit.:* Chem. Revue 1915 S. 80.

Kontakt-Spalter T **Sudfeldt & Co., Melle b. Hannover. Zweigniederlassung: Berlin W 35, Magdeburger Str. 5.**

analog: Kontakt-Spalter; *Konstit.:* Naphthensulfosäuren; *Eigensch.:* besitzt entschlichtende Wirkung; *Verw.:* nicht eigentlich in der Textilindustrie, sondern zum Spalten von Fetten und Ölen; *Lit.:* Melliand Textilber. 1925 S. 336 u. 417.

Kristallappretur

Konstit.: Stärke (löslicher Stärkeleim, erhalten durch Quellen von Stärke mit Lauge); *Verw.:* als Verdickungsmittel.

Kromocon **Diamalt AG., München.**

i/Kurs: nein; *Konstit.:* Malzpräparat; *Eigensch.:* Sauerstoff aktivierend; *Verw.:* als Zusatz zur Chlorkalkbleichflotte.

Kunstseidenavivage ZS **Zschimmer & Schwarz, Chemnitz.**

Geb.-J.: 1931; *i/Kurs:* ja; *Konstit.:* Fettsulfonat; *Äuß.:* braune Paste; *Reakt.:* neutral; *Lö. Be.:* gibt beständige Emulsionen; *Verw.:* zur Avivage von Kunstseidenwaren aller Art; *Mengen:* 1—2 g/l; auf dem Foulard: 5—10 g/l.

Kunstseidenöl **Sudfeldt & Co., Melle.**

i/Kurs: ja; *Äuß.:* gelbes Öl; *Lö. Be.:* gibt mit Wasser (stabile) weiße Emulsion; *Verw.:* für die Präparation und Avivage von Kunstseide.

Kunstseidenschlichte Grünau **Chem. Fabr. Grünau Landshoff & Meyer AG., Berlin-Grünau.**

Geb.-J.: 1929; *i/Kurs:* ja; *analog:* Appreturstärke Grünau; *Konstit.:* lösliche Stärke + wasserlösliches Öl (Türkischrotöl!); *Äuß.:* Pulver, weiß; *Reakt.:* neutral; *Eigensch.:* schließt den Kunstseidenfaden gut und macht ihn später gut auswaschbar; gibt dünnflüssige, leicht i. d. Faden eindringende Lösungen; kein Verkleben der Fäden; *Lö. Be.:* unlöslich in kaltem Wasser; leicht löslich beim Aufkochen; *Verw.:* zum Schlichten von Kunstseiden aller Art; *Mengen:* 5—30 g/l Schlichtelösung (1 Teil Schlichte mit ca. 10 Teilen Wasser kalt anrühren und aufkochen, hierauf mit kaltem Wasser entsprechend verdünnen! geschlichtet wird kalt! beim Schlichten nach der Farbe ist es ratsam, 0,3—0,5 g Ameisensäure/l zuzusetzen!).

Kunstseidenschlichte PF **Chem. Fabr. Pfersee, Augsburg.**

Geb.-J.: 1935; *i/Kurs:* ja; *Konstit.:* Eiweißverbindungen + Fettstoffe; *Äuß.:* hellbraune Paste; *Eigensch.:* hervorragender Fadenschluß; erzeugt weiche und geschmeidige Waren; kein Verkleben der Fäden; liefert leicht entschlichtbare (Behandeln mit lauwarmem Wasser) Ware; *Lö. Be.:* leicht wasserlöslich; *Verw.:* beim Schlichten; für jede Art von Kunstseide sowohl in der Strang wie auch in der Kettbaumschlichterei; *Mengen:* mit heißem Wasser (70—80° C) verrühren und dann weiter verdünnen! (wenn in der Kälte festgeworden, durch Einstellen der Gefäße in heißes Wasser vorher verflüssigen!); in der Strangschlichterei für Viskose- und Kupferseide: 2,5—5%ige Lösungen (für 60—90iger den.: 4—5%ige, bei stärkerem Material 2,5%ige Lösungen); für Azetatseide rechnet man das 3fache der vorstehend angegebenen Mengen; beim Packverfahren gelten die gleichen Bedingungen wie bei der Strangschlichterei (Strangpakete in Tücher eingeschlagen in die Schlichtflotte geben!); in der Kettbaumschlichterei: um etwa 25—50% (je nach Arbeitsweise und Apparatur) höhere Zusätze als bei der Strangschlichterei.

Kunstseidenschlichte RB 36 **Chem. Fabr. R. Baumheier, Oschatz-Zschöllau.**

i/Kurs: ja; *Äuß.:* graugelbe Paste; *Eigensch.:* mit Wasser leicht und vollständig auswaschbar; läßt sich gut zusammen mit löslicher Stärke bzw. Maisstärke verwenden; *Lö. Be.:* leicht löslich in Wasser; *Verw.:* als Schlichtemittel für alle Kunstfaserarten.

Kunstseidenschlichte S konz. **Böhme Fettchemie, Chemnitz.**

Geb.-J.: 1936; *i/Kurs:* ja; *Konstit.:* Eiweißprodukt; *Äuß.:* gelbes Pulver; *Reakt.:* neutral; *Eigensch.:* gibt gut geschlossene, leicht verarbeitbare Fäden; *Lö. Be.:* klar löslich in heißem Wasser; gut beständig gegen Alkalien, Säuren und hartes Wasser; *Verw.:* als Schlichte für Ketten aus KS, ferner für ZW und Mischmaterial; allein oder zusammen mit Stärke; *Mengen:* 15—30 g/l.

Kunstseidenschlichte ZS **Zschimmer & Schwarz, Chemnitz.**

Geb.-J.: 1931; *i/Kurs:* ja; *Konstit.:* Öle verschiedener Art + Kohlenwasserstoffe + harzartige Stoffe; *Äuß.:* Paste, gelb; *Reakt.:* schwach alkalisch; *Eigensch.:* vollkommen gebrauchsfertig, daher keine Lösungsmittel erforderlich und keine Vorbereitung der Bäder, keine Apparatur nötig; ergibt vorzüglichen Fadenschluß, hohe Reißfestigkeit, geschmeidigen, milden, nicht zu starren Griff, gute Windefähigkeit; verhindert Zersplittern und Verkleben des Fadens; *Lö. Be.:* liefert mit Wasser stabile Emulsionen; *Verw.:* zum Schlichten von Kunstseide an Stelle von Leinölschlichte; *Mengen:* 5—10% d. W. (Flottenverhältnis 1 : 10).

Kupferoxydammoniak (Kuoxan) **Zschimmer & Schwarz, Chemnitz.**

Geb.-J.: 1934; *i/Kurs:* ja; *Konstit.:* Tetramincuprosulfat; *Äuß.:* blaue, stark nach Ammoniak riechende Flüssigkeit (s = 0,945—0,950); *Reakt.:* alkalisch; *Lö. Be.:* scheidet bei längerem Stehen Kupferoxyd ab; *Verw.:* als Ersatz für Lösungen eigener Herstellung mit unsicherem Kupfergehalt; für Appretur, Verdichtung von Baumwollgeweben, Wasserfestmachen, Imprägnieren von Filtertüchern; zur Verhütung der Fäulnis durch Imprägnierung.

Kuspifan A **Chem. Fabrik Stockhausen & Cie., Krefeld.**

i/Kurs: ja; *Konstit.:* (neben anderem) Mineralöl + Verseifbares, teilweise sulfoniertes Fett; *Äuß.:* dicke, fast klare, gelbe Flüssigkeit; *Reakt.:* schwach alkalisch; *Eigensch.:* gleitend, faserschonend, leicht auswaschbar, geruchlos; *Lö. Be.:* gibt mit heißem Wasser (beständige) Emulsionen; *Verw.:* als Spinnschmelze für die Baumwoll- und Streichgarnspinnerei, für reine Zellwolle; *Mengen:* wird mit Wasser im Verhältnis 1 : 1 verdünnt, in der Baumwollspinnerei 1 : 4.

Kuspifan AB **Chem. Fabrik Stockhausen & Cie., Krefeld.**

i/Kurs: ja; *Konstit.:* (neben anderem) Mineralöl + Verseifbares, teilweise sulfoniertes Fett; *Äuß.:* dicke, fast klare, gelbe Flüssigkeit; *Reakt.:* schwach alkalisch; *Eigensch.:* gleitend, faserschonend, leicht auswaschbar; *Lö. Be.:* gibt mit heißem Wasser (beständige) Emulsionen; *Verw.:* als Spinnschmelze für die Baumwoll- und Streichgarnspinnerei, für reine Zellwolle; *Mengen:* wird mit Wasser im Verhältnis 1 : 1 verdünnt, in der Baumwollspinnerei 1 : 4.

Kuspifan C **Chem. Fabrik Stockhausen & Cie., Krefeld.**

i/Kurs: ja; *Konstit.:* Mineralöl + Verseifbares, teilweise sulfoniertes Fett; *Äuß.:* dicke, fast klare, gelbe Flüssigkeit; *Reakt.:* schwach alkalisch; *Eigensch.:* geruchlos, leicht auswaschbar, gleitend und faserschonend; *Lö. Be.:* gibt mit heißem Wasser (beständige) Emulsionen; *Verw.:* als Spinnschmelze in der Baumwoll- und Streichgarnspinnerei, besonders für Mischgarne; *Mengen:* wird im Verhältnis 1 : $1^1/_2$ mit Wasser verdünnt, in der Baumwollspinnerei 1 : 4.

Kuspifan CB **Chem. Fabrik Stockhausen & Cie., Krefeld.**

i/Kurs: ja; *Konstit.:* Mineralöl + Verseifbares, teilweise sulfoniertes Fett; *Äuß.:* dicke, fast klare, gelbe Flüssigkeit; *Reakt.:* schwach alkalisch; *Eigensch.:* glättend und faserschonend; klebt nicht; leicht auswaschbar; *Lö. Be.:* gibt mit heißem Wasser (beständige) Emulsionen; *Verw.:* als Spinnschmelze in der Baumwoll- und Streichgarnspinnerei, besonders für Mischgarne; *Mengen:* wird im Verhältnis 1 : $1^1/_2$ mit Wasser verdünnt, in der Baumwollspinnerei 1 : 4.

Kuspifan CW **Chem. Fabrik Stockhausen & Cie., Krefeld.**

i/Kurs: ja; *Konstit.:* Mineralöl + Verseifbares, teilweise sulfoniertes Fett; *Äuß.:* dicke, fast klare, gelbe Flüssigkeit; *Reakt.:* schwach alkalisch;

Eigensch.: macht Kupferseide weich und geschmeidig; *Lö. Be.:* gibt mit heißem Wasser (beständige) Emulsionen; *Verw.:* als Durchspulmittel in der Strumpffabrikation; *Mengen:* 30 g/l.

Lamephan **Chem. Fabr. Grünau Landshoff & Meyer AG., Berlin-Grünau.**

i/Kurs: ja; *Konstit.:* Kondensationsprodukte von aromatischen Sulfosäuren mit Eiweißspaltprodukten; *Äuß.:* klare, bräunliche Flüssigkeit; *Eigensch.:* Netz- und Durchdringungsvermögen; enthält keine Kresole oder ähnliche Stoffe; angenehmer Geruch; ungiftig; kräftiger Schrumpfeffekt; ermöglicht Eingehen mit dem trockenen Rohmaterial ohne vorheriges Abkochen und Beuchen; *Lö. Be.:* in Alkalilaugen von 28—30° Bé leicht löslich; *Verw.:* als Netz- und Durchdringungsmittel in Merzerisierlaugen; *Mengen:* zum Merzerisieren von Rohware: 1,5—2% der 28—30° Bé starken Merzerisierlaugen; beim Merzerisieren gebeuchter und gebleichter Ware: 3—5 ccm/l; *H. Pat., V. Pat.:* zum Patent angemeldet.

Lamepon A **Chem. Fabr. Grünau Landshoff & Meyer AG., Berlin-Grünau.**

Geb.-J.: 1932; *i/Kurs:* ja; *analog:* Cupalit; *Konstit.:* Eiweißspalt-Fettsäure-Kondensationsprodukt (vom Typ der Oleyllysalbinsäure); *Äuß.:* Öl, gelbbraun, dickflüssig, klar; *Reakt.:* schwach alkalisch; *Eigensch.:* Reinigungs-, Wasch-, Egalisier-, Dispergier-, Netz- und Emulgierfähigkeit; *Lö. Be.:* hochbeständig gegen Kalk- und Magnesiumsalze; verhindert Kalkseifenbildung; in Wasser klar löslich; *Verw.:* zum Waschen und Nachseifen von Woll-, Baumwoll- und Seidenwaren aller Art; als Egalisierungsmittel beim Färben von substantiven und Küpenfarbstoffen; zur Herstellung von Emulsionen (Spinnschmelzen); *Mengen:* zum Waschen und Nachseifen: 0,5—2 g/l; beim Färben: 0,5—2% d. W.; zur Herstellung von Spinnschmelzen: 0,5—1 kg neben: 25 kg Olein auf 100 l Schmelze (NB. zum Schluß 1—2 kg Salmiakgeist 0,91 spez. Gew. zugeben!); *H. Pat.:* In- und Auslandspat. und Anmeldungen; *Lit.:* Melliand Textilber. 1936 Nr. 4; Z. ges. Textilind. 1936 Nr. 15; Deutscher Färberkalender 1937.

Lamol ACG **Zschimmer & Schwarz, Chemnitz.**

Geb.-J.: 1934; *i/Kurs:* ja; *Konstit.:* organische + anorganische Salze + hochmolekularer Zucker; *Äuß.:* weiße, kunsthonigartige Masse; *Reakt.:* neutral; *Lö. Be.:* beständig gegen Salze und hartes Wasser; *Verw.:* als Appreturmittel zum Beschweren und Füllen von KS, ZW, W und deren Mischgespinsten.

Lanaclarin LM **Böhme Fettchemie, Chemnitz.**

Geb.-J.: 1928; *i/Kurs:* ja; *Konstit.:* Fettalkoholsulfonat + organisches Lösungsmittel; *Äuß.:* hellgelbe Flüssigkeit; *Reakt.:* neutral; *Eigensch.:* gutes Wasch- und Reinigungsvermögen; hohes Lösungsvermögen für Mineralöle, Harze und Fette; *Lö. Be.:* leicht löslich in Wasser; gut beständig gegen Alkali, Säure und hartes Wasser; *Verw.:* zum Waschen und Vorreinigen von Kunstseide, Zellwolle, Woll- und Halbwollmaterial, besonders beim Vorliegen leinölhaltiger Schlichte oder schwer auswaschbarer Schmelzen; zum Vorreinigen und Färben von Wirkwaren und Strümpfen; *Mengen:* 0,5—2 g/l zum Vorreinigen, Waschen und Färben; 1—3 g/l zum Entschlichten von leinölgeschlichteter Kunstseide; *H. Pat., V. Pat.:* ja; *Lit.:* Mschr. Textilind. 1930 Fachheft III S. 90; 1936 Fachheft II S. 34; Z. ges. Textilind. 1931 S. 163; 1936 S. 133, 380; Kunstseide 1931 S. 230; 1932 S. 398; Seifensieder-Ztg. 1932 S. 838; Spinner und Weber 1935 Heft 38 S. 9.

Lanaclarin LP **Böhme Fettchemie, Chemnitz.**

Geb.-J.: 1935; *i/Kurs:* ja; *Konstit.:* Fettalkoholsulfonat + organisches Lösungsmittel; *Äuß.:* schwach gelbliche Paste; *Reakt.:* neutral; *Eigensch.:* sehr hohes Wasch-, Reinigungs- und Lösevermögen; *Lö. Be.:* in warmem Wasser mit Opaleszenz löslich; gut beständig gegen Alkali, Säure und hartes Wasser; *Verw.:* zum Waschen und Reinigen aller Textilien, bes. bei stark verschmutztem Material; *Mengen:* 1—3 g/l; *H. Pat., V. Pat.:* ja; *Lit.:* Z. ges. Textilind. 1936 S. 380.

Lanaclarin LT **Böhme Fettchemie, Chemnitz.**

Geb.-J.: 1932; *i/Kurs:* ja; *Konstit.:* Fettalkoholsulfonat + organisches Lösungsmittel; *Äuß.:* schwach gelbliche Paste; *Reakt.:* neutral; *Eigensch.:* gutes Wasch-, Emulgier- und Lösevermögen; *Lö. Be.:* in warmem Wasser mit Opaleszenz löslich; gut beständig gegen Alkali, Säure und hartes Wasser; *Verw.:* allein oder zusammen mit Alkali zum Vorreinigen und Entfetten aller Textilien; zum Vorkochen von ZW und Mischmaterial; *Mengen:* 0,5 bis 2 g/l; *H. Pat., V. Pat.:* ja; *Lit.:* Z. ges. Textilind. 1936 S. 380.

Lanaclarin MK **Böhme Fettchemie, Chemnitz.**

Geb.-J.: 1937; *i/Kurs:* ja; *Konstit.:* Fettalkoholsulfonat + organisches Lösungsmittel; *Äuß.:* hellgelbe Flüssigkeit; *Reakt.:* neutral; *Eigensch.:* gutes Wasch- und Reinigungsvermögen, hohes Lösevermögen für Mineralöle, Harze und Fette; *Lö. Be.:* leicht löslich in Wasser; gut beständig gegen Alkali, Säure und hartes Wasser; *Verw.:* zum Waschen und Vorreinigen von Kunstseide, Zellwolle, Woll- und Halbwollmaterial, besonders beim Vorliegen leinölhaltiger Schlichte oder schwer auswaschbarer Schmelzen; zum Vorreinigen und Färben von Wirkwaren und Strümpfen; *Mengen:* 0,5—2 g/l zum Vorreinigen, Waschen und Färben; 1—3 g/l zum Entschlichten von leinölgeschlichteter Kunstseide; *Lit.:* Z. ges. Textilind. 1937 S. 445.

Lanaclarin RE **Böhme Fettchemie, Chemnitz.**

Geb.-J.: 1937; *i/Kurs:* ja; *Konstit.:* Fettalkoholsulfonat + Fettsäuresulfonat + organisches Lösungsmittel; *Äuß.:* gelbe Flüssigkeit; *Reakt.:* neutral; *Lö. Be.:* leicht löslich in Wasser; gut beständig gegen Alkali, Säure und hartes Wasser; *Verw.:* zusammen mit Gardinol OTS bei der neutralen Walke.

Lanadin **Böhme Fettchemie, Chemnitz.**

Geb.-J.: 1908; *ähnlich:* Tetralix; *Konstit.:* Seife + gechlorter Kohlenwasserstoff[1] (Tetrachloräthan); (nach Herbig: alkoholische Seifenlösung mit 87% Trichloräthylen); *Äuß.:* braunrote Flüssigkeit; *Lit.:* [1] Melliand Textilber. 1928 S. 759; 1930 S. 610.

Lanadin extra **Böhme Fettchemie, Chemnitz.**

Konstit.: Seife + Fettlöser; *Lit.:* Melliand Textilber. 1930 S. 610.

Lanadin LAN **Böhme Fettchemie, Chemnitz.**

Geb.-J.: 1910; *i/Kurs:* ja; *Konstit.:* Seife + Lösungsmittel; *Äuß.:* hellgelbe Flüssigkeit; *Reakt.:* alkalisch; *Eigensch.:* gut fettlösend; *Lö. Be.:* in Wasser leicht emulgierbar; begrenzt beständig gegen Alkali, Säure und hartes Wasser; *Verw.:* in der Wollveredlung; beim Entpechen von Wolle; *Mengen:* 0,5—5 g/l zum Waschen und Reinigen; 1:6 verdünnt in Verbindung mit Ammoniak zum Entpechen; *Lit.:* Melliand Textilber. 1930 S. 610; Seifensieder-Ztg. 1930 S. 495.

Lanadin P **Böhme Fettchemie, Chemnitz.**

Geb.-J.: 1910; *i/Kurs:* ja; *Konstit.:* Seife + Lösungsmittel; *Äuß.:* hellgelbe Flüssigkeit; *Reakt.:* alkalisch; *Eigensch.:* stark fettlösend; bei höheren Temperaturen nicht flüchtig; *Lö. Be.:* in Wasser leicht emulgierbar; begrenzt beständig gegen Alkali, Säure und hartes Wasser; *Verw.:* allein oder in Verbindung mit Gardinol oder Soda zum Vorwaschen und Vorreinigen aller Textilien, besonders von Trikotagen und Strümpfen; *Mengen:* 2—5 g/l; *Lit.:* Z. ges. Textilind. 1936 S. 380.

Lanadin W konz. **Böhme Fettchemie, Chemnitz.**

Geb.-J.: 1910; *i/Kurs:* ja; *Konstit.:* Seife + Lösungsmittel; *Äuß.:* hellgelbe Flüssigkeit; *Reakt.:* alkalisch; *Eigensch.:* starkes Lösevermögen für Mineralöle, Wachse und Fette; *Lö. Be.:* in Wasser leicht emulgierbar; begrenzt beständig gegen Alkali, Säure und hartes Wasser; *Verw.:* in Verbindung mit Gardinol zum Waschen und Reinigen aller Textilien; zum Entfernen von Pechspitzen und zum Detachieren; *Mengen:* 2—3 g/l beim Vorreinigen; 3—5 g/l beim Einweichen; zusammen mit Ammoniak.

Lanamerpin-extra **Chem. Fabr. Pott & Co., Pirna-Copitz.**

i/Kurs: ja; *Eigensch.:* hohes Fettlösungsvermögen; *Verw.:* für Woll- und Stückwäsche.

Lanamerpin-LA **Chem. Fabr. Pott & Co., Pirna-Copitz.**

i/Kurs: ja; *Eigensch.:* nicht filzend; *Lö. Be.:* hoch säurebeständig; *Verw.:* für die Tuchindustrie, zum Färben im Fett, zur Vorwäsche bei empfindlichen Farben.

Lanapol **Böhme Fettchemie, Chemnitz.**

Geb.-J.: 1908; *ähnlich:* Tetrapol; Verapol; *Konstit.:* Seife + gechlorter Kohlenwasserstoff (Seife + Tri- oder Perchloräthylen nach Prof. Herbig).

Lanapol extra **Böhme Fettchemie, Chemnitz.**

Geb.-J.: 1910; *i/Kurs:* ja; *Konstit.:* Seife + Lösungsmittel; *Äuß.:* hellgelbe Flüssigkeit; *Reakt.:* stark alkalisch; *Eigensch.:* gutes Waschvermögen; *Lö. Be.:* klar löslich in kaltem Wasser; begrenzt beständig gegen Alkali, Säure und hartes Wasser; *Verw.:* zum Einweichen und Waschen aller Textilien; *Mengen:* 1—5 g/l; *Lit.:* Z. ges. Textilind. 1930 S. 163; Kunstseide 1930 S. 441; 1931 S. 230.

Lanapolseife TE **Böhme Fettchemie, Chemnitz.**

Geb.-J.: 1923; *i/Kurs:* ja; *analog:* Lanapol extra; Lanadin LAN; *Konstit.:* Seife + Fettlöser (auch nach Herstellers Angaben); *Äuß.:* seifenähnlich, halbfest; *Reakt.:* schwach alkalisch; *Verw.:* in erster Linie zum Auskochen und Beuchen von Baumwollmaterialien, dann zum Entfernen von Leinölschlichten, jedoch auch für alle anderen Reinigungszwecke, allein oder zusammen mit Ammoniak, Soda, Ätznatron, Seife, Gardinol, Lanaclarin LT, Lanaclarin LM usw.; als Zusatz zu Abkoch- und Beuchflotten in der Baumwoll- und Kunstseidenveredlung; zum Entschlichten leinölgeschlichteter Kunstseide; zum Entbasten realer Seide; *Mengen:* 1 Teil in 20 Teilen heißem

Wasser lösen! b. Abkochen und Beuchen: 0,5—2% d. W.; Entschlichten leinölgeschlichteter Kunstseide: 1–5 g/l Entschlichtungsbad (neben evtl. Soda, Ammoniak oder Gardinol); *Lit.:* Dtsch. Wirker-Ztg. 1930 v. 28. August 1933.

Lanettewachs **Dehydag, Berlin-Charlottenburg.**

i/Kurs: ja; *analog:* den Lanettewachsen extra, SX und U; *Konstit.:* Gemisch aus dem primären n-Hexadecyl- und Octadecylalkohol (Palmitinalkohol = Cetylalkohol = Äthal und Stearinalkohol; $C_{16}H_{33}OH + C_{18}H_{37}OH$) *Äuß.:* weiße, paraffinähnliche Masse; *Eigensch.:* Schmelzpunkt: ca. 50° C; s = 0,81; S.-Z., V.-Z., E.-Z. = 0; Azetyl-V.-Z. = 180—190; MG: ca. 250; ist befähigt, mit Seifen und Seifenersatzmitteln, Türkischrotölen, aromatischen Sulfosäuren und deren Salzen usw. in Wasser leicht emulgierbare Gemische zu bilden, die auch die Emulsionen anderer Stoffe, wie Paraffin, Ceresin, Palmitin, Stearin, Fette, Öle, Wachse, Lösungsmittel usw. stabilisieren; weichmachend; *Lö. Be.:* unlöslich in Wasser; löslich in Alkohol, Äther, Benzol; *Verw.:* zum Avivieren, Emulgieren (Fettlicker, Degras!); zum Überfetten für Creme-Grundlagen; als Emulsionsstabilisator; als Zusatz zu Schmelzen, Schlichten, Appreturen; in der Färberei und Druckerei; als Zusatz zu Imprägnierungen; *Mengen:* z. Herstellung einer Paraffin-Imprägnieremulsion: neben 10 Teilen Seife, aufgekocht in 30 Teilen Wasser: 20 Teile: nebst 30 Teilen Paraffin (NB. brauchbar beim Imprägnieren von Textilien als 1. Bad nach Verdünnung bis auf 1% Paraffingehalt — als 2. Bad nimmt man ein essig- oder ameisensaures Tonerdebad von 2,5° Bé!); NB. nur weiches Wasser nehmen, in die heiße Seifenlösung erst Lanettewachs, dann Paraffin langsam einrühren! *Lit.:* Chem.-Ztg. 1931 S. 3 u. 17; Seifensieder-Ztg. 1931 S. 433 u. 701; 1932 S. 838.

Lanettewachs-Ester **Dehydag, Berlin-Charlottenburg.**

i/Kurs: ja; *analog:* identisch mit Walrat synth. raff.; *Konstit.:* Palmitinsäureester des Gemisches von Palmitin- und Stearinalkohol (Lanettewachs); Palmitinsäure-Cetylester[1]; *Äuß.:* fest, kristallin; *Eigensch.:* Erstarrungspunkt: 48—50° C; V.-Z.: 130—135; J.-Z.: 5; S.-Z.: 0; s = 0,940 bis 0,945; *Verw.:* (in der kosmetischen und wachsverarbeitenden Industrie: für Wachskompositionen, zur Herstellung von Pomaden, Hautcremes und Salben); in der Textilindustrie: als Imprägnierungsmasse und insbesondere in der Appretur, und zwar in Verbindung mit Lanettewachs selbst; zum Avivieren von Kunstseide und Baumwolle; in der Seifenindustrie: als Überfettungsmittel, zweckmäßig in Verbindung mit Lanettewachs; (i. d. Lederind.: zum Fetten von Leder); *Lit.:* [1] Seifensieder-Ztg. 1932 S. 770.

Lanettewachs extra **Dehydag, Berlin-Charlottenburg.**

i/Kurs: ja; *analog:* Lanettewachs, Lanettewachs SX und U; *Konstit.:* Gemisch von Palmitin- und Stearinalkohol + Gemisch von Fettsäuren (das nach der Verseifung zur Emulgierung der Alkohole in Wasser ausreicht); *Äuß.:* feste Masse; *Eigensch.:* ist befähigt, große Mengen Paraffin oder Ceresin in Wasser zu emulgieren; verbessert den Griff behandelter Textilien; *Lö. Be.:* gibt mit Alkalien, Soda, Pottasche und Seifenlösungen Emulsionen; *Verw.:* zur Herstellung von Paraffin-Wasseremulsionen mit hohem Paraffingehalt, die auch für gefärbte Textilien, bei der Imprägnierung im Zweibadverfahren, beim Ausrüsten und beim Wasserdichtmachen von Geweben und Kleiderstoffen Verwendung finden können; *Mengen:* z. Herstellung einer Paraffinemulsion: 4 Teile und 6 Teile Paraffin, 0,5 Teile Kernseife 90 Teile Wasser (bei etwa 60° C das Wasser mit dem Gemisch der übrigen Substanzen verrühren!).

Lanettewachs SX **Dehydag, Berlin-Charlottenburg.**

i/Kurs: ja; *analog:* Lanettewachs, Lanettewachs extra und U; *Konstit.:* Palmitin- und Stearinalkohol + neutral reagierender Emulgator; *Äuß.:* weiße, paraffinähnliche Masse; *Eigensch.:* Schmelzpunkt: 60° C; für sich allein in neutraler, alkalischer und saurer Lösung mit Wasser emulgierbar; auch in Kombination mit organischen Sulfosäuren, Salzen und Türkischrotölen verwendbar; gibt Emulsionen von hohem Wassergehalt; emulgiert Paraffin und Öle (die Emulsionen sind unempfindlich gegen Wasserhärte!); liefert, insbesondere nach Zusatz gelatinierbarer Stoffe, wie Leim, Gelatine, wasserlösliche Gummiarten usw., feine Dispersionen von hoher Beständigkeit; vermag als Zusatz zu Stärkeschlichten die Stärke aufzuschließen; *Lö. Be.:* gibt mit Wasser Emulsionen; *Verw.:* als wässerige Emulsion zum Weichmachen; als Zusatz zu Schlichten und Appreturen; in Kombination mit organischen Sulfosäuren und Salzen, Türkischrotölen usw. zur Herstellung von Aviviermitteln, zum Wasserdichtmachen von Geweben; als Zusatz zu Stärkeschlichten, als Stärkeaufschließungsmittel; z. Herstellung v. Emulsionen; *Lit.:* Seifensieder-Ztg. 1931 S. 663 u. 697; 1932 S. 141ff., 156 u. 181.

Lanettewachs U **Dehydag, Berlin-Charlottenburg.**

i/Kurs: ja; *analog:* Lanettewachs, Lanettewachs extra und SX; *Konstit.:* Wachsalkohol; *Äuß.:* wachsartige, gelbliche Masse; *Reakt.:* neutral; *Eigensch.:* emulsionsfähig; erhöht das Reinigungsvermögen des Seifenkörpers; fixiert Riechstoffe vorzüglich; gibt, allein oder zusammen mit Seife, feine Emulsionen von Paraffin und Olivenöl; erteilt Geweben weichen Griff; *Verw.:* (für die Herstellung kosmetischer Präparate); als Überfettungsmittel in der Seifenindustrie (geschmolzen oder mit Wasser emulgiert der Seife im Kessel, den Seifenspänen in der Mischmaschine oder beim Pilieren zusetzen!); zur Herstellung von Paraffin- und Olivenölemulsionen ohne weiteren Zusatz oder auch zusammen mit Seife zwecks Erzeugung von Mitteln für das Imprägnieren, Appretieren und Avivieren; *Mengen:* zur Herstellung einer Paraffinemulsion für Appretur- und Avivierzwecke: 10 Teile (gelöst in 30 Teilen heißem Wasser!) für 20 Teile Paraffin; zur Herstellung von Oliven- oder Erdnußölemulsionen für Avivagezwecke für kunstseidene Gewebe und Mischgewebe: 10 Teile (gelöst in 30 Teilen heißem Wasser!) für 50 Teile Olivenöl oder Erdnußöl; *Lit.:* Seifensieder-Ztg. 1930 Nr. 18, 21 u. 22.

Lavado F **V. Sternberg, Hamburg.**

Konstit.: Türkischrotöl; *Lit.:* Seifensieder-Ztg. 1930 S. 495.

Laventin BL **I. G. Farbenindustrie AG., Frankfurt a. M.**

Geb.-J.: 1927; *i/Kurs:* ja; *analog:* den übrigen Laventin-Marken; *Konstit.:* alkylnaphthalinsulfosaures Natrium + Fettlöser (Methylcyclohexanol, Terpentinöl; mit Kampferöl parfümiert[1] (seifenfrei) (nach Dr. P. Heermann: alkylierte Naphthalinsulfosäure + Terpen[2]); *Äuß.:* Flüssigkeit, braun; *Reakt.:* neutral; *Eigensch.:* netzend; entfettend; beseitigt unverseifbare und schwer verseifbare Öle oder Fette oder schwer lösliche Verunreinigungen aus Textilien; geringe Flüchtigkeit; löst in der Beuche die natürlichen und mechanischen Verunreinigungen der BW-Faser; bewirkt, besonders in Verbindung mit Seifen, gleichmäßigen Beuch- und Bleicheffekt; verstärkt d. Wirkung d. Alkalien und verkürzt den Kochprozeß; schützt Bastseife vor Fäulnis; *Lö. Be.:* hohe Säure- und Salzbeständigkeit; *Verw.:* als Reinigungs-

und Entfettungsmittel für Faserstoffe aller Art, insbesondere dann, wenn die Textilien unverseifbare oder schwer verseifbare Öle oder Fette oder schwer lösliche Verunreinigungen enthalten; allein oder meist zusammen mit Seife; auch in heißen Bädern; für die Behandlung von Abfallwolle, Borsten, Haaren; als Zusatz zu Seifenwaschbädern für Abfallwolle; zum Reinigen stark verschmutzter Abfallmaterialien; als Zusatz zur Walkseife oder in Verbindung mit Soda in der Walke; als Zusatz zu Beuchflotten bei der Behandlung von Baumwolle; in Verbindung mit Seife zum Reinigen von Strümpfen und Trikotagen aus Kunstseide (Viskose, Azetatseide); zusammen mit Seife als Entschlichtungsmittel für Kunstseide; als Detachiermittel in unverdünnter Form oder in hochkonzentrierter Lösung; NB. nicht für das Detachieren von Azetatseidegeweben mit dem konzentrierten Präparat (höchstens mit 10—20%iger Lösung!) NB. bei gefärbtem Material, das zum Ausbluten neigt, Schwefel- oder Essigsäure bis zur schwachsauren Reaktion zugeben! *Mengen:* allgemein: auf 1 Teil Seife: 0,1—0,2 Teile; b. Konservieren von Bastseife: 1—2 ccm/l Bastseife; b. Detachieren: 10 bis 20%ige Lösungen (gründlich auswaschen!); i. d. Kleiderfärberei als Reinigungsmittel vor dem Färben zum gleichmäßigen Überfärben auch abgetragener Stellen: 20%ige Lösungen; *H. Pat., V. Pat.:* In- und Auslandspatente; *Lit.:* [1] Seifensieder-Ztg. 1930 Nr. 23; Z. ges. Textilind. 1928 S. 775; [2] Melliand Textilber. 1928 S. 759; 1930 S. 610.

Laventin HW **I. G. Farbenindustrie AG., Frankfurt a. M.**

Geb.-J.: 1931; *i/Kurs:* ja; *analog:* Lenocal flüssig; den übrigen Laventin-Marken; *Konstit.:* Fettkondensationsprodukt + Fettlösungsmittel; *Äuß.:* Flüssigkeit, milchig; *Reakt.:* neutral; *Eigensch.:* seifenähnliche Wirkung; waschend, reinigend, netzend, schäumend, egalisierend; emulgiert Schmutz; verhindert die Fällung von Kalkseifen; löst Kalkseifen; hält Kalkseifen, auch in der Wärme, in feiner Suspension; erleichtert das Ausspülen mitverwendeter Seife; verkürzt die Waschzeit; entfernt gut mineralölhaltige Schmelzen; erzeugt, in Chlorkalkbädern verwendet, gutes Weiß sowie im Griff weiches Bleichgut; reinigt auch in saurer Flotte; wirkt nicht verfilzend; *Lö. Be.:* beständig gegen Kalk, Säure, Alkali, gegen Eisen-, Mangan-, Kupfer-, Nickel-, Kalzium-, Magnesiumsalze; beständig auch in Chlorkalkbädern; *Verw.:* als Wasch-, Detachier- und Reinigungsmittel, besonders für Materialien mit starkem Ölgehalt, Altmaterialien, Spinnereiabfälle; allein oder zusammen mit Seife; zur Vorreinigung von Kreuzspulen, Wolle und Baumwolle auf Apparaten; zum Abkochen von besonders ölhaltigem Material, wie Baumwollspinnabfällen in Verbindung mit Alkali im offenen wie im geschlossenen Kessel; in der Färberei zur Vorreinigung des Färbeguts sowie in der Farbflotte; auch als Farbstofflösemittel; s. a. Mengen! *Mengen:* für Reinigungszwecke: auf 2—3 Teile Seife: 1—2 Teile; bei Wasser über 30° d. H. bis 5 g/l; z. Anteigen von Schwefelfarbstoffen: 10%ige Lösung; i. d. Weißwäscherei, als Einweichmittel für besonders fetthaltige Wäsche und Blutwäsche (Berufs- und Krankenhauswäsche), evtl. neben Seife und Soda: 2—5 g/l; b. Chloren der Wäsche: 2—3 g/l; *Lit.:* Chem.-Ztg. 1928, Fortschrittsberichte S. 116.

Laventin KB **I. G. Farbenindustrie AG., Frankfurt a. M.**

Geb.-J.: 1928; *i/Kurs:* ja, *analog:* den übrigen Laventin-Marken; *Konstit.:* alkylierte Naphthalinsulfosäuren + Fettlösungsmittel (frei v. Chlor, Sauerstoffpräparaten, Wasserglas, Seife!); *Äuß.:* dickliche Flüssigkeit, gelbbraun; *Reakt.:* neutral; *Eigensch.:* waschend, reinigend, entfettend; verringert nicht die Schaumbildung der Seife, b. Waschen v. Stückware beispielsweise, auch nicht bei Verwendung erheblicher Mengen; hohes Netz-, Emulgier- und Durchdringungsvermögen; zeigt nur schwachen Geruch und geringe

Flüchtigkeit; verwendbar in kalter und kochender Flotte; behält auch bei saurer Reaktion Schaumkraft und Fettlösevermögen; *Lö. Be.:* vollkommen wasserlöslich; weitgehend kalkbeständig; hoch säurebeständig; *Verw.:* als Wasch-, Reinigungs- und Entfettungsmittel; insbesondere zur Reinigung stark verschmutzter Berufs-, Haus- und Stärkewäsche; zur Entfernung von Mineral-, Blut-, Schweiß-, Fett-, Schmutz-, Graphitflecken usw.; allein oder zusammen mit Seife zur Beseitigung auch solcher Verunreinigungen, die mit Seife und Alkalien allein nicht entfernbar sind; für Weißwäschereien; in der Gardinenwäscherei; für echtfarbige Buntwäsche; zur Entfernung verseifbarer Fette, zweckmäßig zusammen mit Soda oder Ammoniak in den üblichen Mengen; in konzentrierter oder verdünnter Form zum Fleckenentfernen; zur Beseitigung von Schlichten, auch in Verbindung mit Seife; zum Auskochen von Stückware auf der Haspelkufe zwecks Vornahme eines kurzen Bleichprozesses; *Mengen:* i. d. Vorwäsche: neben Seife und auch Soda: 2 ccm/l; z. Entfernung schwieriger Flecken: 20%ige Lösung (bestreichen; 10 Min. einwirken lassen; mit Seifenlösung auswaschen); i. d. Weißwäsche, in Verbindung mit Seife oder Seifenpulver: neben 1 kg Kernseife oder Seifenflocken: $^1/_4$—$^1/_2$ l, oder: neben 2 kg Seifenpulver: $^1/_4$ l (mit Wasser 1:10 verdünnen oder gemeinsam mit der Seife lösen — beim Spülprozeß dem ersten Spülwasser etwas Soda oder besser Intrasol von Stockhausen, Krefeld, zusetzen!); z. Reinigen von Abfallwollen, Haaren, Borsten usw., in der Stückwäsche und Stückwalke, als Zusatz zum Beuchen von Baumwolle, zum Reinigen von Kunstseide, Trikotagen usw., z. Entölen von Kunstseide, z. Entfernen von Kunstseidepräparationen, zum Auskochen von Baumwolle in Verbindung mit Harz bzw. mit Harzseife: 1—2 ccm/l; als Zugabe zu den Stücken bei der Walke von Waren im Schmutz: 10%ige Lösung; z. Detachieren: konzentriert oder als 20%ige Lösung; i. d. Kleiderfärberei beim Überfärben auch abgetragener Stücke: 20%ige Lösung (die Reinigung vor dem Färben vornehmen!); NB. nicht zum Detachieren von Azetatseidegeweben mit dem konzentrierten Präparat (hierbei 20%ige Lösung anwenden; gut nachspülen!) NB. bei sauer gefärbtem Material, das zum Ausbluten neigt, Essig- oder Ameisensäure bis zur schwach sauren Reaktion zugeben! *H. Pat., V. Pat.:* In- und Auslandspatente; *Lit.:* Chem.-Ztg. 1928, Fortschrittsberichte S. 116; Melliand Textilber. 1930 S. 610.

Leico-Gummi — **Leico G. m. b. H., Frankfurt a. M.**

ähnlich: Meconin; *Konstit.:* Pflanzenprodukt aus Johannisbrotkernen; *Verw.:* als Stärkeschlichte, die nicht aufgeschlossen zu werden braucht.

Lenocal AL flüssig — **I. G. Farbenindustrie AG., Frankfurt a. M.**

Geb.-J.: 1933; *i/Kurs:* ja; *Konstit.:* Fettsäurekondensationsprodukt + organischer Fettlöser (alkalisch eingestellt); *Äuß.:* gelbe Flüssigkeit; *Reakt.:* schwach alkalisch; *Eigensch.:* steigert das Quellen des Leinölfilms; erleichtert das Entschlichten; steigert die Reinheit entschlichteter Ware; ermöglicht nachher einwandfreies Färben; läßt sich zusammen mit schwachen Oxydationsmitteln, wie Perborat usw., verwenden; *Lö. Be.:* mischbar mit Wasser; *Verw.:* zum Entschlichten von KS-Geweben, die leinölgeschlichtete Ketten enthalten, mit Ausnahme von Azetatkunstseide, Mischgeweben aus BW und KS, W und KS, usw.; *Mengen:* zum Entschlichten: neben 3—5 g Marseiller oder Schmierseife: 1—3 g/l; (NB. beim Entschlichten bunter, substantiv gefärbter Ketten ohne Alkali arbeiten! bei W-KS-Geweben höhere Temperaturen vermeiden!); *H. Pat., V. Pat.:* patentiert; *Lit.:* Melliand Textilber. 1937 S. 155 u. 456.

Lenocal flüssig **I. G. Farbenindustrie AG., Frankfurt a. M.**

Geb.-J.: 1931; *i/Kurs:* ja; *analog:* Laventin HW; *Äuß.:* gelbbraune, ziemlich viskose Flüssigkeit von charakteristischem Geruch; *Reakt.:* neutral; *Eigensch.:* (seifenfrei); sowohl in kalten wie in heißen Bädern, in letzteren sogar gesteigert netzend; reinigend; Emulgierwirkung auch für anorganische Schmutzstoffe; öl- und fettlösend; auch in heißen und kochenden Bädern wirksam infolge geringer Flüchtigkeit; leicht auswaschbar; wirkt nicht verfilzend; *Lö. Be.:* gut kalk- (Wasser auf 30—40° C erwärmen!) und säurebeständig; nicht beständig in Merzerisierlaugen und Chlorkalkbädern; *Verw.:* als Netz-, Reinigungs und Detachiermittel für Faserstoffe aller Art; als Ersatz für Türkischrotöl und ähnliche, auf Türkischrotöl- oder Seifenbasis aufgebaute Produkte; zum Anteigen von Farbstoffen; zum Vornetzen; als Zusatz beim Auskochen und Beuchen; beim Bleichen mit Natriumhypochlorit, ohne vorheriges Abkochen und beim Eingehen mit trockener Ware direkt in das Bleichbad; in der Baumwollfärberei zum Anteigen der Farbstoffe; als Zusatz zum Färbebad; zum Durchfärben der Nähte und Fersen in der Strumpffärberei; zum Vornetzen vor dem Beizen; als Reinigungs- und Detachiermittel für stark verunreinigte Abfallwollen, Haare, Borsten; hierbei zweckmäßig in Verbindung mit Seife und evtl. Soda (bei Gegenwart verseifbarer Fette); beim Reinigen von Putzwollen, Kunstseide, Trikotagen; beim Entölen von Kunstseide und bei der Entfernung von Kunstseidepräparationen; in der Kleiderfärberei; als Reinigungsmittel vor dem Färben; NB. nicht in Chlorkalkbädern, nicht in Merzerisierlaugen (wird ausgesalzen!), nicht zusammen mit basischen Farbstoffen! *Mengen:* z. Vornetzen: 2—3 g/l; b. Bleichen: 2 g/l; z. Anteigen von Farbstoffen: 50 g/l; b. Reinigen und Detachieren, zusammen mit Seife: 10—20% d. Seife, allein: 100 g/l; als Reinigungsmittel vor dem Färben in der Kleiderfärberei: 50—100 g/l; *H. Pat., V. Pat.:* In- und Auslandspatente.

Leonil LE **I. G. Farbenindustrie AG., Frankfurt a. M.**

Geb.-J.: 1926; *i/Kurs:* ja; *analog:* Nekal AEM; *Konstit.:* alkylierte Naphthalinsulfosäure (Na-Salz) + Leim; *Äuß.:* gelblich braunes Pulver von charakteristischem Geruch; *Reakt.:* neutral; *Eigensch.:* hygroskopisch; hohes Emulgiervermögen; erzeugt äußerst feine und netzkräftige Emulsionen, die beim Schmelzen gleichmäßiges, weiches Garn und gleichmäßigen Flor erzeugen und das Verschmieren der Krempelverschläge, ebenso Fadenbrüche in der Feinspinnerei und Materialverluste in der Vorspinnerei verringern; verhindert infolge Ausschluß von Alkalien Schädigung der Wolle und Angriff der Kratzen usw.; erzeugt Emulsionen, die sich insbesondere auch zum Reißen von Wolle, Altmaterial usw. eignen; erzeugt sehr lange beständige Emulsionen; *Lö. Be.:* leicht löslich in Wasser; *Verw.:* zur Herstellung von Spinnschmelzen für alle Zwecke der Kammgarn- und Streichgarnspinnerei; auch zur Herstellung von Schmelzen aus fetten Ölen und Mineralölen; zur Herstellung haltbarer Paraffinemulsionen; zusammen mit wenig Amoniak zur Herstellung von Emulsionen aus schwer emulgierbaren, verseifbaren Ölen; *Mengen:* z. Herstellung von Emulsionen: auf 10 Teile (unter Rühren mit der 3—4fachen Menge 70° heißem Wasser während 30 Min. auflösen!): 150—200 Teile Mineralöl, Paraffinöl, Vaselinöl oder 200 Teile Olivenöl, Erdnußöl usw. oder 400 Teile Olein oder 50 Teile geschmolzenes Paraffin; (diese Öle in dünnem Strahl unter lebhaftem Rühren langsam einlaufen lassen, dann bis zum gewünschten Ölgehalt Wasser von 60—80° C zurühren! NB. wenn die Schmelzen zu dünnflüssig sind, wenig Soda oder Ammoniak zusetzen!); *H. Pat., V. Pat.:* In- und Auslandspatente; *Lit.:* Melliand Textilber. 1930 S. 610; Seifensieder-Ztg. 1932 S. 141ff. u. 156.

Leonil O i/Lös. **I. G. Farbenindustrie AG., Frankfurt a. M.**

Geb.-J.: 1936; *i/Kurs:* ja; *Konstit.:* hochpolymeres Produkt; *Äuß.:* gelbe Flüssigkeit; *Reakt.:* neutral; *Eigensch.:* dispergierend; verbessert das Egalisieren aller Farbstoffgruppen; klare Töne; verbessert den Farbausgleich bei Wollmischungen, welche aus färberisch voneinander abweichenden Wollsorten bestehen; schützt kalkempfindliche Direktfarbstoffe gegen Ausfällungen; keine Ausflockungen von Baumwollfarbstoffen bei Mitverwendung von Ammonsulfat (zwecks Erzielung eines stärkeren Anfärbens des Wollanteils); keine Farbstoffausfällung, die durch Beizenreste beim Färben von losem Kaninchen- oder Hasenhaar in der Hutfärberei verursacht werden; dispergiert in der Ware enthaltene Fette aller Art und andere Verunreinigungen; steigert die Reibechtheit; *Lö. Be.:* in kaltem Wasser in jeder Konzentration leicht löslich; hervorragend hartwasserbeständig; wird von Alkalien, Salzen und Säuren nicht angegriffen; beständig in kochenden sauren Flotten und gegen Chemikalien der Wollausrüstungsindustrie; *Verw.:* als Egalisier- und Reinigungsmittel in der Färberei von W- und HW- und W-ZW-Mischmaterial; für die Apparatefärberei; zum Lösen und Färben begrenztlöslicher, schweregalisierender Farbstoffe; als Zusatz zu Färbebädern von Säure-, Nachchromierungs- und Metachromfarbstoffen; beim Färben auf Vorbeize; *Mengen:* Zusatz zu Farbbädern: 0,5—1,5% (auch zur Verbesserung der Reibechtheit); als Entfettungsmittel beim Färben: 1—8%; NB. durch Mitverwendung von stärkeren Säuren kann der Reinigungseffekt noch gesteigert werden; zur Verhütung von Schaumbildung und Schwimmen der Garne das Produkt erst beim Kochpunkt zusetzen! *H. Pat., V. Pat.:* patentiert.

Leonil S **I. G. Farbenindustrie AG., Frankfurt a. M.**

Geb.-J.: 1928; *i/Kurs:* ja; *analog:* Nekal S, Nekal A trocken, sowie Leonil SB und SBS Teig hochkonz., Nekal BX trocken; (Netzkraft geringer als die der Leonile SB und SBS Teig hochkonz., dagegen Dispergiervermögen größer als das der Leonile SB und SBS Teig hochkonz.!); *Konstit.:* alkylnaphthalinsulfosaures Natrium; nach Prof. Herbig: Na-Salz einer mit Formaldehyd kondensierten Naphthalinsulfosäure; *Äuß.:* Pulver, gelblich; *Reakt.:* neutral, auch in wässeriger Lösung; *Eigensch.:* netzend, schäumend, dispergierend; ohne Affinität zur Faser, daher Nachsatz nur entsprechend dem Flüssigkeitsverlust; gewährleistet bei der Karbonisation gleichmäßiges Durchtränken der Ware mit Säure und Zerstörung aller pflanzlichen Bestandteile; gleicht Unregelmäßigkeiten beim Abschleudern sowie Konzentrationsänderungen beim Ablegen und Liegenlassen aus; vermeidet Karbonisierflecken und reibunechte, fleckige Färbungen sowie Schwierigkeiten in der Nachwäsche und Stockigwerden der Ware; ermöglicht, selbst fetthaltige Ware mit normalen Säuremengen zu karbonisieren bzw. die Säurekonzentration zu erniedrigen, schont daher die Faser bzw. verbessert die Wollqualität; kein Umschlagen der Farbe in der Karbonisation gefärbter Ware; verhindert die Bildung schädlicher Kalkseifen; vermeidet bei der Verwendung in kalkhaltigem Wasser Klebrigwerden der Faser, unangenehmen Geruch nach ranzigem Fett und unegale Färbungen; erhöht die Emulgierkraft der Seife; erzeugt in der Wäsche hohen Reinheitsgrad; beschleunigt den Walkprozeß; schont das zu walkende Material, was insbesondere bei Streichgarnartikeln von Bedeutung ist; hohe Emulgierfähigkeit, die ein leichtes Auswaschen nach der gewöhnlichen Seifenwalke, wie auch nach der Schmutzwalke ermöglicht, so daß die Nachwäsche leichter und rascher vor sich geht; erzeugt beim Färben von Wolle in saurem Bade sowohl in der Garn- als auch in der Stückfärberei und insbesondere in der Hutfärberei infolge langsamen und in feiner

Verteilung erfolgenden Aufziehens der Farbstoffe gleichmäßig und gut durchgefärbte Waren bei gleichzeitig bis auf die Hälfte und noch weiter verringerter Glaubersalzmenge; *Lö. Be.:* in Wasser (in der Wärme besser als in der Kälte!), verdünnten Alkalien und Säuren löslich; hochbeständig, auch in konzentrierten Säuren (selbst bei 100° C keine Zersetzung!); nicht kalkempfindlich; *Verw.:* insbesondere als Egalisier- und Durchfärbemittel in der Veredlung von Wolle und Halbwolle; als Zusatz bei der sauren Walke zur Walksäure in der Hutfabrikation für Haar- und Wollmaterial; in der Garn-, Stück- und Hutfärberei; beim Färben der Wolle in saurem Bade; *Mengen:* NB. man setze 5—10%ige Stammlösungen an! b. Färben von Wolle in saurem Bade, in der Garn-, Stück- und Hutfärberei: 0,5—2% d. W.; *V Pat.:* DRP. 336558; *Lit.:* Melliand Textilber. 1926 Heft 10; 1928 S. 759; 1930 S. 610; 1931 S. 196; Leipzig. Mschr. Textil-Ind. 1928 Heft 1 u. 2.

Leonil SB **I. G. Farbenindustrie AG., Frankfurt a. M.**

Geb.-J.: 1928; *i/Kurs:* ja; *Ersatz:* für die ältere Marke Leonil N; *analog:* Nekal BX trocken und Leonil SBS Teig hochkonz., sowie Leonil N und Nekal A trocken und S; (Netzkraft gleich Leonil SBS Teig hochkonz. und größer als die von Leonil S; dagegen Dispergiervermögen gleich Leonil SBS Teig hochkonz., aber geringer als die von Leonil S!); *Konstit.:* alkylnaphthalinsulfosaures Natrium; nach Prof. Herbig: Na-Salz einer mit Formaldehyd kondensierten Naphthalinsulfosäure; *Äuß.:* farbloses Pulver; *Reakt.:* neutral, auch in wässeriger Lösung; *Eigensch.:* netzend, schäumend, dispergierend; ohne Affinität zur Faser, daher Nachsatz nur entsprechend dem Flüssigkeitsverlust; gewährleistet bei der Karbonisation gleichmäßiges Durchtränken der Ware mit Säure und Zerstören aller pflanzlichen Bestandteile; gleicht Unregelmäßigkeiten beim Abschleudern sowie Konzentrationsänderungen beim Ablegen und Liegenlassen aus; vermeidet Karbonisierflecken und reibunechte, fleckige Färbungen sowie Schwierigkeiten in der Nachwäsche und Stockigwerden der Ware; ermöglicht, selbst fetthaltige Ware mit normalen Säuremengen zu karbonisieren bzw. die Säurekonzentration zu erniedrigen, schont daher die Faser bzw. verbessert die Wollqualität; kein Umschlagen der Farbe in der Karbonisation gefärbter Ware; verhindert die Bildung schädlicher Kalkseifen; hebt die seifenschaumzerstörende Wirkung von Mineralöl auf; beschleunigt den Walkprozeß; schont das zu walkende Material, was insbesondere bei Streichgarnartikeln von Bedeutung ist; verhindert Fäulnisbildung und vermeidet daher Stockflecken, die sich beim Naßverweben am Webstuhl bzw. Webbaum oft bilden; erzeugt gleichmäßig eindringende Spinnschmelzen von guter Verteilung des Öles, die nicht so rasch eintrocknen und ein Material liefern, das sich leicht netzt, beim Entgerbern leicht gereinigt wird, nicht schimmelt und keine Stockflecken zeigt; macht bereits fertige Spinnschmelzen dünnflüssiger; erzeugt beim Zusatz zu Schlichten bzw. Leimen gleichmäßigere Verteilung und besseres Eindringen in den Faden; setzt die Viskosität der Schlichte herab; macht die Schlichtmasse bei gleichbleibender Schlichtwirkung dünnflüssiger und leichter hantierbar; vermeidet Fadenbrüche und vorzeitiges Faulen der Schlichtmasse und des Kettenleims; ermöglicht Ersparnisse bis zu ca. 20% an Kartoffelmehl; erzeugt nach dem Trocknen leicht benetzbare Ketten, erleichtert deren Wäsche; erzeugt beim Appretieren von Woll- und Kuhhaarfilzen, besonders als Zusatz zu Appreturen aus Kartoffelmehl und Amylose D, im Innern vorzüglich gesteifte Filze; ermöglicht bei der Verwendung zum Vornetzen in der Halbwollfärberei leichtes und gleichmäßiges Durchfärben einbadig zu färbender Mischgewebe bei gleichzeitig erzieltem weichen Griff; *Lö. Be.:* in Wasser (in der Wärme besser als in der Kälte!), verdünnten Alkalien und Säuren löslich; hochbeständig, auch in konzentrierten Säuren (selbst bei 100° C keine Zersetzung); nicht kalkempfindlich; *Verw.:* als Netzmittel, auch in der Karbonisation; in der Veredlung von Wolle und Halbwolle; bei der Walke, insbesondere von Streichgarnartikeln, schweren Streichgarnstoffen, Paletot- und Deckenstoffen (die, da mit viel Olein gespickt, zweckmäßig vorgegerbert, d. h. mit wenig Sodalösung auf einer Wasch- oder Walkmaschine bis zur reichlichen Schaumbildung laufen gelassen, dann geschleudert und gespült werden); in der Hutfabrikation bei besonders schwer netzbarem Material; an Stelle von Leonil S in der sauren Walke als Zusatz zur Walksäure; zum Vornetzen von Woll- und Halbwollstoffen bei mäßiger Wärme; beim Annetzen von Kammgarnstücken auf der Rauhmaschine; zum Netzen von Schußspulen, die zum Naßverweben bestimmt sind; als Zusatz zu Schlichten bzw. Leimen; als Zusatz zu Appreturen aus Kartoffelmehl und Amylose D beim Appretieren v. Woll- und Kuhhaarfilzen und als Zusatz zu Kammgarnkettenschlichten aus Kartoffelmehl und Amylose D; als Zusatz b. Vornetzen i. d. Halbwollfärberei beim Färben einbadig zu färbender Mischgewebe; *Mengen:* NB. man setze 5—10%ige Stammlösungen an! in der Karbonisation: 1 g/l neben: (gegen sonst: H_2SO_4 von 4° Bé) H_2SO_4 von 1,5° Bé für wenig verunreinigte Wolle, 2° Bé beim Eingehen mit trockener Ware (bei normal verunreinigter Wolle), 2,5° Bé für normal verunreinigte Wolle, 2,5—3° Bé für Stücke, 3—4° Bé für Abgänge; b. d. Walke schwerer Waren: statt wie bisher: 1,5 Stdn. mit 10 l Seifenlösung — Seife mit mindestens 60% Fettgehalt — 1 : 10 auf ca. 50 kg Rohgewicht: 7 l Seifenlösung 1 : 10 und 3 l Wasser, die 50 g Leonil gelöst enthalten (1 Stde.); b. Vornetzen von Woll- und Halbwollstoffen jeder Art: 0,5—1 g/l; b. Annetzen von Kammgarnstücken auf der Rauhmaschine: 1—2 g/l; b. Netzen von zum Naßverweben bestimmten Schußspulen bei 30° C: 2—3 g/l; als Zusatz zu Schlichtmassen oder Kettenleimen: 0,1—0,2%; z. Vornetzen v. d. Färben einbadig zu färbender Mischgewebe i. d. Halbwollfärberei: 0,5—1% d. W.; *Lit.:* Melliand Textilber. 1926 Heft 10; 1928 S. 759; 1930 S. 610; 1931 S. 196.

Leonil SB extra **I. G. Farbenindustrie AG., Frankfurt a. M.**

Geb.-J.: 1936; *i/Kurs:* ja; *analog:* Leonil SB in Eigensch. und Verw., jedoch — insbesondere bei Verwendung von hartem Wasser — etwas weniger gut löslich als Leonil SB; *Konstit.:* Naphthalinsulfosäurederivat; *Äuß.:* weißliches Pulver; *Reakt.:* neutral; *Eigensch.:* besser netzend als Leonil SB; *Mengen:* NB. möglichst keine Stammlösungen ansetzen; *H. Pat., V. Pat.:* patentiert.

Leonil SBS Teig hochkonz. **I. G. Farbenindustrie AG., Frankfurt a. M.**

Geb.-J.: 1927; *i/Kurs:* ja; *analog:* Leonil SB und Nekal BX trocken sowie Leonil N und S und Nekal S und A trocken (Netzkraft gleich Leonil SB, doch größer als Leonil S; Dispergiervermögen gleich Leonil SB, dagegen geringer als Leonil S); *Konstit.:* Alkylnaphthalinsulfosäure (nach Heermann: säurehaltig); *Äuß.:* Teig, dunkelbraun; *Reakt.:* sauer, auch in wässeriger Lösung; *Eigensch.:* netzend, schäumend, dispergierend; ohne Affinität zur Faser, daher Nachsatz nur entsprechend dem Flüssigkeitsverlust; gewährleistet bei der Karbonisation gleichmäßiges Durchtränken der Ware mit Säure und Zerstörung aller pflanzlichen Bestandteile; gleicht Unregelmäßigkeiten beim Abschleudern sowie Konzentrationsänderungen beim Ablegen und Liegenlassen aus; vermeidet Karbonisierflecken und reibunechte, fleckige Färbungen sowie Schwierigkeiten in der Nachwäsche und Stockigwerden der Ware; ermöglicht, selbst fetthaltige Ware mit normalen Säuremengen zu karbonisieren bzw. die Säurekonzentration zu erniedrigen, schont daher die Faser bzw. verbessert die Wollqualität; kein Umschlagen der Farbe in der Karbonisation gefärbter Ware; *Lö. Be.:* in Wasser (in der Wärme besser als in der Kälte!), verdünnten Alkalien und Säuren löslich; hochbeständig, auch in konzentrierten Säuren (selbst bei 100° C keine Zersetzung!); *Verw.:* als Netzmittel — ausschließlich — für die Karbonisation sowohl von losem Material als auch von Stückware; *Mengen:* in der Karbonisation: 1 g/l neben (gegen sonst: H_2SO_4 von 4° Bé): H_2SO_4 von 1,5° Bé für wenig verunreinigte Wolle, 2° Bé beim Eingehen mit trockener Ware (bei normal verunreinigter Wolle), 2,5° Bé für normal verunreinigte Wolle, 3—4° Bé für Abgänge, 2,5—3° Bé für Stücke; *Lit.:* Chem.-Ztg. 1928, Fortschrittsberichte S. 116; Melliand Textilber. 1926 Heft 10; 1930 S. 610; 1931 S. 196.

Leophen B **I. G. Farbenindustrie AG., Frankfurt a. M.**

Geb.-J.: 1933; *i/Kurs:* ja; *Konstit.:* Sulfonatgemisch (basisches Salz); *Äuß.:* gelbe Flüssigkeit; *Reakt.:* alkalisch; *Eigensch.:* fast geruchlos; kresolfrei; kapillaraktiv; gestattet Rohbaumwollgarne und Stückware ohne vorheriges Auskochen oder Beuchen gleichmäßig zu merzerisieren; schont die Ware; gibt weichen Griff; vermindert den Abkochverlust; nur wenig Neigung zum Schäumen; keine Geruchsbelästigung; keine nachteilige Wirkung in Abwässern; *Lö. Be.:* klar löslich in Merzerisierlaugen von 28—32° Bé auch bei niederen Temperaturen in jeder Konzentration; gibt auch bei längerem Stehen keine Ausscheidungen; in Laugen über 32° Bé trüb löslich; *Verw.:* zum Merzerisieren roher und vorgekochter BW usw.; *Mengen:* für die Rohmerzerisation: 10 ccm/l; für vorgekochte BW: 3—5 ccm/l (direkt der Merzerisierlauge zusetzen — Pumpe laufen lassen — gleichmäßig verteilen!); NB. stärkere Laugen als 30° Bé vermeiden! beste Glanzwirkung bei 28—30° Bé-Laugen! Spüllaugen evtl. — ohne Gefahr teeriger Ausscheidungen — eindampfen oder zum Beuchen in der Naphthol- und Küpenfärberei verwenden! *H. Pat., V. Pat.:* patentiert; *Lit.:* Melliand Textilber. 1934 S. 368; 1937 S. 155.

Leophen B hochkonz. **I. G. Farbenindustrie AG., Frankfurt a. M.**

Geb.-J.: 1937; *i/Kurs:* ja; *Konstit.:* Sulfonatgemisch; *Äuß.:* gelbe Flüssigkeit (wird beim Stehen in der Kälte etwas trüb); *Reakt.:* alkalisch; *Eigensch.:* wie Leophen B; *Lö. Be.:* wie Leophen B, nur sind die Lösungen in 32° Bé-Laugen schwach opaleszierend (die Opaleszenz verschwindet beim Stehen) und die Lösungen in Laugen über 32° Bé sind schwach trüb; *Verw.:* zum Merzerisieren roher und vorgekochter BW usw.; *Mengen:* für die Rohmerzerisation: 5 ccm/l; bei stark gezwirnten Stickgarnen bzw. bei dicht gepackten Garnen: 7,5 ccm/l; für vorgekochte Garne: 1,2 ccm/l (direkt zusetzen! Pumpe kurz laufen lassen!) NB. bezüglich stärkerer Laugen als 30° Bé, Glanzwirkung, Spüllaugen siehe Leophen B!; *H. Pat., V. Pat.:* patentiert.

Leophen B hochkonz. Typ 1155c **I. G. Farbenindustrie AG., Frankfurt a. M.**

Geb.-J.: 1937; *i/Kurs:* ja; *analog:* Leophen B hochkonz. in Eigensch. und Verw.; *Konstit.:* Sulfonatgemisch; *Äuß.:* gelbe Flüssigkeit; *Verw.:* diese Spezialmarke findet dort Verwendung, wo die geringe Schaumbildung von Leophen B hochkonz. als lästig empfunden wird.

Leophen B Typ 1155c **I. G. Farbenindustrie AG., Frankfurt a. M.**

Geb.-J.: 1935; *i/Kurs:* ja; *analog:* Leophen B in Eigensch. und Verw.; *Konstit.:* Sulfonatgemisch (basisches Salz); *Äuß.:* rötliche Flüssigkeit;

Verw.: in Fällen, wo unter bestimmten Arbeitsbedingungen möglichst schaumarme Laugen erwünscht sind.

Leophen KN **I. G. Farbenindustrie AG., Frankfurt a. M.**

Geb.-J.: 1937; *i/Kurs:* ja; *Konstit.:* Kresolderivat; *Äuß.:* dunkelbraune Flüssigkeit; *Reakt.:* alkalisch; *Eigensch.:* gibt Merzerisierlaugen vorzügliche Netzfähigkeit; ermöglicht Rohgarn bzw. -ware einwandfrei zu merzerisieren; steigert den Glanz; verringert Verluste durch Vermeidung des Abkochens; bildet — auch bei schnellaufenden Merzerisiermaschinen — keinen Schaum; gleichmäßiges und schnelles Durchdringen des Materials; kann den Merzerisierlaugen direkt zugegeben werden; *Lö. Be.:* auch bei niederer Temperatur in Merzerisierlaugen von 28—36° Bé klar löslich, ohne daß bei längerem Stehen sich Abscheidungen bilden; *Verw.:* als Zusatz zu Merzerisierlaugen; *Mengen:* für die Rohmerzerisation: 5—10 ccm/l; bei abgekochten Garnen: 2,5 ccm/l (Nachsatz entsprechend dem Laugenverlust!); NB. keine Fischwässer verunreinigen! Spüllaugen evtl. eindampfen! *H. Pat., V. Pat.:* patentiert; *Lit.:* Melliand Textilber. 1937 S. 456 (die dort genannte Marke K ist identisch mit der Marke KN).

Leophen M **I. G. Farbenindustrie AG., Frankfurt a. M.**

Geb.-J.: 1932; *i/Kurs:* ja; *Konstit.:* Sulfonatgemisch; *Äuß.:* hellbraune Flüssigkeit; *Reakt.:* neutral; *Eigensch.:* ungiftig; nicht zur Schaumbildung neigend; macht das Abkochen oder Beuchen der Ware vor dem Merzerisieren überflüssig, schont daher die Baumwolle; gewährleistet reinere Ware und weicheren Griff; erhält das Gewicht; vermeidet streifige Färbungen; erzeugt auch bei stark gezwirnten Garnen und dicht geschlagenen Geweben gleichmäßigen Merzerisiereffekt und ebenso gleichmäßiges späteres Färben; hohes Netzvermögen in Merzerisierlaugen; *Lö. Be.:* in Merzerisierlaugen bis zu 30° Bé klar löslich und darin unbeschränkt haltbar; *Verw.:* als Zusatz zu Merzerisierlaugen (Strang- wie Stückmerzerisation, abgekochte wie rohe Ware); *Mengen:* i. d. Merzerisierlauge: bei trockenem Rohmaterial: 10 g/l; b. vorgekochter, feuchter Baumwolle: 5 g/l; (NB. zur Erhaltung des Glanzes setzt man beim Spülen der merzerisierten Garne geringe Mengen Igepon T zu!).

Lertisan **Zschimmer & Schwarz, Chemnitz.**

Geb.-J.: 1930; *i/Kurs:* ja; *Konstit.:* Gummi + Glyzerin + andere Zusätze; *Äuß.:* weiße Emulsion; *Reakt.:* neutral; *Eigensch.:* hohe Bindekraft; macht Füllmittel, wie Kaolin, China-Clay, Talkum, Walkerde fest auf der Faser haftend; wirkt selbst als Füllstoff; *Verw.:* in der Appretur, zur Verhütung des Abstaubens mit Füllappretur versehener Baumwollgewebe; *Mengen:* 5 g/l Appreturmasse (vorher in Wasser lösen und der fertig durchgekochten Appreturmasse zusetzen!).

Lessopon AP **Baur, Gaebel & Cie., Köln-Radertal.**

Geb.-J.: 1929; *i/Kurs:* ja; *Konstit.:* Ölsulfonierungsprodukt (hochsulfoniert); *Äuß.:* gelbliches Öl; *Reakt.:* schwach sauer gegen Lackmus; *Lö. Be.:* in kaltem Wasser löslich; beständig gegen org. Säuren; ausgezeichnet bittersalzbeständig; *Verw.:* zum Färben im neutralen oder organischsauren Bade; zum Appretieren, bes. bei hochbittersalzhaltigen Appreturen; zum Beschweren mit Bittersalz oder Bittersalz enthaltenden Beschwerungsmitteln.

Lessopon RP **Baur, Gaebel & Cie., Köln-Radertal.**

Geb.-J.: 1929; *i/Kurs:* ja; *Konstit.:* Ölsulfonierungsprodukt (hochsulfoniert); *Äuß.:* gelbliches Öl; *Reakt.:* schwach sauer gegen Lackmus; *Lö. Be.:* in kaltem Wasser löslich; beständig gegen org. Säuren; ausgezeichnet bittersalzbeständig; *Verw.:* zum Färben im neutralen oder organischsauren Bade; zum Appretieren, bes. bei hochbittersalzhaltigen Appreturen; zum Beschweren mit Bittersalz oder Bittersalz enthaltenden Beschwerungsmitteln.

Leukofix **Zschimmer & Schwarz, Chemnitz.**

Geb.-J.: 1934; *i/Kurs:* ja; *Konstit.:* Magnesiumstearat + Fettalkoholderivat; *Äuß.:* weiße Paste; *Reakt.:* neutral; *Lö. Be.:* beständig gegen hartes Wasser und schwache Säuren; nicht beständig gegen Salz; gibt mit Wasser opalisierende Emulsionen; *Verw.:* als Ersatz für schwächer wirkende anorganische Stabilisatoren; zum Stabilisieren von Sauerstoffbleichbädern; *Mengen:* 0,1—0,2% der Ware.

Leukonöl **Münzing & Co., Heilbronn a. N.**

i/Kurs: ja; *Konstit.:* Sulfonierungsprodukt pflanzlicher Öle; *Äuß.:* hellgelbes, klares Öl; *Reakt.:* schwach sauer; *Eigensch.:* führt die Kalksalze des Wassers in lösliche Verbindungen über, wirkt daher enthärtend und bildet keine Kalkseifenausflockungen; hervorragendes Netz- und Egalisierungsvermögen; verleiht der Faser weichen, voluminösen Griff, löst bzw. emulgiert Öle, Fette, Harze, Pektinstoffe usw.; begünstigt den Färbeprozeß; geruchlos; nicht ausschlagend; kein Nachgilben; *Lö. Be.:* leicht und klar in Wasser löslich, auch in ganz hartem; unempfindlich gegen Mineral- und organische Säuren der in der Textilindustrie gebräuchlichen Verdünnungen sowie gegen Salzlösungen; beständig in Beuchlaugen; *Verw.:* in Färberei und Druckerei, Appretur, Merzerisation, Wollspinnerei, Bleicherei und Wäscherei; zum Beuchen; zum Anteigen von Farbstoffen; zum Avivieren, Grundieren, Schlichten usw.; *Mengen:* zum Färben von Baumwolle, Halbwolle, Wollimitation bei Direkt-, Schwefel-, Küpen- und Entwicklungsfarben: 3—5 g/l; bei Beizenfarbstoffen: auf 100 kg Ware für Türkischrot zum Ölzug: 20 bis 25 kg, zum Seifen: 2 kg, für Altrot (erste Passage): 50 kg (zweite Passage): 40 kg; zur Vorbehandlung vor dem Färben: 5—10 g/l; zum Nachbehandeln von Schwefel- und Oxydationsschwarz, zum Avivieren von Baumwollfärbungen: 6—10 g/l; zum Färben von Wolle (substantive und schwach saure Farbstoffe) in Strang und Stück: 2—3 g/l; für die Wollavivage: 1—2 g/l; zum Entbasten der Seide: 2—3 g/l; zum Färben der Seide: 1—2 g/l; beim Drucken zum Vorölen (Alizarindruck): 50—60 g/l; zum Seifen und Nachbehandeln: 1—2 g/l neben 3—4 g Seife; für Baumwolle- und Leinenappretur: 5—10 g/kg Masse; für Wollappretur: 2—5 g/kg Masse; für Appretur von Druckware: 5—10 g/kg Masse; für Schlichtemassen: 10—20 g/kg Masse; beim Auskochen, Beuchen und Merzerisieren, in der Bleicherei der Baumwolle (Garne und Gewebe): 2—3 g/l.

Leukotrop O **I. G. Farbenindustrie AG., Frankfurt a. M.**

Geb.-J.: 1909; *i/Kurs:* ja; *Konstit.:* Dimethylphenylbenzylammoniumchlorid; *Äuß.:* graugrünes Kristallpulver; *Reakt.:* schwach sauer; *Verw.:* als Zusatz zu Rongalit C beim Orangeätzen von Indigo; für Weiß- und Buntreserven von Brillantindigomarken; als Ätzverstärker für Rongalitweißätzen; beim Ätzen von Färbungen mit substantiven und Eisfarbstoffen (Pararot usw.).

Leukotrop W konz. **I. G. Farbenindustrie AG., Frankfurt a. M.**

Geb.-J.: 1912; *i/Kurs:* ja; *Konstit.:* Kalziumsalz der Disulfosäure von Dimethylphenylbenzylammoniumchlorid; *Äuß.:* gelbes Pulver; *Reakt.:* schwach sauer; *Verw.:* im Druck zum Weißätzen, besonders auf Indigo; als Ätzverstärker beim Ätzen von Indanthren- bzw. Küpenfärbungen; als Zusatz zu Beuchflotten; zum Zerstören von Farbstoffen auf Rohgeweben, die als Mitläufer im Druck gedient haben.

Lipon D **Röhm & Haas AG., Darmstadt.**

i/Kurs: ja; *Konstit.:* sulfuriertes Pflanzenöl; *Verw.:* beim Drucken; als Drucköl für alle Gebrauchsdruckverdickungen; *Äuß.:* dunkelgelbe Flüssigkeit.

Lipon L **Röhm & Haas AG., Darmstadt.**

i/Kurs: ja; *Konstit.:* sulfuriertes Öl; *Äuß.:* gelbe Flüssigkeit; *Verw.:* als Schaumverhütungsmittel in Schlichte-, Appretur- und Farbflotten.

Listoform-Seifen-Extrakt **J. Simon & Dürkheim, Offenbach a. M.**

i/Kurs: nein; *Ersatz:* heißt heute Esdeform-Seifen-Extrakt, mit dem es identisch ist; *analog:* Esdeform-Seifen-Extrakt; *Konstit.:* Kaliseife + aromatischer Kohlenwasserstoff.

Lizarol D konz. **I. G. Farbenindustrie AG., Frankfurt a. M.**

Geb.-J.: 1928; *i/Kurs:* nein; *analog:* Lizarol R konz.; *Lö. Be.:* wasserunlöslich; *Verw.:* als Fettbeize beim Drucken von Alizarinrot und -rosa auf ungeölter Ware.

Lorinol E Paste **Böhme Fettchemie, Chemnitz.**

Geb.-J.: 1932; *i/Kurs:* ja; *Konstit.:* (Emulsion aus) Fett + Fettalkoholsulfonat; *Äuß.:* weiße Paste; *Reakt.:* alkalisch; *Eigensch.:* verleiht Textilien Geschmeidigkeit, Fülle und Glätte; *Lö. Be.:* in heißem Wasser leicht emulgierbar; beständig gegen Alkali, Säure und hartes Wasser; *Verw.:* als Zusatz zu Schlichte- und Appreturmassen; *Mengen:* 1—20 g/kg Schlichte- oder Appreturmasse; *H. Pat., V. Pat.:* ja.

Lorol **Dehydag, Berlin-Charlottenburg.**

i/Kurs: ja; *Konstit.:* Laurylalkohol (Reduktionsprodukt der Laurinsäure, hergestellt aus Kokosöl); *Lit.:* Seifensieder-Ztg. 1932 S. 838.

Ludigol **I. G. Farbenindustrie AG., Frankfurt a. M.**

Geb.-J.: 1908; *Konstit.:* Oxydationsmittel; *Verw.:* als Oxydationsmittel bei der Beuche; *Lit.:* Melliand Textilber. 1930 S. 610.

Lugon **Chem. Fabr. J. A. Benckiser, Ludwigshafen a. Rh.**

i/Kurs: ja; *analog:* Calgon; *Konstit.:* Salze der Phosphorsäure + andere Alkalien; *Äuß.:* weißes Pulver; *Eigensch.:* bewirkt günstige Erweichung und Loslösung von Eiweiß-, Fett- und Stärkestoffen, erleichtert dadurch das Reinigen; *Verw.:* für sich allein oder in Verbindung mit Seife und Soda zum Vorwaschen.

Lysamil **Diamalt AG., München.**

i/Kurs: nein; *Konstit.:* Maltosepräparat; *Verw.:* zur Verbesserung der Reibechtheit.

Maizena

Konstit.: Maisstärke (amerikanisch); *Verw.:* als Verdickungsmittel.

Majamin **Dehydag, Berlin-Charlottenburg.**

i/Kurs: ja; *analog:* Majaminkalium und Majammonium; *Konstit.:* β-tetralinsulfosaures Natrium; *Äuß.:* Pulver, weiß; *Reakt.:* neutral; *Eigensch.:* schwaches Netzvermögen; geringe Schaum- und Waschkraft; erhöht die Dichte, Haltbarkeit und Ergiebigkeit des Seifenschaumes; erhöht das Farbstoffabsorptionsvermögen bei Kunstseide; *Lö. Be.:* leicht löslich in Wasser; *Verw.:* als Zusatz zur Seife (z. Kerns.: nach Abtr. d. Unterlauge o. d. Leimniederschlages; z. Leims.: n. Fertigstellung; z. kaltger. S.: z. Öl vor d. Lauge; z. Feins.: a. d. Piliermasch.; z. Seifenpulv. und Waschextr.: b. Verm.!); z. Herst., insbes. zus. mit Methylhexalin und Kohlenwasserstoffen, von Lösungsmittelseifen; zur Herstellung von Seewasserseife; *Mengen:* 5—7% d. Seife; *H. Pat., V. Pat.:* DRP. 317293; *Lit.:* Schrauth: Seifensieder-Ztg. 1923 S. 97, 200, 209 u. 223.

Majaminkalium **Dehydag, Berlin-Charlottenburg.**

i/Kurs: ja; *analog:* Majamin und Majammonium; *Konstit.:* β-tetralinsulfosaures Kalium; *Äuß.:* Pulver; *Reakt.:* neutral; *Eigensch.:* schwaches Netzvermögen; geringe Schaum- und Waschkraft; erhöht die Dichte, Haltbarkeit und Ergiebigkeit des Seifenschaumes; erhöht das Farbstoffabsorptionsvermögen bei Kunstseide; *Lö. Be.:* leicht löslich in Wasser; *Verw.:* als Zusatz zur Seife (z. Kerns.: nach Abtr. d. Unterlauge o. d. Leimniederschlags; z. Leims.: n. Fertigstellung; z. kaltger. S.: z. Öl vor d. Lauge; z. Feins.: a. d. Piliermasch.; z. Seifenpulv. und Waschextr.: b. Verm.!); z. Herst., insbes. zus. mit Methylhexalin und Kohlenwasserstoffen, von Lösungsmittelseifen; zur Herstellung von Seewasserseife; *Mengen:* 5—7% d. Seife; *Lit.:* Schrauth: Seifensieder-Ztg. 1923 S. 97, 200, 209 u. 223.

Majammonium **Dehydag, Berlin-Charlottenburg.**

i/Kurs: ja; *analog:* Majamin und Majaminkalium; *Konstit.:* β-tetralinsulfosaures Ammonium; *Äuß.:* Pulver; *Reakt.:* neutral; *Eigensch.:* schwaches Netzvermögen; geringe Schaum- und Waschkraft; erhöht die Dichte, Haltbarkeit und Ergiebigkeit des Seifenschaumes; erhöht das Farbstoffabsorptionsvermögen bei Kunstseide; *Lö. Be.:* leicht löslich in Wasser; *Verw.:* als Zusatz zur Seife (z. Kerns.: nach Abtr. d. Unterlauge o. d. Leimniederschlags; z. Leims.: n. Fertigstellung; z. kaltger. S.: z. Öl vor d. Lauge; z. Feins.: a. d. Piliermasch.; z. Seifenpulv. und Waschextr.: b. Verm.!); z. Herst., insbes. zus. mit Methylhexalin und Kohlenwasserstoffen, von Lösungsmittelseifen; zur Herstellung von Seewasserseife; *Mengen:* 5—7% d. Seife; *Lit.:* Schrauth: Seifensieder-Ztg. 1923 S. 97, 200, 209 u. 223.

Maltine

Konstit.: Diastasepräparat; *Verw.:* zur Verflüssigung der Stärke durch Abbau.

Maltoferment

ähnlich: Diastafor; *Konstit.:* Diastasepräparat (Malzdiastase); *Verw.:* zur Verflüssigung der Stärke durch Abbau; als Entschlichtungsmittel; *Lit.:* Melliand Textilber. 1930 S. 610.

Maltose

ähnlich: Diastafor; *Konstit.:* Malzdiastase; *Verw.:* als Entschlichtungsmittel; *Lit.:* Melliand Textilber. 1930 S. 610.

Maltostase **Biomalz-Fabrik Patermann, Teltow.**

i/Kurs: ja; *Konstit.:* Pflanzendiastase; Ferment aus Malz; Malzextrakt; Malzdiastase; *Äuß.:* braune, honigartige Masse; *Eigensch.:* verwandelt den aufgequollenen Stärkekleister bei 60—65° C in eine leichtflüssige Stärkelösung, bei anhaltender Einwirkung erfolgt Abbau über Dextrin zu Maltose; frei von Verunreinigungen, Fetten und Alkalien; greift weder pflanzliche oder tierische Fasern noch die Farben an; *Lö. Be.:* in warmem Wasser leicht löslich; *Verw.:* in der Schlichterei und Appretur bei der Zubereitung von Stärkeflotten, zum Entschlichten der stärkehaltigen Gewebe, sogar solcher aus Kunstseide; zur Herstellung von Druckverdickungen; zum Ausrüsten von Inletts (Daunenköper); in der Wäscherei zum Entstärken; zum Aufschließen von Kartoffel- und Weizenstärke usw.; *Mengen:* NB. das Bad muß frei von Alkalien sein (Ammoniak, Soda usw.); diese müssen entfernt oder durch Säure neutralisiert werden, da sie die Wirksamkeit der Fermente beeinträchtigen.

Marienhöher Saponin **Gronewald & Stommel.**

Konstit.: Lösung von Marseiller Seife in einer Mischung von Essigäther und Spiritus; *Verw.:* in der Wäscherei als (benzinlösliche) „Benzin“-Seife.

Mattierung A 85 **Zschimmer & Schwarz, Chemnitz.**

Geb.-J.: 1935; *i/Kurs:* ja; *Ersatz:* für Mattierung LC; *Konstit.:* Pigment + Fettsulfonat; *Äuß.:* weiße Paste; *Reakt.:* neutral; *Lö. Be.:* beständig in wässeriger Suspension bzw. Emulsion; *Verw.:* zum Mattieren von Kunstseidenwaren und Wirkwaren unter gleichzeitiger Beschwerung mit Talvon T oder Talvon 100 auf dem Foulard; *Mengen:* auf 100 l Flotte (neben 12 kg Talvon T): 35 kg.

Mattoran **Oranienburger Chem. Fabr. AG., Charlottenburg 2.**

i/Kurs: ja; *Konstit.:* sulfonierte Fettstoffe + Mattierungsmittel; *Äuß.:* graue Paste; *Eigensch.:* nicht nur entglänzend, sondern gleichzeitig auch egalisierend und weichmachend; gibt um so bessere Mattierung, je härter das Wasser ist; *Verw.:* zum Entglänzen dunkelfarbiger Kunstseide und Kunstspinnfaser (Vistra und Wollstra) im Färbe- oder im Nachbehandlungsbade, Garne auf der Kufe, Wirk- und Webwaren auf der Haspelkufe bzw. dem Jigger; *Mengen:* mit der 5—8fachen Menge heißen Wassers verrühren, aufkochen mit direktem Dampf! im Färbebade: 5—10% der Ware oder bei sonst üblichem Färbeprozeß, je nach dem gewünschten Mattierungsgrad und der Flottenlänge: 2—10 g/l; nach beendeter Färbung in mehreren Portionen 0,5—1 g Calciumchlorid calc. pro l Färbeflotte zugeben, das zuvor in heißem Wasser gelöst und reichlich mit kaltem verdünnt wurde, anschließend entwässern und trocknen! im Nachbehandlungsbade: im wesentlichen wie im Färbebade; NB. man bringt die Flottentemperatur auf 50 bis 60° C, setzt 0,5 g/l Calciumchlorid calc. und das nach Vorschrift gelöste Mattoran F zu, behandelt 10 Min. und setzt schließlich portionsweise zuvor heiß gelöste und mit kaltem Wasser reichlich verdünnte 0,5—1 g Calciumchlorid calc. pro l Flotte nach.

M.C.-Seife **Münzing & Co., Heilbronn a. N.**

i/Kurs: ja; *analog:* Devetol W und Devetol W konzentriert, jedoch höherer Gehalt an Seife; *Konstit.:* Lösungsmittelseife; *Verw.:* als Waschmittel für Wolle und Baumwolle, für Seide und Kunstseide, mit oder ohne kalzinierte

Soda, besonders, wenn viel mechanischer Schmutz vorhanden ist; *Mengen:* zum Auskochen und Waschen von Kunstseide, Stück- und Strangware: neben 1 g/l Soda (zuerst zusetzen): 3—5 g/l (das Wasser erst aufkochen, dann abschäumen, später Soda und zuletzt Seife zu! Ware $^1/_2$—$^3/_4$ Stunde behandeln!); beim Nachseifen von Naphthol- und Türkischrotölfärbungen: neben 1,5 g Soda: 2—4 g/l ($^1/_2$ Stunde bei 80—100° C, vor- und nachher gut spülen!).

Meconin **Zschimmer & Schwarz, Chemnitz.**

Geb.-J.: 1930; *i/Kurs:* ja; *Konstit.:* Johannisbrotkernmehl-Präparat (schalenfrei); *Äuß.:* Pulver, weißl.; *Reakt.:* neutral; *Verw.:* in der Appretur.

Medialan A **I. G. Farbenindustrie AG., Frankfurt a. M.**

Geb.-J.: 1935; *i/Kurs:* ja; *analog:* Medialan A Plv. in Eigensch. und Verw., von dem es sich nur im Äußern unterscheidet; *Konstit.:* Fettderivat; *Äuß.:* weiße Paste; *Lit.:* Melliand Textilber. 1937 S. 248.

Medialan AL **I. G. Farbenindustrie AG., Frankfurt a. M.**

Geb.-J.: 1936; *i/Kurs:* ja; *analog:* Medialan A Plv. in Eigensch., Lö. Be. und Mengen; *Konstit.:* Fettderivat + organisches Lösungsmittel; *Äuß.:* dicke, gelbe Flüssigkeit; *Reakt.:* neutral; *Eigensch.:* wie Medialan A Plv., doch von besonderem Fett- und Harzlösevermögen; *Verw.:* besonders für die Walke von Rohwaren mit einem Gehalt an oxydierten oder unverseifbaren Ölen; *H. Pat., V. Pat.:* patentiert; *Lit.:* Melliand Textilber. 1937 S. 248.

Medialan A Plv. **I. G. Farbenindustrie AG., Frankfurt a. M.**

Geb.-J.: 1936; *i/Kurs:* ja; *Konstit.:* Fettderivat; *Äuß.:* weißes Pulver; *Reakt.:* neutral; *Eigensch.:* Wasch-, Egalisier- und Weichmachvermögen; besonders ausgeprägtes Walkvermögen; verkürzt die Walkdauer; gibt besser geschlossene Waren; keine hydrolytische Spaltung; ermöglicht neutrale Wäsche; verkürzt das Waschen; steigert den Reinheitsgrad der Fertigware; erhöht die Reißfestigkeit; erleichtert das Auswaschen, auch ohne Alkalizusatz; gibt gefärbter Ware weichen Griff; egalisiert gleichzeitig; *Lö. Be.:* wenig empfindlich gegen Säure; beständig in Wasser bis zu 15° d. H.; *Verw.:* zum Walken und Waschen in der Streichgarn- und Kammgarnindustrie; besonders für die Schmutzwalke billiger Sportloden; für Uniformtuche, Wolldecken usw.; zum Walken von Baskenmützen, Sporthandschuhen, -strümpfen auf der Hammerwalke; in der Waschwalke von Lammfellimitationen; auf der Trommelmaschine; in der zelluloseverarbeitenden Industrie beim Färben von losem Material, Kardenband, Kreuzspulen, Kettbäumen, ZW (wenn neben Egalisieren auch Weichmachung gewünscht); beim Färben mit Immedialfarbstoffen, substantiven und Azetat-KS-Farbstoffen; in der Appretur von KS-Stückwaren, allein oder zusammen mit anderen Weichmachungsmitteln, sowohl auf dem Foulard als auch in der Spritzappretur; in der Wollküpenfärberei zum Netzen und Egalisieren; zum Dispergieren in der Azetat-KS-Färberei; zus. mit Seife zum Entbasten schwieriger, dichtgeschlagener Gewebe; *Mengen:* NB. mit heißem Wasser übergießen, kurz aufkochen! ca. $^1/_3$—$^1/_2$ der üblichen Seifenmenge; in der Schmutzwalke: 1—2% der Ware; in der Walke nach der Vorwäsche: 2—3% der Ware (auch $^1/_3$ Seife + $^2/_3$ des Produktes!); in der Wollküpenfärberei: 0,2 g/l; beim Färben von Immedialfarbstoffen: 1 g/l neben evtl. 5 g Dekol; als Weichmachungsmittel auf dem Foulard: 10—15 g/l, evtl. neben der gleichen Menge Soromin DM; in der Spritzappretur: bis zu 40 g/l; (NB. durch Zugabe von Essigsäure kann die weichmachende Wirkung erhöht werden!); *H. Pat.*, *V. Pat.:* patentiert; *Lit.:* Melliand Textilber. 1937 S. 248.

Melanolpaste WV **Chem. Fabr. Th. Rotta, Zwickau i. Sa.**

i/Kurs: ja; *Konstit.:* Fett + Emulgator; *Äuß.:* weiße Paste; *Reakt.:* praktisch neutral; *Eigensch.:* hochkonzentrierte Emulsion; gibt einen weichen und geschmeidigen, aber vollen und voluminösen Griff; *Verw.:* als Veredlungsmittel für Kunstseide, Zellwolle und Baumwolle (Webwaren werden auf der Gummiermaschine, Quetsche, Foulard ausgerüstet, Trikotagen und Garne auf der Kufe etwa 15 Min. behandelt); *Mengen:* man löst zuerst in ein wenig warmem Wasser und gibt die Lösung der 30—40° C warmen Flotte zu; für Webwaren: 5—15 g/l; für Garne und Trikotagen: 1—5 g/l.

Melanol W **Chem. Fabr. Th. Rotta, Zwickau i. Sa.**

i/Kurs: ja; *Konstit.:* Fett + Emulgator; *Äuß.:* milchige Flüssigkeit; *Reakt.:* praktisch neutral; *Eigensch.:* hochkonzentrierte Emulsion; erzeugt einen ganz weichen, geschmeidigen und fließenden Griff; *Verw.:* als Veredlungsmittel für Kunstseide, Zellwolle und Baumwolle (Webwaren werden auf der Gummiermaschine, Quetsche, Foulard ausgerüstet, Trikotagen und Garne auf der Kufe etwa 15 Min. behandelt); außer für Kunstseide und Baumwolle auch zum Weichmachen zu harter Zellwollen und deren Mischgeweben mit Wolle; *Mengen:* man löst zuerst in ein wenig warmem Wasser und gibt die Lösung der 30—40° C warmen Flotte zu!; für Webwaren: 5—15 g/l; für Garne und Trikotagen: 1—5 g/l.

Melanol WK **Chem. Fabr. Th. Rotta, Zwickau i. Sa.**

i/Kurs: ja; *Konstit.:* Fett + Emulgator; *Äuß.:* milchige Flüssigkeit; *Reakt.:* schwach organisch sauer; *Eigensch.:* hochkonzentrierte Emulsion; ruft auf Kunstseide, Baumwolle und Mischgeweben bei einbadiger Anwendung einen lagerbeständigen krachenden Seidengriff hervor; *Verw.:* als Veredlungsmittel für Kunstseide, Zellwolle und Baumwolle (Webwaren werden auf der Gummiermaschine, Quetsche, Foulard ausgerüstet, Trikotagen und Garne auf der Kufe etwa 15 Min. behandelt); (NB. wenn durch Verwendung sehr harten Betriebswassers oder alkalisch permutierten Wassers die Flotten neutral oder alkalisch werden, so bleibt die Wirkung aus, so daß durch Zusatz von Ameisensäure die Flotte wieder deutlich sauer gemacht werden muß!); *Mengen:* Man löst zuerst in ein wenig warmem Wasser und gibt die Lösung der 30—40° C warmen Flotte zu; für kunstseidene Webwaren und Trikotagen: 1—5 g/l; für kunstseidene Garne: 5—15 g/l; für baumwollene Webwaren und Trikotagen: 5—10 g/l; für gebleichtes Baumwollgarn: 1—5 g/l; für ungebleichtes Baumwollgarn: 5—15 g/l.

Meline **Dr. A. Schmitz, Düsseldorf-Oberkassel.**

Geb.-J.: 1931; *i/Kurs:* ja; *analog:* Meline K, letzteres für Rauhware, dies für glatte Ware; *Äuß.:* Flüssigkeit; *Reakt.:* neutral; *Eigensch.:* verleiht, insbesondere halbwollener Ware, Fülle und Griff; greift die Wolle nicht an, da es kein $MgCl_2$ enthält; *Verw.:* als Appreturmittel für halbwollene und wollene Ware, insbesondere für glatte Ware; *Mengen:* i. d. Appretur: Flotten von 7—9° Bé (Zusatz von Dextrin oder Leim zur Appreturmasse schadet nicht!).

Meline K **Dr. A. Schmitz, Düsseldorf-Oberkassel.**

Geb.-J.: 1931; *i/Kurs:* ja; *analog:* Meline, letzteres für glatte Ware, dies für Rauhware; *Äuß.:* Flüssigkeit; *Reakt.:* neutral; *Eigensch.:* verleiht, insbesondere halbwollener Ware, Fülle und Griff; greift die Wolle nicht an, da es kein $MgCl_2$ enthält; *Verw.:* als Appreturmittel für halbwollene und wollene Ware, insbesondere für Rauhware, wie Flausch, Ulster; *Mengen:* i. d. Appretur: Flotten von 3,5—4° Bé.

Melioran B 9 **Oranienburger Chem. Fabr. AG., Charlottenburg 2.**

i/Kurs: nicht mehr als Wasch-, Netz- und Weichmachungsmittel, jedoch noch als Faserschutzmittel; *Ersatz:* ist als Wasch-, Netz- und Weichmachungsmittel ersetzt durch Melioran F 6; *analog:* Melioran CY, jedoch ohne Lösungsmittel; Melioran F 6; *Konstit.:* (ähnlich wie Melioran F 6, D 12 und D 12 spezial); fettarom. Sulfos. (neutralisiert)[1]; Sulfonierungsprodukt von Fettstoffen (kondensiert)[2]; *Äuß.:* dunkelbraune Flüssigkeit; *Reakt.:* neutral, auch in verdünnter wässeriger Lösung; *Eigensch.:* Wasch-, Reinigungs-, Netz-, Emulgier-, Weichmachungsverm.; schützt tierische Faser vor Schädigung durch Alkali; spaltet in wässeriger Lösung kein freies Alkali ab; macht Seifen, Türkischrotöle usw. gegen hartes Wasser unempfindlich; erzeugt frische, leuchtende Färbungen; *Lö. Be.:* in Wasser klar löslich; die Lösung ist beständig gegen hartes Wasser, Alkali, Säuren und Salze der praktisch vorkommenden Konzentrationen; *Verw.:* allein oder zus. mit Soda, NH_3, Seife: als Wollwasch- und Faserschutzmittel; zur Durchführung von Reinigungs- und Veredlungsprozessen in sauren Bädern; vorzüglich in der Wäsche von Schweißwolle, sowie in der Garnwäsche, Pelz- und Stückwäsche und Walke nicht allzu viel Fett oder mineralölhaltiger Waren; in der Kammgarnindustrie; als Netz- und Durchdringungsmittel beim Entbasten von Seidengeweben, bei denen die Mitverwendung von Soda unerläßlich ist; als Faserschutz- und Egalisierungsmittel in der Halbwollfärberei (Einbadverfahren mit subst. Farbstoffen im neutralen bis schwach alkalischen Bade; b. Vordecken der Baumwolle mit Schwefelfarbstoffen); in der Wollküpenfärberei; beim Reinigen empfindlicher, gefärbter Materialien; b. Färben tierischer Fasern in alkalischer Flotte mit Schwefelfarbstoffen oder Küpenfarben, ebenso wie mit sauren Farbstoffen, Chromfarbstoffen usw.; f. d. saure Walke in der Tuch-, Decken- und Filzindustrie; i. d. Appretur v. Wollwaren; i. d. Pelzwarenzurichtung; i. d. Roßhaarindustrie; i. d. BW- und KS-Färberei; *Mengen:* i. d. Schweißwollwäsche a. d. Leviathan: 1. Bottich: 3 g/l gleich 0,43% d. W. (55° C); 2. und 3. Bottich: je 0,7% Seife und 0,7% d. W. Soda kalz.; 4. Bottich: Wasser; b. d. Schweißwollwäsche auf einem Bottich: neben 5—10 g/l Soda kalz. und 0,75—1,5 g/l Seife von ca. 65% Fettsäuregehalt: 3 g/l bei 1 : 20 Flottenverhältnis (45—50° C; $^1/_2$ Stde. einweichen, abquetschen, spülen!); i. d. Garn- und Stückwäsche sowie Walke: neben 6,5 g/l Soda kalz. und 6,25 g/l Kalischnitzelseife: 12,5 g/l (Zylinderwalke) (anschließend mit Sodalauge von 2° Bé a. d. Waschmaschine gerbern!); b. Entbasten von Seide: neben 0,25—0,75 g/l Soda kalz.: 1 g/l; *H. Pat., V. Pat.:* In- und Auslandspatente angem.; *Lit.:* Melliand Textilber. 1931 S. 38; [2] 1930 S. 788; [1] Seifensieder-Ztg. 1931 S. 33.

Melioran CY **Oranienburger Chem. Fabr. AG., Charlottenburg 2.**

i/Kurs: nein; *Ersatz:* Melioran CY ist ersetzt durch Melioran CY konz.; *analog:* Melioran B 9; *Konstit.:* Sulfonierungsprodukt von Fettstoffen; fettarom. Sulfos. (neutralisiert)[1] + Fettlösungsmittel; *Äuß.:* braune, viskose Flüssigkeit; *Reakt.:* neutral, auch in verdünnter wässeriger Lösung; *Eigensch.:* Wasch-, Reinigungs- und Emulgiervermögen; Lösevermögen für Mineralöle, Fette und Öle tierischen und pflanzlichen Ursprungs, Paraffine u. dgl.; spaltet in wässeriger Lösung kein freies Alkali ab; schützt die tierische Faser in alkalischer Flotte; macht Seifen, Türkischrotöle usw. gegen hartes Wasser unempfindlich, erzeugt frische, leuchtende Färbungen; *Lö. Be.:* leicht und klar löslich in Wasser; die Lösung ist gegen die praktisch vorkommenden Konzentrationen von Ameisen-, Essig- und verdünnter Schwefelsäure ebenso beständig wie gegenüber Alkalien; unempfindlich gegen Salze; *Verw.:* wie Melioran B 9, besonders auch als Wollwasch- und Faserschutzmittel, insbesondere in Fällen, wo Mineralöle, Paraffine, Fette usw. emulgiert und entfernt werden sollen; in der Woll-, Garn- und Stückwäsche; als Zusatz zu sauren Farbbädern für tierische Fasern, die nicht vorgewaschen sind; zur Durchführung von Reinigungs- und Veredlungsprozessen in sauren Bädern; *H. Pat., V. Pat.:* In- und Auslandspatente angem.; *Lit.:* Melliand Textilber. 1931 S. 38; [1] Seifensieder-Ztg. 1931 S. 33.

Melioran CY konz. **Oranienburger Chem. Fabr. AG., Charlottenburg 2.**

i/Kurs: ja; *Ersatz:* CY ist ersetzt durch CY konz.; *analog:* Melioran F 6; *Konstit.:* (wie Melioran F 6, also): Sulfonierungsprodukt von Fettstoffen (Salz einer hochmolekularen Sulfonsäure) + Lösungsmittel (und zwar das in den Cykloranen enthaltene); *Äuß.:* gelbe Flüssigkeit; *Reakt.:* neutral bis schwach lackmusalkalisch; *Eigensch.:* gutes Lösevermögen und Schutzwirkung für Kalkseifen; *Lö. Be.:* absolut beständig gegen hartes Wasser; *Verw.:* für die saure Walke, in der Tuch-, Decken- und Filzindustrie; in der Appretur von Wollwaren; in der Pelzwarenzurichtung; in der Roßhaarindustrie; in der Baumwoll- und Kunstseidenfärberei; *Mengen:* i. d. Garn- und Stückwäsche sowie Walke: neben 6,5 g/l Soda kalz. und 6,25 g/l Kalischnitzelseife: 12,5 g/l (Zylinderwalke) (anschließend mit Sodalauge von 2° Bé a. d. Waschmaschine gerbern!); *Lit.:* Melliand Textilber. 1931 S. 38; Seifensieder-Ztg. 1931 S. 33.

Melioran D 12 **Oranienburger Chem. Fabr. AG., Charlottenburg 2.**

i/Kurs: nein; *Ersatz:* D 12 ist ersetzt durch D 12 spezial; *Konstit.:* Sulfonierungsprodukt von Fettstoffen + aromatische Lösungsmittel (kondensiert); Salz einer hochmolekularen Sulfosäure; *Äuß., Reakt., Eigensch., Lö. Be., Verw., Mengen:* siehe Melioran D 12 spezial; *H. Pat., V. Pat.:* im In- und Ausland patentiert.

Melioran D 12 spezial **Oranienburg. Chem. Fabr. AG., Charlottenburg 2.**

i/Kurs: ja; *Ersatz:* für Melioran D 12; *analog:* Melioran F 6; *Konstit.:* Salz einer hochmolekularen Sulfosäure (Sulfonierungsprodukt von Fettstoffen und aromatischen Lösungsmitteln — kondensiert); *Äuß.:* gelblichweiße Paste (kann auch als fast farbloses Öl geliefert werden!); *Reakt.:* neutral, auch in wässeriger Lösung jeder Konzentration; *Eigensch.:* Netz-, Egalisier-, Emulgier-, Reinigungs- und Weichmachungsvermögen; Lösevermögen für Farbstoffe; gutes Schaumvermögen auch in hartem Wasser; spaltet in wässeriger Lösung kein Alkali ab; *Lö. Be.:* beständig gegen Säuren, Alkalien, Salze und hartes Wasser; *Verw.:* als Netzmittel in der Kälte, Wärme und Hitze, sowohl in weichem wie in hartem Wasser, insbesondere günstig auch zusammen mit Kochsalz und Glaubersalzzusätzen (z. B. zur Vornetzflotte); (NB. Anwendungsgebiete siehe auch bei Oranit BN konz.); *Mengen:* allgemein: 0,5—1,5 g/l.

Melioran F 6 **Oranienburger Chem. Fabr. AG., Charlottenburg 2.**

i/Kurs: ja; *Ersatz:* als Wasch-, Netz- und Weichmachungsmittel für B 9; *analog:* Melioran CY konz., D 12 spezial sowie Melioran B 9; *Konstit.:* Sulfonierungsprodukt von Fettstoffen + aromatische Lösungsmittel (kondensiert?); Salz einer hochmolekularen Sulfonsäure; *Äuß.:* gelblich gefärbte Paste; *Reakt.:* absolut neutral gegen Lackmus, auch die wässerigen Lösungen jeder Konzentration; *Eigensch.:* Wasch-, Reinigungs-, Emulgier-, Dispergier-, Netzvermögen besser als Seife; egalisierend; gibt weichen, vollen, fleischigen Griff; gestattet alkalifreie Wäsche oder zusammen mit Seife und Soda Ersparnis an diesen; erleidet keine Hydrolyse; Lösevermögen für Farbstoffe, Schlicht- und Appreturmassen, in Wasser unlösliche Lösungsmittel, Fettstoffe; Faserschutzvermögen; das Kalkschutzvermögen bei Verwendung zusammen mit Seife ist ausgezeichnet; die Schaumkraft ist auch in hartem Wasser gut; *Lö. Be.:* beständig gegen hartes Wasser, Säuren, Alkali und Salze, bes. gegen Soda- und Ätznatron; in warmen bis kochenden Flotten löslich (beim Abkühlen sowie beim starken Auftreten von Härtebildnern Opaleszenz, aber keine Bildung von Niederschlägen!); *Verw.:* (NB. mit wenig heißem Wasser anteigen; portionsweise mit heißem Wasser weiter verdünnen und am besten mit direktem Dampf aufkochen!) zum Heiß-netzen; für Baumwollbeuche; zum Färben mit Schwefelfarbstoffen; z. kochend heißen Nachbehandeln von Küpen- und Naphthol-AS-Färbungen unter Zus. v. Soda; für die Wollfärberei; (nicht zus. m. basischen Farbstoffen!); *Mengen:* allgemein: 0,3—0,5% d. W.; i. d. Schweißwollwäsche a. d. Leviathan, sowie auf einfacheren Waschapparaturen nach starrem sowie kontinuierlichem System: im Einweich- und 1. Waschbad: neben 0,5—1 g/l Soda kalz.: 0,8—1,5 g/l (gleich ca. 0,75% der Rohwolle); i. d. Schweißwollwäsche, auf einzelnen Bottichen a) nach dem Einbadverfahren: 1. Einweichen in warmem Wasser über Nacht, abquetschen, dann 2. 2—3 g/l (55°) oder: neben 1—3 g/l Soda kalz.: 1,5—2,5 g/l (45—55°); b) nach dem Zweibadverfahren: 1. Bad: neben 1—2 g/l Soda kalz.: 1—2 g/l (30 Min.); 45—50° C; abquetschen, sauber spülen!); 2. Bad: 1,5—2 g/l (50—55° C; 30 Min.) (d. s. ca. 0,75% vom Gewicht der Schweißwolle!); i. d. Wäsche von Wollgarnen: a) Kammgarn mit 1—2% Neutralöl v. d. Schmelze: 0,5—1,5 g/l (50—55° C); (wenn Olein i. d. Schmelze: unter Zusatz von 0,5 g/l Ammoniak 25%ig!); b) Streichgarn mit 6—10% Olein a. d. Schmelze: neben 1—2,5 g/l Soda kalz. oder Ammoniak 25%ig: 0,5—1 g/l (45° C; 10—20 Min.!); i. d. Wollgarnbleiche mit H_2O_2, Natriumsuperoxyd, Natriumperborat: neben 5—20 g/l 30 Gew.%igem bzw. 100 Vol.%igem handelsübl. H_2O_2 und 0,5 g/l Ammoniak 25%ig: 0,5—1 g/l (45° C); i. d. Gerberwollwäsche: siehe Schweißwollwäsche! b. Waschen von Haargarnen a) im Bottich nach dem Zweibadverfahren: neben 3 g/l Soda kalz.: 1 g/l (45 bis 50° C; 20 Min.!); b) auf der Waschmaschine (kontinuierlich): 1. Bottich: neben 3—5 g/l Soda: 0,2—0,3 g/l; 2. Bottich: neben 1,5—3 g/l Soda kalz.: 0,3—0,5 g/l; 3. Bottich: 1 g/l; 4. Bottich (Spülbottich) (je 50—55° C); b. Waschen von Kammzug a. d. Lisseuse: 0,5—1 g/l (45—50° C, evtl. unter Zusatz geringer Mengen NH_3 oder Soda, wenn die Wolle vom Spinnen her Olein enthält!); b. d. Walke im seifenalkalischen Medium: 1% d. W.; i. d. sauren Walke: 0,5—1% d. W.; b. d. Wäsche farbunechter Stückware (die insbesondere in alkalischer Flotte zum Ausbluten neigt): neben ca. 1% d. W. Ameisen- oder Essigsäure: 1—2% d. W.; b. Einbrennen (Fixieren von Wollgarn und Wollstückware): 0,5—1 g/l Brühwasser; b. Neutralisieren karbonisierter Wolle und Wollware a) auf dem Leviathan: 1. Bad: Wasser; 2. Bad: neben Soda: 0,3—0,5 g/l; 3. Bad: 0,5—1 g/l; b) auf der Kufe: 0,5% d. W. ($^1/_4$ Stde.; dann Sodalösung zulaufen lassen!); i. d. Wollfärberei: 1. im sauren Färbebade: 0,5—1% d. W.; 2. im Chromfarbstoffbad und b. Färben noch fetthaltigen Materials: 1,5% d. W.; 3. b. d. Wollküpenfärberei, Halbwollfärberei, b. Umfärben nicht einwandfrei ausgefallener Ware, b. Abziehen von Lappen: 0,5—2 g/l; b. Beuchen von Baumwolle (Garne,

Gewebe, Linters): neben 1—3% d. W. Alkali: 0,2—0,5% d. W. (3—5 Stdn. kochen!); NB. als Alkali kommt Ätznatron, auch in Verbindung mit Soda, u. U. auch zusammen mit Ätzkalk in Frage! z. Heißnetzen von Baumwolle (zwecks Herstellung von Verbandwatte, Schießbaumwolle usw.) vor dem Bleichen (auch für Strick-, Wirkgarne, Trikotagen): neben 2—6 g/l Ätznatron fest: 1 g/l oder: neben 4—10 g/l Soda kalz.: 1 g/l (60—80° C!); i. d. Leinenbeuche: neben 8 g/l Soda kalz.: 1 g/l; z. Entschlichten von Kunstseide, Seide, Baumwolle und Mischgeweben (zur Leim- oder Stärkeentfernung zuvor eine Stunde bei 70° C, evtl. unter Zusatz eines enzymatischen Mittels, einweichen!): neben 1—2 g/l Soda kalz.: 0,5—1,5 g/l (80—90° C; $^1/_2$ Stde.; dann spülen!); z. Entschlichten alkaliempfindlicher Azetatseide oder -Mischgewebe: 1,5—2,5 g/l ($^1/_2$—1 Stde.; 70° C!); z. Entfernen von Leinölschlichte aus kunstseidenen Geweben (1 Stde. bei 60—70° einweichen!): 2—3 g/l Soda kalz. und 1—2 g/l ($^1/_2$ Stde.); z. Entfernen infolge langer Lagerung stark verharzter Leinölschlichte (einweichen wie oben!): neben 2—3 g/l Soda kalz. und 2—3 g/l Cycloran M: 1—2 g/l; z. Entschlichten von Azetatseide nach dem Superoxydverfahren: neben 2—3 g/l Cykloran M, 1—5 g/l H_2O_2 30 Gew.%ig und 0,5 g/l Ammoniak 25%ig: 1—2 g/l (40° C; innerhalb einer Stunde auf 70° C erwärmen, spülen!); b. Bleichen mit Chlor (Chlorkalk- oder Hypochloritlauge): neben 1—3 g/l akt. Chlor und evtl. etwas Soda: 0,5—1 g/l (1—2 Stdn. bei gewöhnlicher Temperatur; am Schluß mit 0,3—0,5 g/l heiß nachwaschen!); i. d. Superoxydbleiche: neben 2—10 g/l H_2O_2 30 Gew.%ig und 0,5 g/l Ammoniak 25%ig: 0,5—1 g/l (30—70—80° C); i. d. kombinierten Chlorsuperoxydbleiche: wie oben! b. Färben von Baumwolle, Kunstseide, Seide usw. (ausgenommen basische Farbstoffe!): an Stelle der bisher verwendeten Seife: $^1/_4$—$^1/_3$ dieser; b. Färben mit substantiven, Küpen- und Schwefelfarbstoffen: 0,2—0,8—1,5 g/l; i. d. Naphthol-AS-Färberei: $^1/_4$ der bisher verwendeten Türkischrotölmenge neben $^3/_4$ der bisherigen Türkischrotölmenge; i. d. Seidenfärberei mit Säurefarbstoffen im gebrochenen Bastseifenbad: 0,5 bis 1 g/l; i. d. Azetatseidenfärberei (Alkaliempfindlichkeit!): $^1/_4$—$^1/_3$ der bisherigen Seifenmenge; z. Nachbehandlung von Küpen- und Naphthol-AS-Färbungen (nach der Oxydation der Küpenfärbung bzw. nach der Entwicklung der Naphthol-AS-Färbung im Diazobad): neben 2—3 g/l Soda: 0,5—1 g/l (20—30 Min. kochen; spülen!); f. Appretur und Schlichte: wie bisher Seife, Türkischrotöl usw.; *H. Pat., V. Pat.:* im In- und Ausland pat.

Melioran F 10 **Oranienburger Chem. Fabr. AG., Charlottenburg 2.**

i/Kurs: ja; *analog:* spezielle Einstellung des Melioran F 6 (jedoch geringeres Emulgiervermögen); *Äuß.:* gelbe Paste; wird auch als Pulver geliefert; *Reakt.:* neutral; *Eigensch.:* Netz-, Wasch-, Löse- und Dispergiervermögen; keine Hydrolyse; kein Alkalischwerden; Faserschutzvermögen; *Lö. Be.:* unbegrenzt beständig gegen die Härtebildner des Wassers; beständig gegen Säure und Alkali; gibt durch portionsweises Verrühren mit der 5—10fachen Menge kochend heißen Wassers opalisierende Lösungen; (das Pulver kann meist direkt in die warmen oder heißen Gebrauchsflotten eingestreut werden!); *Verw.:* in sauren wie alkalischen Medien als Reinigungs-, Netz-, Egalisier- und Faserschutzmittel; speziell in der Gerberwollwäsche sowie in der Baumwoll- und Leinenbeuche; *H. Pat., V. Pat.:* In- und Auslandspatente.

Melioran KD **Oranienburger Chem. Fabr. AG., Charlottenburg 2.**

i/Kurs: ja; *Konstit.:* Salz hochmolekularer Sulfosäure + Lösungsmittel; *Äuß.:* weißliche Paste; *Reakt.:* neutral; *Eigensch.:* Netz-, Wasch-, Löse- und Dispergiervermögen; keine Hydrolyse; kein Alkalischwerden; *Lö. Be.:*

unbegrenzt beständig gegen die Härtebildner des Wassers; beständig gegen Säure und Alkali; in kochend heißem Wasser klar löslich; *Verw.:* in sauren wie alkalischen Medien als Reinigungs-, Netz-, Egalisier- und Faserschutzmittel; speziell für das Durchfärben von Leinen und dichtgeschlagenen Baumwollgeweben mit Küpenfarbstoffen; *H. Pat., V. Pat.:* In- und Auslandspatente.

Merapon **Chem. Fabr. Meerane, Meerane i. Sa.**

i/Kurs: nein; *Ersatz:* Sapomerane; *analog:* den Sapomeranen; *Konstit.:* Fettalkoholsulfonat; *Eigensch.:* 6—7fach höheres Netzvermögen als Marseiller Seife; hohes Egalisiervermögen; erzeugt reine und klare Farbtöne, kein Trüben der Farben durch Kalkseife; hoher Weichmachungseffekt; hohe Reinigungswirkung, Schmutz und Fett lösend; keine Faserschädigungen, da auch in der Hitze des Kochens kein freies Alkali abgespalten wird; *Lö. Be.:* praktisch absolut kalkbeständig; löst sogar schon gebildete Kalkseife; säurebeständig (bei einer Säurekonzentration von 0,5% auch in der Siedehitze keine Fettabspaltung); *Verw.:* als Netz-, Färbe- und Weichmachungsmittel, insbesondere für Kunstseide; nicht für die Karbonisation und Merzerisation.

Mercerisier-Flerhenol **Flesch-Werke, AG., Frankfurt a. M.**

Geb.-J.: 1928; *i/Kurs:* ja; *Konstit.:* Gemisch von Phenolderivaten; ca. 10% Lösungsmittel; (n. Dr. Landolt: Rohkresol + Fettlöser[1]); *Äuß.:* rotbraune Flüssigkeit; *Reakt.:* die wässerige Lösung reagiert sauer, $p_H = 3,5$; *Eigensch.:* hohes Netz- und Durchdringungsvermögen; *Lö. Be.:* in konz. Laugen, insbesondere in Merzerisierlaugen, beständig; *Verw.:* als Zusatz für Merzerisierlaugen; *Mengen:* b. Merzerisieren mit 30° Bé Natronlauge: ca. 15 g/l; *H. Pat., V. Pat.:* F 678/30; *Lit.:* [1] Melliand Textilber. 1930 S. 610.

Merpinol-100 A flüssig **Chem. Fabr. Pott & Co., Pirna-Copitz.**

i/Kurs: ja; *Eigensch.:* alkalifrei; verhindert Kalkseifenbildung; gibt der Ware Griff; *Lö. Be.:* hochbeständig gegen Säure, Kalk und Bittersalz; *Verw.:* als Wasch- und Egalisierungsmittel.

Merpinol-100 B flüssig **Chem. Fabr. Pott & Co., Pirna-Copitz.**

i/Kurs: ja; *Eigensch.:* verhindert Kalkseifenbildung; schäumt und wäscht auch ohne Seife; gibt weichen Griff; *Verw.:* als Zusatz zu Seifen- und Farbflotten.

Metapon **Louis Blumer, Zwickau i. Sa.**

i/Kurs: ja; *Konstit.:* Fettalkoholsulfonat (90% Fettgehalt); *Äuß.:* Pulver, weiß; *Reakt.:* die wässerige Lösung reagiert ganz schwach alkalisch bzw. praktisch neutral; *Eigensch.:* Netz-, Egalisier-, Reinigungs-, Durchfärbe- und Weichmachungsvermögen; verhindert oder beseitigt Kalkseifenbildung; *Lö. Be.:* leicht löslich in Wasser; kalkbeständig; *Verw.:* beim Schlichten, Beuchen, Bleichen, Färben, Weichmachen von Kunstseide, beim Spinnen und Weben; *Mengen:* bei der Schlichte: 5—10 g/l; beim Beuchen unter Druck: 0,5 g/l, o. Druck: 1 g/l; beim Bleichen: 10—20 g/l; beim Färben: 5—10 g/l.

Metasal K **Chemische Fabrik Grünau Landshoff & Meyer AG., Berlin-Grünau.**

Geb.-J.: 1928; *i/Kurs:* ja; *Konstit.:* Eiweißspaltprodukt + sulfoniertes Öl; *Äuß.:* hellbraune, dickliche Flüssigkeit; *Reakt.:* gegen Lackmus alkalisch;

gegen Phenolphthalein neutral; *Eigensch.:* schützt Wolle bei alkalischer Behandlung (Wäsche und Walke); verhütet Kalkseifenbildung; die Wolle bleibt offen, weich und elastisch; weiße Wolle gilbt nicht an (ebenso Seide, Haare und Leder!); die Schutzwirkung des Metasal K erlaubt beim Waschen höhere Temperaturen als üblich anzuwenden; *Lö. Be.:* leicht löslich in Wasser und schwachen Alkalien; gibt mit hartem Wasser keine flockige Kalkseife; *Verw.:* beim Waschen von Schweißwolle, Wollgarnen und Stücken; beim Walken von Wollstücken; beim Krabben von Woll- und Halbwollstücken; beim Entbasten von Seide; (NB. auch in der Rauchwarenindustrie zum Einweichen und Waschen von Fellen!); *Mengen:* NB. allgemein: $^1/_3$—$^1/_2$ der bisher gebrauchten Seife durch Metasal K ersetzen! z. Waschen von Schweißwolle: neben 2—7 g/l Soda und 0,5—2 g/l Seife: 1—4 g/l (20 Min. einweichen bei 55° C und kalt spülen!); b. Waschen von Wollgarnen: neben 3—5 g/l Soda und 1—3 g/l Seife: 1—3 g/l (bei 55° C 5—6mal umziehen, kalt fertig spülen!); z. Walken von Wollstücken im Fett: auf 100 l Sodalösung von 3° Bé: neben 2—3 kg Seife: 2—3 kg; z. Entbasten von Naturseide: $^1/_3$ der bisherigen Seife durch Metasal K ersetzen! z. Entschlichten von Kunstseide (Leinölschlichte): neben 2 g/l Seife und 2 g/l Natriumperborat: 2 g/l (bei 60° C $^1/_2$—2 Stdn.!); (z. Einweichen von Fellen: neben 1—2 g/l Soda: 2—3 g/l); *H. Pat.:* DRP.; *Lit.:* Melliand Textilber. 1931 Heft 7; Z. ges. Textilind. 1931 Heft 23.

Methylhexalin **Dehydag, Berlin-Charlottenburg.**

i/Kurs: ja; *analog:* Hexalin und Cyclonol; identisch mit Heptalin; *Konstit.:* Hexahydrokresole bzw. Methylcyclohexanole (erhalten durch Wasserstoffanlagerung an Kresol) $CH_3C_6H_{10}OH$; *Äuß.:* Flüssigkeit, wasserhell; *Reakt.:* neutral; *Eigensch.:* spez. Gew.: 0,92—0,93; Sp.: 160—195°; Azetylzahl: 492; löst vorzüglich Fette, Öle, Wachse, Harze; ergibt mit Seifen Gemische von hoher Lösekraft für organische Stoffe; *Lö. Be.:* wasserunlöslich; *Verw.:* als Zusatz zu Seifen; in Verbindung mit Seifen oder Kohlenwasserstoffen (Benzin, Benzol, Tetrachlorkohlenstoff, Tetralin usw.); als hochwertiges Waschmittel für Wäschereibetriebe; bei der Wäsche feiner Wolle mit starkem Schweißgehalt; bei der Wäsche von mit mineralölhaltigen Schmelzmitteln geschmelzten Garnen; bei der Reinigung von Hutfilzen und Filztuchen; bei der industriellen und häuslichen Reinigung der Baumwolle; als Zusatz beim Kochen und Beuchen unter Druck; zur Herstellung von Fleckseifen; in Verbindung mit Seifen zur Herstellung haltbarer Bohröle, Spinnöle und Webstuhlöle; zur Herstellung von Stoffreinigungsmitteln, Putz-, Appretur- und Lederpräparaten; zur Herstellung von flüssigen, halbflüssigen und festen Seifen als Zusatz; als Zusatz b. d. H. feuerungefährlicher „Benzin"seifen für Wäscheindustrie und chemische Waschanstalten; zusammen mit den Alkalisalzen der Tetralinsulfosäure zur Herstellung von Lösungs- und Emulgierungsmitteln; *V. Pat.:* DRP. 365160 (ausschließl. Lizenz f. Herst. von Haushaltseifen steht der Benzit AG. zu)[1]; DRP. 371293; DRP. 393627; *Lit.:* [1] Seifensieder-Ztg. 1931 S. 862; Z. dtsch. Öl- u. Fettind. 1921 Nr. 34.

Mianin **Fahlberg, List & Cie.**

ähnlich: Chloramin, Aktivin; *Konstit.:* Toluolsulfochloramidnatrium; *Verw.:* nicht für textilindustrielle Zwecke; als Oxydationsmittel; als Konservierungs- und Desinfektionsmittel; *Lit.:* Z. angew. Chem. 1927 S. 1032.

Modinal 64 S dopp. konz. **Böhme Fettchemie, Chemnitz.**

Geb.-J.: 1936; *i/Kurs:* ja; *Konstit.:* Fettalkoholsulfonat; *Äuß.:* hellbraune Paste; *Reakt.:* alkalisch; *Eigensch.:* hohes Schaum-, Reinigungs-, Egalisier-,

Netz- und Durchdringungsvermögen; *Lö. Be.:* in kaltem Wasser klar löslich; gut beständig gegen Alkali und hartes Wasser; *Verw.:* zum Vorreinigen und Färben von BW, KS, ZW und Mischmaterial; *Mengen:* 0,3—2 g/l; *H. Pat., V. Pat.:* ja; *Lit.:* Z. ges. Textilind. 1936 S. 380.

Mollan A **Chem. Fabr. Th. Rotta, Zwickau i. Sa.**

i/Kurs: ja; *analog:* den übrigen Mollanmarken; *Konstit.:* komplexe Glukose-Salz-Verbindung; *Äuß.:* weißliche Paste; *Reakt.:* neutral; *Eigensch.:* griffgebend; ohne Einwirkung auf Farbe, Faser oder Glanz; hohes Durchdringungsvermögen; erhält den natürlichen Charakter der Ware, kein Weichwerden, Nachhärten oder Schimmeln fertiger Ware; eignet sich besonders zur Erzielung eines vollen, kernigen Griffes; *Lö. Be.:* in Wasser klar löslich; *Verw.:* als Appreturmittel (Gummiermittel) für Wolle und Halbwolle; zur Erzielung jeden gewünschten Griffeffektes auf Damen- und Herrenstoffen; zusammen mit Gravidol FL zur Erzeugung eines vollen geschmeidigen, schliffigen Griffes und einer zusätzlichen Steigerung des Warengewichtes bis zu 15% ohne jede nachteilige Wirkung; zusammen mit Paralin in einem Bade zur Erzielung eines volles Griffes und gleichzeitiger Imprägnierung (wasserabstoßend); *Mengen:* (NB. vorher in der gleichen bis doppelten Menge warmen bis heißen Wassers lösen und dann erst weiter verdünnen!) zur Appretur: Flotten von 0,5—8° Bé (kalt oder bei 40° C); Ware gut spülen! auf der Gummiermaschine feucht oder trocken durch die Flotte laufen lassen, abquetschen und trocknen! beim Trocknen und bei der Nachappretur allzu hohe Temperaturen vermeiden!

Mollan FL **Chem. Fabr. Th. Rotta, Zwickau i. Sa.**

i/Kurs: ja; *analog:* den übrigen Mollanmarken; *Konstit.:* komplexe Glukose-Salz-Verbindung; *Äuß.:* wasserhelle Flüssigkeit; *Reakt.:* neutral; *Eigensch.:* griffgebend; ohne Einwirkung auf Farbe, Faser oder Glanz; hohes Durchdringungsvermögen; erhält den natürlichen Charakter der Ware, kein Weichwerden, Nachhärten oder Schimmeln fertiger Ware; *Lö. Be.:* in Wasser klar löslich; *Verw.:* als Appreturmittel (Gummiermittel) für Wolle und Halbwolle; zur Erzielung jeden gewünschten Griffeffektes auf Damen- und Herrenstoffen; zusammen mit Gravidol FL zur Erzeugung eines vollen geschmeidigen, schliffigen Griffes und einer zusätzlichen Steigerung des Warengewichtes bis zu 15% ohne jede nachteilige Wirkung; insbesondere zur Ausrüstung mittlerer und besserer Herrenstoffe aus Kammgarn und Streichgarn; *Mengen:* (NB. vorher in der gleichen bis doppelten Menge warmen bis heißen Wassers lösen und dann erst weiter verdünnen!); zur Appretur: Flotten von 0,5—8° Bé (kalt oder bei 40° C); Ware vorher gut spülen!, auf der Gummiermaschine feucht oder trocken durch die Flotte laufen lassen, abquetschen und trocknen! beim Trocknen und bei der Nachappretur allzu hohe Temperaturen vermeiden!

Mollan GS **Chem. Fabr. Th. Rotta, Zwickau i. Sa.**

i/Kurs: ja; *analog:* den übrigen Mollanmarken; *Konstit.:* komplexe Glukose-Salz-Verbindung; *Äuß.:* weißliche Paste; *Reakt.:* neutral; *Eigensch.:* hohes Durchdringungsvermögen für alle Fasern; keinerlei Einwirkung auf Faser, Farbe oder Glanz; technisch wasserfrei (100%iges Appreturmittel, daher höchste Ergiebigkeit); gibt eleganten, geschmeidigen, vollen Griff; erhält den Textilien den natürlichen Charakter; stabiler Griffeffekt, kein Weichwerden, kein Nachhärten, kein Schimmeln fertiger Ware; *Lö. Be.:* in Wasser klar löslich; *Verw.:* als Appreturmittel für Kunstseide und gemischte Textilien; zusammen mit Gravidol FLK in einem Bade zur Erzeugung eines seidenartig vollen, geschmeidigen Griffes, wobei sich eine Gewichtszunahme bis zu 15% erzielen läßt; Webwaren auf der Gummiermaschine durch die Flotte laufen lassen, abquetschen und trocknen! Strick- und Wirkwaren gut durchnetzen, schleudern und trocknen! beim Trocknen und bei der Nachappretur Temperaturen über 100° C vermeiden! *Mengen:* in der gleichen bis doppelten Menge warmen oder heißen Wassers lösen, dann vor Gebrauch weiter verdünnen! beim Appretieren: Flotten von 0,5—3° Bé kalt oder bei 40° C.

Mollan P **Chem. Fabr. Th. Rotta, Zwickau i. Sa.**

i/Kurs: ja; *analog:* den übrigen Mollanmarken; *Konstit.:* komplexe Glukose-Salz-Verbindung; *Äuß.:* weißliche Paste; *Reakt.:* neutral; *Eigensch.:* griffgebend; ohne Einwirkung auf Farbe, Faser oder Glanz; hohes Durchdringungsvermögen; erhält den natürlichen Charakter der Ware, kein Weichwerden, Nachhärten oder Schimmeln fertiger Ware; gibt besonders geschmeidigen Griff und eignet sich mehr für Kleiderstoffe; gibt baumwollenen Stoffen Wollcharakter; *Lö. Be.:* in Wasser klar löslich; *Verw.:* als Appreturmittel (Gummiermittel) für Wolle und Halbwolle; zur Erzielung jeden gewünschten Griffeffektes auf Damen- und Herrenstoffen; zusammen mit Gravidol FL zur Erzeugung eines vollen geschmeidigen, schliffigen Griffes und einer zusätzlichen Steigerung des Warengewichtes bis zu 15% ohne jede nachteilige Wirkung; *Mengen:* (NB. vorher in der gleichen bis doppelten Menge warmen bis heißen Wassers lösen und dann erst weiter verdünnen!); zur Appretur: Flotten von 0,5—8° Bé (kalt oder bei 40° C); Ware vorher gut spülen!, auf der Gummiermaschine feucht oder trocken durch die Flotte laufen lassen, abquetschen und trocknen! beim Trocknen und bei der Nachappretur allzu hohe Temperaturen vermeiden!

Mondamin

Konstit.: Maisstärke (schottisch); *Verw.:* als Verdickungsmittel.

Monopolavivageöl **Chem. Fabr. Stockhausen & Cie., Krefeld.**

i/Kurs: ja; *Konstit.:* Sulfonierungsprodukt von Rizinusöl (mittlerer Sulfonierungsgrad) + Mineralöl; *Äuß.:* Öl, gelb; *Reakt.:* neutral; *Eigensch.:* hohes Netz- und Durchdringungsvermögen; egalisierend; weich- und griffigmachend; verhindert bei Schwefelfarbstoffen, besonders bei Schwefelschwarz, das Bronzieren; erhöht die Reibechtheit von Färbungen; erzeugt tiefen Farbton; verbindet sich mit Leim, Dextrin, Kartoffelmehl, Magnesiasalzen (für gleichzeitige Beschwerung!); *Lö. Be.:* gibt mit Wasser Emulsionen; gut beständig gegen hartes Wasser; salzbeständig; *Verw.:* z. Färben mit subst. und sauren Farbstoffen und Oxydationsschwarz oder Schwefelfarbstoffen; f. d. Avivage v. Schwefelschwarzfärbungen; *Mengen:* b. d. Verwendung als Avivagemittel für Schwefelfarbstoffe, Oxydationsschwarz und direktes Schwarz: 2—4 g/l ($^1/_4$ Stde.; 20—30°); NB. vor dem Zusatz zur Flotte in heißem Wasser lösen! als Zusatz zum Farbbad für subst. und Schwefelfarbstoffe: 1—2 g/l; NB. vor dem Zusatz zur Flotte in heißem Wasser lösen! *Lit.:* Melliand Textilber. 1930 S. 610.

Monopolbrillantöl **Chem. Fabr. Stockhausen & Cie., Krefeld.**

i/Kurs: ja; *ähnlich:* Triumph-Öl spezial, Triumph-Öl spezial L; *analog:* Monopolseife; Monopolbrillantöl konz.; Monopolbrillantöl F und Monopolbrillantöl G; *Konstit.:* Rizinusöl-Spezialsulfonat, 50%ig handelsüblich (enthält nur Schwefelsäureester, aber keine aliphat. Sulfosäuren!); *Äuß.:* Öl, hellgelb; *Reakt.:* schwach sauer gegen Phenolphthalein; *Eigensch., Lö. Be.:* siehe Monopolseife; *Verw.:* zur Herstellung von Spinnschmelzen in Verbindung mit Olein; Baumwolle: für Grundierungsbäder bei Pararot und Naphtholrot; beim Färben auf Apparaten von loser Baumwolle, Kopsen, Kreuzspulen, Ketten, scharf gedrehten Garnen; in der Alizarinfärberei; beim Druck und Ätzdruck; als Avivagemittel; in der Färberei von Kapok und Vistra; in der Bleicherei; in der Appretur; in der Schlichterei; Wolle: b. Waschen, besonders auch von Gerberwolle, stark ölhaltiger Garne u. Teppichgarne, als Wollschmelzmittel, allein oder zus. mit anderen Ölen, zum Spinnen von Garnen; zum Färben; als Zusatz zum Farbbad, besonders bei der Apparatefärberei; als Avivagemittel; beim Färben nach dem Chromierungsverfahren; b. Färben mit Küpenfarbstoffen, insbesondere zum Anteigen der Farbstoffe; i. d. Appretur; i. d. Decken-, Hut- und Filzindustrie; b. d. sauren Walke; b. Färben aller Arten von Kunstseide (nicht mit basischen Farbstoffen!); zum Avivieren; b. Färben von Halbseide und Halbwolle; b. Färben von Stroh, Jute und Kokosfasern; (s. a. Mengen!) NB. Lösevorschrift siehe Monopolseife! *Mengen:* i. d. Baumwollfärberei: a) als Zusatz z. Farbbad: 10—15 g/l; b) als Avivagemittel: 15 bis 25 g/l; i. d. Wollfärberei als Zusatz z. Farbbad: 10 g/l; i. d. Appretur: 2—4 g/kg Appreturmasse; b. Färben von Kunstseide: 15—25 g/l; b. Färben von Stick- und Nähseide: 0,5 g/l; *Lit.:* Seifensieder-Ztg. 1931 S. 87 u. 760; 1932 S. 45—47; Melliand Textilber. 1928 S. 759.

Monopolbrillantöl konz. **Chem. Fabr. Stockhausen & Cie., Krefeld.**

i/Kurs: ja; *analog:* Monopolbrillantöl; *Konstit.:* Rizinusöl-Spezialsulfonat; *Reakt.:* schwach sauer gegen Phenolphthalein; *Eigensch., Lö. Be.:* siehe Monopolseife; *Verw., Mengen, Lit.:* siehe Monopolbrillantöl.

Monopolbrillantöl DX **Chem. Fabr. Stockhausen & Cie., Krefeld.**

i/Kurs: ja; *analog:* Monopolbrillantöl DX konz.; *Konstit.:* Rizinusöl-Spezialsulfonat; *Äuß.:* klares, gelbes Öl; *Reakt.:* schwach sauer gegen Phenolphthalein; *Eigensch.:* weichmachend, füllend und netzend; *Lö. Be.:* in Wasser klar löslich; beständig gegen höchste Dextrinkonzentrationen; *Verw.:* in leichteren Dextrin-Füllappreturen für Velvets, Cords u. a. Gewebe; *Mengen:* 10—30 g/l.

Monopolbrillantöl DX konz. **Chem. Fabr. Stockhausen & Cie., Krefeld.**

i/Kurs: ja; *analog:* Monopolbrillantöl DX; *Konstit.:* Rizinusöl-Spezialsulfonat; *Äuß.:* dicke, fast klare Flüssigkeit; *Reakt.:* schwach sauer gegen Phenolphthalein; *Eigensch.:* weichmachend, füllend und netzend; *Lö. Be.:* in Wasser klar löslich; beständig gegen höchste Dextrinkonzentrationen; *Verw.:* in starken Dextrin-Füllappreturen zur Erreichung eines charakteristischen, vollen und fleischigen Griffes; *Mengen:* je nach der Konzentration der übrigen Anteile: 10—50 g/l.

Monopolbrillantöl F **Chem. Fabr. Stockhausen & Cie., Krefeld.**

i/Kurs: ja; *analog:* Monopolseife; Monopolbrillantöl; Monopolbrillantöl G; *Konstit.:* Rizinusöl-Spezialsulfonat; *Äuß.:* hellgelbe Flüssigkeit; *Reakt.:* stärker sauer eingestellt als Monopolbrillantöl; *Eigensch.:* siehe Monopolbrillantöl! *Lö. Be.:* kalkbeständiger als Monopolbrillantöl; *Verw.:* insbesondere für Appreturzwecke; *Mengen, H. Pat., V. Pat., Lit.:* siehe Monopolbrillantöl!

Monopolbrillantöl G **Chem. Fabr. Stockhausen & Cie., Krefeld.**

i/Kurs: ja; *analog:* Monopolseife; Monopolbrillantöl F; Monopolbrillantöl; *Konstit.:* Rizinusöl-Spezialsulfonat + Lösungsmittel; *Äuß.:* hellgelbe Flüssigkeit; *Reakt.:* schwach sauer gegen Phenolphthalein; *Eigensch., Lö. Be.:* siehe Monopolbrillantöl! *Verw.:* vor allem für Appreturzwecke und insbesondere für die Beuche; *Mengen, H. Pat., V. Pat., Lit.:* siehe Monopolbrillantöl!

Monopolbrillantöl NFE **Chem. Fabr. Stockhausen & Cie., Krefeld.**

i/Kurs: ja; *analog:* Monopolbrillantöl NFE konz. (unterscheiden sich lediglich in der Konzentration!); *Konstit.:* Rizinusöl-Spezialsulfonat; *Äuß.:* Öl, hellgelb; *Reakt.:* neutral; *Eigensch.:* Emulgierkraft für Öle, wie Mineralöl sowie für pflanzliche und tierische Öle; *Verw.:* zur Herstellung von Ölemulsionen zwecks Bereitung von Spinnschmelzen, Avivageflotten usw.; *Mengen:* als Emulgator bei Pflanzenöl: 1:6 bis 1:12, bei Mineralöl: 1:6 bis 1:20.

Monopolbrillantöl NFE konz. **Chem. Fabr. Stockhausen & Cie., Krefeld.**

i/Kurs: ja; *analog:* Monopolbrillantöl NFE (unterscheiden sich lediglich in der Konzentration!); *Konstit.:* sulfoniertes Öl; *Eigensch.:* emulgiert Mineralöle; *Verw.:* als Emulgator für Mineralöle; *Mengen:* 1 : 10 bis 1 : 30.

Monopolbrillantöl SO fest **Chem. Fabr. Stockhausen & Cie., Krefeld.**

i/Kurs: ja; *Konstit.:* Seife + Olivenöl-Spezialsulfonat; *Äuß.:* Paste, hellgraugrün; *Reakt.:* neutral; *Eigensch.:* verleiht Waren aus Kunstseide oder Baumwolle bzw. Mischgeweben daraus sehr weichen, geschmeidigen und vollen Griff; *Lö. Be.:* löslich in Wasser ähnlich wie Seife; in der Kälte auch in hartem Wasser gut beständig; *Verw.:* zum Avivieren und Appretieren von Waren aus Kunstseide oder Baumwolle oder Mischgeweben hieraus; als Mittel zum Weichmachen und Glätten in Appretur- und Schlichtflotten; *Mengen:* meist 1—3 g/l.

Monopolbrillantöl SO 100%ig hü **Chem. Fabr. Stockhausen & Cie., Krefeld.**

i/Kurs: ja; *Konstit.:* Olivenölsulfonat; geringer Sulfonierungsgrad; ohne Gehalt an aliphat. Sulfosäuren (+ Fettlöser nach Dr. Landolt[1]); *Äuß.:* Öl, goldgelb; *Reakt.:* neutral; *Eigensch.:* erteilt einen hervorragenden, weichen, geschmeidigen Griff; erzeugt klare Farbtöne bei größter Weichheit des Färbegutes; beseitigt das Bronzieren der Färbungen bei schwefelschwarzgefärbtem Material; verleiht harter Wollstückware geschmeidigen Griff; NB. nicht in der Apparatefärberei verwendbar; *Lö. Be.:* in der Kälte verhältnismäßig gut beständig gegen Kalk und organische Säuren; bildet mit Wasser feindisperse, gleichmäßige Emulsionen; *Verw.:* als Avivagemittel für Baumwolle und Kunstseide; für die Avivage von Seide und Baumwolle; für die Präparation von Kunstseide; zum Weichmachen harter Baumwollartikel, wie Baumwollripsware; *Mengen:* NB. erst mit der 6—10fachen Menge kalten Wassers verrühren! f. d. Avivage: 1—2% d. W.; b. d. Avivage von Kunstseide im Strang: 3 g/l (45—50° C), evtl. zus. mit Seife unter Abbruch der Seifenmenge; f. d. Avivieren von Kunstseidestücken auf dem Jigger oder auf der Gummiermaschine: 10—15 g/l; b. Kunstseidentrikot: 1 g/l (40° C); f. Kunstseidenstrümpfe: 2 g/l (ca. 40° C); f. Wolle mit Kunstseide: 1 g/l; b. Avivieren v. hartgezwirnten Baumwollgarnen: 2% d. W.; b. d. Avivage von Nesselfasern: 5 g/l; (NB. b. Kunstseide mit weichem Wasser arbeiten, sonst unter Mitverwendung von 0,5 g/l Intrasol, das in der 10fachen Menge Wassers gelöst wird!); *Lit.:* [1] Melliand Textilber. 1930 S. 610.

Monopoldrucköl M **Chem. Fabr. Stockhausen & Cie., Krefeld.**

i/Kurs: ja; *Konstit.:* sulfoniertes Öl + andere wirksame Bestandteile; *Äuß.:* klares, hellbraunes Öl; *Eigensch.:* wirkt, namentlich in Verbindung mit Petroleum, günstig auf die Konsistenz der Druckfarben; verbessert den Durchdruck und den Druck großer Flächen; gibt klare, scharfe Drucke bzw. Ätzen; verhindert die Abscheidung kristallinischer Ausscheidungen, wodurch ein glattes Abrakeln gewährleistet wird; *Lö. Be.:* mit Petroleum klar löslich (Verhältnis 60 Teile Monopoldrucköl M + 50 Teile Petroleum); *Verw.:* für Direktdruck, namentlich bei Indanthrendruckfarben und Chromfarben; als Zusatz zu Ätzen; im Maschinen-, Hand- und Filmdruck; *Mengen:* 10—15 g/kg bzw. 20—30 g der Mischung mit Petroleum.

Monopolöl **Dr. A. Schmitz, Düsseldorf-Oberkassel.**

Konstit.: Türkischrotöl (wird nach Ullmann, Enzykl. d. techn. Chemie, Bd. 10, erhalten durch Sulfonierung von Rizinusöl, Abspaltung der Sulfogruppe, Vermischen der erhaltenen Oxysäure unter Erhitzen mit Rizinusöl, erneute Sulfonierung und teilweise oder ganze Neutralisation mit NaOH oder NH_4OH); *Verw.:* zum Wasserlöslichmachen wasserunlöslicher Fettlösungsmittel; *Lit.:* Seifensieder-Ztg. 1930 S. 495; 1931 S. 663 u. 680.

Monopolöl I extra **Dr. A. Schmitz, Düsseldorf-Oberkassel.**

Konstit.: Türkischrotöl (siehe bei Monopolöl!); *Verw.:* zum Entbasten von Seide.

Monopolseife **Chemische Fabrik Stockhausen & Cie., Krefeld.**

i/Kurs: ja; *ähnlich:* Triumph-Seife; *analog:* Monopolbrillantöl (das 50%ige Monopolseife darstellt!); Monopolbrillantöl F und G; *Konstit.:* Sulfonierungsprodukt von Rizinusöl mit H_2SO_4 konz. bei 35° C (nachfolgende Behandlung mit überschüssiger NaOH!); mittlerer Sulfonierungsgrad; (NB. nach Lederer sind Monopolseifen im Geg. zu TR-Ölen, die auch noch nicht sulfonierte und nicht verseifte Öle enthalten, völlig verseift, stellen also Gemische sulfofettsaurer und fettsaurer Alkalien dar — Lederer, Kolloidchemie der Seifen, Th. Steinkopf, 1932!); NB. diese Angabe stimmt nicht, vielmehr: Monopolseife ist nicht vollkommen verseift, enthält nur Schwefelsäureester, aber keine Sulfofettsäuren; *Äuß.:* Seifenriegel, dunkelgelb, transparent; *Reakt.:* neutral bis schwach sauer gegen Phenolphthalein (frei von überschüssigem Alkali); *Eigensch.:* netzend und egalisierend in neutralem und alkalischem Bade; weichmachend; Durchfärbevermögen; Emulgierfähigkeit für Öle und Fette, auch Mineralöle; verhütet Schimmelbildung bei Appreturmassen; liefert lebh. Farben; faserschützend; *Lö. Be.:* ziemlich gut beständig gegen Säuren, Kalk und Salze (Bittersalz); gibt in Wasser klare Lösungen; *Verw.:* zum Anteigen von Farbstoffen; als Färbeöl für Baumwolle und Kunstseide; für die schwach saure Wollfärberei; in der Appretur von Wollwaren, Halbwolle, Halbseide, Baumwolle und Leinen; als Avivagemittel für alle Warengattungen; in der Färberei, insbesondere für substantive Farbstoffe, eine Reihe von Säurefarbstoffen und einen Teil der Beizenfarbstoffe; zum Färben von Seide; als Zusatz zum Farbbad beim Färben von Kunstseide und Stapelfaser (NB. nicht zum Färben mit basischen Farbstoffen!); zum Färben von Halbseide, Halbwolle sowie Stroh; in der Schlichterei; zum Anteigen von Druckfarben, auch beim Drucken von Alizarin- und Paranitranilinrot; beim Beuchen und Bleichen; in Wasch- und Walkflotten, evtl. in Verbindung mit Tetralix, Terpinopol und Verapol; *Mengen:* NB. man schmilzt die feingeschnittene Seife mit der gleichen

Menge Wasser, rührt die 20fache Menge warmen Wassers zu und gibt diese Lösung dann unter Rühren in die Farb- und Appreturflotten als letztes! b. Färben von Baumwolle, Leinen, Hanf und Ersatzfasern (Kopse, Kreuzspulen, Ketten), in der Baumwollstrang- und Stückfärberei, z. Avivieren bei Schwefelfarben, beim Färben mit subst. Farbstoffen: 0,5—1 g/l; b. Färben v. Wolle (i. d. Apparatefärberei sowie b. Färben nach dem Chromierungsverfahren) als Zusatz z. Färbbad: 1 g/l; *H. Pat.:* DRP. 113433; *V. Pat.:* DRP. 126541 u. 128691; *Lit.:* Seifensieder-Ztg. 1926 S. 749, Antwort Nr. 709; 1928 S. 372 (Pomeranz), S. 405 (Welwart, Nichizawa und Winokuti), S. 406 (Zschacke); 1930 S. 495; 1931 S. 87 u. 760; 1932 S. 733; Melliand Textilber. 1926 Heft 10; 1928 S. 759; 1930 S. 610.

Monopolspinnöl — **Chemische Fabrik Stockhausen & Cie., Krefeld.**

i/Kurs: ja; *Konstit.:* sulfoniertes Öl + Mineralöl (78% Fettgeh.); *Äuß.:* Öl, klar, braun; *Reakt.:* neutral; *Eigensch.:* liefert beständige Emulsionen von gleichmäßiger Verteilung; leichtes Eindringungsvermögen; gut auswaschbar; *Lö. Be.:* gibt mit Wasser Emulsionen; gut beständig gegen kalkhaltiges Wasser; *Verw.:* zur Herstellung von leicht auswaschbaren Spinnschmelzen, Wollschmelzen beliebiger Konzentration; zum Fetten und Vorbereiten der Faser für den Spinnprozeß, auch für Kunstwolle allein oder im Gemisch mit Baumwolle und Wolle; auch in der Hutindustrie; *Mengen:* bei alleiniger Verwendung: auf 1 Teil: 8—15 Teile Wasser; bei Verwendung zusammen mit anderen Ölen, z. B. Olein oder Mineralöl: neben 1—2 Teilen dieser: 1 Teil auf 8—15 Teile Wasser.

Monoxanthol

Konstit.: Seife + Fettlösungsmittel (nach Prof. Herbig: Monopolseife + Schwefelkohlenstoff); *Lit.:* Seifensieder-Ztg. 1930 S. 495.

Mullopol — **Baur, Gaebel & Cie., Köln-Radertal.**

Geb.-J.: 1934; *i/Kurs:* ja; *Konstit.:* Neutralfett + Emulgator; *Äuß.:* weißliche Paste; *Reakt.:* neutral; *Lö. Be.:* beständig gegen hartes Wasser und org. Säuren; *Verw.:* (mit Wasser von 70° C erst lösen!); als Weichmachungsmittel für BW, KS, L, HL.

Multomalt

Konstit.: Diastasepräparat; *Verw.:* zur Verflüssigung der Stärke durch Abbau.

Naphtolöl T extra — **A. Th. Böhme, Dresden-N. 6.**

i/Kurs: ja; *Äuß.:* gelbes Öl; *Eigensch.:* dispergierend; als Schutzkolloid wirksam; *Verw.:* in Naphtholgrundierungsflotten; zum Anteigen und Lösen der Naphthole (besonders bei weicherem Wasser).

Neberon B — **Dr. A. Schmitz, Düsseldorf-Oberkassel.**

Geb.-J.: 1929; *i/Kurs:* ja; *analog:* hieß früher: Nebrol B! *Konstit.:* Rizinusölschwefelsäureester; *Äuß.:* Flüssigkeit; *Reakt.:* neutral; *Lö. Be.:* vollständig beständig gegen Bittersalzlösungen (hohe Bittersalzappreturen); löst sich in 50%iger Bittersalzlösung noch klar auf; ist beständig in kalter und warmer Appreturflotte; verträgt stundenlanges Kochen; *Verw.:* als Appreturöl (ein Schreiben oder Verflecken der Ware tritt nicht ein) für Baumwolle und Mischgewebe aus Baumwolle und Kunstseide; als Appreturmittel auch für Glanzausrüstungen; *Mengen:* für Appreturflotten: 0,3% d. W. Bittersalz, 0,01% d. W. Neberon B und 0,01% d. W. Leim in 1 l Wasser, oder: 0,5% d. W. Bittersalz und 0,01% d. W. Neberon B in 1 l Wasser (Neberon wird für sich mit Wasser verdünnt und dann der fertigen Appreturmasse zugerührt!).

Neberon BA **Dr. A. Schmitz, Düsseldorf-Oberkassel.**

i/Kurs: ja; *analog:* Neberon S und W; hieß früher: Nebrol BA! *Eigensch.:* netzend, reinigend, egalisierend, farbstofflösend; verhindert das Verfilzen der Faser, macht sie voll, weich und geschmeidig; *Lö. Be.:* beständig gegen Säure und hartes Wasser; *Verw.:* in der Woll-, Seiden-, Baumwoll- und Kunstseidenfärberei; s. a. Mengen! *Mengen:* b. Anteigen der Farbstoffe: 5—10% des Farbstoffes; in Färbeflotten: a) für fette Färbungen: 1% d. W.; b) für dunkle Färbungen: 2% d. W.; c) auf Apparaten: 0,5% d. W.

Neberon BF **Dr. A. Schmitz, Düsseldorf-Oberkassel.**

Geb.-J.: 1929; *i/Kurs:* ja; *analog:* hieß früher: Nebrol BF! *Konstit.:* Rizinusölschwefelsäureester; *Äuß.:* Flüssigkeit, ölig, gelb; *Reakt.:* schwach sauer; *Eigensch.:* netzend, lösend, dispergierend; liefert gleichmäßiges Aufziehen der Farbstoffe und durch feine Verteilung der Farbstoffe egalere Färbungen und besser ausgenutzte Farbbäder; auch Material, welches noch Rückstände von Spinnöl, Fette oder Seifen enthält, läßt sich nach guter Vornetze einwandfrei färben; *Lö. Be.:* gegen hartes Wasser, Alkalien und Säuren gut beständig; *Verw.:* als Färbeöl, Egalisier-, Farbstofflöse-, Netz- und Fettlösungsmittel in der Färberei, für Baumwolle, Leinen und Kunstseide; *Mengen:* beim Netzen: 0,3—0,5% der Flotte; auf dem Apparat: 0,5% vom Gewicht der Ware; zum Färben bei hellen Färbungen: 1% vom Gewicht der Ware, bei dunklen Färbungen: 2% d. W.; zum Ansetzen des Farbstoffes: 50—100 g auf 1 kg Farbstoff; *H. Pat., V. Pat.:* DRP. angem.

Neberon M 40 **Dr. A. Schmitz, Düsseldorf-Oberkassel.**

Geb.-J.: 1929; *i/Kurs:* ja; *Konstit.:* Rizinusölschwefelsäureester + Kresol; *Äuß.:* Flüssigkeit, rotbraun; *Eigensch.:* besonders große Netzfähigkeit in Merzerisierlaugen, wobei es die Faser glänzend, weich und geschmeidig macht; *Lö. Be.:* in Merzerisierlauge, in der es sich in jedem Verhältnis klar löst, ohne daß Gelatinierung oder Ausscheidung selbst bei längerem Stehen eintritt, sehr beständig; *Verw.:* als Merzerisieröl für Baumwolle; *Mengen:* 0,2—0,4% der Merzerisierlauge.

Neberon S **Dr. A. Schmitz, Düsseldorf-Oberkassel.**

i/Kurs: ja; *analog:* Neberon W und BA; *Eigensch.:* netzend, reinigend, egalisierend, farbstofflösend; verhindert das Verfilzen der Faser, macht sie voll, weich und geschmeidig; *Lö. Be.:* beständig gegen Säure und hartes Wasser; *Verw.:* in der Woll-, Seiden-, Baumwoll- und Kunstseidenfärberei; s. a. Mengen! *Mengen:* b. Anteigen der Farbstoffe: 5—10% des Farbstoffes; in Färbeflotten: a) für fette Färbungen: 1% d. W.; b) für dunkle Färbungen: 2% d. W.; c) auf Apparaten: 0,5% d. W.

Neberon W **Dr. A. Schmitz, Düsseldorf-Oberkassel.**

i/Kurs: ja; *analog:* Neberon S und BA; hieß früher: Nebrol W! *Äuß.:* Flüssigkeit, gelb; *Eigensch.:* netzend, reinigend, egalisierend, farbstofflösend;

verhindert das Verfilzen der Faser, macht sie voll, weich und geschmeidig; *Lö. Be.:* beständig gegen Säure und hartes Wasser; *Verw.:* in der Woll-, Seiden-, Baumwoll- und Kunstseidenfärberei; s. a. Mengen! *Mengen:* b. Anteigen der Farbstoffe: 5—10% des Farbstoffes; in Färbeflotten: a) für fette Färbungen: 1% d. W.; b) für dunkle Färbungen: 2% d. W.; c) auf Apparaten: 0,5% d. W.

Nebrol B **Dr. A. Schmitz, Düsseldorf-Oberkassel.**

i/Kurs: nein; *Ersatz:* der Name wurde abgeändert in Neberon B; *analog:* identisch mit Neberon B; *Konstit.:* Rizinolschwefelsäureester.

Nebrol BA **Dr. A. Schmitz, Düsseldorf-Oberkassel.**

i/Kurs: nein; *Ersatz:* der Name wurde abgeändert in Neberon BA; *analog:* identisch mit Neberon BA.

Nebrol BF **Dr. A. Schmitz, Düsseldorf-Oberkassel.**

i/Kurs: nein; *Ersatz:* der Name wurde abgeändert in Neberon BF; *analog:* identisch mit Neberon BF; *Konstit.:* Rizinusölschwefelsäureester.

Nebrol W **Dr. A. Schmitz, Düsseldorf-Oberkassel.**

i/Kurs: nein; *Ersatz:* der Name wurde abgeändert in Neberon W; *analog:* identisch mit Neberon W.

Nekal A trocken **I. G. Farbenindustrie AG., Frankfurt a. M.**

Geb.-J.: 1925; *i/Kurs:* nein; *analog:* Nekal S, Leonil S und N sowie Nekal BX trocken, Leonil SB und SBS Teig hochkonz., jedoch etwa nur die Hälfte so wirksam als letztere; *Konstit.:* alkylnaphthalinsulfosaures Natrium; *Äuß.:* weißliches Pulver; *Reakt.:* neutral, auch in wässeriger Lösung; *Eigensch.:* netzend; emulgierend, dispergierend; *Lö. Be.:* nicht kalkempfindlich; säurebeständig; leicht löslich in Wasser; *Verw.:* für Wollwäscherei, Karbonisation, Stückwäscherei, Walkerei, Schlichterei, Färberei; als Zusatz zu Schmelzen; in der Farblackindustrie, um einen mit Mineralöl geschönten Lack gut mit Wasser benetzbar zu machen, z. B. für Leim- und Kalkfarben; beim Vermahlen von sich schwer auskollernden Pigmentfarben in Pulver mit Substraten; zum leichteren Benetzen von Paranitranilin usw. zwecks schnellerer und besserer Diazotierung; beim Anteigen von Pigmentfarbstoffen; *Mengen:* b. Benetzen mit Mineralöl geschönter Lacke: 100 g/l; 10% der Ölmenge (nachkollern!); b. Vermahlen von Pigmentfarben in Pulver mit Substraten: auf 100 kg Schwerspat u. 5 kg Farbe: 0,25 kg Nekal A trocken, gelöst in 3—5 l Wasser (Farbstoff anteigen, mit dem Schwerspat vermahlen!); b. Netzen von Paranitranilin, Litholechtscharlachbase usw.: 100 g/l; z. Anteigen von trockenen Pigmentfarbstoffen: 100 g/l; *H. Pat., V. Pat.:* In- und Auslandspatente; DRP. 336558; *Lit.:* Seifensieder-Ztg. 1930 S. 495; 1931 S. 760; Z. dtsch. Öl- u. Fettind. 1921 S. 344; Z. ges. Textilind. 1930 Heft 38; Leipzig. Mschr. Textilind. 1928 Heft 1 u. 2; Melliand Textilber. 1926 Heft 10; 1928 S. 759; 1930 S. 610 u. 788; 1931 Heft 2 S. 196.

Nekal AEM **I. G. Farbenindustrie AG., Frankfurt a. M.**

Geb.-J.: 1926; *i/Kurs:* ja; *analog:* Leonil LE; *Konstit.:* alkylnaphthalinsulfosaures Natrium + Schutzkolloid (Leim); *Äuß.:* Pulver, gelblich-braun; *Reakt.:* neutral; *Eigensch.:* hohes Emulgiervermögen; erzeugt lange haltbare Emulsionen von hohem Dispersitätsgrad; hygroskopisch; die mit

Nekal AEM hergestellten Emulsionen sind beständig gegen Säuren, Salze und besonders gegen hartes Wasser; sehr beständig gegen Schwefelsäure, genügend gegen Essig-, Ameisen- und Milchsäure; sie dienen für alle Zwecke der Seiden-, Kunstseiden- und Baumwollavivage beeinflussen die Nuancen der Färbungen auch bei säureunechten Farbstoffen nicht; sie können auch dem sauren Avivierbad zugesetzt werden, finden fernerhin Verwendung zum Schmelzen von Baumwollaltmaterial (Vigogne-Spinnerei), weiter als Zusätze zu Schlichten für gefärbte und ungefärbte Ketten, ebenso für Appreturen sowie zur Erhöhung der Spulfähigkeit von Kunstseide, zur Erzielung krachenden und doch weichen Seidengriffs auf Baumwolle und Kunstseiden aller Art (Olein-Nekal AEM-Emulsion-30%ig, hergestellt aus Nekal AEM und Olein im Verhältnis 1 : 15 — davon 5—10 ccm/l; Material umziehen; abschleudern; trocknen — NB. beim Griffigmachen ungebrauchter Baumwolle und Viskoseseide außerdem 1—2 ccm Essigsäure 6° Bé pro Liter zusetzen!); *Lö. Be.:* leicht löslich in Wasser; NB. über die Beständigkeit der mit dem Produkt hergestellten Emulsionen siehe unter Eigenschaften! *Verw.:* zur Herstellung von Emulsionen aus Mineralölen, fetten Ölen usw. und auch aus Paraffin; *Mengen:* z. Herstellung der Emulsionen: 1. auf 4—5 Teile Wasser: 1 Teil (das Pulver unter gleichzeitigem Rühren in heißes Wasser einstreuen!); 2. auf 15—20 Teile Mineral- bzw. Paraffinöl oder 20 Teile Olivenöl bzw. Erdnußöl oder 40 Teile Olein für Schmelzen oder 15 Teile Olein zur Erzeugung v. Seidengriff: je 4—5 Teile obiger Lösung (Öl unter kräftigem Rühren in dünnem Strahl eintragen und Rühren, bis alles Öl emulgiert ist!); 3. schließlich auf die erhaltenen Produkte weiter: je 40 Teile Wasser (ca. 60—80° C, kräftig rühren!); NB. die nunmehr erhaltenen Emulsionen sind in jedem Verhältnis mit Wasser mischbar; *H. Pat., V. Pat.:* In- und Auslandspatente; *Lit.:* Seifensieder-Ztg. 1932 S. 156, 141ff. u. Nr. 20; Melliand Textilber. 1930 S. 610.

Nekal BX extra **I. G. Farbenindustrie AG., Frankfurt a. M.**

Geb.-J.: 1935; *i/Kurs:* ja; *Konstit.:* alkylnaphthalinsulfosaures Natrium; *Äuß.:* gelbliches Pulver; *Reakt.:* neutral; *Eigensch.:* besser in der Netzwirkung, sonst wie Nekal BX trocken; auch in der Kälte hohes Netzvermögen (typischer Kaltnetzer); *Lö. Be.:* weniger löslich in Wasser (in hartem besonders weniger) als Nekal BX trocken; *Verw.:* wie Nekal BX trocken; nicht in Verbindung mit basischen Farbstoffen und nicht in Chlorkalkbleichbädern; *Mengen:* NB. in der 10fachen Menge heißen Wassers auflösen und sofort den Gebrauchsflotten zusetzen (also zweckmäßig keine Stammlösungen ansetzen)! *H. Pat., V. Pat.:* patentiert.

Nekal BX trocken **I. G. Farbenindustrie AG., Frankfurt a. M.**

Geb.-J.: 1926; *i/Kurs:* ja; *analog:* Leonil SB und SBS Teig hochkonz. sowie Nekal A trocken, Nekal S, Leonil S und N, jedoch etwa um das Doppelte wirksamer als letztere; *Konstit.:* alkylnaphthalinsulfosaures Natrium; *Äuß.:* fast weißes, nicht staubendes Pulver; *Eigensch.:* hohes Netz-, Löse-, Dispergiervermögen; liefert fast farblose Lösungen, die auch in höheren Konzentrationen die vegetabilische Faser kaum anfärben sowie im Gegensatz zu Türkischrotöl und anderen, auf Türkischrotöl- oder Seifenbasis hergestellten Präparaten keine Affinität zur Faser besitzen und deren Netzwirkung durch Salzzusätze sowie längeres Stehenlassen verbessert wird; verhindert in Verbindung mit Dekol in hartem Wasser die Bildung von Kalkseife in schädlicher (klebriger, voluminöser) Form (Kalkseifenbildung erfolgt in feinster Verteilung; nach längerer Zeit und beim Kochen entsteht ein leicht auswaschbarer, absetzender Niederschlag!); ist hygroskopisch; gewährleistet als Zusatz zur Schmelze beim Spinnen von Vigognegarnen gleichmäßiges Durchschmelzen, feine Verteilung und gute Aufnahme der Schmelze, so daß sich die Krempelbeschläge weniger mit Ausputz besetzen (weniger oftes Reinigen!), das Spinnvlies gleichmäßig durchölt wird und nicht an den Florteilerriemchen haftet (daher kein Verkleben und kein Abreißen des zerteilten Flors); erzeugt rasche und gründliche Benetzung sowie größere Wasseraufnahme (10—15% mehr) bei Materialien, die naß gesponnen werden, z. B. Spinnfäden; bewirkt beim Reißen von Altbaumwolle, Lappen usw. gleichmäßiges Durchdringen mit Schmelzflüssigkeit, geringere Flugverluste, langen Stapel, leichtes Verarbeiten und Verbesserung des Rendements; begünstigt beim Auskochen und Beuchen mit und ohne Druck die Zerstörung der Schalen und Beseitigung der Verunreinigungen (Verringerung der Abkochzeit sowie der Natronlaugezusätze bei Anwendung höherer Mengen, z. B. 2 g/l) und macht es möglich, mit einer einzigen Kochung auszukommen; gestaltet den Beuchprozeß energischer, so daß die abgekochte Baumwolle leicht bleichbar ist und nach der Bleiche vorzüglichen Weißeffekt, Griff und geschonte Faser gibt und daß beim späteren Färben mit Indigo und Indanthren auf der Tauchküpe egalerer Ausfall entsteht; macht bei zu färbender Ware bei Verwendung im Färbebade bisweilen den Abkochprozeß überflüssig bei Vermeidung von Gewichtsverlust; erleichtert bei der Mitverwendung im Beuchprozeß beim späteren Bleichen die Zerstörung der Baumwollschalen; läßt sich auch im Bleichbad selbst verwenden sowohl bei Hypochloritbädern wie Natriumsuperoxydflotten — nicht in Chlorkalkbädern —, wobei die Stabilität nicht beeinträchtigt, der Bleichprozeß verkürzt und der Weißeffekt gesteigert wird (der Weißeffekt kann durch übliche Nachbehandlung mit Blankit I noch gehoben werden!); ermöglicht Erzielung beträchtlichen Bleicheffektes bei rohem, unabgekochtem Material (lose, Garn, Kreuzspule, Kettbaum, Stück), auch Leinen, sogar Stroh ohne Vorkochen; eignet sich auch für die kombinierte Chlorsauerstoffbleiche (Chlormengen etwas höher halten als beim Bleichen ausgekochter Baumwolle!); verbessert den Schlichteffekt bei Vermeidung des lästigen Schäumens und zu starker Feuchtigkeitsaufnahme; bewirkt rasches, gleichmäßiges Durchdringen des Fadens mit der Schlichte (behandelte Ketten lassen sich auf dem Webstuhl gut verarbeiten, zeigen trotz großer Geschmeidigkeit hohe Festigkeit, so daß größere Leistung — weniger Fadenbrüche — und schönere Ware resultieren); verhindert das Abspringen der Schlichte und erzeugt offene Ketten beim Schlichten von Garnen jeder Art, rohen Ketten, losen oder stark gedrehten Fäden, vorbehandeltem Material oder unvorbehandeltem, gebleichtem, gefärbtem oder ungefärbtem, gezwirnten Fäden aus rohem oder gefärbtem Garn; übt auf die Sterilität der Schlichte — sowohl in der Masse wie im Faden — günstige Wirkung aus, so daß β-Naphthol-, Phenol- usw. Zusätze u. U. überflüssig sind; erteilt den Schlichten bei unveränderter Klebkraft größere Dünnflüssigkeit; macht in den meisten Fällen — ausgenommen Schwerschlichten — Stärkeaufschließemittel entbehrlich; verändert die Stärke chemisch nicht; gewährleistet rasches und gründliches Netzen beim Entschlichten (daher schnelles und gründliches Entschlichten); kann auch der Entschlichtungsflotte selbst zugesetzt werden; verleiht beim Appretieren und Ausrüsten von Baumwollwaren infolge der Hygroskopizität und besseren Eindringens der Appreturmittel der Ware einen guten Griff; kann auch in Verbindung mit Türkischrotölen, Magnesiumsalzen, Ölen und Fetten — deren Emulsion es befördert — angewandt werden; macht besonders in der Stranggarnfärberei Abkochen bzw. Vornetzen umgehbar; vermeidet das lästige Schwimmen der Garne; gewährleistet beim Färben tiefer Nuancen auf Mischgeweben aus Baumwolle und Viskose gleichmäßiges Anfärben beider Faserarten sowie gleichmäßiges Durchfärben und somit Egalität beim Färben von Ketten in der Schlichte; ermöglicht ungenetztes Eingehen ins Färbebad bei der Apparatfärberei von losem Material, Kreuzspulen und Kettbäumen (bei hellen Nuancen und ungleichmäßig gewickelten Kreuzspulen ist ein Vornetzen zweckmäßig); begünstigt das Durchfärben von Kreuzspulen im Schaumapparat sowie Erzielung von Gleichmäßigkeit, auch bei empfindlichen Tönen in der Stückfärberei sowie bei dichtgeschlagenem, schwer durchfärbbarem Material sowohl durch Vornetzung wie beim Zusatz zum Farbbad selbst; verhindert die Bildung der berüchtigten Schaumflecken beim Färben von Baumwolle und Kunstseidestückware mit Indanthren- und anderen Küpenfarbstoffen auf der Haspel oder dem Oberflottenjigger; erhöht das Durchfärben in der Kordfärberei, beim Auskochen und Färben von Genuakord, in der Samt- und Trikotfärberei, in der Strumpffärberei (festgezogene Nähte!); läßt bei Küpen- und Schwefelfarbstoffen Nuance und Farbtiefe ziemlich unverändert; erzeugt beim Färben mit hartem Wasser bei Mitverwendung von Dekol einwandfreie Färbungen, weiche und glanzreiche Garne und Waren; ermöglicht in der Naphtholfärberei ein Durchfärben auch unausgekochten Materials sowie solches beim Färben von Kreuzspulen und Kettbäumen mit Naphtholrot, schnelle und gleichmäßige Durchkupplung in der Stückfärberei bei zwischengetrockneter Ware; gestattet in der Indigofärberei das Färben selbst von Rohware bei einer Vornetzung; ermöglicht reine, lebhafte, egale, rotstichige und volle Indigofärbung, auch bei unentschlichteter und ungenetzter Rohware, wenn es der Küpe selbst zugesetzt wird, so daß evtl. ein Übersetzen mit basischen oder subst. Farbstoffen überflüssig wird; erzeugt dabei gut durchgefärbte, gebläute Stücke oder Ketten von guter Waschechtheit, weichem und vollem Griff nicht nur bei rohen Baumwollgarnen, Ketten und Geweben aller Art, sondern auch bei rohem Halbleinen und sogar rohen Leinengeweben; ermöglicht direkte Zugabe zur Flotte selbst mit unentschlichtetem, ungebeuchtem Material aller Art (Baumwolle lose, Garn, Strang, Kops, Kette, Stück, Halbleinen, Rohleinen) unter Umgehung des Vornetzens beim Färben vegetabilischer Fasern, auch für Indigo-Hydrosulfit-Küpe, unter Erzielung hohen Durchfärbeeffektes, auch beim Färben dichtgeschlagener bzw. harter Stoffe (roher Halb- und Ganzleinenstoffe oder dicker Ware); ergibt beim Ätzen und bei hellen bis mittleren Tönen guten Effekt bei den üblichen Rongalit CL-Mengen (bei dunklen Nuancen etwas mehr Rongalit CL nehmen!), wobei in der nachfolgenden Appretur die Ätzeffekte fast nicht angeblaut werden; gewährleistet bei der direkten Zugabe zur Küpenflotte schöne Färbungen, wenn zum Vornetzen benutzt; bewirkt beim Aufkochen der Stärke gleichmäßige Verkleisterung derselben (beim heißen Kalandern oder Bügeln klebt das Material nicht an den Heizflächen, weist keine Flecken auf, zeigt vielmehr einheitlichen Glanz und egalen Ausfall); gibt glatte, einwandfreie Drucke beim Direktdruck (Maschinen-, Hand-, Spritzdruck), insbesondere bei großflächigen Drucken bzw. hellen Drucken auf schwerbenetzbaren Baumwoll-, ungebleichten Halbleinen-, Leinen-, Halbwoll-, Seide-, Kunstseide-, Azetatseide- und Woll- (Kunstwoll-) Geweben; fördert das Eindringen beim Klotzen von Farbstoffen und die Egalität der Färbungen; bewirkt beim Entwickeln von Colloresin-Küpenfarben-Drucken, den alkalischen Rongalit- bzw. Hydrosulfitlösungen zugesetzt, ausgiebige, volle Druckeffekte, auch bei harten (durch längeres Lagern!) Colloresindrucken; macht im Indigoblaudruck das Auskochen der Ware durch eine einfache Passage ersetzbar; erzeugt Ätzeffekte, die bei der Appretur fast nicht angeblaut werden, beim Arbeiten auf Indigohydrosulfitküpe; netzt Basen, wie Paranitranilin leicht und erreicht so schnelle und gute Diazotierung; beim Katanol O-Druck mit basischen Farbstoffen erhält man gute Fixierung bei genügend langer Behandlung selbst ohne vorheriges Fixieren;

hemmt bei der Verwendung als Zusatz zur Schlichte und Appreturmasse das Wachstum von Schimmelpilzen; übt keinen, die Gesundheit schädigenden Einfluß aus (kann sogar für die Herstellung hydrophiler Watten für medizinische Zwecke verwandt werden); *Lö. Be.:* in Wasser, besonders in der Wärme, leicht löslich; ausgezeichnet beständig gegen organische Säuren, Mineralsäuren und Alkalien — nicht in Merzerisierlaugen —; beständig gegen Härtebildner des Wassers, wie Kalk- und Magnesiasalze (Betriebswasser von 20—40° d. H.); *Verw.:* NB. man setze 5—10%ige Stammlösungen an! Nicht: zusammen mit basischen Farbstoffen! beim Färben sowie beim Drucken in Zink-Kalk- oder Gärungsküpen oder kalkhaltigen Netzküpen! bei der Herstellung des Guinée-Artikels auf der sehr starken Hydrosulfitküpe (zu feine Verteilung des Indigos)!! — in der Spinnerei und Reißerei; als Zusatz zur Schmelze beim Spinnen von Vigognegarnen; als Zusatz zum Auskochen und Beuchen mit und ohne Druck; beim Abkochen von Water-Garn (das leicht zum Kräuseln neigt, um einer Verkürzung und Kräuselung der Stränge entgegenzuwirken); zusammen mit Soda; im Bleichprozeß, besonders auch zusammen mit Chlorbleichlauge, in der Trikotagenindustrie; zum Schlichten und Entschlichten sowie Appretieren (wobei häufig an Schlichtemitteln bis zu 30% abgebrochen werden kann); bei der Herstellung von Eisengarnen; in der Färberei: a) beim Anteigen und Lösen von Farbstoffen; b) beim Vornetzen und Färben; zum Anteigen der Naphthole; d) in der Indigofärberei; im Textildruck; beim Klotzen von Farbstoffen; zur Entwicklung von Colloresin-Küpenfarbendrucken; bei Indanthren- und Indigopappdrucken; im Indigoblaudruck; zum Anteigen und Lösen von Küpenfarbstoffen in Pulverform und schwer löslichen Indigosolen (z. B. den Indigosolen O 4 B); zum Lösen von Katanol O; als Zusatz zur Hydrosulfitküpe; beim Färben vegetabilischer Fasern mit Indigo; beim Stärken von Kragen und ähnlichen Wäscheartikeln; als Zusatz beim Ansetzen des Stärkekleisters; in der Baumwoll- und Kunstseidedruckerei; als Zusatz zu Beizbädern, Vornetz- und Nachbehandlungsflotten für basisch gefärbte Materialien; auch in der Karbonisation; also allgemein: im Veredlungsprozeß vegetabilischer Fasern, wie Baumwolle, Kunstseide, Jute, Hanf, Leinen, Stroh, Holzbast usw.; s. a. unter Eigensch. und Mengen! *Mengen:* i. d. Spinnerei und Reißerei, als Zusatz zur Schmelze beim Spinnen von Vigognegarnen: 1—2 g/l; als Zusatz zum Auskochen und Beuchen mit und ohne Druck: 0,5 g/l Kochflotte; i. d. kombinierten Chlor-Sauerstoffbleiche: 1—2 g/l; i. Chlorbleichlaugen (Trikotagenindustrie!): neben 2% d. W. Soda und evtl. etwas Cyclanon L: 1% d. W. (1—1,5 g/l akt. Chlor; 25° C; 2—2$^1/_2$ Stdn. oder bei 40—45° C 1—1$^1/_2$ Stdn.); z. Schlichten und Entschlichten: 0,5—1,5 g/l (nicht mehr!); i. d. Appretur, zur Herstellung von Eisengarnen: 1 g/l der etwa 25% schwächer gehaltenen Appreturmasse (Nekal in Wasser lösen und der Schlichtmasse zusetzen, dann aufkochen!); i. d. Färberei: a) beim Anteigen und Lösen von Farbstoffen: 8—10%ige Lösung; b) beim Vornetzen und Färben: i. d. Strangfärberei ungenetzter Ware: 1,5—2,5 g/l; b. Vornetzen auf stehendem Bad: 3 g/l; b. Färben tiefer Nuancen auf Mischgeweben aus Baumwolle und Viskose: 2 g/l; i. d. Apparatfärberei (Kreuzspulen, Kettbäume, loses Material usw.); b. ungenetztem Material: 1—2 g/l; b. Färben von BW und KS-Stückware mit Indanthren- und anderen Küpenfarbstoffen a. d. Haspel oder dem Oberflottenjigger: 1 g/l; als Zusatz zum Färbebad: 0,5—2 g/l; b. Küpen- und Schwefelfarbstoffen: 3 g/l; b. Färben unter Verwendung von hartem Wasser: Zusatz von Trilon A (im allgemeinen genügen 0,5—1 g bei Wasser von 5—10° d. H.); c) i. d. Naphtholfärberei: 1—2 g/l Grundierungsbad; d) i. d. Indigofärberei: beim Färben vegetab. Fasern auf der Hydrosulfit-Netzküpe, beim Bläuen ausgekochter Ware: 1—2 g/l; bei Rohware: 3—5 g/l; als

Zusatz zur Küpe selbst: 0,5—2 g/l (mit etwa 10 Teilen kochendem Wasser lösen; der vorgeschärften Färbeküpe zusetzen; Stammküpe zugeben; aufrühren; stehen lassen; dann färben — NB. beim Nachschärfen nur soviel Hydrosulfit und Natronlauge zugeben, bis eine grüne — nicht die normale gelbgrüne — Küpenfarbe erreicht ist —); Nachsatz: 0,5—2 g/l verbrauchter Flotte; im Textildruck: als Zusatz zu Druckfarben: 2—5 g/kg; b. d. Vorpräparation dicker Baumwolldecken: neben 20 g/l Prästabitöl V: 5—10 g/l; b. Klotzen der Farbstoffe: 2—5 g/l Klotzfarbe; b. d. Vorpräparation: 5—10 g/l; b. d. Entwicklung von Colloresin-Küpenfarbendrucken: 2—5 g/l alkalischer Rongalit- bzw. Hydrosulfitlösung; zur Herstellung der Verdickung aus Colloresin DK: 1,5 g/l (in Wasser kalt lösen und das Colloresin DK anrühren!); i. d. Vorappretur küpenfarbiger Pappreserveartikel bei Indanthren- und Indigopappdrucken: 1 g/l Stärkepapp; z. Passage an Stelle einer Auskochung im Indigoblaudruck: 3—5 g/l; z. Lösen von Katanol O: 5% des Katanol O; i. d. Weißwäscherei: als Zusatz beim Ansetzen des Stärkekleisters: 1—2 g/l Gesamtstärkeflotte (den verkleisternden Teil der Gesamtstärke mit Wasser anschlämmen; vorher in wenig heißem Wasser gelöstes Nekal und evtl. noch Borax zusetzen und Dampf einleiten!); *H. Pat.*, *V. Pat.:* In- und Auslandspatente; *Lit.:* Chem.-Ztg. 1928, Fortschrittsberichte S. 116; Melliand Textilber. 1926 Heft 10; 1928 S. 759; 1930 S. 610 u. 788; 1931 S. 196 u. Heft 2; Z. ges. Textilind. 1930 Heft 38; Seifensieder-Ztg. 1931 S. 760.

Neocarmin B **F. Sager & Dr. Gossler, Heidelberg.**

i/Kurs: ja; *Konstit.:* Mischung verschiedener Farbstoffe; *Äuß.:* Flüssigkeit; *Reakt.:* neutral; *Verw.:* als Faserreagenzmittel zum einfachen Erkennen sämtlicher Textilfasern (also kein eigentliches Textilhilfsmittel).

Neocarmin W **F. Sager & Dr. Gossler, Heidelberg.**

i/Kurs: ja; *Konstit.:* Mischung verschiedener Farbstoffe; *Äuß.:* Flüssigkeit; *Reakt.:* schwach sauer; *Verw.:* als Faserreagenzmittel zum einfachen Erkennen sämtlicher Textilfasern (also kein eigentliches Textilhilfsmittel).

Neo-Flerhenol **Flesch-Werke, AG., Frankfurt a. M.**

Geb.-J.: 1928; *i/Kurs:* ja; *Konstit.:* hochsulfonierte Rizinolsäureverbindung; ca. 5% Lösungsmittel; *Äuß.:* rotbraune Flüssigkeit; *Reakt.:* die wässerige Lösung reagiert schwach sauer, $p_H = 6{,}5$; *Eigensch.:* verleiht weichen, vollen Griff; hervorragendes Netz-, Durchdringungs-, Egalisierungs-, Lösungs-, Reinigungs- und Emulgiervermögen; hohes Farbstoffdispersionsvermögen; wirksam in fast kalten Appreturen; verhindert die Bildung schädlicher Kalkseife; *Lö. Be.:* gegen die Härtebildner des Wassers und gegen verdünnte Säuren völlig beständig; *Verw.:* in der Beuche, Bleicherei, Färberei und Avivage; insbesondere in der Strumpffärberei; bei der Schlichte von Baumwolle oder Kunstseide; bei der Appretur; (s. a. Mengen!); *Mengen:* f. d. Beuche von Strangware im offenen Behälter: 1% d. W. neben: 3% d. W. Soda und 1% d. W. Ätznatron; f. d. Beuche von Stückware: 1% d. W. neben: 3% d. W. Ätznatron und 1% d. W. Soda; f. d. Leinenbeuche: 1% d. W.; f. d. Bleiche vegetabilischer Faserstoffe ohne vorherige Beuche: neben ca. 5—8 g/l akt. Chlor, 1% d. W. Bikarbonat und 1% d. W. Soda: 1—2% d. W. (man spült im kalten Chlorlaugenbad v. 1° Bé (3—5 g/l akt. Chlor), dem 1 g/l zugesetzt wird!); f. d. Färberei von Baumwolle, Wolle, Seide, Kunstseide usw. (man teigt zunächst den Farbstoff mit ein wenig Neo-Flerhenol an!): 1 g/l; z. Färben mit Direktfarbstoffen: 1—2 g/l; z. Färben mit Schwefelfarbstoffen: 1—2 g/l; z. Färben mit Hydron- und

Küpenfarbstoffen: 1—2 g/l (man teigt die Hydron- oder Küpenfarbstoffe mit 8—10% Neo-Flerhenol an!); z. Färben von Kunstseidenstückware und Kunstseidentrikot, Kunstseidenwirkware und Strümpfen (Crêpe de Chine, Crêpe Georgette): 1—2 g/l; *H. Pat., V. Pat.:* F 62916; *Lit.:* Melliand Textilber. 1930 S. 610.

Neogon GL **Zschimmer & Schwarz, Chemnitz.**

Geb.-J.: 1933; *i/Kurs:* ja; *Konstit.:* organische und anorganische Salze; *Äuß.:* farblose Flüssigkeit; *Reakt.:* neutral; *Lö. Be.:* wasserlöslich, beständig gegen hartes Wasser; *Verw.:* zum Beschweren und Füllen von KS, ZW und W bzw. deren Mischgespinsten.

Neomerpin **Chem. Fabr. Pott & Co., Pirna-Copitz.**

i/Kurs: ja; *Konstit.:* nach Noll: Natriumsalz alkylierter Naphthalinsulfosäuren; (nach Prof. Herbig: Ölsulfonat + KW-Stoff; nach Dr. P. Heermann: alkylierte Naphthalinsulfosäure + Methylhexalin[1]); *Reakt.:* neutral; *Eigensch.:* fettfrei, netzend, reinigend, egalisierend; *Lö. Be.:* beständig gegen Wasser bis zu 20° d. H.; *Verw.:* für pflanzliche Fasern und Kunstseiden; als Egalisierungsmittel für Küpenfarbstoffe; als Netzmittel; für die Merzerisation; *Lit.:* [1] Melliand Textilber. 1926 Heft 10; 1928 S. 759; 1930 S. 610; Seifensieder-Ztg. 1930 S. 495.

Neomerpin-N (Stoff X) **Chem. Fabr. Pott & Co., Pirna-Copitz.**

i/Kurs: ja; *ähnlich:* Nekal A trocken und Carbolan; nach Noll: ident. mit Nekal A bzw. S! *Konstit.:* alkylierte Naphthalinsulfosäuren; *Reakt.:* sauer; *Eigensch.:* Netz-, Walk-, Durchfärbe-, Reinigungs- und Egalisiervermögen; erzeugt leuchtende Farbtöne; schont das Material; besitzt entschlichtende Wirkung[1]; *Lö. Be.:* säurebeständig; *Verw.:* besonders für Wollfilz und Haarhutherstellung; in der Karbonisation; als Netzmittel für saure Flotten, in der Wollfärberei; *Lit.:* Seifensieder-Ztg. 1930 S. 495; Melliand Textilber. 1926 Heft 10; [1] 1927 S. 875; 1928 S. 759; 1930 S. 610.

Neopol **Chemische Fabrik Stockhausen & Cie., Krefeld.**

i/Kurs: ja; *Konstit.:* Fettsäurekondensationsprodukt ebenso wie die Igepone (und übrigens auch die Auslandsprodukte: Sapamine z. B. Sapamin CH!) (Münch, auf der Jahresvers. des V. D. Ch. in Köln); *Verw.:* für die Naphtholrotfärberei.

Neopol T **Chemische Fabrik Stockhausen & Cie., Krefeld.**

i/Kurs: ja; *analog:* Neopol T Pulver und Neopol T Pulver konz.; *Konstit.:* Fettsäurekondensationsprodukt ebenso wie die Igepone (und übrigens auch die Auslandsprodukte: Sapamine z. B. Sapamin CH!) (Münch, auf der Jahresvers. des V. D. Ch. in Köln); *Äuß.:* Paste, gelblichweiß; *Reakt.:* neutral; die wässerige Lösung reagiert ebenfalls neutral; spaltet auch in der Kochhitze kein freies Alkali ab; *Eigensch.:* starke Reinigungs- und Waschwirkung, auch in saurer Flotte; hervorragendes Netzvermögen; schutzkolloidale Wirkung; Lösungsvermögen gegenüber gebildeter Kalkseife; schont die Faser; verhindert das Verfilzen der Wolle; erteilt Seidengriff; macht weich; erzeugt reibechte Färbungen; verhindert Ausbluten von Farben; *Lö. Be.:* unbegrenzt kalkbeständig (bis 60° d. H.); sehr gute Säure- und Salzbeständigkeit; hervorragende Kochbeständigkeit; *Verw.:* als Waschmittel an Stelle von Seife für alle Gebiete der Textilindustrie, für Baumwolle, Wolle und Kunstseide; als Avivagemittel; als Netz- und gleichzeitiges

Reinigungsmittel im Färbebad; beim Seifen von Indanthren- und Naphtholrotfärbungen sowie gebleichtem Material; zum Waschen von Baumwolle und Kunstseidentrikot; i. d. Baumwollappretur; i. d. Wollwäscherei; als Zusatz b. d. Walke; b. d. Behandlung von Azetat-, Viskose- und Kupferseide; *Mengen:* i. d. Wollwäscherei: neben 0,5—1 g/l Soda: 1 g/l; b. Waschen von Gerberwolle: neben 0,5—1 g/l Essigsäure: 1 g/l; b. d. Strangwäsche: neben 0,5 g/l kalz. Soda: 0,5—2 g/l; b. d. Stückwäsche: 1—2 g/l, evtl. neben 0,5 g/l Ameisen- oder Essigsäure; i. d. Stückwäsche von Streichgarnware: neben etwa $^1/_4$ der bisherigen Sodamenge: 2,5% d. W.; b. d. Behandlung von Azetat-, Viskose- und Kupferseide: 0,5 g/l.

Neopol TB **Chem. Fabr. Stockhausen & Cie., Krefeld.**

i/Kurs: ja; *analog:* Neopol T extra; *Konstit.:* Fettsäurekondensationsprodukt ebenso wie die Igepone (und übrigens auch die Auslandsprodukte: Sapamine z. B. Sapamin CH!) (Münch, auf der Jahresvers. des V. D. Ch. in Köln); *Äuß.:* Pulver weiß; *Reakt., Eigensch., Lö. Be., Verw.:* wie Neopol T erxtra pulv.

Neopol T extra **Chem. Fabr. Stockhausen & Cie., Krefeld.**

i/Kurs: ja; *analog:* Neopol T extra Pulver; Neopol TB; *Konstit.:* Fettsäurekondensationsprodukt ebenso wie die Igepone (und übrigens auch die Auslandsprodukte: Sapamine z. B. Sapamin CH!) (Münch, auf der Jahresvers. des V. D. Ch. in Köln); *Äuß.:* Paste, weiß; *Reakt.:* neutral; auch die wässerigen Lösungen reagieren neutral; spaltet kein Alkali ab, auch nicht beim Kochen; *Eigensch.:* starkes Schaum- und Reinigungsvermögen; hohe Emulgier- und Waschwirkung, auch in saurer Flotte; hervorragendes Netzvermögen; starke Schonung der Faser (kein Verfilzen der Wolle); erteilt weichen Griff und seidenähnliche Glätte; verhindert die Bildung von Kalkseifen (schutzkolloide Wirkung) und löst bereits gebildete Kalkseifen; *Lö. Be.:* höchst beständig gegen Kalk (30° d. H.), Magnesia, Alkali, Salze (auch Schwermetallsalze), Säuren und gegen Bleichmittel (Hypochloritlauge, Peroxyde, Chlorkalk); *Verw.:* zur Avivage; als Zusatz zu Bleich- und Färbeflotten; zum Abziehen von Imprägnierungen; beim Seifen von Indanthren- und Naphtholfärbungen, von Druck- und Bleichware; in der Appretur baumwollener Waren, beim Bleichen, auch in der Chlorkalkbleiche; beim Waschen von unecht gefärbten Konfektionssachen in schwach saurem Bade; bei der Behandlung von Reparanten; als Zusatz zur Walke; beim Waschen von Azetatseide; *Mengen:* zur Verhütung der Kalkseifenbildung in Wasser von 30° d. H.: 0,3 g/l; z. Lösen bereits ausgefallener Kalkseife: 2 g/l; i. d. Beuche: 0,5—1 g/l; b. Waschen von Wolle: 1 g/l oder 1 g/l neben 0,5—1 g/l Soda; b. Reinigen von Gerberwolle: neben 0,5—1 g/l Essigsäure: 1 g/l; b. Waschen von Wollgarn: neben 0,5 g/l kalz. Soda: 0,5—2 g/l; i. d. Stückwäsche: neben 0,5 g/l Ameisen- oder Essigsäure: 1—2 g/l; b. Waschen von Streichgarnstückware: 2,5% d. W.; b. Färben von Kunstseide: 1 g/l; *Lit.:* Seifensieder-Ztg. 1932 S. 733.

Neopol T extra Pulver **Chem. Fabr. Stockhausen & Cie., Krefeld.**

i/Kurs: ja; *analog:* Neopol T extra (von dem es sich nur im Äußern unterscheidet!); *Konstit.:* Fettsäurekondensationsprodukt ebenso wie die Igepone (und übrigens auch die Auslandsprodukte: Sapamine z. B. Sapamin CH!) (Münch, auf der Jahresvers. des V. D. Ch. in Köln); *Äuß.:* Pulver.

Neopol T Pulver **Chem. Fabr. Stockhausen & Cie., Krefeld.**

i/Kurs: ja; *analog:* Neopol T und Neopol T Pulver konz. (Unterschiede nur im Äußern und in der Konzentration!); *Konstit.:* Fettsäurekondensationsprodukt ebenso wie die Igepone (und übrigens auch die Auslandsprodukte: Sapamine; z. B. Sapamin CH!); (Münch, auf der Jahresvers. des V. D. Ch. in Köln); *Äuß.:* Pulver.

Neopol T Pulver konz. **Chem. Fabr. Stockhausen & Cie., Krefeld.**

i/Kurs: ja; *analog:* Neopol T und Neopol T Pulver (Unterschiede nur im Äußeren und in der Konzentration!); *Konstit.:* Fettsäurekondensationsprodukte ebenso wie die Igepone (und übrigens auch die Auslandsprodukte: Sapamine; z. B. Sapamin CH!); (Münch, auf der Jahresvers. des V. D. Ch. in Köln); *Äuß.:* Pulver.

Neosetavin **Zschimmer & Schwarz, Chemnitz.**

Geb.-J.: 1937; *i/Kurs:* ja; *Konstit.:* Fettalkoholderivat; *Äuß.:* weißes Pulver; *Eigensch.:* ausgeprägte Weichmachwirkung; *Lö. Be.:* heißwasserlöslich; kalk- und säurekochbeständig; *Verw.:* zum Färben und Avivieren sämtlicher Kunstseidearten; zur Foulardavivage, besonders von Kreppartikeln.

Neo-Walkose **Diamalt AG., München.**

i/Kurs: ja; *Konstit.:* Maltosepräparat; *Äuß.:* braune Paste; *Eigensch.:* stark verfilzend; *Verw.:* beim Walken; *H. Pat., V. Pat.:* DRP. a.

Nerolan **Dr. A. Schmitz, Düsseldorf-Oberkassel.**

i/Kurs: ja; *Konstit.:* Ölprodukt; *Äuß.:* Flüssigkeit, braun; *Eigensch.:* netzend (in kalten bis kochenden, neutralen, alkalischen und sauren Bädern voll wirksam); schmutzlösende und reinigende Wirkung; egalisierend, farbstofflösend, faserschützend; erteilt dem Material gute Weichheit und vollen Griff; gewährleistet gleichmäßige Färbungen; bewirkt besonders bei Indanthrenen rasches und gleichmäßiges Verküpen; zeigt in der Küpe schutzkolloide Wirkung, erzeugt nicht lästiges Schäumen und vermeidet Schaumflecke; bringt auch schwer lösliche Farbstoffe zum gleichmäßigen Ausfärben; *Lö. Be.:* beständig gegen hartes Wasser, Alkali und Säure; *Verw.:* beim Färben von Wolle und Seide, auch in stark sauren Bädern; in der Apparatfärberei zum Vornetzen; zum Netzen und Abkochen; *Mengen:* z. Netzen und Abkochen auf stehendem Bad: evtl. neben 1—2 g/l Soda kalz.: 2—3 g/l (Flottenlänge 1:20 bis 1:30, trocken bei 20—40° C eingeben, 20 Min. behandeln — zum Nachsatz $^1/_4$—$^1/_2$ des anfänglichen Zusatzes!); in alkalischen Abkochbädern: 1—2% d. W. (bei verminderter Alkalimenge und verkürzter Kochdauer!); b. d. Verwendung als Netz- und Färbeöl: 1—2% d. W. ($^1/_3$ zum Anteigen des Farbstoffes, Rest zum Färbebad!).

Nettolavol **Dr. A. Schmitz, Düsseldorf-Oberkassel.**

Konstit.: Seife + Tetrachlorkohlenstoff.

Nettolavol C **Dr. A. Schmitz, Düsseldorf-Oberkassel.**

i/Kurs: ja; *Konstit.:* Rizinusölschwefelsäureester + Fettlöser; *Äuß.:* Flüssigkeit von gelber Farbe, aromatischem Geruch und öliger Beschaffenheit; *Eigensch.:* vorzügliche Reinigungs- und Entfettungswirkung; *Lö. Be.:* in jedem Verhältnis mit Wasser mischbar; ziemlich beständig in hartem Wasser; in Abkochlaugen gut beständig; *Verw.:* als Wasch- und Entfettungsmittel; als Abkochöl zum Reinigen von mit Fetten, harzigen Substanzen, Schmutz usw. verunreinigter Wolle, Seide, Baumwolle, Kunstseide oder Mischgeweben; *Mengen:* bei Waren mit weniger Fett- und Schmutzgehalt nach der Behandlung auf der Maschine mit 2grädiger Sodalauge: 3% vom Gewicht der Ware; für sehr fettige Wollen und 4grädige Sodalauge: 4—8% Nettolavol C und 0,5% Ammoniak (dann Spülen; bei ganz schweren Waren unter Zusatz von 1—1,5% Ammoniak warm spülen!).

Netz Elixier Nr. 342 **Baur, Gaebel & Cie., Köln-Radertal.**

Geb.-J.: 1928; *i/Kurs:* ja; *Konstit.:* Ölsulfonierungsprodukt + Lösungsmittel; *Äuß.:* gelbliches Öl; *Reakt.:* gegen Lackmus schwach sauer; *Lö. Be.:* gut härtebeständig; beständig gegen organ. Säuren und Natronlauge bis 20° Bé; *Verw.:* als Netzmittel, insbesondere in alkalischen Bädern, Färb-, Einweich- und Crepponierbädern.

Netzöl Brillant MW **Max Wunderlich, Glauchau i. Sa.**

Geb.-J.: 1925; *i/Kurs:* ja; *analog:* Färböl KM, doch besseres Löse- und Dispergiervermögen sowie höhere Beständigkeit; *Konstit.:* sulfoniertes Rizinusöl + Kohlenwasserstoffe; *Äuß.:* Flüssigkeit; *Reakt.:* schwach sauer *Eigensch.:* Wasch-, Egalisier-, Netz- und Lösevermögen (für Schmutz, Harze, Farbstoffe, Öle); *Lö. Be.:* beständig gegen hartes Wasser, Säure und Lauge; *Verw.:* als Kaltnetzmittel und Fettlösungsmittel; zum Waschen, Reinigen und Egalisieren; für Wolle und Baumwolle; *Mengen:* 1—5 g/l.

Netzol **Louis Blumer, Zwickau i. Sa.**

i/Kurs: ja; *analog:* Spulfett, Soietine, Seidol, Blumol, Blumol 1698 d; *Verw.:* zum Präparieren von Wolle.

Netzpaste ZS **Zschimmer & Schwarz, Chemnitz.**

Geb.-J.: 1932; *i/Kurs:* ja; *Ersatz:* für türkischrotölartige Produkte; *Konstit.:* Fettalkoholsulfonat; *Äuß.:* gelbe Paste; *Reakt.:* neutral; *Lö. Be.:* wasserlöslich; salz- und säurebeständig; *Verw.:* als Netz- und Weichmachungsmittel bei der Chlorbleiche; als Hilfsmittel bei der Beuche; *Mengen:* 0,5—2 g/l.

Newalol **Zschimmer & Schwarz, Chemnitz.**

Geb.-J.: 1923; *i/Kurs:* ja; *analog:* Newalol O; *Konstit.:* Gemisch organischer, nur schwer brennbarer Lösungsmittel (frei von Fettkörpern!); *Äuß.:* wasserklare Flüssigkeit; *Reakt.:* neutral; *Eigensch.:* Netz-, Reinigungs-, Egalisier-, Dispergier-, Farbstofflöse- und Durchfärbevermögen; erzeugt reib-, koch-, waschechte, leuchtende Färbungen; löst Kalkseifen, Stearin, Paraffin, Fette, Öle, Wachse; entfernt Mineralöle, Spinnschmelzen, Flecken und Schmutz; verhindert das Bronzieren bei Schwefelfarben; von schwachem Geruch; *Lö. Be.:* beständig gegen alle in der Textilindustrie üblichen Säuren, Alkalien, Salzlösungen; beständig gegen hartes Wasser; in Wasser in jedem Verhältnis leicht löslich; *Verw.:* zum Anteigen von Farbstoffen; zum Lösen, insbesondere für Schwefel-, Küpen- (Indanthren-) Farbstoffe sowie für alle anderen Arten von Farbstoffen, auch beim Drucken und Spritzdruckverfahren; als Farbbadzusatz zum Netzen, Egalisieren und Durchfärben, insbes. v. Strumpfnähten bei naturs., Flor-, Cu- und viskoseseidenen und plattierten Strümpfen; verwendbar bei allen Temperaturen für Wolle, Baumwolle und Kunstseide; in der Woll- und Seidenfärberei; zum Färben von Leinen, Baumwolle, Ramie, Jute, Hanf, Papier, Stroh; in der Kunstseidenfärberei; in der Apparatfärberei; beim Färben von Schwefelfarbstoffen, zweckmäßig unter Zusatz der gleichen Menge Beuchöl P; als Zusatz zur Merzerisierlauge und Karbonisierflotte; als Wasch- und Netzmittel; als Zusatz zur Seifenflotte bzw. zur Küpe bei Naphthol- und Küpenfärbungen (NB. beim Anteigen von Farbstoffen den Farbstoff mit Newalol zu einer Paste verrühren und dann bis zur Dünnflüssigkeit mit heißem Wasser versetzen, bei basischen Farbstoffen unter Zusatz von Essig- oder Ameisensäure, bei sauren Farbstoffen unter Zusatz von Schwefel-, Essig- oder Ameisensäure, bei substantiven oder direkt ziehenden Farbstoffen evtl. unter Aufkochen!); zum Färben, sowohl in der Wanne wie auf dem Apparat, für Flocke, Strang, Kops, Kreuzspule, Kettbaum oder Fertigware, wie Tuche, Trikotagen auf dem Haspelbottich oder Strümpfen auf dem Apparat; *Mengen:* allgemein: 1—3 g/l (25—50—60° C); i. d. Wollwäscherei: neben 2 g/l Tetraseife: 1 g/l; i. d. Druckerei, zum Lösen der Farbstoffe: 1 g/l; i. d. Küpenfärberei, als Zusatz a) zum Farbbad: 1—2 g/l; b) z. Seifenflotte: 0,5 g/l; z. Vornetzen in handwarmer Flotte: 1 g/l; für schwer durchfärbende Ware (dicke Tuche, Filze, Hutstumpen, Decken, Wirkdoppelware, Strümpfe mit harten Nähten) a) im Einweichbad: 1 g/l; b) i. Vornetzbad: 1 g/l; Nachsatzmengen: 1 g/l Nachsatzflotte und 1% v. Gew. d. W.

Newalol AK **Zschimmer & Schwarz, Chemnitz.**

Geb.-J.: 1936; *i/Kurs:* ja; *Konstit.:* aromatischer Körper + organische Netzmittel; *Äuß.:* gelbe Flüssigkeit; *Reakt.:* neutral; *Eigensch.:* fast geruchlos; *Lö. Be.:* beständig in Merzerisierlaugen (ohne Schaum und Abscheidungen) auch bei Gegenwart von Merzerisieralaun; *Verw.:* zur Trockenmerzerisage von BW, ZW und Mischgeweben.

Newalol O **Zschimmer & Schwarz, Chemnitz.**

Geb.-J.: 1930; *i/Kurs:* ja; *analog:* Newalol; *Konstit.:* sulfoniertes Rizinusöl (Alkalisalz) + organische Lösungsmittel; *Äuß.:* gelbe Flüssigkeit (ohne lästigen Geruch); *Reakt.:* neutral; *Eigensch.:* Farbstofflöse-, Dispergier-, Egalisier-, Reinigungs- und Netzvermögen; weichmachende Wirkung; erzeugt reibechte Färbungen; *Lö. Be.:* beständig gegen alle in der Textilindustrie üblichen Alkalien, Säuren, Salzlösungen und hartes Wasser; *Verw.:* in der Färberei und Druckerei; zum Anteigen und Lösen aller Arten Farbstoffe; als Zusatz zum Farbbad, speziell für schwer durchzufärbende Materialien; *Mengen:* 1—3 g/l.

Newalol TT **Zschimmer & Schwarz, Chemnitz.**

Geb.-J.: 1936; *i/Kurs:* ja; *Konstit.:* heterozyklische Basen; *Äuß.:* braune Flüssigkeit; *Reakt.:* schwach alkalisch; *Lö. Be.:* wasserlöslich; hartwasser- und farbsäurebeständig; *Verw.:* als Farbstofflöse- und Durchfärbemittel; *Mengen:* 0,2—1,5 g/l.

Nilin **Hansa-Werke, Hemelingen.**

ähnlich: Tetralix; *Konstit.:* Fettlöserseife.

Noval B **V. Sternberg, Hamburg.**

Konstit.: Türkischrotöl; *Lit.:* Seifensieder-Ztg. 1930 S. 495.

Novazikon B **Chem. Fabr. R. Baumheier, Oschatz-Zschöllau.**

i/Kurs: ja; *Äuß.:* hellgelbe Flüssigkeit; *Reakt.:* neutral; *Eigensch.:* fettfrei; *Lö. Be.:* beständig gegen Alkali, Säure und Härtebildner; *Verw.:* als Durchfärbe-, Dispergier- und Egalisiermittel für alle Faserstoffe, zum Anteigen der Farbstoffe; *Mengen:* 1—2 g/l.

Novazikon spezial **Chem. Fabr. R. Baumheier, Oschatz-Zschöllau.**

i/Kurs: nein; *analog:* Novazikon B; *Verw.:* als Durchfärbe- und Dispersionsmittel für Farbstoffe.

Novocarnit doppelt konz. **Böhme Fettchemie, Chemnitz.**

i/Kurs: ja; *analog:* Novocarnit (von dem es sich nur durch die Konzentration unterscheidet); *Konstit.:* alkylierte, aromatische Sulfosäuren + Pyridinbasen; *Äuß.:* gelbe Flüssigkeit.

Novofermasol **Diamalt AG., München.**

i/Kurs: nein; *Konstit.:* Pankreasdiastase; *Verw.:* zum Aufschließen von Stärke; als Entschlichtungsmittel; *Lit.:* Melliand Textilber. 1930 S. 610.

Novofermasol A **Diamalt AG., München.**

i/Kurs: nein; *analog:* Novofermasol B und S und AS und Fermasol DB konz.; *Konstit.:* hochkonzentriertes Pankreaspräparat; *Äuß.:* Pulver; *Eigensch.:* haltbar; 5—10mal höheres Verflüssigungs- bzw. Verzuckerungsvermögen als beispielsweise Diastafor, Diastafor extra stark, Diastafor doppelt konz., Ferment D und A; schnellste Aufschließung des Stärkekleisters; vollständig wirksam nur in Gegenwart geringer Mengen Alkali- oder Erdalkalichloride (NaCl und $CaCl_2$); *Lö. Be.:* wasserlöslich; *Verw.:* zur Verflüssigung von Stärke; als Zusatz zu Entschlichtungsbädern.

Novofermasol AS **Diamalt AG., München.**

i/Kurs: ja; *Konstit.:* Pankreaspräparat; *Eigensch.:* von hochdiastatischer Wirkung; *Verw.:* für die Entschlichtung.

Novofermasol B **Diamalt AG., München.**

i/Kurs: nein; *analog:* Novofermasol A und S und AS und Fermasol DB konz.; *Konstit.:* hochkonzentriertes Pankreaspräparat; *Äuß.:* Pulver; *Eigensch.:* haltbar; 5—10mal höheres Verflüssigungs- bzw. Verzuckerungsvermögen als beispielsweise Diastafor, Diastafor extra stark, Diastafor doppelt konz., Ferment D und A; schnellste Aufschließung des Stärkekleisters; vollständig wirksam nur in Gegenwart geringer Mengen Alkali- oder Erdalkalichloride (NaCl und $CaCl_2$); *Lö. Be.:* wasserlöslich; *Verw.:* zur Verflüssigung von Stärke; als Zusatz zu Entschlichtungsbädern.

Novofermasol S **Diamalt AG., München.**

i/Kurs: ja; *Konstit.:* Pankreaspräparat; *Eigensch.:* von hochdiastatischer Wirkung; *Verw.:* für die Entschlichtung.

Novoneopol **Chem. Fabrik Stockhausen & Cie., Krefeld.**

i/Kurs: nein; *Konstit.:* Harzsulfonat + Kohlenwasserstoff; *Verw.:* für die Naphtholrotfärberei.

Nutrilan **Chem. Fabrik Grünau Landshoff & Meyer AG., Berlin-Grünau.**

Geb.-J.: 1922; *i/Kurs:* ja; *Konstit.:* Eiweißspaltprodukte + Seife + Soda; Abbauprodukte des Glutins (protalbins. u. lysalbins. Na); (nach Prof. Herbig: Eiweißspaltprodukte + Alkali); *Äuß.:* gelblichweiße Körner; *Reakt.:* alkalisch gegen Phenolphthalein; *Eigensch.:* wolleschützend; hohe Reinigungskraft;

macht die Wolle offen, glänzend, tragfähig sowie griffig; gestattet die Anwendung höherer Temperaturen beim Waschen — 50—55° C — da die Eiweißspaltprodukte die Wolle gegen Schädigung durch Alkali schützen; *Lö. Be.:* in heißem Wasser leicht und klar löslich; konzentrierte Lösungen erstarren in der Kälte zu einer Gallerte; *Verw.:* in der Wollveredlung; zum Waschen loser Wolle (Schmutz- oder Schweißwolle) im Leviathan bzw. in Küpen- oder ähnlichen Einrichtungen; zum Waschen von Wollstranggarnen; z. Waschen von Haar- und Wollteppichgarnen; *Mengen:* allgemein: 5—10 g/l; b. Waschen loser Wolle im Leviathan: im 1. Gefäß: 10 g/l; i. 2. Gefäß: 5 g/l; i. 3. Gefäß: 3,75 g/l; i. 4. Gefäß: 2,5 g/l = 2% d. W.; b. Waschen loser Wolle in Küpen- oder ähnlichen Einrichtungen: 10—15 g/l (55° C); z. Nachsetzen: 10 g/l = 2% d. W.; b. Waschen von Woll-Stranggarnen: 3—5 g/l Waschflotte = 2% d. W. (45—50° C); b. Waschen von Teppichgarnen (Haar- und Wollgarnen): 6—8 g/l Flotte = 2% d. W. (50—55° C); b. Waschen von Schweißwolle: zum Einweichen: 10—15 g/l (20 Min. bei 50° C; kalt spülen!); zum Nachsetzen: 10 g/l = 2% d. W.; *Lit.:* Melliand Textilber. 1930 S. 610.

Nuva B — **I. G. Farbenindustrie AG., Frankfurt a. M.**

Geb.-J.: 1933; *i/Kurs:* ja; *Konstit.:* Fettsäurekondensationsprodukt (stark alkalisch gestellt); *Äuß.:* weißes Pulver; *Reakt.:* alkalisch; *Eigensch.:* erleichtert und verbessert die Beuche; bewirkt gleichmäßige Bleiche; verhütet Kochflecken; liefert schalenfreies Beuchgut; steigert die Aufhellung, auch bei offenem Kochen; spart bei Farb- und Druckware eine Bleiche; fördert die Verseifung der Wachse; dispergierend; entfernt färbende Bestandteile, verhindert Wiederaufziehen dieser; keine Schädigung von Haltbarkeit, Aussehen und Verarbeitbarkeit von BW; liefert offenes, gut spinnbares Material; verkürzt die Kochdauer; ermöglicht Druckverminderung; spart Chlor und Sauerstoff bei nachträglichem Bleichen; stabilisiert Sauerstoffbleichbäder; erhöht Reinheit und Saugfähigkeit und gewährleistet scharfe Drucke; greift Apparate und Schutzanstriche nicht an; *Lö. Be.:* leicht löslich in warmem Wasser und alkalischer Beuchlauge; gegen hartes Wasser wenig, gegen Alkali weitgehend beständig; *Verw.:* zum alkalischen Abkochen vegetabilischer Faserstoffe mit oder ohne Druck; auch für BW—KS und BW—ZW-Material; zum Stabilisieren von Sauerstoffbleichbädern; auch bei Verwendung von Abfallauge; *Mengen:* beim Beuchen: 0,5—1% des Beuchgutes (in weichem Wasser gelöst der Beuchlauge zugeben!); *H. Pat., V. Pat.:* patentiert; *Lit.:* Melliand Textilber. 1937 S. 456.

Ocenol — **Dehydag, Berlin-Charlottenburg.**

i/Kurs: ja; *Konstit.:* Oleylalkohol (Reduktionsprodukt der Ölsäure); *Lit.:* Seifensieder-Ztg. 1932 S. 838.

Ocenolsulfonat — **Dehydag, Berlin-Charlottenburg.**

i/Kurs: ja; *analog:* Texapon Pulver, Texapon Paste, Texaponöl; *Konstit.:* Sulfonat ungesättigter Fettalkohole; Natriumsalz des Sulfonierungsproduktes des Ocenols (Oleylalkohol; Reduktionsprodukt des Oleins — Ölsäure —) $R \cdot OSO_3Na$; *Äuß.:* Paste, gelblich; *Reakt.:* neutral; *Eigensch.:* NB. bei Texapon sind mehr die netzenden und für alle Färbereiprozesse wertvollen Eigenschaften, bei Ocenolsulfonat mehr das Reinigungs- und Avivagevermögen betont! schäumend; netzend; reinigend; dispergierend; fettlösend; avivierend; greift die Faser nicht an; verhindert die Ausscheidung schädlicher Kalkseifen; löst bereits gebildete Kalkseifen; entfernt Mineralöle und in sauren Bädern ausgefällte Fettsäure; Appretiervermögen;

nicht filzend, jedoch in Verbindung mit Seife bzw. Alkali den Verfilzungsprozeß unterstützend; Egalisiervermögen; Durchfärbevermögen; faserschützend; spaltet kein freies Alkali ab; verhindert so das Ausbluten alkaliempfindlicher Farben; gibt der behandelten Ware Griff, Weichheit und Elastizität; *Lö. Be.:* wasserlöslich; nicht beständig in Karbonisier- und Merzerisierbädern! praktisch beständig in hartem Wasser und den i. d. Textilind. gebr. Konz. von Säure und Alkali; hochbeständig gegen Bittersalz; beständig in allen Bleichlaugen; *Verw.:* allein oder zusammen mit Seife! als Farbstofflöse-, Netz- und Egalisiermittel für BW, KS und W, besonders auch in der Apparatefärberei; als Netz- und Hilfsmittel für Beuche, Bleiche und Walke, als Waschmittel für Rohwolle, Wolle in Garn und Stück sowie Mischgewebe; als Hilfsmittel beim Abziehen und Umfärben; ebenso in der Druckerei; beim Schlichten und beim Appretieren; beim Waschen und Walken in saurer Flotte; beim Entschlichten; beim Abziehen von Imprägnierungen; beim Entfernen von Leinölschlichten; bei der Weißwäscherei; beim Waschen in Seewasser; bei der Verarbeitung von Seide; in der Seidenfärberei; beim Reinigen, Bleichen und Färben von Baumwolle und Kunstseide sowie solche enthaltender Mischgewebe; beim Verarbeiten loser Wolle; beim Waschen kalkhaltiger Gerberwollen (evtl. auch zusammen mit Fettlösungsmitteln, wie Methylhexalin, Tetralin usw.); s. a. Mengen! *Mengen:* i. d. Beuche: 0,5—1 g/l; i. d. Bleiche von Baumwolle: 0,5—2 g/l; b. Färben von Baumwolle und Kunstseide: 0,5 g/l; b. d. Nachbehandlung von Indanthren- und Naphtholfärbungen: 0,5—1,5 g/l; zum Nachseifen: neben 1—2 g/l Seife: 0,5 g/l; b. Auswaschen bedruckter Ware: 0,5—1 g/l; b. Waschen von Rohwolle: 0,2—1 g/l; b. Waschen von Wollgarn und Stück: 0,2—0,5% d. W.; b. Färben von Wolle: 0,5—1 g/l (1—2% d. W.); i. d. Apparatefärberei: 0,5% d. W.; b. d. sauren Walke: 0,5 g/l; b. Schlichten und Appretieren: 0,5—2 g/l; i. d. Walke: neben der Hälfte der bisherigen Seife: 15—20% dieser; z. Entfernen der Schmelze: a) bei Streichgarnware (6—12% d. W. Olein): neben Ammoniak oder Soda: 1,5—2 g/l; b) bei Kammgarnware: 1,5 g/l (wenn oleinhaltig, neben Soda oder Ammoniak); NB. evtl. nimmt man 20—30% der bisherigen Seifenmenge noch daneben! b. Neutralisieren karbonisierter Ware: 1—2 g/l; *Lit.:* Seifensieder-Ztg. 1932 S. 361.

Oel 3013 **Dr. G. Eberle & Cie., Stuttgart.**

i/Kurs: ja; *Konstit.:* Rizinusölsulfonat; *Äuß.:* gelbe Flüssigkeit; *Lö. Be.:* bittersalzbeständig; *Verw.:* für Appreturzwecke.

Okoton

Konstit.: Türkischrotöl.

Oktaton

Konstit.: oktohydroanthrazensulfosaures Natrium; *Lit.:* Seifensieder-Ztg. 1928 S. 95.

Oldym **Röhm & Haas AG., Darmstadt.**

i/Kurs: ja; *Konstit.:* aus der Bauchspeicheldrüse von Schlachttieren gewonnenes Diastaseprodukt; *Verw.:* nicht in der Textilindustrie, sondern für kosmetische Zwecke.

Oleocarnit **Böhme Fettchemie, Chemnitz.**

Geb.-J.: 1928; *i/Kurs:* ja; *Konstit.:* Fettsäuresulfonat (hochsulfoniert) + Pyridin; *Äuß.:* dunkelbraune Flüssigkeit; *Reakt.:* alkalisch; *Eigensch.:*

hervorragendes Egalisier- und Durchfärbevermögen; gute Netz- und Fettlösewirkung im Farbbad; *Lö. Be.:* in kaltem Wasser klar löslich; hochbeständig gegen Alkalien, Säuren, Salze und hartes Wasser; *Verw.:* als Egalisierungs- und Durchfärbemittel beim Färben aller Fasermaterialien; zum Farbstofflösen und als Zusatz zu Druckpasten; *Mengen:* 0,5—1,5 g/l zum Färben und Nachseifen; 5—30 g/kg Druckpaste; 1 : 10 verdünnt beim Farbstofflösen; *Lit.:* Melliand Textilber. 1928 S. 759; 1929 S. 310; 1930 S. 610; Mschr. f. Textilind. 1932 Fachheft II S. 39.

Oleol

Eigensch.: ermöglicht das Drucken auf ungeölter Ware; *Verw.:* als Zusatz zu Druckfarben.

Oleolith

Konstit.: 25% Wollfett + 25% Mineralöl + 2,5% Pottasche + 47,5% Wasser; *Verw.:* als Schmelzöl; *Lit.:* Seifensieder-Ztg. 1913 S. 1009.

Oleonat AB **Chem. Fabr. Pfersee, Augsburg.**

Geb.-J.: 1936; *i/Kurs:* ja; *Konstit.:* sulfoniertes Öl; *Äuß.:* braune Flüssigkeit; *Eigensch.:* ausgezeichnetes Netz-, Egalisier-, Emulgier- und Weichmachvermögen; ermöglicht Herabsetzung der Behandlungstemperaturen, Verkürzung der Behandlungsdauer; Dampfersparnis, Materialschonung, Effektverbesserung; *Lö. Be.:* wasserlöslich; *Verw.:* beim Bleichen, Netzen, Färben, Drucken, Appretieren, Entschlichten; beim Abkochen von Strangware im Autoklaven mit Ätznatron oder Sodalauge, beim Avivieren und Schlichten von Kunstseide und Zellwolle; *Mengen:* beim Abkochen (zur Beuchlauge in 10—20%iger Lösung zugeben): 0,25—1% vom Gewicht der Ware; beim Bleichen (der Bleichflotte in 10—20%iger Lösung zugeben — sowohl bei Natronbleichlauge als auch Perborat oder Wasserstoffsuperoxyd): 0,5—2 kg auf 1000 l Bleichflotte; beim Entschlichten: 0,5—1 kg auf 100 l Entschlichtungsbad; beim Färben (am besten schon gleich zum Anteigen benutzen in 5—10%iger Lösung!): 1—3% der Ware = 1—2 kg auf 1000 l Flotte; in der Naphtholfärberei: 1,5—3,5 kg auf 1000 l Flotte; in der Druckerei: 1—4 kg auf 100 kg Druckpaste; in der Appretur, Avivage und Schlichterei: je nach Art der Flottenzusammensetzung und dem gewünschten Effekt; für die Avivage z. B.: 0,5—3 g/l; beim Vornetzen: 0,5—3 kg auf 1000 l.

Oleonat C **Chem. Fabr. Pfersee, Augsburg.**

Geb.-J.: 1930; *i/Kurs:* ja; *Konstit.:* sulfoniertes Öl; *Äuß.:* gelbe Flüssigkeit; *Eigensch.:* durchfärbt gut, gibt weichen Griff und klare Farben, erhöhte und beständige Farbstoffdispersion, gleichmäßige Farbtiefen bei Färbungen verschiedenen Materiales; *Lö. Be.:* weitgehend kalkbeständig; *Verw.:* beim Bleichen, Netzen, Färben, Anteigen und Lösen von Farbstoffen; insbesondere als Färbeöl für Wirkwaren (Trikotagen und Strümpfen).

Oleonat D **Chem. Fabr. Pfersee, Augsburg.**

Geb.-J.: 1927; *i/Kurs:* ja; *Konstit.:* sulfoniertes Öl; *Äuß.:* braungelbes Öl; *Eigensch.:* gleichmäßige Durchfärbung; leuchtende Farben; klare Drucke; keine Fleckenbildung durch hartes Wasser; erzeugt klare, geschmeidige, nicht schreibende und nicht nachhärtende Appreturen; verleiht der Ware angenehm vollen und weichen Griff; *Lö. Be.:* beständig gegen Härtebildner und Bittersalz; mit Wasser in jedem Verhältnis mischbar; *Verw.:* beim Nachseifen von Bleichware und Färbungen, beim Färben und Drucken, beim

Appretieren; sowohl für Indanthren wie Schwefelfarben, direkte und basische Färbungen von Baumwolle und Kunstseide, für saure Färbungen von Wolle, Chrombeizen usw.; zum Seifen von Drucken; *Mengen:* beim Färben auf dem Jigger: 1—2 g/l; beim Färben auf dem Apparat: 1—2% der Ware; beim Appretieren: 2—3%, berechnet auf die Appreturflotte; NB. vor Zusatz zum Bad jeweils mit der 3fachen Menge Wasser verdünnen.

Oleonat EW **Chem. Fabr. Pfersee, Augsburg.**

Geb.-J.: 1933; *i/Kurs:* ja; *Konstit.:* sulfoniertes Öl; *Äuß.:* gelbe Flüssigkeit; *Eigensch.:* erzeugt egale, leuchtende Färbungen und weichen, gefälligen Griff; egalisierend, durchfärbend; hohes Dispergiervermögen; *Lö. Be.:* beständig gegen Kalk und Magnesia; gibt mit Wasser beim Verdünnen in jedem Verhältnis und bei jeder Temperatur schwach trübe Lösung; *Verw.:* beim Bleichen, Netzen, Anteigen und Lösen von Farbstoffen, beim Färben, Beuchen und Avivieren; insbesondere in der Kunstseidenfärberei; nicht für stark saure Farbbäder; *Mengen:* als Zusatz zum Farbbad: 0,4—0,6% der Ware oder 0,5—1 g/l; zum Netzen in der Vorbleiche: 0,5—1 g/l Bleichflotte; zum Avivieren nach der Bleiche oder im letzten Spülbad: 0,3—0,5 g/l; NB. vor der Verarbeitung zweckmäßig mit der 3—5fachen Menge warmen Wassers verrühren.

Olifan W **Burnus Aktiengesellschaft, Darmstadt.**

i/Kurs: ja; *Konstit.:* NaOH + Zusätze (Fettsäuren + Schutzkolloide); *Äuß.:* gelblich-weißes Pulver; *Eigensch.:* geruchlos; enthält weder Wasserglas (Metasilikate) noch Bleichmittel; greift die Wäschefaser nicht an; löst teerige Bestandteile, schwerlösliche Fette und unverseifbare Öle aus der Wäsche heraus; kann auch zusammen mit Enzymolin vorteilhaft verwendet werden; *Lö. Be.:* in warmem Wasser leicht und vollkommen löslich; *Verw.:* zum Waschen, insbesondere für sehr schmutzige Wäsche, Berufsanzüge, Küchenwäsche, Schminktücher, aber auch als Zusatz bei weißer Wäsche (nicht dagegen bei bunter Wäsche); nur für pflanzliche Fasern (Baumwolle, Leinen, Halbleinen); nicht für tierische Fasern (Wolle und Seide); *Mengen:* 10—20 g auf 1 kg Fettwäsche (Haut schützen!) bei sehr schmutziger Wäsche; sonst, z. B. bei Gewichts(Haushalts-)wäsche: 2 g/kg Wäsche; *H. Pat., V. Pat.:* DRP. 568703, Klasse 23e; *Lit.:* Textilbetrieb 1934 Heft 1 u. 13.

Olinor C **Böhme Fettchemie, Chemnitz.**

Geb.-J.: 1935; *i/Kurs:* ja; *Konstit.:* Fett (emulgierbar) + Mineralöl (geringer Gehalt); *Äuß.:* weiße Paste; *Reakt.:* schwach alkalisch; *Eigensch.:* erhöht die Spinnfähigkeit der Zellwolle; *Lö. Be.:* leicht emulgierbar in kaltem Wasser; beständig gegen Alkalien, Säuren und hartes Wasser; *Verw.:* zum Schmelzen von Zellwolle und Mischmaterial mit hohem Zellwollgehalt.

Olivenöl-Avivage **Chem. Fabr. Meerane, Meerane i. Sa.**

i/Kurs: ja; *Konstit.:* Kaliseife aus Olivenöl; *Verw.:* zum Avivieren.

Olivenöl-Avivage **J. Simon & Dürkheim, Offenbach a. M.**

i/Kurs: ja; *Konstit.:* Olivenöl-Seife-Emulsion; *Äuß.:* weiß; *Verw.:* beim Avivieren.

Olivenöl-Avivage **Zschimmer & Schwarz, Chemnitz.**

Geb.-J.: 1919; *i/Kurs:* ja; *Konstit.:* Olivenölkaliseife; *Äuß.:* schmierseifenartig, grün; *Reakt.:* schwach alkalisch; *Eigensch.:* Waschkraft; weichmachende

Wirkung; *Lö. Be.:* wie Seife; *Verw.:* zum Avivieren; zur Erzeugung krachenden Seidengriffs (in Verbindung mit organischen Säuren); *Mengen:* allgemein: 3—5 g/l.

Olivenölkaliseife 40%ig **J. Simon & Dürkheim, Offenbach a. M.**

i/Kurs: ja; *Konstit.:* Seife; *Äuß.:* grün; *Verw.:* beim Avivieren, besonders für die Seidenavivage.

Omnipon M **Zschimmer & Schwarz, Chemnitz.**

Geb.-J.: 1937; *i/Kurs:* ja; *Konstit.:* Fettalkoholderivat + Fettlöser; *Äuß.:* goldgelbe Flüssigkeit; *Reakt.:* neutral; *Eigensch.:* wirkt sehr energisch auf gealterte Präparationen; schaumkräftig; waschend; *Lö. Be.:* alkalibeständig, koch-, säure- und kalkbeständig; klar wasserlöslich; *Verw.:* für die Vorreinigung, insbesondere für Kunstseide, Web- und Wirkwaren; *Mengen:* 0,3—1 g/l.

Ondal **Böhme Fettchemie, Chemnitz.**

Geb.-J.: 1933; *i/Kurs:* ja; *Konstit.:* Oxydationsmittel; *Äuß.:* Pulver; *Reakt.:* schwach alkalisch; *Eigensch.:* netzend; reinigend; waschend; hervorragende Bleichwirkung; *Verw.:* als Wasch- und Bleichmittel; zum Netzen, Vorreinigen und Halbbleichen von Baumwoll- und Kunstseidenmaterialien sowie Halbwollmaterialien; zum Nachbleichen und Nachseifen gebleichter Baumwoll- und Kunstseidenmaterialien; zum Vorreinigen von Woll- und Halbwollmaterialien, wo eine Bleichwirkung gewünscht ist; zum Entwickeln von Indanthren- und Schwefelfärbungen; insbesondere für Ce-Es-Bleiche und Buntbleiche; *Mengen:* NB. 1 Teil mit 30 Teilen lauwarmem Wasser lösen! b. Vorreinigen und Halbbleichen: 0,5—3 g/l; b. Nachseifen: 0,5—2 g/l (evtl. in Verbindung mit Gardinol oder Seife!); b. Entwickeln von Färbungen: 0,3—0,5 g/l; b. Nachbleichen: 0,5—2 g/l.

Ondal extra konz. **Böhme Fettchemie, Chemnitz.**

Geb.-J.: 1934; *i/Kurs:* ja; *Konstit.:* Fettalkoholsulfonat mit organisch gebundenem, aktivem Sauerstoff; *Äuß.:* weißes Pulver; *Reakt.:* alkalisch; *Eigensch.:* ermöglicht restlose Ausnützung des (hochbeständigen) Sauerstoffes nach längerem Kochen; gutes Aufhellungs-, Bleich- und Waschvermögen; *Lö. Be.:* klar löslich in warmem Wasser; beständig gegen Alkali, Säure und hartes Wasser; *Verw.:* zum Stabilisieren von Superoxyd-Bleichflotten; zum Entchloren von Baumwolle, Zellwolle und Kunstseidenmaterial; zum Nachseifen von Farb- und Bleichware; zum Oxydieren und Entwickeln von Echtfärbungen und Echtdrucken; *H. Pat., V. Pat.:* ja; *Lit.:* Mschr. f. Textilind. 1936 S. 134; Z. f. d. ges. Textilind. 1936 S. 133; 1937 S. 178, 445.

Ondal W 20 **Böhme Fettchemie, Chemnitz.**

Geb.-J.: 1934; *i/Kurs:* ja; *Konstit.:* Fettalkoholsulfonat mit organisch gebundenem, aktivem Sauerstoff; *Äuß.:* weißes Pulver; *Reakt.:* alkalisch; *Eigensch.:* ermöglicht restlose Ausnützung des (hochbeständigen) Sauerstoffes nach längerem Kochen; gutes Aufhellungs-, Bleich- und Waschvermögen; *Lö. Be.:* klar löslich in warmem Wasser; beständig gegen Alkali, Säure und hartes Wasser; *Verw.:* zum Stabilisieren von Superoxyd-Bleichflotten; zum Entchloren von Baumwolle, Zellwolle und Kunstseidenmaterial; zum Nachseifen von Farb- und Bleichware; zum Oxydieren und Entwickeln von Echtfärbungen und Echtdrucken; *H. Pat., V. Pat.:* ja; *Lit.:* Mschr. f. Textilind. 1936 S. 134; Z. f. d. ges. Textilind. 1936 S. 133; 1937 S. 178, 445.

Opalogen A **I. G. Farbenindustrie AG., Frankfurt a. M.**

Geb.-J.: 1930; *i/Kurs:* ja; *Konstit.:* organisches Salz; *Äuß.:* weißes Kristallpulver; *Reakt.:* neutral; *Eigensch.:* liefert wasch- und überfärbechte, sehr plastische Matteffekte auf Acetatkunstseide; kann mit den Acetatseidenfarbstoffen fixiert werden, da die chemische Struktur der Acetat-KS nicht verändert wird; *Lö. Be.:* sehr leicht wasserlöslich; *Verw.:* im Textildruck; *Mengen:* je nach Druckverfahren! zum Mattieren ohne Druckfarbe: neben 500 g Tragant (65 : 1000) und 200 g China Clay (1 : 1) und 50 g Milchsäure (50%) oder Glykolsäure: 250 g (nach dem Drucken trocknen, 2mal 5 Min. im Schnelldämpfer oder 10—15 Min. im Runddämpfer ohne Druck dämpfen, spülen, trocknen!).

Optan extra **Zschimmer & Schwarz, Chemnitz.**

Geb.-J.: 1931; *i/Kurs:* ja; *Konstit.:* Alkalisalz sulfon. Fette + Lösungsmittel; *Äuß.:* Flüssigkeit, braun; *Reakt.:* neutral; auch in wässeriger Lösung nahezu neutral; *Eigensch.:* hohes Reinigungs-, Schaum- und Netzvermögen; spaltet in wässeriger Lösung kein freies Alkali ab; *Lö. Be.:* höchst beständig gegen Säure, Alkali und Salzlösungen; *Verw.:* zum Waschen und Reinigen; als Zusatz zur Entbastungsflotte für Naturseide; zum Netzen; zur Schaumverbesserung; *Mengen:* 2 g/l.

Oranienburger Emulgator Nr. 300 **Oranienburger Chem. Fabr. AG., Charlottenburg 2.**

i/Kurs: ja; *Konstit.:* organisches Sulfonat + Kolloidstoff; *Äuß.:* weißes Pulver; *Reakt.:* neutral; *Eigensch.:* Emulgierungsvermögen für Fettstoffe; liefert beständige Emulsionen; die Spinnfähigkeit des geschmelzten Materials wird erhöht; die Auswaschbarkeit des Oleins in der Wäsche und Walke wird verbessert; *Lö. Be.:* beständig gegen hartes Wasser und die in der Wollindustrie vorkommenden Reagenzien; *Verw.:* als Emulgierungsmittel für Olein, zur Herstellung von Wollspinnschmelzen; *Mengen:* zur Herstellung von Wollschmelzen: ca. 3% vom Gewicht des angewandten Oleins.

Oranit B **Oranienburger Chem. Fabr. AG., Charlottenburg 2.**

i/Kurs: nein; *Ersatz:* die Marken BN bzw. BN konz.; *analog:* Oranit FW und KS; *Konstit.:* hochmolekulare (alkylierte aromatische) Sulfosäure bzw. deren Alkalisalz + hochsiedender Kohlenwasserstoff; *Äuß.:* dunkelbraune, klare Flüssigkeit; *Eigensch.:* Reinigungs-, Benetzungs-, Durchdringungs-, Schaum- und Lösevermögen für Farbstoffe, Schmutzbestandteile, Fette, Mineralöle usw.; feuerungefährlich; *Lö. Be.:* die Sulfosäuren, sowie die Na-, K-, NH_4-, Ca-, Mg-, Cr-Salze geben mit Wasser klare Lösungen; beständig gegen Alkali, Alkalikarbonat, hartes Wasser, Metallbeizen, Salze, Säuren, ausgenommen ganz konzentrierte Säuren und Alkalilösungen, die aussalzend wirken; *Verw.:* für die Färberei und Druckerei von BW, HW, KS und S; in der Bleicherei von BW, KS, L, J, H; in der Appretur; NB. nicht zum Färben und Drucken mit basischen Farbstoffen! (siehe Oranit C!).

Oranit BN **Oranienburger Chem. Fabr. AG., Charlottenburg 2.**

i/Kurs: nein; *Ersatz:* war Ersatz für Oranit B; wurde seinerseits ersetzt durch Oranit BN konz.; *analog:* den Oraniten FWN und KSN; *Lit.:* Melliand Textilber. 1930 S. 788.

Oranit BN konz. **Oranienburger Chem. Fabr. AG., Charlottenburg 2.**

i/Kurs: ja; *Ersatz:* für die Marken B und BN; *analog:* den beiden anderen — N konz. — Marken: Oranit FWN konz. und KSN konz.; *Konstit.:* hochmolekulare echte Sulfosäure (bzw. deren Alkalisalz) auf Ölbasis + Lösungsmittel; *Äuß.:* klares, bräunliches Öl; *Reakt.:* gegen Lackmus schwach alkalisch; *Eigensch.:* Netz-, Egalisier-, Durchfärbevermögen; faserschützend bei Einwirkung von Alkalien, Säuren und Metallsalzen; gibt vollen, voluminösen Griff; höchste Netzfähigkeit in der Kälte; Zunahme der Netzwirkung mit steigender Härte des Wassers; *Lö. Be.:* klar löslich in Wasser in der Kälte; beständig gegen hartes Wasser sowie gegen Laugen üblicher Konzentrationen; *Verw.:* NB. nicht zum Färben mit basischen Farbstoffen! (hierfür siehe Oranit C konz.!); zum Vornetzen, Abkochen, Bleichen und Färben (mit subst., Schwefel-, Küpen- und Naphthol-AS-Farbstoffen) von Baumwolle, Kunstseide und anderen vegetabilischen Fasern; *Mengen:* allgemein: 1 g/l; (zum Nachsatz: 0,5 g/l); z. Vornetzen vor dem Merzerisieren, Färben oder Bleichen von BW und anderen vegetabilischen Fasern (in neutraler oder schwach alkalischer Flotte) (lose, Strang- oder Stückware): 1—2 g/l (40—50° C oder kochend); b. Abkochen von Baumwolle usw. (offen oder im Autoklaven): $\frac{1}{3}$—1 % d. W.; b. Bleichen von Baumwolle usw.: 1—2 g/l Bleichbad (kalt) (nicht für Chlorkalk!); b. Färben von Baumwolle usw. (Kops, Kreuzspule, Kettbaum, Kardenband, Stückware): 1—2 % d. W.; z. Anteigen von Farbstoffen: 40—60 ccm auf 1 kg Farbstoff; i. d. Schlichterei, Appretur und Filzsteife: 5—10 g/l Schlichte, Appreturmasse, Harz- oder Schellacksteife; *H. Pat., V. Pat.:* In- und Auslandspatente; *Lit.:* Melliand Textilber. 1930 S. 788; Z. f. ges. Textilind. 1930 Heft 38.

Oranit C **Oranienburger Chem. Fabr. AG., Charlottenburg 2.**

i/Kurs: nein; *Ersatz:* ersetzt durch Oranit C konz.; *analog:* nimmt in der Reihe der Oranite eine Ausnahmestellung ein; *Konstit.:* es ist im Gegensatz zu den übrigen Oranitmarken nicht auf der Basis einer (hochmolekularen) Sulfosäure aufgebaut; es ist auch nicht auf Fettbasis aufgebaut; *Äuß.:* wasserhelle Flüssigkeit von mildem Geruch; *Eigensch.:* Netz- und Durchdringungsvermögen; *Lö. Be.:* beständig gegen Säuren, insbesondere auch Essigsäure jeder Konzentration, hartes Wasser, Beizen usw.; *Verw.:* in der Färberei und Druckerei mit basischen Farben; *Mengen:* i. d. Färberei und Druckerei von basischen Farben: a) im Farbbad: 0,8—1 % d. W.; b) i. d. Druckmasse: 10—15 g/kg.

Oranit C konz. **Oranienburger Chem. Fabr. AG., Charlottenburg 2.**

i/Kurs: ja; *Ersatz:* für Oranit C; *analog:* nimmt in der Reihe der Oranite eine Ausnahmestelle ein; *Konstit.:* ist, im Gegensatz zu den übrigen Oranitmarken, nicht auf der Basis einer (hochmolekularen) Sulfosäure aufgebaut, ebensowenig wie auf Fettbasis; *Äuß.:* wasserhelle Flüssigkeit von mildem Geruch; *Reakt.:* neutral; *Eigensch.:* Netz- und Durchdringungsvermögen; *Lö. Be.:* beständig gegen Säure, insbesondere auch Essigsäure jeder Konzentration, hartes Wasser, Beizen usw.; *Verw.:* in der Färberei und Druckerei mit basischen Farben.

Oranit FW **Oranienburger Chem. Fabr. AG., Charlottenburg 2.**

i/Kurs: nein; *Ersatz:* durch die Marken FWN bzw. FWN konz.; *analog:* B und KS; *Konstit.:* hochmolekulare (alkylierte aromatische) Sulfosäure bzw. deren Alkalisalz + Methylcyclohexanol + Wasser; *Äuß.:* braunes, dickflüssiges Öl; *Eigensch.:* Reinigungs-, Benetzungs-, Durchdringungs-, Schaum- und Lösevermögen für Farbstoffe, Schmutzbestandteile, Fette, Mineralöle usw.; feuerungefährlich; *Lö. Be.:* die Sulfosäuren, sowie die Na-, K-, NH_4-, Ca-, Mg-, Cr-Salze geben mit Wasser klare Lösungen; beständig gegen Alkali, Alkalikarbonat, hartes Wasser, Metallbeizen, Salze, Säuren, ausgenommen ganz konzentrierte Säuren und Alkalilösungen, die aussalzend wirken; *Verw.:* zum Egalisieren und Durchfärben von Wolle in sauren Flotten; NB. Nicht zum Färben und Drucken mit basischen Farbstoffen! (siehe Oranit C!).

Oranit FWN **Oranienburger Chem. Fabr. AG., Charlottenburg 2.**

i/Kurs: nein; *Ersatz:* war Ersatz für Oranit FW; wurde seinerseits ersetzt durch Oranit FWN konz.; *analog:* den Oraniten BN und KSN; *Lit.:* Melliand Textilber. 1930 S. 788.

Oranit FWN konz. **Oranienburger Chem. Fabr. AG., Charlottenburg 2.**

i/Kurs: ja; *Ersatz:* für die Marken FW und FWN; *analog:* den beiden anderen — N konz. — Marken: Oranit BN konz. und KSN konz.; *Konstit.:* hochmolekulare echte Sulfosäure (bzw. deren Alkalisalz) auf Ölbasis + Lösungsmittel; *Äuß.:* klares, rötlich-braunes Öl; *Reakt.:* gegen Lackmus neutral; *Eigensch.:* Netz-, Egalisier-, Durchfärbevermögen; faserschützend bei Einwirkung von Alkalien- Säuren und Metallsalzen; gibt vollen, voluminösen Griff; erzeugt reibechte, volle, blumige Färbungen; *Lö. Be.:* in der Kälte, auch in hartem Wasser, klar löslich; gegen Säuren der üblichen Konzentration auch beim Kochen beständig; *Verw.:* NB. nicht zum Färben mit basischen Farbstoffen! (hierfür siehe Oranit C konz.); zum Vornetzen, Abziehen und Griffigmachen von Wolle, Halbwolle und Filzen, sowie zum Färben dieser mit Säure- und Chromierungsfarbstoffen; *Mengen:* allgemein: 1—1,5% d. W.; b. Färben v. W, S, KW, Haaren usw.: 1—1,5% d. W.; b. Vornetzen schwer färbender Materialien, fettiger Garne, unreiner Stückware: 1—2 g/l; b. Färben von Wolle und Haarfilzen: a) im Färbebad: 1—3% d. W.; b) zum Lösen: 5% d. Farbstoffes; z. Vornetzen bei dicken, technischen Filzen: 1—3% d. W. (langsam das lauwarme Netzbad zum Kochen treiben und ohne Spülen unter Nachsatz ausfärben!); NB. vorher mit Perpentol oder Trioran entpechen! *H. Pat., V. Pat.:* In- und Auslandspatente.

Oranit KS **Oranienburger Chem. Fabr. AG., Charlottenburg 2.**

i/Kurs: nein; *Ersatz:* die Marken KSN bzw. KSN konz.; *analog:* Oranit B und FW; *Konstit.:* hochmolekulare (alkylierte aromatische) Sulfosäure bzw. deren Alkalisalz + Lösungsmittel; *Äuß.:* klare, braune Flüssigkeit; *Eigensch.:* Reinigungs-, Benetzungs-, Durchdringungs-, Schaum- und Lösevermögen für Farbstoffe, Schmutzbestandteile, Fette, Mineralöle usw.; feuerungefährlich; vermeidet Fleckenbildung; faserschonend; *Lö. Be.:* die Sulfosäuren, sowie die Na-, K-, NH_4-, Ca-, Mg-, Cr-Salze geben mit Wasser klare Lösungen; beständig gegen Alkali, Alkalikarbonat, hartes Wasser, Metallbeizen, Salze, Säuren, ausgenommen ganz konzentrierte Säuren und Alkalilösungen, die aussalzend wirken; *Verw.:* in der Karbonisation; NB. nicht zum Färben und Drucken mit basischen Farbstoffen! (siehe Oranit C!); *Lit.:* Leipzig. Mschr. Textilind. 1928 Heft 1 u. 2; Melliand Textilber. 1930 S. 610, 788.

Oranit KSN **Oranienburger Chem. Fabr. AG., Charlottenburg 2.**

i/Kurs: nein; *Ersatz:* war Ersatz für Oranit KS; wurde seinerseits ersetzt durch Oranit KSN konz.; *analog:* den Oraniten BN und FWN; *Lit.:* Melliand Textilber. 1930 S. 788.

Oranit KSN konz. **Oranienburger Chem. Fabr. AG., Charlottenburg 2.**

i/Kurs: ja; *Ersatz:* für die Marken KS und KSN; *analog:* den beiden anderen — N konz. — Marken: Oranit BN konz. und FWN konz.; *Konstit.:* hochmolekulare echte Sulfosäure (bzw. deren Alkalisalz) auf Ölbasis + Lösungsmittel (niedrig siedend); *Äuß.:* klares rötlich-braunes Öl; *Reakt.:* gegen Lackmus neutral; *Eigensch.:* Netz-, Egalisier-, Durchfärbevermögen; faserschützend bei Einwirkung von Alkalien, Säuren und Metallsalzen; gibt vollen, voluminösen Griff; reinigt bei der Karbonisation unter gleichzeitiger Verbesserung der Weichheit und Elastizität; verhindert Karbonisierflecken und später ungleichmäßige Färbungen; *Lö. Be.:* in der Kälte und auch in hartem Wasser klar löslich; beständig gegen Säuren (Schwefelsäure von 3—5° Bé) auch in der Wärme; *Verw.:* NB. nicht zum Färben mit basischen Farbstoffen! (hierfür siehe Oranit C konz.!); in der Karbonisation (gestattet Verringerung der Karbonisiersäure um 25—30%); *Mengen:* beim Karbonisieren: 1,5—2 g/l einer Schwefelsäure von 3—3,5° Bé (Nachsatz: 0,8—1,3 g/l nach jeder Karbonisation); *H. Pat., V. Pat.:* In- und Auslandspatente.

Oranit K 3 **Oranienburger Chem. Fabr. AG., Charlottenburg 2.**

i/Kurs: ja; *Konstit.:* hochmolekulares Sulfonat (echte Sulfosäure!) + Lösungsmittel; *Äuß.:* dunkelbraune Flüssigkeit; *Eigensch.:* netzend; *Verw.:* als Netzmittel.

Oranit Pulver **Oranienburger Chem. Fabr. AG., Charlottenburg 2.**

i/Kurs: nein (wurde früher von der Milch AG. hergestellt); *Konstit.:* alkylierte Naphthalinsulfosäuren (Na-Salze); *Lit.:* Melliand Textilber. 1926 Heft 10; 1928 S. 759; 1930 S. 610.

Orapret FK **Oranienburger Chem. Fabr. AG., Charlottenburg 2.**

i/Kurs: nein; *Ersatz:* Orapret FKN; *Verw.:* zur Erzeugung knirschenden Seidengriffs im Einbadverfahren.

Orapret FKN **Oranienburger Chem. Fabr. AG., Charlottenburg 2.**

i/Kurs: ja; *Konstit.:* nicht sulfoniertes (Färbe-) Öl; *Äuß.:* hellgelbes, durchsichtiges, klares Öl; *Reakt.:* neutral bis schwach lackmus-alkalisch; *Eigensch.:* Egalisierungsvermögen; Lösungs- und Emulgierungsvermögen; führt flüssige und feste Fette, Wachse und Paraffine in feinverteilte Form über; *Lö. Be.:* in Wasser klar löslich; beständig gegen verdünnte Essig-, Ameisen-, Milch- und Weinsäure (man erhält zusammen mit diesen eine weiße, opalisierende Emulsion!); *Verw.:* als Färbe- und Avivageöl; zum Griffigmachen von Kunstseide, Seide, Baumwolle und merzerisierter Baumwolle; als Emulgierungsmittel für die verschiedenartigsten Appreturen; für die Appretur von Garnen und Geweben aller Art; zusammen mit organischen Säuren zum Griffig- und Glänzendmachen gefärbter oder gebleichter Garne oder Gewebe im Einbadverfahren; als Zusatzmittel zum substantiven Färbebad; *Mengen:* im Nachbehandlungsbad, zusammen mit organischer Säure: neben 0,5—1 g/l Säure: 1—2 g/l.

Orapret M **Oranienburger Chem. Fabr. AG., Charlottenburg 2.**

i/Kurs: ja; *Konstit.:* Gemisch aus freien Fettstoffen + sulfonierten Fettstoffen; *Äuß.:* gelbliche Paste; *Eigensch.:* gibt füllige und weiche Appretur und eine gewisse Milderung des Glanzes; auf dem Foulard ergibt die Feinteiligkeit der Dispersion rasches und gleichmäßiges Durchdringen der Ware;

gibt Bäder, die nach Bedarf aufgehoben und daher restlos verwertet werden können; *Lö. Be.:* gibt mit heißem Wasser feinteilige Dispersionen; gut beständig gegen Härtebildner; *Verw.:* zur Weichavivage und Weichappretur von Web- und Wirkwaren aus Seide, Kunstseide, Zellwolle, Leinen und Mischgeweben, vorzugsweise Kupferseide (Bembergseide), sowie spinnmattierter Kunstseide; *Mengen:* NB. durch Verrühren mit der 8fachen Menge heißen Wassers und anschließendes Kochen mit direktem Dampf erst dispergieren und dann so den Bädern zusetzen!; auf dem Foulard: 10—30 g/l (lauwarm); NB. Nachsatz der verbrauchten Flotte durch solche gleicher Konzentration; in der Avivage: 0,5—1 g/l, in besonderen Fällen 1,5—3 g/l (lauwarm, doch auch kalt; Garne und Strümpfe auf der Kufe, Gewebe und Trikotware auf der Haspelkufe bei einem Flottenverhältnis 1 : 15—1 : 30 etwa 20 Min.).

Orapret SL **Oranienburger Chem. Fabr. AG., Charlottenburg 2.**

i/Kurs: ja; *analog:* den übrigen SL-Marken; ein Drittel so stark wie SL konz.; *Konstit.:* Dispergierungsmittel für Stärke + Schlichtefettstoff (der durch das Stärkedispergierungsmittel ebenfalls emulgiert wird); *Äuß.:* weiße Paste; *Reakt.:* neutral bis schwach lackmus-alkalisch; *Eigensch.:* hohes Dispergiervermögen für Stärke sowie glättende und weichmachende Wirkung; *Lö. Be.:* beständig gegen hartes Wasser und die üblichen, in der Schlichterei angewandten Zusatzstoffe; *Verw.:* zur Herstellung von Schlichtemassen unter Verwendung von Kartoffelmehl; für die Fertigappretur zur Erzeugung eines besonderen Glanzes; insbesondere für Baumwolle und Leinengarne; *Mengen:* bei der Herstellung von Schlichtemassen: 5% vom Gewicht der Kartoffelstärke.

Orapret SLB **Oranienburger Chem. Fabr. AG., Charlottenburg 2.**

i/Kurs: ja; *analog:* den übrigen SL-Marken, insbes. dem Orapret SL konz., dessen Spezialeinstellung es ist; *Konstit.:* Dispergierungsmittel für Stärke + Schlichtefettstoff (der durch das Stärkedispergierungsmittel ebenfalls emulgiert wird); *Äuß.:* Pulver; *Reakt.:* gegen Lackmus schwach alkalisch; *Eigensch.:* besitzt die Fähigkeit, Kartoffelstärke in durchsichtig klarer Form zu lösen; *Lö. Be.:* beständig gegen hartes Wasser und die in der Schlichterei üblichen Zusätze; *Verw.:* zum Schlichten farbiger Kettgarne, für Stuhlware und in allen den Fällen, in denen Gewebe möglichst kernig und steif auszurüsten sind; insbesondere für Baumwolle und Leinengarne; *Mengen:* b. Schlichten: 1—2% vom Gewicht des angewandten Kartoffelmehls.

Orapret SL konz. **Oranienburger Chem. Fabr. AG., Charlottenburg 2.**

i/Kurs: ja; *analog:* den übrigen SL-Marken; 3mal so stark wie SL; *Konstit.:* Dispergierungsmittel für Stärke + Schlichtefettstoff (der durch das Stärkedispergierungsmittel ebenfalls emulgiert wird); *Äuß.:* feste, wachsartige Masse; *Reakt.:* neutral bis schwach lackmus-alkalisch; *Eigensch.:* hohes Dispergiervermögen für Stärke sowie glättende und weichmachende Wirkung; *Lö. Be.:* beständig gegen hartes Wasser und die üblichen, in der Schlichterei angewandten Zusatzstoffe; *Verw.:* zur Herstellung von Schlichtemassen unter Verwendung von Kartoffelmehl; für die Fertigappretur zur Erzeugung eines besonderen Glanzes; insbesondere für Baumwolle und Leinengarne; *Mengen:* bei der Herstellung von Schlichtemassen: 1,75% vom Gewicht der Kartoffelstärke.

Orapret SLO **Oranienburger Chem. Fabr. AG., Charlottenburg 2.**

i/Kurs: ja; *Konstit.:* Stärkedispergierungsmittel + Schlichtefettstoffe; *Äuß.:* weißliche Paste; *Eigensch.:* stabilisiert Stärkelösungen in ihrer Viskosität, baut sie nicht chemisch ab; erhöht deren Eindringungsvermögen in die Textilfasern; wirkt mehr physikalisch dispergierend als chemisch abbauend, so daß die Schlichte keine Einbuße an ihrer Klebkraft usw. erleidet; ermöglicht die Herstellung von Schlichte- und Appreturmassen lediglich zusammen mit Kartoffelstärke, die auch bei längerem Stehen nicht dünner werden, und stabil gegen lang dauerndes Kochen bzw. heißes Stehen der Schlichte sind; *Verw.:* als Schlichtepräparat; zur Herstellung von Schlichte- und Appreturmassen für Baumwolle, Wolle und Leinen; zum Schlichten von Baumwollgarn auf der Kettenschlichtmaschine; in der Beschwerungsschlichterei, in der Baumwollstrangschlichterei; zum Schlichten von Leinengarn, Wollgarn, Wollstra und Vistra.

Orapret SW 100 **Oranienburger Chem. Fabr. AG., Charlottenburg 2.**

i/Kurs: ja; *analog:* Orapret WTN, dessen für weiches Wasser besonders geeignete Spezialeinstellung es ist; *Äuß.:* gelbe Paste; *Eigensch.:* in weichem oder mittelhartem Wasser vortreffliches Weichmachungsvermögen; gibt dem behandelten Material neben hervorragender Weichheit vollen Griff; *Lö. Be.:* gibt mit heißem Wasser milchige bzw. opalisierende Lösungen; vorzüglich beständig in Wasser von 5—10 Härtegraden; *Verw.:* in mittelharten und weichen Wässern; zur Weichavivage von KS, ZW, S, BW und Mischgeweben; auch im Färbebad; *Mengen:* NB. in der 5—10fachen Menge heißen Wassers verrühren (und evtl. kurz aufkochen!); zum Avivieren: 0,3—0,8 g/l; beim Appretieren auf dem Foulard: 3—10 g/l; als Zusatz zum substantiven Färbebad: 0,5—1 g/l Flotte.

Orapret Tiefmatt **Oranienburger Chem. Fabr. AG., Charlottenburg 2.**

i/Kurs: ja; *Konstit.:* Sulfonierungsprodukt von Fettstoffen + Pigmente; *Äuß.:* weißliche Paste; *Eigensch.:* Affinität zur Kunstseidenfaser; ergibt Mattierungsflotten, die vollkommen ausziehen; mattierend und weichmachend zugleich, so daß besondere Weichavivage überflüssig; *Lö. Be.:* gibt mit heißem Wasser schneeweiße Emulsionen; bis zu einem gewissen Grade unempfindlich gegen die Härtebildner des Wassers; *Verw.:* zum Mattieren kunstseidener Strümpfe, Trikot- und Webwaren (Viskose, Kupferseide, Acetatseide) im Einbadverfahren; zusammen mit Calciumchlorid, das vorher in heißem Wasser gelöst und mit viel kaltem Wasser verdünnt werden muß und beim Zusatz zur Flotte unter Umrühren mit der Kunstseide selbst direkt nicht in Berührung kommen darf; *Mengen:* NB. mit der 5—8fachen Menge heißen Wassers anrühren, mit direktem Dampf kurz aufkochen und durch ein feinmaschiges Sieb dem Mattierungsbade zusetzen!; zum Mattieren: 2—6—10% vom Gewicht der Ware, je nach dem gewünschten Mattierungseffekt und der Art der Ware (Flottenverh. 1 : 20—1 : 30; T = 30°); NB. die Calciumchloridmenge ist abhängig von der Beschaffenheit der Kunstseide und den in den Gebrauchswässern enthaltenen Stoffen; z. B. bei einem Verbrauch von 6% der Ware Orapret Tiefmatt = Flottenverhältnis 1 : 30 = 2 g Orapret Tiefmatt im l, rechnet man mit einem Gesamtverbrauch von 0,3 g Calciumchlorid calc. im l — sonst 0,2—0,5 g, die möglichst in Zwischenräumen von 5—10 Min. portionsweise zugegeben werden.

Orapret WSL **Oranienburger Chem. Fabr. AG., Charlottenburg 2.**

i/Kurs: ja; *analog:* den übrigen SL-Marken (Spezialeinstellung für die Wollschlichte, die in ihrer Konzentration dem Orapret SL entspricht); *Konstit.:* Dispergiermittel für Stärke + Schlichtefettstoff (der durch das Stärkedispergiermittel ebenfalls emulgiert wird); *Äuß.:* weißes Pulver; *Reakt.:* gegen Lackmus schwach alkalisch; *Eigensch.:* ausgezeichnetes Dispergiervermögen für Kartoffelstärke; verhindert infolge seiner speziellen Einstellung bei der Schlichterei von Wolle jede Verflüssigung, Klumpigwerden oder Zersetzung der Schlichteflotte; *Lö. Be.:* beständig gegen hartes Wasser und die in der Schlichterei üblichen Zusätze; *Verw.:* als Dispergierungs- und Zusatzmittel in der Wollschlichterei zusammen mit Kartoffelstärke; *Mengen:* i. d. Wollschlichterei: ca. 5% vom Gewicht des angewandten Kartoffelmehls.

Orapret WTN **Oranienburger Chem. Fabr. AG., Charlottenburg 2.**

i/Kurs: ja; *Konstit.:* unter Mitverwendung von Weichmachungsmitteln hergestelltes Sulfonierungsprodukt von Fettstoffen; *Äuß.:* weiße Paste; *Reakt.:* neutral, auch in wässeriger Lösung; *Eigensch.:* gibt, im substantiven Färbebade angewandt, der behandelten Ware einen weichen Griff; kann infolge seiner Beständigkeit mit allen gebräuchlichen Appreturmitteln kombiniert werden; erhöht bei Naphthol AS-Färbungen durch Nachbehandlung die Reibechtheit; kann ohne weiteres im Färbebad angewandt werden; *Lö. Be.:* gibt beim portionsweisen Behandeln mit kochendem Wasser eine weißliche, kolloide Lösung; kochbeständig in neutralen, alkalischen und sauren Flotten; *Verw.:* als weichmachender Zusatz bei der Herstellung von Bittersalzappreturen; als Weichmachungsmittel für Textilfasern aller Art, besonders für Kunstseide und Baumwolle; direkt beim Färben von Wolle und realer Seide mit Säurefarbstoffen; bei Entwicklungs-, Küpen- und Schwefelfarbstoffen im letzten Naßbehandlungsprozeß; zum Weichmachen von spinnmattierter Kunstseide; als Hilfsmittel für alle Appreturen (Bunt- und Weißwaren), bei denen es darauf ankommt, die Ware voll und weich zu erhalten; *Mengen:* beim Zusatz zum Färbebad: 0,5—1,5 g/l; b. d. Nachbehandlung (je nach dem weichzumachenden Material und dem gewünschten Effekt): 1—10 g/l (NB. je härter das Wasser, desto besser der Effekt; durch Zusatz von Calciumchlorid kann derselbe auch künstlich verstärkt werden; bei spinnmattierter Kunstseide wendet man z. B. 5—7,5 g/l Orapret WTN und 0,5 g/l Calciumchlorid an!).

Oropon **Röhm & Haas AG., Darmstadt.**

i/Kurs: ja; *Konstit.:* aus der Bauchspeicheldrüse von Schlachttieren gewonnenes Diastaseprodukt; *Verw.:* nicht in der Textilindustrie, sondern für die Lederbeize.

Ortoxin A **I. G. Farbenindustrie AG., Frankfurt a. M.**

Geb.-J.: 1936; *i/Kurs:* ja; *Konstit.:* Stärkeabkömmling; *Äuß.:* dickliche Flüssigkeit; *Reakt.:* neutral; *Eigensch.:* schlichtend; läßt sich von glatten Geweben mit Wasser ohne Alkali vollständig entfernen; ermöglicht das direkte Färben geschlichteter Gewebe ohne vorherige Entfernung der Schlichte; erleichtert Entschlichtung bzw. Krepponieren bei Kreppgeweben; *Lö. Be.:* sehr leicht löslich in heißem Wasser; *Verw.:* zum Breitschlichten von Azetat-KS-Ketten auf der Maschine (Lufttrocken- oder Zylindertrockenmaschine); zum Schlichten von Strangware mit nachfolgendem Abquetschen der ziemlich dickflüssigen Schlichten von den Azetat-KS-Strängen; für Appreturzwecke allgemein; *Mengen:* zum Schlichten: ca. 150—200 g/l Schlichteflotte, evtl. bei hohen Anforderungen neben ca. 15—20 g Amylose AN (60° C-Amylose für sich mit kaltem Wasser, wie üblich, anrühren, aufkochen, Ortoxin A-Lösung zufügen!).

Ortoxin K (Pulver) **I. G. Farbenindustrie AG., Frankfurt a. M.**

Geb.-J.: 1929; *i/Kurs:* ja; *Ersatz:* für Ortoxin; *analog:* Ortoxin K Paste; *Konstit.:* Stärke-Seifenpräparat; *Äuß.:* weißliches Pulver; *Lit.:* Z. f. d. ges. Textilind. 1935 S. 36, 48.

Ortoxin K Teig **I. G. Farbenindustrie AG., Frankfurt a. M.**

Geb.-J.: 1929; *i/Kurs:* ja; *Konstit.:* Stärke-Seifenpräparat; *Äuß.:* graue Paste; *Reakt.:* neutral; *Eigensch.:* liefert geruch- und farblose, leicht auswaschbare Schlichten; gibt kräftigen, vollen, glatten Griff; mildert den natürlichen Verschleiß der Wäsche; gibt gebrauchter Wäsche wieder tadelloses Aussehen; glättet die Wäsche, erhöht den Glanz und gibt vollen Griff; kein Kleben in der Trockentrommel; erleichtert das Bügeln; *Lö. Be.:* löslich in der 5fachen Menge warmen (nicht kochenden) Wassers; *Verw.:* wie Ortoxin K-Pulver (das zum Schlichten von Viskose- und Kupfer-KS besser geeignet ist) und ferner für die Nachbehandlung von Tischwäsche, Bettwäsche usw. in Großwäschereien; *Mengen:* NB. nur in gelöstem Zustand den Bädern zusetzen!; zum Wäschenachbehandeln: 5—6 g/l Wasser = 300 g für 50 kg Trockenwäsche (in 50 l Wasser); *Lit.:* Z. f. d. ges. Textilind. 1935 S. 36, 48.

Orzil

Konstit.: Diastasepräparat; *Verw.:* zur Verflüssigung der Stärke durch Abbau.

Owokettenglätte

Konstit.: Paraffin + Wachse + feste und flüssige Fettsäuren (Stearinsäure und Olein); *Verw.:* als Kettenglätte.

Oxycarnit **Böhme Fettchemie, Chemnitz.**

Geb.-J.: 1925; *i/Kurs:* ja; *Ersatz:* vielfach Ersatz für Oleocarnit; *analog:* Tetracarnit (jedoch besseres Reinigungs- und Netzvermögen); *Konstit.:* Fettalkoholsulfonat + Tetracarnit; *Reakt.:* neutral; *Eigensch.:* netzend; emulgierend; reinigend, weichmachend; faserschonend; schäumend; fett- und farbstofflösend; dispergierend; egalisierend; *Lö. Be.:* hohe Kalk-, Salz-, Laugen- und Säurebeständigkeit; *Verw.:* zum Reinigen und Lösen von Farbstoffen; zum Durchfärben, insbesondere von Strümpfen, Strumpfnähten, Drellen, Stickgarnen und Filzen; zum Färben von Baumwolle, Wolle und Kunstseide; zum Färben auf Apparaten; zum Färben mit Schwefel- und Indanthrenfarbstoffen; *Lit.:* Seifensieder-Ztg. 1931 S. 636.

Oxycarnit L 50 **Böhme Fettchemie, Chemnitz.**

Geb.-J.: 1928; *i/Kurs:* ja; *Konstit.:* Fettalkoholsulfonat + Pyridin; *Äuß.:* gelbbraune Flüssigkeit; *Reakt.:* alkalisch; *Eigensch.:* gut egalisierend, durchfärbend und waschend im Färbebad; netzend und fettlösend; *Lö. Be.:* in kaltem Wasser klar löslich; gut beständig gegen Alkali, Säure und hartes Wasser; *Verw.:* zum Egalisieren und Durchfärben aller Textilien, speziell für Zellwoll- und Mischmaterial (Apparatefärberei); *Mengen:* 0,5—1,5 g/l im Färbebad; 0,5—2 g/l beim Netzen, Vorreinigen und Nachseifen; *H. Pat., V. Pat.:* ja; *Lit.:* Kunstseide 1932 S. 398; 1933 S. 21; Melliand Textilber. 1934 S. 516; Z. f. d. ges. Textilind. 1936 S. 133, 380; 1937 S. 445; Mschr. Textil-ind. 1936 S. 134.

Oxyvol L 50 **Böhme Fettchemie, Chemnitz.**

Geb.-J.: 1931; *Verw.:* für die Reinigung von Bettfedern.

Oxyvol RK **Böhme Fettchemie, Chemnitz.**

Geb.-J.: 1925; *i/Kurs:* ja; *Konstit.:* Rizinolsulfonat + organisches Lösungsmittel; *Äuß.:* braune Flüssigkeit; *Reakt.:* alkalisch; *Eigensch.:* gut reinigend und fettlösend; *Lö. Be.:* klar löslich in kaltem Wasser; beständig gegen Alkali, Säure und hartes Wasser; *Verw.:* als Waschmittel für alle Textilien; *Mengen:* 1—2 g/l.

Ozonstärke

Konstit.: Stärke (löslich); *Verw.:* als Verdickungsmittel.

Palatinechtsalz O i/Lsg. **I. G. Farbenindustrie AG., Frankfurt a. M.**

Geb.-J.: 1932; *i/Kurs:* ja; *Konstit.:* hochmolekulare, organische Verbindung; *Äuß.:* gelbliche Flüssigkeit; *Eigensch.:* ermöglicht Palatinechtfarben mit den gleichen Mengen an Schwefelsäure zu färben, wie sie bei Egalisierungsfarben allgemein zur Anwendung gelangen, ohne daß die Echtheitseigenschaften der Palatinechtfarbstoffe eine Verringerung erfahren, sei es Dekatur-, Schweiß- oder Reibechtheit, die bei dunklen Färbungen, wie Marineblau und Schwarz, sogar verbessert werden; erzeugt tiefe Färbungen; verkürzt unter Umständen die Färbedauer; verringert bei Palatinechtfarben die Schwefelsäuremengen (96% = 66° Bé) von 10—11% auf 5%; schont Wolle und Apparate; ergibt egale Färbungen; verbessert das Erschöpfen der Farbbäder; verkürzt den Spülprozeß; gestattet die Verwendung von Palatinechtfarben für Halbwollstoffe; *Verw.:* beim Färben von Palatinechtfarben mit den gleichen Mengen Schwefelsäure, wie sie bei Egalisierungsfarben üblich sind; beim stark schwefelsauren Färben, beispielsweise beim Färben von Wollstoffen mit Karbonisierflecken; als Egalisiermittel für Chromierfarbstoffe und schwerlösliche saure Farbstoffe; *Mengen:* b. Färben von Wollstoffen mit Karbonisierflecken: 6,5% d. W.; b. Färben von Palatinechtfarbstoffen, zum Vornetzen: 6,5—7% d. W. (mit heißem Wasser verdünnt!) (gut gelösten Farbstoff und 5% Schwefelsäure 96%ig bei 40° C zusetzen; 10 Min. laufen lassen; in einer halben Stunde zum Kochen bringen; 1—$1^1/_2$ Stunden kochen; 1:50 Flottenlänge; nach dem Färben gut spülen!); *H. Pat., V. Pat.:* DRP. angemeldet.

Paradurol **I. G. Farbenindustrie AG., Frankfurt a. M.**

Konstit.: Naphthalinsulfurierungsprodukt; *Eigensch.:* erhöht die Haltbarkeit von Klotzbrühen; *Verw.:* für Diazodrucke.

Paraffinemulsion **J. Simon & Dürkheim, Offenbach a. M.**

i/Kurs: ja; *Konstit.:* Paraffin + Emulgator; *Verw.:* zur Appretur, auch für Zwirnereien; zum Wasserdichtmachen im Einbadverfahren; *H. Pat., V. Pat.:* DRP. angemeldet.

Paraffinemulsion EMP 100%ig **J. Simon & Dürkheim, Offenbach a. M.**

Geb.-J.: 1928; *i/Kurs:* ja; *analog:* Rayonit, Impregnator, Paraffinemulsion 100%ig, mit der es identisch ist; *Konstit.:* Paraffin + Emulgator (Puropolöl EM oder EMP); *Äuß.:* braune Paste; *Reakt.:* neutral; *Eigensch.:* fast wasserfrei; hohes Durchdringungsvermögen; leichte Auswaschbarkeit; griffigmachend; hochdispers (keine Fleckenbildung!); glanzgebend; *Lö. Be.:* gibt mit Wasser eine Emulsion; *Verw.:* zum Appretieren und Schlichten von Baumwolle, Seide und Kunstseide; zum Imprägnieren (zusammen mit ameisensaurer oder essigsaurer Tonerde); in der Papierfärberei; *Mengen:* 1—10% d. W. der durch portionsweises Verdünnen mit Wasser erhältlichen Appretur bzw. Schlichtemasse.

Paraffinemulsion 100%ig **J. Simon & Dürkheim, Offenbach a. M.**

Geb.-J.: 1928; *i/Kurs:* ja; *analog:* Rayonit, Impregnator und Paraffinemulsion EMP 100%ig, mit der es identisch ist; *Konstit.:* Paraffin + Emulgator (Puropolöl EM oder EMP).

Paraffion dopp. konz. **Röhm & Haas AG., Darmstadt.**

i/Kurs: ja; *Konstit.:* hochkonzentrierte Paraffinemulsion; *Äuß.:* weiße Paste; *Verw.:* als Zusatz zu Appreturmitteln; als Imprägniermittel.

Paralin E konz. **Chem. Fabr. Th. Rotta, Zwickau i. Sa.**

i/Kurs: ja; *analog:* den übrigen Paralinmarken; *Konstit.:* Paraffin-Fett-Tonerdeemulsion; *Äuß.:* milchige Flüssigkeit; *Eigensch.:* hohe, porös-wasserdichte Imprägnierwirkung; keine übermäßige Schaumbildung; ergibt sehr guten Wasserabperleffekt und hohe Wasserdichtigkeit; *Verw.:* als Einbadimprägniermittel; beim Imprägnieren zusammen mit Mollan zur Erzielung eines besonders vollen Griffes, zusammen mit Gravidol zur Erzielung eines höheren Warengewichtes (bis zu 15%); für Wolle und Naturseide, wenn ein sehr weicher Griff und besonders hohe Wasserdichtheit verlangt werden, wie auch für Baumwolle und Leinen; bei Viskose- und Kupferseide, wenn der Griff eines harten Materiales weich und fließend werden soll; bei Azetatseide, wenn ein weicher Griff Haupterfordernis ist; *Mengen:* je nach Art der Behandlung und des zu behandelnden Textilmateriales 3—50 g/l Flotte bzw. 3—10% vom Gewicht der Ware.

Paralin ES extra **Chem. Fabr. Th. Rotta, Zwickau i. Sa.**

i/Kurs: ja; *analog:* den übrigen Paralinmarken; *Konstit.:* Paraffin-Fett-Tonerdeemulsion; *Äuß.:* milchige Flüssigkeit; *Eigensch.:* hohe, porös-wasserdichte Imprägnierwirkung, keine übermäßige Schaumbildung; ergibt sehr guten Wasserabperleffekt und hohe Wasserdichtigkeit; *Verw.:* als Einbadimprägniermittel; beim Imprägnieren zusammen mit Mollan zur Erzielung eines besonders vollen Griffes, zusammen mit Gravidol zur Erzielung eines höheren Warengewichtes (bis zu 15%); bei Wolle und Naturseide; wenn die Abperlwirkung sehr gut und der Griff mittelweich sein sollen; bei Azetatseide, wenn auf sehr gute Abperlwirkung Wert gelegt wird; *Mengen:* je nach Art der Behandlung und des zu behandelnden Textilmateriales 3—50 g/l Flotte bzw. 3—10% vom Gewicht der Ware.

Paralin ES konz. **Chem. Fabr. Th. Rotta, Zwickau i. Sa.**

i/Kurs: ja; *analog:* den übrigen Paralinmarken; *Konstit.:* Paraffin-Fett-Tonerdeemulsion; *Äuß.:* milchige Flüssigkeit; *Eigensch.:* hohe, porös-wasserdichte Imprägnierwirkung, keine übermäßige Schaumbildung; ergibt sehr guten Wasserabperleffekt und hohe Wasserdichtigkeit; *Verw.:* als Einbadimprägniermittel; beim Imprägnieren zusammen mit Mollan zur Erzielung eines besonders vollen Griffes, zusammen mit Gravidol zur Erzielung eines höheren Warengewichtes (bis zu 15%); bei Wolle und Naturseide zur Erzielung sehr guter Abperlwirkung, wenn der Griff etwas kräftiger sein darf; bei Baumwolle und Leinen sowie Viskose- und Kupferseide, wenn die Abperlwirkung hohe und höchste Ansprüche erfüllen soll; *Mengen:* je nach Art der Behandlung und des zu behandelnden Textilmateriales 3—50 g/l Flotte bzw. 3—10% vom Gewicht der Ware.

Paralin ES spezial **Chem. Fabr. Th. Rotta, Zwickau i. Sa.**

i/Kurs: ja; *analog:* den übrigen Paralinmarken; *Konstit.:* Paraffin-Fett-Tonerdeemulsion; *Äuß.:* milchige Flüssigkeit; *Eigensch.:* ergibt starke substantive Wirkung, ausgezeichneten Abperleffekt, hohe Wasserdichtheit, angenehmen Warengriff; läßt sich gut mit Appreturmitteln kombinieren; kein Belegen der Ware; *Lö. Be.:* hohe Kochbeständigkeit; *Verw.:* als Einbadimprägniermittel für Wolle, Baumwolle, Kunstseide, Naturseide, Leinen und Zellwolle; zusammen mit Mollan oder Pyran zur Erzielung eines besonders vollen Griffes; zusammen mit Gravidol zur Erzielung eines höheren (bis zu 15%) Warengewichtes; *Mengen:* je nach Behandlungsart und Material: 5—60 g/l Flotte bzw. 4—10% vom Warengewicht.

Paralin NN **Chem. Fabr. Th. Rotta, Zwickau i. Sa.**

i/Kurs: ja; *analog:* den übrigen Paralinmarken; *Konstit.:* Paraffin + Emulgator; *Äuß.:* weiße Paste; *Eigensch.:* gute Netzwirkung, feinste Verteilung des Paraffines, fast unbegrenzte Haltbarkeit; verursacht beim Trocknen einen hauchfeinen, elastischen und glänzenden Überzug, beim Bügeln oder Kalandern der feuchten Stücke Hochglanz; *Verw.:* für seidene, kunstseidene und baumwollene Garne, Webwaren, Wirkwaren und Mischgewebe; zum Nachbehandeln von Baumwollgarn, Glänzendmachen von Makogarn, Appretieren von Nähzwirn, Schlichten kunstseidener Ketten, Appretieren von Bändern, Futterstoffen und Baumwollkords, zum Ausrüsten von Tisch-, Bett- und Leibwäsche, zum Nachbehandeln von Kunstseidentrikot, kunstseidenen und baumwollenen Strümpfen, kurz überall da, wo auf S, KS oder BW neben einem fülligen Griff hohe Geschmeidigkeit und glattes, glanzreiches Aussehen erzeugt werden soll; *Mengen:* in Kondenswasser oder sehr weiches Wasser von ca. 40° C einrühren!; Kochen unbedingt vermeiden!; bei Kombination mit Stärke oder anderen Steifungsmitteln der auf 40° erkalteten Flotte zurühren! (nicht in Flotten, die Salze enthalten oder sauer reagieren, verwenden!); für seidene und kunstseidene Webwaren: 3—15 g/l; für Trikotgewebe aus Kunstseide: 5—10 g/l; für Weißwaren: 5—20 g/l (Gebrauchsflotten: 35—40° C warm!; trocknen nicht unter 50° C!).

Paranantholin

Konstit.: rizinsaures Ammonium.

Paraneon

Lö. Be.: beständig gegen Schwefelsäure von 4° Bé; *Verw.:* als Netzmittel für die Karbonisation; *Lit.:* Melliand Textilber. 1930 S. 610.

Paraöl **A. Th. Böhme, Dresden-N. 6.**

Eigensch.: erzeugt blumigen Blaustich; *Verw.:* für Naphthol und Pararot.

Paraöl d. c. **A. Th. Böhme, Dresden-N. 6.**

i/Kurs: ja; *Eigensch.:* hochkonzentriert; erzeugt blumigen Blaustich; *Verw.:* zum Lösen der Naphthole, zum Herstellen von Pararot und besonders Variaminblau.

Parasanol

Konstit.: naphthalinsulfosaures Natrium; *Verw.:* als Stabilisator für Diazonitranilinlösungen.

Paravon **Zschimmer & Schwarz, Chemnitz.**

Geb.-J.: 1936; *i/Kurs:* ja; *Konstit.:* Paraffinkörper (emulgierfähig); *Äuß.:* gelbliche, feste Masse; *Reakt.:* neutral; *Lö. Be.:* gibt wässerige Emulsionen, die neben Appreturmitteln ohne Salzzusätze beständig sind; *Verw.:* zu Appreturen aller Art und für alle Faserstoffe, insbesondere für Näh- und Eisengarn.

Patentappreturöl IW **Dr. A. Schmitz, Düsseldorf-Oberkassel.**

i/Kurs: ja; *Konstit.:* Rizinusölschwefelsäureester; *Äuß.:* Flüssigkeit, wasserhell; *Eigensch.:* verbindet sich mit allen Appreturingredientien, wie Dextrin, Kartoffelmehl, Kartoffelstärke, Smoothing, Gladinose, Wachspasta, China-Clay, Glyzinol usw., jedoch nicht mit Appreturflotten, die Bittersalz enthalten; verhindert das Nachgilben weißer Ware; bei Verwendung insbesondere in Verbindung mit Reismehl macht es die Ware weich, geschmeidig und glänzend (verleiht ihr den sog. „englischen finish"); *Lö. Be.:* wasserlöslich; *Verw.:* als Appreturöl für Baumwolle; *Mengen:* i. d. Appretur: 0,09% Reismehl, 0,04% Appreturöl IW, Rest Wasser; NB. das Appreturöl wird in der 5—10fachen Kondenswassermenge gelöst und zuletzt in die erkaltete Gesamtappreturmasse eingerührt.

Patentol-Extrakt **F. C. Wilhelm Schmidt jr., Magdeburg-Sudenburg.**

Eigensch.: seifen- und stabilisatorfrei; *Verw.:* als Emulgator zur Herstellung stabiler Oleinemulsionen, die als Spinnschmelzen Verwendung finden.

Pellastol EN Paste **Flesch-Werke, AG., Frankfurt a. M.**

Geb.-J.: 1927; *i/Kurs:* ja; *Konstit.:* Speziallösungsmittel + Fettsäureverbindungen; *Äuß.:* Paste; *Lö. Be.:* leicht löslich in weichem, warmem Wasser; *Verw.:* zum Entschlichten von Azetatseidegeweben und Azetatviskoseseidemischgeweben sowie Azetatnaturseidemischgeweben (s. a. Mengen!); *Mengen:* b. d. Entschlichtung von reiner Azetatseide und Azetatviskoseseidemischgeweben: beim Einweichen: 5—6 g/l; beim anschließenden Entschlichten, bei sehr hartnäckigen Schlichten: bis 10 g/l; (beim gleichzeitigen Entschlichten und Bleichen: außerdem 1 g/l Biancal!); beim Entschlichten von Azetatseidenaturseidemischgeweben: 12 g/l neben: 1 g/l Adulcinol 7; (b. gleichzeitiger Entschlichtung und Bleiche: 12—15 g/l neben: 1—2 g/l Biancal).

Pellastol EN Pulver **Flesch-Werke, AG., Frankfurt a. M.**

Geb.-J.: 1931; *i/Kurs:* ja; *Konstit.:* Seifenpulver; *Äuß.:* Pulver, grau; *Reakt.:* die wässerige Lösung reagiert alkalisch; *Eigensch.:* verleiht weichen Griff; hygroskopisch; *Lö. Be.:* in warmem Wasser leicht löslich; *Verw.:* NB. man stellt a. b. eine 10%ige Stammlsg. her! für die Kunstseide- (außer Azetatseide-) Entschlichtung; *Mengen:* b. Entschlichten reiner leinölgeschlichteter Viskoseseidegewebe: 1 g/l der 50—60° heißen Einweichflotte (Flottenlänge: 1 : 30); b. Entschlichten a. d. 80—90° heißen Einweichbad: 1—2 g/l; b. d. Herstellung weißer Ware: im Einweichbad: 1 g/l; im Entschlichtungsbad: 0,5 g/l neben 1 g/l Biancal.

Pellastol SS **Flesch-Werke, AG., Frankfurt a. M.**

Geb.-J.: 1930; *i/Kurs:* ja; *Konstit.:* Sulfoverbindung fester Fettsäuren (frei von Lösungsmitteln!); *Äuß.:* weißliche Paste; *Reakt.:* schwach sauer, $p_H = 7$; *Verw.:* für Appreturzwecke, insbes. b. d. Mattierung von Kunstseide.

Pelzwaschmittel LM **I. G. Farbenindustrie AG., Frankfurt a. M.**

Geb.-J.: 1935; *i/Kurs:* ja; *analog:* Pelzwaschmittel TA; *Konstit.:* Sulfonierungsprodukt von Fettstoffen + Lösungsmittel (organ.); *Äuß.:* gelbe Paste; *Reakt.:* neutral; *Eigensch.:* Waschvermögen; hohe fettlösende Wirkung; steigert den Glanz der Felle; *Lö. Be.:* wasserlöslich; hartwasserbeständig; *Verw.:* als Pelzwaschmittel (wie Pelzwaschmittel TA), besonders für Pelzzurichtereien, die stark fetthaltige Lamm- und Schaffelle verarbeiten; zum Weichen von Fohlen- und Kalbfellen; *Mengen:* NB. vorher mit warmem Wasser anteigen!; im Durchschnitt: 2—2,5 g/l (die geweichten rohen Schaffelle im Haspel oder in der Waschtonne eine Stunde lang bei 30—35° C behandeln, erst lauwarm und dann kalt spülen; Felle entfleischen und, wie üblich, zurichten!); *H. Pat., V. Pat.:* patentiert.

Pelzwaschmittel TA **I. G. Farbenindustrie AG., Frankfurt a. M.**

Geb.-J.: 1932; *i/Kurs:* ja; *Konstit.:* Sulfonierungsprodukt von Fettstoffen; *Äuß.:* gelbliches Pulver; *Reakt.:* neutral; *Eigensch.:* waschend; sowohl in saurem, neutralem wie auch alkalischem Bade anwendbar; erhält und erhöht den natürlichen Glanz, so daß beim Bügeln wenige Passagen genügen; schützt bei Mitverwendung von Seife und Soda gegen die Bildung schädlicher Kalkseife; liefert weißes, offenes Wollhaar; verbessert Egalität und Reibechtheit; *Lö. Be.:* wasserlöslich; beständig gegen hartes Wasser; unempfindlich gegen alkalische und saure Bäder (Konzentrationen der Rauchwarenveredlung); *Verw.:* in der Rauchwarenindustrie, besonders zum Waschen von Lammfellen (Rohfellwäsche), zum Nachwaschen von gefärbten Fellen; als Zusatz zur Tötung von Fellen; *Mengen:* durchschnittlich 1—3 g/l (Haspel-Eingangstemperatur: 25—35° C ca. eine Stunde lang waschen!); *H. Pat., V. Pat.:* patentiert; *Lit.:* Melliand Textilber. 1935 S. 325.

Pelzwaschmittel TAV **I. G. Farbenindustrie AG., Frankfurt a. M.**

Geb.-J.: 1934; *i/Kurs:* ja; *analog:* Pelzwaschmittel TA in sonst. Eigensch. und Verw., nur schwächer und billiger; *Äuß.:* gelbliches Pulver; *Lit.:* Melliand Textilber. 1935 S. 325.

Pentazikon T **Chem. Fabr. R. Baumheier, Oschatz-Zschöllau.**

i/Kurs: ja; *Konstit.:* organisch-anorganische Salze hochsulfonierter fettaromatischer Körper; *Äuß.:* braunes Öl; *Reakt.:* schwach alkalisch; *Eigensch.:* hohes Netz-, Durchdringungs- und Egalisierungsvermögen; *Lö. Be.:* leicht löslich in kaltem Wasser, beständig gegen Säure, Alkali und Härtebildner; *Verw.:* beim Färben, Vorreinigen und Nachbehandeln des Färbegutes, zum Auflösen und Anteigen der Farbstoffe; *Mengen:* 0,3—0,6 g/l; *H. Pat., V. Pat.:* DRP.; *Lit.:* Mschr. Textilind. 1936 Fachheft I S. 3—4; Kunstseide 1936 Nr. 18 S. 201—203.

Pentazikon TB II **Chem. Fabr. R. Baumheier, Oschatz-Zschöllau.**

i/Kurs: ja; *Konstit.:* hochsulfonierter fettaromatischer Körper bzw. organisch-anorganische Salze hiervon; *Äuß.:* gelblichweißes Pulver; *Reakt.:* schwach alkalisch; *Lö. Be.:* gut löslich in Wasser; beständig gegen Alkali, Säure und Härtebildner; *Verw.:* als Stabilisierungsmittel für Sauerstoffbleichbäder; *Mengen:* 0,5—1,5 g/l; *H. Pat., V. Pat.:* DRP.-Anm.; *Lit.:* Appreturztg. 1937 Heft 7; Mschr. Textilind. 1936 Fachheft I S. 3—4; Kunstseide 1936 Nr. 18 S. 201—203.

Pentazikon TD **Chem. Fabr. R. Baumheier, Oschatz-Zschöllau.**

i/Kurs: ja; *analog:* Pentazikon T; *Konstit.:* organisch-anorganische Salze hochsulfonierter fettaromatischer Körper; *Äuß.:* braune Flüssigkeit; *Eigensch.* macht Farben tiefer und leuchtender; kein Ausbluten beim Nachwaschen; *Verw.:* als Dispergier- und Egalisierungsmittel in der Druckerei; *Mengen:* 25—30 g/kg Druckmasse.

Pentazikon TJ **Chem. Fabr. R. Baumheier, Oschatz-Zschöllau.**

i/Kurs: ja; *analog:* Pentazikon T; *Konstit.:* organisch-anorganische Salze hochsulfonierter fettaromatischer Körper; *Äuß.:* dunkelbraune Flüssigkeit; *Eigensch.:* hohes Netz-, Egalisierungs- und Durchdringungsvermögen; *Verw.:* in der Indanthrenfärberei, zum Färben und Anteigen der Farbstoffe; *Mengen:* 0,3—0,6 g/l; *H. Pat., V. Pat.:* DRP.

Pentazikon TS **Chem. Fabr. R. Baumheier, Oschatz-Zschöllau.**

i/Kurs: ja; *analog:* Pentazikon T; *Konstit.:* organisch-anorganische Salze hochsulfonierter fettaromatischer Körper; *Äuß.:* dunkelbraune Flüssigkeit; *Verw.:* als Netz-, Durchdringungs- und Egalisierungsmittel für die Schwefelfärberei; *Mengen:* 0,3—0,6 g/l; *H. Pat., V. Pat.:* DRP.

Pentazikon X **Chem. Fabr. R. Baumheier, Oschatz-Zschöllau.**

i/Kurs: ja; *analog:* Pentazikon T; *Konstit.:* organisch-anorganische Salze hochsulfonierter fettaromatischer Körper; *Äuß.:* braune Flüssigkeit; *Eigensch.* netzend, durchdringend, egalisierend; schont das Farbgut, weil es möglich ist, in der Schwefelsäure- bzw. Weinsteinpräparatkonzentration 50% herunterzugehen; *Verw.:* für die Neolan- und Palatinechtfärberei; *Mengen:* ca. 1—1,5% neben 10—15% Weinsteinpräparat und 4—6% Schwefelsäure, berechnet auf Farbgut; *H. Pat., V. Pat.:* DRP.-Anm.; Ausl.-Pat.

Penterpol **Oranienburger Chem. Fabr. AG., Charlottenburg 2.**

i/Kurs: nein (wurde von der Chemischen Fabrik Milch hergestellt!); *Ersatz:* Perpentole; *Konstit.:* Seife + Terpentinöl (80%); (nach Dr. P. Heermann: Sulforizinat + Terpentinöl); *Verw.:* als Zusatz zu Beuchflotten; *Lit.:* Seifensieder-Ztg. 1923 S. 555; Melliand Textilber. 1928 S. 759.

Peptapon **Zschimmer & Schwarz Chemnitz.**

Geb.-J.: 1932; *i/Kurs:* ja; *analog:* Kaseito; *Konstit.:* Fettalkoholderivate + Netzmittel + Kohlenwasserstoffe (Lösungsvermittler) + Weichmachmittel; *Äuß.:* zähflüssig, gelb; *Reakt.:* neutral, auch in wässeriger Lösung; *Eigensch.:* Wasch-, Schaum-, Reinigungs-, Netz- und Lösevermögen; faserschonend; weichmachend; peptisiert bei Verwendung zusammen mit Seife die Kalkseife, verhindert deren Auftreten, dispergiert bereits gebildete; Dispergier- und Lösevermögen f. Wachse, Fette, Pektinstoffe; erzeugt guten Weißeffekt, egale und blumige Färbungen, offene Ware; kein Verfilzen; *Lö. Be.:* kalk-, säure-, alkalibeständig; beständig gegen Metalle (Fe, Mn, Cu, Ni, Mg, Zn); beständig auch in Chlor-, Chlorkalk- und Peroxydbädern; *Verw.:* als Wasch- und Reinigungsmittel für alle Faserarten; in der Beuche, Bleicherei, Färberei und Weißwäscherei; vielfach zum Waschen und Färben in einem Bade; zur Bleiche losen Materials und Kardenband; beim Waschen von Kammgarn und Kammzug; *Mengen:* allgemein: 0,5—2 g/l; i. d. Beuche pflanzlicher Fasern, bei hartem Wasser und stark verschmutzter Ware: 0,5—1 g/l; als

Zusatz zu Chlorflotten, Chlorkalkbädern, beim Bleichen mit H_2O_2, Peroxyden, in der kombinierten Chlor-Sauerstoffbleiche: 0,2—0,5 g/l; b. d. Vorbleiche unausgekochten Materials: 0,5 g/l Chlorflotte; z. Vorbehandlung aller Faserarten vor dem Bleichen, Färben und Appretieren (für Wolle in Flocke, Strang und Stück) evtl. auch zusammen mit Seife, bei der Wäsche loser Wolle: 1 g/l, evtl. neben: 0,3—1 g/l Soda kalz.; b. Waschen von Gerberwolle: neben 2—5 ccm/l Salzsäure 30%ig: 2—3 g/l; i. d. Stückwäsche feiner Kammgarnstoffe, Halbgarnmaterial, Streichgarnware, Mischgarn (Viskose- und Azetatseide): 1 g/l (evtl. unter Zusatz von etwas Soda oder Ammoniak bei oleingeschmelzter Ware!); i. d. Vorbehandlung von Baumwolle und Kunstseide (evtl. auch zusammen mit Seife und gegebenenfalls Soda bzw. Ammoniak) im Strang, Stück usw.: 0,5—1 g/l neben: 2—3 g/l Schmierseife und 1 g/l Soda kalz. oder 1—2 ccm Salmiakgeist; im Farbbad ohne Vorwäsche: 0,5—1 g/l; b. Färben mit Direkt- und Schwefelfarben, in der Apparatfärberei (b. Anteigen von Farbstoffen, insbesondere Schwefelfarbstoffen!): 0,5—1 g/l; z. Vorreinigen für Apparatware in der Kops-, Kettbaum- und Kreuzspulenfärberei von Wolle und Baumwolle ohne Seifenzusatz: 1—2 g/l; i. d. Kleiderfärberei a) z. Reinigen und Waschen: 0,5—1 g/l; b) a. Zusatz z. Färbebad: 0,3—0,5 g/l; i. d. Weißwäscherei a) i. d. Kochflotte: 1—2 g/l; b) i. d. Spülbädern: 0,2—0,5 g/l; z. Waschen stark fetthaltiger Wäsche: im Einweichbad: neben evtl. etwas Seife und Soda: 2—3 g/l; b. d. Nachbleiche: 1—2 g/l Chlorflotte; *H. Pat.*, *V. Pat.*: DRP. angemeldet.

Peraktivin **Chem. Fabr. Pyrgos G. m. b. H., Radebeul-Dresden.**

Geb.-J.: 1929; *i/Kurs:* ja; *Konstit.*: Toluolsulfodichloramid ($CH_3 \cdot C_6H_4 \cdot SO_2 \cdot NCl_2$); Gehalt an aktivem Chlor: ca. 30%; *Äuß.*: weißes Pulver (wird auch in Tabletten geliefert); *Reakt.*: alkalisch; *Eigensch.*: bleichend, desinfizierend; ergibt hohen Weißgrad; Kunstseide, auch schwer egalisierende Sorten, färbt sich nach Peraktivinbehandlung gleichmäßig; chlorähnlich riechend; *Lö. Be.*: in Wasser nicht löslich; beim Übergießen mit der 10fachen Menge Natronlauge von 3—5% = 4—8° Bé tritt beim Erwärmen Lösung ein; beständig gegen hartes Wasser, Säuren, Alkali, Salze; das Pulver ist indifferent gegen Mineralöle, Türkischrotöle, nicht gegen Terpentinöl, Leinöl, Olivenöl, Rüböl usw.; *Verw.*: als bleichender Beuchzusatz; zum Entschlichten und Vorbleichen sowie zum Bleichen von Baumwollwaren und Kunstseide; zum Chloren von Wolle; *Mengen:* i. d. Beuche: 0,3% d. W. (zunächst in einem Teil der Beuchlauge unter Erwärmen auflösen! 1,5 Atmosphären; Beuchzeit verringern, Laugenkonzentration bis 1% herabsetzen!) b. Bleichen von Baumwollwaren, Garnen, Web- und Wirkwaren: das 20fache der rohen Baumwolle an Natronlauge von 1% unter Zusatz von Seife und 1—2 g/l (1—2 Stdn. spülen!); (NB. z. starken Vorbleichen führt man die Natronlaugekochung und die Peraktivinbehandlung getrennt und hintereinander aus!); i. d. Kunstseidenbleiche: 1 g/l (20fache Menge der Kunstseide an dieser Lösung bei ca. 70—80° C; nach 10 Minuten Zusatz von 5 ccm 10%iger Essigsäure/l; nach weiteren 20 Minuten spülen!); z. Entschlichten und gleichzeitigen Vorbleichen von Mischgeweben aus Baumwolle und Kunstseide: 1—2 g/l (1—2 Stdn.; 80—90° C!); b. Chloren v. Wolle: 3—6 g/l neben: 15 ccm HCl konz./l (30—40° C; spülen!); *V. Pat.*: DRP. 563387, 571968. 647566; *Lit.*: Chem.-Ztg. 1931 Nr. 20; Melliand Textilber. 1931 Nr. 4 S. 263: 1932 Nr. 5 S. 268; Mschr. Textilind. 1931 Nr. 10 S. 350; Z. f. d. ges. Textilind. 1933 Nr. 46 S. 578.

Perburanil **Baur, Gaebel & Cie., Köln-Radertal.**

Geb.-J.: 1936; *i/Kurs:* ja; *Konstit.*: Na-Salz anorg. Perphosphorsäure; *Äuß.*: weißes Pulver; *Reakt.*: schwach alkalisch; *Eigensch.*: oxydierend; *Lö. Be.*:

in Wasser von 50° löslich; hochbeständig in neutralem Bade; *Verw.:* als Bleichmittel, zum Entwickeln von Färbungen, zum Abkochen und Vorbleichen.

Percolloid B **A. Holtmann & Co., Berlin NO 43.**

i/Kurs: ja; *analog:* den übrigen Percolloiden; *Konstit.:* hochmolekulares Eiweißabbauprodukt; *Äuß.:* dicke Flüssigkeit; *Reakt.:* ganz schwach alkalisch; *Eigensch.:* fettfrei; hohes Emulgier- und Dispergiervermögen für Fette, Wachse, Pektinstoffe und deren Abbauprodukte; in alkalischer Lösung reduzierend; wirkt der Bildung von Oxyzellulose entgegen; faserschonend; *Lö. Be.:* leicht löslich in Wasser; härtebeständig; alkalibeständig, auch bei hohen Konzentrationen und bei allen Temperaturen; *Verw.:* beim Beuchen jeden Textilgutes aus BW, beim Abkochen von Geweben aus BW, L, ZW und KS; *Mengen:* 0,3—1% der Ware; *H. Pat., V. Pat.:* DRP. angemeldet; Auslandspatente; *Lit.:* Melliand Textilber. 14. Jahrg. Heft 11 S. 550—552 November 1933.

Percolloid KG **A. Holtmann & Co., Berlin NO 43.**

i/Kurs: ja; *analog:* den übrigen Percolloiden; *Konstit.:* hochmolekulares Eiweißabbauprodukt; *Äuß.:* dicke Flüssigkeit; *Reakt.:* neutral bis schwach alkalisch; *Eigensch.:* fettfrei; bindet bei der Beuche den Luftsauerstoff; wirkt der Bildung von Oxyzellulose entgegen; faserschonend; reduziert Metallsalze, macht sie leicht auswaschbar; fast geruchlos, lager-, farb- und geruchsbeständig; hohes Emulgier- und Dispergiervermögen für Fette, Wachse, Pektin und Farbstoffe; egalisierend; verlangsamt das Aufziehen der Farben, ohne das Ausziehen der Flotten zu verhindern; verhütet Verbindungen der Farbstoffe mit den Härtebildnern des Wassers; im Färbebad reinigend; begünstigt das Durchfärben bei dickem oder dichtgepacktem Färbegut; *Lö. Be.:* in Wasser leicht löslich; absolut alkalibeständig, auch bei hohen Konzentrationen und allen Temperaturen; härtebeständig (löst sich in Wasser von 100° d. H. vollkommen klar), bildet keine unlöslichen Cu-, Cr-, Zn-, Pb-, Mn-, Fe- und Al-Salze; *Verw.:* beim Beuchen und alkalischen Behandeln pflanzlicher Fasern, ZW und KS; zum Vorreinigen von losem Material, Garn, Kreuzspulen, Kettbäumen, Stückwaren aus BW und L; zum Spülen und Nachwaschen; zum Auswaschen von Drucken; zum Waschen von BW, KS und ZW; beim Abziehen von Lumpen; beim Färben von Küpen-, Schwefel- und Substantivfarbstoffen; für sich oder zusammen mit Seife; *Mengen:* beim Beuchen und Abkochen: 0,3—1% der Ware; beim Färben: 0,2—2 g/l; *H. Pat., V. Pat.:* DRP. angemeldet; Auslandspatente; *Lit.:* Melliand Textilber. 14. Jahrg. (1933) Heft 11 S. 550—552; Z. f. d. ges. Textilind. 37. Jahrg. (1934) Heft 28 S. 365—366; 38. Jahrg. (1935) Heft 34 S. 431—432; Mschr. Textilind. 52. Jahrg. (Februar 1937) Fachheft 1 S. 9—11.

Percolloid O **A. Holtmann & Co., Berlin NO 43.**

i/Kurs: ja; *analog:* den übrigen Percolloiden; *Konstit.:* hochmolekulares Eiweißabbauprodukt; *Äuß.:* dicke Flüssigkeit; *Reakt.:* ganz schwach alkalisch; *Eigensch.:* fettfrei; hohes Emulgier-, Dispergier-, Schaum- und Reinigungsvermögen faserschonend bei der alkalischen Behandlung von Textilgut aller Art; *Lö. Be.:* in Wasser leicht löslich; absolut alkalibeständig (auch bei hohen Konzentrationen und allen Temperaturen); sehr hoch härtebeständig; *Verw.:* beim Beuchen und offenen Abkochen von BW, L und MG aus BW, L, ZW und KS; zum Vorreinigen von ZW, KS usw.; *Mengen:* 0,3—1% der Ware; *H. Pat., V. Pat.:* DRP. angemeldet; Auslandspatente;

Lit.: Z. f. d. ges. Textilind. (Klepzig) 37. Jahrg. (1934) Heft 28 S. 365—366; 38. Jahrg. (1935) Heft 34 S. 431—432.

Peregal O **I. G. Farbenindustrie AG., Frankfurt a. M.**

Geb.-J.: 1932; *i/Kurs:* ja; *Konstit.:* hochpolymeres, organisches Produkt; *Äuß.:* gelbe Flüssigkeit; *Reakt.:* neutral; *Eigensch.:* egalisierend, dispergierend, durchfärbend; von gewisser Netzwirkung; sehr gutes Schutzkolloid; schwächt die hohe Affinität von Küpenfarbstoffen auf das gewünschte Maß ab und ermöglicht Herstellung egaler Färbungen in schwierigen Fällen (nicht ganz gleichmäßige Wicklung von Kettbäumen usw.); steigert die Durchfärbung; bewirkt, daß auf dem Jigger die Enden größerer Partien bei der Stückfärberei die gleiche Farbtiefe wie die Mitte zeigen; dispergiert Farbstoffällung so fein, daß durch Hydrosulfit wieder normale Küpe erhalten wird; wirkt stabilisierend auf die Küpe; ermöglicht Ausegalisieren ungleicher Färbungen ohne Abstumpfung des Farbtons; steigert Abziehwirkung einer blinden Küpe; entfernt ölige Verunreinigungen; schützt vor Kalkseifenschäden (Mitverw. von Seife); verlangsamt Aufziehen substantiver Farbstoffe; verbessert Reibechtheit basischer Färbungen auf S usw.; verhindert Fällung von substantiven und sauren mit basischen Farbstoffen; vermindert Bronzieren; ersetzt Bastseife beim Färben von S; beschleunigt die Entbastung; keine Eigenfarbe; *Lö. Be.:* mit Wasser in jedem Verhältnis mischbar; gegen Wasser jeder Härte, Säure, Alkali und Salze von Al, Zn, Mn, Pb usw. beständig; Laugen sehr hoher Konzentration (Stammküpen) salzen aus; *Verw.:* in der Küpenfärberei von BW, ZW, KS und S; als Egalisier- und Durchfärbemittel für alle Farbstoffgruppen; in der Strangfärberei, beim Färben von Kreuzspulen und Kettbäumen auf Apparaten, in der Stückfärberei auf dem Jigger; zum Ausegalisieren von Indanthrenfärbungen und zum Abziehen solcher; zum substantiven Färben auf BW, L, KS, ZW usw.; zum Färben mit basischen Farbstoffen auf S, Bast- und Kokosfaser, Jute, Stroh, Federn usw.; beim einbadigen Färben von Azetat-KS, S bzw. W-Mischgeweben oder Mischfasern mit sauren und Cellitonechtfarbstoffen usw.; zum Kreppen von Viskose- und Azetat-KS usw. in neutraler Flotte; zum Färben und gleichzeitigen Weichgriffigmachen zusammen mit Soromin AF und Soromin WF (wenig aussalzende Weichmacher!); *Mengen:* beim Färben durchschnittlich: 0,25—2 ccm/l (Vorversuche machen!); zum Ausegalisieren auf blinder Küpe: 2—4 ccm/l; zum Abziehen von Indanthrenfärbungen: 5—10 ccm; beim Färben substantiver Farbstoffe: 0,5—1 g/l; als Ersatz für Bastseife: 2—3 ccm/l; zum Entbasten: 3—5% der Seife; beim Färben von Azetat-Viskose-KS, MG: 2 g/l; beim Kreppen von Geweben: 1,5 g/l; (NB. Netzmittel heben die zurückhaltende Wirkung selbstredend zum Teil auf, sind daher fortzulassen — werden sie aber doch benötigt, so empfiehlt die I. G. dafür: geringe Mengen von Humectol CX oder Lenocal flüssig!) NB. die zurückhaltende Wirkung ist bei den verschiedenen Küpenfarbstoffen und den verschiedenen Fasern (BW-KS) verschieden! Durchfärben und Egalität können durch Temperatursteigerung verbessert werden! bei schwer durchzufärbenden Materialien Flotte erst mit dem unverküpten Farbstoff und Peregal O ansetzen, 10 Min. Garne darin behandeln und nach Einstellung des Farbbades erst verküpen! *H. Pat., V. Pat.:* patentiert; *Lit.:* Melliand Textilber. 1934 S. 357; 1937 S. 155, 234, 456.

Peregal O konz. **I. G. Farbenindustrie AG., Frankfurt a. M.**

Geb.-J.: 1933; *i/Kurs:* ja; *analog:* Peregal O in Eigensch. und Verw., nur 4mal so ausgiebig; *Konstit.:* hochpolymeres, organisches Produkt; *Äuß.:* gelbbraune Paste; *Eigensch.:* geht beim Erwärmen auf ca. 45° in ein hellgelbes, klares Öl über, das nach dem Abkühlen wieder zur salbenartigen Paste — wie ursprünglich — wird; *Lö. Be.:* leicht löslich in Wasser und beliebig verdünnbar; *Mengen:* NB. in warmem oder heißem Wasser — zweckmäßig solchem von ca. 60° und möglichst Kondenswasser — lösen! bei Anwendung der 3fachen Menge Wasser ist das Produkt gleich Peregal O.

Peregal OK **I. G. Farbenindustrie AG., Frankfurt a. M.**

Geb.-J.: 1937; *i/Kurs:* ja; *analog:* Peregal O in Eigensch., Lö. Be., Verw., Mengen; *Konstit.:* hochmolekulares, polymeres, organisches Produkt; *Äuß.:* gelbe Flüssigkeit; *Reakt.:* schwach alkalisch; *Eigensch.:* wie Peregal O, außerdem aber netzend; als Egalisier- und Durchfärbemittel und in der Abziehwirkung etwas besser; verhindert das Bronzieren bei Schwefelfarbstoffen; *Verw.:* wie Peregal O; kann aber auch bei Indanthrenblaumarken und indigoiden Farbstoffen ohne mehr Lauge verwendet werden; *H. Pat., V. Pat.:* patentiert; *Lit.:* Melliand Textilber. 1937 S. 234, 456.

Peregal OK hochkonz. **I. G. Farbenindustrie AG., Frankfurt a. M.**

Geb.-J.: 1937; *i/Kurs:* ja; *analog:* Peregal OK; *Konstit.:* hochmolekulares, polymeres, organisches Produkt; *Äuß.:* gelbbraune Paste; *Reakt.:* schwach alkalisch; *Eigensch.:* wie Peregal OK; *Lö. Be.:* in heißem Wasser leicht, in kaltem Wasser nach längerem Stehen löslich; *Verw.:* wie Peregal OK; *Mengen:* da bezüglich Egalisier- und Durchfärbevermögen sowie Abziehwirkung 5mal ausgiebiger als die Marke OK: entsprechend weniger als dort angegeben; *H. Pat., V. Pat.:* patentiert.

Pergluton **Chem. Fabr. R. Baumheier, Oschatz-Zschöllau.**

Verw.: zum Weichmachen von Kunstseide.

Pergluton K 2 **Chem. Fabr. R. Baumheier, Oschatz-Zschöllau.**

i/Kurs: ja; *analog:* Pergluton M/W; *Verw.:* als Aviviermittel für Wolle.

Pergluton M/W **Chem. Fabr. R. Baumheier, Oschatz-Zschöllau.**

i/Kurs: ja; *Äuß.:* gelbliche Paste; *Lö. Be.:* in heißem Wasser zu einer opaleszierenden Flüssigkeit löslich; *Verw.:* als Weichmachungsmittel für kunstseidene und baumwollene Waren sowohl im Avivage- als auch im Färbebad; *Mengen:* 1—3 g/l.

Perintrol **Chemische Fabrik Stockhausen & Cie., Krefeld.**

i/Kurs: ja; *Konstit.:* aliphatische Sulfosäure + Schwefelsäureester + Lösungsmittel; *Äuß.:* braune Flüssigkeit; *Reakt.:* sauer; *Eigensch.:* verhindert die Bildung von Kalkseife und das Niederschlagen derselben auf den Stücken; unterstützt den Wascheffekt; ermöglicht bedeutende Abkürzung der Spülzeit; schont das Wollmaterial; verhindert das Ausbluten von Färbungen, namentlich bei Halbwolle; erzeugt frische Farben und klares Warenbild; *Lö. Be.:* hochbeständig gegen Säure, höchstbeständig gegen Kalk und Bittersalz; *Verw.:* in der Stückwäsche beim Schnellwaschverfahren; bei der Walke und Wäsche von Wollstückware; *Mengen:* 150 bis 400 g/Stück (Zusatz vor oder nach dem Ablassen des Gerbers!).

Perkosal

Konstit.: Alkalisalze von Lysalbin- und Protalbinsäuren (aus Abbauprodukten des Eiweißes); *Lit.:* Seifensieder-Ztg. 1917 S. 171 (R. König).

Perlano **Böhme Fettchemie, Chemnitz.**

Geb.-J.: 1925; *i/Kurs:* ja; *Konstit.:* Seife + Lösungsmittel; *Äuß.:* braune Flüssigkeit; *Reakt.:* sauer; *Eigensch.:* hohe Fettlöse- und Emulgierwirkung; *Lö. Be.:* in kaltem Wasser mit Opaleszenz löslich; beständig gegen Alkalien und hartes Wasser; *Verw.:* zum Abkochen und Beuchen pflanzlichen Materials; *Mengen:* beim Beuchen: 0,3—1% der Ware.

Perpentol B **Oranienburger Chem. Fabr. AG., Charlottenburg 2.**

i/Kurs: ja; *analog:* Perpentol E; Trioran B; *ähnlich:* Beuchöl K, P, PL, PO; *Konstit.:* Oleinkaliseife + hochs. Kohlenwasserstoff (Sp. 210° C; unlöslich in Wasser und Seifenlösung); frei von Chlor- und Peroxydbleichmitteln; technisch wasserfrei; *Äuß.:* klare, gelbe Lösung; *Eigensch.:* netzend; reinigend; fettlösend; Lösevermögen für Fette, Öle, Mineralöle, Harze, Teer, Baumwollwachs; faserschonend; vermindert Oxyzellulosebildung im Beuch- und Bleichprozeß sowie das spätere Vergilben gebleichter Ware; ist sowohl in der Kälte als auch bei Siedetemperatur (im Druckkessel) brauchbar; erzeugt weichen Griff; verbessert den Weißgehalt der Ware; spart gegebenenfalls Ätzalkalien bzw. Bleichmittel; erzeugt frische, tiefe Farben; *Lö. Be.:* gibt mit Wasser, Soda, Ätznatronlauge und Seifenlösung Emulsionen; *Verw.:* insbesondere in der Beuche, Bleiche, Appretur und Schlichterei (s. a. Perpentol E!); *Mengen:* allgemein: 0,2—0,5% d. W.; b. Netzen von Baumwollgarn und Gewebe: 0,3% d. W. (60—100° C; $^1/_2$ Stde.; dann lauwarmes Spülbad!); b. Beuchen normaler Bleichware (lose, Garn und Stück): neben 1,2—3,5% d. W. Ätznatron: 0,2—0,3% d. W. (8—12 Stdn.; 1—2 Atmosphären!); b. sehr öligen Abfällen (lose sowie Fäden): neben 50—100 g/l Soda kalz.: 30—50 g/l (abkochen; heiß spülen; anschließend beuchen wie üblich!); z. Behandlung in der Färberei (für loses Material, Strangware, Kopse, Kreuzspulen und Stückware neben evtl. etwas Soda auf der Kufe, Apparat oder Jigger): 0,3—0,5% d. W. (kochen!); als Zusatz zum Aufschließen von Stärke: 3—5 g/l (Stärke mit der 5—10fachen Wassermenge aufschlemmen; nach Perpentolzusatz bis zum Kochen erhitzen!); b. Auskochen vor der Merzerisation: 0,2—0,3% d. W.; i. d. Kettgarnschlichterei wie i. d. Appretur der Baumwoll- und Leinengewebe: 1—3 g/l Schlichtemasse; *H. Pat., V. Pat.:* DRP. 312465; *Lit.:* Seifensieder-Ztg. 1927 S. 64; 1930 S. 495; Melliand Textilber. 1927 S. 353; 1930 S. 788; Leipzig. Mschr. Textilind. 1927 Heft 10.

Perpentol BE **Oranienburger Chem. Fabr. AG., Charlottenburg 2.**

i/Kurs: ja; *ähnlich:* den Beuchölen K, P, PL, PO; *Konstit.:* Seife + Kohlenwasserstoff + Kolloidstoff; *Äuß.:* gelbe Lösung; *Eigensch.:* technisch wasserfrei; netzend; reinigend; hohes Lösevermögen für Fette, Öle, auch Mineralöle, Harze, Teer, Baumwollwachs; *Lö. Be.:* gibt mit Wasser, Soda, Natronlauge und Seifenlösungen Emulsionen; *Verw.:* als Emulgiermittel für Paraffine, Wachse, Harze, Fettstoffe verschiedenster Art; *Mengen:* z. Herstellung einer Wachsemulsion; auf 2 Teile Wachs: 1 Teil; *H. Pat., V. Pat.:* DRP. 312465; *Lit.:* Seifensieder-Ztg. 1927 S. 64; 1930 S. 495; Melliand Textilber. 1927 S. 353; Leipzig. Mschr. Textilind. 1927 Heft 10.

Perpentol BNT **Oranienburger Chem. Fabr. AG., Charlottenburg 2.**

i/Kurs: ja; *ähnlich:* Beuchöl P, K, PL, PO; *Konstit.:* hochmolekulare (alkylierte, aromatische) Sulfosäure bzw. deren Alkalisalz + Fettlöser; Sulforizinat + Fettlöser[1]; nach Herstellers Angaben: hochmolekulares Sulfosalz, Spezialseife + Fettlöser; ist eine Kombination von Perpentol B mit Oranit; *Äuß.:* hellbraune Flüssigkeit; *Eigensch.:* besonders hohes Netzvermögen (das größer ist als das von Perpentol B und BT); *Lö. Be.:* beständig gegen hartes Wasser; *Verw., Mengen:* siehe Perpentol B! *Lit.:* Seifensieder-Ztg. 1927 S. 64; [1] Melliand Textilber. 1930 S. 788.

Perpentol BT **Oranienburger Chem. Fabr. AG., Charlottenburg 2.**

i/Kurs: ja; *ähnlich:* Beuchöl K, P, PL, PO; *Konstit.:* Sulfonierungsprodukt von Rizinusöl + Fettlöser; ist eine Kombination aus Coloran K und Perpentol B; *Äuß.:* gelbe Flüssigkeit; *Eigensch.:* Netzvermögen besser als bei Perpentol B! *Lö. Be.:* beständig gegen hartes Wasser; Beständigkeit besser als bei Perpentol B! *Verw., Mengen:* siehe Perpentol B! *Lit.:* Seifensieder-Ztg. 1927 S. 64; Melliand Textilber. 1930 S. 788.

Perpentol E **Oranienburger Chem. Fabr. AG., Charlottenburg 2.**

Geb.-J.: 1920; *i/Kurs:* ja; *analog:* Perpentol B; (NB. unter Perpentol schlechthin wird gewöhnlich das Perpentol E verstanden!); *ähnlich:* Beuchöl K, P, PL, PO; *Konstit.:* Seife + Kohlenwasserstoff (Sp. 210° C; unlöslich in Wasser und Seifenlösung); frei von Chlor- und Peroxydbleichmitteln; 90% Lösungsmittel-Tetralin[1]; 96% Terpentinöl nach anderen Angaben; nach Prof. Herbig: Ölsulfonat + Kohlenwasserstoff; *Äuß.:* Emulsion, weiß; *Eigensch.:* netzend; reinigend; fettlösend; Lösevermögen für Fette, Öle, Mineralöle, Harze, Teer, Baumwollwachs; faserschonend; vermindert Oxyzellulosebildung im Beuch- und Bleichprozeß sowie das spätere Vergilben gebleichter Ware; ist sowohl in der Kälte als auch bei Siedetemperatur (im Druckkessel) brauchbar; erzeugt weichen Griff; verbessert den Weißgehalt der Ware; spart gegebenenfalls Ätzalkalien bzw. Bleichmittel; erzeugt frische, tiefe Farben; *Lö. Be.:* gibt mit Wasser, Soda, Ätznatronlauge und Seifenlösung Emulsionen; ist ohne weiteres mit Wasser und verdünnter Natronlauge usw. mischbar; *Verw.:* insbesondere in der Beuche, Bleiche, Appretur und Schlichterei (s. a. Perpentol B!); *Mengen:* allgemein: 0,2 bis 0,5% d. W.; b. Netzen von Baumwollgarn und Gewebe: 0,3% d. W. (60—100° C; $^1/_2$ Stde.; dann lauwarmes Spülbad!); b. Beuchen normaler Bleichware (lose, Garn und Stück): neben 1,2—3,5% d. W. Ätznatron: 0,2—0,3% d. W. (8—12 Stdn.; 1—2 Atmosphären!); z. Vorbehandlung in der Färberei (für loses Material, Strangware, Kopse, Kreuzspulen und Stückware neben evtl. etwas Soda auf der Kufe, Apparat oder Jigger): 0,3—0,5% (kochen!); als Zusatz zum Aufschließen von Stärke: 3—5 g/l (Stärke mit der 5—10fachen Wassermenge aufschlemmen; nach Perpentolzusatz bis zum Kochen erhitzen!); b. Auskochen v. d. Merzerisation: 0,2—0,3% d. W.; i. d. Kettgarnschlichterei wie i. d. Appretur der Baumwoll- und Leinengewebe: 1—3 g/l Schlichtemasse; *H. Pat., V. Pat.:* DRP. 312465; *Lit.:* Seifensieder-Ztg. 1923 S. 555; 1927 S. 64; 1930 S. 495; [1] Melliand Textilber. 1927 S. 353; Leipzig. Mschr. Textilind. 1927 Heft 10.

Perpentol H **Oranienburger Chem. Fabr. AG., Charlottenburg 2.**

i/Kurs: nein; *Ersatz:* ist Perpentol HN; *analog:* Perpentol HN; *ähnlich:* Beuchöl K, P, PL, PO; *Konstit.:* Seife + Kohlenwasserstoff (Sp. 210° C, unlöslich in Wasser und Seifenlösung); frei von Chlor- und Peroxydbleichmitteln; hochkonzentriert an Fettlöser; technisch wasserfrei; *Äuß.:* transparent; schmierseifenähnlich; *Eigensch.:* netzend; reinigend; fettlösend; Lösevermögen für Fette, Öle, Mineralöle, Harze, Teer, Baumwollwachs; faserschonend; vermindert Oxyzellulosebildung im Beuch- und Bleichprozeß sowie das spätere Vergilben gebleichter Ware; ist sowohl in der

Kälte als auch bei Siedetemperatur (im Druckkessel) brauchbar; erzeugt weichen Griff; verbessert den Weißgehalt der Ware; spart gegebenenfalls Ätzalkalien bzw. Bleichmittel, erzeugt frische, tiefe Farben; *Lö. Be.:* gibt mit Wasser, Soda, Ätznatronlauge und Seifenlösung Emulsionen; *Verw.:* insbesondere zum Entfernen fester Verunreinigungen, wie Graphit, Metall, Schmutz in Verbindung mit festen Mineralölen, Wachsen usw.; *Mengen:* allgemein: 0,2—0,5% d. W.; z. Reinigen öliger Abfälle: 0,5—1% d. W. (bei geringem Mineralölgehalt); b. Reinigen graphitfleckiger Ware: neben 3—4% d. W. Ätznatron: 0,3—0,5% d. W. (heiß 12 Stdn. einweichen, ein- oder mehrmal abkochen!); i. d. Kettgarnschlichterei wie in der Appretur von Baumwoll- und Leinengewebe: 1—3 g/l Schlichtemasse; *H. Pat., V. Pat.:* DRP. 312465; *Lit.:* Seifensieder-Ztg. 1927 S. 64; 1930 S. 495; Melliand Textilber. 1927 S. 353; 1930 S. 610; Leipzig. Mschr. Textilind. 1927 Heft 10.

Perpentol HN **Oranienburger Chem. Fabr. AG., Charlottenburg 2.**

i/Kurs: ja; *Ersatz:* für Perpentol H; *analog:* Perpentol H (hat dieselbe Zusammensetzung, wird aber in flüssiger Form geliefert); *ähnlich:* Beuchöl K, P, PL, PO; *Konstit.:* wie Perpentol H: Seife + Fettlöser; *Äuß.:* rotbraune Flüssigkeit; *Eigensch.:* netzend; reinigend; fettlösend; Lösevermögen für Fette, Öle, Mineralöle, Harze, Teer, Baumwollwachse; faserschonend; vermindert Oxyzellulosebildung im Beuch- und Bleichprozeß sowie das spätere Vergilben gebleichter Ware; ist sowohl in der Kälte als auch bei Siedetemperatur (im Druckkessel) brauchbar; erzeugt weichen Griff, verbessert den Weißgehalt der Ware; spart gegebenenfalls Ätzalkalien bzw. Bleichmittel; erzeugt frische, tiefe Farben; *Lö. Be.:* gibt mit Wasser, Soda, Ätznatronlauge und Seifenlösung Emulsionen; *Verw.:* insbesondere zum Entfernen fester Verunreinigungen, wie Graphit, Metall, Schmutz in Verbindung mit festen Mineralölen, Wachsen usw.; *Mengen:* allgemein: 0,2—0,5% d. W.; *H. Pat., V. Pat.:* DRP. 312465; *Lit.:* Seifensieder-Ztg. 1927 S. 64; Melliand Textilber. 1927 S. 353; 1930 S. 788; Leipzig. Mschr. Textilind. 1927 Heft 10.

Perpentol Pulver **Oranienburger Chem. Fabr. AG., Charlottenburg 2.**

i/Kurs: ja; *analog:* Perpentol BT, dessen pulverförmiges Fortentwicklungsprodukt es ist; *Äuß.:* weißliches Pulver; *Eigensch.:* ausgezeichnetes Löse- und Reinigungsvermögen; faserschützend; gutes Netz- und Dispergiervermögen, besonders bei höheren Temperaturen; löst Pektine und Inkrusten der Baumwoll- und Leinenfaser; stabilisierend und egalisierend in Sauerstoff- und Chlorflotten; gestattet die Verminderung der Laugenkonzentration, spart Chemikalien, schränkt Schädigungsmöglichkeiten durch Laugenangriff ein; gibt voluminöse, weichgriffige Fasern; emulgierend; ermöglicht Verkürzung der Beuchdauer; verhütet Wiederaufziehen der gelösten Verunreinigungen, gibt schon in der Beuche besser aufgehelltes Material; greift die Beuchkesselanstriche nicht an, verfestigt sie eher; *Lö. Be.:* beständig gegen die Härtebildner des Wassers; löslich in Wasser; *Verw.:* in der Baumwoll- und Leinenbeuche und -bleiche; insbesondere für die Druckbeuche und Sauerstoffbleiche; *Mengen:* NB. mit der 10fachen Menge heißen Wassers in Lösung bringen oder direkt als Pulver in die Gebrauchsflotten einstreuen; in der Beuche: 0,3—0,5% vom Gewicht des Beuchgutes; (in der Druckbeuche: neben 1,5—2% Ätznatron — 3—4 Stunden Kochdauer — 1,5 atü); in der Sauerstoffheißbleiche: 0,3—0,5% neben 0,5—3% Ätznatron fest und 0,5 bis 3% Wasserstoffsuperoxyd (30 Gew.%ig); bei einmaliger Benutzung der Bleichflotte: 0,3% neben 1—3% Ätznatron fest und 0,5—1% Wasserstoffsuperoxyd.

Perpentol S **Oranienburger Chem. Fabr. AG., Charlottenburg 2.**

i/Kurs: ja; *analog:* Perpentol SN, dessen spezielle Einstellung es ist; *ähnlich:* den Beuchölen K, P, PL, PO; *Konstit.:* Sulfonat + Kohlenwasserstoff; *Äuß.:* klare, gelbe Lösung; *Reakt.:* neutral; *Eigensch.:* netzend; reinigend; fettlösend; *Lö. Be.:* gibt mit Wasser, Soda, Natronlauge und Seifenlösung Emulsionen, die gegen verdünnte Säuren beständig sind; säurebeständig; *Verw.:* als Entpechungsmittel; für die Entpechung nach dem Einweichverfahren; *Mengen:* beim Entpechen: auf 5 Teile Wasser: 1 Teil (Filze ca. 1 Stde. einlegen; schleudern; die abgeschleuderte Lösung wieder zum Einweichbad zurückgeben!); *H. Pat., V. Pat.:* DRP. 312465; *Lit.:* Seifensieder-Ztg. 1927 S. 64; 1930 S. 495; Melliand Textilber. 1927 S. 353; Leipzig. Mschr. Textilind. 1927 Heft 10.

Perpentol SN **Oranienburger Chem. Fabr. AG., Charlottenburg 2.**

i/Kurs: ja; *analog:* Perpentol S, dessen spezielle Einstellung es ist; *ähnlich:* den Beuchölen K, P, PL, PO; *Konstit.:* Sulfonat + Kohlenwasserstoff; *Äuß.:* klare, gelbe Lösung; *Reakt.:* neutral; *Eigensch.:* netzend; reinigend; fettlösend; *Lö. Be.:* gibt mit Wasser, Soda, Natronlauge und Seifenlösung Emulsionen, die gegen verdünnte Säuren beständig sind; säurebeständig; *Verw.:* als Entpechungsmittel; für die Entpechung nach dem Einweichverfahren; *Mengen:* beim Entpechen: auf 5 Teile Wasser: 1 Teil (Filze ca. 1 Stde. einlegen; schleudern; die abgeschleuderte Lösung wieder zum Einweichbade zurückgeben!); *H. Pat., V. Pat.:* DRP. 312465; *Lit.:* Seifensieder-Ztg. 1927 S. 64; 1930 S. 495; Melliand Textilber. 1927 S. 353; Leipzig. Mschr. Textilind. 1927 Heft 10.

Perpentol Spezial **Oranienburger Chem. Fabr. AG., Charlottenburg 2.**

i/Kurs: ja; *analog:* Perpentol Pulver, dessen Sondereinstellung mit gesteigertem Stabilisierungsvermögen in Sauerstoffbleichbädern es ist; *Äuß.:* weißliches Pulver; *Eigensch.:* ausgezeichnetes Löse- und Reinigungsvermögen; faserschützend; gutes Netz- und Dispergiervermögen, besonders bei höheren Temperaturen; löst Pektine und Inkrusten der Baumwoll- und Leinenfaser; stabilisierend und egalisierend in Sauerstoff- und Chlorflotten; gestattet die Verminderung der Laugenkonzentration, spart Chemikalien, schränkt Schädigungsmöglichkeiten durch Laugenangriff ein; gibt voluminöse, weichgriffige Fasern; emulgierend; ermöglicht Verkürzung der Beuchdauer; verhütet Wiederaufziehen der gelösten Verunreinigungen, gibt schon in der Beuche besser aufgehelltes Material; greift die Beuchkesselanstriche nicht an, verfestigt sie eher; *Lö. Be.:* beständig gegen die Härtebildner des Wassers, löslich in Wasser; *Verw.:* in der Baumwoll- und Leinenbeuche und -bleiche; insbesondere für die Sauerstoffheißbleiche bei Anwesenheit von Eisen in der Behandlungsflotte; *Mengen:* NB. mit der 10fachen Menge heißen Wassers in Lösung bringen oder direkt als Pulver in die Gebrauchsflotten einstreuen; in der Beuche: 0,3—0,5% vom Gewicht des Beuchgutes; (in der Druckbeuche: neben 1,5—2% Ätznatron — 3—4 Stdn. Kochdauer — 1,5 atü); in der Sauerstoffheißbleiche: 0,3—0,5% neben 0,5—3% Ätznatron fest und 0,5—3% Wasserstoffsuperoxyd (30 Gew.%ig); beim Bleichen auf stehendem Sauerstoffbade: 0,3—0,5% neben 1—2% Ätznatron fest und 1—3% Wasserstoffsuperoxyd vom Gewicht der Ware.

Perstabil **Zschimmer & Schwarz, Chemnitz.**

Geb.-J.: 1933; *i/Kurs:* ja; *Konstit.:* Perborat + Stabilisator; *Äuß.:* weißes Pulver; *Reakt.:* neutral; *Eigensch.:* bleichend; hält den Sauerstoff lange, auch bei höheren Flottentemperaturen; *Verw.:* an Stelle von Perborat; *Mengen:* 20—30% weniger als bei Perborat üblich.

Pertürkol **Chem. Fabr. Stockhausen, Velten, Mark.**

Geb.-J.: 1910; *i/Kurs:* ja; *ähnlich:* Tetrapol und Verapol; *analog:* Buchol; *Konstit.:* Seife + Chlorkohlenwasserstoff (14% Tri- und Perchloräthylen); (nach Prof. Herbig: Ölsulfonat + Perchloräthylen); (nach Dr. P. Heermann: Sulforizinat + Trichloräthylen[1]); *Äuß.:* dickliche Flüssigkeit; *Eigensch.:* Wasch-, Netz-, Reinigungs-, Fettlösevermögen; *Lö. Be.:* nicht beständig gegen Alkalien und Säuren; *Verw.:* zur Reinigung von Weiß- und Buntwäsche, Stückware u. ä.; *Lit.:* Seifensieder-Ztg. 1930 S. 495; [1] Melliand Textilber. 1928 S. 759.

Pfeilring-Spalter **Vereinigte chem. Werke AG., Charlottenburg.**

i/Kurs: ja; *ähnlich:* Kontakt- und Twitchell-Spalter (nach Schrauth: im wesentlichen mit dem alten Twitchell-Reaktiv identisch); *Konstit.:* Sulfonierungsprodukt eines Gemisches von Naphthalin und gehärtetem Rizinusöl bzw. -fettsäure (vorwiegend Naphthalinrizinolsulfosäure); *Eigensch.:* hohes Emulgiervermögen, das durch Zusätze von Glyzerin und freier Fettsäure noch erhöht wird; vermag die Schaumfähigkeit von Seifenlösungen außerordentlich zu steigern, wie dies auch andere organische Verbindungen, in geringer Menge zugesetzt, tun, und zwar: freie Fettsäuren, meist ungesättigte oder hydroxylierte, wie Rizinolsäure (Schrauth: DRP. 275171; Stephan: Seifensieder-Ztg. 1915 Heft 42), weiter hydrogenierte Phenole, z. B. Cyclohexanol, ganz im Gegensatz zu Fetten, Mineralölen (Bergell: Seifensieder-Ztg. 1924 S. 627), organischen Lösungsmitteln (Stephan: Seifensieder-Ztg. 1915 Heft 42; Jungkunz: Seifensieder-Ztg. 1925 S. 260; Bergell: Seifensieder-Ztg. 1924 S. 627) und Kolloiden, wie Ton, Tragant (Kind u. Zschacke: Z. dtsch. Öl- u. Fettind. 1923 S. 499); *Verw.:* zum Spalten von Fetten und Ölen; als Zusatz zu Seifen; nicht eigentlich in der Textilindustrie; *H. Pat., V. Pat.:* DRP. 298773; engl. Patent 749 (1912); *Lit.:* Seifenfabrikant 1919 S. 699.

Pflanzengummi

Konstit.: Stärke (löslicher Stärkeleim, erhalten durch Quellen von Stärke mit Lauge); *Verw.:* als Verdickungsmittel.

Pflanzenleim **J. Simon & Dürkheim, Offenbach a. M.**

i/Kurs: ja; *Konstit.:* Stärkepräparat; *Verw.:* für Schlichte und Appretur von Baumwolle, Kunstseide, besonders für Buntwebereien.

Pflanzensaftextrakt BH **Chem. Fabr. R. Baumheier, Oschatz-Zschöllau.**

i/Kurs: ja; *Äuß.:* weiße Paste; *Reakt.:* neutral; *Lö. Be.:* in Wasser leicht löslich; *Verw.:* als Beschwerungs- und Appreturmittel für alle tierischen, pflanzlichen und Kunstfaserstoffe.

Physetol **Dehydag, Berlin-Charlottenburg.**

i/Kurs: nein; *Konstit.:* Derivat eines ungesättigten Fettalkohols; *Eigensch.:* sulfonierbar; *Verw.:* zur Herstellung karboxylgruppenfreier, keine Kalkseifen bildender Sulfonierungsprodukte; *Lit.:* Seifensieder-Ztg. 1931 S. 465.

Pimethyl **Zschimmer & Schwarz, Chemnitz.**

Geb.-J.: 1936; *i/Kurs:* ja; *Konstit.:* Gemisch von Lösungsmitteln; *Äuß.:* dünne, gelbe Flüssigkeit; *Reakt.:* neutral; *Lö. Be.:* emulgierbar; mäßig kalkbeständig; *Verw.:* zur Entfernung hartnäckiger, verharzter Leinölschlichten in Verbindung mit Seife oder Fettalkoholsulfonaten.

Pinol-K **Chem. Fabr. Pott & Co., Pirna-Copitz.**

i/Kurs: ja; *Eigensch.:* enthält kochbeständige Fettlöser; *Verw.:* als Beuchmittel für Pflanzenfasern.

Plexileim **Röhm & Haas AG., Darmstadt.**

i/Kurs: ja; *Konstit.:* organisches, synthetisches Produkt; *Lö. Be.:* wasserlöslich; *Verw.:* für Druckverdickungen; beim Appretieren und Schlichten für Fasern aller Art; beim Avivieren; *Äuß.:* dickliche gelbe Flüssigkeit.

Plextol **Röhm & Haas AG., Darmstadt.**

i/Kurs: ja; *analog:* es gibt zahlreiche Plextolmarken; *Konstit.:* Polymerisationsprodukt von Akrylsäureverbindungen; *Lö. Be.:* in Wasser dispergierbar, in organischen Lösungsmitteln löslich; *Verw.:* für Druckverdickungen; bei Appreturen allgemein, für Kunstleder, Verdunkelungsstoffe, Regenmantelstoff, Kaschiermasse usw.; *Lit.:* Melliand Textilber. 1937 Nr. 8.

Pluvion AP **A. Th. Böhme, Dresden-N. 6.**

Geb.-J.: 1935; *i/Kurs:* ja; *Konstit.:* Paraffin + Emulgator (schutzkolloidfrei); *Verw.:* unter Zusatz von löslichen Tonerdesalzen zur Erzielung hoher Abperl- und gleichzeitiger Weichmachwirkung; bei Kunstseide-, Zellwoll- und feinen Wollartikeln.

Pluvion I **A. Th. Böhme, Dresden-N. 6.**

Geb.-J.: 1934; *i/Kurs:* ja; *Verw.:* als Einbadimprägnierungsmittel für alle Textilien.

Poco-extra **Chem. Fabr. Pott & Co., Pirna-Copitz.**

i/Kurs: ja; *Äuß.:* dunkelviolette Flüssigkeit; *Eigensch.:* verhindert Stockigwerden; erhält die Konditionierungsfeuchtigkeit; *Verw.:* zum Befeuchten der Garne aus Baumwolle und Wolle.

Poco-F **Chem. Fabr. Pott & Co., Pirna-Copitz.**

i/Kurs: ja; *Verw.:* zum Entpechen in der Woll- und Filzindustrie, für Kämmlinge und Pechwollen.

Pocoform **Chem. Fabr. Pott & Co., Pirna-Copitz.**

i/Kurs: ja; *Eigensch.:* gibt keine Ränder; greift die Farben nicht an; *Verw.:* als Detachiermittel für Fett- und Schmierflecken, für Harz und Pech.

Poliokolle

Konstit.: Stärke (löslicher Stärkeleim, erhalten durch Quellen von Stärke mit Lauge); *Verw.:* als Verdickungsmittel.

Polyestrol **Chem. Fabr. R. Baumheier, Oschatz-Zschöllau.**

i/Kurs: ja; *Äuß.:* dunkles, braunes Öl; *Verw.:* zusammen mit Olein zum Spinnen und Durchspulen; *H. Pat., V. Pat.:* DRP.

Polygen

Konstit.: Diastasepräparat; *Verw.:* zur Verflüssigung der Stärke durch Abbau.

Polyval

Konstit.: Diastasepräparat; *Verw.:* zur Verflüssigung der Stärke durch Abbau.

Posavon **Chem. Fabr. Pott & Co., Pirna-Copitz.**

i/Kurs: ja; *Konstit.:* Kaliseife + Lösungsmittel; *Äuß.:* Paste; *Reakt.:* neutral; *Eigensch.:* hohes Schaumvermögen.

Praedigen T **Böhme Fettchemie, Chemnitz.**

Geb.-J.: 1932; *i/Kurs:* ja; *Konstit.:* Paraffinemulsion; *Äuß.:* weiße Paste; *Reakt.:* sauer; *Eigensch.:* macht Textilien wasserabstoßend unter Wahrung von Luftdurchlässigkeit, Farbton und Griff; *Lö. Be.:* in kaltem Wasser emulgierbar; begrenzt beständig gegen Alkali, Säure und hartes Wasser; *Verw.:* als Imprägniermittel im Einbadverfahren; zum Wasserabstoßendmachen aller Textilien; *Mengen:* 10—40 g/l; *H. Pat., V. Pat.:* ja; *Lit.:* Melliand Textilber. 1935 S. 579.

Prälanol **Chem. Fabr. Stockhausen & Cie., Krefeld.**

i/Kurs: ja; *Konstit.:* (neben anderem) Paraffin + Emulgator; *Äuß.:* weiße Paste; *Reakt.:* schwach alkalisch; *Eigensch.:* gleitend; *Lö. Be.:* ergibt durch Anteigen mit kaltem Wasser beständige Emulsionen; *Verw.:* zum Schmelzen (in der Kämmerei und Kammgarnspinnerei); *Mengen:* wird mit Wasser im Verhältnis 1 : 1 verdünnt; *H. Pat., V. Pat.:* DRP. angem.

Präparol **Chem. Fabr. Stockhausen & Cie., Krefeld.**

i/Kurs: ja; *Konstit.:* Paraffinemulsion (lösungsmittelhaltig); *Äuß.:* Paste, weiß, dickflüssig; *Reakt.:* neutral; *Eigensch.:* wasserdichtmachend; *Lö. Be.:* empfindlich gegen Elektrolyte; *Verw.:* NB. in Wasser unterhalb 60° C lösen! zum Imprägnieren von Textilmaterialien evtl. unter Zusatz von sulfatfreier essigsaurer Tonerde im Einbadverfahren, im Zweibadverfahren mit Nachbehandlung von essig- bzw. ameisensaurer Tonerde.

Prästabitöl CH **Chem. Fabr. Stockhausen & Cie., Krefeld.**

i/Kurs: ja; *Konstit.:* Wachs + Emulgator; *Äuß.:* dicke, trübe, gelbliche Flüssigkeit; *Reakt.:* schwach sauer; *Eigensch.:* auch in sehr hartem Wasser und in Gegenwart größerer Mengen anorganischer Salze hervorragend weichmachend und glättend; *Lö. Be.:* durch Erhitzen des Produktes auf 50—60° C und Einrühren der 5—10fachen Menge 60—70° C heißen Wassers erhält man eine fette, weiße Emulsion von praktisch absoluter Kalk-, Salz- und Säurebeständigkeit; *Verw.:* für Salzappreturen; in Verbindung mit Essigsäure und essigsaurer Tonerde zur Farbvertiefung; *Mengen:* 2—10 g/l; *H. Pat., V. Pat.:* DRP.

Prästabitöl G **Chem. Fabr. Stockhausen & Cie., Krefeld.**

i/Kurs: ja; *analog:* Prästabitöl S, V und K spez.; Prästabitöl NR; *ähnlich:* Triumph-Öl-Supra; *Konstit.:* hochsulfoniertes Öl (ohne Gehalt an aliphat.

Sulfosäuren!); *Äuß.:* Flüssigkeit, braun; *Reakt.:* sauer; *Eigensch.:* faserschützende Wirkung gegenüber Wolle; erteilt weichen Griff; Netz-, Egalisier- und Durchfärbevermögen, besonders in saurem Bade; erzeugt frische Farbtöne; *Lö. Be.:* Best. zwischen Monopolbrillantöl und Prästabitöl V; *Verw.:* zur Bittersalzappretur; für Bleicherei und Beuche; beim Färben, namentlich i. d. sauren Wollfärberei; (nach Prof. Herbig auch f. d. Karbonisation!); z. Abziehen; im Zeugdruck; als Zusatz zur Walke; i. d. Hutfärberei; b. Umfärben; *H. Pat., V. Pat.:* DRP.; *Lit.:* Seifensieder-Ztg. 1932 S. 45—47; Melliand Textilber. 1928 S. 759; 1930 S. 610; 1931 S. 196.

Prästabitöl GA **Chem. Fabr. Stockhausen & Cie., Krefeld.**

i/Kurs: nein; *analog:* Prästabitöl VA; *Konstit.:* hochsulfoniertes Öl (enthält nur Schwefelsäureester, aber keine aliph. Sulfosäuren!); *Verw.:* in der Appretur; *Lit.:* Melliand Textilber. 1931 S. 196.

Prästabitöl KG **Chem. Fabr. Stockhausen & Cie., Krefeld.**

i/Kurs: ja; *ähnlich:* Triumph-Öl-Supra; *Konstit.:* hochsulfoniertes Öl + Lösungsmittel (ohne Gehalt an aliph. Sulfosäuren!); *Äuß.:* Öl, hellbraun; *Reakt.:* sauer; *Eigensch.:* lösende Wirkung für Wachsstoffe und Pektinkörper; hohes Netz- und Durchdringungsvermögen; erteilt der Merzerisierflotte hohe Schrumpfwirkung in kürzester Zeit; erteilt dem Material guten Griff und hohes Farbstoffaufnahmevermögen; schont das Merzerisiergut; gestattet die Verwendung von Laugen geringerer Konzentration als üblich (meist genügen Laugen von 25° Bé); gestattet die Merzerisation unabgekochten Materials; *Lö. Be.:* beständig gegen Alkalilaugen bis zu 36° Bé; *Verw.:* für die Merzerisation, auch unabgekochter Ware; *Mengen:* bei abgekochter Ware: 2—5 g/l; bei Rohware: 10—20 g/l (vor dem Zusatz zur Merzerisierlauge mit der zweifachen Menge Wasser verdünnen!); *H. Pat., V. Pat.:* DRP. angemeldet; *Lit.:* Melliand Textilber. 1931 S. 196.

Prästabitöl KN **Chem. Fabr. Stockhausen & Cie., Krefeld.**

i/Kurs: ja; *ähnlich:* Triumph-Öl-Supra; *analog:* Prästabitöl ZA, ZN und NR; *Konstit.:* Ölsulfonat (enthält nur Schwefelsäureester, aber keine aliphatischen Sulfosäuren!) + aromatische Sulfosäure (lösungsmittelhaltig); *Äuß.:* Öl, hellbraun; *Reakt.:* schwach sauer gegen Phenolphthalein; *Eigensch.:* starkes Netzvermögen, auch bei gewöhnlicher Temperatur; *Lö. Be.:* hochbeständig gegen Säuren; gut beständig gegen Kalk und Bittersalz; *Verw.:* zum Vornetzen und leichten Abkochen von Baumwolle und Kunstseide vor d. Färben; als Zusatz b. Färben; zum Kaltnetzen; *Lit.:* Melliand Textilber. 1931 S. 196.

Prästabitöl K spez. **Chem. Fabr. Stockhausen & Cie., Krefeld.**

i/Kurs: ja; *analog:* Prästabitöl G; *Konstit.:* hochsulfoniertes Öl; (enthält keine aliph. Sulfosäuren!); *Äuß.:* Flüssigkeit, bräunlich; *Reakt.:* sauer; *Eigensch.:* faserschützend und gleichzeitig netzend und egalisierend; besonders wirksam beim Färben in Apparaten mit kupferner Armatur; *Lö. Be.:* wie Prästabitöl G; *Verw.:* beim Färben von empfindlichem Wollmaterial; beim Abziehen; beim Auffärben; *Mengen:* 1—2% d. W.; *Lit.:* Melliand Textilber. 1928 S. 759; 1930 S. 610; 1931 S. 196.

Prästabitöl NR **Chem. Fabr. Stockhausen & Cie., Krefeld.**

i/Kurs: ja; *analog:* Prästabitöl G und V; Prästabitöl ZN; Prästabitöl KN; Prästabitöl ZA; *Konstit.:* Seife + hochsulfoniertes Öl (ohne Gehalt an aliphat. Sulfosäuren!); *Äuß.:* dunkelgelbes Öl; *Reakt.:* neutral; *Eigensch.:* ungewöhnlich hohes Netzvermögen, insbesondere in alkalischer Lösung; Fließvermögen; gute egalisierende Wirkung; verleiht in der Beuche und bei offener Laugenabkochung den Bädern rasches Durchdringungsvermögen; *Lö. Be.:* beständig in Natronlauge bis zu 5° Bé; mäßig kalk- und säurebeständig; *Verw.:* NB. nicht in Merzerisierlaugen! als Färbeöl in substantiven, Schwefel-, Naphthol- und Indanthrenfarbflotten; in der Beuche und bei offener Laugenabkochung; zum Durchfärben im Indanthrenklotzverfahren; *Mengen:* zum Vornetzen: 1—2 g; i. d. Beuche: 0,5% d. W.; im Prästabitöl-Klotzverfahren: 10 g/l.

Prästabitöl S **Chem. Fabr. Stockhausen & Cie., Krefeld.**

i/Kurs: nein; *analog:* Prästabitöl G und V sowie Intrasol; *ähnlich:* Triumph-Öl-Supra; *Konstit.:* hochsulfoniertes Rizinusöl (enthält keine aliphatischen Sulfosäuren!); *Äuß.:* bräunlich; *Reakt.:* sauer; *Eigensch.:* schutzkolloide Wirkung; vermeidet die Ausfällung von Kalkseifen in hartem Wasser; Netz-, Egalisier- und Durchfärbevermögen, besonders in saurem Bade; faserschützende Wirkung; erzeugt frische Farbtöne; *Lö. Be.:* — ebenso wie G — sehr gut säurebeständig; *Verw.:* zum Färben, Abziehen und Umfärben von Wolle sowie Halbwolle; in der Schwerappretur; *H. Pat., V. Pat.:* DRP. angem.; *Lit.:* Seifensieder-Ztg. 1932 S. 45—47; Melliand Textilber. 1931 S. 196.

Prästabitöl TL **Chem. Fabr. Stockhausen & Cie., Krefeld.**

i/Kurs: ja; *analog:* Prästabitöl V; *Konstit.:* (neben anderem) hochsulfoniertes Öl; *Äuß.:* klares, hellbraunes Öl; *Reakt.:* schwach sauer; *Eigensch.:* Netz- und Egalisiervermögen sowie faserschützende Wirkung in der Wollfärberei; schutzkolloide Wirkung; Reinigungs- und Schaumvermögen; *Lö. Be.:* löst sich klar in Wasser; höchste Kalkbeständigkeit; *Verw.:* als Färbeöl in der Wollfärberei, vor allem für Palatinecht- und Neolanfarbstoffe; als Zusatz zur Karbonisation und sauren Walke; als hochwirksames Schutzmittel für die Wollfaser; als Griffverbesserungsmittel in der Appretur von Wolle und Wollstra; *Mengen:* 1—2 g/l in der Farbflotte; 2 g/l in der Karbonisation; 1% in der Walke; 3—5 g in der Appretur.

Prästabitöl V **Chem. Fabr. Stockhausen & Cie., Krefeld.**

i/Kurs: ja; *ähnlich:* Triumph-Öl-Supra; *analog:* Prästabitöl G und S; Prästabitöl NR; *Konstit.:* hochsulfoniertes Öl[1, 2]; (nach Prof. Herbig: + Lösungsmittel; eine Angabe, die falsch sein dürfte); (enthält nur Schwefelsäureester, praktisch frei von nichtsulfonierten Bestandteilen; aber keine aliph. Sulfosäuren!); *Äuß.:* Flüssigkeit, gelbbraun; *Reakt.:* sauer; *Eigensch.:* Netz-, Egalisier-, Farbstoffdispergier- und Durchfärbevermögen; faserschützende Wirkung gegen Wolle; erzeugt frische Farbtöne und weiches Material; *Lö. Be.:* höchst beständig gegen Kalk, Säure, Bittersalz, Chlor- und Alkalilauge; *Verw.:* in der Beuche und Bleicherei; in der Baumwoll- und Kunstseidenfärberei; namentlich in der Küpenfärberei; speziell zum Durchfärben dichtgeschlagener Ware im Klotzverfahren; in der Bittersalzappretur; in der Wollfärberei; namentlich auch beim Färben von Palatinechtfarbstoffen; als Faserschutzmittel beim Abziehen und Umfärben; zum Färben von Teppichgarn; in der Filzfärberei und für Halbwolle; in der Karbonisation; beim Zeugdruck; *Mengen:* i. d. Beuche und Bleiche: 0,3—1% ; i. d. Baumwollfärberei: 0,5—1,5% ; im Klotzverfahren: 30 g/l; i. d. Wollfärberei: 0,5—1% ; i. d. Karbonisation: 1—3 g/l (unter gleichzeitiger Verringerung der Säurekonzentration um 1—2° Bé); *H. Pat.*, *V. Pat.*: DRP.; *Lit.*: Melliand Textilber.[1] 1928 S. 759; 1930[2] S. 610, 788; 1931 S. 196; Seifensieder-Ztg. 1932 S. 45—47.

Prästabitöl VA **Chem. Fabr. Stockhausen & Cie., Krefeld.**

i/Kurs: ja; *analog:* Prästabitöl GA; *Konstit.*: hochsulfoniertes Öl, praktisch frei von nicht sulfonierten Bestandteilen (enthält nur Schwefelsäureester, aber keine aliph. Sulfosäuren!); *Verw.*: in der Appretur; *Lit.*: Melliand Textilber. 1931 S. 196.

Prästabitöl Z **Chem. Fabr. Stockhausen & Cie., Krefeld.**

i/Kurs: ja; *analog:* Prästabitöl V; *Konstit.*: hochsulfoniertes Öl (nach Spezialverfahren hergestellt) + Lösungsmittel; *Äuß.*: hellbraunes Öl; *Reakt.*: schwach sauer gegen Phenolphthalein; *Eigensch.*: kaltnetzend; besonders in alkalischen Lösungen hochwirksam; *Lö. Be.*: in Wasser klar löslich; auch in alkalischer Lösung und gegen Chlor beständig; *Verw.*: als Kaltnetzmittel vor allem in Chlorbleichlaugen; *Mengen:* 2—3 g/l.

Prästabitöl ZA **Chem. Fabr. Stockhausen & Cie., Krefeld.**

i/Kurs: nein; *ähnlich:* Triumph-Öl-Supra; *analog:* Prästabitöl KN, ZN und NR; *Konstit.*: neues synthetisches Produkt (enthält Schwefelsäureester, aber keine aliphatischen Sulfosäuren!); *Äuß.*: Öl, rötlich; *Reakt.*: neutral; *Eigensch.*: hervorragende Netzfähigkeit in neutraler und auch in alkalischer Flotte, sowohl in der Kälte als auch besonders in der Kochhitze, sowie auch in sauren Flotten; *Lö. Be.*: beständig in Laugen, die bis zu 12—15 g NaOH/l enthalten; *Verw.*: als Netzmittel für Baumwolle und Kunstseide; (NB. für Merzerisationszwecke Prästabitöl KG verwenden!); b. d. Appretur und b. Färben; *Mengen:* allgemein: 0,3—0,5 g/l; bei sehr konzentrierten Appreturflotten oder sehr kurzen Färbeflotten: bis zu 1 g/l; *Lit.*: Melliand Textilber. 1931 S. 196.

Prästabitöl ZN **Chem. Fabr. Stockhausen & Cie., Krefeld.**

i/Kurs: ja; *ähnlich:* Triumph-Öl-Supra; *analog:* Prästabitöl KN, ZA und NR; *Konstit.*: neues synthetisches Produkt (enthält Schwefelsäureester, aber keine aliphatischen Sulfosäuren!); *Äuß.*: rötliches Öl; *Reakt.*: neutral; *Eigensch.*: siehe Prästabitöl ZA! *Lö. Be.*: siehe Prästabitöl ZA! *Verw.*: als Netzmittel für Baumwolle und Kunstseide; (im Gegensatz zu Prästabitöl ZA) auch in der Chlorbleiche; *Mengen:* siehe Prästabitöl ZA! *Lit.*: Melliand Textilber. 1931 S. 196.

Prästapol **Chem. Fabr. Stockhausen & Cie., Krefeld.**

i/Kurs: ja; *Konstit.*: (neben anderem) hochsulfoniertes Öl + Lösungsmittel; *Äuß.*: fast klare, braune Flüssigkeit; *Reakt.*: neutral; *Eigensch.*: Netz-, Egalisier-, Dispergier- und Durchfärbevermögen; faserschützend gegenüber Wolle; *Lö. Be.*: wasserlöslich; höchst beständig gegen Kalk, Säure, Bittersalz; *Verw.*: als Waschmittel und als Netz- und Egalisiermittel im Färbebad; besonders für Mischgewebe zur Erzielung reibechter Färbungen; *Mengen:* 1 g/l.

Prästapol BF **Chem. Fabr. Stockhausen & Cie., Krefeld.**

i/Kurs: ja; *analog:* Prästapol; *Konstit.*: (neben anderem) hochsulfoniertes Öl + Lösungsmittel; *Äuß.*: fast klare, braungelbe Flüssigkeit; *Reakt.*: praktisch neutral; *Eigensch.:* netzend und egalisierend im Farbbad; waschend und lösend; *Lö. Be.:* in Wasser klar löslich; beständig gegen die Härtebildner des Wassers, sowie gegen Säuren und Alkalien; *Verw.:* als Vorreinigungsmittel sowie als waschendes Färbeöl (in der Farbflotte nachträgliche Reinigung des Farbgutes ohne Beeinträchtigung der Färbung!); löst Farbstoffe gut beim Anteigen und egalisiert Färbungen, besonders auf Mischgespinsten sehr gut; *Mengen:* als Färbeöl: 1—3 g/l; zum Nachwaschen: bis 5 g/l.

Prästapol TP **Chem. Fabr. Stockhausen & Cie., Krefeld.**

i/Kurs: ja; *analog:* Prästapol; *Konstit.:* (neben anderem) hochsulfoniertes Öl + Lösungsmittel; *Äuß.:* klare, dicke Flüssigkeit; *Reakt.:* praktisch neutral; *Eigensch.:* im Farbbad wirksam; Waschvermögen bei gleichzeitiger Egalisierwirkung; besonders starkes Lösevermögen für ölige Verunreinigungen; *Lö. Be.:* in Wasser löslich; hochbeständig gegen Härtebildner des Wassers, Säuren und Alkalien; *Verw.:* als Waschmittel für Kunstseide und Mischgespinste sowohl zur Vorwäsche als auch im Farbbad; *Mengen:* 1—2 g/l.

Preska 110 **Chem. Fabr. Th. Rotta, Zwickau i. Sa.**

i/Kurs: ja; *analog:* den übrigen Preskamarken; *Äuß.:* Paste; *Reakt.:* schwach alkalisch; *Eigensch.:* setzt das Knittern sämtlicher Textilien außer Azetatseide ohne Umstellung der bisherigen Arbeitsweise herab (ohne zusätzliche Nachbehandlung); verleiht Textilien erhöhte Elastizität; macht die Ware gleichzeitig voller und schwerer; bei Anwendung auf Wollstra können die üblichen Füllmittel gespart werden; *Lö. Be.:* ergibt emulsionsartige Lösungen; *Verw.:* zur Verminderung des Knitterns von Textilien; für alle kunstseidenen Waren wie Kleiderstoffe, Krepps, Krawatten-, Futter- und Hemdenstoffe, Samte, Trikotagen usw., für baumwollene Artikel und deren Mischgewebe, auch für Gewebe aus reiner Zellwolle und Mischgewebe von Wolle mit Zellwolle; zusammen mit Pyran W oder WN zur Erzielung eines besonders kräftigen Griffes, zusammen mit 10—25 g/l Melanol W im Preskabade zur Erlangung besonders hoher Weichheit; für alle Waren mit Ausnahme von Samten und Satins; *Mengen:* durch Übergießen mit kochendem Wasser vorher lösen bei mindestens 70° C; zwischen 80—150 g/l schwankend; *H. Pat., V. Pat.:* DRP. angem.

Preska 170 G **Chem. Fabr. Th. Rotta, Zwickau i. Sa.**

i/Kurs: ja; *analog:* den übrigen Preskamarken; *Äuß.:* Paste; *Reakt.:* schwach alkalisch; *Eigensch.:* setzt das Knittern sämtlicher Textilien außer Azetatseide ohne Umstellung der bisherigen Arbeitsweise herab (ohne zusätzliche Nachbehandlung); verleiht Textilien erhöhte Elastizität; macht die Ware gleichzeitig voller und schwerer; bei Anwendung auf Wollstra können die üblichen Füllmittel gespart werden; *Lö. Be.:* ergibt emulsionsartige Lösungen; *Verw.:* zur Verminderung des Knitterns von Textilien; für alle kunstseidenen Waren, wie Kleiderstoffe, Krepps, Krawatten-, Futter- und Hemdenstoffe, Samte, Trikotagen usw. für baumwollene Artikel und deren Mischgewebe, auch für Gewebe aus reiner Zellwolle und Mischgewebe von Wolle mit Zellwolle; zusammen mit Pyran W oder WN zur Erzielung eines besonders kräftigen Griffes, zusammen mit 10—25 g/l Melanol W im Preskabade zur Erlangung besonders hoher Weichheit; besonders für die Artikel, bei denen besonderer Wert auf hohen Glanz gelegt wird, wie bei Samten und Satins; *Mengen:* durch Übergießen mit kochendem Wasser vorher lösen bei mindestens 70° C; zwischen 80—150 g/l schwankend; *H. Pat., V. Pat.:* DRP. angem.

Preska 180 M **Chem. Fabr. Th. Rotta, Zwickau i. Sa.**

i/Kurs: ja; *analog:* den übrigen Preskamarken; *Äuß.:* Paste; *Reakt.:* schwach alkalisch; *Eigensch.:* setzt das Knittern sämtlicher Textilien außer Azetatseide ohne Umstellung der bisherigen Arbeitsweise herab (ohne zusätzliche Nachbehandlung); verleiht Textilien erhöhte Elastizität; macht die Ware gleichzeitig voller und schwerer; bei Anwendung auf Wollstra können die üblichen Füllmittel gespart werden; vermindert Knitterbildung bei Geweben aus reiner Zellwolle und Mischgeweben von Wolle mit Zellwolle, erteilt diesen Geweben gleichzeitig einen deutlichen Wollcharakter und drückt unerwünschten Speckglanz; *Lö. Be.:* ergibt emulsionsartige Lösungen; *Verw.:* zur Verminderung des Knitterns von Textilien; für alle kunstseidenen Waren, wie Kleiderstoffe, Krepps, Krawatten-, Futter- und Hemdenstoffe, Samte, Trikotagen usw. für baumwollene Artikel und deren Mischgewebe, auch für Gewebe aus reiner Zellwolle und Mischgewebe von Wolle mit Zellwolle; zusammen mit Pyran W oder WN zur Erzielung eines besonders kräftigen Griffes, zusammen mit 10—25 g/l Melanol W im Preskabade zur Erlangung besonders hoher Weichheit; besonders für die Ausrüstung von Geweben aus reiner Zellwolle und Mischgeweben von Wolle mit Zellwolle; *Mengen:* durch Übergießen mit kochendem Wasser vorher lösen bei mindestens 70° C; zwischen 80—150 g/l schwankend; *H. Pat., V. Pat.:* DRP. angem.

Preska 220 A **Chem. Fabr. Th. Rotta, Zwickau i. Sa.**

i/Kurs: ja; *analog:* den übrigen Preskamarken; *Äuß.:* Paste; *Reakt.:* schwach alkalisch; *Eigensch.:* setzt das Wasseraufnahmevermögen deutlich herab (Zellwolle!); enthält keine Aluminiumsalze; erteilt allen Textilien erhöhte Elastizität, erzeugt Wasserabperleffekt, setzt Wasserempfindlichkeit herab; erteilt Zellwolle einen wollähnlichen Griff; vermindert das Knittern; *Lö. Be.:* ergibt emulsionsartige Lösungen; *Verw.:* zur Verminderung des Knitterns und zur gleichzeitigen wasserabstoßenden Imprägnierung von Textilien (Kunstseide, Zellwolle, Baumwolle und Mischgewebe); zur Erzielung einer erhöhten Weichheit der Ware zusammen mit 2—5 g/l Melanol W; *Mengen:* schwankend zwischen 80—120 g/l (mit der gleichen bis doppelten Menge kalten bis lauwarmen Wassers gleichmäßig anteigen und direkt in die 70° C warme Flotte geben!); NB. um einen guten Wasserabperleffekt zu erhalten, müssen natürlich alle aus Wäscherei oder Färberei stammenden Netzmittelreste vorher kräftig ausgespült werden; man kann auch, um einen besonders guten Wasserabperleffekt zu erhalten, die mit Preska behandelte und getrocknete Ware auf einem Foulard noch ein kaltes Bad passieren lassen, das etwa 10 g/l ameisensaure Tonerde enthält, und anschließend nochmals trocknen; *H. Pat., V. Pat.;* DRP. angem.

Prikolin **Chem. Fabr. R. Baumheier, Oschatz-Zschöllau.**

i/Kurs: ja; *Äuß.:* gelbliche Flüssigkeit; *Reakt.:* neutral; *Lö. Be.:* wasserlöslich; *Verw.:* in der Finish-Appretur — nur für Wolle.

Prikolin W **Chem. Fabr. R. Baumheier, Oschatz-Zschöllau.**

i/Kurs: ja; *Äuß.:* weiße Paste; *Reakt.:* neutral; *Eigensch.:* verleiht der Ware vollen, weichen Griff; *Lö. Be.:* in heißem Wasser löslich; *Verw.:* als Appreturmittel für Wollstra und Mischgewebe.

Prikolin Z **Chem. Fabr. R. Baumheier, Oschatz-Zschöllau.**

i/Kurs: ja; *Äuß.:* dickliche, gelbe Flüssigkeit; *Eigensch.:* verleiht der Ware vollen, weichen Griff; *Verw.:* als Appreturmittel für Zellwolle und Mischgewebe.

Prima Wollschmälze K **W. Städting Nachf., Leipzig-Lindenau.**

Konstit.: fetts. NH_4 (10,9%) + freie Ölsäure (3,8%) + Neutralfett (1%) + Ammoniak (0,6%) + Wasser (75,2%); *Verw.:* als Schmelzmittel.

Prima Wollschmälze M **W. Städting Nachf., Leipzig-Lindenau.**

Konstit.: fetts. NH_4 (6,3%) + freie Ölsäure (1,4%) + Neutralfett (0,7%) + Ammoniak (0,4%) + Wasser (85,2%); *Verw.:* als Schmelzmittel.

Printogen N **A. Holtmann & Co., Berlin NO 43.**

i/Kurs: ja; *analog:* Printogen W; *Konstit.:* Kohlenwasserstoffverbindungen; *Äuß.:* hellgelbes, klares Öl; *Reakt.:* neutral; *Eigensch.:* unverseifbar; hohe Schmierfähigkeit; bildet keine Salze, greift Metalle nicht an; erhöht die Zügigkeit, verlängert die Haltbarkeit von Druckpasten; liefert scharfe Drucke; wirkt der Schaumbildung entgegen; geringer Reduktionsmittelverbrauch bei Ätzpasten; verhütet das Brechen von Kunstseide durch verhärtete Verdickungen; *Lö. Be.:* (nicht in Wasser, aber) in Druckpasten emulgierbar; indifferent gegen Säuren, Alkalien, Oxydations- und Reduktionsmittel, Salze und Farbstoffe, die beim Garn und Zeugdruck Verwendung finden; *Verw.:* im Maschinen-, Film-, Schablonen-, Bürst-, Spritz- und Handdruck; *Mengen:* (in Verdickungen und Druckpasten durch Einrühren während des Abkühlens zu einer feinen Emulsion verteilen!); im Hand-, Film- und Spritzdruck: 15—30 g/kg Druckpaste; im Rouleaudruck: 25—50 g/kg Druckpaste; *H. Pat., V. Pat.:* DRP., Auslandspatente; *Lit.:* Melliand Textilber. 1925 Heft 12 S. 922—923; 1927 Heft 6 S. 548; Heft 12 S. 1021 bis 1024; 1933 Heft 1 S. 30—32.

Printogen W **A. Holtmann & Co., Berlin NO 43.**

i/Kurs: ja; *analog:* Printogen N; *Konstit.:* emulgierte Kohlenwasserstoffverbindungen; *Äuß.:* klares, hellgelbes Öl; *Reakt.:* neutral; *Eigensch.:* hohe Schmierfähigkeit; erhöht die Zügigkeit und Unveränderlichkeit von Druckpasten und die Farbtiefe; keine Beeinträchtigung der Farbnuance; liefert scharfe Drucke, verhindert das Verlaufen der Druckpasten und das Brechen von Kunstseide durch verhärtete Verdickungen; wirkt der Schaumbildung entgegen (daher geringer Reduktionsmittelverbrauch); kann den fertigen Druckpasten zugesetzt werden; greift Metalle nicht an, bildet keine Salze; *Lö. Be.:* in Wasser leicht emulgierbar; indifferent gegen Säuren, Alkalien, Salze, Reduktions- und Oxydationsmittel, sowie gegen alle beim Garn- und Zeugdruck verwendbaren Farbstoffe; *Verw.:* im Maschinen-, Film-, Schablonen-, Bürst-, Spritz- und Handdruck; *Mengen:* für Hand- und Filmdruck: 15—30 g/kg Druckpaste; für Rouleaudruck: 25—50 g/kg Druckpaste; *H. Pat., V. Pat.:* DRP.; Auslandspatente; *Lit.:* Melliand Textilber. 14. Jahrg. (Januar 1933) S. 30—32; 17. Jahrg. (Februar 1936) S. 47—48; Dtsch. Wollengewerbe 69. Jahrg. (Januar 1937) Heft 7 S. 87; (März 1937) Heft 20 S. 340; Klepzigs Textil-Z. 40. Jahrg. (Mai 1937) Heft 20 S. 312—313; Mschr. Textilind. 52. Jahrg. (Juli 1937) Heft 7 S. 190—192.

Produkt CFD 1931 Pulver **Zschimmer & Schwarz, Chemnitz.**

Geb.-J.: 1936; *i/Kurs:* ja; *analog:* Produkt CFD 1931; *Äuß.:* weißes Pulver.

Propylat K 10 **Böhme Fettchemie, Chemnitz.**

Geb.-J.: 1930; *i/Kurs:* ja; *Konstit.:* Fettalkoholsulfonat + Mineralöl; *Äuß.:* braune Flüssigkeit; *Reakt.:* sauer; *Eigensch.:* macht die Garne gut verarbeitbar; *Lö. Be.:* gibt mit kaltem Wasser Emulsion; gut beständig gegen Alkali, Säure und hartes Wasser; *Verw.:* als Durchspulöl für Wirk- und Strickgarne aus Kunstseide, Zellwolle und Baumwolle; *Mengen:* 10—30 g/l; *H. Pat., V. Pat.:* ja; *Lit.:* Kunstseide 1932 S. 398; Fettchem. Umschau 1936 S. 38.

Prosapol

Lit.: Seifensieder-Ztg. 1917 S. 171 (R. König).

Protamol

Konstit.: Abkochung aus Reismehl (von entschältem Bruchreis); *Eigensch.:* gibt der Ware einen gut deckenden Appret und vollen Griff; *Verw.:* in der Schlichterei und Appretur.

Protectol-Agfa I **I. G. Farbenindustrie AG., Frankfurt a. M.**

Geb.-J.: 1920; *i/Kurs:* nein; *Ersatz:* Protectol I Pulver und Protectol I Pulver doppelt; *Konstit.:* Erzeugnis aus Zellstoffablauge; *Äuß.:* Flüssigkeit; *Eigensch.:* beseitigt bzw. vermindert die schädliche Wirkung alkalischer Laugen auf die Wollfaser; hohes Netz-, Durchdringungs-, Egalisier-, Durchfärbevermögen; erhält bzw. erhöht die Weichheit der Faser; *Verw.:* als Zusatz zur Küpenfärberei; als Faserschutzmittel; *Mengen:* 2—5% d. W.; *Lit.:* Melliand Textilber. 1921 S. 353; 1930 S. 610; Z. ges. Textilind. 1931 Heft 23.

Protectol farblos fest konz. **I. G. Farbenindustrie AG., Frankfurt a. M.**

Geb.-J.: 1923; *i/Kurs:* ja; *Konstit.:* Kondensationsprodukt; *Äuß.:* weißes Pulver; *Reakt.:* neutral; *Eigensch.:* faserschützend (gegen Alkali) für Wolle, Seide, Haare usw.; ermöglicht energisches Waschen, Erhöhung der Alkalimenge und der Temperatur von Wollwaschbädern über 42° (Schmelzpunkt des Wollfettes und günstigste Emulsionierungstemperatur!); erhält der Wollfaser Glanz, Weichheit, Elastizität, Spinnfähigkeit und Reißfestigkeit; ermöglicht Entbastung von S und HS mit Alkali, ohne Seife (bei 50°); ohne Eigenfarbe; kein Anfärben tierischer Fasern; *Lö. Be.:* leicht löslich in Wasser; beständig gegen hartes Wasser; ausreichend beständig gegen Alkalien; *Verw.:* zur alkalischen Behandlung von W und S; beim Abziehen von W oder KW mit Decrolin usw.; beim Anmerzerisieren von HS-Geweben; beim Entbasten von Seide mit Natronlauge; (NB. nicht als Zusatz beim Färben von W oder S in neutralen oder sauren Bädern oder von HW, HS, S, KS mit substantiven, Schwefel- oder Küpenfarbstoffen — in diesem Falle Protectol Agfa I oder Protectol II N verwenden!); *Mengen:* beim Waschen von Wolle: 0,35—0,75% der Ware; beim Entbasten von Seide (Gloriageweben): neben 13 ccm Natronlauge von 40° Bé: 6,5 g/l (Eingehen bei 45—50° C — Behandeln bei dieser Temperatur ca. $^3/_4$—1 Stde. — Spülen — mit etwas Essigsäure absäuern! — nochmals gründlich spülen!) *H. Pat., V. Pat.:* patentiert.

Protectol I Pulver doppelt **I. G. Farbenindustrie AG., Frankfurt a. M.**

Geb.-J.: 1925; *Ersatz:* für Protectol-Agfa I; *analog:* Protectol I Pulver (jedoch doppelt so konzentriert); *Konstit.:* Sulfitzelluloseablauge; *Äuß.:* Pulver; *Eigensch.:* hohes Netz-, Durchdringungs-, Egalisier-, Durchfärbevermögen; erhält bzw. erhöht die Weichheit der Faser und schützt vor Alkaliangriff; *Lö. Be.:* leicht löslich in heißem Wasser; *Verw.:* beim Entbasten von Seide (mit scharfen Seifen), Färben der Wolle mit Küpenfarbstoffen (Ätznatronhydrosulfitküpe); zum Färben empfindlicher Waren, wie Orleans und Filze in schwach alkalischen Bädern; (b. Töten d. Felle m. Sodalsg.;) *Mengen:* 1—2,5% d. W.

Protectol II N **I. G. Farbenindustrie AG., Frankfurt a. M.**

Geb.-J.: 1931; *i/Kurs:* ja; *Konstit.:* Sulfitzelluloseablaugeprodukt; *Äuß.:* dunkelbraune Flüssigkeit; *Reakt.:* schwach sauer; *Eigensch.:* schützt die Wollfaser; schont das Material beim Abziehen, gibt weichen Griff, lockert die Wollfaser auf; bessere Aufhellung der Buntmaterialien; gibt in der Halbwollfärberei der einbadig gefärbten Ware weichen Griff, verhindert Hitzfalten und Knitterbildung; erhält in der Wollechtfärberei die Elastizität der Wolle, gewährleistet weichen Griff, bessere Spinn- und Walkfähigkeit; *Lö. Be.:* in Wasser leicht löslich; beständig gegen hartes Wasser, Alkali und Säure; *Verw.:* als Faserschutzmittel; beim Abziehen von Altmaterial; in der HW-Einbadfärberei (neutral); in der Wollechtfärberei; *Mengen:* beim Abziehen von Wollumpen und Kunstwolle nach dem Spülen der karbonisierten Ware: 1,5—2% neben 9—12% Soda; in der Halbwolleinbadfärberei: 2—3%; in der Wollechtfärberei: 2—4%; *H. Pat., V. Pat.:* patentiert.

Protectol II Pulver doppelt **I. G. Farbenindustrie AG., Frankfurt a. M.**

Geb.-J.: 1925; *Ersatz:* f. Protectol-Agfa II; *analog:* Protectol II Pulver (jedoch doppelt so konzentriert); *Konstit.:* Sulfitzelluloseablauge; *Äuß.:* Pulver; *Eigensch.:* hohes Netz-, Durchdringungs-, Egalisier-, Durchfärbevermögen; erhält bzw. erhöht die Weichheit der Faser und schützt vor Alkaliangriff; *Lö. Be.:* leicht löslich in heißem Wasser; *Verw.:* beim Waschen der Wolle, Kunstwolle, Halbwolle; beim Färben der Halbwolle mit substantiven und Schwefelfarbstoffen; beim Färben der Halbseide mit Schwefelfarbstoffen; (beim Töten der Felle mit Sodalösung;) als Schutz-, Durchfärbe- und Egalisierungsmittel; beim Färben auch empfindlicher Ware, wie Orleans und Filze, selbst in schwach alkalischem Bade; *Mengen:* 1—2,5% d. W.

Protegin **Th. Goldschmidt AG., Essen.**

i/Kurs: ja; *Konstit.:* Lösung von Cholesterin-Verbindungen in Vaselin; *Verw.:* zur Herstellung neutraler und saurer Emulsionen; *Lit.:* Seifensieder-Ztg. 1932 S. 141ff.

Pulitol **Dr. A. Schmitz, Düsseldorf-Oberkassel.**

Geb.-J.: 1931; *i/Kurs:* ja; *Konstit.:* Fettalkoholsulfonat; *Äuß.:* Flüssigkeit, gelb; *Eigensch.:* sehr gutes Netzvermögen in kaltem wie in kochendem Bade; faserschützende und weichmachende Wirkung auf die Wollfaser, auf die es aufzieht; verhindert Kalkseifenbildung; *Lö. Be.:* beständig gegen Säure und hartes Wasser; beständig in Bittersalzappreturen höchster Konzentrationen; *Verw.:* als Färbe- und Avivageöl für Wolle, Baumwolle, Seide, Kunstseide und Mischgewebe, die bei Verwendung von Pulitol in einem

Arbeitsgang gefärbt und aviviert werden können; als Faserschutzmittel i. d. Karbonisation; zum Weichmachen in der Appretur, auch Bittersalzappretur; *Mengen:* im Färbebade: 0,1 %; in der Karbonisierflotte: 0,05 %; in Appreturmassen: 0,3—1 %.

Puropolöl „A" **J. Simon & Dürkheim, Offenbach a. M.**

i/Kurs: ja; *Konstit.:* Sulforizinat (mittlerer Sulfonierungsgrad; ohne Fettlöser!); *Äuß.:* gelbe Flüssigkeit; *Eigensch.:* kann jeder Appretur zugesetzt werden; gute Netz- und Emulgierwirkung; klebt nicht; weichmachend; erschließt die Faser leicht; verleiht Farben einen klaren Ton; verhindert das Bronzieren in der Schwarzfärberei; *Lö. Be.:* löst sich klar in Wasser; *Verw.:* für Schlichte und Appretur; *Lit.:* Seifensieder-Ztg. 1930 S. 495; Melliand Textilber. 1930 S. 610.

Puropolöl amg **J. Simon & Dürkheim, Offenbach a. M.**

Geb.-J.: 1928; *i/Kurs:* ja; *Konstit.:* sulfoniertes Rizinusöl (mittlerer Sulfonierungsgrad); *Äuß.:* Öl, gelb; *Reakt.:* neutral bis schwach sauer; *Eigensch.:* netzend; weichmachend; griffigmachend; *Lö. Be.:* säurebeständig; bittersalzbeständig (bei Zusatz von 0,5 % Puropolöl amg zu einer 10 %igen Bittersalzlösung entsteht eine dauerhafte Emulsion, bei Zugabe größerer Mengen eine klare durchsichtige Lösung; 1 % gibt mit 50 %iger Bittersalzlösung während 24 Stdn. keine Ausscheidung!); bildet keine Kalkseifen in hartem Wasser; *Verw.:* als bittersalz- und säurebeständiges Appreturöl; zusammen mit Milch- und Ameisensäure, für die Appretur von Wolle, Baumwolle und Kunstseide; auch in saurem Bade verwendbar! (Färberei!); als Zusatz direkt z. Bleichflotte; *Mengen:* 1—5 %; *Lit.:* Seifensieder-Ztg. 1930 S. 495; Melliand Textilber. 1930 S. 610.

Puropolöl EM **J. Simon & Dürkheim, Offenbach a. M.**

Geb.-J.: 1927; *i/Kurs:* ja; *analog:* Puropolöl EMP und Puropolöl EMK; *Konstit.:* Rizinusöl- (Kondensationsprodukt) Ammoniumseife; (nach Herbig d. Anhydr. v. Rizinusöl erhalten!); Seife + Fettlöser[1]; *Äuß.:* dunkel rotbraunes, dickliches Öl; *Reakt.:* technisch neutral; *Eigensch.:* hohes Emulgiervermögen; liefert haltbare und beständige Emulsionen; *Verw.:* zur Herstellung von Emulsionen aus Olivenöl, Erdnußöl, Leinöl, Olein, Talg, Tran, Paraffin, Mineralöl, die für die Avivage von Seide, insbesondere auch Kunstseide, Verwendung finden; zur Selbstherstellung von Spinnschmelzen für Wolle; *Mengen:* a) bei Fett-Ölemulsionen: 6,5 Teile auf 15,5 Teile zu emulgierendes fettes Öl neben: 78 Teilen Wasser und 0,25 Teilen Ammoniak 25 %ig; b) bei Paraffin-, (Mineralöl-, Wachs-) Emulsionen: 12 Teile auf 10 Teile Paraffin neben: 76 Teilen Wasser und 2 Teilen Kalilauge 50° Bé (Temperatur ca. 60°); *H. Pat., V. Pat.:* DRP. a.; *Lit.:* Melliand Textilber. 1928 Nr. 9; 1929 Nr. 1; 1930 Nr. 3; [1] 1930 S. 610; 1931 Nr. 11; Seifensieder-Ztg. 1930 S. 495.

Puropolöl EMK **J. Simon & Dürkheim, Offenbach a. M.**

Geb.-J.: 1927; *i/Kurs:* ja; *analog:* Puropolöl EM und Puropolöl EMP; *Konstit.:* Rizinusöl-(Kondensationsprodukt) Natron- bzw. Kaliseife; *Äuß.:* dunkel rotbraunes, dickliches Öl; *Reakt.:* technisch neutral; *Eigensch.:* hohes Emulgiervermögen; liefert haltbare und beständige Emulsionen; *Verw.:* zur Herstellung von Emulsionen aus Olivenöl, Erdnußöl, Leinöl, Olein, Talg, Tran, Paraffin, Mineralöl, die für die Avivage von Seide, insbesondere auch Kunstseide, Verwendung finden; zur Selbstherstellung von Spinnschmelzen für Wolle; *Mengen:* a) bei Fett-Ölemulsionen: 6,5 Teile auf 15,5 Teile zu emulgierendes fettes Öl neben: 78 Teilen Wasser und 0,25 Teilen Ammoniak 25%ig; b) bei Paraffin-, (Mineralöl-, Wachs-) Emulsionen: 12 Teile auf 10 Teile Paraffin neben: 76 Teilen Wasser und 2 Teilen Kalilauge 50° Bé (Temperatur ca. 60°); *H. Pat., V. Pat.:* DRP. a.; *Lit.:* Melliand Textilber. 1928 Nr. 9; 1929 Nr. 1; 1930 Nr. 3; 1931 Nr. 11; Seifensieder-Ztg. 1930 S. 495.

Puropolöl EMP **J. Simon & Dürkheim, Offenbach a. M.**

Geb.-J.: 1927; *i/Kurs:* ja; *analog:* Puropolöl EM und Puropolöl EMK; *Konstit.:* Rizinusöl-(Kondensationsprodukt) Natron- bzw. Kaliseife + Alkali (das zur Bereitung der Emulsion noch nötig ist und daher bei der Verwendung fortgelassen werden kann); (siehe Mengen!); *Äuß.:* dunkel rotbraunes, dickliches Öl; *Reakt.:* technisch neutral; *Eigensch.:* hohes Emulgiervermögen; liefert haltbare und beständige Emulsionen; *Verw.:* zur Herstellung von Emulsionen aus Olivenöl, Erdnußöl, Leinöl, Olein, Talg, Tran, Paraffin, Mineralöl, die für die Avivage von Seide, insbesondere auch Kunstseide, Verwendung finden; zur Selbstherstellung von Spinnschmelzen für Wolle; *Mengen:* a) bei Fett-Ölemulsionen: 6,5 Teile auf 15,5 Teile zu emulgierendes fettes Öl neben: 78 Teilen Wasser und 0,25 Teilen Ammoniak 25%ig; b) bei Paraffin-, (Mineralöl-, Wachs-) Emulsionen: 12 Teile auf 10 Teile Paraffin neben: 76 Teilen Wasser und 2 Teilen Kalilauge 50° Bé (Temperatur ca. 60°); *H. Pat., V. Pat.:* DRP. a.. siehe auch DRP. 556889! *Lit.:* Melliand Textilber. 1928 Nr. 9; 1929 Nr. 1; 1930 Nr. 3; 1931 Nr. 11; Seifensieder-Ztg. 1930 S. 495.

Puropolöl „NB“ **J. Simon & Dürkheim, Offenbach a. M.**

i/Kurs: ja; *Konstit.:* Sulforizinat (mittlerer Sulfonierungsgrad!) + Kohlenwasserstoff; *Eigensch.:* netzend; farbstofflösend; beseitigt Mineralöl-, Harz-, Paraffinverunreinigungen; *Lö. Be.:* beständig gegen Bittersalz, Milch- und Ameisensäure; *Verw.:* als Netz- und Beuchöl; beim Färben im Farbbad und zum Anteigen von Farbstoffen; *Lit.:* Seifensieder-Ztg. 1930 S. 495; Melliand Textilber. 1930 S. 610.

Puropolöl NB „amg“ **J. Simon & Dürkheim, Offenbach a. M.**

i/Kurs: ja; *Lö. Be.:* kalk-, säure- und bittersalzbeständig; *Verw.:* als Netz- und Fettlösemittel.

Puropolöl S **J. Simon & Dürkheim, Offenbach a. M.**

Geb.-J.: 1932; *i/Kurs:* ja; *analog:* wird 50%ig und 100%ig, neutral, sauer und schwach alkalisch geliefert; *Konstit.:* sulfoniertes Rizinusöl; *Äuß.:* Öl, gelb; *Reakt.:* s. oben! *Eigensch.:* enthält keine klebenden Bestandteile; hinterläßt in der Ware keinen Geruch; gibt geschmeidigen Griff, volle Farben; Durchfärbevermögen; verhindert bei direktem und gekuppeltem Schwarz sowie bei Schwefelschwarz das Bronzieren; verhindert die Bildung von Kalkseifen, löst entstandene Kalkseifen; Netz-, Reinigungs- und Lösevermögen für Öle und Fette, auch Mineralöle; Egalisierungsvermögen; faserschützend; gibt hohen Glanz und weichen Griff; kann auch zusammen mit Seife verwendet werden; *Lö. Be.:* säure-, salz- und kalkbeständig; *Verw.:* (man löst zunächst kochend in der 3—5fachen Menge Wasser!); zum Grundieren von Neurot; zusammen mit den mit anderen Ölen hergestellten Ölbeizen für Krappbäder; für Türkischrot- und Alizarinfarben; für substantive, Entwicklungs- und Schwefelfarbstoffe; in der Halbwoll-

und Halbseidenfärberei; in der Apparate- und Kufenfärberei für Kopse und Kreuzspulen; beim Färben gemischter Gewebe — nach dem sauren Vorfärben der Wolle oder Seide —; beim Decken der Baumwolle mit Direktfarbstoffen; als Reinigungsmittel in der Seidenfärberei sowie als Zusatz beim Färben der Seide mit basischen, sauren, substantiven und Entwicklungsfarbstoffen; in der sauren Wollfärberei; bei Chromierungs- und Beizenfarbstoffen; zur Avivage von mit Schwefelfarbstoffen gefärbten Waren; als Zusatz z. Beuchen und Aufschließen der Faser; vor und bei der Bleiche; in der Wollwäsche; als Netzmittel für gewaschene Wolle; zum Waschen karbonisierter Ware; in der sauren Walke; in der Appretur zusammen mit Bittersalz; in der Bleicherei; in der Merzerisation; z. Färben von Fäden und Zwirnen; als Netzmittel für Baumwolle, Wolle usw.; *Mengen:* in der Färberei: 3—4 g/l; b. d. Karbonisation: 5 g/l; i. d. Schlichterei: im Verhältnis 1 : 10 lösen und dem kochenden Kartoffelmehl zusetzen; z. Weichmachen b. Färben neben Marseiller Seife (4%): 4% d. W.; *Lit.:* Seifensieder-Ztg. 1930 S. 495.

Puropolseife — **J. Simon & Dürkheim, Offenbach a. M.**

i/Kurs: ja; *Konstit.:* Sulforizinat; *Verw.:* in der Merzerisation; als Netzmittel beim Beuchen, in der Wollwäsche, in der sauren Walke; besonders auch, in Verbindung mit Marseiller Seife, als Zusatz zur Bleichflotte.

Purpurol

Eigensch.: ermöglicht das Drucken auf ungeölter Ware; *Verw.:* als Zusatz zu Druckfarben.

Purton — Stärke — **Zschimmer & Schwarz, Chemnitz.**

Geb.-J.: 1930; *i/Kurs:* ja; *Konstit.:* aufgeschlossene Stärke; *Äuß.:* Pulver, weiß; *Reakt.:* neutral; *Lö. Be.:* leicht und klar löslich in Wasser; *Verw.:* in der Buntwebwaren-Appretur und Streichgarnschlichterei.

Purton, Wasch- und Bleichpulver — **Zschimmer & Schwarz, Chemnitz.**

Geb.-J.: 1932; *i/Kurs:* ja; *Konstit.:* Fettalkoholderivat + Netzmittel + Perborat + Soda (geringe Menge) + Stabilisator (zwecks verlangsamter Sauerstoffabgabe!); *Äuß.:* Pulver, weiß; *Reakt.:* schwach alkalisch; *Eigensch.:* enth. kein Chlor; hohes Schaum-, Netz-, Wasch-, Reinigungs-, Emulgier- und Bleichvermögen (etwa 3fache Wirkung wie die üblichen selbsttätigen Waschmittel!); gibt lagerbeständiges Weiß; kein Nachgilben und Riechen; verhindert, zusammen mit Seife benutzt, die Bildung schädlicher Kalkseifen; peptisiert vielmehr die Kalkseifen; faserschonend; *Lö. Be.:* absolut beständig gegen Wasser aller Härtegrade; absolut säurebeständig; *Verw.:* zum Waschen und Bleichen für alle Faserarten, wie Baumwolle, Wolle, Seide, Kunstseide; in der Bleicherei; in Wäschereien; im Haushalt; auch zum Spülen; für sich allein als auch zusammen mit Seife für Weiß- wie für Buntwäsche; als Zugabe neben Seife z. Einweichen; *Mengen:* (NB. vor der Verwendung in etwa der 20fachen Menge Wassers von 35—40° auflösen!); allgemein: 1 g/l (65—85° C); b. Wasser bis 10° d. H.: an Stelle v. bish. 100 g Seifenflocken: 70 g Flocken + 5 g P. neben üblicher Sodamenge; b. Wasser bis 20° d. H.: an Stelle v. bish. 100 g Seifenflocken: 80 g Flocken + 8 g P. neben üblicher Sodamenge; b. Wasser von > 20° d. H.: an Stelle v. bish. 100 g Seifenflocken: 80 g Flocken + 10 g P. neben üblicher Sodamenge; (bei letzterem nach vorheriger Wasserenthärtung durch Erwärmen auf 70° und Zugabe von Soda!); NB. ist die Mitverwendung von Fettlöserseife geboten, dann: b. Wasser bis 10° d. H.: Seifenflocken, Tetraseife WW Supra und Purtonpulver im Verhältnis 55 : 40 : 5; b. Wasser bis 20° d. H.: im Verhältnis 50 : 40 : 10; b. Wasser v. > 20° d. H.: im Verhältnis 60 : 40 : 10; *H. Pat., V. Pat.:* DRP. angem.

Pyran FG **Chem. Fabr. Th. Rotta, Zwickau i. Sa.**

i/Kurs: ja; *Konstit.:* organische Harnstoffkomplexverbindung; *Äuß.:* Flüssigkeit; *Reakt.:* neutral; *Eigensch.:* ermöglicht die Foulardappretur für Futterstoffe, ersetzt die Rakelappretur; keine Beeinträchtigung von Farbe und Glanz; wegen seiner rein organischen Zusammensetzung mit Appreturmitteln anderer Art und mit Weichmachungsmitteln geringer Beständigkeit mischbar; hitzebeständig, bei normaler Bügeltemperatur treten keine Farbumschläge ein; gibt einen vollen, weichen, geschmeidigen, eleganten Griff; *Lö. Be.:* in warmem Wasser leicht löslich; *Verw.:* für die Futterstoffausrüstung; zur Ausrüstung für bessere Futterstoffe (Herrenfutterstoffe); desgleichen zur Ausrüstung von Taften, Satins und glatten Kunstseidenwaren; *Mengen:* beim linksseitigen Auftragen: Flotten von 15—40%; beim Vollbad: Flotten von 5—20%.

Pyran W **Chem. Fabr. Th. Rotta, Zwickau i. Sa.**

i/Kurs: ja; *Konstit.:* organische Harnstoffkomplexverbindung; *Äuß.:* Flüssigkeit; *Reakt.:* neutral; *Eigensch.:* ermöglicht die Foulardappretur für Futterstoffe, ersetzt die Rakelappretur; hitzebeständig, bei normaler Bügeltemperatur keine Farbumschläge; vermittelt Damenfutterstoffen einen deutlich kernigen Griff unter Erhaltung des Glanzes; gibt reinen wie gemischten kunstseidenen Webwaren kernigen Griff, Wollstrawaren den Charakter reiner Kammgarnware, kunstseidenen Trikotwaren den Charakter einer Webware (Hemdentrikot!); kein Belegen der Farben, kein Auskristallisieren während des Lagerns; ermöglicht gleichzeitige Anwendung von Imprägnier-, Beschwer- oder Weichmachungsmitteln; *Lö. Be.:* in warmem Wasser leicht löslich; *Verw.:* für die Ausrüstung billiger Futterstoffe, insbesondere Damenfutterstoffe; zur Appretur von Vistra, wenn ohne Nachbehandlung zu weicher Ausfall; als Spezialappreturmittel zur Erzeugung voller und kerniger Griffe auf Zellwolle, Baumwolle, deren Mischgeweben und Trikotagen aller Art; für Futterstoffe aus Kunstseide und Baumwolle (ohne Glanzminderung); allgemein für besonders kräftige Griffe; als Austausch für stärkehaltige Appreturen; *Mengen:* beim linksseitigen Auftragen: Flotten von 5—20%; beim Vollbad: Flotten von 3—15%; für kunstseidene Kleiderstoffe: 5 g/l; bei Futterstoffen aus Kunstseide und Baumwolle: 5—10%ige Flotten.

Pyran WN **Chem. Fabr. Th. Rotta, Zwickau i. Sa.**

i/Kurs: ja; *Konstit.:* organische Harnstoffkomplexverbindung; *Äuß.:* Flüssigkeit; *Reakt.:* neutral; *Eigensch.:* läßt sich infolge der rein organischen Zusammensetzung zusammen mit allen gebräuchlichen Appreturmitteln und Ölen verwenden; kein Belegen der Farben; kein Auskristallisieren während des Lagerns; ermöglicht gleichzeitige Anwendung von Imprägnier-, Beschwer- oder Weichmachungsmitteln; *Verw.:* als Spezialappreturmittel zur Erzeugung voller, kerniger Griffe auf Zellwolle (Vistra) und ihren sämtlichen Mischgeweben (Wollstra), auf Baumwolle und Mischgeweben (Halbwolle), auf Trikotagen aus Kunstseide und Baumwolle, auf kunstseidenen Futterstoffen; *Mengen:* für kunstseidene Futterstoffe: 5—20 g/l, sonst: Flotten von 5—10%.

Pyrex A **Zschimmer & Schwarz, Chemnitz.**

Geb.-J.: 1936; *i/Kurs:* ja; *Konstit.:* Phosphatgemisch; *Äuß.:* weißes Kristallpulver; *Reakt.:* schwach alkalisch; *Lö. Be.:* unbegrenzt beständig; *Verw.:* zum Flammsichermachen von Textilien.

Pyrex extra **Zschimmer & Schwarz, Chemnitz.**

Geb.-J.: 1936; *i/Kurs:* ja; *Konstit.:* Phosphatgemisch; *Äuß.:* weißes Kristallpulver; *Reakt.:* schwach alkalisch; *Eigensch.:* verhindert die Verschleierung dunkler Farben; *Lö. Be.:* unbegrenzt beständig; *Verw.:* zum Flammsichermachen von Textilien.

Pyrgoflex **Chem. Fabr. Pyrgos G. m. b. H., Radebeul-Dresden.**

Geb.-J.: 1935; *i/Kurs:* ja; *Äuß.:* gelbliche Paste; *Reakt.:* neutral; *Eigensch.:* verleiht der Ware einen weichen, seidenartigen Griff; kann den meisten Schlicht- und Appreturflotten direkt zugesetzt werden, so daß kein besonderer Arbeitsgang notwendig ist; *Lö. Be.:* in Wasser löslich; *Verw.:* als Weichmach- und Aviviermittel; sowohl für Strang- als auch für Stückware; zum Ausrüsten von Kunstseiden aller Art, Mischgeweben, merzerisierter Baumwolle, Baumwolle und Wolle, insbesondere Handarbeitsgarnen, Strumpf- und Trikotwaren; zum Nachbehandeln von Woll- und Baumwollwaren, die durch den Bleichprozeß im Griff hart und rauh geworden sind; *Mengen:* bei Verwendung von Stärke, Dextrin, Pflanzenschleim usw.: 1—2 g/l zur Erzeugung einer gewissen Fülle und doch angenehmen Geschmeidigkeit; sonst je nach Art des Gewebes und dem gewünschten Griff: 1—5 g/l (Pyrgoflex nach und nach unter ständigem Rühren mit der 10fachen Menge 60° C warmen Wassers, das auf 100 l 25 g kalz. Soda enthält, verdünnen! die so erhaltene Stammemulsion dann in die restliche Wassermenge bzw. die Appreturflotte bei 60° C eingießen!).

Pyridol O **Zschimmer & Schwarz, Chemnitz.**

Geb.-J.: 1936; *i/Kurs:* ja; *Konstit.:* sulfonierte Fettstoffe + Abkömmlinge heterozyklischer Basen; *Äuß.:* braune Flüssigkeit; *Reakt.:* neutral; *Eigensch.:* von schwachem Geruch; *Lö. Be.:* koch-, säure- und kalkbeständig; wasserlöslich; *Verw.:* als Egalisierungsmittel für alle Mischgewebe; *Mengen:* 0,5—1 g/l.

Pyridol PT **Zschimmer & Schwarz, Chemnitz.**

Geb.-J.: 1937; *i/Kurs:* ja; *Konstit.:* Naphthensäuresulfonate + heterozyklische Base; *Äuß.:* braune Flüssigkeit; *Reakt.:* neutral; *Eigensch.:* von mildem Geruch; *Lö. Be.:* koch-, säure-, kalk- und glaubersalzbeständig; *Verw.:* als Durchfärbemittel für alle Faserarten, auch Mischfaserartikel, insbesondere auch Wolle; *Mengen:* 0,2—1,5 g/l.

Quellin **Kantorowicz & Co., Breslau 1.**

Konstit.: Stärke (lösl.); *Verw.:* als Stärkeschlichte, die nicht aufgeschlossen zu werden braucht.

Queron W **Chem. Fabr. Th. Rotta, Zwickau i. Sa.**

i/Kurs: ja; *Konstit.:* Fett + Emulgator; *Äuß.:* milchige Flüssigkeit; *Reakt.:* schwach sauer; *Eigensch.:* hochkonzentriert; der Griff von mit Queron behandelter Ware ist im Gegensatz zu dem Griff einer mit dem sonst für diese Zwecke viel benutzten Glyzerin behandelten Ware vollkommen stabil, kein Nachhärten oder Feuchtwerden; bewirkt bei Rauhware schonungsvolles Laufen der Kratzen, gibt dem Stoff erwünschten Glanz; verhindert das Schreiben der Ware; *Lö. Be.:* vollkommen beständig gegen hartes Wasser und salzhaltige Appreturmittel; *Verw.:* zum Weichmachen harter Wollwaren und zur Erzeugung schliffiger Griffe auf wollenen Geweben; auch für

Wollstragarne oder -stoffe; als Zusatz zu Appreturmittelbädern, um den brettigen Griff einer stark gummierten Ware eleganter und schliffiger herauszubringen; zusammen mit Paralin E konz. bzw. ES konz. im gleichen Bade zur Erzielung einer besonders weichen Imprägnierung; *Mengen:* zum Weichmachen auf der Gummiermaschine oder Haspelkufe: 5—10 g/l (mit etwas warmem Wasser verdünnen und der am günstigsten auf etwa 40° C angewärmten Flotte zugeben); als Zusatz zu Appreturmittelbädern und in Verbindung mit Imprägniermitteln: 5—10 g/l.

Rabic **Chem. Fabr. Pfersee, Augsburg.**

Geb.-J.: 1926; *i/Kurs:* ja; *analog:* den übrigen Rabicmarken: Rabic zeigt die geringste Viskosität, Rabic G und Q eine wesentlich höhere; *Konstit.:* lösliche Stärke; *Äuß.:* weißes Pulver; *Eigensch.:* stets gleichbleibende Viskosität der Flotten, unveränderte Klebkraft und Ergiebigkeit; gleichmäßiger Ausfall damit behandelter Ware bzw. Kette; (die verschiedenen Rabicmarken besitzen gleiche oder höhere Klebkraft als natürliche Kartoffelstärke und unterscheiden sich von ihr durch Reinheit und in der Viskosität der Lösungen; gegenüber Stärkekleister besitzen sie infolge ihrer niedrigen Viskosität ausgezeichnetes Fasereindringungsvermögen); hohe Ausgiebigkeit und Klebkraft; leichtes, vollkommenes Ein- und Durchdringen der einzelnen Fasern, klare und gut haltbare Flotten, gleichmäßiger Warenausfall; kein Brechen der Appretur, keine Trübung und Verschleierung der Farben, kein Nachhärten oder Nachfeuchten auf Lager; kein Stauben der Ketten; ergibt störungsfreilaufende Fäden; verträgt sich mit den bei Stärkeappreturen üblichen Zusatzmitteln und mit allen anderen Stärken und stärkeähnlichen Produkten; *Verw.:* beim Appretieren und Schlichten für alle Faserarten; Rabic wird für möglichst dünnflüssige Schlichten oder Appreturen, z. B. in der Strangschlichterei oder Appretur von S, KS, HS, W, HW, Samte usw. genommen, während Rabic G und Q für hochviskose Schlichten und Appreturflotten dient, wie z. B. für Beschwerungsschlichten, Beschwerungsappreturen, Rakelappreturen, Teppichrückenappreturen usw.! auch zusammen mit Textal K, Textal P und Textal T zum Schlichten; *Mengen:* mit der jeweils notwendigen Wassermenge kalt anrühren, unter Rühren zum Kochen treiben, bis klarflüssig, dann auf die Verwendungstemperatur abkühlen!

Rabic G **Chem. Fabr. Pfersee, Augsburg.**

Geb.-J.: 1926; *i/Kurs:* ja; *analog:* den übrigen Rabicmarken: Rabic zeigt die geringste Viskosität, Rabic G und Q eine wesentlich höhere; *Konstit.:* lösliche Stärke; *Äuß.:* weißes Pulver; *Eigensch.:* stets gleichbleibende Viskosität der Flotten, unveränderte Klebkraft und Ergiebigkeit; gleichmäßiger Ausfall damit behandelter Ware bzw. Kette; (die verschiedenen Rabicmarken besitzen gleiche oder höhere Klebkraft als natürliche Kartoffelstärke und unterscheiden sich von ihr durch Reinheit und in der Viskosität der Lösungen; gegenüber Stärkekleister besitzen sie infolge ihrer niedrigen Viskosität ausgezeichnetes Fasereindringungsvermögen); hohe Ausgiebigkeit und Klebkraft; leichtes, vollkommenes Ein- und Durchdringen der einzelnen Fasern, klare und gut haltbare Flotten, gleichmäßiger Warenausfall; kein Brechen der Appretur, keine Trübung und Verschleierung der Farben, kein Nachhärten oder Nachfeuchten auf Lager, kein Stauben der Ketten; ergibt störungsfreilaufende Fäden; verträgt sich mit den bei Stärkeappreturen üblichen Zusatzmitteln und mit allen anderen Stärken und stärkeähnlichen Produkten; *Verw.:* beim Appretieren und Schlichten; für alle Faserarten; Rabic wird für möglichst dünnflüssige Schlichten oder Appreturen, z. B.

in der Strangschlichterei oder Appretur von S, KS, HS, W, HW, Samte usw. genommen, während Rabic G und Q für hochviskose Schlichten und Appreturflotten dient, wie z. B. für Beschwerungsschlichten, Beschwerungsappreturen, Rakelappreturen, Teppichrückenappreturen usw.! auch zusammen mit Textal K, Textal P und Textal T zum Schlichten; *Mengen:* mit der jeweils notwendigen Wassermenge kalt anrühren, unter Rühren zum Kochen treiben, bis klarflüssig, dann auf die Verwendungstemperatur abkühlen!

Rabic J **Chem. Fabr. Pfersee, Augsburg.**

Geb.-J.: 1930; *i/Kurs:* ja; *analog:* den übrigen Rabicmarken (siehe auch diese!); *Konstit.:* Johannisbrotkernmehl; *Äuß.:* graues Pulver; *Verw.:* beim Drucken, Appretieren und Schlichten; *Mengen:* NB. durch ein feines Sieb unter ständigem Umrühren der Flotte auf die Oberfläche des kalten Wassers — evtl. zusammen mit Kartoffelmehl usw. — streuen und dann unter ständigem Rühren 15—20 Min. kochen; bei Herstellung der Flotten unter Druck (evtl. nach vorherigem Vermischen mit Stärken) mit kaltem Wasser durch sorgfältiges Einstreuen anteigen und dann in den Druckkessel geben! bei $1^1/_2$ Atm. 15—20 Min. kochen!

Rabic L **Chem. Fabr. Pfersee, Augsburg.**

Geb.-J.: 1926; *i/Kurs:* ja; *analog:* den übrigen Rabicmarken (siehe auch diese!); *Konstit.:* lösliche Stärke; *Äuß.:* weißes Pulver; *Reakt.:* neutral; *Eigensch.:* hohe Bindekraft; gibt vollen, natürlichen Appret; kein Belegen der Farben; unschädlich; greift Gummi nicht an; gibt rasch trocknenden, lagerechten Appret; *Lö. Be.:* in kochendem Wasser klar löslich; *Verw.:* beim Appretieren; insbesondere zum Ausrüsten von Gummibändern und Bändern jeder anderen Art; *Mengen:* vor Gebrauch mit dem entsprechenden Quantum Wasser anrühren und 10 Min. aufkochen! beim Appretieren: 1 kg auf 10 l Wasser.

Rabic Q **Chem. Fabr. Pfersee, Augsburg.**

Geb.-J.: 1926; *i/Kurs:* ja; *analog:* den übrigen Rabicmarken: Rabic zeigt die geringste Viskosität, Rabic G und Q eine wesentlich höhere; *Konstit.:* lösliche Stärke; *Äuß.:* weißes Pulver; *Eigensch.:* stets gleichbleibende Viskosität der Flotten, unveränderte Klebkraft und Ergiebigkeit; gleichmäßiger Ausfall damit behandelter Ware bzw. Kette (die verschiedenen Rabicmarken besitzen gleiche oder höhere Klebkraft als natürliche Kartoffelstärke und unterscheiden sich von ihr durch Reinheit und in der Viskosität der Lösungen; gegenüber Stärkekleister besitzen sie infolge ihrer niedrigen Viskosität ausgezeichnetes Fasereindringungsvermögen); hohe Ausgiebigkeit und Klebkraft; leichtes, vollkommenes Ein- und Durchdringen der einzelnen Fasern, klare und gut haltbare Flotten, gleichmäßiger Warenausfall; kein Brechen der Appretur, keine Trübung und Verschleierung der Farben, kein Nachhärten oder Nachfeuchten auf Lager, kein Stauben der Ketten; ergibt störungsfreilaufende Fäden; verträgt sich mit den bei Stärkeappreturen üblichen Zusatzmitteln und mit allen anderen Stärken und stärkeähnlichen Produkten; *Verw.:* beim Appretieren und Schlichten; für alle Faserarten; Rabic wird für möglichst dünnflüssige Schlichten oder Appreturen, z. B. in der Strangschlichterei oder Appretur von S, KS, HS, W, HW, Samte usw. genommen, während Rabic G und Q für hochviskose Schlichten und Appreturflotten dient, wie z. B. für Beschwerungsschlichten, Beschwerungsappreturen, Rakelappreturen, Teppichrückenappreturen usw.!

auch zusammen mit Textal K, Textal P und Textal T zum Schlichten; *Mengen:* mit der jeweils notwendigen Wassermenge kalt anrühren, unter Rühren zum Kochen treiben, bis klarflüssig, dann auf die Verwendungstemperatur abkühlen!

Radium-Mattine **Böhme Fettchemie, Chemnitz.**

Geb.-J.: 1932; *i/Kurs:* ja; *Äuß.:* weiße Paste; *Eigensch.:* bewirkt eine hervorragende Mattierung von Kunstseiden aller Art nach dem Einbadverfahren; *Verw.:* zum Mattieren von Kunstseiden und kunstseidehaltigen Materialien nach dem Einbadverfahren im schwach sauren Bad; *Mengen:* NB. 1 Teil mit 30 Teilen heißem Wasser in Emulsion bringen! 2—15 g/l; im Foulard: 10—100 g/l.

Radium-Mattine Entwickler KM **Böhme Fettchemie, Chemnitz.**

Geb.-J.: 1935; *i/Kurs:* ja; *Konstit.:* Fettsulfonat; *Äuß.:* hellbraune Flüssigkeit; *Reakt.:* neutral bis schwach alkalisch; *Eigensch.:* verhindert das Umschlagen des Farbtons, verbessert die Lichtechtheit mattierter Ware; *Lö. Be.:* in kaltem Wasser löslich; gut beständig gegen Alkali, Säure und hartes Wasser; *Verw.:* zum Nachbehandeln mattierter Ware; *Mengen:* 0,5—1 g/l; *Lit.:* Melliand Textilber. 1936 S. 236.

Radium-Mattine T 53 **Böhme Fettchemie, Chemnitz.**

Geb.-J.: 1935; *i/Kurs:* ja; *Konstit.:* Pigment; *Äuß.:* weiße Paste; *Reakt.:* sauer; *Eigensch.:* substantiv; mattierend; avivierend; *Lö. Be.:* in kaltem Wasser leicht emulgierbar; beständig gegen schwache Säuren und hartes Wasser; *Verw.:* als Einbadmattierungsmittel für Kunstseide, Naturseide und Mischmaterial für helle bis mittlere Farbtöne; *Mengen:* 2—4 g/l; *H. Pat., V. Pat.:* angem.; *Lit.:* Melliand Textilber. 1936 S. 236; Dtsch. Textilwirtschaft 1937 Heft 5 S. 2.

Ramasit I **I. G. Farbenindustrie AG., Frankfurt a. M.**

Geb.-J.: 1927; *i/Kurs:* ja; *analog:* den übrigen Ramasit-Marken; *Konstit.:* Paraffin + Natriumsalz einer alkylierten Naphthalinsulfosäure + Leim (hoher Paraffingehalt); *Äuß.:* milchweiße Emulsion; *Reakt.:* vollkommen neutral; *Eigensch.:* enthält Paraffin in feinverteilter Form; hohes Benetzungs- und Durchdringungsvermögen; erzeugt Waren von geschmeidigem Griff und Glanz; beeinflußt Schlichten günstig in bezug auf Viskosität und Eindringungsvermögen; erzeugt haltbaren Seidengriff auf Kunstseide und Baumwolle; schont (infolge kalter Behandlung) die Färbung; ermöglicht die Verwendung säureunechter Farbstoffe; gibt Fülle, Hochglanz, Glätte, Weichheit und Geschmeidigkeit; vermeidet die Mitverwendung von Soda; *Lö. Be.:* mit Wasser läßt es sich haltbar verdünnen; ist in Gegenwart von Säuren anwendbar, dabei jedoch von geringerer Haltbarkeit; *Verw.:* für die Behandlung und Veredlung von Baumwolle, Wolle, Seide, Kunstseide und Mischgeweben; als Zusatz zu Schlichten und Appreturen; als Zusatz zu Schlichten für gefärbte und ungefärbte Garne aus Kunstseide (Präparationen); (NB. bei Ketten, die später gefärbt werden, muß die Schlichte vorher gründlich ausgewaschen werden!); als Zusatz beim Kaltschlichten; zur Erzeugung von Seidengriff auf Kunstseide und Baumwolle nach dem Einbadverfahren; in der Weißwäscherei an Stelle von Bienenwachs, Japanwachs und Walrat für Kragen, Tisch-, Bett- und Leibwäsche allein oder als Zusatz zu Stärkeflotten; zur Erzielung von Glanz und Glätte ohne Sprödigkeit, wobei sich ein Nachglanzieren erübrigt; *Mengen:* als Zusatz zu Schlichten und Appreturen: 2 ccm/l (mit der 3—4fachen Menge Wasser von 30—40° C vorverdünnen!); z. Erzeugung von Seidengriff auf Kunstseide: 5—10 ccm/l Wasser (5 Min. bei gewöhnlicher Temperatur; dann schleudern und trocknen!) (NB. das Verfahren eignet sich für alle Arten Kunstseide, auch Azetatseide!) z. Erzeugung von Seidengriff auf Baumwolle nach dem Zweibadverfahren: 3—5 ccm/l Seifenbad; i. d. Weißwäscherei, für Stärkekragen: 3—12 ccm/l (nach dem Auskochen der Stärke zusetzen, längeres Kollern in der Stärketrommel vermeiden!); für weiche Kragen: 10—20 ccm/l; zur Verwendung ohne Stärke: 4—20 ccm/l; (durchziehen oder mittels Zerstäuber zersprengen, kalandern oder bügeln!); *H. Pat., V. Pat.:* In- und Auslandspatente; *Lit.:* Melliand Textilber. 1930 S. 610.

Ramasit K konz. **I. G. Farbenindustrie AG., Frankfurt a. M.**

Geb.-J.: 1932; *i/Kurs:* ja; *analog:* den übrigen Ramasit-Marken; *Konstit.:* Paraffin + Natriumsalz einer alkylierten Naphthalinsulfosäure + Leim + Salz eines mehrwertigen Metalles; *Äuß.:* weiße Paste; *Reakt.:* schwach sauer; *Eigensch.:* gut haltbar; im Einbadverfahren ohne besondere Zusätze an Tonerdesalzen anwendbar; erhält dem Gewebe die natürliche Porosität und Festigkeit, erteilt ihm vorzüglichen Wasserdicht- und Abperleffekt; erteilt Kunstseide einen seideähnlichen knirschenden Griff; erhält Wolle und Baumwolle weich und geschmeidig und macht sie voller im Griff; wird von Füllmitteln und Appreturhilfsmitteln, wie Dextrin, nicht beeinflußt; ergibt fleckenfreie Ware; *Lö. Be.:* leicht löslich bzw. verdünnbar zu einer homogenen, weißen Emulsion; beständig, auch in hartem Wasser; *Verw.:* als Imprägnierungsmittel für alle Arten von Textilien, wie Wolle, Baumwolle, Kunstseide und Mischgewebe; *Mengen:* (NB. zunächst mit der 5- bis 10fachen Menge Wasser von ca. 60° C verrühren!); für das Imprägnieren von Stückware auf dem Foulard und Jigger: 20—30 g/l; a. d. Haspelkufe oder Waschmaschine: 5 g/l; bei gleichzeitigem Zusatz größerer Mengen Füllmittel: 40 g/l; z. Imprägnieren lose gestellten Windjackenstoffs: neben 200 g/l Dextrin: 20 g/l; z. Imprägnieren von Kunstseide im Strang zwecks Herstellung von Schirmstoffen: 5—10 g/l (Temperatur der Imprägnierflotten: ca. 25—30° C, bei trockenem Eingehen und dichtgeschlagenen Geweben: 60—70° C!) (trocknen auf üblichen Trockenmaschinen oder Hängevorrichtungen bei ca. 60° C und mehr!).

Ramasit KS konz. **I. G. Farbenindustrie AG., Frankfurt a. M.**

Geb.-J.: 1934; *i/Kurs:* ja; *analog:* Ramasit K konz.; *Konstit.:* Paraffin + Natriumsalz einer alkylierten Naphthalinsulfosäure + Leim + Salz eines mehrwertigen Metalles; *Äuß.:* weiße Paste; *Eigensch.:* wie Ramasit K konz.; *Verw.:* wie Ramasit K konz., besonders zum Imprägnieren von alkalischer Ware und dort, wo mit alkalischem Permutitwasser gearbeitet wird.

Ramasit KW konz. **I. G. Farbenindustrie AG., Frankfurt a. M.**

Geb.-J.: 1935; *i/Kurs:* ja; *Konstit.:* Paraffinemulsion (leimfrei); *Äuß.:* milchige Flüssigkeit; *Reakt.:* schwach sauer; *Eigensch.:* imprägniert; gibt vorzüglichen Abperl- und Wasserdichteffekt ohne Griffbeeinträchtigung, schaumfreie Imprägnierflotten hoher Beständigkeit; *Lö. Be.:* mit kaltem Wasser äußerst leicht mischbar; *Verw.:* zum Imprägnieren von W, S, BW, KS, Kunstspinnfaser, sowie Mischgeweben bzw. Mischfasern, besonders wenn weicher, voller Griff gewünscht und die saure Reaktion nicht stört; *Mengen:* NB. mit der 5fachen Menge weichen Wassers gewöhnlicher Temperatur (nicht über 30°, da sonst Ausfällungen) verrührt zur Flotte geben! (bei hartem und permutiertem Wasser Flotte schwach ansäuern — für 1° temporärer Härte: ca. 7,2 g Essigsäure 30%ig/100 l Flotte!) beim Imprägnieren, vorteilhaft auf Haspel, Jigger oder Waschmaschine, 10—50 g/l (bei 30—40 bis höchstens 50°); NB. längeres Imprägnieren und leichtes Erwärmen der Flotten steigern den Effekt; beim Imprägnieren durch Klotzen auf dem Foulard: 30—50 g/l (40—50°); NB. bei reinen Kunstseidenartikeln nehme man die Menge etwas höher wie bei Baumwollartikeln, bei Azetatseide imprägniere man 2mal mit Zwischentrocknung, allgemein führe man die trockene Ware ins Imprägnierbad, um eine möglichst große Aufnahme an Imprägniermittel zu erreichen! *H. Pat., V. Pat.:* patentiert.

Ramasit WD konz. **I. G. Farbenindustrie AG., Frankfurt a. M.**

Geb.-J.: 1927; *i/Kurs:* ja; *analog:* den übrigen Ramasit-Marken; *Konstit.:* Paraffin + Natriumsalz einer alkylierten Naphthalinsulfosäure + Leim (hoher Paraffingehalt); *Äuß.:* milchigweiße Emulsion; *Reakt.:* neutral; *Eigensch.:* gutes Netzvermögen; erteilt der behandelten Ware gleichzeitig eine Art Appretur und einen festen, doch geschmeidigen Griff sowie Glanz; verhütet Paraffinflecken und Auskristallisieren löslicher Salze beim Anfeuchten; erzeugt Garne guter Webfähigkeit; erhält die natürliche Porosität der Gewebe; ermöglicht trocknes Eingehen mit der Ware sowie Erschöpfen der Bäder bei Wolle oder Halbwolle auf Waschmaschinen oder Haspelkufen; *Lö. Be.:* ist mit Wasser in jedem Verhältnis haltbar zu verdünnen; *Verw.:* zum Wasserdichtmachen im Einbadverfahren von Textilien, wie Wolle, Halbwolle, Baumwolle, Seide, Kunstseide usw. in Form von Garn, Stückware usw., auch Hutstumpen; in Verbindung mit Tonerdesalzen im Einbadverfahren oder auch im Zweibadverfahren unter Nachbehandlung mit essigsaurer Tonerde von 3° Bé oder auch neben Marseiller Seife mit nachfolgender Tonerdebehandlung; bei Erfordernis einer Füllappretur zusammen mit Leim, Blutalbumin, Tragant, Stärke, Dextrin, Glyzerin, die der Imprägnierlösung ohne weiteres zugesetzt werden können; evtl. auch zusammen mit Glyzerin oder Nekal AEM zur Erzielung besonders weichen Griffs; *Mengen:* NB. zunächst mit der 2—3fachen Menge 30—40° warmen Kondenswassers verrühren! zum Wasserdichtmachen: neben 10 ccm essigsaurer bzw. ameisensaurer Tonerde von 6° Bé: 15 ccm/l oder: neben 5 bis 10 g/l Marseiller Seife: 10 ccm/l mit auffolgender Tonerdebehandlung (anschließend abquetschen bzw. schleudern und bei 70—80° trocknen!); NB. evtl. gewünschtes Eulanisieren von Wolle kann nach Erschöpfung des Ramasitbades in üblicher Weise auf der gleichen Flotte erfolgen! *H. Pat., V. Pat.:* In- und Auslandspatente; *Lit.:* Melliand Textilber. 1930 S. 610.

Rapidase **I. G. Farbenindustrie AG., Frankfurt a. M.**

analog: den Biolasen; diese werden unter dem Namen Rapidase im Ausland gehandelt.

Raxol **Mainzer & Co., Mannheim-Neckarau.**

Verw.: als Drucköl.

Rayonit **J. Simon & Dürkheim, Offenbach a. M.**

Geb.-J.: 1927; *i/Kurs:* ja; *analog:* Paraffinemulsion EMP 100%ig, Paraffinemulsion 100%ig und Imprägnator; *Konstit.:* Paraffin + Emulgator (+ Wasser); *Äuß.:* Teig (weißlich); *Reakt.:* nahezu neutral; *Eigensch.:* in jedem Verdünnungsgrad, auch bei stundenlangem Erwärmen auf 60°, beständig und nicht aufrahmend; hohes Durchdringungsvermögen; leichte

Auswaschbarkeit; griffigmachend; hochdispers (keine Fleckenbildung); glanzgebend; *Lö. Be.:* gibt mit Wasser eine Emulsion; *Verw.:* zum Appretieren und Schlichten von Baumwolle, Seide und Kunstseide; zum Imprägnieren im Zweibadverfahren (zusammen mit ameisensaurer oder essigsaurer Tonerde); in der Papierfärberei; *Mengen:* bei der Appretur von Kunstseide: 1—2 g/l; *H. Pat.:* DRP. 556889.

Reißöl CFD **Zschimmer & Schwarz, Chemnitz.**

Geb.-J.: 1922; *i/Kurs:* ja; *Konstit.:* Emulgiermittel + Mineralöl; *Äuß.:* Flüssigkeit; *Reakt.:* nahezu neutral; *Lö. Be.:* gibt mit Wasser Emulsionen; *Verw.:* zum Ölen losen Fasermaterials; zur Verhütung des Stäubens bei der Reißerei und Spinnerei von Kunstwolle u. ä.; *Mengen:* 1 Teil auf 10 Teile Wasser.

Reservol B **I. G. Farbenindustrie AG., Frankfurt a. M.**

Geb.-J.: 1931; *i/Kurs:* ja; *analog:* Ludigol; *Konstit.:* Oxydationsmittel; *Äuß.:* gelbliches Pulver; *Eigensch.:* wie Ludigol; hat aber als schwerlösliche Substanz vor diesem den Vorteil, daß es in der Farbküpe weniger zum Ausfließen neigt, so daß die „Bärte" der reservierten Stellen vermieden werden; kann die Wirkung der Rongalitätze aufheben; *Lö. Be.:* in Wasser unlöslich; *Verw.:* für Reserven unter Küpenfärbungen und unter Rongalitätzen; *H. Pat., V. Pat.:* patentiert.

Resolin NCP

Konstit.: Seife + Fettlöser; *Lit.:* Seifensieder-Ztg. 1932 Nr. 28.

Richterol

ähnlich: identisch mit Antibenzinpyrin; *Konstit.:* wasserfreies Magnesiumoleat; *Eigensch.:* erhöht die Leitfähigkeit des Benzins, verhütet so Brände; *Verw.:* i. d. Trockenwäscherei.

Rilanit **Dehydag, Berlin-Charlottenburg.**

i/Kurs: ja; *Konstit.:* Wachsprodukt (synthetisch); *Eigensch.:* Schmelzpunkt 78—79° C; *Verw.:* zur Erzeugung von Mattierungseffekten auf Kunstseide in Strang oder Gewebe nach vorheriger ganzer oder teilweiser Verseifung oder Emulgierung durch Seifenzusätze; *Mengen:* zur Erzeugung eines Mattierungsmittels für Kunstseide: 100 Teile Rilanit, 35,6 Teile KOH von 50° Bé (zur Verseifung in Gegenwart v. Wasser!); NB. auf 500 Teile Wasser auffüllen; von dieser 20%igen Ware nimmt man zum Mattieren im 1. Bad: 10—20 g/l und säuert im 2. Bad mit 3 g/l Essig- oder Ameisensäure.

Rilanwachs **Dehydag, Berlin-Charlottenburg.**

i/Kurs: ja; *Konstit.:* synthetisches Wachs; *Äuß.:* wachsartiger Körper; *Eigensch.:* besitzt große Härte; macht Gewebe griffiger und härter als Japanwachs; *Verw.:* als Ersatz für Japanwachs — wenigstens teilweise —: bei der Herst. von zur Imprägnierung von Geweben üblichen Wachsemulsionen; als Ersatz für Carnaubawachs: zur Herstellung von Putzmitteln, wie Schuhcreme, Bohnermassen, Poliermittel; an Stelle von Bienenwachs: zur Herstellung verseifter Cremes; für Bohnermassen und Autopoliermittel durch Verseifung unter Zusatz von Lösungsmitteln; in der Buntpapierfabrikation; zur Herstellung konsistenter Fette, Fettfarbstifte, Kohlepapiere usw.; *Mengen:* z. Herstellung einer Imprägnieremulsion: neben 3 Teilen Kernseife und 87 Teilen Wasser: 10 Teile.

Risopret **Diamalt AG., München.**

i/Kurs: ja; *Konstit.:* Eiweiß-Stärkeprodukt aus Reis; weißes Pulver; *Verw.:* für Appretur und Schlichte.

Rizinusölsaures Natrium **Chem. Fabr. Stockhausen & Cie., Krefeld.**

i/Kurs: ja; *analog:* Appreturöl W; *Konstit.:* Seife; *Reakt.:* neutral bis schwach alkalisch; *Eigensch.:* weichmachend; netzend; *Lö. Be.:* in Wasser klar löslich; nicht beständig gegen Kalk- und Bittersalz; *Verw.:* zum Weichmachen in der Avivage und in der Füllappretur.

Rongalit C **I. G. Farbenindustrie AG., Frankfurt a. M.**

i/Kurs: ja; *Konstit.:* Natrium-Sulfoxylat-Formaldehyd; ($NaHSO_2 \cdot CH_2O$) (+ 2 H_2O)*; *Verw.:* für Ätzzwecke; *Lit.:* * Melliand Textilber. 1930 S. 610.

Rongalit CL **I. G. Farbenindustrie AG., Frankfurt a. M.**

i/Kurs: ja; *Konstit.:* Natrium-Sulfoxylat-Formaldehyd mit Leukotropzusatz; ($NaHSO_2 \cdot CH_2O$); *Verw.:* für stärkere Ätzen, z. B. Naphthylaminbordeaux.

Rongalit CL extra **I. G. Farbenindustrie AG., Frankfurt a. M.**

i/Kurs: ja; *Konstit.:* Natrium-Sulfoxylat-Formaldehyd mit Leukotropzusatz; ($NaHSO_2 \cdot CH_2O$); *Verw.:* für stärkere Ätzen, z. B. Naphthylaminbordeaux.

Rongalit CW **I. G. Farbenindustrie AG., Frankfurt a. M.**

i/Kurs: ja; *Konstit.:* Natrium-Sulfoxylat-Formaldehyd; ($NaHSO_2 \cdot CH_2O$); *Verw.:* für Wollätzzwecke.

Roselinextrakt **Chem. Fabr. Pfersee, Augsburg.**

Geb.-J.: 1933; *i/Kurs:* ja; *Äuß.:* dickliche, graue Flüssigkeit bzw. Paste; *Eigensch.:* unschädlich; bindet sicher jeden Salzappret; gibt auch als selbständiges Präparat milden und geschmeidigen Griff auf Baumwollgeweben jeder Art; lagerbeständig; erhält die Leuchtkraft der Farben; kann in Verbindung mit aufgeschlossenem Kartoffelmehl, Spezialstärken und Dextrin verarbeitet werden; *Verw.:* beim Appretieren; *Mengen:* durchschnittlich 2—5%, bezogen auf die Flotte (in kaltes oder warmes Wasser einrühren!).

Roxalin **Mainzer & Co., Mannheim-Neckarau.**

Verw.: als Netzmittel.

Roxalit **Mainzer & Co., Mannheim-Neckarau.**

Verw.: als Kunstseidenölschlichte.

Sagolit B **F. Sager & Dr. Gossler, Heidelberg.**

i/Kurs: ja; *Konstit.:* verschiedene Lösungsmittel + Konservierungsmittel; *Äuß.:* Flüssigkeit; *Reakt.:* schwach alkalisch; *Eigensch.:* verhütet Schimmelpilzbildung und Stockigwerden des Garnes; netzend, durchdringend; hält die aufgenommene Flüssigkeit in der Faser fest, beseitigt das lästige Kringeln der Garne; *Verw.:* zum Befeuchten von Garnen (damit die zulässige Wassermenge absorbiert wird) in Baumwollspinnereien; *Mengen:* mit Wasser im Verhältnis 1:200 mischen! (vorteilhaft ist die Verwendung von weichem oder abgekochtem Wasser).

Sagolit W **F. Sager & Dr. Gossler, Heidelberg.**

i/Kurs: ja; *Konstit.:* verschiedene Lösungsmittel + Konservierungsmittel; *Äuß.:* Flüssigkeit; *Reakt.:* neutral; *Eigensch.:* verhütet Schimmelpilzbildung und Stockigwerden des Garnes; netzend, durchdringend; hält die aufgenommene Flüssigkeit in der Faser fest, beseitigt das lästige Kringeln der Garne; *Verw.:* zum Befeuchten von Garnen (damit die zulässige Wassermenge absorbiert wird) in Wollspinnereien; *Mengen:* mit Wasser im Verhältnis 1 : 200 mischen! (vorteilhaft ist die Verwendung von weichem oder abgekochtem Wasser).

Salen B **Böhme Fettchemie, Chemnitz.**

Geb.-J.: 1908; *i/Kurs:* ja; *Äuß.:* gelbe Paste; *Reakt.:* sauer; *Eigensch.:* verleiht Textilien Fülle, Beschwerung und geschmeidigen Griff; *Lö. Be.:* in heißem Wasser klar löslich; begrenzt beständig gegen Alkali, Säure und hartes Wasser; *Verw.:* als Beschwerungsappretur für Woll- und Halbwollwaren; *Mengen:* 20—100 g/l.

Salsulfon Base W **Sudfeldt & Co., Melle.**

i/Kurs: ja; *Konstit.:* Sulfonierungsprodukt; *Äuß.:* braune Paste; *Eigensch.:* hochkonzentriert; hohe Netzwirkung; *Verw.:* für die Beuche; beim Abkochen ohne Alkali; *Mengen:* 0,5—1 g/l.

Salsulfon FD **Sudfeldt & Co., Melle.**

i/Kurs: ja; *Äuß.:* gelbes Öl; *Eigensch.:* hohes Egalisier- und Durchfärbevermögen; erhöht die Reißfestigkeit von Wollgarnen (die als lose Wolle oder als Kammzug gefärbt werden); erhöht die Elastizität der Wollfaser und -garne; *Lö. Be.:* leicht löslich; beständig bei jeder Farbbadkonzentration und auch bei Kochtemperatur, gegen hartes Wasser, auch in Gegenwart von Lauge; *Verw.:* für die Baumwoll-, Woll- und Kunstseidefärberei; *Mengen:* 0,5—1 ccm/l Flotte.

Salsulfon FH **Sudfeldt & Co., Melle.**

i/Kurs: ja; *Äuß.:* gelbes Öl; *Eigensch.:* hohes Egalisier- und Durchfärbevermögen; Affinität zur Wollfaser; erhöht die Reißfestigkeit von Wollgarnen (die als lose Wolle oder als Kammzug gefärbt werden); erhöht die Elastizität der Wollfaser und -garne; *Lö. Be.:* leicht löslich; beständig bei jeder Farbbadkonzentration und auch bei Kochtemperatur, gegen hartes Wasser, auch in Gegenwart von Lauge; *Verw.:* für die Baumwoll-, Woll- und Kunstseidefärberei; *Mengen:* 0,5—1 ccm/l Flotte.

Salsulfon KS **Sudfeldt & Co., Melle.**

i/Kurs: ja; *Äuß.:* gelblich braune Paste; *Eigensch.:* erspart Fette; *Verw.:* als Zusatzmittel für Baumwollschlichten.

Salsulfon LL **Sudfeldt & Co., Melle.**

i/Kurs: ja; *Konstit.:* Gemisch von Sulfonierungsprodukten; *Äuß.:* gelblich braune Paste; *Eigensch.:* hochkonzentriert; hohes Netz- und Durchdringungsvermögen; verleiht den Geweben eine hohe Saugfähigkeit beim Abkochen; *Lö. Be.:* normalerweise genügend beständig gegen Kalk, Säure und Lauge.

Sapidan **A. Th. Böhme, Dresden-N. 6.**

i/Kurs: ja; *analog:* den übrigen Sapidanmarken; *Konstit.:* Fettalkoholsulfonat; *Eigensch.:* waschend, netzend, reinigend, egalisierend, schäumend, emulgierend, weichmachend; *Lö. Be.:* höchstbeständig gegen Kalk, Magnesia, Metalle, Salzlösungen, starke Alkalien und starke Säuren; leichtlöslich in warmem und heißem Wasser; *Verw.:* zum Waschen und Färben von Faserstoffen; zum Nachseifen von Naphthol-, Schwefel- und Indanthrenfärbungen; für die Beuche; *Mengen:* 0,1—1 g/l; *Lit.:* Klepzigs Textil-Z. 1932 S. 250.

Sapidan C **A. Th. Böhme, Dresden-N. 6.**

i/Kurs: ja; *analog:* den übrigen Sapidanmarken; *Konstit.:* Fettalkoholsulfonat; *Äuß.:* weißlicher Teig; *Reakt.:* neutral; *Eigensch.:* waschend, netzend, reinigend, egalisierend, schäumend, emulgierend, weichmachend; *Lö. Be.:* höchstbeständig gegen Kalk, Magnesia, Metalle, Salzlösungen, starke Alkalien und starke Säuren; leichtlöslich in warmem und heißem Wasser; *Verw.:* zum Waschen und Färben von Faserstoffen; zum Nachseifen von Naphthol-, Schwefel- und Indanthrenfärbungen; für die Beuche; besonders als Beuchmittel und Bleichbadzusatz.

Sapidan CAN **A. Th. Böhme, Dresden-N. 6.**

i/Kurs: ja; *analog:* den übrigen Sapidanmarken; *Konstit.:* Fettalkoholsulfonat + Emulgator; *Äuß.:* gelbliche Paste; *Reakt.:* neutral; *Eigensch.:* hohes Lösevermögen für Naphthole; erhöht die Reibechtheit; stabilisierend; stark netzend; *Lö. Be.:* hochbeständig gegen Salz und Alkali; *Verw.:* zum Lösen und Anteigen der Naphthole; in Naphtholgrundierungsflotten; *Mengen:* bei Wannenfärbung: 0,5—2 g/l, bei Terrine-, Jigger- und Foulardfärbungen: 1—10 g/l (stets je nach Härte des Wassers).

Sapidan K Pulver **A. Th. Böhme, Dresden-N. 6.**

i/Kurs: ja; *analog:* den übrigen Sapidanmarken; *Konstit.:* Fettalkoholsulfonat; *Äuß.:* Pulver; *Eigensch.:* waschend, netzend, reinigend, egalisierend, schäumend, emulgierend, weichmachend.

Sapidan L **A. Th. Böhme, Dresden-N. 6.**

analog: den übrigen Sapidanen (jedoch Lösungsmittel enthaltend); *Konstit.:* sulfonierter Fettalkohol + große Mengen an Lösungsmitteln; *Äuß.:* braune, viskose Flüssigkeit; *Reakt.:* neutral; *Eigensch.:* waschend; reinigend; emulgierend; *Lö. Be.:* kalk-, säure-, alkalibeständig; *Verw.:* zum Waschen.

Sapidan LN **A. Th. Böhme, Dresden-N. 6.**

analog: Inferol NFK; Sapidan LN konz.; *Konstit.:* sulfonierter Fettalkohol + Lösungsmittel (hoher Gehalt!); *Eigensch.:* waschend; netzend; reinigend; hohes Lösungsvermögen für ölartige Verunreinigungen.

Sapidan LN konz. **A. Th. Böhme, Dresden-N. 6.**

analog: Inferol NFK; Sapidan LN; *Konstit.:* sulfonierter Fettalkohol + Lösungsmittel (hoher Gehalt); *Eigensch.:* waschend; netzend; reinigend; hohes Lösungsvermögen für ölartige Verunreinigungen.

Sapidan LS **A. Th. Böhme, Dresden-N. 6.**

i/Kurs: ja; *analog:* den übrigen Sapidanmarken; *Konstit.:* Fettalkoholsulfonat + hochmolekularer Emulgator + polare Lösungsmittel; *Äuß.:* braune, transparente, dünnflüssige Masse; *Reakt.:* neutral; *Eigensch.:* Löse- und Reinigungsvermögen für ölartige Verunreinigungen; *Lö. Be.:* klar und leicht löslich; beständig gegen Kalk, Säure, Alkali; *Verw.:* zum Vorreinigen von Trikotagen und Strümpfen aus KS, ZW und Mischgespinsten; zum Entfernen von Kunstseideschlichten, Spulpräparationen, Ölen usw.; als Farbbadzusatz bei Direktfärbungen, zum Nachseifen von Naphthol- und Indanthrenfärbungen.

Sapidan N **A. Th. Böhme, Dresden-N. 6.**

i/Kurs: ja; *analog:* den übrigen Sapidanmarken; *Konstit.:* Fettalkoholsulfonat; *Äuß.:* hellfarbene Paste; *Reakt.:* neutral; *Eigensch.:* waschend, netzend, reinigend, egalisierend, schäumend, emulgierend, weichmachend; *Lö. Be.:* höchstbeständig gegen Kalk, Magnesia, Metalle, Salzlösungen, starke Alkalien und starke Säuren; leichtlöslich in warmem und heißem Wasser; *Verw.:* als Warmnetzer (auch in alkalischen Bädern); als Emulgator für Fettsäuren.

Sapidan spezial **A. Th. Böhme, Dresden-N. 6.**

analog: den übrigen Sapidanen, insbes. dem Sapidan (mit dem es identisch ist); *Konstit.:* sulfonierter Fettalkohol; *Reakt.:* neutral; *Eigensch.:* waschend; netzend; reinigend; egalisierend; schäumend; emulgierend; weichmachend; verhindert auch als Zusatz zum Seifenbad die Bildung von Kalkseife; *Lö. Be.:* höchst beständig gegen Kalk, Magnesia, starke Alkalien, starke Säuren, Metalle und Salzlösungen; leicht löslich in warmem und heißem Wasser; *Verw.:* NB. nicht für Merzerisierlauge! zum Nachseifen von Naphtholfärbungen; für die saure Walke; für die Beuche; zum Waschen und Färben von Faserstoffen; *Mengen:* allgemein: 0,5—1 g/l; *H. Pat., V. Pat.:* Pat. angem.

Sapidan T Pulver **A. Th. Böhme, Dresden-N. 6.**

i/Kurs: ja; *analog:* den übrigen Sapidanmarken; *Konstit.:* Fettalkoholsulfonat; *Äuß.:* Pulver; *Eigensch.:* waschend, netzend, reinigend, egalisierend, schäumend, emulgierend, weichmachend.

Sapidan W **A. Th. Böhme, Dresden-N. 6.**

i/Kurs: ja; *analog:* den übrigen Sapidanmarken; *Konstit.:* Fettalkoholsulfonat; *Äuß.:* hellgelbe Paste; *Reakt.:* neutral; *Eigensch.:* waschend, netzend, reinigend, egalisierend, schäumend, emulgierend, weichmachend; *Lö. Be.:* höchstbeständig gegen Kalk, Magnesia, Metalle, Salzlösungen, starke Alkalien und starke Säuren; leichtlöslich in warmem und heißem Wasser; *Verw.:* besonders zum Waschen, Reinigen und Färben von Wolle.

Sapoleine

Konstit.: rizinsaures Ammonium.

Sapomeran A **Chem. Fabr. Meerane, Meerane i. Sa.**

i/Kurs: ja; *analog:* den übrigen Sapomeranen; *Konstit.:* sulfonierter Oleinalkohol (mittlere Jodzahl).

Sapomeran FL **Chem. Fabr. Meerane, Meerane i. Sa.**

i/Kurs: ja; *analog:* den übrigen Sapomeranen; *Konstit.:* sulfonierter Oleinalkohol + Lösungsmittel (zwei verschiedene Lösungsmittel).

Sapomeran ST **Chem. Fabr. Meerane, Meerane i. Sa.**

i/Kurs: ja; *analog:* den übrigen Sapomeranen; *Konstit.:* sulfonierter Oleinalkohol (sehr hohe Jodzahl).

Saponin K **Chemische Fabrik Stockhausen, Velten, Mark.**

Reakt.: sauer; *Verw.:* als Benzinseife für die chemische Wäscherei zusammen mit Benzin bzw. Trichloräthylen; *Mengen:* 0,5% des Benzins oder Trichloräthylens.

Savonade **Müller & Kalkow, Magdeburg.**

analog: Texapon; *Konstit.:* Seife + Fettlöser (60% Seife + 15% Cyclohexanol + 2,5% Wasser[1]) (nach Prof. Herbig: Methylhexalin + öls. Kali); *Verw.:* als Fleckseife; *Lit.:* [1] Z. dtsch. Öl- u. Fettind. 1924 S. 617.

Sebosan F **Chemische Fabrik Stockhausen & Cie., Krefeld.**

i/Kurs: ja; *Konstit.:* Fettsäurederivat; *Äuß.:* fast weiße Paste; *Reakt.:* schwach alkalisch; *Eigensch.:* weichmachend, gut netzend, dispergierend; *Lö. Be.:* beständig gegen Wasserhärte und Farbstoffe; *Verw.:* für Farbbad- und Nachavivage; *Mengen:* (wird mit warmem Wasser angeteigt) 0,5—2 g/l.

Sebosan GM **Chemische Fabrik Stockhausen & Cie., Krefeld.**

i/Kurs: ja; *Konstit.:* Fettsäurederivat; *Äuß.:* Paste, hellgraubraun; *Reakt.:* neutral; *Eigensch.:* verleiht Kunstseidewaren aller Art einen weichen, geschmeidigen und gleichzeitig etwas knirschenden Seidengriff im Einbadverfahren ohne Mitverwendung von Säure; *Verw.:* zum Avivieren und Appretieren von Kunstseide; insbesondere zur Erzeugung eines knirschenden Griffs auf Kunstseidewaren aller Art; im Farbbad (NB. man verwendet am besten eine Hälfte im Farbbad, die andere Hälfte im Spülbad!); *Mengen:* NB. mit 50—60° warmem Wasser anteigen und unter Rühren mit handwarmem Wasser weiter verdünnen! 1—3 g/l.

Sebosan K **Chemische Fabrik Stockhausen & Cie., Krefeld.**

i/Kurs: ja; *Konstit.:* Fettsäurederivat; *Äuß.:* Paste, hellbraun; *Reakt.:* neutral; *Eigensch.:* verleiht Kunstseidewaren aller Art, auch Baumwollgarn und -gewebe sowie Wollwaren einen weichen, fleischigen Griff; *Lö. Be.:* klar löslich in heißem Wasser; gut kalk- und kochbeständig; *Verw.:* zum Avivieren und Appretieren von Kunstseidewaren aller Art wie auch für Textilwaren aus Baumwolle oder Wolle; im Farbbad (auch bei basischen Farbstoffen!); *Mengen:* 0,5—4 g/l.

Sebosan K pulv. **Chemische Fabrik Stockhausen & Cie., Krefeld.**

i/Kurs: ja; *Konstit.:* Fettsäurederivat; *Äuß.:* Pulver, fast weiß; *Reakt.:* neutral; *Eigensch.:* verleiht Kunstseidenwaren aller Art, auch Baumwollgarn und -geweben sowie Wollwaren weichen, fleischigen Griff; *Lö. Be.:* löst sich klar in heißem Wasser; gut kalk- und kochbeständig; *Verw.:* zum

Avivieren und Appretieren von Kunstseidewaren aller Art wie auch für Textilwaren aus Baumwolle oder Wolle; im Farbbad (ausgenommen basische Farben!); *Mengen:* 0,5—4 g/l.

Sebosan W **Chemische Fabrik Stockhausen & Cie., Krefeld.**

i/Kurs: ja; *Konstit.:* Fettsäurederivat; *Äuß.:* fast weiße Paste; *Reakt.:* sauer; *Eigensch.:* Avivagevermögen für Kunstseide und Mischgarne bzw. -gewebe; *Lö. Be.:* gibt mit warmem Wasser (beständige) Emulsionen; *Verw.:* als Weichmacher nach dem Färben; zur Erzielung eines geschmeidigen, glatten Griffes; *Mengen:* 0,5—2 g/l.

Sebumol extra **Zschimmer & Schwarz, Chemnitz.**

Geb.-J.: 1931; *i/Kurs:* ja; *Konstit.:* Talg + Emulgator; *Äuß.:* talgartig, weißlich; *Reakt.:* neutral; *Eigensch.:* vermischt sich innig mit Schlichte- bzw. Appreturmassen; wirkt leicht mattierend; fixierend und weichmachend; erzeugt geschmeidige Schlichte- und Appreturmassen; verhindert Nachgilben und Riechen sowie Aufrahmen von Fett, auch in Mattierungs- und Avivagebädern; *Lö. Be.:* gibt, auch mit kaltem und hartem Wasser, beständige Emulsionen; *Verw.:* für Schlichte, Appretur und Avivage (kunstseidener Artikel) an Stelle der sonst unter Zusatz von Seife der verkochten Stärkemasse zugesetzten Gemische von Japanwachs und Fett, vornehmlich Talg; als Zusatz zu Mattierungsbädern; zur Nachbehandlung stark gebleichter Ware; zur Erzielung weichen Charakters; zur Vorbehandlung von Kunstseide für die Spulerei; zur Avivage von spröden Trikotagen; in der Gardinenappretur; *Mengen:* 1—3 g/l Appretur- oder Schlichtemasse (vor dem Zusatz zur Stärkemasse oder der Avivage- bzw. Mattierungsflotte mit etwa der 5fachen Menge heißem Wasser verrühren!).

Seidol **Louis Blumer, Zwickau i. Sa.**

i/Kurs: ja; *analog:* Spulfett, Soietine, Blumol, Blumol 1698 d, Netzol; *Äuß.:* Flüssigkeit, gelbbraun; *Eigensch.:* gewährleistet gute Maschenbildung; gibt weichen Griff; enthält keine Mineralöle und unverseifbare Bestandteile, so daß es durch Waschen mit heißem Wasser leicht und vollständig wieder entfernt werden kann; besitzt starkes Netzvermögen; übt keinen Einfluß auf die Glanzwirkung aus; vermeidet das Kleben auf der Spule; *Lö. Be.:* gibt klare Lösungen, die auch bei säurehaltigen Kunstseiden keine Ausscheidungen geben; läßt sich im Verhältnis bis 1:40 verdünnen; *Verw.:* in der Kunstseidenspinnerei zum Durchspulen über die Rinne; *Mengen:* NB. mit gleichen Teilen kochend heißem Wasser verrühren, evtl. auch kochen! allgemein: auf 5—15 Teile Wasser: 1 Teil.

Serikose L **I. G. Farbenindustrie AG., Frankfurt a. M.**

Geb.-J.: 1920; *i/Kurs:* ja; *analog:* Serikose LC extra; (auch in Eigensch. und Verw. gleich diesem Produkt!); *Konstit.:* Azetylzellulose; *Äuß.:* weiße Späne.

Serikose LC extra **I. G. Farbenindustrie AG., Frankfurt a. M.**

Geb.-J.: 1924; *Konstit.:* Azetylzellulose; *Äuß.:* rein weißer Körper von asbestartigem Aussehen; *Eigensch.:* verleiht Drucken große Reib- und Waschechtheit; *Lö. Be.:* löslich in Serikosol A; unlöslich in Wasser und den meisten organischen Lösungsmitteln; *Verw.:* zur Fixierung von Pigmentfarben im Zeugdruck; für Damasteffekte auf Baumwolle, Seide und Halbseide; auch zur Fixierung feiner Metallpulver.

Serikosol N **I. G. Farbenindustrie AG., Frankfurt a. M.**

Geb.-J.: 1932; *i/Kurs:* ja; *Konstit.:* Äther eines höheren Alkohols; *Äuß.:* wasserhelle Flüssigkeit; *Reakt.:* neutral; *Eigensch.:* löst das Produkt „Serikose LC extra“ bereits in der Kälte; gibt klare, durchscheinende, zügige Serikoselösungen; keine physiologische Wirkung; Verdunstungszeit: 1000 (Äther = 1); *Lö. Be.:* mit Sprit leicht verdünnbar; *Verw.:* zum Lösen von Serikose LC extra; *Mengen:* NB. zuerst eine Serikosol N-Sprit-Mischung (95%ig) 4:3 ansetzen!; zum Lösen von 100 g Serikose CL extra: 900 g obiger Mischung (übergießen, öfter umrühren und stehen lassen!); *H. Pat., V. Pat.:* patentiert.

Setaform-Benzinseife fest **Zschimmer & Schwarz, Chemnitz.**

Geb.-J.: 1930; *i/Kurs:* ja; *analog:* Setaform-Benzinseife flüssig; (identisch mit Dölauer Benzinseife fest); *Konstit.:* Kaliseife (hoher Gehalt) + Lösungsmittel; *Äuß.:* Paste, gelb, schmierseifenähnlich; *Reakt.:* schwach sauer; *Eigensch.:* wasserfrei; Reinigungsvermögen; steigert die Reinigungswirkung des Benzins; entfernt Verunreinigungen und Flecken; erleichtert die Naßretusche; macht das Detachieren entbehrlich; zeigt hohe Wasseraufnahmefähigkeit (so daß auch nicht ganz trockenes Waschgut in Benzin gewaschen werden kann!); eignet sich für das Arbeiten mit der Bürste wie in der Maschine; macht die Naßwäsche bei Möbelstoffen, Teppichen und Kleidungsstücken überflüssig; erhält die Appretur (Wattierungen in Kleidern!); ist, in Benzin gelöst, kältebeständig; unschädlich für Fasern aller Art, einschließlich Azetatseide; stört nicht beim nachfolgenden Spülen und Abdestillieren des Benzins; hat angenehmen Geruch; ergibt tadelloses Weiß; frischt die Farben auf; *Lö. Be.:* vollkommen klar in Waschbenzin, Benzol, Alkohol, Äther, Trichloräthylen, Asordin, Chloroform und Tetrachlorkohlenstoff zu unbegrenzt haltbaren Lösungen löslich; (NB. die flüssige Marke löst sich in jedem Verhältnis auch in hartem Wasser!); *Verw.:* in der chemischen Wäscherei und Reinigung; insbesondere in der Trockenwäscherei als Zusatz zur Erhöhung der Reinigungswirkung von Benzinwaschflotten; (NB. die flüssige Form auch zur Verwendung in wässerigen Flotten!); *Mengen:* 1 g/l; *Lit.:* Z. f. ges. Textilind. 1931 Heft 34.

Setaform-Benzinseife flüssig **Zschimmer & Schwarz, Chemnitz.**

Geb.-J.: 1930; *i/Kurs:* ja; *analog:* Setaform-Benzinseife fest; (identisch mit Dölauer Benzinseife flüssig); *Konstit.:* Kaliseife (hoher Gehalt) + Lösungsmittel; wasserfrei; *Äuß.:* gelbe Flüssigkeit; *Lit.:* Z. f. ges. Textilind. 1931 Heft 34.

Setaform-Detachiermittel N **Zschimmer & Schwarz, Chemnitz.**

Geb.-J.: 1931; *i/Kurs:* ja; *analog:* Setaform-Detachiermittel T; *Konstit.:* Gemisch von Lösungsmitteln + Seife; *Äuß.:* Flüssigkeit, gelb; *Reakt.:* neutral; *Eigensch.:* beseitigt Flecken und Verunreinigungen aller Art; schont empfindliches Reinigungsgut; vermeidet Ränder und Hofbildung; hat keinen unangenehmen Geruch; ist nicht brennbar; ist unschädlich, auch gegenüber Azetatseide; *Lö. Be.:* im Gegensatz zu T wasserlöslich; *Verw.:* in der chemischen Reinigung; zum Fleckentfernen (Detachieren); für die Naßdetachur; *Mengen:* wird meist unverdünnt angewandt.

Setaform-Detachiermittel T **Zschimmer & Schwarz, Chemnitz.**

Geb.-J.: 1931; *i/Kurs:* ja; *analog:* Setaform-Detachiermittel N; *Konstit.:* Gemisch von Lösungsmitteln; *Äuß.:* Flüssigkeit, farblos; *Reakt.:* neutral;

Eigensch.: beseitigt Flecken und Verunreinigungen aller Art; schont empfindliches Reinigungsgut; vermeidet Ränder und Hofbildung; hat keinen unangenehmen Geruch; nicht brennbar; unschädlich, auch gegenüber Azetatseide; *Lö. Be.:* im Gegensatz zu N in Wasser nicht löslich; *Verw.:* in der chemischen Reinigung; zum Fleckentfernen (Detachieren); für die Trockendetachur; *Mengen:* wird meist unverdünnt angewandt.

Setamol K **I. G. Farbenindustrie AG., Frankfurt a. M.**

Geb.-J.: 1937; *i/Kurs:* ja; *analog:* Setamol WS in Eigensch. und Verw.; WS ist mehr für dunkle Färbungen, K für helle und mittlere Färbungen!; *Äuß.:* hellgraues Pulver; *Verw.:* besonders für Färbungen auf Wollstoffen mit Seideneffekten, bei denen die Seide möglichst weiß bleiben soll (die Anwendungsweise ist die gleiche wie die von Setamol WS!); *Mengen:* 5—10% (den Färbebädern vorteilhaft nach einstündigem Kochen, Nachchromierungsbädern vor dem Chromieren zusetzen und eine halbe Stunde kochen!).

Setamol WS **I. G. Farbenindustrie AG., Frankfurt a. M.**

Geb.-J.: 1928; *analog:* Katanol WL; *Eigensch.:* erhält weiße Seideneffekte bei bestimmten Wollstoffen rein weiß; *Verw.:* beim Färben von Wollstoffen mit weißen Seideneffekten; *Lit.:* Melliand Textilber. 1930 S. 610.

Setavin ON **Zschimmer & Schwarz, Chemnitz.**

Geb.-J.: 1930; *i/Kurs:* ja; *analog:* CFD 1931 N und S; *Konstit.:* hochmolekularer aliphatischer Alkohol (Fettalkohol), verestert mit einer organischen Säure (nicht sulfoniert); *Äuß.:* weißliches Pulver; geruchlos; *Reakt.:* neutral; *Eigensch.:* Netz-, Durchfärbe- und Egalisiervermögen; weichmachende Wirkung; kein Nachgilben, Kleben, Abfetten oder Ranzigwerden; erzeugt klare, leuchtende Farben; verhindert Kalkseifenausscheidung; *Lö. Be.:* vor allem gegen hartes Wasser beständig; *Verw.:* zum gleichzeitigen Netzen, Färben und Avivieren aller pflanzlichen Fasern (BW, L usw.) und aller Kunstseidesorten, sowie von Mischgeweben, z. B. aus Kunstseide und Baumwolle und aus Kunstseide und Wolle, im Einbadverfahren; in der Appretur; *Mengen:* 0,15—0,25—1 g/l (mit wenig Wasser angeteigt, mit mehr Wasser verrührt, aufgekocht und dann der Flotte zugegeben!); Nachsatz: $^1/_7$ des Ansatzes; *H. Pat., V. Pat.:* DRP. angem.

Setavinpaste DS **Zschimmer & Schwarz, Chemnitz.**

Geb.-J.: 1930; *i/Kurs:* ja; *Konstit.:* Fettalkoholderivat + Ölkörper; *Äuß.:* Paste, weiß; *Reakt.:* neutral; *Eigensch.:* macht geschmeidig, weich und glatt; hält feucht; ist verseifbar und restlos auswaschbar; verhindert Kleben des Fadens, Abspringen, Zerreißen, Fadenbrüche, Knoten; *Lö. Be.:* gibt mit Wasser haltbare, nicht aufrahmende Emulsionen; *Verw.:* beim Präparieren von Kunstseide, z. B. von Garnen in der Strumpf- und Wirkwarenfabrikation; beim Umspulen; *Mengen:* zum Einweichen oder zum Durchspulen: 1:10 (mit Wasser von 50—70° C verrühren, nicht kochen!); *H. Pat., V. Pat.:* DRP. angem.

Setoran FN **Oranienburger Chem. Fabr. AG., Charlottenburg 2.**

i/Kurs: ja; *Konstit.:* Ölpräparation; *Äuß.:* durchsichtiges, klares Öl; *Reakt.:* neutral; *Eigensch.:* gibt einen vorzüglich geschlossenen, weichen Kunstseidenfaden von hoher Elastizität und Reißfestigkeit; hat gegenüber der bekannten Leinölschlichte den Vorzug, lagerbeständig und leicht auswaschbar zu sein; vollkommen frei von Leinöl und Sikkativ; *Lö. Be.:* gibt nach

Zusatz von Ammoniak milchigweiße Emulsionen; *Verw.:* zum Strangschlichten roher Kunstseide, die für die Breitweberei bestimmt ist; auch zum Schlichten farbiger Kunstseide; zum Präparieren von Kunstseide; *Mengen:* NB. man löst unter Zusatz von ca. 6% des Gewichtes Setoran FN an Ammoniak! b. Schlichten (je nach dem gewünschten Effekt): 10—50 g/l Flotte.

Setoran Spezial **Oranienburger Chem. Fabr. AG., Charlottenburg 2.**

i/Kurs: ja; *Konstit.:* Fettstoffe + Kolloidstoffe; *Äuß.:* gelbe Kristallmasse; *Eigensch.:* erspart Kartoffelmehl das manchmal sogar ganz entbehrt werden kann; ausgezeichnete Schlichtewirkung; erhöht die Reißfestigkeit der Garne; *Lö. Be.:* gut beständig gegen hartes Wasser; *Verw.:* für Kamm- und Streichgarnschlichten (zum Schlichten der Kammgarn- und Streichgarnketten); *Mengen:* NB. mit der doppelten Menge kochend heißen (auch harten) Wassers verrühren, 20 Min. lang unter öfterem Umrühren quellen lassen, mit warmem oder heißem Wasser weiter verdünnen und schließlich mit lauwarmem oder kaltem Wasser auf die erforderliche Konzentration einstellen!; diese Lösung wird dann der inzwischen fertig gestellten Kartoffelmehllösung zugesetzt und das Ganze etwa 5 Min. lang aufgekocht; bei geschlossenen Kochern kann die fertige Setoranlösung dem mit Wasser aufgeschlemmten Kartoffelmehl zugesetzt und das Ganze dann 5 Min. aufgekocht werden!; für Kammgarne: je nach Nummer auf 100 l:2,5 kg neben 1 kg Kartoffelmehl oder 2 kg neben 2 kg Kartoffelmehl oder 1 kg neben 3 kg Kartoffelmehl; für Mischgarne (z. B. 70 Wolle und 30 Zellwolle): auf 100 l:2 kg neben 2 kg Kartoffelmehl; für Schlichten ohne Kartoffelmehlzusatz: auf 100 l : 3,5—4 kg.

Setoran WN **Oranienburger Chem. Fabr. AG., Charlottenburg 2.**

i/Kurs: ja; *Konstit.:* Ölpräparat; *Äuß.:* durchsichtiges, klares Öl; *Reakt.:* neutral bis schwach alkalisch; *Eigensch.:* enthält keine unverseifbaren Bestandteile, wie Paraffin, Mineralöl usw., so daß es sich leicht auswaschen läßt und beim späteren Färben einen egalen Ausfall der Ware gewährleistet; *Lö. Be.:* gibt mit Wasser milchigweiße Emulsionen; ist auch in organischen Lösungsmitteln, z. B. Sangajol und anderen Petroleumkohlenwasserstoffen, löslich, mit denen es zu klaren Lösungen vermischt werden kann; *Verw.:* entweder in wässeriger Lösung oder mit organischen Lösungsmitteln, wie Chlorkohlenwasserstoffen, Erdöldestillaten usw. verdünnt, zum Vorbereiten kunstseidener Garne für die Wirkerei von Kunstseide; als Durchspulöl; (NB. man imprägniert z. B. Kunstseide beim Abwinden auf der Rinne oder vermittels eines Dochtes, der in die Setoran WN-Kohlenwasserstofflösung eintaucht!); *Mengen:* beim Imprägnieren: a) in wässeriger Lösung: 10 bis 20 g/l; b) bei Mitverwendung eines organischen Lösungsmittels: 1 Teil auf 2 Teile Petroleumkohlenwasserstoff.

Sidurolkaliseife T **J. Simon & Dürkheim, Offenbach a. M.**

i/Kurs: ja; *Konstit.:* Kaliseife + Lösungsmittel; *Äuß.:* Paste; *Eigensch.:* kürzt den Kochprozeß ab; macht die Faser weich und für den Färbeprozeß geeignet; *Verw.:* beim Waschen von loser Wolle mit Sodalösung; zur Vorbehandlung von Wolle; zum Beuchen von Baumwolle.

Sidurolpflanzengummi **J. Simon & Dürkheim, Offenbach a. M.**

i/Kurs: ja; *Konstit.:* Pflanzengummi; *Eigensch.:* unschädlich für Farbe und Faser; dringt selbst bei kalter Anwendung in die Faser ein; gibt der Ware Fülle und Gewicht, weichen und geschmeidigen Griff und natürlichen Glanz;

beseitigt das lästige Schreiben und Stäuben; ergibt haltbare Appreturmassen sowie nicht nachfeuchtende Ware; *Verw.:* in der Appretur.

Silkonit **Böhme Fettchemie, Chemnitz.**

Geb.-J.: 1936; *i/Kurs:* ja; *Konstit.:* Fettalkoholsulfonat; *Äuß.:* beige Paste; *Reakt.:* alkalisch; *Eigensch.:* löst Seidenbast; *Lö. Be.:* klar löslich in heißem Wasser; beständig gegen Alkali und hartes Wasser; *Verw.:* als Entbastungsmittel für Naturseide; zur Erzielung eines bestimmten Entbastungsgrades; speziell zum Entbasten von Strümpfen; *Mengen:* 12—15% vom Gewicht der Ware; *H. Pat., V. Pat.:* ja.

Silkovan A spez. **Röhm & Haas AG., Darmstadt.**

Lit.: Über das Schlichten von Vistragarnen (Melliand Textilber. 1935 Heft 1).

Silkovan K **Röhm & Haas AG., Darmstadt.**

Lit.: Über das Schlichten von Vistragarnen (Melliand Textilber. 1935 Heft 1).

Silkovan K Pulver **Röhm & Haas AG., Darmstadt.**

i/Kurs: ja; *Konstit.:* Eiweißspaltprodukt + sulfurierte Spezialöle; *Äuß.:* Pulver; *Verw.:* beim Schlichten von Kunstseiden in Kette und Strang; beim Schlichten von Zellwolle und Zellwollmischgarnen; *Lit.:* Das Schlichten von Kunstseide (Kunstseide 1934 Heft 5); Über das Schlichten von Vistragarnen (Melliand Textilber. 1935 Heft 1); Schlichten von Zellwolle (Spinner und Weber 1937 Heft 29).

Silkovan S spezial **Röhm & Haas AG., Darmstadt.**

i/Kurs: ja; *Konstit.:* Eiweißspaltprodukt + sulfurierte Spezialöle + Kohlehydrate; *Verw.:* zum Schlichten von Kunstseide im Strang.

Sipalin MOB

Konstit.: Methyladipinsäure-Butylester; *Reakt.:* neutral; *Eigensch.:* erhöht das Netzvermögen seifenartiger Stoffe; *Verw.:* als Zusatz zu seifenartigen Stoffen; *Lit.:* Melliand Textilber. 1931 Nr. 8.

Siwoll **Böhme Fettchemie, Chemnitz.**

Geb.-J.: 1935; *i/Kurs:* ja; *Konstit.:* organisch gebundenes, aktives Chlor enthaltendes Präparat; *Äuß.:* weißes Pulver; *Reakt.:* neutral; *Eigensch.:* schont das Fasermaterial; *Lö. Be.:* leicht löslich in Wasser; beständig gegen Alkali, Säure und hartes Wasser; *Verw.:* zum Chlorieren bzw. Krumpffreimachen von Wolle (gebremstes Chlorierungsverfahren); *H. Pat., V. Pat.:* angem.

Skomellon **Sudfeldt & Co., Melle.**

i/Kurs: ja; *Äuß.:* braunes Öl; *Verw.:* zum Waschen und Einweichen, zum Entgerbern von Stückware, als Zusatz beim Walken.

Skorayon **Sudfeldt & Co., Melle.**

i/Kurs: ja; *Äuß.:* braune, fluoreszierende Paste; *Eigensch.:* erhöht die Wirksamkeit der Seifen (mit denen es zusammen verwendet werden kann); hydrolisiert und oxydiert nicht; *Lö. Be.:* wird von Essigsäure nicht gefällt; *Verw.:* beim direkten Färben von Kunstseide, auch Baumwolle oder Seide.

Skowettil **Sudfeldt & Co., Melle.**

i/Kurs: ja; *Konstit.:* Sulfonat + (wasserlöslicher) Fettlöser; *Eigensch.:* netzend, durchdringend; hohes Emulgier- und Egalisiervermögen; geeignet für alle Farbbäder und Temperaturen; *Lö. Be.:* in kalten und heißen alkalihaltigen Bädern bis zu 10° Bé beständig; *Verw.:* in der Kreppausrüstung, Färberei und Abkocherei.

Skowettil 10 **Sudfeldt & Co., Melle.**

i/Kurs: ja; *Konstit.:* Sulfonat + (wasserlöslicher) Fettlöser; *Äuß.:* gelblichbraunes Öl; *Eigensch.:* netzend, durchdringend; hohes Emulgier- und Egalisiervermögen; geeignet für alle Farbbäder und Temperaturen; *Lö. Be.:* in kalten und heißen alkalihaltigen Bädern bis zu 10° Bé beständig; *Verw.:* in der Kreppausrüstung, Färberei und Abkocherei.

Softening **J. Simon & Dürkheim, Offenbach a. M.**

i/Kurs: ja; *Konstit.:* Seife; *Äuß.:* weiß; *Eigensch.:* weichmachend; kräftigt etwas; greift die Farben nicht an; *Verw.:* beim Appretieren als Appreturseife; auch als Zusatz zur Stärke.

Softening **Chemische Fabrik Stockhausen & Cie., Krefeld.**

i/Kurs: ja; *Konstit.:* nicht voll verseiftes Fett; *Äuß.:* weiße Paste; *Reakt.:* neutral bis schwach alkalisch; *Eigensch.:* weichmachend; füllend; *Lö. Be.:* gibt mit Wasser opalisierende Lösungen; nicht beständig gegen Kalksalze und Bittersalz; *Verw.:* in der Avivage und Füllappretur von Baumwollgeweben.

Softenol **J. Simon & Dürkheim, Offenbach a. M.**

i/Kurs: ja; *Konstit.:* Olivenölseife + Rizinusöl; *Eigensch.:* gebrauchsfertig; *Verw.:* zur Avivage von Seide und Kunstseide.

Soietine **Louis Blumer, Zwickau i. Sa.**

i/Kurs: ja; *analog:* Spulfett, Blumol, Blumol 1698d, Netzol, Seidol; *ähnlich:* Setavinpaste DS; *Äuß.:* weiße Paste; *Eigensch.:* harz- und säurefrei; enthält keine flüchtigen Bestandteile; erzeugt weichen, geschmeidigen, nicht abspringenden, nicht brechenden, nicht schrumpfenden, nicht stäubenden, nicht abreißenden Faden, fehlerfreie, glatte, dichte Gewebe; verhindert das Kleben, rauhen Griff, Bildung von Paraffinflecken und ungleichmäßiges Anfärben (der weiche Griff bleibt auch nach dem Färben erhalten!); läßt sich durch Waschen mit Wasser bei ca. 80° C (evtl. unter Zusatz von etwas Seife oder Soda) während 1—2 Stdn. und darauffolgendem Zentrifugieren und Klarspülen bei 80° C leicht wieder aus der Ware entfernen; *Lö. Be.:* bildet mit Wasser Emulsionen; nicht beständig gegen Säure und Kalk; *Verw.:* für die Naßbehandlung von Kunstseide, insbesondere Strangseide, Baumwolle (Flor), rohe oder gefärbte Wolle; als Weichmacher beim Präparieren zwecks Erzielung besserer Verarbeitbarkeit; auch allein oder zusammen mit Spulfett beim Spulen; *Mengen:* NB. zunächst mit derselben Menge heißem Wasser verrühren! bei Kunstseiden von ca. 120 Den.: auf 10 Teile Wasser: 1 Teil (35—40° C); bei Kunstseiden von ca. 180 Den.: auf 8 Teile Wasser: 1 Teil; bei weichen Kunstseiden, z. B. guter Bembergseide: auf 15 Teile: 1 Teil; bei sehr harten und spröden Kunstseiden: auf 5 Teile: 1 Teil.

Sojol **Oranienburger Chem. Fabr. AG., Charlottenburg 2.**

i/Kurs: ja; *analog:* Coloran B7 (jedoch beständiger gegen hartes Wasser als dieses) bezüglich der Konstitution: ist wie dieses; *Konstit.:* ein hochsulfoniertes Fettkondensationsprodukt; *Äuß.:* rotbraune Flüssigkeit; *Eigensch.:* netzend; reinigend; dispergierend; verhindert die Bildung von Kalkseifen (etwa eintretende Abscheidungen bleiben feinverteilt in kolloidaler Form und können leicht ausgespült werden!); erzeugt reibechte Färbungen; verhindert Fleckenbildung und harten Griff; *Lö. Be.:* säurebeständig; beständig gegen hartes Wasser; *Verw.:* in Färbe-, Wasch-, Walk- und Appreturflotten; bei Seifprozessen; in Spülbädern; beim Sauberspülen von Waren, die mit Seifenlösungen vorbehandelt wurden; *Mengen:* in Färbe-, Wasch-, Walk- und Appreturflotten: 0,3—0,8 g/l je nach Härte des Wassers; im Spülbad: 1 g/l; im 2. Spülbad: 0,5 g/l; NB. bei Walk- und Seifprozessen setzt man vorteilhaft dem Stammseifenzusatz gleich die entsprechende Menge Sojol zu!; *Lit.:* Melliand Textilber. 1930 S. 788.

Solidogen B **I. G. Farbenindustrie AG., Frankfurt a. M.**

Geb.-J.: 1933; *i/Kurs:* ja; *Konstit.:* hochmolekulares, organisches Produkt; *Äuß.:* hellbraune Flüssigkeit; *Reakt.:* neutral; *Eigensch.:* verbessert die Wasserechtheit substantiver Färbungen; steigert die Reibechtheit basischer Färbungen; erhöht die Überfärbeechtheit von Diazofärbungen für saure und Chromierungsfarben; verhindert das Ausbluten der Weißätzen bei substantiven Ätzböden bzw. Anschmutzen der weißen Effektgarne; unterbindet „Wandern“ bei Farbstoffen geringer Wasserechtheit; keine ungünstige Wirkung bei späterer Vulkanisation; *Lö. Be.:* in jedem Verhältnis mit Wasser mischbar; säurebeständig; alkaliempfindlich; *Verw.:* zur Nachbehandlung von Färbungen mit substantiven Farbstoffen (nicht für alle gleich gut geeignet!) auf KS, BW, Mischgeweben aus W und BW bzw. KS usw.; für weißätzbare, substantive Ätzböden; in der Stück- und Bandfärberei; bei der Ausrüstung von Regenmantelstoffen usw.; für gefärbte Kettgarne, die nachträglich mit weißen Effektgarnen zum Schlichten gelangen; für Mischgewebe aus Azetat-KS mit anderen KS; *Mengen:* je nach Farbtiefe: 4—8% (Essigsäure zusetzen! 20 Min. nachbehandeln! vorher klar spülen! je nach Wasserhärte: 0,5—1—3 ccm Essigsäure 30%ig im Liter zusetzen! Nachsatz auf laufendem Bad: 1—2%; Essigsäurenachsatz: entsprechend dem Flottenverlust; für foulardmäßiges Arbeiten pro Liter Ansatzbad: neben 1 ccm Essigsäure (30%ig): 10 ccm; pro Liter Nachsatzbad: neben 3 ccm Essigsäure (30%ig): 30 ccm; für Mischgewebe: 2–3 g neben 1–3 ccm Essigsäure 30%ig/l; für Diazofärbungen: 4—8% neben 1—3 ccm Essigsäure 30%ig/l; NB. da die Wasserechtheitsverbesserung durch Alkali aufgehoben wird, müssen die nachfolgenden Operationen, z. B. das Schlichten, in neutralem oder saurem Bade erfolgen; *H. Pat., V. Pat.:* patentiert.

Solidogen BSE **I. G. Farbenindustrie AG., Frankfurt a. M.**

Geb.-J.: 1937; *i/Kurs:* ja; *Konstit.:* hochmolekulares, organisches Produkt; *Äuß.:* braune Flüssigkeit; *Reakt.:* neutral; *Eigensch.:* wie die von Solidogen B, verbessert aber nicht nur die Wasserechtheit, sondern auch Schweißechtheit und Naßbügelechtheit substantiver Färbungen; kann bei Gebrauchswässern jeder Reaktion verwendet werden; *Lö. Be.:* in Wasser leicht löslich; säure- und alkalibeständig; *Verw.:* außer für die bei Solidogen B angegebenen Zwecke: für die Futterstoffindustrie, Trikotagen, Kleiderstoffe aus W und BW bzw. ZW; in Betrieben, die mit sehr hartem Wasser arbeiten müssen bzw. alkalische Schlichten verwenden; für säureempfindliche Farbstoffe (benötigt keinen Zusatz von Essigsäure!); *Mengen:* bei einem Flottenverhältnis 1—15 bis 1—20: 2—4 g/l; bei einem kürzeren Flottenverhältnis (Jigger): 5—6 g/l (gut gespülte Ware 20—30 Min. bei gewöhnlicher Temperatur behandeln und spülen!); Nachsatz für stehende Bäder: $^1/_4$—$^1/_3$ der im Ansatz verwendeten Mengen; *H. Pat., V. Pat.:* patentiert.

Solopol PW **Chemische Fabrik Stockhausen & Cie., Krefeld.**

i/Kurs: ja; *Konstit.:* Kondensationsprodukt; *Äuß.:* gelbe bis braune Flüssigkeit; *Reakt.:* schwach alkalisch; *Eigensch.:* hohes Netz- und Egalisiervermögen; für substantive und Schwefelfarben bereits zum Anteigen zu verwenden; *Lö. Be.:* in kochend heißem Wasser klar löslich; gegen die Härtebildner des Wassers und Alkalikonzentrationen bis einschl. Küpe beständig; *Verw.:* in substantiven Schwefelfarbflotten und Indanthrenküpe zwecks Egalisierung und zur besseren Durchfärbung; zum Nachegalisieren ungleichmäßiger Färbungen, z. B. von Indanthrenfärbungen in blinder Küpe; *Mengen:* 1 g im Liter für gewöhnliche Farbflotte; bis 5 g im Liter zum Nachegalisieren ungleichmäßiger Färbungen.

Solpon F **A. Th. Böhme, Dresden-N. 6.**

Geb.-J.: 1936; *i/Kurs:* ja; *Konstit.:* Fettalkoholsulfonat + höhermolekulare Fettkörper; *Reakt.:* neutral; *Äuß.:* transparente Paste; *Eigensch.:* reinigend, weichmachend, egalisierend, durchfärbend; *Lö. Be.:* leicht wasserlöslich; *Verw.:* als Färbeöl für Kunstseide, Mischgewebe, Zellwolle, Baumwolle; auch für die Apparatefärberei.

Solpon Kd **A. Th. Böhme, Dresden-N. 6.**

Geb.-J.: 1936; *i/Kurs:* ja; *Konstit.:* Fettalkoholsulfonat + Emulgatoren; *Äuß.:* transparente dickflüssige Masse; *Reakt.:* neutral; *Eigensch.:* dispergiert Kalkseifen; hohes Netz-, Emulgier-, Reinigungs-, Egalisier-, Schaum- und Farbstoffverteilungsvermögen; *Lö. Be.:* hoch kalkbeständig; *Verw.:* als Farbbadzusatz bei Direkt-, Indanthren-, Schwefel- und Azetatseidenfärbungen; zum Nachseifen von Naphthol- und Indanthrenfärbungen, evtl. in Verbindung mit Seife oder Solventol.

Solpon W **A. Th. Böhme, Dresden-N. 6.**

Geb.-J.: 1936; *i/Kurs:* ja; *Konstit.:* Fettalkohol(spezial)sulfonat; *Reakt.:* neutral; *Äuß.:* transparente, dickflüssige, gelbe Masse; *Eigensch.:* stark schäumend; reinigend und emulgierend; *Lö. Be.:* leicht wasserlöslich; hoch kalkbeständig; *Verw.:* besonders als Beuchmittel und Zusatz zu Bleichbädern; zum Vorreinigen von Trikotagen und Strümpfen aus Kunstseide, Zellwolle und Mischgespinsten; zum Entfernen von Kunstseideschlichten, Spulpräparationen, Ölen usw.; als Farbbadzusatz bei Direktfärbungen; zum Nachseifen von Naphtholschwefel- und Indanthrenfärbungen; zum Waschen und Färben von Faserstoffen.

Solutionssalz B **I. G. Farbenindustrie AG., Frankfurt a. M.**

ähnlich: Algosol und Solvenol; *Eigensch.:* dispergierend; *Verw.:* für Druckfarben.

Solutionssalz B neu **I. G. Farbenindustrie AG., Frankfurt a. M.**

Geb.-J.: 1925; *i/Kurs:* ja; *analog:* Solutionssalz B; *Äuß.:* rötlichgelbes Pulver; *Reakt.:* neutral; *Eigensch.:* erhöht die Ausgiebigkeit von einigen Küpen- und Indigosolfarbstoffen; *Lö. Be.:* wasserlöslich; *Verw.:* im Druck; *H. Pat., V. Pat.:* patentiert; *Lit.:* Melliand Textilber. 1937 S. 456, 728.

Solutol „P“ **J. Simon & Dürkheim, Offenbach a. M.**

i/Kurs: ja; *Eigensch.:* wasserfrei; löst Fett- und Paraffinreste; *Verw.:* beim Entschlichten, für Wolle und Kunstseide.

Solvenol

ähnlich: Algosol und Solutionssalz B; *Konstit.:* benzylsulfanilsaures Na (arom. Sulfosäure); *Eigensch.:* dispergierend; *Verw.:* für Druckfarben.

Solventol **A. Th. Böhme, Dresden-N. 6.**

ähnlich: Supralan S 131; *analog:* den übrigen Solventol-Marken, insbesondere Solventol konz.; *Konstit.:* Seife + Lösungsmittel[1] (erheblicher Gehalt) (n. Prof. Herbig: Ölsulfonat + Fettlöser); *Reakt.:* neutral bis schwach alkalisch; *Eigensch.:* waschend; reinigend; stark schäumend; Lösevermögen für Öle, Fette, Paraffin, Graphit usw.; *Lö. Be.:* die Beständigkeit ist um ein Geringes besser als die gewöhnlicher Marseiller Seifen; *Verw.:* insbesondere zum Beuchen und Kochen pflanzlicher Fasern; *Lit.:* [1] Melliand Textilber. 1926 Heft 10.

Solventol konz. **A. Th. Böhme, Dresden-N. 6.**

i/Kurs: ja; *ähnlich:* den übrigen Solventol-Marken; *Konstit.:* Seife + Lösungsmittel; *Äuß.:* zähe, gelbe Flüssigkeit; *Reakt.:* neutral bis schwach alkalisch; *Eigensch.:* waschend, reinigend, stark schäumend, lösend (Öle, Fette, Paraffin, auch Graphit usw.); *Verw.:* zum Beuchen und Abkochen pflanzlicher Fasern.

Solventol HS **A. Th. Böhme, Dresden-N. 6.**

i/Kurs: ja; *ähnlich:* den übrigen Solventol-Marken; *Konstit.:* Seife + Lösungsmittel (hochsiedende); *Eigensch.:* waschend, reinigend, stark schäumend, lösend (Öle, Fette, Paraffin, auch Graphit usw.); *Verw.:* zum Beuchen und Abkochen pflanzlicher Fasern; vor allem beim Vorreinigen von Kunstseide zur Entfernung von Leinölschlichten.

Solventol S **A. Th. Böhme, Dresden-N. 6.**

analog: den übrigen Solventol-Marken; insbesondere Solventol SC; Solventol SW extra; *Konstit.:* Seife + Lösungsmittel (erheblicher Gehalt); *Äuß.:* zähe, gelbe Flüssigkeit; *Reakt.:* neutral bis schwach alkalisch; *Eigensch.:* waschend; reinigend; stark schäumend; Lösevermögen für Öle, Fette, Paraffin, Graphit usw.; *Lö. Be.:* die Beständigkeit ist um ein Geringes besser als die gewöhnlicher Marseiller Seifen; *Verw.:* (s. a. Mengen!) besonders zum Waschen, Auskochen und zum Nachwaschen von Naphtholrot; *Mengen:* zum Vorreinigen von Kunstseide: 2—4 g/l (bei Azetatseide Temperatur nicht über 50° C!); b. Waschen von Kunstseide (roh, Strang oder Stück): 1—3 g/l; b. Waschen von Baumwolle (Strang und Stück): 1—3 g/l oder: neben $^1/_3$ der bisherigen Seifenmenge: gleiche Menge Solventol S; z. Beuchen und Auskochen von Baumwolle vor der Bleiche, Merzerisation und Färberei: neben Soda und Ätznatron: 1—3 g/l; z. Entfetten von Baumwolle (Strang und Stück): neben 5 g Seife und 2 g Soda kalz.: 1—6 g/l; z. Entfetten stark verölter Ware und öligen Spinnereiabgangs: 1 Teil in 4—10 Teilen Wasser; z. Nachseifen von Naphtholrot- und Indanthrenfärbungen: (nach Entwicklung, Spülen und Säuern) neben 1,5 g Soda: 3 g/l; *Lit.:* Melliand Textilber. 1930 S. 610.

Solventol SC **A. Th. Böhme, Dresden-N. 6.**

analog: den übrigen Solventol-Marken, insbes. Solventol S; Solventol SW extra; *Konstit.:* Seife + Lösungsmittel (erheblicher Gehalt); *Reakt.:* neutral bis schwach alkalisch; *Eigensch.:* waschend; reinigend; stark schäumend; Lösevermögen für Öle, Fette, Paraffin, Graphit usw.; *Lö. Be.:* die Beständigkeit ist um ein Geringes besser als die gewöhnlicher Marseiller Seifen.

Solventol SW extra **A. Th. Böhme, Dresden-N. 6.**

analog: den übrigen Solventol S-Marken (jedoch wesentlich höhere Kalkbeständigkeit!).

Solventol SWT **A. Th. Böhme, Dresden-N. 6.**

analog: den übrigen Solventol-Marken; Solventol SW extra; *Konstit.:* Seife + Lösungsmittel (erheblicher Gehalt); *Reakt.:* neutral bis schwach alkalisch; *Eigensch.:* waschend; reinigend; stark schäumend; Lösevermögen für Öle, Fette, Paraffin, Graphit usw.; *Lö. Be.:* die Beständigkeit ist um ein Geringes besser als die gewöhnlicher Marseiller Seifen; *Verw.:* (s. a. Mengen!) vor allem in der Vorreinigung von Kunstseide zur Entfernung stark verharzter Leinölschlichten; *Mengen:* b. Entfernen von Leinölschlichte: 3—5 g/l (NB. bei Azetatseide nicht über 70° C!).

Solventol W **A. Th. Böhme, Dresden-N. 6.**

i/Kurs: ja; *analog:* den übrigen Solventol-Marken; *Konstit.:* Seife + hochsiedende Lösungsmittel; *Eigensch.:* waschend; reinigend; stark schäumend; Öle, Fette, Paraffin, Graphit usw. lösend; *Verw.:* hauptsächlich für Wolle; zum Entgerbern von Stückware auf der Waschmaschine; beim Waschen von Schweißwolle auf der Kufe und dem Leviathan, zum Entfetten und Ausputzen stark verölter Ware und öligen Kammabganges.

Solvin

Konstit.: Türkischrotöl.

Soromin A **I. G. Farbenindustrie AG., Frankfurt a. M.**

Geb.-J.: 1930; *i/Kurs:* ja; *Konstit.:* Fettsäurederivat; Soromine sind nach Bertsch „kationaktive Fettstoffe“ (sind keine Waschmittel!); *Äuß.:* gelblich-weiße Paste; *Reakt.:* schwach sauer; *Eigensch.:* verleiht behandelter Strang- und Stückware einen besonders geschmeidigen, weichen Griff; macht Garne leicht verarbeitbar; verbessert die Winde- und Spulfähigkeit, so daß eine besondere Behandlung mit Spulöl vor dem Verwirken überflüssig wird; erteilt Perl-, Stick- und Handarbeitsgarnen seidenartigen Griff, ebenso Baumwoll-Florgarnen, deren Wirkfähigkeit auch bei vorgebleichtem (hartem) Material besonders gut wird; bringt subst. Färbungen, die beim Nachbehandeln in Seife, Türkischrotöl usw. enthaltenden Flotten ausbluten, nicht zum Abfärben; *Lö. Be.:* löslich in Wasser; unbest. gegen Beschwerungssalze, wie Bittersalz oder Ca-Salze, ebenso wie gegen d. i. d. Schwerschlichte und Imprägnierungstechnik gebräuchlichen Al-, Cu-, Zn-Salze (Ausflockung aus wässeriger Lsg.!); *Verw.:* als Weichmachungsmittel für Textilien, insbesondere für Kunstseiden aller Art, Vistra, merzerisiertes Baumwollgarn und Baumwolle; in der Fabrikation von Strumpf- und Trikotwaren, und zwar für fertige Kunstseidentrikotware (einfachen Trikot) wie auch Charmeuse-Ware; bei der Nachbehandlung von Kunstseide-Kreppgeweben oder auch Mischgeweben zur Erzielung weichen, geschmeidigen, der Naturseide nahekommenden Griffs; als Weichmachungsmittel für Baumwollgewebe, reinseidene Gewebe,

Crêpe-de-Chine usw.; zur Behandlung von seidenen und kunstseidenen Druckartikeln; zur Behandlung von Spritzdrucken; als Zusatz zu wasserlöslichen Kunstseideschlichten, sofern sie nicht alkalisch reagieren; zur Erzeugung geschmeidiger und glatter Ketten; zum Anbläuen weißer Ware in einem Bad mit dem Bläufarbstoff — reduziert auf $^1/_5$ sonst üblicher Menge; auch in Verbindung mit den in der Appretur üblichen Füllmitteln (Stärke, Dextrin, Glukose, Leim- und Pflanzenschleim usw.); NB. bei Schlichte- und Appreturansätzen entweder zu Beginn des Aufkochens zugeben oder später nachsetzen! *Mengen:* NB. mit der 5—10fachen Menge 60° warmem Wasser anrühren und der 30—40° warmen Flotte zugeben! evtl. zur Neutralisation der Bikarbonathärte auf je 1° temporärer Härte und 1000 l Flotte ca. 72 g 30%ige Essigsäure vorher zugeben! auch bei alkalisch reagierendem Wasser mit organischer Säure, wie Ameisen- oder Essigsäure schwach ansäuern! NB. nicht in kochenden Flotten und nicht ohne weiteres zur Behandlung säureempfindlicher, substantiver Färbungen anwenden! f. Strangware: 0,25—2 g/l; (10—15 Min.; schleudern und trocknen!); f. Stückware: 0,5 bis 2 g/l; (1—2 Passagen auf den üblichen Apparaten, wie Gummiermaschine, Foulard, Jigger, Haspelkufe usw.; trocknen, ohne zu spülen — Behandlung bei gewöhnlicher Temperatur oder besser bei 30—40° C!); als Zusatz zu (nicht alkalisch reagierenden) wasserlöslichen Kunstseideschlichten: 1—3 g/l; *H. Pat., V. Pat.:* In- und Auslandspatente.

Soromin AF Paste **I. G. Farbenindustrie AG., Frankfurt a. M.**

Geb.-J.: 1932; *i/Kurs:* ja; *Konstit.:* Fettsäurederivat; *Äuß.:* gelbe Paste; *Reakt.:* neutral; *Eigensch.:* liefert auf KS, insb. Viskose, ZW usw. geschmeidigen und glatten Griff; macht S, BW, W, Bastfasern usw. glatt und weich; guter Fall der Ware; weniger Neigung der Ware zum Knittern; erhöht die Spulfähigkeit der KS; gestattet ohne Effektbeeinflussung späteres Überfärben; *Lö. Be.:* ausreichend hartwasserbeständig; koch-, säure- und alkalibeständig; (Zusatz von Säure bei der Nachbehandlung substantiver Färbungen ist im allgemeinen nicht zu empfehlen, jedoch möglich!); *Verw.:* als Weichmachungs-, Präparations- und Appreturmittel; beim Färben und Nachbehandeln; zum Weichmachen besonders für ZW (W- und BW-Qualität), KS-Kreppgewebe, Wirkwaren; beim Färben von Strümpfen, Perl-, Stick-, Handarbeitsgarn, KS-Stückware; zum Weichmachen von Vistragarnen, merzerisierter BW, W-Garnen usw. sowohl in der Färberei als auch in der Ausrüstung; auch beim Färben mit basischen Farbstoffen (bessere Reibechtheit!); als Zusatz zu Appreturmassen usw.; zur Behandlung vor dem Verarbeiten; zur Verbesserung der Spül-, Winde- und Wirkfähigkeit; zur Nachbehandlung von Färbungen für seidene und kunstseidene Druckartikel usw.; nicht in konzentrierten Bittersalz- oder Imprägnierflotten; allein oder zusammen mit Türkischrotöl, Stärke, Amylose, Dextrin, Leim usw.; auf Haspel, Foulard oder Jigger; *Mengen:* NB. mit der 2—3fachen Menge Wasser von ca. 30° C bis zu dessen Bindung verrühren, langsam bis zur Dünnflüssigkeit verdünnen und dann auf die gewünschte Konzentration stellen! für KS-Strang- oder Stückware: 0,25—1 g/l; bei Trikotagen: 1—1,5 g/l; im Nachbehandlungsbad auf der Haspel: 1—1,5 g/l; für BW: 0,5—1 g/l; für Appreturmassen usw.: 2—5 g/l; für Zellwolle usw.: 0,5—5 g/l; bei Kreppgeweben zum Spritzen: 10—20 g/l; (NB. man arbeitet bei Raumtemperatur bzw. bei 30—40°!); *H. Pat., V. Pat.:* patentiert; *Lit.:* Melliand Textilber. 1935 S. 577.

Soromin DM **I. G. Farbenindustrie AG., Frankfurt a. M.**

Geb.-J.: 1935; *i/Kurs:* ja; *Konstit.:* Fettsäurederivat; *Äuß.:* bräunliche Paste; *Reakt.:* neutral; *Eigensch.:* verleiht der (mit Dullit W) mattierten Ware sehr weichen, fließenden Griff bei gleichzeitiger Verstärkung des Mattierungseffektes; ermöglicht wesentliche Verringerung der Dullitmenge ohne Beeinflussung des Tiefmatteffektes; *Lö. Be.:* in Wasser (bei Einhaltung der Lösevorschrift) gut löslich; hartwasserbeständig; *Verw.:* als Weichmachungsmittel bei der Mattierung mit „Dullit W"; *Mengen:* NB. in heißem Wasser schmelzen, mit lauwarmem, nicht heißem Wasser zu dünner Paste glattrühren, mit Wasser verdünnen und dann Dullit W beigeben! für 100 l Ansatzbad: neben 35—40 g Soda kalz. und ca. 500—600 g Dullit W: 70—80 g; für 100 l Nachsatzbad: neben 30—40 g Soda kalz. und 300—400 g Dullit W: 30—40 g.

Soromin F **I. G. Farbenindustrie AG., Frankfurt a. M.**

Geb.-J.: 1931; *i/Kurs:* ja; *Konstit.:* Gemisch aus fettaliphatischen Sulfosäuren und Karbonsäuren; Soromine sind nach Bertsch „kationaktive Fettstoffe" (sind keine Waschmittel!); *Äuß.:* weißliche Paste; *Reakt.:* neutral; *Eigensch.:* erteilt Kunstseide, Kunstseidemischgeweben und Baumwolle weichen, glatten, gegen kaltes Spülen widerstandsfähigen, dem mit Seife erzielten ähnlichen Griff; verleiht Kunstseide ausgezeichnete Spul-, Winde- und Wirkfähigkeit; macht Kunstseide glatt, geschmeidig und elastisch; *Lö. Be.:* in Wasser leicht löslich; beständig gegen hartes Wasser; nicht beständig gegen Mg- und Al-Salze; *Verw.:* NB. zweckmäßig 5—10%ige Lösungen durch Aufkochen herstellen! als Weichmacher in Färbebädern für Kunstseide, Kunstseidemischgewebe und Baumwolle; als Ersatz für Seife in Farbbädern, besonders bei Gebrauchswasser mittleren Härtegrades; in der Kunstseidenindustrie zur Vorpräparation der Kunstseide vor dem Spulen, Wirken und Weben; bei der Herstellung guter Qualitäten von Strumpf- und Trikotagenware; beim Färben von Kunstseide in Strang und Stück; beim Färben von Trikotagen und Strümpfen; in der Nachavivage von Kunstseide und Mischgeweben; beim Färben von Baumwolle, insbesondere Kord, Velvet, Samt, Plüsch, Rips; beim Färben von Indanthren, z. B. auf Stickgarnen; als Weichmacher an Stelle von Seife; auch zus. mit Seifen, Türkischrotölen und Appreturmitteln zur Erzeugung jeden gewünschten Weichheitsgrades und Appretureffektes; NB. nicht beim Färben von basischen Farbstoffen! *Mengen:* b. d. Vorpräparation von Kunstseide vor dem Spulen und Weben: 1—2 g/l; (50° C; 10—15 Min.; dann schleudern; nicht zu heiß trocknen!); b. Färben von Kunstseide in Strang und Stück: 0,2—2 g/l (gelöst zusetzen; Mischgewebe langsam färben bei 35—90° C; kurz spülen; nicht zu heiß trocknen!); z. Färben von Trikotagen, Strümpfen usw.: 1. ohne Seidengriff: 0,2—2 g/l (kurz spülen, trocknen!); 2. mit Seidengriff: neben 1—2 g/l Marseiller Seife: 0,5—1 g/l; (Nachbehandlung mit 2—6 g/l Milch-, Wein- oder Ameisensäure in lauwarmem Bad); b. d. Nachavivage von Kunstseide und -Mischgeweben, evtl. in schwach essig- oder ameisensaurem Bade: ca. 2 g/l (35° C); z. Färben von Baumwolle: 0,3—2 g/l; (kalt, nicht zu lange und evtl. unter Zusatz von wenig Essigsäure spülen!); b. Färben von z. B. Strickgarnen mit Indanthren: neben 1 ccm Essig- oder Ameisensäure pro Liter: 0,5—2 g/l (kochend!).

Soromin N Plv. **I. G. Farbenindustrie AG., Frankfurt a. M.**

Geb.-J.: 1932; *i/Kurs:* ja; *Konstit.:* Fettsäurederivat; *Äuß.:* weißes Pulver; *Reakt.:* neutral; *Eigensch.:* weichmachend und appretierend; liefert weichen, glatten Griff auf KS, BW usw.; ermöglicht Anwendung im Färbebad, wo es — insbesondere in hartem Wasser — die Seife ersetzen kann; leicht dosierbar; nicht nachgilbend; in hartem Wasser bzw. nach Zugabe von (10—20 g/l) Glaubersalz bzw. (3—5 g/l) Bittersalz ist die weichmachende Wirkung in

Nachbehandlungsbädern gesteigert; *Lö. Be.:* kochbeständig; vorzüglich hartwasserbeständig; *Verw.:* zum Weichmachen von KS, KSMG, BW, Stick- und Nähgarnen, Wirkwaren; besonders für Weißwaren; auch für Betriebe mit hartem Wasser in Verbindung mit Glaubersalz oder Bittersalz; zusammen mit Türkischrotöl oder üblichen Appreturmassen, wie Stärke, Dextrin usw.; für Nachbehandlungsbäder; zur Vorpräparation von KS zur Verbesserung der Spul-, Winde- und Wirkfähigkeit; als Zusatz zu Färbebädern; nicht zum Färben mit basischen Farbstoffen und nicht in konzentrierten Bittersalzflotten oder Imprägnierflotten; *Mengen:* NB. mit der gleichen Menge heißen Wassers anteigen, mit heißem Wasser langsam verdünnen, evtl. mit Dampf kurz aufkochen! im Färbebad: ca. 0,5 g/l; im Nachbehandlungsbad: 1—1,5 g/l; als Zusatz zu Appreturmassen: 2—3 g/l; *H. Pat., V. Pat.:* patentiert.

Soromin S **I. G. Farbenindustrie AG., Frankfurt a. M.**

Geb.-J.: 1936; *i/Kurs:* ja; *Konstit.:* Fettsäurederivat; *Äuß.:* dünne, gelbe Paste; *Reakt.:* neutral; *Eigensch.:* weichmachend; liefert auf Kunstseiden aller Art, BW usw. im Färbebad ausgezeichneten, spülechten Weichmachungseffekt; keine Abscheidungen und Ausfällungen mit Farbstoffen; *Lö. Be.:* leicht löslich in heißem Wasser; weitgehend hartwasserbeständig; kochbeständig; beständig gegen organische Säuren; *Verw.:* zum Weichmachen im Färbebad für Kunstseiden aller Art, besonders für Kupferkunstseide, Web- und Wirkwaren, Kleiderkrepps, Trikotagen, Strümpfe, Perlgarn usw.; zum Nachbehandeln in Spülbädern; zusammen mit Solidogen B usw. zwecks gleichzeitiger Verbesserung der Wasserechtheit der Färbung und Erzielung von Weichheit; *Mengen:* im Färbebad: 0,1—0,5 g/l; (NB. in hartem [10 bis 15° d. H.] Wasser bzw. durch Glauber-, Koch-, bzw. Bittersalzzusatz wird der Effekt wesentlich gesteigert; ebenso wie durch Zusatz von 10 g Glaubersalz zu weichem Wasser!); *H. Pat., V. Pat.:* patentiert.

Soromin SG **I. G. Farbenindustrie AG., Frankfurt a. M.**

Geb.-J.: 1932; *i/Kurs:* ja; *Konstit.:* Fettsäurederivat; *Äuß.:* gelblichweiße Paste; *Reakt.:* neutral; *Eigensch.:* gibt naturseidenähnlichen, geschmeidigen, glatten, gleichzeitig leicht knirschenden, lagerbeständigen Griff (in einer Operation, in neutraler und saurer Flotte); keine Griffsverlagerung; erlaubt das Griffigmachen von — mit säureempfindlichen Farbstoffen — gefärbten Waren; kann Seife und andere Egalisiermittel im Färbebad ersetzen; keine Veränderung des Farbtons bei substantiven Farben; bewirkt — den Schlichten zugesetzt — ausgezeichnete Glätte und Geschmeidigkeit der Kette, ohne daß der Fadenschluß wesentlich darunter leidet; macht Stärkeappreturen voll, glatt und geschmeidig; gibt nicht abfettende Ware (da diese keine freien Fettsäuren enthält); *Lö. Be.:* wasserlöslich, mit zunehmender Temperatur etwas schwerer löslich; ausreichend hartwasserbeständig; *Verw.:* im Färbe- und Nachbehandlungsbad; nicht als Zusatz zu sauren, kochenden Färbebädern; als Weichmachungs-, Präparations- und Appreturmittel; zur Ausrüstung von KS-Trikotwaren aus Kupfer-, Viskose- und Azetatseide; für Vistragewebe; für ZW-BW-Qualität; in Kombination mit Soromin A bzw. AF auch für Wollqualität; zusammen mit Seife (nachträgliches Absäuern vorteilhaft!); zum Avivieren von S, merz. BW; als Zusatz zu stärkehaltigen Appreturmassen oder (BW- und KS-) Schlichten; zusammen mit anderen Appreturmitteln, wie Leim, Dextrin, lösliche Stärke, Ramasit I usw., besonders zur Erzielung krachenden und harten Griffs, beispielsweise für Kravattenstoffe (besonders günstig wirken sich Zusätze von Cellapret, Vinarol supra, Amylose AN usw. aus); als Zusatz zu Färbebädern mit basischen Farbstoffen;

zusammen mit Soromin A bzw. AF zum Nüancieren „von knirschend bis voll und weich"; *Mengen:* NB. mit der gleichen Menge Wasser von 50—60° bis zu dessen Bindung verrühren und mit handwarmem Wasser stark verdünnen! a. d. Haspel: 2 g/l (10—15 Min. bei 30—40° — beim Foulardieren höhere Mengen — Temperatur nicht über 30°!); für Strangware: 2 g/l; als Zusatz zum Färbebad: 1—2 g/l, wovon die Hälfte evtl. auch dem letzten Spülbad zugesetzt werden kann; für Appreturmassen: 1—3 g/l (Ware vorher gründlich unter Zusatz von Laventin KB und Seife oder Soda bis zur Freiheit von Fett und Seife reinigen!; der höchste Effekt wird erst nach längerem Liegen der Ware (ca. 24 Stunden!) erreicht; *H. Pat., V. Pat.:* patentiert.

Soromin WF — **I. G. Farbenindustrie AG., Frankfurt a. M.**

Geb.-J.: 1934; *i/Kurs:* ja; *Konstit.:* Fettsäurederivat; *Äuß.:* hellbraune Paste; *Reakt.:* neutral; *Eigensch.:* gibt weichen, glatten, vollen Griff und zusammen mit den üblichen Appreturmitteln jeden beliebigen Ausrüstungsgrad; erleichtert egales Aufziehen und Durchfärben mit substantiven Farbstoffen; verwendbar zusammen mit allen Appreturhilfsmitteln; *Lö. Be.:* beständig in hartem Wasser bis zu 15° d. H.; wird in Bittersalzlösungen bei einer Konzentration von 5—175 g/l nach einiger Zeit ausgeflockt; bleibt in höheren Konzentrationen, z. B. 200 g/l gelöst; *Verw.:* als Weichmachungs- und Appreturmittel; besonders für die Nachappretur von Viskose-KS, Azetat-KS, merz. BW (Stickgarne); für Schwerappreturen (besonders in Kombination mit Igepon T!); als Egalisier- und Durchfärbemittel in der Färberei von KS, BW-KS-MG mit substantiven Farbstoffen usw. in der Strumpffärberei, zum Durchfärben der Nähte; zweckmäßig nur unter Benutzung hölzerner Gefäße (soll auch in Eisen- und Zinkgefäßen nicht aufbewahrt werden!); *Mengen:* NB. mit heißem Wasser anteigen, ohne aufzukochen! im Färbebad und beim Nachbehandeln, allgemein: 1—2 g/l; für Stückware auf dem Foulard oder beim Spritzen: 15—40 g/l — bei Mattseide 10—20 g Harnstoff mitverwenden!); als Zusatz zum Färbebad: 1,5—2 g/l; NB. hartes Wasser (bis zu 15° d. H.) verbessert den Effekt!; längeres Kochen in hartem Wasser vermeiden!; *H. Pat., V. Pat.:* patentiert; *Lit.:* Melliand Textilber. 1937 S. 100—155.

Spezial-Diastase — **Diamalt AG., München.**

i/Kurs: ja; *Konstit.:* diastatischer Malzauszug; *Verw.:* zum Entschlichten; zum Aufschließen von Stärke.

Spezial-Industrieseife B — **Chem. Fabr. Stockhausen & Cie., Krefeld.**

i/Kurs: nein; *analog:* flüssige Industrieseife B; *Konstit.:* Seife; *Äuß.:* schmierseifenähnlich; *Reakt.:* alkalisch; *Eigensch.:* erhöht die Waschkraft von Seifenflotten; *Verw.:* als Zusatz zu Seifenflotten, namentlich bei selbstgekochten Seifen.

Spezialmattierung GL — **Zschimmer & Schwarz, Chemnitz.**

Geb.-J.: 1936; *i/Kurs:* ja; *Konstit.:* Fettkörper + anorganische Pigmente; *Äuß.:* weiße Paste; *Reakt.:* neutral; *Lö. Be.:* gibt weiße, beständige Emulsion; *Verw.:* zum Mattieren von Kunstseide und gleichzeitigem Beschweren (hoch!); für die Foulardmattierung.

Spezialseife C — **Chem. Fabrik Stockhausen & Cie., Krefeld.**

i/Kurs: ja; *analog:* Verapolseife; *Konstit.:* Seife + Fettlöser; *Äuß.:* dickflüssig, gelb; *Reakt.:* schwach alkalisch; *Eigensch.:* starkes Reinigungsvermögen; leicht aufhellende Wirkung; Lösungsvermögen für schwerlösliche

Fette und Öle; *Verw.:* b. Waschen von Wolle in jedem Verarbeitungsstadium; gemeinsam mit Marseiller Seife b. Entschlichten von leinölgeschlichteter Kunstseide.

Spinnfett BB konz. **Zschimmer & Schwarz, Chemnitz.**

Geb.-J.: 1934; *i/Kurs:* ja; *Konstit.:* verseiftes Fett; *Äuß.:* weiße, feste Paste; *Reakt.:* neutral; *Lö. Be.:* gibt haltbare Emulsionen; *Verw.:* in der Abfallspinnerei als Ersatz für mineralölhaltige Produkte.

Spinnfett „S & D" **J. Simon & Dürkheim, Offenbach a. M.**

i/Kurs: ja; *Äuß.:* weiß; *Eigensch.:* technisch wasserfrei; *Lö. Be.:* gibt, mit Wasserdampf verkocht, feine, dauerhafte Emulsionen; *Verw.:* zur Selbstherstellung von Spinnöl für die Appretur fettfreier Garne.

Spinnöl „Saponifikat" **Hennes, Gummersbach.**

Konstit.: fetts. NH_4 (17,5%) + freie Ölsäure (51,9%) + Neutralfett (5,5%) + Ammoniak (1%) + Wasser (20,8%); *Verw.:* als Schmelzmittel.

Spinnschmelze CFD **Zschimmer & Schwarz, Chemnitz.**

Geb.-J.: 1925; *i/Kurs:* ja; *Konstit.:* Ammoniakseifen; *Äuß.:* dicke, hellgelbe Flüssigkeit; *Reakt.:* schwach alkalisch; *Eigensch.:* leicht auswaschbar; *Verw.:* als Spinnschmelze, besonders für Baumwolle.

Spirazol EM **A. Th. Böhme, Dresden-N. 6.**

Geb.-J.: 1936; *i/Kurs:* ja; *Konstit.:* Fettkörper; *Verw.:* zum Emulgieren von Mineralöl; zur Herstellung von Spulöl, Schmelzen usw.

Spirazol S **A. Th. Böhme, Dresden-N. 6.**

Geb.-J.: 1936; *i/Kurs:* ja; *Konstit.:* hochmolekulare Ester, sulfoniert; *Äuß.:* gelbliche Paste; *Reakt.:* neutral bis schwach alkalisch; *Eigensch.:* gewährleistet gute Verspinnbarkeit, höheres Rendement, leichte und restlose Auswaschbarkeit; *Lö. Be.:* leicht wasserlöslich; *Verw.:* als Schmelzmittel und Reißöl für Wolle und Zellwollgemische sowie Präparationen für Zellwollen aller Art; *Mengen:* als Reißöl: 1:3—1:5 mit Wasser verdünnen!; als Schmelze für Streichgarn: ca. ein Drittel der bisherigen Oleinmenge; für Kammgarn: 1:7—1:9 mit Wasser verdünnen!; *H. Pat., V. Pat.:* DRP. a.

Spulfett **Louis Blumer, Zwickau i. Sa.**

i/Kurs: ja; *analog:* Soietine, Blumol, Blumol 1698d, Netzol, Seidol und Spulfett konz.

Spulfett konz. **Louis Blumer, Zwickau i. Sa.**

i/Kurs: ja; *analog:* Spulfett; *Äuß.:* fest; *Eigensch.:* wird vom Faden gut aufgenommen; erzeugt dauerhafte, nicht klebende Präparierung; *Verw.:* beim Selbstpräparieren; zum Selbstgießen in beliebige Formen; für Kunstseide, Baumwolle, Wolle zur Trockenbehandlung.

Spulöl ATB **A. Th. Böhme, Dresden-N. 6.**

i/Kurs: ja; *Konstit.:* Öle (emulgierbare); *Äuß.:* schwach gelbe Flüssigkeit; *Reakt.:* neutral; *Lö. Be.:* gibt mit Wasser Emulsionen; *Verw.:* als Spulöl.

Spulöl „Colloidöl St" **Chem. Fabrik Stockhausen, Velten, Mark.**

Geb.-J.: 1927; *i/Kurs:* ja; *Konstit.:* (mineralölhaltig); *Reakt.:* schwach sauer; *Lö. Be.:* gibt mit Wasser Emulsionen; beständig gegen Salzzusätze und Soda; *Verw.:* zum Weichmachen von Kunstseide.

Spulöl M **A. Th. Böhme, Dresden-N. 6.**

analog: Spulöl ATB; *Konstit.:* Mischung emulgierbarer Öle; *Äuß.:* flüssig, goldgelb; *Reakt.:* neutral; *Lö. Be.:* gibt mit Wasser Emulsionen; *Verw.:* als Spulöl, speziell für Apparatur nach dem Zentrifugalsystem.

Spulöl M spez. **A. Th. Böhme, Dresden-N. 6.**

i/Kurs: ja; *Konstit.:* (emulgierbare) Öle; *Äuß.:* goldgelbe Flüssigkeit; *Reakt.:* neutral; *Lö. Be.:* gibt mit Wasser Emulsionen; *Verw.:* als Spulöl, speziell für Apparaturen nach dem Zentrifugalsystem.

Spulöl Poco **Chem. Fabr. Pott & Co., Pirna-Copitz.**

i/Kurs: ja; *Eigensch.:* nicht gilbend; gut auswaschbar; *Verw.:* als Durchspulöl für Trikotagen- und Strumpfwirkerei.

Spulöl RB **Chem. Fabr. R. Baumheier, Oschatz-Zschöllau.**

i/Kurs: ja; *Äuß.:* rötlichbraunes Öl; *Reakt.:* neutral; *Eigensch.:* wasserfrei; klebt und verharzt nicht; gibt dem Faden Weichheit, Glätte und Geschmeidigkeit, bei Kunstseide größere Reißfestigkeit; *Verw.:* als Durchspulöl für Seide, Kunstseide und Baumwolle; *H. Pat., V. Pat.:* DRP.-Anm.

Subitol **Diamalt AG., München.**

i/Kurs: ja; *Konstit.:* Glyzerinpräparat; *Äuß.:* gelbe Flüssigkeit; *Eigensch.:* hygroskopisch; besitzt die gleichen Eigenschaften wie Glyzerin; *Verw.:* als Ersatz für Glyzerin in der Druckerei; als Weichmachungsmittel für alle Gewebearten; in der Appretur; zum Avivieren.

Sulfanol W **Max Wunderlich, Glauchau i. Sa.**

ähnlich: Igepon; *Lit.:* Seifensieder-Ztg. 1932 S. 283.

Sulfetal P **Zschimmer & Schwarz, Chemnitz.**

Geb.-J.: 1937; *i/Kurs:* ja; *Konstit.:* Fettlöser + heterozyklische Basen + Fettalkoholderivat; *Äuß.:* dünne, braune Paste; *Reakt.:* neutral; *Eigensch.:* sehr gut schäumend; *Lö. Be.:* hoch kalkbeständig; koch- und säurebeständig; *Verw.:* als Waschmittel; als Hilfsmittel zum Färben und Egalisieren; zum Netzen; für alle Faserarten; *Mengen:* 0,2—1 g/l.

Sulfetal W **Zschimmer & Schwarz, Chemnitz.**

Geb.-J.: 1937; *i/Kurs:* ja; *Konstit.:* Fettalkoholderivat + Lösungsmittel; *Äuß.:* gelblichweiße, gallertartige Paste; *Reakt.:* neutral; *Eigensch.:* besonders hohe Dispergierwirkung; hohe Schaumkraft; *Lö. Be.:* hoch kalkbeständig; koch- und säurebeständig; *Verw.:* als Wasch- und Färbereihilfsmittel; namentlich für kombinierte Vorreinigung und Färbung; *Mengen:* 0,2—1 g/l.

Sulfetal W konz. **Zschimmer & Schwarz, Chemnitz.**

Geb.-J.: 1937; *i/Kurs:* ja; *Konstit.:* Fettalkoholderivat + Lösungsmittel; *Äuß.:* gelblichweiße, gallertartige Paste; *Reakt.:* neutral; *Eigensch.:* besonders hohe Dispergierwirkung; hohe Schaumkraft; *Lö. Be.:* hoch kalkbeständig; koch- und säurebeständig; *Verw.:* als Wasch- und Färbereihilfsmittel; namentlich für kombinierte Vorreinigung und Färbung; *Mengen:* 0,2—1 g/l.

Sulfonade **Chem. Fabr. Pott & Co., Pirna-Copitz.**

i/Kurs: ja; *Konstit.:* Sulfonat mittleren Sulfonierungsgrades; Türkischrotölpräparat; *Verw.:* als Weichmach- und Avivageöl; als Zusatz zu Appreturen, Schlichten und Farbflotten.

Sulfonade HB **Chem. Fabr. Pott & Co., Pirna-Copitz.**

i/Kurs: ja; *Konstit.:* Sulfonierungsprodukt (hochsulfoniert); Türkischrotölpräparat; *Äuß.:* bräunliche Flüssigkeit; *Lö. Be.:* hochbeständig gegen Bittersalz, Kalk und Säuren; *Verw.:* als Farb- und Appreturöl für Schwerschlichten und Schwerappreturen.

Sulfonade N **Chem. Fabr. Pott & Co., Pirna-Copitz.**

i/Kurs: ja; *Eigensch.:* netzend, egalisierend, weichmachend; *Verw.:* besonders für Trikotagen und Strumpfindustrie.

Sultafonöl **Chem. Fabr. Stockhausen & Cie., Krefeld.**

i/Kurs: ja; *Konstit.:* Türkischrotöl (Fettgehalt: „50%ig handelsüblich"; wird auch mit einem Fettgehalt „100%ig handelsüblich" geliefert); *Äuß.:* Öl, gelblich; *Reakt.:* sauer; *Eigensch.:* wie Türkischrotöl; *Lö. Be.:* löst sich klar in Wasser; beständig wie Türkischrotöl; *Verw.:* zum Abkochen von Baumwolle; zum Färben von Baumwolle mit substantiven, Schwefel- und Naphthol-AS-Farbstoffen; in der Druckerei zum Anteigen von Farbstoffen; zum Appretieren von Baumwollwaren, ausgenommen Schwerappreturen mit Bittersalz; beim Avivieren von Färbungen, insbesondere Schwefelfärbungen; beim Färben von Wolle in schwach saurem Bade; beim Avivieren und Appretieren von Wollwaren und Mischgeweben; allgemein da, wo bisher Türkischrotöl Verwendung fand; *Mengen:* die gleichen, wie sie bisher bei Türkischrotöl 50%ig genommen wurden.

Supercolloid H **A. Holtmann & Co., Berlin NO 43.**

i/Kurs: ja; *analog:* Supercolloid P; *Konstit.:* hochmolekulares Eiweißabbauprodukt; *Äuß.:* Flüssigkeit; *Reakt.:* neutral bis schwach alkalisch; *Eigensch.:* fettfrei; stabilisiert Superoxydbäder; emulgierend, dispergierend, reinigend; steigert den Bleicheffekt bei der ätzalkalischen Peroxydbleiche; *Lö. Be.:* leicht löslich in Wasser; gut härte-, absolut alkalibeständig; *Verw.:* zum Bleichen pflanzlicher Fasern, Kunstseide und Zellwolle mit Superoxydlösungen in mittelhartem Wasser mit und ohne Wasserglas; *Mengen:* 0,4 bis 0,6% der Ware; *H. Pat., V. Pat.:* DRP. angem.

Supercolloid P **A. Holtmann & Co., Berlin NO 43.**

i/Kurs: ja; *analog:* Supercolloid H; *Konstit.:* hochmolekulares Eiweißabbauprodukt; *Äuß.:* Flüssigkeit; *Reakt.:* neutral bis schwach alkalisch; *Eigensch.:* fettfrei; hohes Emulgier-, Dispergier- und Reinigungsvermögen, wirkt stabilisierend auf Superoxydbäder; steigert den Bleicheffekt in der ätzalkalischen

Peroxydbleiche; *Lö. Be.:* leicht löslich in Wasser; hoch alkalibeständig; *Verw.:* beim Bleichen pflanzlicher Fasern, Kunstseiden und Zellwollen in weichem oder permutiertem Wasser; *Mengen:* 0,4—0,6% der Ware; *H. Pat.*, *V. Pat.:* DRP. angem.

Supralan A 132 **Zschimmer & Schwarz, Chemnitz.**

Konstit.: Seife + Öle + Fettlöser; *Reakt.:* neutral; *Eigensch.:* Wasch- und Reinigungswirkung sowie Schaumkraft in kaltem wie in heißem Wasser; Faserschutzvermögen; *Lö. Be.:* löslich in handwarmen bis siedend heißen Flotten; *Verw.:* zum Waschen von Textilien, Web- und Wirkwaren zwecks Entfernung von Schmelzen, Schlichten, Spulölen, Präparationen, Fetten, Wachsen, Paraffinen, Ölen, Schmieren, Graphitflecken usw. aus Wolle, Seide, Baumwolle, Kunstseide, Halbwolle, Halbseide, Trikotagen, Strümpfen, Tüllen, Gardinenstoffen verschiedenster Verarbeitungsart, auch in Kombination mit Kupfer-, Viskose- und Azetatseide; *Mengen:* 3—5% d. W. oder: neben Soda und Seife: 1—2% d. W.

Supralan extra **Zschimmer & Schwarz, Chemnitz.**

Geb.-J.: 1928; *i/Kurs:* ja; *Konstit.:* Kaliseife + Fettlöser; *Äuß.:* Flüssigkeit, farblos; *Reakt.:* schwach alkalisch; *Lö. Be.:* besser als Seife; *Verw.:* zum Waschen; zur alkalischen Walke; *Mengen:* 2—4 g/l .

Supralan H **Zschimmer & Schwarz, Chemnitz.**

Geb.-J.: 1926; *i/Kurs:* ja; *analog:* Supralan T; *Konstit.:* Netzmittel + Kohlenwasserstoffe + Fettkörper (wasserfrei); *Reakt.:* alkalisch; *Eigensch.:* Waschvermögen; Lösevermögen für Schmutz; Fette, Schmelzen, Mineralöle; erzeugt geruchlose, reine, klebfreie, weiche Wolle; greift die Faser nicht an; erzeugt bei Bleichware frisches, leuchtkräftiges Weiß; *Lö. Be.:* nicht so kalkbeständig wie Supralan T; *Verw.:* meist zusammen mit Seife, Soda oder Ammoniak; zum Waschen von Rohwolle; in der Garn- und Stückwäsche wollener Artikel; beim Waschen von verschmutzten baumwollenen Garnen und Trikotagen, Strümpfen aus Wolle, Baumwolle und Kunstseide (besonders plattierter Ware), Teppichgarnen, Haargarnen; beim Vorreinigen vor dem Färben; in der Kleiderfärberei, im Einweichbad; *Mengen:* allgemein: 1—5% d. W.; in der Wollwäscherei: 1. in der Flocke: neben reduzierter Seifenmenge: 2—5 g/l; 2. im Garn: neben geringen Mengen Soda und Ammoniak: 2—5 g/l (40—45°); 3. im Stück: a) vor der Walke (Entgerbern): 2—5 g/l; b) bei der Walke im Schmutz: 2,5% d. W.; c) beim Waschen nach der Walke: 2—5 g/l; b. d. Wollfärberei: 1. Garn: zum Waschen von Streich-, Teppich- und Haargarn: neben 2—3 g/l Soda kalz. und evtl. etwas NH_3: 3—5 g/l (40—45°); 2. Stück: bei der Vorwäsche vor dem Färben: neben 2—3 g/l NH_3 oder Soda: 3—4 g/l (40—45°); i. d. Kleiderfärberei: bei der Vorwäsche von Kleiderstoffen aus W, BW, HW, KS im Einweichbad (40—45° C): neben Seife und NH_3: 3 g/l; i. d. Wirkwarenwäsche: zum Reinigen von Wirkwaren aus W, S, BW, KS in Form von Trikotagen, Strümpfen, Unterwäsche und zwecks Entfernung von Präparationen, Ölflecken, Schmieren usw.: neben wenig Seife und Soda: 3—5 g/l (handwarm); evtl. auch 3—5 g/l neben Soda und Ammoniak (über Nacht einweichen!); zur Beseitigung von Teer- und Graphitflecken aus Trikotagen vor dem Beuchen und Bleichen, z. Waschen von Gardinen, Spitzen und Tüllstoffen: neben 2—3 g/l NH_3: 10 g/l (50° C; über Nacht; dann kochen unter Zusatz von 1—2% d. W. Beuchseife N!); Nachsatz: $^1/_3$ der Ansatzmenge; zum Nachseifen von Bleichware zwecks Verhinderung des Nachgilbens gebleichter Wollgarne, Trikotagen aus Wolle und Kunstseide — außer Azetatseide —

neben der Hälfte der bisherigen Seifenmenge: die Hälfte Supralan H (bei Wollgarnen unter Zusatz von etwas Ammoniak bei 40° C; bei wollenen und plattierten Trikotagen und solchen aus reiner Kunstseide bei 50—60° C!).

Supralan LA **Zschimmer & Schwarz, Chemnitz.**

Geb.-J.: 1928; *i/Kurs:* ja; *Konstit.:* Netzmittel + Kohlenwasserstoff; *Äuß:.* Flüssigkeit, braun; *Reakt.:* nahezu neutral; *Eigensch.:* Reinigungs-, Netz- und Schaumkraft; *Lö. Be.:* hochbeständig gegen Säuren; *Verw.:* in der Tuchwäsche und -walke, sowohl in alkal. und neutralen als auch speziell in sauren Flotten.

Supralan-Seife **Zschimmer & Schwarz, Chemnitz.**

Geb.-J.: 1925; *i/Kurs:* ja; *Konstit.:* Kaliseife + Kohlenwasserstoffe; *Äuß.:* feste Paste; *Reakt.:* schwach alkalisch; *Eigensch.:* besonders gutes Lösevermögen für Präparationen, Ölflecken usw.; *Lö. Be.:* besser als Seife; *Verw.:* zum Waschen, insbesondere Vorwaschen baumwollener und kunstseidener Web- und Wirkwaren; *Mengen:* 2—3 g/l.

Supralan S 131 **Zschimmer & Schwarz, Chemnitz.**

Geb.-J.: 1927; *i/Kurs:* ja; *Konstit.:* Kaliseife + Spezialfettlöser; *Äuß.:* Flüssigkeit, gelb; *Reakt.:* schwach alkalisch; *Eigensch.:* starke Reinigungswirkung; *Lö. Be.:* besser als Seife; *Verw.:* in der Wäscherei und Beuche; *Mengen:* 2—4 g/l.

Supralan T **Zschimmer & Schwarz, Chemnitz.**

Geb.-J.: 1926; *i/Kurs:* ja; *analog:* Supralan H; *Konstit.:* Netzmittel + Kohlenwasserstoffe + Fettkörper; *Äuß.:* dicke, braune Flüssigkeit; *Reakt.:* alkalisch; *Eigensch.:* wasserfrei; Waschvermögen; Lösevermögen für Schmutz, Fette, Schmelzen, Mineralöle, insbesondere Pech; erzeugt geruchlose, reine, klebfreie, weiche Wolle; greift die Faser nicht an; erzeugt bei Bleichware frisches, leuchtkräftiges Weiß; *Lö. Be.:* kalkbeständiger als Supralan H; *Verw.:* wie Supralan H, insbesondere aber zur Entfernung von Pechspitzen in der Wollfilz- und Hutindustrie auf der Hammerwalke; *Mengen:* allgemein: 1—5% d. W.; a. d. Hammerwalke: ca. 1:8; (s. a. Supralan H!).

Supralan TS **Zschimmer & Schwarz, Chemnitz.**

Geb.-J.: 1931; *i/Kurs:* ja; *Konstit.:* sulfonierte Fettalkohole + Gemisch von Fettlösern (KW-Stoffe); *Äuß.:* Flüssigkeit, gelb; *Reakt.:* neutral, auch in wässeriger Lösung; *Eigensch.:* Schaum-, Reinigungs- und Netzvermögen; weichmachende Wirkung; verhindert das Verfilzen der Wolle und bei der Mitverwendung von gewöhnlicher Seife die Bildung von Kalkseifen; spaltet kein freies Alkali ab; Lösevermögen für Schmutz, Öle, Fette, Mineralöle, Schmelzen; gibt Fülle, Weichheit und Geschmeidigkeit, geruchlose, klebfreie Wolle; faserschützend; *Lö. Be.:* hochbeständig gegen hartes Wasser und alle in der Textilveredlung vorkommenden Alkalien, Säuren und Salze; *Verw.:* evtl. auch zus. mit Seife, Soda und NH_3; zum Waschen aller Fasersorten; in der Wollwäsche und Walke; zum Entpechen, besonders in Gegenwart von Säuren; beim Waschen von Rohwolle; in der Garn- und Stückwäsche wollener Artikel; beim Waschen baumwollener Garne, Trikotagen, von Strümpfen aus W, BW und KS, Teppich- und Haargarnen; beim Vorreinigen vor dem Färben; in der Kleiderfärberei; für alle sauren Wollveredlungsprozesse; zum Entschlichten von Kunstseide; zur Entfernung von Präparationen aus Gardinen, Spitzen und Tüllen; zur Beseitigung von Teer-

und Graphitflecken; als Detachiermittel; im Einweichbad, besonders bei sehr stark verschmutzter Ware; *Mengen:* Wolle: zum Waschen loser Wolle: 1—2 g/l; b. Waschen der Garne: 1—2 g/l (40—50° C); i. d. Stückwäsche: a) beim Walken im Schmutz als Zusatz zur Walkflotte: 2,5% d. W.; b) b. Entgerbern oder b. Waschen nach der Walke: 1—2 g/l; Wirkwaren aus W, S, BW, KS und deren Kombinationen in Form von Trikotagen, Strümpfen, Unterwäsche: i. d. Vorwäsche: neben etwas Soda: 2—4 g/l; bei hartnäckiger Verschmutzung: neben Soda und Ammoniak: 5 g/l; zur Beseitigung von Teer- und Graphitflecken aus Trikotagen vor dem Beuchen und Bleichen: neben 2—3 g/l Salmiakgeist: 10 g/l Einweichbad; beim Nachsatz: $^1/_3$ der Ansatzmenge; beim Entschlichten von Kunstseide: 5—10 g/l üblichen Entschlichtungsbades; NB. zur Entfernung einzelner hartnäckiger Flecke detachiert man mit wenig verd. oder unverdünntem Supralan TS!; *H. Pat., V. Pat.:* Pat. angem.

Supralan W 280 **Zschimmer & Schwarz, Chemnitz.**

Geb.-J.: 1936; *i/Kurs:* ja; *Konstit.:* Alkalisalz eines Gemisches niedermolekularer Fettsäuren; *Äuß.:* trübe, gelbe Flüssigkeit; *Reakt.:* schwach alkalisch; *Eigensch.:* hohe Schaumkraft; *Lö. Be.:* mäßig kalkbeständig; leicht löslich; *Verw.:* zum Waschen und Walken.

Supramattan **Zschimmer & Schwarz, Chemnitz.**

Geb.-J.: 1937; *i/Kurs:* ja; *Konstit.:* Fettsäurekondensationsprodukt + Pigment; *Äuß.:* weiße Paste; *Reakt.:* neutral; *Lö. Be.:* beständig in wässeriger Emulsion; säure- und kalkbeständig; empfindlich gegen Salze und Fettsulfonate; *Verw.:* zum substantiven Mattieren ohne weitere Zusätze (ohne beschwerende, aber mit avivierender Wirkung); *Mengen:* 2 g/l; (Vorschärfen der Flotte mit 0,1—0,3 g/l Ameisensäure!).

Supramolstärke **Zschimmer & Schwarz, Chemnitz.**

Geb.-J.: 1930; *i/Kurs:* ja; *Konstit.:* Reis-Eiweiß-Stärke-Präparat; *Äuß.:* Pulver, weiß; *Reakt.:* neutral; *Verw.:* für die Appretur und Schlichte, speziell für Jute, Bindfäden und Baumwolle; in der Teppichindustrie; *Mengen:* 50—100 g/l Appreturmasse.

Syrop de malt

Konstit.: Diastasepräparat; *Verw.:* zur Verflüssigung der Stärke durch Abbau.

Schiropol A **Joh. Wilh. Schürmann, Wuppertal-Barmen.**

Konstit.: Sulforizinat (bzw. Sulfoleat) mit mittlerem Sulfonierungsgrad + Fettlöser; *Lit.:* Melliand Textilber. 1930 S. 610.

Schlichteöl **J. Simon & Dürkheim, Offenbach a. M.**

i/Kurs: ja; *Eigensch.:* erzeugt in der Buntweberei klare Farben; ergibt geschmeidige Ketten; *Lö. Be.:* in Wasser klar löslich; *Verw.:* in der Appretur als Zusatz zum Kartoffelmehl.

Schlichtetalg **J. Simon & Dürkheim, Offenbach a. M.**

i/Kurs: ja; *Eigensch.:* verbindet sich gut mit Stärke; bewirkt gutes Eindringen in den Faden und leichtes Entschlichten; *Verw.:* als Ersatz für Naturtalg; allein oder zusammen mit gewöhnlichem Talg; beim Appretieren.

Schlichtfett extra **Dr. G. Eberle & Cie., Stuttgart.**

i/Kurs: ja; *Eigensch.:* ergibt gleichmäßige, leicht in den Faden eindringende Schlichteflotten bei bester Aufschließung der Stärke; *Verw.:* beim Schlichten.

Schlicht- und Appreturfett **Louis Blumer, Zwickau i. Sa.**

i/Kurs: ja; *Eigensch.:* gibt nur Weichheit; *Verw.:* zum Schlichten und Appretieren allein oder zusammen mit Glyzidin (wenn festerer Griff und besserer Stand gewünscht wird); *Mengen:* NB. mit kochendem Wasser verrühren oder leicht kochen! allgemein: auf 10 Teile Wasser: 1 Teil.

Schmälzöl F. F. **W. Städting Nachf., Leipzig-Lindenau.**

Konstit.: Seife (15,8%) + fetts. NH_4 (15,6%) + freie Ölsäure (18,9%) + Neutralfett (0,25%) + Ammoniak (0,9%) + Wasser (48,2%); *Verw.:* als Schmelzmittel.

Schmälzöl S. S. **W. Städting Nachf., Leipzig-Lindenau.**

Konstit.: Seife (8%) + freie Ölsäure (2,8%) + Neutralfett (6,6%) + Wasser (80,6%); *Verw.:* als Schmelzmittel.

Schmelz-Extrakt **J. Simon & Dürkheim, Offenbach a. M.**

i/Kurs: ja; *Eigensch.:* liefert mit Wasser ohne weiteren Zusatz von Fetten oder Olein eine gebrauchsfertige, feinemulgierte Schmelze; *Verw.:* beim Appretieren; zur Selbstherstellung von Spinnschmelzen für Kamm- und Streichgarne; *H. Pat., V. Pat.:* DRP. angem.

Schutzstoff L **I. G. Farbenindustrie AG., Frankfurt a. M.**

Geb.-J.: 1934; *i/Kurs:* ja; *Konstit.:* Natriumsalz einer organischen Sulfosäure; *Äuß.:* weißes Pulver; *Eigensch.:* gibt guten Motten- bzw. Lagerschutz; besitzt weniger gute Haftfestigkeit und Wasserechtheit wie die Eulanmarken; besitzt auch eine gewisse hemmende Wirkung gegen Fäulnis (keine Stockbildung); *Lö. Be.:* wasserlöslich; nicht härtebeständig; *Verw.:* für Wolle, die gelagert und dabei gegen Mottenschäden geschützt werden soll, nicht für das Nachbehandeln von veredelter Wollware (Eulane!); *Mengen:* NB. durch Übergießen mit der 15fachen Menge kochendheißen Kondenswassers bzw. enthärteten Wassers lösen!; für das Imprägnierklotzverfahren: 8 g/l (beim Eingehen mit trockener Ware ohne Nachsatz! Ware in der kalten bis handwarmen Lösung netzen!; ohne Spülen abschleudern bzw. abquetschen, wobei die Ware etwa 100% Schutzstofflotte vom Gewicht des trockenen Materials aufgenommen haben muß, zum Schluß trocknen!) zur mottenechten Ausrüstung von Rohware in der Schlichtmaschine als Zusatz zur Schlichtmasse: 8 g/l Flotte; *H. Pat., V. Pat.:* patentiert.

Stabilisator SG **F. Sager & Dr. Gossler, Heidelberg.**

i/Kurs: ja; *Konstit.:* Sulfonierungsprodukte des Naphthylens; *Äuß.:* gelbliches Pulver; *Eigensch.:* erhöht die Haltbarkeit von Diazofarben, Klotzbrühen und Druckpasten; ändert den Farbton nicht; *Verw.:* für Diazodrucke und Klotzungen in Druckerei und Färberei, für Eis- und Naphthol-AS-Farben; *Mengen:* 30 g (1:4 in Wasser gelöst) auf 1 kg Diazolösung bzw. Druckfarbe.

Stenolat CGA **Böhme Fettchemie, Chemnitz.**

Geb.-J.: 1935; *i/Kurs:* ja; *Konstit.:* Emulgator; *Äuß.:* gelbliche Flüssigkeit; *Reakt.:* alkalisch; *Eigensch.:* emulgiert Olein, Rizinusöl, Mineralöl und Paraffin; gibt haltbare Emulsionen; *Lö. Be.:* löslich in kaltem Wasser; begrenzt beständig gegen Alkali, Säure und hartes Wasser; *Verw.:* zur Herstellung von Emulsionen für Spinnschmelzen in der Streichgarnspinnerei und für Batschemulsionen; *Mengen:* auf 4—$4^1/_2$ Teile Öl: 1 Teil; *H. Pat., V. Pat.:* ja; *Lit.:* Spinner u. Weber 1936 Heft 34 S. 2; Mschr. f. Textilind. 1937 Fachheft II S. 62.

Stenolat CGK **Böhme Fettchemie, Chemnitz.**

Geb.-J.: 1935; *i/Kurs:* ja; *Konstit.:* Emulgator; *Äuß.:* weiße bis gelbliche Paste; *Reakt.:* alkalisch; *Eigensch.:* emulgiert Neutralöle, wie Oliven- und Erdnußöl; *Lö. Be.:* löslich in heißem Wasser; begrenzt beständig gegen Alkali, Säure und hartes Wasser; *Verw.:* zur Herstellung von Emulsionen (für Spinnschmelzen in der Kammgarnspinnerei); *Mengen:* auf 15 Teile Öl: 2,5 Teile; *H. Pat., V. Pat.:* ja; *Lit.:* Spinner u. Weber 1936 Heft 34 S. 2.

Stenolat-Schmälze W 60 **Böhme Fettchemie, Chemnitz.**

Geb.-J.: 1935; *i/Kurs:* ja; *Äuß.:* weiße Paste; *Reakt.:* alkalisch; *Eigensch.:* leicht auswaschbar; *Lö. Be.:* emulgierbar in kaltem Wasser; begrenzt beständig gegen Alkali, Säure und hartes Wasser; *Verw.:* als Schmelze für Woll-, Zellwoll- und Mischfasern; *Mengen:* auf 3—4 Teile Wasser: 1 Teil.

Stenolat-Spinnfett 7 **Böhme Fettchemie, Chemnitz.**

Geb.-J.: 1935; *i/Kurs:* ja; *Äuß.:* weiße Paste; *Reakt.:* alkalisch; *Eigensch.:* leicht auswaschbar; nicht abfettend und nachgilbend; gibt feinverteilte Emulsionen; *Lö. Be.:* in kaltem Wasser emulgierbar; begrenzt beständig gegen Alkali, Säure und hartes Wasser; *Verw.:* als fertige Spinnschmelze für die Vigogne-Spinnerei; *Mengen:* auf 80—85 Teile Wasser: 15—20 Teile.

Stenolat V **Böhme Fettchemie, Chemnitz.**

Geb.-J.: 1930; *i/Kurs:* ja; *Konstit.:* Fettalkoholsulfonat; *Äuß.:* gelbe Flüssigkeit; *Reakt.:* sauer; *Eigensch.:* emulgiert Olein, Olivenöl, Erdnußöl und Mineralöl; *Lö. Be.:* klar löslich in kaltem Wasser; gut beständig gegen Alkali, Säure und hartes Wasser; *Verw.:* zur Herstellung von Spinnschmelzen in der Streichgarnspinnerei und von Avivageemulsionen; *Mengen:* auf bis zu 20 Teile Öl: 1 Teil; *H. Pat., V. Pat.:* ja; *Lit.:* Fettchem. Umschau 1936 S. 38; Spinner u. Weber 1936 Heft 34 S. 2.

Stoko-Emulgator O **Chem. Fabr. Stockhausen & Cie., Krefeld.**

i/Kurs: nein; *Konstit.:* sulfoniertes Öl; *Äuß.:* Öl, gelblich; *Reakt.:* neutral; *Eigensch.:* emulgierkräftig; liefert haltbare Emulsionen mit Olein- und Fettsäuren in weichem und hartem Wasser ohne Mitverwendung von Ammoniak; *Lö. Be.:* die Emulsionen sind gegen hartes Wasser beständig; *Verw.:* zum Emulgieren von Fettsäuren, insbesondere Olein, ohne Ammoniak; z. Herstellung von Oleinspinnschmelzen für die Spinnerei und Reißerei; *Mengen:* 1:6 bis 1:12.

Stoko-Emulgator O neu **Chem. Fabr. Stockhausen & Cie., Krefeld.**

i/Kurs: ja; *Ersatz:* für Stoko-Emulgator O; *Konstit.:* Esterschwefelsäure und Sulfosäure enthaltendes Sulfonierungsprodukt; *Äuß.:* gelbes, klares Öl;

Reakt.: neutral; *Eigensch.:* emulgiert Fettsäuren (Olein); *Verw.:* zur Herstellung von Oleinemulsionen für Spinnschmelzen; *Mengen:* 1:6 bis 1:12.

Stoko-Emulgator Z **Chem. Fabr. Stockhausen & Cie., Krefeld.**

i/Kurs: ja; *Konstit.:* Sulfosäure + andere wirksame Bestandteile; *Äuß.:* fast klares, braungelbes Öl; *Reakt.:* schwach sauer gegen Phenolphthalein; *Eigensch.:* emulgiert Fettsäuren (Olein) sowie auch Mineralöl und Neutralöle; *Verw.:* zur Herstellung von Emulsionen für Spinnschmelzen usw.; *Mengen:* vor Gebrauch in der gleichen Menge Wasser verteilen! Emulsionsverhältnis 1:4 bis 1:10.

Stoko-Glyzerin **Chem. Fabr. Stockhausen & Cie., Krefeld.**

i/Kurs: nein; *Ersatz:* Glyzerin-Ersatz-Stoko.

Stoko-Imprägnierung G 2 **Chem. Fabr. Stockhausen & Cie., Krefeld.**

i/Kurs: ja; *Konstit.:* Paraffin + Emulgator + Tonerdeverbindungen; *Äuß.:* milchigweiße Flüssigkeit; *Reakt.:* sauer; *Eigensch.:* macht wasserabstoßend bei Erhaltung eines weichen Griffs; *Lö. Be.:* härte- und frostbeständig; *Verw.:* zum Imprägnieren von Textilmaterial jeglicher Art; *Mengen:* 30 bis 45 g/l am Foulard, 5—10% auf der Wanne.

Stoko-Paste SS **Chem. Fabr. Stockhausen & Cie., Krefeld.**

i/Kurs: nein; *Konstit.:* sulfoniertes Wachs; *Äuß.:* hellgelb; *Reakt.:* neutral; *Eigensch.:* verleiht Kunstseide einen weichen, glatten Griff; *Lö. Be.:* in warmem Wasser klar löslich; in Wässern bis zu mittleren Härtegraden auch in der Hitze gut beständig; *Verw.:* NB. nicht für basische Farbstoffe! im Farbbade bei Wasser bis zu 15° d. H.; zum Avivieren und Appretieren von Kunstseidenwaren aller Art; *Mengen:* meist 1—3 g/l.

Stoko-Präparation G **Chem. Fabr. Stockhausen & Cie., Krefeld.**

i/Kurs: ja; *Konstit.:* unverseiftes Fett; *Äuß.:* Paste, weiß; *Reakt.:* neutral; *Eigensch.:* überzieht Kunstseidefäden mit einer feinen Fettschicht, macht sie weich und geschmeidig; *Lö. Be.:* gibt beim vorsichtigen Verrühren mit warmem Wasser weiße Emulsionen; *Verw.:* als Präparation für hochgedrehte Kunstseidengarne (Krepp- und Voilegarne); zum Spinnfähigmachen kunstseidener Spinnfasern (Stapelfaser); *Mengen:* für hochgedrehte Kunstseidengarne: 20—70 g/l; beim Spinnfähigmachen: 6—10 g/l.

Stoko-Präparation R **Chem. Fabr. Stockhausen & Cie., Krefeld.**

i/Kurs: ja; *Konstit.:* Seife + Türkischrotöl + Mineralöl; *Äuß.:* Öl, hellgelb; *Reakt.:* neutral; *Eigensch.:* erteilt Kunstseidefäden vorzügliche Geschmeidigkeit, Elastizität und Weichheit; *Lö. Be.:* gibt mit Wasser beim Verrühren weiße, beständige Emulsionen; *Verw.:* zum Präparieren von Kunstseide für die Zwecke der Spulerei und Wirkerei; *Mengen:* meist 35—50 g/l.

Stoko-Präparation S **Chem. Fabr. Stockhausen & Cie., Krefeld.**

i/Kurs: ja; *Konstit.:* unverseiftes Fett; *Äuß.:* Öl, hellgelb; *Reakt.:* neutral; *Eigensch.:* stattet Kunstseidefäden mit vorzüglicher Geschmeidigkeit, Elastizität und Weichheit aus; *Lö. Be.:* liefert beim Verrühren mit Wasser klare Lösungen; *Verw.:* zum Präparieren von Kunstseide für die Zwecke der Spulerei und Wirkerei; *Mengen:* meist 35—50 g/l.

Stoko-Schlichte SO **Chem. Fabr. Stockhausen & Cie., Krefeld.**

i/Kurs: ja; *Konstit.:* Leim + Netzmittel; *Äuß.:* gelbliches Pulver; *Reakt.:* schwach sauer; *Eigensch.:* ergibt glatte Fäden mit gutem Schluß; hohe Netzwirkung; *Lö. Be.:* in heißem Wasser löslich; *Verw.:* als Strang- und Kettbaumschlichte für Kunstseide; *Mengen:* 30—50 g/l.

Stoko-Tablette **Chem. Fabr. Stockhausen & Cie., Krefeld.**

i/Kurs: ja; *analog:* Stoko-Tablette N; *Konstit.:* Fett + Stärkeaufschlußmittel; *Äuß.:* Tafeln (vierteilig, ca. 200 g Gewicht!), weißlich; *Reakt.:* neutral; *Eigensch.:* baut Stärke auf die für Schlichtzwecke günstigste Konsistenz ab, so daß das Aufschließen der Kartoffel- oder anderer Stärken mittels starker Laugen, Diastafor usw. wegfällt, ebenso wie Zusätze von Japan- oder Bienenwachs, Stearin oder Paraffin, Kokosöl, Talg, Seife, Leim, Glyzerin usw.; gibt beim Kochen von Kartoffel- oder anderer Stärke klare Lösungen; erleichtert das spätere Entschlichten; *Verw.:* zur Herstellung von Stärke- und Schlichtemassen für Baumwolle, Leinen, Jute und Wolle (für Baumwollketten, Strangschlichterei, Hartschlichterei, für Leinengarne und Juteketten, Kammgarnketten, Streichgarne und Cheviotgarne); zur Herstellung von Appreturmassen für Eisengarne, für Baumwollgewebe mit leinenartigem Griff, Bettbezüge, Buntgewebe, Blauleinen, bunte baumwollene Blusenstoffe, Chiffon, Futterstoffe, Handtücher, Leinenimitation, baumwollene Hosenstoffe, Kleidersatin, Matratzendrell, Nessel, Oxford, Cottonaden, gebleichte Pikees und Ripse, Rucksackstoffe, Schuhköper, Schürzenstoffe, Zephir mit Leinengriff usw.; *Mengen:* für Schlichte und Appreturmassen: 1—1,5% der Stärke neben: etwa dem 10fachen der Stärke an Wasser; (man rührt die Kartoffelstärke oder andere Stärke, wie gewöhnlich, mit kaltem Wasser an, fügt die Tabletten bei und kocht mit Dampf auf!); $^1/_4$ einer vierteiligen Tablette wiegt 50 g und ist berechnet für 5 kg Stärke; *H. Pat., V. Pat.:* DRP.

Stoko-Tablette N **Chem. Fabr. Stockhausen & Cie., Krefeld.**

i/Kurs: ja; *analog:* Stoko-Tablette; *Konstit.:* fettaromatische Sulfosäure + Fett; *Äuß.:* Tafeln, vierteilig, ca. 200 g Gewicht; *Reakt.:* neutral; *Eigensch.:* befördert die mechanische Zerteilung der Stärke; erzeugt Schlichten von dünner Konsistenz ohne weiteren Abbau des Stärkemoleküls; erübrigt weitere Aufschlußmittel sowie Zusätze von Wachsen, Ölen oder Fetten; erleichtert das Entschlichten; *Verw.:* wie Stoko-Tablette.

Stokotal FSB **Chem. Fabr. Stockhausen & Cie., Krefeld.**

i/Kurs: ja; *Konstit.:* Fettsäurederivat; *Äuß.:* schwachgelbe Gallerte; *Reakt.:* schwach alkalisch; *Eigensch.:* weichmachend, netzend; *Lö. Be.:* gibt mit heißem Wasser beständige, fast klare Lösung; *Verw.:* als Weichmacher im Farbbad und zur Nachavivage; *Mengen:* im Farbbad: 0,5—1 g/l; in der Nachavivage: ca. 1 g/l.

Talfurol M **A. Th. Böhme, Dresden-N. 6.**

i/Kurs: ja; *Konstit.:* Fett- und Talgsulfonat; *Äuß.:* weiße Paste; *Eigensch.:* macht geschlichtete Garne weich, glatt und elastisch; gewährleistet in der Appretur weichen, vollen und geschmeidigen Warenausfall; *Verw.:* in Schlichterei und Appretur.

Talfurol P 50 **A. Th. Böhme, Dresden-N. 6.**

i/Kurs: ja; *Konstit.:* Produkt aus Talg und Paraffin; *Verw.:* zur Erzielung eines matten Seidenglanzes auf Baumwolle und Mischgeweben, auch bei Inlettausrüstung.

Tallofin **Chem. Fabr. Stockhausen & Cie., Krefeld.**

i/Kurs: ja; *analog:* den übrigen Tallofinen; *Konstit.:* Paraffin + Emulgator; (= sulfoniertes Fett); *Äuß.:* Riegel, fast weiß; *Reakt.:* schwach alkalisch; *Eigensch.:* weichmachend, glättend und glanzerhöhend, vor allem bei mechanischer Nachbehandlung; *Verw.:* zur Erhöhung von Glätte und Glanz in Füllappreturen; zur Erzielung eines geschmeidigen, glatten Griffs; für Avivage auch auf Kunstseide; *Mengen:* NB. erst in geschmolzenem Zustand in die 5fache Menge heißen Wassers einrühren! Temperatur von Schmelze und Lösewasser zweckmäßig ca. 70° C; Haspel: 1—3 g/l; Foulard: 10—20 g/l; Spritzappretur: 20—30 g/l; Füllappretur: je nach Konzentration der übrigen Anteile 5—10 g/l.

Tallofin AR **Chem. Fabr. Stockhausen & Cie., Krefeld.**

i/Kurs: ja; *analog:* den übrigen Tallofinen; *Konstit.:* Fettsäuren (hocherstarrend) + Emulgator (= sulfoniertes Fett); *Äuß.:* Riegel, weiß; *Reakt.:* schwach sauer; *Eigensch.:* weichmachend, füllend und glanzerhöhend, sowie glättend; (der Griff ist kerniger als bei den anderen Tallofin-Marken!); voll verseifbar; *Verw.:* zur Glanzavivage, vor allem für Weißware und Wäschestoffe; zum Glätten von kunstseidenen Geweben; als Schlichtezusatz; *Mengen:* NB. die Schmelze in die 5fache Menge heißen Wassers einrühren; Temperatur von Schmelze und Lösewasser zweckmäßig ca. 70° C; Haspel: 1—3 g/l; Foulard: 10—20 g/l; Füllappretur: je nach Konzentration der übrigen Anteile: 5—10 g/l.

Tallofin BW **Chem. Fabr. Stockhausen & Cie., Krefeld.**

i/Kurs: ja; *analog:* den übrigen Tallofinen; *Konstit.:* Wachs + Emulgator (= sulfoniertes Fett); *Äuß.:* Riegel, fast weiß; *Reakt.:* schwach alkalisch; *Eigensch.:* weichmachend, glättend und in besonders starkem Maße glanzerhöhend; *Verw.:* zur Glanzerhöhung bei Füllappreturen, vor allem in der Garnappretur für Nähgarne, Eisengarne u. ä.; für die Hochglanzavivage; *Mengen:* NB. erst in geschmolzenem Zustand in die 5fache Menge heißen Wassers einrühren: Temperatur der Schmelze und des Lösewassers zweckmäßig 95° C (bei Innehaltung dieser Lösevorschrift auch kochbare Emulsionen); Haspel: 1—3 g/l; Foulard: 10—20 g/l; Füllappretur: je nach Konzentration der übrigen Anteile: 5—10 g/l.

Tallofin C **Chem. Fabr. Stockhausen & Cie., Krefeld.**

i/Kurs: ja; *analog:* den übrigen Tallofinen; *Konstit.:* Wachs + Emulgator (= sulfoniertes Fett); *Äuß.:* Riegel, fast weiß; *Reakt.:* neutral; *Eigensch.:* weichmachend, glättend und in besonders starkem Maße glanzerhöhend; *Verw.:* zur Glanzerhöhung bei Füllappreturen, vor allem in der Garnappretur für Nähgarne, Eisengarne usw.; für die Hochglanzavivage; *Mengen:* NB. erst in geschmolzenem Zustand in die 5fache Menge heißen Wassers einrühren! Temperatur der Schmelze und des Lösewassers zweckmäßig 95° C (bei Innehaltung dieser Lösevorschrift auch kochbare Emulsionen); Haspel: 1—3 g/l; Foulard: 10—20 g/l; Füllappretur: je nach Konzentration der übrigen Anteile: 5—10 g/l.

Tallofin JW **Chem. Fabr. Stockhausen & Cie., Krefeld.**

i/Kurs: ja; *analog:* den übrigen Tallofinen; *Konstit.:* Wachs + Emulgator (= sulfoniertes Fett); *Äuß.:* Riegel, hellgelb; *Reakt.:* schwach alkalisch; *Eigensch.:* weichmachend und glättend; bei mechanischer Nachbehandlung glanzerhöhend (der Glanz ist charakterisiert durch das enthaltene Wachs!); *Lö. Be.:* gibt bei Innehaltung der Lösevorschrift beständige Emulsionen, die jedoch nicht beständig gegen höhere Elektrolytzusätze und Kochen sind; *Verw.:* als Füllappretur; in der Schlichterei von Stuhlware; als Garnappretur; *Mengen:* NB. in geschmolzenem Zustand in die 5fache Menge heißen Wassers einrühren; Temperatur der Schmelze und des Lösewassers zweckmäßig ca. 60° C; Haspel: 1—3 g/l; Foulard: 10—20 g/l; Spritzappretur: 20—30 g/l; Füllappretur: je nach Konzentration der übrigen Anteile: 5—10 g/l.

Tallofin N extra **Chem. Fabr. Stockhausen & Cie., Krefeld.**

i/Kurs: ja; *analog:* den übrigen Tallofinen; *Konstit.:* Paraffin + Emulgator (= sulfoniertes Fett) + Schutzkolloid; *Äuß.:* Riegel, fast weiß; *Reakt.:* schwach alkalisch; *Eigensch.:* weichmachend, füllend und glänzend; bei mechanischer Behandlung stark glanzerhöhend; gibt Leinenglanz; nicht vergilbend; *Verw.:* für alle Glanzappreturen, vornehmlich bei Wäschestoffen, auch bei Weißware; auch für kunstseidene Gewebe; *Mengen:* NB. in geschmolzenem Zustand in die 5fache Menge heißen Wassers einrühren! Temperatur für Schmelze und Lösewasser ca. 70° C (bei Einhaltung der Lösevorschrift sehr beständige Emulsionen, die gegen Kochen, Elektrolytzusätze und Härtebildner des Wassers beständig sind); Haspel: 1—3 g/l; Foulard: 10—20 g/l; Spritzappretur: 20—30 g/l.

Tallosan BWK **Chem. Fabr. Stockhausen & Cie., Krefeld.**

i/Kurs: ja; *Konstit.:* sulfonierter Talg + Wachs; *Äuß.:* weiße Paste; *Reakt.:* das Produkt selbst reagiert schwach sauer, die wässerige Lösung je nach Konzentration schwach sauer bis schwach alkalisch; *Eigensch.:* erteilt Kunstseide weichen Griff; *Lö. Be.:* gibt weiße Emulsionen; *Verw.:* zur Avivage und Appretur von Geweben oder Gewirken aus Kunstseide, Baumwolle oder Mischgeweben daraus; *Mengen:* NB. man schmilzt das Produkt auf 60° C und verdünnt die heiße Schmelze mit ebenso heißem Wasser! je nach dem gewünschten Effekt verschieden.

Tallosan CH **Chem. Fabr. Stockhausen & Cie., Krefeld.**

i/Kurs: ja; *analog:* den übrigen Tallosanen; *Konstit.:* sulfoniertes Fett + Stabilisator; *Äuß.:* weiße Paste; *Reakt.:* schwach alkalisch; *Eigensch.:* weichmachend, glättend und füllend; höhere Kalk-, Salz- und Kochbeständigkeit als die übrigen Tallosane; *Lö. Be.:* ergibt feindisperse Emulsionen mit besseren Beständigkeitseigenschaften als die übrigen Tallosane; *Verw.:* in der Avivage, Schlichte und Appretur (es kann den Schlichte- und Appreturflotten vor dem Aufkochen zugesetzt werden); *Mengen:* 3—10 g/l; *H. Pat., V. Pat.:* DRP. angem.

Tallosan K **Chem. Fabr. Stockhausen & Cie., Krefeld.**

i/Kurs: ja; *ähnlich:* Sebumol extra; *analog:* den übrigen Tallosan-Marken; *Konstit.:* sulfonierter Talg (enthält keine aliphatischen Sulfosäuren!); *Äuß.:* Paste, weiß; *Reakt.:* das Produkt selbst reagiert schwach sauer, die wässerige Lösung je nach Konzentration schwach sauer bis schwach alkalisch;

Eigensch.: siehe Tallosan S! (kein Nachgilben!); *Lö. Be.:* siehe Tallosan S; *Verw.:* insbesondere für die Ausrüstung vollweißer Ware; für Kunstseide und (im Gegensatz zu Tallosan S) auch für Bleichware; zur Ausrüstung von baumwollenen Linons und Damasten (Imitation des Leinencharakters!); *Mengen:* siehe Tallosan S!

Tallosan L **Chem. Fabr. Stockhausen & Cie., Krefeld.**

i/Kurs: ja; *ähnlich:* Sebumol extra; *analog:* den übrigen Tallosan-Marken, insbesondere dem Tallosan LT; *Konstit.:* sulfonierter Talg (enthält keine aliphatischen Sulfosäuren!); *Äuß.:* schwach gefärbte Paste; *Reakt.:* das Produkt selbst reagiert schwach sauer, die wässerige Lösung je nach Konzentration schwach sauer bis schwach alkalisch; *Eigensch.:* macht weich, glatt, voll, geschmeidig, elastisch und glänzend (s. a. Tallosan S!); *Lö. Be.:* liefert mit Wasser feindisperse Emulsionen; gut beständig gegen Kalk und organische Säuren (s. a. Tallosan S!); *Verw.:* (zur Ausrüstung weniger wertvollen Materials), insbesondere in der Lederfabrikation; *Mengen:* (bezüglich der Ausrüstung weniger wertvollen Materials s. a. Tallosan S!).

Tallosan LT **Chem. Fabr. Stockhausen & Cie., Krefeld.**

i/Kurs: ja; *ähnlich:* Sebumol extra; *analog:* den übrigen Tallosan-Marken, insbesondere dem Tallosan L; *Konstit.:* sulfonierter Talg (enthält keine aliphatischen Sulfosäuren!); *Äuß.:* schwach gefärbte Paste; *Reakt.:* das Produkt selbst reagiert schwach sauer, die wässerige Lösung je nach Konzentration schwach sauer bis schwach alkalisch; *Eigensch.:* macht weich, glatt, voll, geschmeidig und elastisch (s. a. Tallosan S!); *Lö. Be.:* liefert mit Wasser feindisperse Emulsionen; gut beständig gegen Kalk und organische Säuren (s. a. Tallosan S!); *Verw.:* (zur Ausrüstung weniger wertvollen Materials), insbesondere in der Lederfabrikation; *Mengen:* (bezüglich der Ausrüstung weniger wertvollen Materials s. a. Tallosan S!).

Tallosan S **Chem. Fabr. Stockhausen & Cie., Krefeld.**

i/Kurs: ja; *analog:* den übrigen Tallosan-Marken; *ähnlich:* Sebumol extra; *Konstit.:* sulfonierter Talg (enthält keine aliphatischen Sulfosäuren!); *Äuß.:* Paste, weiß; *Reakt.:* das Produkt selbst reagiert schwach sauer, die wässerige Lösung je nach Konzentration schwach sauer bis schwach alkalisch; *Eigensch.:* fast geruchlos (insbesondere kein Talggeruch); läßt sich beim Entschlichten leicht a. d. W. entfernen; vermindert das Nachgilben; macht das Material weich, glatt, voll, geschmeidig und elastisch; vermeidet in Beschwerungsschlichten das Stauben der Ketten; ermöglicht gleichmäßiges Aufziehen der Schlichte sowie hohe Ausnutzung der Schlichtmasse; verhindert das Zusammenkleben der Fäden b. Spulen und Wirken sowie das Brechen und Aufspleißen; *Lö. Be.:* liefert mit Wasser feindisperse Emulsionen; gut beständig gegen Kalk und organische Säuren; hohe Beständigkeit in Stärkeappreturen; *Verw.:* NB. nicht für Bleichware! hierfür siehe Tallosan K! in der Schlichte und Appretur; zur Ausrüstung von Inletts; zur Avivage; zur Nachbehandlung von Kreuzspulen, Kopsen und anderem, auf Apparaten gefärbtem Material; bei der Verarbeitung von Kunstseide; in der Appretur kunstseidener Wirk- und Webwaren; in der Spulerei und Wirkerei von Kunstseide; in der Schlichterei der Kunstseide; in der Leinengarnbleiche; zum Wasserdichtmachen mit essigsaurer Tonerde im Zweibadverfahren; als Zusatz zum Farbbad; (nicht als Zusatz zur Farbflotte beim Färben mit basischen Farbstoffen!); *Mengen:* NB. mit der 6—8fachen Menge warmem Wasser angerührt zur Flotte geben oder in aufgeschmolzenem Zustand in die Flotte einrühren; Kochen vermeiden! Schlichte- und Appreturflotten erst nach dem Aufkochen und Abkühlen auf ca. 60° einrühren! b. d. Schlichte und Schwerappretur: 3—4 g/l; b. d. Leichtappretur: 1—2 g/l; b. d. Avivage im Farbbad: 1—2 g/l; i. d. Spulerei und Wirkerei: 3—5%ige Lösungen; i. d. Leinengarnbleiche b. Nachseifen (zum letzten Seifenbad): etwa $^1/_4$ der sonst verwandten Seifenmenge (auch das Bläuen kann unter Mitverwendung von Tallosan erfolgen!).

Tallosan St — **Chem. Fabr. Stockhausen & Cie., Krefeld.**

i/Kurs: ja; *ähnlich:* Sebumol extra; *analog:* den übrigen Tallosan-Marken; *Konstit.:* sulfonierter Talg (enthält keine aliphatischen Sulfosäuren!); *Äuß.:* Paste, weiß; *Reakt., Eigensch.:* siehe Tallosan S! *Lö. Be.:* in hartem Wasser etwas beständiger als die übrigen Tallosan-Marken; *Verw.:* wie Tallosan S (aber bei besonders hartem Betriebswasser!); *Mengen:* siehe Tallosan S!

Tallosan 34 — **Chem. Fabr. Stockhausen & Cie., Krefeld.**

i/Kurs: ja; *Konstit.:* sulfoniertes Fett; *Äuß.:* gelblichgraue Paste; *Reakt.:* schwach alkalisch; *Eigensch.:* weichmachend; *Lö. Be.:* gibt mit heißem Wasser beständige Emulsionen; *Verw.:* als Weichmacher in Verbindung mit Este-Mattierung P; als Spezialweichmacher für kunstseidene und zellwollene Web- und Wirkware; *Mengen:* bei Foulardmattierung: 50—300 g/l; als Spezialweichmacher: 2—4 g/l.

Talvon JW — **Zschimmer & Schwarz, Chemnitz.**

Geb.-J.: 1936; *i/Kurs:* ja; *Konstit.:* Japanwachskörper (emulgierfähig); *Äuß.:* weiße, feste Paste; *Eigensch.:* restlos verseifbar; *Verw.:* zu Appreturen aller Art; zur Verhinderung des Abstäubens; zum Schlichten.

Talvon SE — **Zschimmer & Schwarz, Chemnitz.**

Geb.-J.: 1934; *i/Kurs:* ja; *Konstit.:* Fettsulfonat; *Äuß.:* gelbe Paste; *Reakt.:* neutral; *Lö. Be.:* mäßig kalkbeständig; *Verw.:* als Emulgator für Neutralöle, Fette und Wachse, nicht aber für Fettsäuren; *Mengen:* zum Emulgieren: auf 2—3 Teile Fett oder Öl: 1 Teil.

Talvon T — **Zschimmer & Schwarz, Chemnitz.**

Geb.-J.: 1934; *i/Kurs:* ja; *Ersatz:* für Appretur-Rohtalg; *Konstit.:* sulfoniertes Talgfett; *Äuß.:* weiße Paste; *Reakt.:* neutral; *Lö. Be.:* mäßige Hartwasserbeständigkeit; *Verw.:* als Weichmachmittel für BW und KS; als Schlichtezusatz, Appreturfett; für die Mattierung (z. B. mit Mattierung A 85).

Talvon 100 — **Zschimmer & Schwarz, Chemnitz.**

Geb.-J.: 1934; *i/Kurs:* ja; *Ersatz:* für Appretur-Rohtalg; *Konstit.:* sulfoniertes Talgfett; *Äuß.:* weiße Paste; *Reakt.:* neutral; *Lö. Be.:* mäßige Hartwasserbeständigkeit; *Verw.:* als Weichmachmittel für BW und KS; als Schlichtezusatz, Appreturfett; für die Mattierung, z. B. mit Mattierung A 85.

Tegacid — **Th. Goldschmidt AG., Essen.**

i/Kurs: ja; *Verw.:* zur Herstellung saurer Emulsionen; *Lit.:* Seifensieder-Ztg. 1932 S. 803.

Tegin — **Th. Goldschmidt AG., Essen.**

i/Kurs: ja; *Konstit.:* Stearinsäuremonoglyzerinester bzw. Ester d. Stearinsäure u. d. Glykols + seifenartige Stoffe (geringe Mengen alkalisch reagierender); *Äuß.:* stearinähnliche Masse; *Reakt.:* sauer; *Verw.:* zur Herstellung von neutralen Emulsionen; *H. Pat., V. Pat.:* G 71113 IV a/23 c; *Lit.:* Seifensieder-Ztg. 1931 S. 64 u. 701; 1932 S. 141ff.

Tego **Th. Goldschmidt AG., Essen.**

i/Kurs: ja; *analog:* Tegin (es ist das gleiche wie Tegin, wird nur aus minderen Rohstoffen hergestellt); *Verw.:* nicht in der Textilindustrie, sondern in der Seifenindustrie als Überfettungsmittel.

Telesil trocken **Burnus Aktiengesellschaft Darmstadt.**

i/Kurs: ja; *Konstit.:* Sauerstoffpräparat (10% aktiver Sauerstoff); (kein Natriumperborat); *Äuß.:* feines, weißes Pulver (kühl und trocken aufbewahren!); *Eigensch.:* enthärtet gleichzeitig teilweise das Wasser, nach Abspaltung des Sauerstoffes hinterbleibt nur Soda; frei von Chlor und Wasserglas; auf Lager sehr gut haltbar; greift die Haut nicht an; *Lö. Be.:* in Wasser von 20—30° C leicht löslich; *Verw.:* zum Bleichen, ebensogut zum Vorwaschen wie im 2. Waschgang oder auch beim Kochen; *Mengen:* 4 g auf 1 kg Wäsche entsprechend 1 g auf 1 l Wasser.

Telesil 100 **Burnus Aktiengesellschaft, Darmstadt.**

i/Kurs: ja; *Konstit.:* H_2O_2 (30 Vol.%) + Stabilisator + Zusatz einer Indikatorkomponente; *Äuß.:* wasserhelle Flüssigkeit; *Verw.:* in der Weißwäscherei als Bleichmittel; (der mitgelieferte Indikator gestattet leicht Feststellung des Sauerstoffgehaltes des Bleichmittels!).

Teppich-Rückwand-Appretur **J. John Nchf., Dresden-A. 1.**

i/Kurs: ja; *Konstit.:* Eiweißkörper; *Äuß.:* braune Masse; *Reakt.:* p_H 5—6; *Eigensch.:* hohes Durchdringungsvermögen; kräftigt den Faden; steril; unbegrenzt haltbar; greift Farben und Fasern nicht an; *Lö. Be.:* in warmem Wasser leicht lösbar; beständig gegen verdünnte Säuren; alkaliempfindlich; *Verw.:* zur Appretur von Teppichrückwänden.

Terhyd C **Chem. Fabr. Pfersee, Augsburg.**

Geb.-J.: 1928; *i/Kurs:* ja; *analog:* Terhyd CB; verschieden von diesem nur durch seine Stärke; *Konstit.:* anorganische Perverbindungen; *Äuß.:* weißes Pulver; *Eigensch.:* baut die Stärke nicht ab (es entsteht also kein Dextrin und kein Zucker, sondern macht den Stärkekleister nur dünnflüssig, lockert das Stärkemolekül lediglich auf, so daß auch nach längerer Einwirkung noch rein blaue Jodreaktion das Vorhandensein von Stärke beweist (nicht rotviolette Färbung, die allmählich verschwindet, als Zeichen dafür, daß sich Dextrine und Zucker gebildet haben); auch bei längerem Kochen der Stärkeflotte entstehen keine für Appretur und Schlichterei wertlosen Abbauprodukte; Überwachen des Aufschließens überflüssig, da Aufschließungsgrad lediglich von der angewandten Menge des Aufschließungsmittels abhängig ist; keine Nachwirkung (Konsistenz bleibt auch bei längerem Stehen erhalten); keine Faserschädigung; schließt im Gegensatz zur Marke CB die Stärke nur sehr wenig auf; *Verw.:* beim Appretieren und Schlichten; zum Aufschließen der Stärke; bei der Füllappretur zur Herstellung hochviskoser Flotten; *Mengen:* die Stärke mit der notwendigen Menge Wasser anrühren, Terhyd zugeben, unter Rühren zum Kochen bringen, ca. 5 Min. kochen!; zur ausreichenden Verflüssigung der Stärke: 0,5—1% der Stärke.

Terhyd CB **Chem. Fabr. Pfersee, Augsburg.**

Geb.-J.: 1930; *i/Kurs:* ja; *analog:* Terhyd C; verschieden von diesem nur durch seine Stärke; *Konstit.:* anorganische Perverbindungen; *Äuß.:* weißes Pulver; *Eigensch.:* baut die Stärke nicht ab (es entsteht also kein Dextrin und kein Zucker, sondern macht den Stärkekleister nur dünnflüssig, lockert das Stärkemolekül lediglich auf, so daß auch nach längerer Einwirkung noch rein blaue Jodreaktion das Vorhandensein von Stärke beweist (nicht rotviolette Färbung, die allmählich verschwindet, als Zeichen dafür, daß sich Dextrine und Zucker gebildet haben); auch bei längerem Kochen der Stärkeflotte entstehen keine für Appretur und Schlichterei wertlosen Abbauprodukte; Überwachen des Aufschließens überflüssig, da Aufschließungsgrad lediglich von der angewandten Menge des Aufschließungsmittels abhängig ist; keine Nachwirkung (Konsistenz bleibt auch bei längerem Stehen erhalten); keine Faserschädigung; erzeugt dünne, wasserklare Stärkeflotten, so daß die Reinheit der Farben erhalten bleibt; *Verw.:* beim Appretieren und Schlichten; zum Aufschließen der Stärke; zur Herstellung im Gegensatz zur Marke C möglichst dünnflüssiger Flotten (Bänder, feinfädige Gewebe, Buntgewebe usw.); *Mengen:* die Stärke mit der notwendigen Menge Wasser anrühren, Terhyd zugeben, unter Rühren zum Kochen bringen, ca. 5 Min. kochen!; zur ausreichenden Verflüssigung der Stärke: 0,25—1% der Stärke.

Terhyd EH **Chem. Fabr. Pfersee, Augsburg.**

Geb.-J.: 1932; *i/Kurs:* ja; *Konstit.:* Pankreasdiastase; *Äuß.:* weißliches Pulver; *Eigensch.:* verbürgt gleichmäßigen Ausfall; baut Stärke rasch und sicher bis zum Zucker ab; keine Schädigung von Faser und Farbe; *Verw.:* beim Entschlichten von Geweben aus W, BW, KS, S, L, J usw.; vor dem Beuchprozeß, vor dem Bleichen, Färben und Drucken, bei Inlettware, bei Samt; *Mengen:* kühl, trocken, gut verschlossen lagern! in der 5fachen Menge warmen Wassers von 40—45° C lösen und dem 45° warmen Entschlichtungsbad zugeben! (Temperaturen über 65° C vermeiden! nicht mit direktem Dampf erwärmen! optimale Temperatur: 50—55°; optimaler p_H-Wert: 6,8); für Entschlichtungsverfahren während längerer Zeit: 0,5—2 g, während kürzerer Zeit: 1—3 g/l Flotte neben der 2—3fachen Menge Kochsalz evtl. (nachdem kräftig und möglichst heiß spülen!).

Terhyd MA **Chem. Fabr. Pfersee, Augsburg.**

Geb.-J.: 1934; *i/Kurs:* ja; *Konstit.:* Malzdiastase; *Äuß.:* braune Paste; *Eigensch.:* baut die Stärke rasch ab, enthält weder Alkalien noch überschüssige Säuren; keine Schädigung von Faser oder Farbe; große Haltbarkeit und Lagerbeständigkeit; *Lö. Be.:* in Wasser von 30—40° leicht löslich; *Verw.:* beim Entschlichten aller Gewebe aus Pflanzen-, Tier- oder Kunstfasern, sofern dieselben mit Stärkeprodukten geschlichtet sind; *Mengen:* gut verschlossen und kühl lagern; (optimale Wirksamkeit bei 65° C und einem p_H von 6—7; größere Säure- oder Alkalimengen vermeiden!); zum Entschlichten bei längerer Dauer: 3—5 g/l, bei kürzerer Dauer: 5—10 g/l (nachdem kräftig und möglichst heiß spülen!).

Terpenisol **Louis Blumer, Zwickau i. Sa.**

i/Kurs: nein; *analog:* Terpin-Isol, mit dem es identisch zu sein scheint; *Konstit.:* Ölsulfonat + Terpentin (nach Prof. Herbig).

Terpin

Konstit.: Türkischrotöl + Fettlöser.

Terpin-Isol **Louis Blumer, Zwickau i. Sa.**

i/Kurs: nein; *analog:* Terpenisol, mit dem es identisch zu sein scheint; *Konstit.:* Ölsulfonierungsprodukt (20—25% Fettgehalt) + Terpentinöl.

Terpinopol **Chem. Fabr. Stockhausen & Cie., Krefeld.**

i/Kurs: ja; *analog:* Terpinopol K; *Konstit.:* Seife + Fettlöser; (Monopolseife + Terpentinöl[1]; dto. nach Prof. Herbig); diese beiden, in der Klammer stehenden Angaben sind unzutreffend; *Äuß.:* dickflüssig, gelb; *Reakt.:* schwach alkalisch; *Eigensch.:* schmutz- und fettlösend; kommt auch in kochender Lauge noch voll zur Wirkung ohne vorzeitiges Verflüchtigen des Fettlösungsmittels; *Verw.:* als Waschmittel zus. m. Soda für das Wäschereigewerbe sowie als Detachurmittel; für die Leibwäsche; f. d. bunte Wäsche (Terpinopol in einem Eimer langsam mit der 10—15fachen Menge warmem Wasser verrühren! Soda vorher für sich in heißem Wasser lösen und zuerst in die Maschine geben!); als Zus. bei Druckfarben; (s. a. Mengen!); *Mengen:* b. d. weißen Wäsche, Leib- und Küchenwäsche: neben 10 g/l Soda kalz.: 1% d. W. ($^1/_2$—$^3/_4$ Stde. kochen); f. d. Wollwäsche (wollene Decken und Strümpfe): neben 2 g/l Soda kalz.: 4 g/l; *H. Pat., V. Pat.:* DRP.; *Lit.:* [1] Seifensieder-Ztg. 1930 S. 495.

Terpinopol BT **Chem. Fabr. Stockhausen & Cie., Krefeld.**

i/Kurs: ja; *Konstit.:* Terpentinöl-Emulsion; *Äuß.:* dicklich; *Reakt.:* neutral; *Eigensch.:* Lösevermögen für Fette und Wachse; aufhellende Wirkung; ergibt vorzügliche Halbbleiche; *Lö. Be.:* gibt mit Wasser Emulsionen; hoch alkalibeständig; *Verw.:* in der Beuche sowie bei der offenen Abkochung von Baumwolle- und Leinenmaterial; *Mengen:* i. d. Beuche: 0,25—0,5% d. W.

Terpinopol K **Chem. Fabr. Stockhausen & Cie., Krefeld.**

i/Kurs: ja; *analog:* Terpinopol (von dem es sich nur durch die Konzentration unterscheidet); Terpinopol N extra; *Konstit.:* Seife + Fettlöser (Monopolseife + Terpentinöl[1]); Angabe in der Klammer ist unrichtig; *Lit.:* [1] Seifensieder-Ztg. 1930 S. 495.

Terpinopol N extra **Chem. Fabr. Stockhausen & Cie., Krefeld.**

i/Kurs: ja; *analog:* Terpinopol K; *Konstit.:* Seife + Fettlöser + Schutzkolloid; *Äuß.:* dickflüssig, gelb; *Reakt.:* schwach alkalisch; *Eigensch.:* hohes Reinigungsvermögen; beeinflußt den Weißgrad des Waschgutes günstig; kommt auch beim Kochen voll zur Wirkung; verhindert Kalk- und Eisenseifenausscheidungen; *Lö. Be.:* kalkbeständig in allen in Frage kommenden Wässern; *Verw.:* zusammen mit Soda als Waschmittel (für das Wäschereigewerbe).

Terpipetrol

Konstit.: Oleinkaliseife + Terpineol + Petroleum; *Lit.:* Seifenfabrikant 1913 S. 721.

Terpuril A **Chem. Fabr. Pfersee, Augsburg.**

Geb.-J.: 1930; *i/Kurs:* ja; *Konstit.:* aromatische Sulfosäure + Lösungsmittel; *Äuß.:* hellgelbe Flüssigkeit; *Eigensch.:* hohe Netzkraft; *Lö. Be.:* absolut beständig gegen Säure, Härtebildner und alle Färbesalze; in jedem Verhältnis, bei jeder Temperatur mit Wasser mischbar; *Verw.:* beim Netzen und Färben, beim Karbonisieren und Einbrennen; bei basischen und Beizfarbstoffen, in der Chromfärberei der Wolle, in der sauren Färberei der Wolle, besonders bei Neolan- und Palatinfarbstoffen und in der Lisseuse; *Mengen:* durchschnittlich 2 g/l Flotte.

Terpuril P **Chem. Fabr. Pfersee, Augsburg.**

Geb.-J.: 1929; *i/Kurs:* ja; *Konstit.:* sulfoniertes Öl + Lösungsmittel; *Äuß.:* gelbe Flüssigkeit; *Reakt.:* völlig neutral; *Eigensch.:* hohes Waschvermögen (insb. für Wolle); entfernt Fettrückstände, Schmelzen, Reißöle, Mineralölverschmutzungen usw.; verhindert Filzbildung; völlig auswaschbar, nahezu geruchlos; *Lö. Be.:* gibt mit Wasser in jedem Verhältnis klare, beständige Lösungen; *Verw.:* beim Waschen allgemein, beim Entgerbern von Stückware vor der Walke unter Sodaseifenzusatz, beim Entpechen und Entfetten; *Mengen:* NB. einfach in die Waschflotte gießen und gut verrühren.

Terpuril TFE **Chem. Fabr. Pfersee, Augsburg.**

Geb.-J.: 1933; *i/Kurs:* ja; *Konstit.:* sulfoniertes Öl + Lösungsmittel; *Äuß.:* gelbe Flüssigkeit; *Eigensch.:* reinigend, entfettend; schmutzlösend; hohes Dispergier- und Emulgiervermögen; auch bei höheren Temperaturen kein Nachlassen der Wirksamkeit; *Lö. Be.:* mit Wasser in jedem Verhältnis mischbar; kalk- und kochbeständig; *Verw.:* beim Bleichen, Waschen; zum Entfernen stark verharzter Leinölschlichten; beim Beuchen; beim Abkochen von Strangware im Autoklaven mit Ätznatron oder Sodalauge; beim Reinigen von losem Material auf der Lisseuse, zum Reinigen der Garne und Stücke; zum Vorreinigen der Baumwolle; *Mengen:* NB. der Flotte unter gutem Umrühren direkt zugeben!; zum Abkochen im offenen Behälter: 1—3 g/l neben evtl. 1—2 g/l Soda und Natronlauge; beim Beuchen im geschlossenen Kessel unter Druck: 0,5—2 g/l neben der üblichen Alkalimenge je nach Verschmutzungsgrad des Materials; zum Entfernen leinölhaltiger Schlichte: 2—3 g/l neben 1—2 g/l Seife; beim Waschen: 1—5 g/l je nach Verschmutzungsgrad des Materials; beim Nachwaschen schmutzgewalkter Stücke: 0,5—2 g/l.

Terpuril TFO **Chem. Fabr. Pfersee, Augsburg.**

Geb.-J.: 1929; *i/Kurs:* ja; *Konstit.:* sulfoniertes Öl + Lösungsmittel; *Äuß.:* gelbe Flüssigkeit; *Eigensch.:* entfernt Pechspitzen und Teerflecke auf einfachste Weise unter schonendster Behandlung der Faser; vollkommen auswaschbar; nicht brennbar; keine Geruchsbelästigung; hohes Netzvermögen; kann bei beliebiger Temperatur verwendet werden; *Lö. Be.:* wasserlöslich; alkalibeständig; *Verw.:* beim Detachieren sowie allgemein beim Waschen, beim Entpechen und Entschlichten, beim Entfernen stark verharzter Leinölschlichten und beim Entfetten; beim Reinigen von Kunstseide und kunstseidenen Mischgeweben; *Mengen:* NB. unter einmaligem Umrühren bei beliebiger Temperatur in die Flotte eingießen! zum Entfernen von Pech und Teer: 5—10% der Flotte.

Tetracarnit **Böhme Fettchemie, Chemnitz.**

Geb.-J.: 1916; *i/Kurs:* ja; *Konstit.:* Pyridinbasen; *Äuß.:* farblose Flüssigkeit; *Reakt.:* alkalisch; *Eigensch.:* gutes Farbstofflöse- und Dispergiervermögen; *Lö. Be.:* leicht löslich in Wasser; beständig gegen Alkali, Säuren und hartes Wasser; *Verw.:* zum Anteigen und Lösen von Farbstoffen,

Egalisieren und Durchfärben, Vorreinigen von Woll- und Halbwollmaterial, Nachbehandeln von Wollfärbungen; *Mengen:* 1:10 verdünnt zum Farbstofflösen; 0,5—2% vom Gewicht der Ware beim Färben; *Lit.:* Melliand Textilber. 1926 S. 841; 1928 S. 759; 1929 S. 310; 1930 S. 610; Seifensieder-Ztg. 1930 S. 495; Z. f. d. ges. Textilind. 1930 S. 357; 1936 S. 380; Mschr. f. Textilind. 1932 Fachheft II S. 39, Fachheft III S. 58; 1935 Fachheft II S. 53; Fettchem. Umschau 1936 S. 38.

Tetracarnit **Chemische Fabrik Stockhausen, Velten, Mark.**

Geb.-J.: 1912; *i/Kurs:* ja; *ähnlich:* Newalol; ist identisch mit Tetracarnit von Böhme, Fettchemie, beides sind Lizenzprodukte des Freibergschen Patentes (393781); bezüglich der Absatzgebiete sind Vereinbarungen getroffen! *Konstit.:* Pyridinbasen; *Äuß.:* wasserhelle, klare Flüssigkeit von charakteristischem Geruch; *Reakt.:* alkalisch; *Eigensch.:* netzend; egalisierend; *Lö. Be.:* in jedem Verhältnis mit Wasser mischbar; vollständig beständig gegen hartes Wasser, Alkalien, Säuren, Salze; *Verw.:* in der Färberei und Druckerei; in Spülbädern; zum Abziehen von Farbstofflösungen; zum Netzen; zum Egalisieren.

Tetra-Isol **Louis Blumer, Zwickau i. Sa.**

i/Kurs: nein; *ähnlich:* Tetrapol, Verapol; *Konstit.:* Ölsulfonierungsprodukt (20—25% Fettgehalt) + Tetrachlorkohlenstoff.

Tetralin **Dehydag, Berlin-Charlottenburg.**

i/Kurs: ja; *analog:* Dekalin; *Konstit.:* Tetrahydronaphthalin; 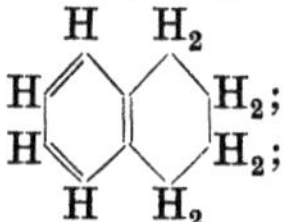

$C_{10}H_{12}$; *Äuß.:* Flüssigkeit, wasserklar; *Eigensch.:* Sp.: 200—209° C; spez. Gew.: 0,975; hohes Lösungsvermögen für organische Stoffe, z. B. Fette, Öle, Wachse, Harze, Lacke, Firnisse, Asphalt, Pech; bleichend infolge Autoxydation und Wiederabgabe des Sauerstoffs; ermöglicht Abkürzung der Bleichdauer, Verbesserung des Weißgehaltes, Schonung der Faser; bildet ein kurzlebiges Peroxyd, das wieder leicht in Kohlenwasserstoff und Sauerstoff zerfällt; *Verw.:* in der Baumwollbeuche und -bleiche; als Netz-, Fettlöse- und Bleichmittel; *Mengen:* f. d. Herstellung eines Reinigungsmittels für stark fetthaltige Gewebe: 79 Teile neben: 8 Teilen Rizinusölfettsäure, 15 Teilen Methylhexalin und 9 Teilen Kalilauge v. 50° Bé; z. Herstellung eines klar löslichen Präparates: 100 Teile neben: 23 Teilen Methylhexalin, 4,2 Teilen Olein, 1,6 Teilen Kalilauge von 50° Bé und 4,2 Teilen Wasser; i. d. Beuche: neben üblichen Alkali- bzw. Chlorzusätzen: 0,3% einer 90%igen Emulsion; i. d. Bleiche: neben üblichen Alkali- bzw. Chlorzusätzen: 0,08% einer 90%igen Emulsion; *H. Pat., V. Pat.:* DRP. 312465 (Simon & Dürkheim); *Lit.:* Seifensieder-Ztg. 1924 S. 205; Z. Wollen- u. Leinenind. 1928 Heft 12.

Tetralix **Chem. Fabr. Stockhausen & Cie., Krefeld.**

i/Kurs: ja; *ähnlich:* Supralan H; Supralan T; *analog:* Tetrapol; Tetrol F; Tetralix T; *Konstit.:* Seife + ca. 80% Kohlenwasserstoffe von hohem Fettlösungsvermögen; nach Herstellers Angaben: Türkischrotöl + Lösungsmittel; *Äuß.:* goldgelbes, klares, dünnflüssiges Öl; *Reakt.:* neutral bis schwach alkalisch; *Eigensch.:* Lösungsvermögen für verseifbare und unverseifbare Öle und Fette; hat keinerlei schädlichen Einfluß auf Faser und Farben; lösungsfähig für alle Teer-, Harz- und Ölfarbenflecken; *Lö. Be.:* beständig gegen hartes Wasser; gibt haltbare Emulsionen, auch bei starker Verdünnung mit Wasser; *Verw.:* zur Erhöhung d. Reinigungskraft von Waschflotten; b. Waschen stark verschmutzten, ölhaltigen Materials; als Fettlösungs- und Reinigungsmittel, entweder für sich allein in Verbindung mit Soda, Pottasche oder Salmiakgeist oder mit Seife zusammen; z. Waschen von loser Wolle, Kammzug, Woll- und Teppichgarnen, sowie öligen Woll- und Baumwollabfällen aller Art; z. Waschen und Entgerbern aller Arten Stück- und Walkware (Streichgarn, Kammgarn, Futterstoffe, Trikotagen, Filze, Wolldecken usw.); zum Entfetten von Putzwolle und Putztüchern usw.; z. Beuchen von loser Baumwolle, Garnen und Geweben; z. Detachur in chemischen Reinigungsanstalten sowie in der Textilindustrie; i. d. Halbwollwaren-Industrie als Zusatz zum Krabben; *Mengen:* b. Waschen von Wollgarnen, Teppichgarnen usw.: neben der bisherigen Sodamenge: 0,5 bis 0,7% d. W.; b. Waschen von fettigen Woll- und Baumwollabfällen: neben 0,25—0,5% d. W. kalz. Soda: 0,4—0,6% d. W.; b. Beuchen von Baumwolle, Baumwollgarnen und Baumwollgeweben: neben Ätznatron- oder Kalilauge: etwa 0,3—0,5% d. W.; z. Reinigen von Trikotwaren (bei 50 bis 60° C): 0,4—0,5% d. W.; z. Krabben (Brühen) von halbwollenen Futter- und Kleiderstoffen, Orleans, Zanella, Serge usw.: 30—50 g pro Rolle Ware; z. Waschen von Tuchen, Buckskin, Konfektions- und Mantelstoffen: neben Soda: 0,4% d. W.; b. Klarwaschen gewalkter Ware: 0,15% d. W.; b. Waschen von Kammgarnen: 0,15% d. W.; z. Reinigen von Putzwollen und Putztüchern: zur 1. und 2. Kochflotte: je 1% d. W. kalz. Soda (20—30 Min.); z. 3. Bad: neben 0,66% d. W. kalz. Soda: 0,33% d. W. (20—30 Min. kochen); *H. Pat., V. Pat.:* DRP.

Tetralix spez. **Chem. Fabr. Stockhausen & Cie., Krefeld.**

i/Kurs: ja; *Konstit.:* Seife + aromatische Sulfosäure + Lösungsmittel; *Äuß.:* dickflüssig; *Reakt.:* alkalisch; *Eigensch.:* Lösevermögen für Pech und harzartige Verunreinigungen; *Verw.:* in der Walke und Stückwäsche; zum Entfernen von Pechspitzen in der Hut- und Filzfabrikation; *Mengen:* 8—10%ige Lösungen (Ware einlegen, dann auswaschen!).

Tetralix T **Chem. Fabr. Stockhausen & Cie., Krefeld.**

i/Kurs: ja; *analog:* Tetralix; *Konstit.:* Türkischrotöl + Fettlösungsmittel; *Äuß.:* Öl, klar, dünnflüssig, goldgelb; *Reakt.:* neutral; *Eigensch.:* wie Tetralix; wirkt etwas aufhellend; *Lö. Be.:* wie Tetralix; *Verw.:* für sich oder zusammen mit Soda und Seife als Fettlöse- und Reinigungsmittel; vor allem zum Reinigen von Baumwollmaterial; besonders vorteilhaft zum Beuchen (aufhellende Wirkung!).

Tetra-Meranol-Öl **Chem. Fabr. Meerane, Meerane i. Sa.**

i/Kurs: ja; *Konstit.:* Rizinusölsulfonat + Fettsäurederivat + Lösungsmittel.

Tetrapol **Chem. Fabr. Stockhausen & Cie., Krefeld.**

i/Kurs: ja; *ähnlich:* Tetraseife; Tetraseife P; Beuchöl K, P, PL, PO; *analog:* Tetrapol konz.; Tetrol F; Tetralix; *Konstit.:* Seife + Türkischrotöl + Lösungsmittel (nicht brennbar); frei von Wasserglas, Chlor usw.; Monopolseife + Tetrachlorkohlenstoff[1] (früher); nach Heermann: Monopolseife in Perchloräthylen (jetzt) gelöst; Fettlösergehalt: 12—16%; *Äuß.:* dünnflüssiges

Öl, klar, gelblich; *Reakt.:* schwach sauer bis neutral; *Eigensch.:* hohe Wasch- und Reinigungskraft; Netz- und Durchdringungsvermögen; Lösevermögen für unverseifbare Öle und Fette; emulgierend; materialschonend; erzeugt frische Färbungen, angenehmen, weichen und geschmeidigen Griff; erhöht auf Grund seines Fettlösergehaltes die Reinigungskraft von Waschflotten, insbesondere die lösende Wirkung gegenüber unverseifbaren Ölen und Fetten; läßt sich leicht und vollkommen auswaschen; kalt bis kochend heiß für sich allein oder auch zusammen mit beliebigen Mengen Seife oder Sodalauge verwendbar; verhindert Kalkseifenbildung; *Lö. Be.:* ziemlich unempfindlich gegen die Härtebildner des Wassers; gibt auch bei starker Verdünnung noch vollkommen klare und durchsichtige Lösungen; *Verw.:* zum Waschen und Reinigen aller Arten von Textilmaterial in jedem Verarbeitungsstadium; als Zusatz zu Seifenbädern; zum Entfetten; im chemischen Reinigungsgewerbe; zur Naßwäsche und Detachur; zum Waschen von Wollgarnen, Teppichgarnen, Gerberwollen und Haargarnen; zum Entgerbern von Kammgarnstoffen; beim Krabben und Brühen halbwollener Kleider- und Futterstoffe zwecks Entfernung von Paraffinflecken; als Zusatz zur Walke; beim Auswaschen gewalkter Ware; in der Hutindustrie; beim Auswaschen vor und nach der Seifenwalke sowie beim Walkprozeß selbst; in der Baumwollindustrie; beim Abkochen — vor der Bleiche — von loser Baumwolle, öligen Abfällen und Linters; für die Fabrikation von Verbandwatte und Nitrierbaumwolle; in der Garn- und Stückbleiche; zur Entfernung von Nadelflecken in Gardinen und Stickereiwaren; in der Druckerei; zum Auswaschen gedruckter Waren mit weißem Grund — am besten in Verbindung mit Marseiller Seife im Verhältnis 1:1 —; beim Waschen v. Trikotagen; b. Einweichen v. d. Waschen oder Walken, für sich allein oder zusammen mit Marseiller Seife; b. Waschprozeß selbst zusammen mit Soda; b. Abwaschen n. beendigtem Walkprozeß; i. d. Veredlung von Kunstseide und deren Mischgeweben; zur Vorreinigung v. d. Färben, in Verbindung mit Soda oder als Zusatz zum Seifenbad; b. d. Vorreinigung azetathaltigen Materials ohne jeden Alkalizusatz; *Mengen:* je nach Ware: ca. 10—30% der Seife, die mit angewandt wird; *Lit.:* [1] Seifensieder-Ztg. 1930 S. 495; Melliand Textilber. 1926 Heft 10; 1928 S. 759.

Tetrapol konz. **Chem. Fabr. Stockhausen & Cie., Krefeld.**

i/Kurs: ja; *analog:* Tetrapol (im Vergleich zu dem es doppelt so stark und wirksam ist); *Konstit.:* Ölsulfonierungsprodukt + Lösungsmittel (nicht brennbar); Monopolseife + Tetrachlorkohlenstoff[1]; nach Herstellers Angaben: Seife + Türkischrotöl + Lösungsmittel; *Äuß.:* fast wie gelbe Schmierseife; *Reakt., Eigensch., Lö. Be., Verw.:* siehe Tetrapol! *Mengen:* die Hälfte der bei Tetrapol angegebenen! *Lit.:* [1] Seifensieder-Ztg. 1930 S. 495.

Tetraseife **Zschimmer & Schwarz, Chemnitz.**

Geb.-J.: 1914; *i/Kurs:* ja; *analog:* Tetraseife P, WW und WW Supra; wird in verschiedenen Sorten ausgegeben, mit Kohlenwasserstoffen verschieden hohen Siedepunktes; *Konstit.:* Kaliseife + organisches Fettlösungsmittel; *Äuß.:* dickflüssig, gelb; *Reakt.:* schwach alkalisch; *Eigensch.:* Netz-, Schaum-, Reinigungs-, Wasch-, Lösevermögen für Fett und Schmutz; desinfizierend; *Lö. Be.:* leicht löslich in Wasser; Beständigkeitseigenschaften besser als bei Seife; *Verw.:* in der Wollwäscherei; zur Beuche; sowohl in Flocke als auch Strang und Stück; in der Weißwäscherei; zur Entfernung fett-, blut- und schmutzhaltiger Verunreinigungen; beim Walken; in der Detachur und chemischen Wäscherei; beim Reinigen von Filzen, Hotel-, Haushalts-, Anstalts- und Krankenhauswäsche; zum Einweichen; zum

Entgerbern; *Mengen:* 1—6 g/l Waschflotte (für das Arbeiten bei hohen Temperaturen bzw. unter Druck verwendet man Tetraseife P!); 2% d. W. neben der sonst üblichen Seifenmenge.

Tetraseife P — **Zschimmer & Schwarz, Chemnitz.**

Geb.-J.: 1914; *i/Kurs:* ja; *analog:* Tetraseife; *Konstit., Äuß., Reakt., Eigensch., Lö. Be.:* siehe Tetraseife; *Verw.:* wie Tetraseife, jedoch für das Arbeiten bei hohen Temperaturen bzw. unter Druck; *Mengen:* siehe Tetraseife!

Tetraseife WW — **Zschimmer & Schwarz, Chemnitz.**

i/Kurs: ja; *analog:* Tetraseife, jedoch höhere Konzentration und hellere Farbe; *Eigensch.:* entfernt alle Arten von Flecken aus Hotel-, Haushalt-, Krankenhauswäsche u. dgl.; desinfizierend; bleichend; unschädlich; *Verw.:* als Waschmittel für die Weißwäscherei.

Tetraseife WW Supra — **Zschimmer & Schwarz, Chemnitz.**

i/Kurs: ja; *analog:* Tetraseife, jedoch höhere Konzentration und hellere Farbe; *Äuß.:* hellgelb, schmierseifenähnlich.

Tetrilsapon W — **Zschimmer & Schwarz, Chemnitz.**

Geb.-J.: 1919; *i/Kurs:* ja; *Konstit.:* Seife + Fettlöser (hoher Gehalt); *Äuß.:* schmierseifenartig; weißlich; *Reakt.:* fast neutral; *Lö. Be.:* besser als Seife; *Verw.:* Spezialwaschmittel für Wolle und Halbwolle; *Mengen:* ca. 3 g/l.

Tetrol BF — **Chem. Fabr. Stockhausen & Cie., Krefeld.**

i/Kurs: ja; *analog:* Tetrol F; *Konstit.:* Seife + fettaromatische Sulfosäure + Lösungsmittel; *Äuß.:* Flüssigkeit, goldgelb; *Reakt., Eigensch., Lö. Be.:* siehe Tetrol F! *Verw.:* speziell zum Waschen von Bettfedern; *Mengen:* siehe Tetrol F!

Tetrol F — **Chem. Fabr. Stockhausen & Cie., Krefeld.**

i/Kurs: ja; *analog:* Tetrapol; Tetralix; Tetrol BF; *Konstit.:* Seife + Fettlöser; *Äuß.:* Flüssigkeit, hellgelb; *Reakt.:* schwach alkalisch; *Eigensch.:* gute Reinigungswirkung; entfernt leicht fettige und ölige Verunreinigungen, auch hartnäckige Mineralölschmieren; *Verw.:* zum Einweichen von Wäsche im Wäschereigewerbe; zum Waschen stark verunreinigter Kleidungsstücke (Arbeiteranzüge), von Putztüchern, von Abfallmaterial (auch zum Scheuern verunreinigter Gegenstände, Maschinenteile, Fußböden usw.!); *Mengen:* 3—5 g/l: beim Waschen; 1—2 g/l: beim Scheuern.

Texapon — **Müller & Kalkow, Magdeburg.**

analog: Savonade; *Konstit.:* Seife + Hexalin; *Verw.:* als Fleckseife.

Texaponöl — **Dehydag, Berlin-Charlottenburg.**

i/Kurs: ja; *analog:* Texapon Pulver und Paste, Ocenolsulfonat; *Konstit.:* Fettalkoholsulfonat aus gesättigten Fettalkoholen; Natriumsalz des Sulfonierungsproduktes des Lorols (Laurylalkohol; Reduktionsprodukt der Laurinsäure, gewonnen aus Kokosöl) $R \cdot OSO_3Na$ + Lösungsmittel; *Äuß.:* Flüssigkeit, gelb; *Eigensch.:* netzend; egalisierend; *Lö. Be.:* nicht beständig bei höheren Alkalikonzentrationen; kalk-, säure- und bittersalzbeständig; *Verw.:* als Netz-, Durchdringungs- und Egalisierungsmittel.

Texapon Paste **Dehydag, Berlin-Charlottenburg.**

i/Kurs: ja; *analog:* Texapon Pulver, Texaponöl, Ocenolsulfonat; *Konstit.:* Sulfonat gesättigter Fettalkohole; Salz des Sulfonierungsproduktes des Lorols (Laurylalkohol; Reduktionsprodukt der Laurinsäure, gewonnen aus Kokosöl) mit einer organischen Base; *Äuß.:* weiße Paste; *Reakt.:* neutral; *Eigensch.:* NB. bei Texapon sind mehr die netzenden und für alle Färbereiprozesse wertvollen Eigenschaften, bei Ocenolsulfonat mehr das Reinigungs- und Avivagevermögen betont! schäumend; netzend; reinigend; dispergierend; fettlösend; avivierend; greift die Faser nicht an; verhindert die Ausscheidung schädlicher Kalkseifen, löst bereits gebildete Kalkseifen; entfernt Mineralöle und in sauren Bädern ausgefällte Fettsäure; Appretiervermögen; nicht filzend; Egalisiervermögen; Durchfärbevermögen; faserschützend; spaltet kein freies Alkali ab; verhindert so das Ausbluten alkaliempfindlicher Farben; gibt der behandelten Ware Griff, Weichheit und Elastizität; *Lö. Be.:* wasserlöslich; nicht beständig in Karbonisier- und Merzerisierbädern; praktisch beständig in hartem Wasser und den i. d. Textilind. gebr. Konz. von Säure; hochbeständig gegen Bittersalz, beständig in allen Bleichlaugen; NB. in Gegenwart von Alkali wird die organische Base frei gemacht! (daher nehme man beim Arbeiten mit Alkali Texapon Pulver!); *Verw.:* als Farbstofflöse-, Netz- und Egalisiermittel für BW, KS und W, besonders auch in der Apparatefärberei; als Netz- und Hilfsmittel für Beuche, Bleiche und Walke; als Waschmittel für Rohwolle, Wolle in Garn und Stück sowie Mischgewebe; als Hilfsmittel beim Abziehen und Umfärben; ebenso in der Druckerei; beim Schlichten und beim Appretieren; beim Waschen und Walken in saurer Flotte; beim Entschlichten; beim Abziehen von Imprägnierungen; beim Entfernen von Leinölschlichten; bei der Weißwäscherei; beim Waschen in Seewasser; bei der Verarbeitung von Seide; in der Seidenfärberei; beim Reinigen, Bleichen und Färben von Baumwolle und Kunstseide sowie solche enthaltender Mischgewebe; beim Verarbeiten loser Wolle, beim Waschen kalkhaltiger Gerberwollen (evtl. auch zusammen mit Fettlösungsmitteln, wie Methylhexalin, Tetralin usw.); s. a. Mengen! *Mengen:* i. d. Beuche: 0,5—1 g/l; i. d. Bleiche von Baumwolle: 0,5—2 g/l; b. Färben von Baumwolle und Kunstseide: 0,5 g/l; b. d. Nachbehandlung von Indanthren- und Naphtholfärbungen: 0,5—5 g/l; b. Auswaschen bedruckter Ware: 0,5—1 g/l; b. Waschen von Rohwolle: 0,2—1 g/l; b. Waschen von Wollgarn und -stück: 0,2—0,5% d. W.; b. Färben von Wolle: 0,5—1 g/l; (1—2% d. W.); i. d. Apparatfärberei: 0,5% d. W.; b. d. sauren Walke: 0,5 g/l; b. Schlichten und Appretieren: 0,5—2 g/l; *Lit.:* Seifensieder-Ztg. 1932 S. 838; Chem.-Ztg. 1932 S. 835 u. 893.

Texapon Pulver **Dehydag, Berlin-Charlottenburg.**

i/Kurs: ja; *analog:* Texapon Paste, Texaponöl, Ocenolsulfonat; *Konstit.:* Sulfonat gesättigter Fettalkohole; Natriumsalz des Sulfonierungsproduktes des Lorols (Laurylalkohol; Reduktionsprodukt der Laurinsäure, gewonnen aus Kokosöl) $R \cdot OSO_3Na$; *Äuß.:* Pulver, weiß; *Reakt.:* neutral; *Eigensch.:* NB. bei Texapon sind mehr die netzenden und für alle Färbereiprozesse wertvollen Eigenschaften, bei Ocenolsulfonat mehr das Reinigungs- und Avivagevermögen betont; schäumend; netzend; reinigend; dispergierend; fettlösend; avivierend; greift die Faser nicht an; verhindert die Ausscheidung schädlicher Kalkseifen; löst bereits gebildete Kalkseifen; entfernt Mineralöle und in sauren Bädern ausgefällte Fettsäure; Appretiervermögen; nicht filzend, jedoch in Verbindung mit Seife bzw. Alkali den Verfilzungsprozeß unterstützend; Egalisiervermögen; Durchfärbevermögen; faserschützend; spaltet kein freies Alkali ab; verhindert so das Ausbluten alkaliempfindlicher Farben; gibt der behandelten Ware Griff, Weichheit und Elastizität; *Lö. Be.:* wasserlöslich; nicht beständig in Karbonisier- und Merzerisierbädern! praktisch beständig in hartem Wasser und den i. d. Textilind. gebr. Konz. von Säure und Alkali; hochbeständig gegen Bittersalz; beständig in allen Bleichlaugen; *Verw.:* allein oder zusammen mit Seife! als Farbstofflöse-, Netz- und Egalisiermittel für BW, KS und W, besonders auch in der Apparatefärberei; als Netz- und Hilfsmittel für Beuche, Bleiche und Walke; als Waschmittel für Rohwolle, Wolle in Garn und Stück sowie Mischgewebe; als Hilfsmittel beim Abziehen und Umfärben; ebenso in der Druckerei; beim Schlichten und beim Appretieren; beim Waschen und Walken in saurer Flotte; beim Entschlichten; beim Abziehen von Imprägnierungen; beim Entfernen von Leinölschlichten; bei der Weißwäscherei; beim Waschen in Seewasser; bei der Verarbeitung von Seide; in der Seidenfärberei; beim Reinigen, Bleichen und Färben von Baumwolle und Kunstseide sowie solche enthaltender Mischgewebe; beim Verarbeiten loser Wolle; beim Waschen kalkhaltiger Gerberwollen (evtl. auch zusammen mit Fettlösungsmitteln, wie Methylhexalin, Tetralin usw.); s. a. Mengen! *Mengen:* i. d. Beuche: 0,5—1 g/l; i. d. Bleiche von Baumwolle: 0,5—2 g/l; b. Färben von Baumwolle und Kunstseide: 0,5 g/l; b. d. Nachbehandlung von Indanthren- und Naphtholfärbungen: 0,5—5 g/l; zum Nachseifen: neben 1—2 g/l Seife: 0,5 g/l; b. Auswaschen bedruckter Ware: 0,5—1 g/l; b. Waschen von Rohwolle: 0,2—1 g/l; b. Waschen von Wollgarn und Stück: 0,2—0,5% d. W.; b. Färben von Wolle: 0,5—1 g/l; (1—2% d. W.); i. d. Apparatefärberei: 0,5% d. W.; b. d. sauren Walke: 0,5 g/l; b. Schlichten und Appretieren: 0,5—2 g/l; i. d. Walke: neben der Hälfte der bisherigen Seife: 15—20% dieser; z. Entfernen der Schmelze: a) bei Streichgarnware (6—12% d. W. Olein): neben Ammoniak oder Soda: 1,5—2 g/l; b) bei Kammgarnware: 1,5 g/l (wenn oleinhaltig, neben Soda oder Ammoniak); NB. evtl. nimmt man 20—30% der bisherigen Seifenmenge noch daneben! b. Neutralisieren karbonisierter Ware: 1—2 g/l; *Lit.:* Seifensieder-Ztg. 1932 S. 361 u. 838; Chem.-Ztg. 1932 S. 835 u. 893.

Textal AN **Chem. Fabr. Pfersee, Augsburg.**

Geb.-J.: 1935; *i/Kurs:* ja; *Konstit.:* Fettemulsion; *Äuß.:* gelbe Paste; *Eigensch.:* erteilt der Ware geschmeidigen, glatten, vollen Griff; *Lö. Be.:* in Wasser kolloidal löslich; bei einer Wasserhärte unter 20° klarlöslich, bei härterem Wasser opaleszent; *Verw.:* beim Appretieren und Avivieren; *Mengen:* (mit der 3—4fachen Menge kochend heißen Wassers übergießen, kurz aufkochen, der Behandlungsflotte zugeben!).

Textal K **Chem. Fabr. Pfersee, Augsburg.**

Geb.-J.: 1928; *i/Kurs:* ja; *analog:* den übrigen Textalen; *Konstit.:* Fettemulsion; *Äuß.:* gelbliche Paste; *Eigensch.:* kein Ausscheiden von Fett oder Wachs beim Absinken der Temperatur; leichte Auswaschbarkeit; kann unverdünnt direkt in Stärkeflotten aufgelöst werden; in hartem Wasser in jeder Konzentration verwendbar (zwar nehme man bei Konzentrationen unter 2% weiches, bei solchen über 2% hartes Wasser!); *Lö. Be.:* in jedem Verhältnis mit Wasser mischbar; unter Bildung stabiler Emulsionen feinster Verteilung; *Verw.:* beim Appretieren und Schlichten; *Mengen:* gut verschlossen aufbewahren! bei Frost vor Gebrauch durch Einstellen mit der Verpackung in 20—30° warmes Wasser auftauen! nicht kochen! mit der 5fachen Menge heißen Wassers übergießen!

Textal P **Chem. Fabr. Pfersee, Augsburg.**

Geb.-J.: 1928; *i/Kurs:* ja; *Konstit.:* Paraffinemulsion; *Äuß.:* weiße Paste; *Eigensch.:* läßt sich ohne weiteres schnell und sicher in jeder Schlicht- und

Appreturflotte gleichmäßig verteilen; auch nach dem Erkalten der Flotten keine Abscheidung; gibt L, HL, BW glatten, geschmeidigen Griff und bei nachfolgendem Kalandern hohen Glanz; kein Gilben; leichter und gleichmäßiger Rauheffekt; als Schlichtezusatz verleiht es Ketten Geschmeidigkeit und Glätte, schont die Färbungen; gibt in Verbindung mit Milchsäure auf KS und BW knirschenden und geschmeidigen Seidengriff; *Lö. Be.:* mit Wasser in jedem Verhältnis mischbar; vollkommen beständig gegen Härtebildner; *Verw.:* beim Appretieren und Schlichten; als Zusatzmittel sowohl für Vollappreturen als auch für Rakel- und Einsprengappreturen; besonders in der Weißwarenappretur und in der Trikotausrüstung; *Mengen:* NB. mit der 5fachen Menge heißen Wassers verrühren und unter Rühren der fertigen Appretur- oder Schlichteflotte zusetzen! kühl und verschlossen aufbewahren! auf der Haspelkufe: ca. 2—5 g/l; bei Passageappreturen: ca. 2—4 kg pro 100 l.

Textal T **Chem. Fabr. Pfersee, Augsburg.**

Geb.-J.: 1929; *i/Kurs:* ja; *analog:* den übrigen Textalen; *Konstit.:* Fettemulsion; *Äuß.:* weiße Paste; *Eigensch.:* kein Ausscheiden von Fett oder Wachs beim Absinken der Temperatur; leichte Auswaschbarkeit; kann unverdünnt direkt in Stärkeflotten aufgelöst werden; in hartem Wasser in jeder Konzentration verwendbar (zwar nehme man bei Konzentrationen unter 2% weiches, bei solchen über 2% hartes Wasser!); *Lö. Be.:* in jedem Verhältnis mit Wasser mischbar; unter Bildung stabiler Emulsionen feinster Verteilung; *Verw.:* beim Appretieren; *Mengen:* gut verschlossen aufbewahren! bei Frost vor Gebrauch durch Einstellen mit der Verpackung in 20—30° warmes Wasser auftauen! nicht kochen! mit der 5fachen Menge heißen Wassers übergießen!

Textal WR **Chem. Fabr. Pfersee, Augsburg.**

Geb.-J.: 1928; *i/Kurs:* ja; *analog:* den übrigen Textalen; *Konstit.:* Wachsemulsion; *Äuß.:* weiße Paste; *Eigensch.:* kein Ausscheiden von Fett oder Wachs beim Absinken der Temperatur; leichte Auswaschbarkeit; kann unverdünnt direkt in Stärkeflotten aufgelöst werden, in hartem Wasser in jeder Konzentration verwendbar (zwar nehme man bei Konzentrationen unter 2% weiches, bei solchen über 2% hartes Wasser!); *Lö. Be.:* in jedem Verhältnis mit Wasser mischbar; unter Bildung stabiler Emulsionen feinster Verteilung; *Verw.:* beim Appretieren; *Mengen:* gut verschlossen aufbewahren! bei Frost vor Gebrauch durch Einstellen mit der Verpackung in 20—30° warmes Wasser auftauen! nicht kochen! mit der 5fachen Menge heißen Wassers übergießen!

Textilomalt **Byk-Guldenwerke Berlin.**

ähnlich: Diastafor; *Konstit.:* Diastasepräparat (Malzdiastase); *Verw.:* zur Verflüssigung der Stärke durch Abbau; als Entschlichtungsmittel; *Lit.:* Melliand Textilber. 1930 S. 610.

Textilol KS **A. Th. Böhme, Dresden-N. 6.**

i/Kurs: ja; *analog:* Textilol KS d. c.; *Konstit.:* 50%iges Rizinusölsulfonat mittleren Sulfonierungsgrades; *Äuß.:* Flüssigkeit; *Reakt.:* fast neutral; *Eigensch.:* netzend, egalisierend; *Lö. Be.:* in kaltem und in warmem Wasser in jedem Verhältnis klar und leicht löslich; höherbeständig als gewöhnliche Türkischrotöle; *Verw.:* zum Netzen in der Färberei, als Zusatz zu der Farbflotte sowohl in der Apparatefärberei mit substantiven und Küpenfarbstoffen, wie auch von Naphthol- und Pararot; in der Druckerei, Schlichterei und Appretur; als Zusatz zu Bleichbädern.

Textilol KS d. c. **A. Th. Böhme, Dresden-N. 6.**

i/Kurs: ja; *analog:* Textilol KS; *Konstit.:* hochsulfoniertes Rizinusölsulfonat (100%ig).

Thiolfest

Konstit.: 6,8% Wasser, 53,7% Neutralfett, 38,1% Rizinolschwefelsäure, 1,7% Glaubersalz.

Thionöl **Louis Blumer, Zwickau i. Sa.**

analog: Iso-Seife, Thionseife; *Verw.:* als Füll- und Beschwerungsmittel.

Thionseife **Louis Blumer, Zwickau i. Sa.**

analog: Thionöl, Isol N und S; *Konstit.:* saure Seife; *Verw.:* für Tanninätzfarben.

Thionseife MG **Louis Blumer, Zwickau i. Sa.**

Konstit.: Magnesiaseife; *Lö. Be.:* wasserlöslich; *Verw.:* als Füll- und Beschwerungsmittel.

Titon SF **Röhm & Haas AG., Darmstadt.**

i/Kurs: ja; *Konstit.:* Eiweißspaltprodukt; *Äuß.:* flüssig; braun; *Verw.:* beim Färben als Egalisierungsmittel für Küpenfarbstoffe.

Tragu **Diamalt AG., München.**

i/Kurs: ja; *Konstit.:* Pflanzengummi; *Äuß.:* weißliches Pulver; *Eigensch.:* traganthähnlich; ergibt Weichappretur; keine Verschleierung der Farbtöne; *Verw.:* als Verdickungsmittel in der Druckerei; als Appreturmittel für alle Gewebearten; *H. Pat., V. Pat.:* DRP. a.

Transferin **A. Th. Böhme, Dresden-N. 6.**

i/Kurs: ja; *Konstit.:* organische Ester + Lösungsmittel; *Äuß.:* farblose Flüssigkeit; *Reakt.:* neutral; *Eigensch.:* farbstofflösend, egalisierend, dispergierend, netzend; bringt und hält Farbstoffe in feinste Verteilung; *Lö. Be.:* in Wasser klar löslich; säure- und härtebeständig; *Verw.:* zum Färben, insbesondere von dichter Ware; zum Lösen und Dispergieren schwer löslicher Farbstoffe; in der Druckerei; in der Apparatefärberei; beim Spritzdruck; beim Durchfärben von Wollfilzen und Strumpfnähten.

Transferin AF **A. Th. Böhme, Dresden-N. 6.**

i/Kurs: ja; *Verw.:* zum Anteigen und Lösen von Azetatseidenfarbstoffen.

Transferin J **A. Th. Böhme, Dresden-N. 6.**

i/Kurs: ja; *Verw.:* für Indanthren- und Küpenfärbungen.

Transferin J (spez.) **A. Th. Böhme, Dresden-N. 6.**

analog: Transferin (mit dem es identisch ist); Transferin O und N; *Konstit., Äuß., Reakt., Eigensch., Lö. Be.:* siehe Transferin! *Verw.:* speziell für die Indigofärberei.

Transferin N **A. Th. Böhme, Dresden-N. 6.**

analog: Transferin (jedoch mit hoher Netzwirkung!) und Transferin J (spez.).

Transferin O **A. Th. Böhme, Dresden-N. 6.**

analog: Transferin und Transferin J (spez.) (jedoch mit Zusatz eines hochsulfonierten Öles); *Eigensch.:* wie Transferin, gibt der Ware jedoch größere Weichheit.

Transferin O 36 **A. Th. Böhme, Dresden-N. 6.**

i/Kurs: ja; *Eigensch.:* gesteigertes Netzvermögen; *Verw.:* für schwer durchzufärbende und durchzudruckende Stoffe.

Transferin W **A. Th. Böhme, Dresden-N. 6.**

i/Kurs: ja; *Lö. Be.:* hohe Kochbeständigkeit; *Verw.:* zum Anteigen von schwer löslichen Wollfarbstoffen.

Triäthanolamin techn. **I. G. Farbenindustrie AG., Frankfurt a. M.**

Geb.-J.: 1928; *i/Kurs:* ja; *Konstit.:* (neben 10—15% Di- und 5% Mono-) Triäthanolamin $(HO \cdot CH_2 \cdot CH_2)_3N$; *Äuß.:* farblose, dickliche Flüssigkeit; *Reakt.:* alkalisch; *Eigensch.:* bildet mit Säuren Salze (mit Fettsäuren Seifen, die in Wasser, Öl und organischen Lösungsmitteln löslich sind, hohes Emulgiervermögen und — in Lösungsmitteln gelöst — bemerkenswerte Reinigungswirkung besitzen); *Lö. Be.:* mischbar mit Wasser, Glyzerin, Alkohol usw.; leicht löslich in Chloroform, schwerer in Äther, Benzol, Benzin usw.; *Verw.:* zur Herstellung von Trockenreinigungsmitteln; zum Emulgieren von Fetten, Ölen, Wachsen, Lösungsmitteln; *H. Pat., V. Pat.:* patentiert.

Trikolin **Zschimmer & Schwarz, Chemnitz.**

Geb.-J.: 1928; *i/Kurs:* ja; *Konstit.:* Olivenöl + Emulgator + Wasser; *Äuß.:* weißliche, pastenartige Masse; dünnflüssig; *Reakt.:* neutral; *Lö. Be.:* gibt beim Verdünnen mit Wasser Emulsionen hohen Dispersitätsgrades; *Verw.:* zur Avivage von Trikotagen und ähnlichen Waren; *Mengen:* ca. 5 g/l.

Trilon A **I. G. Farbenindustrie AG., Frankfurt a. M.**

Geb.-J.: 1936; *i/Kurs:* ja; *Äuß.:* weißes Pulver; *Reakt.:* schwach alkalisch; *Eigensch.:* bildet mit den Härtebildnern des Wassers wasserlösliche Komplexsalze ebenso wie mit anderen Metallsalzen; enthärtet das Wasser ohne Bildung von Niederschlägen; ermöglicht die Anwendung von Seife in hartem Wasser ohne Kalkseifenbildung; löst (unwirksame) Kalkseife zu wirksamer Seife (auch anorganische Kalksalze, z. B. Kalziumkarbonat, Kalziumsilikat usw. werden leicht und vollkommen in die löslichen Natriumsalze umgesetzt!); *Lö. Be.:* leicht löslich in Wasser; koch- und alkalibeständig (auch in kochendheißen, stark ätzalkalischen Lösungen); *Verw.:* zum Wasserenthärten; als Zusatz zu Spülbädern; zum Lösen von Kalkseife; *Mengen:* NB. Stammlösungen mit 400 g/l! zur Bindung der Härte zwischen 70 und 100° C je Grad d. H.: 0,12 g/l; zum Lösen der Kalkseife in der Flotte oder von der Faser: ca. 0,5—1 g/l durchschnittlich; *H. Pat., V. Pat.:* patentiert; *Lit.:* Melliand Textilber. 1937 S. 456.

Triol **Chem. Fabr. R. Baumheier, Oschatz-Zschöllau.**

i/Kurs: nein; *Ersatz* Imperialin B; *ähnlich:* Tetrapol und Verapol.

Trioran B **Oranienburger Chem. Fabr. AG., Charlottenburg 2.**

i/Kurs: ja; analog: Perpentol B in der Konstitution (nur enthält es einen Chlorkohlenwasserstoff an Stelle des hochsiedenden Kohlenwasserstoffs); Trioran W extra; *Konstit.:* Oleinkaliseife + Chlorkohlenwasserstoff; *Äuß.:* gelbe Flüssigkeit; *Eigensch., Lö. Be., Verw., Mengen:* wie Perpentol B; *Lit.:* Melliand Textilber. 1930 S. 788.

Trioran E **Oranienburger Chem. Fabr. AG., Charlottenburg 2.**

i/Kurs: ja; *Konstit.:* Ölsulfonat + Seife + Chlorkohlenwasserstoff; *Äuß.:* gelbe Flüssigkeit; *Eigensch.:* hohes Löse-, Netz- und Emulgiervermögen; *Lö. Be.:* gibt mit Wasser Emulsionen; nicht säurebeständig; *Verw.:* als Entpechungsmittel für die Hut- und Filzindustrie nach dem Einweichverfahren.

Trioran W extra **Oranienburger Chem. Fabr. AG., Charlottenburg 2.**

i/Kurs: ja; *analog:* Trioran B; hochnetzende Spezialeinstellung von Trioran B; *Konstit.:* Sulfonat + Chlorkohlenwasserstoff; *Äuß.:* gelbe Flüssigkeit; *Reakt.:* neutral; *Eigensch.:* ausgezeichnetes Löse- und Emulgier- sowie Netzvermögen; die Entpechung kann im Gegensatz zu dem sonst angewandten Einweichverfahren bereits auf der Walke erreicht werden; *Verw.:* als Entpechungsmittel für die Hut- und Filzindustrie; *Lit.:* Melliand Textilber. 1930 S. 788.

Triumph-Avivage K. S. P. **Zschimmer & Schwarz, Chemnitz.**

Geb.-J.: 1920; *i/Kurs:* ja; *Konstit.:* hochsulfoniertes Olivenöl + Kohlenwasserstoffe; *Äuß.:* Flüssigkeit, gelb; *Reakt.:* schwach sauer; *Eigensch.:* gibt weichen Griff, hervorragenden Glanz, geschlossenen, elastischen Faden; verhindert das spätere Kleben und Riechen auf Lager; Egalisierungsvermögen; *Lö. Be.:* gibt mit Wasser haltbare Emulsionen; ist gegen hartes Wasser nicht nur in der Kochhitze, sondern auch bei niederen Temperaturen (30—35° C) beständig; säurebeständig; *Verw.:* zur Avivage von baumwollenen, kunstseidenen und seidenen Artikeln (Trikotagen, Strümpfen, Strang- und Stückwaren); als Zusatz zum Färbebad; *Mengen:* b. d. Avivage: 2—5 g/l (15 Min.; 35° C); (NB. bei der Avivage basisch gefärbter Ware 1 g/l Soda kalz., gelöst vor der Triumph-Avivage K. S. P., zusetzen!); im Färbebad: 1—2% d. W. (wovon 1 Teil zum Anteigen des Farbstoffes benutzt wird).

Triumph-Avivage OS 99 **Zschimmer & Schwarz, Chemnitz.**

i/Kurs: ja; *Konstit.:* Sulfonierungsprodukt; *Äuß.:* dickflüssig, gelb; *Eigensch.:* weichmachend; *Verw.:* als Avivageöl in der Kunstseidenfabrikation und -verarbeitung.

Triumph-Avivage SW **Zschimmer & Schwarz, Chemnitz.**

Geb.-J.: 1924; *i/Kurs:* ja; *Konstit.:* sulfoniertes Öl + Mineralöl; *Äuß.:* Flüssigkeit, gelb, dicklich; *Reakt.:* schwach sauer; *Eigensch.:* ergibt weichgriffige, elastische Ware und tiefdunkle Färbungen; *Lö. Be.:* gibt mit Wasser Emulsionen; *Verw.:* zum Avivieren in der Schwarzfärberei; zur gleichzeitigen Erzeugung mäßig knirschenden Griffs (als Zusatz zum Griffbad); *Mengen:* 3—5 g/l; (in handwarmer Flotte weichen Wassers bei Oxydationsschwarz; in alkalischer handwarmer Flotte bei Schwefelschwarz

(Triumph-Avivage SW vorher mit Soda oder Natronlauge schwach alkalisch machen!); in etwa 40° warmer Flotte bei Entwicklungs- und Direktschwarz; jeweils eine Viertelstunde!).

Triumph-Avivage V **Zschimmer & Schwarz, Chemnitz.**

Geb.-J.: 1923; *i/Kurs:* ja; *Konstit.:* Öle + sulfon. Öle + Kohlenwasserstoffe; *Äuß.:* Flüssigkeit; *Reakt.:* neutral; *Lö. Be.:* etwa wie Türkischrotöl; *Verw.:* zur Avivage merzerisierter Baumwollgarne; *Mengen:* ca. 1—2 g/l.

Triumph-Öl **Zschimmer & Schwarz, Chemnitz.**

Geb.-J.: 1913; *i/Kurs:* ja; *analog:* (wird in verschiedenen handelsüblichen Konzentrationen geliefert!) den übrigen Triumph-Ölen; *Konstit.:* sulfoniertes Rizinusöl; *Äuß.:* Öl, gelb; *Reakt.:* nahezu neutral; *Eigensch.:* wie Türkischrotöl; netzend; reinigend; dispergierend; *Lö. Be.:* mäßig beständig, wie Türkischrotöl; in Wasser klar löslich; *Verw.:* überall da, wo Türkischrotöl benutzt wird; zum Beuchen, Netzen, Reinigen, Bleichen, Färben, Merzerisieren, Avivieren, Appretieren, Schlichten; in der Wollwäsche und Walke; als Anteig- und Lösemittel für Farbstoffe, speziell auch Küpenfarbstoffe; zum Grundieren mit Naphthol in der Türkischrotfärberei.

Triumph-Öl-Spezial **Zschimmer & Schwarz, Chemnitz.**

Geb.-J.: 1924; *i/Kurs:* ja; *analog:* den übrigen Triumph-Ölen, insbesondere Triumph-Öl-Spezial L; Triumph-Seife; *Konstit.:* sulfoniertes Rizinusöl (höher sulfoniert als Triumph-Öl!); *Äuß.:* Öl, gelb; *Reakt.:* nahezu neutral; *Eigensch.:* wie Türkischrotöl; erhält die Ware weich; netzend; reinigend; dispergierend; *Lö. Be.:* etwas beständiger als gewöhnliches Türkischrotöl; beständiger als Triumph-Öl; in Wasser klar löslich; *Verw.:* wie Türkischrotöl; insbesondere zum Beuchen, Färben, Appretieren; ferner z. Netzen, Reinigen, Bleichen, Merzerisieren, Avivieren, Schlichten; in d. Wollwäsche und Walke; als Anteig- und Lösemittel für Farbstoffe, insbesondere auch Küpenfarbstoffe; zum Grundieren mit Naphthol in der Türkischrotfärberei und außerdem zum Nachwaschen karbonisierter Ware; in der sauren Walke und sauren Wollfärbung; *Lit.:* Seifensieder-Ztg. 1932 S. 46.

Triumph-Öl-Spezial M **Zschimmer & Schwarz, Chemnitz.**

Geb.-J.: 1927; *i/Kurs:* ja; *analog:* den übrigen Triumphölen, insbesondere Triumph-Öl-Supra; hat von den Triumphölmarken bes. hohe Netzwirkung und Kalkbeständigkeit; *Konstit.:* sulfon. Rizinusöl + Netzmittel; (Alkalisalze alkylierter aromatischer Sulfosäuren); *Äuß.:* Öl, gelb; *Reakt.:* neutral; *Eigensch.:* Netzwirkung; *Lö. Be.:* kalkbeständig; *Verw.:* wie Triumph-Öl-Spezial; insbesondere als Netz-, Färbe- und Avivageöl; als Zusatz zu Bleichflotten (Abkürzung der Bleichdauer!); zum Vornetzen.

Triumphöl Supra Z **Zschimmer & Schwarz, Chemnitz.**

Geb.-J.: 1935; *i/Kurs:* ja; *Konstit.:* Sulfonierungsprodukt (hochsulfoniert); *Äuß.:* braunes Öl; *Reakt.:* neutral; *Lö. Be.:* hochbittersalzbeständig (50:50); *Verw.:* als Ersatz für türkischrotölähnliche Produkte in der Appretur; als Netzmittel für Chlorlaugen; als Appreturöl.

Triumph-Seife **Zschimmer & Schwarz, Chemnitz.**

Geb.-J.: 1924; *i/Kurs:* ja; *analog:* Triumph-Öl-Spezial; *Konstit.:* höher sulfon. Rizinusöl; 100%ig, handelsüblich; *Äuß.:* fest; auch transparent;

Reakt.: schwach sauer; *Lö. Be.:* etwas beständiger als Türkischrotöl; *Verw.:* wie Türkischrotöl; insbesondere zum Beuchen, Färben, Appretieren; ferner zum Netzen, Reinigen, Bleichen, Merzerisieren, Avivieren, Schlichten; in der Wollwäsche und Walke; als Anteig- und Lösemittel für Farbstoffe, insbesondere auch Küpenfarbstoffe; zum Grundieren mit Naphthol in der Türkischrotfärberei und außerdem zum Nachwaschen karbonisierter Ware; in der sauren Walke und bei der sauren Wollfärbung.

Trocklin A **Chem. Fabr. R. Baumheier, Oschatz-Zschöllau.**

i/Kurs: ja; *analog:* Trocklin S; *Konstit.:* Öl + Wasser + Emulgator; *Äuß.:* weiße Paste; *Lö. Be.:* gibt mit Wasser in jedem Verhältnis eine milchigweißliche Emulsion (beständig); *Verw.:* als Imprägniermittel, zum Wasserdichtmachen nur im neutralen oder alkalischen Färbebad für substantive, Schwefel-, Küpen-, Indanthren-, Diazo- und Entwicklungsfarben; *H. Pat., V. Pat.:* DRP.-Anm.; *Lit.:* Melliand Textilber. 1933 Nr. 3; Der Textilbetrieb 1934 Heft 5; Die Kunstseide 1933 Nr. 11; Mschr. f. Textilind. 1933 Fachheft II; Die Kunststoffverarbeitung 1935 Nr. 4 S. 69—71; Der Textilbetrieb 1934 Nr. 5 S. 4 (Beilage Textilveredlung); Nr. 7 S. 10 (Beilage); Nr. 8 S. 4 (Beilage); Mschr. f. d. Textilind. 1934 Nr. 1 S. 15; 1935 Nr. 1 S. 20.

Trocklin S **Chem. Fabr. R. Baumheier, Oschatz-Zschöllau.**

i/Kurs: ja; *Konstit.:* Öl + Emulgator + Wasser; *Äuß.:* weiße Paste; *Lö. Be.:* gibt mit Wasser in jedem Verhältnis beständige, milchigweiße Emulsion; *Verw.:* zum Wasserdichtmachen, als Imprägniermittel für alle Textilien; zur Erzielung eines weichen Griffes sowohl im Nachbehandlungsbad als auch im Färbebad (hier nur für saure Farbstoffe); *Mengen:* 4—10% der Ware; *H. Pat., V. Pat.:* DRP.-Anm.; *Lit.:* Melliand Textilber. 1933 Nr. 3; Der Textilbetrieb 1934 Heft 5; Die Kunstseide 1933 Nr. 11; Mschr. f. Textilind. 1933 Fachheft II; Die Kunststoffverarbeitung 1935 Nr. 4 S. 69—71; Der Textilbetrieb 1934 Nr. 5 S. 4 (Beilage Textilveredlung); Nr. 7 S. 10 (Beilage); Nr. 8 S. 4 (Beilage); Mschr. f. d. Textilind. 1934 Nr. 1 S. 15; 1935 Nr. 1 S. 20.

Trocklin S 298 **Chem. Fabr. R. Baumheier, Oschatz-Zschöllau.**

i/Kurs: ja; *analog:* Trocklin S; *Konstit.:* Öl + Emulgator + Wasser; *Äuß.:* weiße Paste; *Verw.:* speziell für Naturseide; *H. Pat., V. Pat.:* DRP.-Anm.; *Lit.:* Melliand Textilber. 1933 Nr. 3; Der Textilbetrieb 1934 Heft 5; Die Kunstseide 1933 Nr. 11; Mschr. Textilind. 1933 Fachheft II; Die Kunststoffverarbeitung 1935 Nr. 4 S. 69—71; Der Textilbetrieb 1934 Nr. 5 S. 4 (Beilage Textilveredlung); Nr. 7 S. 10 (Beilage); Nr. 8 S. 4 (Beilage); Mschr. f. d. Textilind. 1934 Nr. 1 S. 15; 1935 Nr. 1 S. 20.

Türkischrotöl **J. D. Riedel-E. de Haen AG., Berlin-Britz.**

Geb.-J.: etwa 1862; *i/Kurs:* ja; *Konstit.:* Türkischrotöl ohne Gehalt an Lösungsmitteln usw.; *Äuß.:* gelbbraune, ölartige Flüssigkeit; *Reakt.:* schwach alkalisch; *Eigensch.:* Netz- und Lösevermögen; *Lö. Be.:* mit Wasser in allen Verhältnissen mischbar; verhältnismäßig beständig gegen hartes Wasser, gut beständig gegen Alkalien, nicht beständig gegen Säuren; *Verw.:* als Netzmittel; zum Färben mit Alizarin, Rhodaminen, Pararot und ähnlichen Farbstoffen.

Türkischrotöl CO **Chemische Fabrik Stockhausen, Velten, Mark.**

i/Kurs: ja; *Konstit.:* Türkischrotöl (Sondereinstellung); *Verw.:* für Seifenparfüme.

Türkischrotöl D

Konstit.: saure Rizinusölseife; *Äuß.:* Flüssigkeit; *Verw.:* in der Türkischrotfärberei (an Stelle von Türkischrotöl); *Lit.:* Seifensieder-Ztg. 1932 S. 80.

Türkon-Avivageöl P **Chemische Fabrik Stockhausen, Velten, Mark.**

Konstit.: Türkischrotöl.

Türkonöl **Chemische Fabrik Stockhausen, Velten, Mark.**

Geb.-J.: 1908; *i/Kurs:* ja; *analog:* Türkonöl A, Türkonöl S; *Konstit.:* Ölsulfonat — Natronsalz (60% Fettgehalt); *Äuß.:* flüssig; *Reakt.:* schwach sauer; *Lö. Be.:* in Wasser klar löslich; *Verw.:* als Schmelzöl; *Lit.:* Seifenfabrikant 1917 S. 44; Melliand Textilber. 1928 S. 759; Seifensieder-Ztg. 1931 S. 760.

Türkonöl A **Chemische Fabrik Stockhausen, Velten, Mark.**

i/Kurs: ja; *analog:* Türkonöl, Türkonöl S; *Konstit.:* Ölsulfonat — Ammoniumsalz (60% Fettgehalt); *Reakt.:* neutral; *Verw.:* als Schmelzöl; *Lit.:* Seifenfabrikant 1917 S. 44.

Türkonöl N **Chemische Fabrik Stockhausen, Velten, Mark.**

Geb.-J.: 1907; *i/Kurs:* ja; *analog:* Türkonöl 2; *Konstit.:* Türkischrotöl — Natriumsalz (60% Fettgehalt); *Äuß.:* geruchloses, goldgelbes, dickflüssiges Öl; *Reakt.:* sauer; *Lö. Be.:* beständig gegen hartes Wasser, Alkalien, Säuren und Bittersalz; in Wasser klar löslich; *Verw.:* als Färbe-, Appretur-, Schlichte- und Egalisieröl; *Lit.:* Seifensieder-Ztg. 1930 S. 495; 1931 S. 760.

Türkonöl S **Chemische Fabrik Stockhausen, Velten, Mark.**

i/Kurs: nein; *analog:* Türkonöl und Türkonöl A; *Konstit.:* Ölsulfonat — Ammoniumsalz (70% Fettgehalt); *Reakt.:* sauer; *Lö. Be.:* gibt mit Wasser eine Emulsion, die bei Ammoniakzusatz in eine klare Lösung übergeht; *Verw.:* als Schmelzöl; *Lit.:* Seifenfabrikant 1917 S. 44.

Türkonöl 2 **Chemische Fabrik Stockhausen, Velten, Mark.**

Geb.-J.: 1907; *i/Kurs:* ja; *analog:* Türkonöl N; *Konstit.:* Türkischrotöl; *Äuß.:* hellgelbes, klares, flüssiges Öl; *Reakt.:* sauer; *Lö. Be.:* beständig gegen hartes Wasser, Alkalien, Säuren und Bittersalz; *Verw.:* als Färbe-, Appretur-, Schlichte- und Egalisieröl; *Lit.:* Seifensieder-Ztg. 1930 S. 495; 1931 S. 760.

Twitchells Doppelreaktiv **Sudfeldt & Co., Melle b. Hannover. Zweigniederlassung: Berlin W 35, Magdeburger Str. 5.**

Konstit.: Bariumsalz des Twitchell-Spalters; *Verw.:* in der Fettspaltung, nicht eigentlich in der Textilindustrie; *Lit.:* Seifensieder-Ztg. 1927 Heft 10.

Twitchell-Spalter — **Sudfeldt & Co., Melle b. Hannover. Zweigniederl.: Berlin W 35, Magdbeurger Str. 5.**

analog bzw. *ähnlich:* Kontakt- und Pfeilring-Spalter; *Konstit.:* aromatische Sulfofettsäuren; Sulfonierungsprodukt eines Gemisches von Naphthalin und Olein (Ölsäure); *Eigensch.:* hohes Emulgiervermögen, das durch Zusätze von Glyzerin oder freier Fettsäure noch erhöht wird; vermag die Schaumfähigkeit von Seifenlösungen außerordentlich zu steigern, wie dies auch andere organische Verbindungen, in geringer Menge zugesetzt, tun, und zwar freie Fettsäuren, meist ungesättigte oder hydroxylierte, wie Rizinolsäure (Schrauth: DRP. 275171; Stephan: Seifensieder-Ztg. 1915 Heft 42) weiter hydrogenierte Phenole, z. B. Cyclohexanol, ganz im Gegensatz zu Fetten, Mineralölen (Bergell: Seifensieder-Ztg. 1924 S. 627), organischen Lösungsmitteln (Stephan: Seifensieder-Ztg. 1915 Heft 42; Jungkunz: Seifensieder-Ztg. 1925 S. 260; Bergell: Seifensieder-Ztg. 1924 S. 627) und Kolloiden, wie Ton, Tragant (Kind u. Zschacke: Z. dtsch. Öl- u. Fettind. 1923 S. 499); *Verw.:* zum Spalten von Fetten und Ölen; als Zusatz zu Seifen; nicht eigentlich in der Textilindustrie; *H. Pat., V. Pat.:* DRP. 114491.

Tylose TWA 25 — **I. G. Farbenindustrie AG., Frankfurt a. M.**

Geb.-J.: 1936; *i/Kurs:* ja; *analog:* den übrigen Tylose TWA-Marken, von denen es sich nur durch die Viskosität der Lösungen unterscheidet (TWA 25 = niedrigviskos); *Konstit.:* Zellulosederivat (synth. Kolloid); *Äuß.:* gelbliche Flocken; *Reakt.:* neutral; *Eigensch.:* schlichtend: überzieht den Faden mit einem glatten, glasklaren, zähen, gleichmäßigen, elastischen Film; macht die Ketten weich und schmiegsam; unterbindet das Stäuben; vermindert Fadenbrüche; gibt guten Fadenschluß; dringt — auch kalt — schnell und tief in den Faden ein; kein Verkleben der Fäden; ermöglicht dichtere Wareneinstellung; durch lauwarmes Wasser restlos entfernbar (daher besonderes Entschlichten überflüssig); appretierend: gibt der Ware seidigen Glanz, weiche Fülle; kein Stäuben der Füllappreturen; beugt dem raschen Verschleiß der Wäschekanten vor; erhöht die Reißfestigkeit; unbegrenzt haltbar; kein Gären, Schimmeln, Faulen, Sauerwerden auch ohne Konservierungsmittel; *Verw.:* zum Leimen (Schlichten) von Streichgarn- und Kammgarnketten, wollgemischten und Halbwollketten; zum Schlichten von BW-, KS- und ZW-Ketten, ZW-Flachs-Mischketten, bunten Ketten (Stuhlware); zum Appretieren von Futterstoffen, Indigoartikeln; für Füllappreturen, Matratzenstoffe, Weißwaren; zum Nachbehandeln von Fiber; für die Teppichappretur usw., evtl. zusammen mit Kartoffelmehl usw.; nicht für waschbeständige Veredlung (wofür die Marken 4 SW bzw. 4 SM genommen werden sollen!); *Mengen:* NB. mit der 9fachen Menge heißen Wassers übergießen, unter zeitweisem Rühren quellen lassen, nach Abkühlen auf ca. 40° mit kaltem Wasser weiter verdünnen! für Kunstseidenketten usw.: 6—12 g/l; für Wollketten usw.: 15–20 g/l; allgemein: 12–20 g/l; *H. Pat., V. Pat.:* patentiert.

Tylose TWA 100 — **I. G. Farbenindustrie AG., Frankfurt a. M.**

Geb.-J.: 1936; *i/Kurs:* ja; *analog:* den übrigen Tylose TWA-Marken, von denen es sich nur durch die Viskosität der Lösungen unterscheidet (TWA 100 = mittelviskos); *Konstit.:* Zellulosederivat (synth. Kolloid); *Äuß.:* weiße Flocken; *Reakt.:* neutral; *Eigensch., Verw., Mengen:* siehe Tylose TWA 25; *H. Pat., V. Pat.:* patentiert.

Tylose TWA 600 — **I. G. Farbenindustrie AG., Frankfurt a. M.**

Geb.-J.: 1936; *i/Kurs:* ja; *analog:* den übrigen Tylose TWA-Marken, von denen es sich nur durch die Viskosität der Lösungen unterscheidet (TWA 600

= hochviskos); *Konstit.:* Zellulosederivat (synth. Kolloid); *Reakt.:* neutral; *Eigensch., Verw., Mengen:* siehe Tylose TWA 25; *H. Pat., V. Pat.:* patentiert.

Tylose TWS 25 **I. G. Farbenindustrie AG., Frankfurt a. M.**

Geb.-J.: 1936; *i/Kurs:* ja; *analog:* die beiden Tylosemarken TWS 25 und TWS 100 unterscheiden sich nur durch die Viskosität (25 gibt weniger viskose Lösungen als 100, wird daher mehr für Klotzappreturen und TWS 100 mehr für Rakelappreturen und als Zusatz zu Füllappreturen verwendet); *Konstit.:* Zellulosederivat (synth. Kolloid); *Äuß.:* gelbliche Paste; *Reakt.:* neutral; *Eigensch.:* verleiht Textilien (bei einfachster Anwendungsweise) guten Kern, Stand, festen und vollen Griff; läßt sich mit fast allen Appreturmitteln zusammen verwenden; emulgiert wasserunlösliche Öle oder geschmolzene Fette; fördert das Vermischen mit wasserlöslichen Ölen; dispergiert Pigmente oder Substrate in Appreturmassen; verhindert das Stäuben von Füllappreturen; nimmt ZW den glatten, seifigen Griff; gibt beim Kalandern (mit weniger Druck!) sehr hohen Glanz und körnige, erhabene, nicht so plattgedrückte Ware; liefert Appreturen, die durch das Waschen nicht so vollständig entfernt werden wie Stärkeappreturen (ist aber nicht so waschbeständig wie die S-Marken!); gibt — auch ohne Konservierungsmittel — unbegrenzt haltbare Lösungen, die nicht schimmeln, nicht sauer laufen, nicht gären; *Verw.:* für Klotz- und Rakelappreturen; als Zusatz zu Füllappreturen; zum Einsprengen vor dem Kalandern; für die verschiedensten Waren, wie Hemdenstoffe, Popeline, Linon, Inlett (mit Ramasit I zusammen), Bettücher; für Trikotagen, Besatzstoffe, Leinenartikel, Kunstleder usw.; zusammen mit Appretan WL und Harnstoff besonders für Damentuche usw.; *Mengen:* NB. durch allmähliches Einrühren von kaltem Wasser (am Rührwerk oder von Hand — nach jeder Wasserzugabe gut glatt rühren!) lösen! auf dem Foulard: 30—100 g/l (evtl. unter Zusatz von Appreturmitteln, Weichmachungsmitteln usw.! — man kann auch mit dünnen Lösungen einsprengen und kalandern!); *H. Pat., V. Pat.:* patentiert; *Lit.:* Z. f. d. ges. Textilind. 1937 S. 100.

Tylose TWS 100 **I. G. Farbenindustrie AG., Frankfurt a. M.**

Geb.-J.: 1936; *i/Kurs:* ja; *analog:* die beiden Tylosemarken TWS 25 und TWS 100 unterscheiden sich nur durch die Viskosität (25 gibt weniger viskose Lösungen als 100, wird daher mehr für Klotzappreturen und TWS 100 mehr für Rakelappreturen und als Zusatz zu Füllappreturen verwendet); *Konstit.:* Zellulosederivat (synth. Kolloid); *Äuß.:* gelbliche Paste; *Reakt.:* neutral; *Eigensch.:* verleiht Textilien (bei einfachster Anwendungsweise) guten Kern, Stand, festen und vollen Griff; läßt sich mit fast allen Appreturmitteln zusammen verwenden; emulgiert wasserunlösliche Öle oder geschmolzene Fette; fördert das Vermischen mit wasserlöslichen Ölen; dispergiert Pigmente oder Substrate in Appreturmassen; verhindert das Stäuben von Füllappreturen; nimmt ZW den glatten, seifigen Griff; gibt beim Kalandern (mit weniger Druck!) sehr hohen Glanz und körnige, erhabene, nicht so plattgedrückte Ware; liefert Appreturen, die durch das Waschen nicht so vollständig entfernt werden wie Stärkeappreturen (ist aber nicht so waschbeständig wie die S-Marken!); gibt — auch ohne Konservierungsmittel — unbegrenzt haltbare Lösungen, die nicht schimmeln, nicht sauer laufen, nicht gären; *Verw.:* für Klotz- und Rakelappreturen; als Zusatz zu Füllappreturen; zum Einsprengen vor dem Kalandern; für die verschiedensten Waren, wie Hemdenstoffe, Popeline, Linon, Inlett (mit Ramasit I zusammen), Bettücher; für Trikotagen, Besatzstoffe, Leinenartikel, Kunstleder usw.; zusammen mit Appretan WL und Harnstoff besonders für Damentuche usw.; *Mengen:* NB. durch allmähliches Einrühren von kaltem Wasser (am Rührwerk oder von Hand — nach jeder Wasserzugabe gut glatt rühren!) lösen! auf dem Foulard: 30—100 g/l (evtl. unter Zusatz von Appreturmitteln, Weichmachungsmitteln usw.! — man kann auch mit dünnen Lösungen einsprengen und kalandern!); *H. Pat., V. Pat.:* patentiert; *Lit.:* Z. f. d. ges. Textilind. 1937 S. 100.

Tylose 4 S Flocken **I. G. Farbenindustrie AG., Frankfurt a. M.**

Geb.-J.: 1936; *i/Kurs:* ja; *Konstit.:* Zellulosederivat; (synth. Kolloid); *Äuß.:* weiße Flocken; *Reakt.:* neutral; *Eigensch.:* verleiht BW usw. ohne Merzerisage sehr schönen Mattglanz, Fülle und weichen Griff, die bei der üblichen Wäsche erhalten bleiben; steigert die Tragfähigkeit; liefert scheuerfeste Appreturen; verhindert raschen Verschleiß der Wäsche; *Verw.:* als Schlichte und Appreturmittel; zur Erzielung einer waschbeständigen Appretur; für Hemdenstoffe (Popeline, Perkal, Zephir), für Charmeuse, Vistragewebe, Buntstoffe (Schürzen, Dirndlstoffe); für Taschentücher, Arbeitsköper, Trikotagen usw.; *Mengen:* NB. in etwa 9 Teilen kalten Wassers, das kleine Mengen Netzmittel enthält, $^1/_4$ Stunde quellen lassen, mit 10 Teilen NaOH (17° Bé. = 12%) lösen und mit NaOH (4° Bé) verdünnen — Temperatur nicht über 20° C! zum Vorklotzen des Gewebes bzw. der Wirkware am Foulard: 1—3%ige Lösung in NaOH (ausfällen in einer kalten Lösung von 4—5% Schwefelsäure und 5% Natriumsulfat und neutralspülen, trocknen und nachbehandeln am Chaisingkalander bzw. auf der Mangel!); *H. Pat., V. Pat.:* patentiert; *Lit.:* Melliand Textilber. 1937 S. 100.

Tylose 4 SM **I. G. Farbenindustrie AG., Frankfurt a. M.**

Geb.-J.: 1936; *i/Kurs:* ja; *Konstit.:* Zellulosederivat (synth. Kolloid); *Äuß.:* trübe, dickliche, gelbe Flüssigkeit; *Reakt.:* alkalisch; *Eigensch.:* waschbeständig appretierend; gibt ohne Merzerisage (und ohne den damit verbundenen Wareneinsprung) hervorragenden, beständigen Glanz und volleren, waschbeständigen Griff; verhindert Aufrauhen und Aufscheuern; erhöht Reißfestigkeit und Tragfähigkeit; ermöglicht den Druck zwischen den Kalanderwalzen beim mechanischen Nachbehandeln zu verringern (wodurch eine weniger plattgedrückte Ware erhalten wird); kann zur Erzielung weichen, fließenden Griffes mit Soromin WF kombiniert werden; gibt unbegrenzt haltbare Lösungen; kein Gären, Schimmeln, Faulen; wird durch Nachbehandlung mit Säuren wasserunlöslich und auf der Faser waschfest fixiert; *Lö. Be.:* unlöslich in Wasser; mit Natronlauge von 4—7° Bé ohne weiteres mischbar; *Verw.:* zur Erhöhung des Glanzes und zur Verbesserung der Tragfestigkeit von BW-Waren, MG, ZW-Geweben, KS-Stoffen, Wirkwaren usw., insbesondere für BW-Artikel, zellwollhaltige MG usw., die nicht merzerisiert werden können; auch für Kunstleder usw. und für azetatkunstseidenhaltige Trikotagen, wenn nach dem Klotzen sofort gesäuert wird; *Mengen:* 150—300 g/l je nach Material und Ausrüstung (Gewebe oder Wirkware am Foulard mit einer 10—30%igen Lösung in NaOH von 4—6° Bé vorklotzen — auf dem Foulard oder Jigger (bei Trikotagen auf der Haspel) in einer kalten Lösung von 4—5% Schwefelsäure konz. und 5% Natriumsulfat ausfällen — neutralspülen — trocknen — zur Glanzerzielung am Chaisingkalander oder auf der Mangel behandeln!); *H. Pat., V. Pat.:* patentiert; *Lit.:* Melliand Textilber. 1937 S. 100.

Tylose 4 SW **I. G. Farbenindustrie AG., Frankfurt a. M.**

Geb.-J.: 1936; *i/Kurs:* ja; *Konstit.:* Zellulosederivat; (synth. Kolloid); *Äuß.:* weißliche Flocken; *Reakt.:* neutral; *Eigensch.:* gibt Baumwollweißwaren und

BWMG einen leinenartigen, gegen übliche Wäsche durchaus beständigen Charakter; steigert Qualität durch Gewichtszunahme und erhöhte Tragfähigkeit; *Lö. Be.:* leicht löslich in kalter NaOH von ca. 12° Bé; unlöslich in Wasser und schwach alkalischen Lösungen; *Verw.:* für waschechte Appreturen auf Weißwaren; zur Veredlung (Erzeugung von Leinencharakter) von BW-Geweben; für Bettwäsche, Linons, Tischwäsche, Damaste; *Mengen:* NB. 1 Teil in 9 Teilen NaOH von 12° Bé lösen und auf die Gebrauchskonzentration mit NaOH von 4° Bé verdünnen! zum Vorklotzen des Gewebes: 2—4%ige Lösung in NaOH (fällen mit einer Lösung von ca. 5% Schwefelsäure konz. und 5% Natriumsulfat in kaltem Wasser, neutralspülen und trocknen — am Chaisingkalander oder an der Mangel mechanisch nachbehandeln!); für besonders starken Griff: 50—80 g/l NaOH; *H. Pat., V. Pat.:* patentiert.

Tytrovon BA **Chem. Fabr. R. Baumheier, Oschatz-Zschöllau.**

i/Kurs: ja; *Konstit.:* Salze fettaromatischer Sulfosäuren; *Äuß.:* gelbe Paste; *Reakt.:* neutral; *Lö. Be.:* leicht löslich in heißem Wasser; *Verw.:* allein oder in Verbindung mit Seife-Soda oder Seife-Ammoniak als Waschmittel, in der Wäsche von Schweißwolle, Kammzug, Garnen, Stückware, Baumwolle, Kunstseide und Stapelfaser; *Mengen:* 0,5—3 g/l; *H. Pat., V. Pat.:* DRP.-Anm.; Ausl.-Pat.

Tytrovonöl MN **Chem. Fabr. R. Baumheier, Oschatz-Zschöllau.**

i/Kurs: ja; *Konstit.:* hochsulfonierter Fettkörper; *Äuß.:* braunes Öl; *Verw.:* als Netzmittel für die Merzerisation; *Mengen:* 10—15 g/l.

Tytrovonöl N **Chem. Fabr. R. Baumheier, Oschatz-Zschöllau.**

i/Kurs: ja; *Konstit.:* hochsulfonierter Fettkörper; *Äuß.:* rötlichbraunes Öl; *Reakt.:* neutral; *Lö. Be.:* in Wasser leicht klar löslich; beständig gegen Elektrolyte; *Verw.:* als Netzmittel beim Merzerisieren und Beuchen; *Mengen:* 0,5—5 g/l; *H. Pat., V. Pat.:* DRP.

Tytrovonöl P **Chem. Fabr. R. Baumheier, Oschatz-Zschöllau.**

i/Kurs: ja; *Äuß.:* gelbliche Flüssigkeit; *Lö. Be.:* in Wasser leicht emulgierbar; *Verw.:* zum Entfernen von Pechspitzen.

Unisol

Konstit.: Türkischrotöl + Fettlöser.

Universalbrillantöl SO 30 **Dr. A. Schmitz, Düsseldorf-Oberkassel.**

Geb.-J.: 1930; *i/Kurs:* ja; *Konstit.:* Olivenöl, sulfoniert + Fettlöser; *Äuß.:* Flüssigkeit, gelbbraun; *Eigensch.:* macht Textilien, besonders Kunstseide, jedoch auch Baumwolle und Wolle, weich im Griff und geschmeidig; *Lö. Be.:* hervorragend kalkbeständig; bildet in kaltem Wasser eine äußerst gleichmäßige und haltbare Emulsion; *Verw.:* als Avivageöl, zum Weichmachen von Kunstseide, Baumwolle und Wolle; zum Appretieren und zur Erhöhung der Spulbarkeit von Kunstseide; *Mengen:* f. d. Avivage, bei Kunstseide: ca. 0,3% der Flotte (bei sehr harter Kunstseide mehr); (NB. bei substantiven, basischen und Azetatseidefarbstoffen kann das Mittel sofort dem Bade zugesetzt werden!); zur Erhöhung der Spulbarkeit: 0,3—0,5% der Flotte (bei harter Kunstseide mehr); zum Appretieren: 0,1% der Flotte; f. d. Avivage, bei Baumwolle: 0,1% neben 0,1% Soda, im lauwarmen Bad; f. d. Avivage, bei Wolle: 0,05—0,1% der Flotte.

Universalleim

Konstit.: Stärke (löslicher Stärkeleim, erhalten durch Quellen von Stärke mit Lauge); *Verw.:* als Verdickungsmittel.

Universalöl **Dr. A. Schmitz, Düsseldorf-Oberkassel.**

Konstit.: Türkischrotöl (siehe bei Monopolöl!); *Verw.:* zum Entbasten von Seide; *Lit.:* Melliand Textilber. 1928 S. 759.

Universalöl BP 200 **Dr. A. Schmitz, Düsseldorf-Oberkassel.**

Geb.-J.: 1930; *i/Kurs:* ja; *Konstit.:* Mineralöl, sulfoniert; *Äuß.:* Flüssigkeit; *Eigensch.:* erteilt Färbungen mit Schwefel-, Direkt- und Anilinschwarz Fülle, Tiefe und weichen Griff, besonders bei Trikotagen und Baumwollplüsch; vermeidet bronzige Färbungen; *Lö. Be.:* gegen kalkhaltiges Wasser nicht sehr beständig; gibt mit kaltem Wasser eine gleichmäßige und haltbare Emulsion; *Verw.:* als Avivieröl für Schwarz auf Baumwollgarnen und Stückware; *Mengen:* i. Färbebad: 0,1% der Flotte (die Temperatur des Bades soll 35—40° sein).

Universalöl E **Dr. A. Schmitz, Düsseldorf-Oberkassel.**

Konstit.: Ölsulfonat.

Universalöl FD **Dr. A. Schmitz, Düsseldorf-Oberkassel.**

i/Kurs: ja; *analog:* Universalöl GKW und Universalöl-„Monosolvol"; *Konstit.:* Rizinusöl, sulfoniert; *Äuß.:* Flüssigkeit; *Reakt.:* neutral; *Eigensch.:* Durchdringungs-, Netz- und Egalisiervermögen; verleiht dem mit ihm behandelten Material weichen und vollen Griff und frisches Aussehen; *Lö. Be.:* leicht löslich in Wasser; ziemlich beständig gegen Alkali, Säure und hartes Wasser; *Verw.:* als Färbeölzusatz zu Farbbädern aller Farbstoffgruppen zwecks Erzielung gründlicher Durchfärbung und gleichmäßigen Aufziehens in der Baumwollfärberei; *Mengen:* im Färbebad: 1—1,5% des Materials bei 50%iger Ware, 0,7—1% des Materials bei 75%iger Ware, 0,4—0,6% des Materials bei 100%iger Ware.

Universalöl GKW **Dr. A. Schmitz, Düsseldorf-Oberkassel.**

i/Kurs: ja; *analog:* Universalöl FD und Universalöl-„Monosolvol"; *Konstit.:* Rizinusöl, sulfoniert; *Äuß.:* Flüssigkeit; *Reakt.:* schwachsauer; *Eigensch.:* Durchdringungs-, Netz- und Egalisiervermögen; verleiht dem mit ihm behandelten Material weichen und vollen Griff und frisches Aussehen; *Lö. Be.:* leicht löslich in Wasser; ziemlich beständig gegen Alkali und Säure; gegen hartes Wasser etwas beständiger als Universalöl FD; *Verw.:* als Färbeölzusatz zu Farbbädern aller Farbstoffgruppen zwecks Erzielung gründlicher Durchfärbung und gleichmäßigen Aufziehens in der Baumwollfärberei; *Mengen:* im Färbebad: 1—1,5% des Materials bei 50%iger Ware, 0,7—1% bei 75%iger, 0,4—0,6% bei 100%iger Ware.

Universalöl-„Monosolvol" **Dr. A. Schmitz, Düsseldorf-Oberkassel.**

i/Kurs: ja; *analog:* Universalöl FD und Universalöl GKW; *Konstit.:* Rizinusöl, sulfoniert; (wird nach Ullmann, Bd. 10, erhalten durch Sulfonierung von Rizinusöl, Abspaltung der Sulfogruppe, Vermischung der erhaltenen Oxysäure unter Erhitzen mit Rizinusöl, erneute Sulfonierung und teilweise oder ganze Neutralisation mit NaOH oder NH_4OH); *Äuß.:*

Flüssigkeit; *Eigensch.:* Netz- und Durchdringungsvermögen; *Lö. Be.:* in Wasser leicht und vollständig löslich; ziemlich beständig gegen hartes Wasser; *Verw.:* als Zusatz zu Farbbädern, auch in Kombination mit beispielsweise Soda und Seife, wobei die Färbungen voller, reiner, leuchtender und egaler und die Garne oder Gewebe weich und griffig ausfallen; als Netz-, Schlicht-, Avivier- und Appreturöl; (bei der Anwendung als Netzöl kann das Abkochen und Entbasten von Baumwolle und Leinen unterbleiben); zum Merzerisieren und Bleichen; *Mengen:* beim Zusatz zu Farbbädern: 0,3—0,5% der Flotte; beim Netzen: 1% (heißes Wasser!) der Flotte; beim Merzerisieren: 1%; beim Bleichen: 0,3—0,5% der Laugen; *Lit.:* Seifensieder-Ztg. 1930 S. 495.

Universal-Seifen-Öl — **Dr. G. Eberle & Cie., Stuttgart.**

i/Kurs: ja; *Konstit.:* Rizinusölsulfonat; *Lö. Be.:* hartwasserbeständig; *Verw.:* für Bleicherei, Färberei, Druckerei und Appretur.

Universal-Walköl-hell — **Chem. Fabr. R. Baumheier, Oschatz-Zschöllau.**

i/Kurs: ja; *Äuß.:* gelbbraunes Öl; *Reakt.:* alkalisch; *Eigensch.:* stark schäumend; *Lö. Be.:* in Wasser löslich; *Verw.:* wie Walkseife.

Universat C — **A. Th. Böhme, Dresden-N. 6.**

analog.: Appretur- und Schlichttalg konz.; *Konstit.:* Fetterzeugnis (frei von Füllmitteln); *Verw.:* in der Schlichterei, Appretur und Avivage.

Universat S — **A. Th. Böhme, Dresden-N. 6.**

analog: Universat SW (mit dem es identisch ist); *Konstit.:* sulfonierter Talg; *Äuß.:* feste Paste, weiß; *Reakt.:* fast neutral; *Eigensch.:* weichmachend; läßt sich infolge seiner Neutralität mit anderen Appreturmitteln, Verdickungen, Ölen usw. einwandfrei mischen; *Lö. Be.:* in warmem Wasser mit schwacher Opaleszenz löslich; besitzt eine für die Kunstseidenavivage und Appretur im allgemeinen völlig genügende Kalkbeständigkeit; *Verw.:* NB.: nicht als Zusatz zu Farbbädern! b. d. Avivage und Nachavivage von Baumwolle, Kunstseide und Mischgeweben (jedoch nur in der Nachbehandlung verwendbar); als Zusatz bei der Appretur und Schlichte, insbesondere von Baumwolle und Mischgeweben; auch in Kombination mit Viskosilmarken; *Mengen:* für die Avivage: 2—3 g/l (bei Foulard-Ware etwas mehr!).

Universat S d. c. — **A. Th. Böhme, Dresden-N. 6.**

i/Kurs: ja; *Konstit.:* sulfonierter Talg; *Äuß.:* weiße Paste; *Reakt.:* fast neutral; *Verw.:* zur Erhöhung der Webfähigkeit in der Schlichterei; zur Ausrüstung sämtlicher Waren mit Verdickungsappreturen; in der Appretur; zum Ausrüsten von Inletts, bei der Avivage von Kunstseide; bei der Ausrüstung von Wirkwaren; als Weißmacher für gefärbte Garne; *Eigensch.:* ergibt geschmeidige, nicht zusammenklebende Ketten; vermeidet bei Beschwerungsschlichten das Stäuben und Herausfallen der Schlichte.

Universat spez. — **A. Th. Böhme, Dresden-N. 6.**

i/Kurs: ja; *Eigensch.:* nicht ölend; weichmachend und glättend; gut lagerbeständig und gut auswaschbar; *Lö. Be.:* wasserlöslich; *Verw.:* zum Präparieren der Kunstseide, zum Durchspulen, für die Wirkwarenindustrie.

Universat SW **A. Th. Böhme, Dresden-N. 6.**

i/Kurs: ja; *Konstit.:* sulfonierter Talg; *Äuß.:* weiße Paste; *Reakt.:* fast neutral; *Eigensch.:* ergibt geschmeidige, nicht zusammenklebende Ketten; vermeidet bei Beschwerungsschlichten das Stäuben und Herausfallen der Schlichte; *Verw.:* zur Erhöhung der Webfähigkeit in der Schlichterei; zur Ausrüstung sämtlicher Waren mit Verdickungsappreturen; in der Appretur; zum Ausrüsten von Inletts, bei der Avivage von Kunstseide; bei der Ausrüstung von Wirkwaren; als Weißmacher für gefärbte Garne.

Universol A **J. Simon & Dürkheim, Offenbach a. M.**

Geb.-J.: 1900; *i/Kurs:* ja; *analog:* Universol T; *Konstit.:* aus Rizinusöl hergestellte flüssige Kaliseife + KW-Stoff v. Sp. ca. 100° C; *Äuß.:* gelbe Flüssigkeit; *Reakt.:* schwach alkalisch; *Eigensch.:* netzend; schäumend; reinigend; öl-, wachs- und schmutzlösend; *Lö. Be.:* löslich in Wasser; *Verw.:* z. Entfernen schwer löslicher Schlichten vor dem Färben; in der Strangfärberei von Kunstseide; zum Reinigen, Entfernen von Schlichten und Spulöl aus Strümpfen, Kunstseidegeweben usw.; zum Waschen, insbesondere auch von Teppichen; zum Avivieren; z. Reinigen von Wolle vor dem Färben; *Mengen:* allgemein: 1—10%; z. Entschlichten: 0,5—1%; i. d. Strang- und Kopsfärberei: 0,5—1% d. W.; z. Waschen von Wolle: 0,5—1 l pro 100 l Flotte; z. Entfernen von Spinnereirückständen (Mineralölen) aus Tuchen: 0,5% einer Sodalösung von 3—8° Bé; b. Waschen von Zelluloseseide: neben etwas Soda: 10 g/l (ca. 80° C; bei Azetatseide möglichst ohne Soda bei 60° C!); *H. Pat.:* s. a. DRP. 312465 zur Herstellung hydrierte Naphthaline enthaltender Seifen.

Universol T **J. Simon & Dürkheim, Offenbach a. M.**

Geb.-J.: 1930; *i/Kurs:* ja; *analog:* Universol A; *Konstit.:* Kaliseife + Kohlenwasserstoff (15%); *Äuß.:* Flüssigkeit, dicklich, dunkelgelb; *Reakt.:* schwach alkalisch; *Eigensch.:* netzend; reinigend; lösend; ausgesprochenes Lösungsvermögen f. Harze, polymerisierte Fettsäuren, Paraffin usw.; *Verw.:* z. Entschlichten von Kunstseide; zur Entfernung von Leinölschlichten (auch verharzten); zur Entfernung von Paraffin vor dem Färben; *Mengen:* b. Entschlichten: vor dem Kochen zum etwa 60° warmen Einweichbad: 1%; dann zum Aufkochen Zugabe eines weiteren Prozentes; *H. Pat.:* s. a. DRP. 312465 z. Herst. hydrierte Naphthaline enthaltender Seifen.

Unomalt

Konstit.: Diastasepräparat; *Verw.:* zur Verflüssigung der Stärke durch Abbau.

Usol

Konstit. Türkischrotöl + Fettlöser.

Vegansalz A **I. G. Farbenindustrie AG., Frankfurt a. M.**

Geb.-J.: 1937; *i/Kurs:* ja; *Äuß.:* weißes Kristallpulver; *Reakt.:* neutral; *Eigensch.:* verhindert das Verkochen aller dazu neigenden Direktfarbstoffe und neutralziehenden oder schwach sauer zu färbenden Wollfarbstoffe; gibt ruhiges, egales Warenbild; verhindert die abziehende Wirkung längeren Kochens auf ZW; erhöht Treffsicherheit (Farbtöne!); verbessert Egalisieren und Durchfärben substantiver bzw. Benzoechtkupferfarbstoffe und neutralziehender oder schwach sauer zu färbender Wollfarbstoffe beim Färben von schweren MG, wie Wollstragabardinen, Strümpfen mit harten Nähten und

Kreuzspulen; verbessert Griff und Warengüte, verhindert Brüche und Knittern beim Färben in neutralen Bädern; bessere Ausnutzung der Farbbäder; läßt sich mit anderen Textilhilfsmitteln, welche die Reibechtheit verbessern (Leonil O Lösung, Igepon T) im gleichen Bad ohne ungünstige, gegenseitige Beeinflussung verwenden; *Lö. Be.:* leicht löslich in kaltem und heißem Wasser; *Verw.:* zum Färben von M-Garnen und M-Geweben aus ZW + W oder BW + W mit substantiven, Benzoechtkupfer-, HW-, HW-echt-, Cotolan-, Vegan- und Universal-Farbstoffen nach dem Einbad- und HW-Metachromverfahren, mit neutral oder schwach sauer ziehenden Wollfarbstoffen, mit Diazotierungsfarbstoffen; *Mengen:* im Farbbad: neben erforderlichen Glaubersalzmengen: 5—10%; *H. Pat., V. Pat.:* Patent angemeldet; *Lit.:* Melliand Textilber. 1937 S. 642.

Vegta-Seife A **Louis Blumer, Zwickau i. Sa.**

Geb.-J.: 1898; *i/Kurs:* nein; *Ersatz:* Iso-Seife; *ähnlich:* Monopolseife; *Konstit.:* türkischrotölähnliches Produkt; *Äuß.:* gelbe Flüssigkeit; *Eigensch.:* Netzvermögen; Reinigungs- und Avivierwirkung; Emulgiervermögen für Mineralöle und andere wasserunlösliche Öle; faserschonend; bildet keine störenden Kalkseifen; *Verw.:* zum Beuchen; zum Bleichen von Stückware und von Garnen in Kops- und Kreuzspulenform, für Strang und loses Material; in der Färberei, auch auf Apparaten; zum Durchnetzen und Avivieren; zum Reinigen von Leinen-, Baumwoll- und Wollwaren; für die Stoff- und Zeugdruckerei zum Vorreinigen; zum Entschlichten; in der Türkischrotfärberei; als Reinigungs- und Waschmittel für rohe Wolle vor dem Spinnen; für Wäscherei und Walkerei; zum Entfernen von Mineralölflecken.

Verapol **Chem. Fabr. Stockhausen & Cie., Krefeld.**

i/Kurs: ja; *ähnlich:* Esdeformseifenextrakt; Beuchseife N; *analog;* Verapol konz.; Verapol N extra; Verapolseife; *Konstit.:* Seife + Fettlöser (nach Heermann: Benzol); Siedepunkt über 100° C; nach Prof. Herbig: Ölsulfonat + Fettlöser; nach Welwart[1]: $^1/_5$ des Fettansatzes Erdnußöl, $^1/_5$ Rizinusöl, $^2/_5$ Kokosöl; der Fettlöser soll 8%iges techn. Xylol sein; soll mit Pottasche gefüllt sein; nach Herstellers Angaben: Seife + Fettlöser; (die Angaben von Herbig-Welwart entsprechen nicht den Tatsachen!) *Äuß.:* dickflüssiges, gelbes Öl; *Reakt.:* schwach alkalisch; *Eigensch.:* hohes Reinigungs-, Schaum- und Waschvermögen; Löse- und Emulgiervermögen für verseifbare und unverseifbare Öle und Fette, auch Mineralöle; gibt weichen, vollen, elastischen Griff, volle und klare Farben; *Lö. Be.:* gibt auch bei starker Verdünnung vollkommen klare und durchsichtige Lösungen; *Verw.:* zum Reinigen und Entfetten in wässeriger Lösung mit oder ohne Zusatz von Seife, auch in kochender Flotte; als Waschmittel für die Wollindustrie; zum Abkochen von Baumwolle; zum Entschlichten von Kunstseide; zum Entfernen von Leinölschlichte; als Wasch- und Detachiermittel für das Reinigungsgewerbe; beim Krabben und Brühen (Orleans, Zanella, Serge usw.) zwecks Lösung der Paraffinflecke in Verbindung mit Sodalösung; in der Schaum- und Apparatefärberei; *Mengen:* für Wolle: z. Waschen loser Wolle nach dem Einweichen: ($^1/_2$ Stde. bei 45° C neben Soda und Ammoniak): 2—4% d. W. (dann spülen!); b. Waschen von Woll-, Kunstwoll- und Teppichgarnen: neben 3% d. W. kalz. Soda: 2—4% d. W. (30—40° C; ca. 1 Stde.); b. Entgerbern von Stück- und Walkware a. d. Waschmaschine; für weiße, reinwollene Cheviots und Damentuche: neben 1—3% d. W. Seife: 1% d. W. (oder nur Verapol allein!); für schwere Paletot- und Kammgarnstoffe: 8—10% d. W. Seife und 1%

d. W. oder 5—7% Seife und 3—5% (Sodalauge wie bisher! bei stark mineralölhaltigen Geweben mehr Verapol! Waschdauer verkürzen! ebenso Spülprozeß!); b. Entgerbern oder Vorwalken auf der Hammer- oder Lochwalke: statt der üblichen Seifen- oder Sodalösung: $^1/_3$ bis $^1/_4$ der Seife durch Verapol ersetzen oder Verapol und Soda allein verwenden; b. Walken im Fett von Militärtuch: 2,5—5% d. W. oder 3—4% d. W. neben: 100% d. W. Sodalösung von 4° Bé ($1^1/_2$ Stdn.); für Konfektionsware: 4% d. W. neben: 100% Sodalösung 4° Bé; als Zusatz zur Walke: auf 10 Teile Walkseife: 1 Teil oder: auf 5—7 Teile Walkseife: 5—3 Teile unter Zusatz der entsprechenden Sodamenge; für Baumwolle: z. Beuchen, insbesondere auch für Linters (Baumwollabfälle): 0,5—1% d. W.; b. Reinigen von Putzfäden, öligen Textilabfällen usw.: nach 12stündigem Einweichen in einer Lösung von 15 g/l neben 8—10 g/l Soda und Kochen mit 2° Bé Natronlauge: mit 5—10 g/l neben 5 g/l Soda kalz. kochend waschen; NB. bei sehr öligen und schmutzigen Baumwollabfällen nach 20minütigem Vorkochen mit 2° Bé Natronlauge $^1/_2$ Stde. kochen in einem Bade von 15 g/l neben 10 g/l Soda kalz. (nachdem 20 Min. Chlorbad von 2° Bé bei 25° C — spülen — erneut 20 Min. neues Verapolbad obigen Ansatzes!); NB. vor dem Zusatz zur Flotte für sich mit der 10—15fachen Menge heißen Wassers verrühren! *Lit.:* Z. dtsch. Öl- u. Fettind. 1923 S. 620; Melliand Textilber. 1930 S. 610; [1] Seifensieder-Ztg. 1927 S. 948; 1930 S. 495.

Verapolbenzinseife extra **Chem. Fabr. Stockhausen & Cie., Krefeld.**

i/Kurs: ja; *analog:* Verapolbenzinseife fest; Verapolbenzinseife W; *Konstit.:* Seife + Fettsäure + Lösungsmittel; *Äuß.:* Flüssigkeit; *Eigensch.:* drückt die Selbstentzündlichkeit des Benzins herab; *Lö. Be.:* mit Benzin und Kohlenwasserstoffen in jedem Verhältnis mischbar; *Verw.:* zum Anbürsten von Kleidungsstücken; als Zusatz zur Benzinflotte; *Mengen:* 1—5%.

Verapolbenzinseife fest **Chem. Fabr. Stockhausen & Cie., Krefeld.**

i/Kurs: ja; *analog:* Verapolbenzinseife W; Verapolbenzinseife extra; *Konstit.:* Seife + Fettsäuren (lösungsmittelfrei!); *Äuß.:* schmierseifenähnlich; *Eigensch.:* erhöht die Reinigungswirkung von Benzinflotten; drückt die Selbstentzündlichkeit des Benzins herab; *Lö. Be.:* löslich in kaltem Benzin; *Verw.:* zur Benzinwäsche; *Mengen:* 1—5%.

Verapolbenzinseife W **Chem. Fabr. Stockhausen & Cie., Krefeld.**

i/Kurs: ja; *analog:* Verapolbenzinseife extra; Verapolbenzinseife fest; *Konstit.:* Seife + Fettsäure + Lösungsmittel; *Äuß.:* klares, festes Produkt (bei normaler Temperatur); *Eigensch.:* drückt die Selbstentzündlichkeit des Benzins herab; keine Gefahr des Nachgilbens; *Lö. Be.:* leicht löslich in Benzin und allen anderen, für die chemische Reinigung in Betracht kommenden Lösungsmitteln; *Verw.:* als Zusatz zur Benzinflotte; namentlich für weiße Wollstücke; *Mengen:* 1—5%.

Verapol konz. **Chem. Fabr. Stockhausen & Cie., Krefeld.**

i/Kurs: ja; *analog:* Verapol; *Konstit.:* Seife + Lösungsmittel; *Äuß.:* dickflüssig; *Reakt.:* alkalisch; *Eigensch.*, *Lö. Be.*, *Verw.:* wie Verapol; *Mengen:* ca. die Hälfte der bei Verapol angegebenen.

Verapol N extra **Chem. Fabr. Stockhausen & Cie., Krefeld.**

i/Kurs: ja; *analog:* Verapol; *Konstit.:* Seife + Fettlösungsmittel + Schutzkolloid; *Äuß.:* dickflüssig, gelb; *Reakt.:* schwach alkalisch; *Eigensch.;*

Wasch- und Reinigungsvermögen; unabhängig von ungünstigen Wasserverhältnissen; verhindert Kalk- und Eisenseifenausscheidungen; *Lö. Be.:* kalkbeständig; *Verw.:* wie Verapol.

Verapolseife **Chem. Fabr. Stockhausen & Cie., Krefeld.**

i/Kurs: ja; *analog:* Verapol; Spezialseife C; *Konstit.:* Seife + Fettlöser; *Äuß.:* braun, schmierseifenähnlich; *Reakt., Eigensch., Lö. Be., Verw.:* siehe Verapol! *Mengen:* b. Entgerbern von Stück- und Walkware auf der Waschmaschine für weiße, reinwollene Cheviots und Damentuche: 2—4% d. W.; f. schwere Paletot- und Kammgarnstoffe: 4—6% d. W.; als Zusatz zur Walke: gleiche Mengen wie bisher Seife; b. Färben und Waschen baumwollener Trikots usw. (sowohl beim Weichen, Waschen und Walken als auch im Färbebad selbst): 3—4% d. W.; NB. vor dem Zusatz zur Flotte für sich mit der 10—15fachen Menge heißem Wasser verrühren!

Villol **Dr. A. Schmitz, Düsseldorf-Oberkassel.**

i/Kurs: ja; *Äuß.:* Flüssigkeit, ölig, gelb; *Eigensch.:* netzend; reinigend; durchdringend; bewirkt bei Indanthrenen ein rasches und gleichmäßiges Verküpen; übt in der Küpe schutzkolloide Wirkung aus; vermeidet das lästige Schäumen der Küpe und damit Schaumflecken; bringt auch schwer lösliche Farbstoffe zum gleichmäßigen Ausfärben; *Lö. Be.:* beständig in alkalischen Bädern; nicht kalkbeständig; *Verw.:* NB. nur in alkalischen Bädern und möglichst kalkfreiem Wasser! als Netz- und Färbeöl in alkalischen Flotten, z. B. in der Indanthrenfärberei, bei allen Indigo-, bei den meisten Schwefel-, und bei vielen Naphthol-AS-Farben; in fast der gesamten Baumwoll-, Leinen- und Kunstseidefärberei (in alkalischem Medium); zum Vornetzen von Baumwolle vor dem Merzerisieren; zum Anteigen der Farbstoffe und im Färbebad; *Mengen:* in alkalischen Abkochbädern: 1—2% d. W.; i. d. Färberei: 1—2% d. W. (davon $^1/_3$ zum Anteigen des Farbstoffes, $^2/_3$ zum Färbebad!).

Vinarol BO konz. **I. G. Farbenindustrie AG., Frankfurt a. M.**

Geb.-J.: 1932; *i/Kurs:* ja; *Konstit.:* polymere Verbindung; *Äuß.:* weißes Pulver; *Eigensch.:* gibt klare Schlichteflotten, die geruchlos sind, sich nicht zersetzen und nicht schimmeln; leicht auswaschbar; (das Entschlichten geschieht durch einfache Behandlung mit warmem Wasser von etwa 40° C in 20—40 Min., evtl. unter Zusatz von Seife, und ist bei Ware, die nachträglich gefärbt werden soll, überflüssig; bei Buntware kann die Schlichte unter Verwendung der gebräuchlichen Zusätze als Appretur in der Ware verbleiben); sowohl in der Kälte wie in der Wärme verwendbar; erzeugt Fäden hervorragender Glätte und Geschlossenheit, die nicht zusammenkleben, nicht angegilbt oder im Glanz beeinträchtigt sind; *Lö. Be.:* leicht löslich; *Verw.:* zum Schlichten von Kunstseiden aller Art, auch Azetatkunstseide; als Basis für die Herstellung wasserlöslicher, leicht entfernbarer Schlichten unter Zugabe von Stärke, Amylose, Cellappret usw. (hohe Steifheit!) oder Seife, Türkischrotöl, Tallosan, Soromin usw. (größere Weichheit!); *Mengen:* NB. mit der 10—15fachen Menge kaltem Wasser verrühren, mit heißem Wasser bis zur gewünschten Konzentration auffüllen, kurz aufkochen! z. Schlichten von Viskose: auf 80—200 Teile Wasser: 1 Teil; b. Schlichten im Strang: 7 g/l (5—10 Min. umziehen; abquetschen; schleudern; bei 40 bis 50° C trocknen!); i. d. Kettschlichterei: 4—5 g/l, evtl. unter Zusatz von Seife, Intrasol, Tallosan usw. zwecks Erzielung besonderer Glätte und Geschmeidigkeit (bis zu 10% des Vinarol BO konz.); b. Schlichten von Azetatseide: 2,5—3mal mehr als bei Viskose, evtl. neben 10—20% der Vinarolmenge Amylose AN; *Lit.:* Z. f. d. ges. Textilind. 1936 S. 36.

Vinarol supra **I. G. Farbenindustrie AG., Frankfurt a. M.**

Geb.-J.: 1936; *i/Kurs:* ja; *analog:* Vinarol BO konz. in Konstit., Eigensch. und Verw., doch bei geeigneter Arbeitsweise — volle Ausbeutesteigerung erst bei Temperaturen über 50° C (Schlichtemaschinen mit Heizvorrichtung) — ca. 30% ausgiebiger; *Konstit.:* polymere Verbindung; *Äuß.:* weißes Pulver; *Eigensch.:* sehr gut für Azetatkunstseidenketten verwendbar; liefert Ketten, die im Gegensatz zu den mit Leinöl geschlichteten auch beim Lagern keinerlei Schaden erleiden; liefert (wie Vinarol BO konz.) geschlichtete Ketten von guter Webfähigkeit, Entschlichtbarkeit und gutem Fadenschluß, die unempfindlich sind; *Verw.:* besonders für das Schlichten substantiv gefärbter KS, für die Kettschlichterei und für Stuhlware, die nicht mehr entschlichtet werden soll; *Mengen:* NB. in dünner Schicht auf die Oberfläche kalten Wassers streuen und dann aufkochen! bei VS und Kupferseide: 5—10 g/l; bei AS: 15—20 g/l.

Visco-Flerhenol **Flesch-Werke, AG., Frankfurt a. M.**

i/Kurs: nein; *Konstit.:* Ölsulfonat; *Verw.:* zum Weichmachen von Kunstseide.

Visco-Leukonil C **Münzing & Co., Heilbronn a. N.**

i/Kurs: ja; *analog:* Visco-Leukonil „emulgierend"; *Konstit.:* Sulfonierungsprodukt pflanzlicher Öle; *Äuß.:* gelbes Öl; *Reakt.:* neutral; *Eigensch.:* macht die Textilfaser (Baumwolle, Kunstseide, Mischgewebe usw.) weich und geschmeidig und gibt ihr tadellosen Griff; kein Gelb-, Klebrig-, Mattwerden der Faser, die in allen Teilen leicht und gleichmäßig spulbar wird und keine überfetteten, ungleichmäßig weichen Stellen erhält; die Behandlung kann auch im Färbebad erfolgen, was gleichzeitig egales Aufziehen der Farbstoffe bewirkt; emulgiert erhebliche Mengen Olivenöl; *Lö. Be.:* leicht und klar auch in sehr hartem Gebrauchswasser löslich; keine Abscheidung von Kalkseife; *Verw.:* für die Behandlung auf Apparaten; zum Weichmachen, Avivieren, Appretieren von S, KS und MG; *Mengen:* zur Erteilung geschmeidigen, weichen Griffs: 2—3 g/l (30—35° C, 20—30 Min.); zur Förderung der Spulbarkeit von Kunstseide: 5—6 ccm/l (35° C, darnach schleudern und trocknen); NB. durch Verringerung oder Erhöhung der Mengen je nach dem Grade der Härte von Kunstseide kann man die Spulbarkeit regulieren!

Visco-Leukonil „emulgierend" **Münzing & Co., Heilbronn a. N.**

i/Kurs: ja; *analog:* Visco-Leukonil C; *Konstit.:* Sulfonierungsprodukt pflanzlicher Öle; *Äuß.:* gelbes Öl; *Reakt.:* neutral; *Eigensch.:* macht die Textilfaser (Baumwolle, Kunstseide, Mischgewebe usw.) weich und geschmeidig und gibt ihr tadellosen Griff; kein Gelb-, Klebrig-, Mattwerden der Faser, die in allen Teilen leicht und gleichmäßig spulbar wird und keine überfetteten, ungleichmäßig weichen Stellen erhält; die Behandlung kann auch im Färbebad erfolgen, was gleichzeitig egales Aufziehen der Farbstoffe bewirkt; emulgiert erhebliche Mengen Olivenöl; *Lö. Be.:* leicht zu feiner (absolut haltbarer) Emulsion (ohne Öltropfen), auch in sehr hartem Gebrauchswasser, löslich; keine Abscheidung von Kalkseife; *Verw.:* für die Behandlung auf offener Kufe; zum Weichmachen, Avivieren, Appretieren von S, KS und MG; *Mengen:* zur Erteilung geschmeidigen, weichen Griffs: 2—3 g/l (30—35° C, 20—30 Min.); zur Förderung der Spulbarkeit von Kunstseide: 5—6 ccm/l (35° C, darnach schleudern und trocknen); NB. durch Verringerung oder Erhöhung der Mengen je nach dem Grade der Härte von Kunstseide kann man die Spulbarkeit regulieren!

Viscoleum US **Baur, Gaebel & Cie., Köln-Radertal.**

Geb.-J.: 1930; *i/Kurs:* ja; *Konstit.:* Seife + Fettlöser; *Äuß.:* dickes, bräunliches Öl; *Reakt.:* schwach alkalisch; *Lö. Be.:* in der Kälte löslich; *Verw.:* zum Entfetten; insb. zum Entfernen von Leinölschlichten.

Visco-Mattyl N 150 **A. Th. Böhme, Dresden-N. 6.**

Geb.-*J.:* 1933/34; *i/Kurs:* ja; *Äuß.:* Flüssigkeit; *Verw.:* für die Entwicklungsmattierung im Zweibadverfahren; für dunkle Farbtöne; auf dem Foulard.

Visco-Mattyl N 160 **A. Th. Böhme, Dresden-N. 6.**

Geb.-J.: 1933/34; *i/Kurs:* ja; *Äuß.:* Flüssigkeit; *Eigensch.:* erzeugt gleichzeitig Beschwerung; *Verw.:* für die Entwicklungsmattierung im Zweibadverfahren; für dunkle Farbtöne auf dem Foulard.

Visco-Mattyl T **A. Th. Böhme, Dresden-N. 6.**

Äuß.: dunkelblau; *Eigensch.:* ergibt beim Mattieren dunkelblauer und schwarzer Farbtöne keine Aufhellung der Farben oder weißlichen Schimmer, erhält vielmehr die Farbnuance; *Verw.:* als Mattierungsmittel für dunkelblau und schwarz gefärbte Ware.

Visco-Mattyl 33 **A. Th. Böhme, Dresden-N. 6.**

Geb.-J.: 1933/34; *i/Kurs:* ja; *Äuß.:* feste weiße Paste; *Verw.:* für einbadige Auflagemattierung; für Foulard- wie auch für Haspelkufen- und Wannenmattierung von Strümpfen und Wirkwaren.

Visco-Mattyl 65 **A. Th. Böhme, Dresden-N. 6.**

Geb.-J.: 1933/34; *i/Kurs:* ja; *Äuß.:* feste weiße Paste; *Verw.:* für einbadige Auflagemattierung; für reine Foulardmattierung mit kräftiger Beschwerung der Ware.

Visco-Schlichte KS **A. Th. Böhme, Dresden-N. 6.**

Eigensch.: hervorragender Schlichteffekt bei leichter und vollständiger Auswaschbarkeit; *Verw.:* für die Schlichterei der Kunstseide.

Viscosil **A. Th. Böhme, Dresden-N. 6.**

Konstit.: Ölsulfonat + Kohlenwasserstoff; *Verw.:* in der Appretur; i. d. Avivage; zum Weichmachen von Kunstseide.

Viscosil A **A. Th. Böhme, Dresden-N. 6.**

i/Kurs: ja; *Konstit.:* sulfonierte Wachse + Paraffin; *Äuß.:* rein weiße Paste; *Reakt.:* neutral; *Eigensch.:* glättend und weichmachend; *Lö. Be.:* gibt mit Wasser beständige Emulsionen; *Verw.:* für die Nachavivage von Kunstseiden und Zellwollen, insbesondere Strangware; *Mengen:* 0,5—1,5 g/l.

Viscosil ES **A. Th. Böhme, Dresden-N. 6.**

Konstit.: auf Fettalkoholbasis; *Verw.:* als Weichmachungsmittel für im Faden mattierte Kunstseide; zweckmäßig unter Zusatz von der $^1/_2$fachen Menge Salzsäure.

Viscosil E 120 **A. Th. Böhme, Dresden-N. 6.**

i/Kurs: ja; *Konstit.:* Fettalkoholsulfonat + aromatische Sulfosäuren + Wachse; *Äuß.:* gelbe Paste; *Reakt.:* neutral; *Eigensch.:* weichmachend, egalisierend; verwendbar in Farbbädern und solchen Bädern, die Soda oder organische Säuren enthalten; *Lö. Be.:* sehr gut kalk- und kochbeständig; *Verw.:* als Farbbadzusatz zum Weichmachen und Egalisieren von KS, ZW, MG; *Mengen:* beim Färben: 0,2—0,5 g/l; bei der Nachavivage: 0,3—2 g/l; *H. Pat., V. Pat.:* DRPa.; A.P.

Viscosil FA **A. Th. Böhme, Dresden-N. 6.**

i/Kurs: ja; *Konstit.:* Fettalkoholsulfonat + Weichmachungsmittel; *Äuß.:* weiß-gelbe Paste; *Reakt.:* neutral; *Eigensch.:* weichmachend, füllend, glättend, für jedes Fasermaterial geeignet, besonders für KS und Mischgespinste, auch für Spritzappretur; *Lö. Be.:* gut kalk- und kochbeständig; *Verw.:* im Farbbad und in der Nachavivage; *Mengen:* im Farbbad: 0,3—1 g/l; in der Nachavivage: 1—2 g/l; auf dem Foulard: 2—10 g/l.

Viscosil FA konz. **A. Th. Böhme, Dresden-N. 6.**

i/Kurs: ja; *Konstit.:* Fettalkoholsulfonat + Weichmachungsmittel; *Äuß.:* weiß-gelbe Paste; *Reakt.:* neutral; *Eigensch.:* weichmachend, füllend, glättend, für jedes Fasermaterial geeignet, besonders für KS und Mischgespinste, auch für Spritzappretur; *Lö. Be.:* gut kalk- und kochbeständig; *Verw.:* im Farbbad und in der Nachavivage; *Mengen:* im Farbbad: 0,3—1 g/l; in der Nachavivage: 1—2 g/l; auf dem Foulard: 2—10 g/l.

Viscosil G **A. Th. Böhme, Dresden-N. 6.**

analog: den übrigen Viscosil-Marken, insbesondere (bezüglich Eigenschaften!) Viscosil spezial und Viscosil spezial Paste; *Reakt.:* neutral; *Eigensch.:* weichmachend; netzend; emulgierend; verursacht kein Kleben; *Lö. Be.:* praktisch beständig für alle vorkommenden Fälle; mit verd. organischen Säuren und Mineralsäuren mischbar und beständig; die Mischung mit Säure ist auch kalkbeständig; *Verw.:* als Egalisiermittel beim Färben; zum Weichmachen; zur Erzielung seidenweichen und doch krachenden Griffs auf Seide, Kunstseide und Mischgeweben; zum Avivieren bei Schwefel-, Küpen- und basischen Färbungen; als Durchspulöl; als Emulgator für Olivenöl; für dunklere Töne; zum Avivieren und Weichmachen aller Schwarzfärbungen; *Mengen:* b. Weichmachen von Naturseide, Kunstseide und Mischgewebe: (nach dem Färben Avivagebad mit) 2—5 g/l; i. d. Durchspulflotte: 30—40 g/l; z. Emulgieren von Olivenöl: 1,5 g (verdünnt mit 1,5 g Wasser; verrührt mit 1,5 g Olivenöl; zu 1 l mit Wasser verdünnt; dieses letzte Wasser kann einen Zusatz von 0,5—1 g/l Soda erhalten).

Viscosil S **A. Th. Böhme, Dresden-N. 6.**

analog: den übrigen Viscosil-Marken; *Konstit.:* sulfoniertes Rizinusöl; *Äuß.:* Flüssigkeit; *Reakt.:* neutral; *Eigensch.:* weichmachend; netzend; emulgierend; verursacht kein Kleben; *Lö. Be.:* praktisch beständig für alle vorkommenden Fälle; mit verd. organischen Säuren und Mineralsäuren mischbar und beständig; die Mischung mit Säure ist auch kalkbeständig; *Verw.:* als Egalisiermittel beim Färben; zum Weichmachen; zur Erzielung seidenweichen und doch krachenden Griffs auf Seide, Kunstseide, Baumwolle und Mischgeweben; zum Avivieren bei Schwefel-, Küpen- und basischen Färbungen; als Durchspulöl; als Emulgator für Olivenöl; *Mengen:* b. Weichmachen von Naturseide,

Kunstseide und Mischgewebe: (nach dem Färben Avivagebad mit) 2—5 g/l; i. d. Durchspulflotte: 30—40 g/l; z. Emulgieren von Olivenöl: 1,5 g (verdünnt mit 1,5 g Wasser; verrührt mit 1,5 g Olivenöl; zu 1 l mit Wasser verdünnt; dieses letzte Wasser kann einen Zusatz von 0,5—1 g/l Soda erhalten).

Viscosil S konz. **A. Th. Böhme, Dresden-N. 6.**

i/Kurs: ja; *Konstit.:* sulfonierte Pflanzenöle; *Äuß.:* braune Flüssigkeit; *Reakt.:* neutral; *Eigensch.:* weichmachend; kein Kleben; *Lö. Be.:* bildet mit Wasser Emulsionen; mischbar mit und beständig gegen verdünnte organische Säuren; *Verw.:* in der Nachavivage zur Erzielung seidenweichen, auch knirschenden Griffs, auf S, KS, BW, MG; zum Avivieren von Schwefel- und Indanthrenfärbungen.

Viscosil S d. c. **A. Th. Böhme, Dresden-N. 6.**

i/Kurs: ja; *Konstit.:* sulfonierte Pflanzenöle; *Äuß.:* braune Flüssigkeit; *Reakt.:* neutral; *Eigensch.:* weichmachend, kein Kleben; *Lö. Be.:* bildet mit Wasser Emulsionen; mischbar mit und beständig gegen verdünnte organische Säuren; *Verw.:* in der Nachavivage zur Erzielung seidenweichen, auch knirschenden Griffes auf S, KS, BW, MG; zum Avivieren von Schwefel- und Indanthrenfärbungen.

Viscosil S extra **A. Th. Böhme, Dresden-N. 6.**

analog: den übrigen Viscosil-Marken; *Reakt.:* neutral; *Eigensch.:* weichmachend; netzend; emulgierend; verursacht kein Kleben; *Lö. Be.:* praktisch beständig für alle vorkommenden Fälle; mit verd. organischen Säuren und Mineralsäuren mischbar und beständig; die Mischung mit Säure ist auch kalkbeständig; löslich in kaltem Wasser; *Verw.:* zum Weichmachen von Seide, Kunstseide und Mischgeweben; *Mengen:* 1—2 g/l.

Viscosil SE 48 **A. Th. Böhme, Dresden-N. 6.**

analog: den übrigen Viscosil-Marken; *Konstit.:* Fettprodukt; *Äuß.:* Paste; *Reakt.:* neutral; *Eigensch.:* weichmachend; netzend; emulgierend; verursacht kein Kleben; *Lö. Be.:* praktisch beständig für alle vorkommenden Fälle; mit verd. organischen Säuren und Mineralsäuren mischbar und beständig; die Mischung mit Säure ist auch kalkbeständig; leicht löslich in warmem Wasser; *Verw.:* als Egalisiermittel beim Färben, bes. zum Weichmachen von Mischgeweben aus Kunstseide und Baumwolle; für die Appretur von Kunstseide und Mischgeweben; *Mengen:* 1—2 g/l.

Viscosil SP **A. Th. Böhme, Dresden-N. 6.**

analog: den übrigen Viscosil-Marken; *Konstit.:* sulfoniertes Rizinusöl + Lösungsmittel; *Äuß.:* Flüssigkeit, gelb; *Reakt.:* neutral; *Eigensch.:* weichmachend; netzend; emulgierend; verursacht kein Kleben; *Lö. Be.:* praktisch beständig für alle vorkommenden Fälle; mit verd. organischen Säuren und Mineralsäuren mischbar und beständig; die Mischung mit Säure ist auch kalkbeständig; bildet mit Wasser Emulsionen; *Verw.:* NB. zunächst m. d. 6—10fachen Menge ca. 80° heißem Wasser verrühren, bei bes. hartem Wasser vor der Zugabe mit 0,4 g/l Soda kalz. korrigieren! zum Weichmachen von Seide, Kunstseide, Baumwolle und Mischgeweben; *Mengen:* 1—2 g/l.

Viscosil spez. **A. Th. Böhme, Dresden-N. 6.**

i/Kurs: ja; *Eigensch.:* gibt, ein- und zweibadig, zusammen mit verdünnten organischen Säuren und Mineralsäuren krachenden Seidengriff; *Verw.:* zum Avivieren von Schwefel- und Küpenfärbung; als Durchspulöl.

Viscosil spez. Paste **A. Th. Böhme, Dresden-N. 6.**

i/Kurs: ja; *Eigensch.:* gibt, ein- und zweibadig, zusammen mit verdünnten organischen Säuren und Mineralsäuren krachenden Seidengriff; *Verw.:* zum Avivieren von Schwefel- und Küpenfärbung; als Durchspulöl.

Viscosil ST spez. **A. Th. Böhme, Dresden-N. 6.**

i/Kurs: ja; *Konstit.:* Ölsulfonat; *Äuß.:* klares, gelbliches Öl; *Reakt.:* neutral; *Eigensch.:* erhöht die Verspinnbarkeit; *Verw.:* als Weichmachungsmittel für Kunstseiden und Zellwollen, besonders für gefärbte Zellwolle; zum Ausrüsten von Vistramusselin.

Viscosil ST 80 **A. Th. Böhme, Dresden-N. 6.**

i/Kurs: ja; *Konstit.:* Fettalkoholsulfonat + Fettkörper; *Äuß.:* gelbliche Paste; *Reakt.:* neutral; *Eigensch.:* füllend, weichmachend; *Verw.:* als Weichmachungsmittel für Kunstseiden und Zellwollgewebe und -gewirke aller Art und Strangware; in der Nachavivage und im Farbbad (vorteilhaft zusammen mit Glaubersalz); *Mengen:* im Farbbad: 0,5—2 g/l + 2 g/l Glaubersalz; in der Nachavivage: 1—2 g/l + 2 g/l Glaubersalz; auf dem Foulard: 1—8 g/l + 2 g/l Glaubersalz.

Viscosil WZ **A. Th. Böhme, Dresden-N. 6.**

i/Kurs: ja; *Konstit.:* Ölsulfonat + hochmolekulare Ester; *Äuß.:* bräunliches Öl; *Reakt.:* neutral; *Eigensch.:* verleiht der Ware weichen, voluminösen, wollähnlichen Griff; *Verw.:* als Weichmachungsmittel für Gemische aus Wolle und Zellwolle.

Viscosil 65 extra **A. Th. Böhme, Dresden-N. 6.**

analog: Viscosil E 120; *Äuß.:* Paste, gelbbraun; *Reakt.:* neutral; *Eigensch.:* egalisierend; weichmachend; *Lö. Be.:* löst sich in heißem Wasser klar; zeigt eine sehr gute Härtebeständigkeit und ist fernerhin auch gegen die gebräuchlichen Zusätze, wie Soda, schwaches Alkali und organische Säuren beständig; *Verw.:* als Weichmachungsmittel für die Nachbehandlung von Kunstseide und Mischgeweben, vor allem Baumwolle und Kunstseide; als Zusatz zum Färbebad; (s. a. Mengen!); *Mengen:* als Zusatz z. Färbebad: 0,3—0,5 g/l; i. d. Appreturflotte: ca. 1—3 g/l.

Vismatt **Joh. Wilh. Schürmann, Wuppertal-Barmen.**

i/Kurs: ja; *Eigensch.:* erzeugt haftfeste Mattierungen, auch bei dunkelsten Farben, ohne den Farbton zu beeinträchtigen; gibt leuchtende, klare Farben ohne Wolken oder Streifen; durchfärbend; *Verw.:* in der Färberei und Druckerei; zum Mattieren für Glanztextilfasern, insbesondere Viskose, für Stück, Band und Strang vor dem Färben im laufenden Bad; *H. Pat., V. Pat.:* DRP. angem.

Vitranol

Konstit.: Seife + Fettlösungsmittel; (Monopolseife + gechlorter Kw.-Stoff: nach Prof. Dr. Herbig); *Lit.:* Seifensieder-Ztg. 1930 S. 495.

Viveral E **I. G. Farbenindustrie AG., Frankfurt a. M.**

Geb.-J.: 1930; *i/Kurs:* ja; *analog:* Viveral E konz., jedoch nicht so wirksam; *Konstit.:* Enzympräparat; *Äuß.:* farblos; *Reakt.:* völlig neutral; *Eigensch.:* stärkeaufschließend; baut Stärke, in kaltem Wasser gelöst, schon bei 15—20° C schnell und sicher bis zum Zucker ab, ohne die Textilfaser anzugreifen; läßt farbige Stoffe unverändert; gewährleistet restlose Entschlichtung; ist in gewöhnlichem Gebrauchswasser mit mäßigem Kalkgehalt anwendbar, auch für Ware bzw. Entschlichtungsflotten mit geringem Alkaligehalt (NB. im allgemeinen achte man auf Neutralität, neutralisiere evtl. mit Ammoniak bzw. Ameisen- oder Essigsäure!); ist in trocknem, nicht zu heißem Raum aufbewahrt, gut haltbar; *Lö. Be.:* vollständig schon in kaltem Wasser löslich; ziemlich kalkbeständig; *Verw.:* als Entschlichtungsmittel auf Strang- und Breitwaschmaschinen, Jigger, Holzbottich oder Zementbehälter; zum Entschlichten stärkehaltiger Gewebe; *Mengen:* allgemein: 0,15—0,3% d. W. (bei langen Flotten, d. h. weniger als 1 g/l, neben: 0,5—1 g/l Kochsalz) (40 bis 45° C — über 55° warme Bäder vermeiden! — Entschlichtungsbad erst auf Temperatur bringen, dann das Entschlichtungsmittel zusetzen!).

Viveral E extra S **I. G. Farbenindustrie AG., Frankfurt a. M.**

Geb.-J.: 1934; *i/Kurs:* ja; *Konstit.:* Enzympräparat (+ säuerungsverhütender Zusatz); *Äuß.:* gelbliches Pulver; *Reakt.:* neutral; *Eigensch.:* baut Stärke schnell und sicher bis zum Zucker ab und bewirkt so restlose Entschlichtung; verhindert Säurebildung in den E-Bädern; gewährleistet höchsten Wirkungswert und einheitlichen Entschlichtungseffekt durch Bewirkung eines 24 Stdn. lang konstanten, optimalen p_H-Wertes; erzeugt nach dem Auswaschen weiche und vollgriffige Ware; netzt vorzüglich und läßt sich schon mit kaltem Wasser sehr gut benetzen; *Verw.:* wie Viveral E und E konz.; besonders dort, wo bei kontinuierlichem Entschlichten Säurebildung auftritt; *Mengen:* NB. im Verhältnis von ca. 1:5 einstreuen in kaltes Wasser, umrühren, mit Wasser aus der vorgewärmten Entschlichtungsflotte bis zur Lösung verdünnen! Kochsalzzusatz überflüssig! vor Zugabe Dampf abstellen! (wie bei Viveral E): ca. 0,2—0,25% der Ware (günstigste Temperatur: 40—50° C, doch auch bei gewöhnlicher Temperatur wirksam, dagegen Bäder über 55° C vermeiden!); (Ware vorteilhaft nach dem Sengen durch ein Wasserbad von 20—30° C ziehen, abquetschen, durch die mit der Lösung des Produktes gefüllte Rollenkufe bzw. Breitwaschmaschine schicken, leicht abquetschen, in Betonbehältern ablegen, mit viveralgetränkten Tüchern zudecken und schließlich mit heißem, evtl. kaltem Wasser auf der Waschmaschine klarspülen!).

Viveral E konz. **I. G. Farbenindustrie AG., Frankfurt a. M.**

Geb.-J.: 1930; *i/Kurs:* ja; *analog:* Viveral E, jedoch wirksamer; *Konstit.:* Enzympräparat; *Äuß.:* Pulver, weiß; *Reakt.:* völlig neutral; *Eigensch.:* stärkeaufschließend; baut Stärke, in kaltem Wasser gelöst, schon bei 15—20° C schnell und sicher bis zum Zucker ab, ohne die Textilfaser anzugreifen; läßt farbige Stoffe unverändert; gewährleistet restlose Entschlichtung; ist in gewöhnlichem Gebrauchswasser mit mäßigem Kalkgehalt anwendbar, auch für Ware bzw. Entschlichtungsflotten mit geringem Alkaligehalt (NB. im allgemeinen achte man auf Neutralität, neutralisiere evtl. mit Ammoniak bzw. Ameisen- oder Essigsäure!); ist in trocknem, nicht zu heißem Raum aufbewahrt, gut haltbar; *Lö. Be.:* vollständig schon in kaltem Wasser löslich; ziemlich kalkbeständig; *Verw.:* als Entschlichtungsmittel auf Strang- und Breitwaschmaschinen, Jigger, Holzbottich oder Zementbehälter, zum Entschlichten stärkehaltiger Gewebe; *Mengen:* allgemein: 0,1—0,2% d. W.

(bei langen Flotten, d. h. weniger als 1 g/l, neben: 0,5—1 g/l Kochsalz) (40 bis 45° C — über 55° warme Bäder vermeiden! — Entschlichtungsbad erst auf Temperatur bringen, dann das Entschlichtungsmittel zusetzen!).

Viveral E konz. S **I. G. Farbenindustrie AG., Frankfurt a. M.**

Geb.-J.: 1934; *i/Kurs:* ja; *analog:* Viveral E extra S in Eigensch. und Verw.; *Konstit.:* Enzympräparat (+ säuerungsverhütender Zusatz); *Äuß.:* gelbliches Pulver.

Volumin T **Chem. Fabr. Pfersee, Augsburg.**

Geb.-J.: 1930; *i/Kurs:* ja; *analog:* Volumin TO; *Äuß.:* wasserhelle Flüssigkeit; *Reakt.:* neutral; *Eigensch.:* dringt gut in die Faser ein; kein Schreiben, kein Stauben; läßt sich mit den meisten anderen Appreturmitteln (Gumminat W) 1 zu 1,1 zu 2,1 zu 3 kombinieren; gibt der Ware milden, eleganten, fließenden Charakter bei gleichzeitiger Gewichtserhöhung; kein Nachhärten auf Lager; *Lö. Be.:* in jedem Verhältnis mit Wasser mischbar; *Verw.:* beim Appretieren; in der Passage oder durch Behandeln der fertigen Ware, durch Aufsprengen; insbesondere für Beschwerungsappreturen tierischer Fasern, speziell der Wolle, vielfach auch, wenn es weniger auf gewichtsmäßige Beschwerung als auf Griffverbesserung ankommt; *Mengen:* je nach Qualität und dem gewünschten Effekt.

Volumin TO **Chem. Fabr. Pfersee, Augsburg.**

Geb.-J.: 1930; *i/Kurs:* ja; *analog:* Volumin T; *Äuß.:* gelbe Flüssigkeit; *Reakt.:* neutral; *Eigensch.:* dringt gut in die Faser ein; kein Schreiben, kein Stauben; läßt sich mit den meisten anderen Appreturmitteln (Gumminat W) 1 zu 1,1 zu 2,1 zu 3 kombinieren; gibt der Ware milden, eleganten, fließenden Charakter bei gleichzeitiger Gewichtserhöhung; kein Nachhärten auf Lager; *Lö. Be.:* in jedem Verhältnis in Wasser mischbar; *Verw.:* beim Appretieren; in der Passage oder durch Behandeln der fertigen Ware, durch Aufsprengen; insbesondere zur Appretur von Mischgeweben, zur Verbesserung des Griffs unter gleichzeitiger Beschwerung; *Mengen:* je nach Qualität und dem gewünschten Effekt.

Walkextrakt „Excelsa" **Chem. Fabr. R. Baumheier, Oschatz-Zschöllau.**

i/Kurs: ja; *Äuß.:* gelblichgraue Paste; *Reakt.:* schwach alkalisch; *Lö. Be.:* in heißem Wasser mit schwacher Opaleszenz löslich; *Verw.:* als Ersatz für Walkseife und in Verbindung mit dieser zum Einsparen von Seife; *H. Pat., V. Pat.:* DRP.-Anm.; *Lit.:* Appreturzeitung 1936 Heft 12; Der Textilbetrieb 1936 Nr. 2 S. 2 (Beilage Textilveredlung).

Walkit

Lit.: Seifensieder-Ztg. 1917 S. 171 (R. König).

Walk-Kernseife CFD **Zschimmer & Schwarz, Chemnitz.**

Konstit.: Kernseife; *Eigensch.:* hohe Schaumkraft; durchgreifendes Reinigungsvermögen; *Verw.:* zum Walken.

Walköl 80%ig **J. Simon & Dürkheim, Offenbach a. M.**

i/Kurs: ja; *Eigensch.:* nicht absetzend; *Verw.:* beim Walken zusammen mit Soda und Seife; auch beim Walken im Schmutz; *Mengen:* mit der 4fachen Menge Wasser verdünnen!

Walkopol **Chem. Fabr. Stockhausen & Cie., Krefeld.**

i/Kurs: ja; *Konstit.:* Fettsäurederivat; *Äuß.:* gelbe Paste; *Reakt.:* alkalisch; *Eigensch.:* unterstützt den Walkprozeß; erzeugt sehr gute Filzdecke bei vollem, kernigen Griff, in kürzester Zeit; leicht auswaschbar; *Lö. Be.:* leicht löslich in warmem Wasser; beständig gegen mittlere Härte; *Verw.:* zur Walke von Streichgarnartikeln; für Mischgewebe, Kunstwolle und Zellwolle; zur Wäsche von Kammgarnwaren, die einen leichten Schluß benötigen; *Mengen:* 100—300 g pro Stück je nach Qualität; (bei gemeinsamer Anwendung mit Seife wird ein Drittel bis $^1/_2$ der Seifenmenge durch Walkopol ersetzt!)

Walkose **Diamalt AG., München.**

i/Kurs: ja; *Konstit.:* Maltosepräparat; *Eigensch.:* stark verfilzend; *Verw.:* beim Walken.

Walrat synth. raff. **Dehydag, Berlin-Charlottenburg.**

i/Kurs: ja; *analog:* identisch mit Lanettewachs-Ester; *Konstit.:* Palmitinsäureester des Gemisches von Palmitin- und Stearinalkohol.

Waschextrakt N **Zschimmer & Schwarz, Chemnitz.**

Geb.-J.: 1923; *i/Kurs:* ja; *Konstit.:* Seife + Methylhexalin; *Äuß.:* dicke Flüssigkeit, gelb; *Reakt.:* schwach alkalisch; *Eigensch.:* Wasch- und Reinigungskraft; faserschonend; fett-, öl-, schmutzlösend; erzeugt schmiegsame, glanzvolle Ware; *Lö. Be.:* beständig gegen hartes Wasser; *Verw.:* in der Wäscherei und Vorwäsche; als Wasch- und Walkmittel, sowohl beim Entgerbern als auch bei der Walke im Schmutz; bei der Tuchfabrikation; zum Entfernen von Präparationen, Öl, Graphit oder Schmierflecken; *Mengen:* allgemein: 3—5 g/l; b. Entgerbern: 0,25—0,5 kg pro Stück (gut gelöst zusetzen, wenn der Gerber zu steigen beginnt; darauf walken mit Seife evtl. unter Zusatz von Soda bzw. Salmiakgeist und evtl. unter Mitverwendung von Waschextrakt N!); b. d. Walke im Schmutz: 0,75 kg pro Stück zur üblichen Walkflotte.

Waschextrakt O **Zschimmer & Schwarz, Chemnitz.**

Geb.-J.: 1923; *i/Kurs:* ja; *Konstit.:* Seife + (Spezial-) Lösungsmittel; *Äuß.:* dicke, gelbe Flüssigkeit; *Reakt.:* schwach alkalisch; *Lö. Be.:* mäßige Kalkbeständigkeit; *Verw.:* als Ersatz für Seife in Wäsche und Vorwäsche, besonders zum Entfernen hartnäckiger Präparationen, Öl-, Graphit- und Schmierflecken; auch in Verbindung mit Seife und Soda; *Mengen:* 3—5 g/l.

Waschöl **Chem. Fabr. Meerane, Meerane i. Sa.**

i/Kurs: ja; *Konstit.:* Ölsulfonat + Lösungsmittel; *Verw.:* beim Kaltnetzen.

Webewachs

Konstit.: Paraffin + Wachse + feste und flüssige Fettsäuren (Stearinsäure und Olein); *Verw.:* als Kettenglätte.

Webolin

Konstit.: Paraffin + Wachse + feste und flüssige Fettsäuren (Stearinsäure und Olein); *Verw.:* als Kettenglätte.

Weichmachmittel L **Zschimmer & Schwarz, Chemnitz.**

analog: den übrigen Weichmachmittel L-Marken; *Äuß.:* hellgelbe Paste; *Eigensch.:* gibt vollen, weichen Griff; *Lö. Be.:* gibt mit Wasser haltbare Emulsionen; *Verw.:* zum Weichmachen seidener, kunstseidener, baumwollener Strümpfe, Trikotagen usw.; zur Erzielung krachenden Seidengriffs in Verbindung mit Ameisensäure; *Mengen:* zum Weichmachen: 3 g/l (auf 10 kg Ware ca. 200 l Flotte; man kocht zunächst mit der 3 bis 4fachen Menge Wasser auf und gießt dann in Wasser von 30° C!); zur Erzielung krachenden Seidengriffs: man behandelt eine Viertelstunde in einem Griffbad, welches 2 ccm/l Wasser 85%ige Ameisensäure enthält (für besonders starken Seidengriff gibt man dem Weichmachungsbad noch 2—4 g/l Marseiller Seife zu!).

Weichmachungsmittel 1936 FB **Zschimmer & Schwarz, Chemnitz.**

Geb.-J.: 1936; *i/Kurs:* ja; *Konstit.:* sulfonierte Fettkörper + nichtsulfonierte Fettkörper; *Äuß.:* braune Paste; *Reakt.:* neutral; *Lö. Be.:* gibt mit kaltem Wasser sämige, homogene Emulsionen; mäßig kalkbeständig; *Verw.:* zur Avivage für sämtliche Kunstseidenarten in Strang und Stück, insbesondere für Azetatkunstseide und spinnmattierte Bembergkunstseide; *Mengen:* 0,3 bis 0,5 g/l.

Weißappret IV **Böhme Fettchemie, Chemnitz.**

Geb.-J.: 1936; *i/Kurs:* ja; *Konstit.:* Paraffinemulsion; *Äuß.:* weiße Paste; *Reakt.:* alkalisch; *Eigensch.:* verleiht allen Textilien Glanz, Fülle und Glätte; *Lö. Be.:* in kaltem Wasser emulgierbar; begrenzt beständig gegen Alkali, Säure und hartes Wasser; *Verw.:* als Appreturfett für Schlichte- und Appreturmassen; *Mengen:* 5—50 g/l; *H. Pat.*, *V. Pat.:* ja.

Weißappretur **A. Th. Böhme, Dresden-N. 6.**

i/Kurs: ja; *Konstit.:* verseifte Fettkörper; *Verw.:* in Schlichterei, Appretur und Avivage.

Weißappretur CFD **Zschimmer & Schwarz, Chemnitz.**

Eigensch.: kein Nachgilben; *Verw.:* als Zusatz zu Kartoffelmehl- und Stärkeappreturen (zwecks geschmeidiger Bindung).

Werdauer Elfenbeinschmälze **W. Schön Nachf., Werdau.**

Konstit.: Seife (3,6%) + Neutralfett (25,2%) + Wasser (65,7%); *Verw.:* als Schmelzmittel.

Westrol **Konsortium für elektrochem. Industrie.**

Konstit.: Seife + Fettlöser (Tetrachlorkohlenstoff und Azetylentetrachlorid).

Wollreserve CB **I. G. Farbenindustrie AG., Frankfurt a. M.**

Geb.-J.: 1925; *i/Kurs:* ja; *Konstit.:* hochmolekulare, organische Substanz; *Äuß.:* hellbeige Pulver; *Eigensch.:* nimmt Wolle und Seide die Aufnahmefähigkeit für bestimmte Wollfarbstoffe; *Verw.:* als Reservierungsmittel für Wolle und Seide; *Lit.:* Z. f. d. ges. Textilind. 1933 S. 418; Mschr. f. d. Textilind. 1934 S. 160.

Wollschlichtetabletten **J. Simon & Dürkheim, Offenbach a. M.**

i/Kurs.: ja; *Eigensch.:* erzeugen gleichmäßige, nicht schmierende Schlichten; *Lö. Be.:* leicht löslich in Wasser; *Verw.:* beim Schlichten; beim Walken.

Wollschmälzöl **Louis Blumer, Zwickau i. Sa.**

Konstit.: Seife (3,5%) + freie Ölsäure (0,5%) + Neutralfett (12,5%) + Wasser (80,8%); *Verw.:* als Schmelzmittel.

Womattyl N 150 **A. Th. Böhme, Dresden-N. 6.**

i/Kurs.: ja; *Verw.:* als Entglänzungsmittel für Wolle-Zellwolle-Mischmaterial; bei dunklen Tönen im Zweibadverfahren.

Womattyl 25 **A. Th. Böhme, Dresden-N. 6.**

i/Kurs.: ja; *Geb.-J.:* 1934; *Verw.:* als Entglänzungsmittel für Wolle-Zellwolle-Mischmaterial (Wollstra u. ä.); für hellere und mittlere Farbtöne als Nachbehandlung.

Zanit A **Thouet & Schüller, Aachen.**

Konstit.: Paraffin + Wachse + feste und flüssige Fettsäuren; *Verw.:* als Kettenglätte.

Zanit B **Thouet & Schüller, Aachen.**

Konstit.: Wachse + feste und flüssige Fettsäuren; *Verw.:* als Kettenglätte.

Zanit C **Thouet & Schüller, Aachen.**

Konstit.: Wachse + feste und flüssige Fettsäuren; *Verw.:* als Kettenglätte.

Zellomaltin (Zellomaltoin ?)

Konstit.: Diastasepräparat; *Verw.:* zur Verflüssigung der Stärke durch Abbau.

Zetesap TA **Zschimmer & Schwarz, Chemnitz.**

Geb.-J.: 1935; *i/Kurs.:* ja; *Konstit.:* Fettalkoholsulfonat + (Spezial)lösungsmittel; *Äuß.:* gelbe Paste; *Reakt.:* neutral; *Lö. Be.:* kalk-, alkali- und farbsäurebeständig; *Verw.:* als Färbe- und Bleichhilfsmittel, namentlich beim Färben bzw. Bleichen und Reinigen in einem Bade, besonders auch bei Kunstseiden-Wirkwaren.

Zetesap TB **Zschimmer & Schwarz, Chemnitz.**

Geb.-J.: 1935; *i/Kurs.:* ja; *Konstit.:* Fettalkoholsulfonat + (Spezial)lösungsmittel; *Äuß.:* dünnflüssige, gelbe Paste; *Reakt.:* neutral; *Lö. Be.:* kalk-, alkali- und farbsäurebeständig; *Verw.:* als Färbe- und Bleichhilfsmittel, namentlich beim Färben bzw. Bleichen und Reinigen in einem Bade, besonders auch bei Kunstseiden-Wirkwaren.

Zinnöl

Konstit.: Metallsulfoleat; *Verw.:* in der Druckerei; *Lit.:* Erban: Z. f. Farbenind. 1906 Heft 15/16.

Verzeichnis
der in diesem Buch aufgeführten Textilhilfsmittel.
die von den davor genannten Firmen hergestellt werden.

(Alphabetisch geordnet nach Firmen, und darunter alphabetisch nach Hilfsmitteln.)

Chemische Fabrik R. Baumheier, Kom.-Ges., Oschatz-Zschöllau, Sachsen.

Griffol C
Griffol FL
Imperialin B
Kunstseidenschlichte RB 36
Novazikon B
Novazikon spezial
Pentazikon T
Pentazikon TB II
Pentazikon TD
Pentazikon TJ
Pentazikon TS
Pentazikon X
Pergluton
Pergluton K2
Pergluton M/W
Pflanzensaftextrakt BH
Polyestrol
Prikolin
Prikolin W
Prikolin Z
Spulöl RB
Triol
Trocklin A
Trocklin S
Trocklin S 298
Tytrovon BA
Tytrovonöl N
Tytrovonöl MU
Tytrovonöl P
Universal-Walköl-hell
Walkextrakt „Excelsa“

Baur, Gaebel & Cie., Chemische Fabrik, Köln-Radertal.

Appreturöl I K
Athanol BB
Avivagemittel BG
Biancal
Buranil konz.
Canetol Elixierseife
Elixieröl DN 222
Elixieröl KM dopp. konz.
Elixieröl SB 925
Flermatine 04
Jokalin LL
Jokalin LN
Jokalin PL
Jokalin PS
Jokalin P5
Jokalin P 400
Jokalin SS
Jokalin Nr. 130
Lessopon AP
Lessopon RP
Mullopol
Netz Elixier Nr. 342
Perburanil
Viscoleum US

Chemische Fabrik Joh. A. Benckiser GmbH., Ludwigshafen a. Rh.

Calgon
Lugon

Chemische u. Blufajo-Klebstoff-Fabrik J. John Nchf., Dresden-A. 1.

Blufajo
Blufajo A
Blufajo KGB
Blufajo Neu I
Blufajo Ohnecon
Blufajo superfein
Blufajo U
Blufajo V
Teppich-Rückwand-Appretur

Louis Blumer, Chemische Fabrik, Zwickau.

Benzin-Isol
Blumol
Blumol 1698d
Filatoleum konz.
Filatoleum A
Glycidin
Iso-Seife
Iso-Seife flüssig
Iso-Seife A
Isodrucköl
Isol N
Isol S

Isolschmälze
Metapon
Netzol
Seidol
Soietine
Spulfett
Spulfett konz.
Schlicht- u. Appreturfett
Terpenisol
Terpin-Isol
Tetra-Isol
Thionöl
Thionseife
Thionseife MG
Vegta-Seife A
Wollschmälzöl

C. H. Böhringer Sohn AG., Chemische Fabrik, Nieder-Ingelheim a. Rh.

Aviviersäure
Curacit-Natron

A. Th. Böhme, Chemische Fabrik, Dresden-N. 6.

Acidol
Acidol O
Adurin in Pulver
Adurin G
Adurin M 35
Agressol
Albit
Appreturöl konz.
Appreturöl wasserhell
Appretur- und Schlichttalg
Appretur- u. Schlichttalg konz.
Atebin-Pulver
Atefix
Atefix K
Atefix 208
Atesan
Avivieröl
Avivieröl conc.
Avivieröl conc., emulgierbar
Avivieröl, wasserlöslich
Cerafil J 30
Cerafil P 40
Cerafil P 60
Cerat
Cerat W
Delinol
Dichtfest
Diffusil
Diffusil B
Diffusil B extra
Diffusil C
Diffusil LL
Diffusil N
Diffusil P
Diffusil S
Diffusil T
Durin V
Effektol
Effektol C
Effektol S
Effektol SP
Effektol SS
Effektol WU
Effektol WU extra
Egalin
Emulgator C
Emulsit O
Eupurol V
Eupurol W
Geneucol
Geneucol konz.
Geneucol M
Geneucol MM
Gravitan
Griff-Appret
Inferol DF
Inferol M
Inferol M extra
Inferol M spezial
Inferol MO
Inferol NF
Inferol NFK
Inferol O 15
Inferol 50
Inferol 229 B
Inferol 229 BNS
Inferol 229 G
Inferol 229 W
Inferol 236
Naphtholöl T extra
Paraöl
Paraöl d. c.
Pluvion AP
Pluvion I
Sapidan
Sapidan spezial
Sapidan C
Sapidan CAN
Sapidan K Pulver
Sapidan L
Sapidan LN
Sapidan LN konz.
Sapidan LS
Sapidan N
Sapidan T Pulver
Sapidan W
Solpon F
Solpon Kd
Solpon W
Solventol
Solventol konz.
Solventol HS
Solventol S
Solventol SC
Solventol SW extra
Solventol SWT
Solventol W
Spirazol EM
Spirazol S
Spulöl ATB
Spulöl M
Spulöl M spez.
Talfurol M
Talfurol P 50
Textilol KS
Textilol KS doppelt konz.
Transferin
Transferin AF
Transferin J
Transferin J (spezial)
Transferin N
Transferin O
Transferin O 36
Transferin W
Universat spez.
Universat C
Universat S
Universat S d. c.
Universat SW
Visco-Mattyl N 150
Visco-Mattyl N 160
Visco-Mattyl T
Visco-Mattyl 33
Visco-Mattyl 65
Visco-Schlichte KS

Viscosil
Viscosil spezial
Viscosil spezial Paste
Viscosil A
Viscosil E 120
Viscosil ES
Viscosil FA
Viscosil FA konz.
Viscosil G
Viscosil S
Viscosil S konz.
Viscosil S doppelt konz.
Viscosil S extra
Viscosil SE 48
Viscosil SP
Viscosil ST spez.
Viscosil ST 80
Viscosil WZ
Viscosil 65 extra
Weißappretur
Womattyl N 150
Womattyl 25

Böhme Fettchemie-Gesellschaft m. b. H. (früher: Abt. „Chem. Fabrik" der H. Th. Böhme AG.), Chemnitz.

Acorit
Appret-Avirol E
Appretur PE
Arosin 841
Avirol AH
Avirol AH extra
Avirol DS extra
Avirol KM
Avirol KM dopp. konz.
Avirol KM extra
Avirol KM konz.
Avirol SW 20
Avirol SW 30
Bensodin R 1006
Brillant-Avirol
Brillant-Avirol AD
Brillant-Avirol L 142
Brillant-Avirol L 142 konz.
Brillant-Avirol L 144
Brillant-Avirol L 168
Brillant-Avirol L 168 konz.
Brillant-Avirol L 168 dopp. konz.
Brillant-Avirol SM 100
Brillant-Avivage T 149 konz.
Estamit 302
Eukarnit
Flexin MR
Fliol konz.
Floranit
Floranit HF
Floranit HF 22—28
Floranit HF 28—36
Floranit M
Florinat VP hochkonz.
Gardinol
Gardinol CA
Gardinol J
Gardinol KD
Gardinol OTS
Gardinol WA konz.
Gardinol WA hochkonz.
Herial B
Homogenit B
Homogenit W
Hystabol D
Hystabol F
Kunstseidenschlichte
Kunstseidenschlichte S konz.
Lanaclarin LM
Lanaclarin LP
Lanaclarin LT
Lanaclarin MK
Lanaclarin RE
Lanadin
Lanadin extra
Lanadin LAN
Lanadin P
Lanadin W konz.
Lanapol
Lanapol extra
Lanapolseife TE
Lorinol E Paste
Modinal 64 S dopp. konz.
Novocarnit dopp. konz.
Oleocarnit
Olinor C
Ondal
Ondal extra konz.
Ondal W 20
Oxycarnit
Oxycarnit L 50
Oxyvol L 50
Oxyvol RK
Perlano
Praedigen T
Propylat K 10
Radium-Mattine
Radium-Mattine Entwickl. KM
Radium-Mattine T 53
Salen B
Silkonit
Siwoll
Stenolat CGA
Stenolat CGK
Stenolat - Schmälze W 60
Stenolat-Spinnfett 7
Stenolat V
Tetracarnit
Weißappret IV

Burnus Aktiengesellschaft, Darmstadt, Vertriebs-Gesellschaft der Röhm & Haas AG., Darmstadt.

Burnus
Burnus Neutral
Enzymolin
Kalk-Ex
Olifan W
Telesil trocken
Telesil 100

Byk-Guldenwerke, Chemische Fabrik, Aktiengesellschaft, Berlin NW 40.

Textilomalt

Deutsche Hydrierwerke AG., Berlin-Charlottenburg.

Betan
Betan N 50
Betan N 80
Betan R 100
Cyclonol
Dekalin
Heptalin
Hexalin
Hydralin
Idrapidspalter 100%ig
Idrapidspaltpulver 50%ig
Lanettewachs
Lanettewachs-Ester
Lanettewachs extra
Lanettewachs SX
Lanettewachs U
Lorol
Majamin
Majaminkalium
Majammonium
Methylhexalin
Ocenol
Ocenolsulfonat
Physetol
Rilanit
Rilanwachs
Tetralin
Texapon Paste
Texapon Pulver
Texaponöl
Walrat synth. raff.

Diamalt AG., München, Friedrichstr. 18.

Alfagum
Appreturmittel SB
Avimalt
Avimalt R
Diagum
Diamidon
Diappret
Diappret S
Diastafor
Diastafor doppelt konz.
Diastafor extra stark
Digoral
Fermasol DB konz.
Flexabon
Kromocon
Lysamil
Neo-Walkose
Novofermasol
Novofermasol A
Novofermasol AS
Novofermasol B
Novofermasol S
Risopret
Spezial-Diastase
Subitol
Tragu
Walkose

Dr. G. Eberle & Cie., Chemische Fabrik, Stuttgart.

Avivieröl H 94
Chromalin D in Pulver
Ebrolin 2122
Ebrolin 2730
Ebrolin 3204
Öl 3013
Schlichtfett extra
Universal-Seifen-Öl

Fahlberg, List & Cie.

Mianin

Flesch-Werke, Aktiengesellschaft für Gerbstoff-Fabrikation und chemische Produkte, Frankfurt a. M. (früher: Farb- und Gerbstoffwerke Carl Flesch jr., Frankfurt a. M.) (ein Fabrikationsbetrieb befindet sich in Oberlahnstein a. Rh.).

Adulcinol LL
Adulcinol 7
Adulcinol 7 S
Appret-Flerhenol
Biancal
Carbo-Flerhenol
Eufullon extra
Eufullon H
Eufullon W
Flerhenol BT
Flerhenol BT Spezial
Flerhenol M
Flerhenol M Superior
Flerhenol M Superior Spezial
Flerhenol P
Flerhenol PF
Flerhenol S
Flerhenol 251
Mercerisier-Flerhenol
Neo-Flerhenol
Pellastol EN Paste
Pellastol EN Pulver
Pellastol SS
Visco-Flerhenol

Th. Goldschmidt AG., Essen.

Emulgator 157
Protegin
Tegacid
Tegin
Tego

Gronewald & Stommel.

Marienhöher Saponin

Chem. Fabr. Grünau, Landshoff & Meyer AG., Berlin-Grünau.

Adosal
Aperlan
Appreturstärke Grünau
Arbylöl A
Arbylöl 50%
Arbylöl 95%
Beuchöl Grünau
Clarol Grünau
Cupalit
Egalisal
Gumappret
Kunstseidenschlichte Grünau
Lamephan
Lamepon A
Metasal K
Nutrilan

Gebr. Haake, Chemische Fabrik, Medingen, Post Hermsdorf b. Dresden.

Haake-Stärke

Hansa-Werke, Hemelingen.

Avivageöl 164 O
Duron
Duron-Emulsion 63
Duronschmälze
Nilin

Hennes, Gummersbach.

Spinnöl „Saponifikat“

Chemische Fabrik von Heyden, Aktiengesellschaft, Radebeul-Dresden.

Chloramin

A. Holtmann & Co., Chem. Fabrik für Spezialartikel der Druckerei, Berlin NO 43.

Amollin H
Amollin V
Drosogen
Grecit
Percolloid B
Percolloid KG
Percolloid O
Printogen N
Printogen W
Supercolloid H
Supercolloid P

I. G. Farbenindustrie AG., Frankfurt a. M. mit ihren, für die Herstellung der in diesem Buche aufgeführten Textilhilfsmittel in Frage kommenden Werken:

Werk Mainkur, Frankfurt a. M.-Fechenheim.
Werk Gersthofen, Augsburg 2.
Farbenfabrik Wolfen (Kr. Bitterfeld).
Werk Frankfurt a. M.-Höchst.
Werk Bitterfeld (Lieferwerk Nord).
Kalle & Co., AG., Wiesbaden-Biebrich.
Werk Leverkusen a. Rh.
Werk Ludwigshafen a. Rh.

Acetin N
Akaustan N
Amylose AN
Amylose D
Amylose N
Appretan A
Appretan B
Appretan SF
Appretan WL
Asordin
Auxanin B
Azolon FLA
Azolon FLM
Biolase N extra i/Pulv.
Blankit
Blankit I
Burmol
Cellapret Teig
Cellapret trocken
Celloxan
Colloresin DK
Cyclanon L
Cyclanon LA
Cyclanon LA konz. Paste
Cyclanon O
Cyclanon OA
Cyclanon OA konz. Paste

Decrolin
Decrolin AZA
Decrolin lösl. konz. pat.
Dekol
Diazopon A
Dioxan
Dullit
Dullit W
Edolan A
Emulphor A extra
Emulphor A öllöslich
Emulphor EL
Emulphor FM öllöslich
Emulphor O
Emulphor OL Lösung
Eulan BL
Eulan neu
Eulan NK
Eulan NKF extra
Eulan W extra
Eulysin A
Eulysin AS
Eunaphtol AS
Eunaphtol K
Feltron C
Fibrit D
Fixapret B
Glyezin A
Glyezin WD
Humectol CX
Hydrosulfit konz. Pulv.
Igepal C
Igepal F
Igepal L
Igepal W
Igepon A
Igepon AP
Igepon AP extra
Igepon T
Igepon T Pulver
IG-Wachs BJ gebl.
IG-Wachs BJ ungebl.
IG-Wachs E
IG-Wachs EG
IG-Wachs L
IG-Wachs N neu
IG-Wachs O
IG-Wachs OP
IG-Wachs S
IG-Wachs V
Katanol LF
Katanol O
Katanol ON
Katanol SL
Katanol SL konz.
Katanol W
Katanol WL
Laventin BL
Laventin HW
Laventin KB
Lenocal AL flüssig
Lenocal flüssig
Leonil LE
Leonil O i/Lös.
Leonil S
Leonil SB
Leonil SB extra
Leonil SBS Teig hochkonz.
Leophen B
Leophen B hochkonz.
Leophen B hochkonz. Typ 1155c
Leophen B Typ 1155c
Leophen KN
Leophen M
Leukotrop O
Leukotrop W konz.
Lizarol D konz.
Ludigol
Medialan A
Medialan A Plv.
Medialan AL
Nekal A trocken
Nekal AEM
Nekal BX extra
Nekal BX trocken
Nuva B
Opalogen A
Ortoxin A
Ortoxin K (Pulver)
Ortoxin K Teig
Palatinechtsalz O i/Lsg.
Paradurol
Pelzwaschmittel LM
Pelzwaschmittel TA
Pelzwaschmittel TAV
Peregal O
Peregal O konz.
Peregal OK
Peregal OK hochkonz.
Protectol-Agfa I
Protectol farblos fest konz.
Protectol I Pulver doppelt
Protectol II N
Protectol II Pulver doppelt
Ramasit I
Ramasit K konz.
Ramasit KS konz.
Ramasit KW konz.
Ramasit WD konz.
Rapidase
Reservol B
Rongalit C
Rongalit CL
Rongalit CL extra
Rongalit CW
Serikose L
Serikose LC extra
Serikosol N
Setamol K
Setamol WS
Solidogen B
Solidogen BSE
Solutionssalz B
Solutionssalz B neu
Soromin A
Soromin AF Paste
Soromin DM
Soromin F
Soromin N Plv.
Soromin S
Soromin SG
Soromin WF
Schutzstoff L
Triäthanolamin techn.
Trilon A
Tylose TWA 25
Tylose TWA 100
Tylose TWA 600
Tylose TWS 25
Tylose TWS 100
Tylose 4 S Flocken
Tylose 4 SM
Tylose 4 SW
Vegansalz A
Vinarol BO konz.
Vinarol supra
Viveral E
Viveral E extra S
Viveral E konz.
Viveral E konz. S
Wollreserve CB

Kavon-Werke bzw. Lingner-Werke Vertriebs-G. m. b. H., Dresden.

Kavonseife

Konsortium für elektrochem. Industrie.

Westrol

Leico G. m. b. H., Frankfurt a. M.

Leico-Gummi

Spezialfabrik für Textilöle Mainzer & Co., Mannheim-Neckarau.

Dogmalin
Raxol
Roxalin
Roxalit

Chemische Fabrik Meerane m. b. H., Meerane i. Sa. (Zweigfabrik: Lugau i. Sa.).

Beuchöl
Beuchöl EM
Cristallose-Universal-Appretur
Imprägnier-Appretur
Merapon
Olivenöl-Avivage
Sapomeran A
Sapomeran FL
Sapomeran ST
Tetra-Meranol-Öl
Waschöl

Müller & Kalkow, Magdeburg.

Savonade
Texapon

Münzing & Comp., Chemische Fabrik, Heilbronn a. N.

Antigum
Devetol W
Devetol W konz.
Leukonöl
M.C.-Seife
Visco-Leukonil C
Visco-Leukonil „emulgierend“

Nitritfabrik, Cöpenick.

Diformin

Ölraffinerie Neuß.

Aixolein konz.

Oranienburger Chemische Fabrik, Aktiengesellschaft, Werk: Oranienburg; Büro: Charlottenburg 2.

Amercit
Amercit M
Amercit M extra
Amercit P
Amercit PN
Autosol
Coloran B 7
Coloran K
Coloran L
Coloran NZ
Coloran O extra
Coloran S
Cykloran E
Cykloran FC
Cykloran M
Cykloran O
Emulgator BE
Emulgator BE Pulver
Emulgator BEN
Hexapol
Hexasol
Hexoran
Mattoran F
Melioran B 9
Melioran CY
Melioran CY konz.
Melioran D 12
Melioran D 12 spezial
Melioran F 6
Melioran F 10
Melioran KD
Oranienburger Emulgator Nr. 300
Oranit Pulver
Oranit B
Oranit BN
Oranit BN konz.
Oranit C
Oranit C konz.
Oranit FW
Oranit FWN
Oranit FWN konz.
Oranit KS
Oranit KSN
Oranit KSN konz.
Oranit K 3
Orapret FK
Orapret FKN
Orapret M
Orapret SL
Orapret SL konz.
Orapret SLB
Orapret SLO
Orapret SW 100
Orapret Tiefmatt
Orapret WSL
Orapret WTN

Penterpol
Perpentol B
Perpentol BE
Perpentol BNT
Perpentol BT
Perpentol E
Perpentol H
Perpentol HN
Perpentol Pulver
Perpentol S
Perpentol SN
Perpentol Spezial
Setoran FN
Setoran Spezial
Setoran WN
Sojol
Trioran B
Trioran E
Trioran W extra

Gebr. Patermann, Biomalz-Fabrik, Teltow.

Maltostase

Chemische Fabrik Pfersee, G. m. b. H., Augsburg 8 (früher: R. Bernheim, Augsburg-Pfersee).

Adhäsin D
Appret J
Avivan O
Avivan OT
Guminat BL
Guminat ST
Guminat W
Hydrosan
Imprägnol M
Imprägnol SE
Kunstseidenschlichte PF
Oleonat AB
Oleonat C
Oleonat D
Oleonat EW
Rabic
Rabic G
Rabic J
Rabic L
Rabic Q
Roselinextrakt
Terhyd C
Terhyd CB
Terhyd EH
Terhyd MA
Terpuril A
Terpuril P
Terpuril TFE
Terpuril TFO
Textal AN
Textal K
Textal P
Textal T
Textal WR
Volumin T
Volumin TO

Chemische Fabrik Pott & Co., G. m. b. H., Pirna-Copitz.

Alipsol
Amerpin
Amerpin-S
Citomerpin
Cottomerpin-34
Demerpin
Depoissine
Emulgator R
Emulgator T
Fettlöser-GB
Filanol
Filanol-M
Hydraphtal
Hydraphtal I
Hydraphtal-GB-extra
Hydraphtal-GF
Hydraphtalseife
Isomerpin
Kaliseife
Lanamerpin-extra
Lanamerpin-LA
Merpinol-100 A flüssig
Merpinol-100 B flüssig
Neomerpin
Neomerpin-N
Pinol-K
Poco-extra
Poco-F
Pocoform
Posavon
Spulöl Poco
Sulfonade
Sulfonade-HB
Sulfonade-N

Chemische Fabrik Pyrgos G. m. b. H., Radebeul-Dresden.

Aktivin
Aktivin S
Aktivin spezial
Amicrol
Appretose
Candit V Tg.
Hypak
Peraktivin
Pyrgoflex

J. D. Riedel-E. de Haen AG., Berlin-Britz.

Ammoniumlinoleat
Ammoniumlinoleat-Paste „N“
Eupolin
Kollodor
Türkischrotöl

Röhm & Haas, Aktiengesellschaft, Chemische Fabrik, Darmstadt.

Darmstädter Flocken-Hautleim
Degomma BS
Degomma D
Degomma DE
Degomma DG
Degomma DH
Degomma DL
Degomma DLN
Degomma HF
Degomma S
Immofil
Immofil ZW
Lipon D
Lipon L
Oldym
Oropon
Paraffion dopp. konz.
Plexileim
Plextol
Silkovan A spez.
Silkovan K
Silkovan K Pulver
Silkovan S spezial
Titon SF

Chemische Fabrik Theod. Rotta, Zwickau i. Sa.

Alka-Paralin Z
Fixan K
Gravidol FL
Gravidol FLK
Gravidol MA
Gravidol P
Gravidol P neutral
Gravidol WZ
Melanol W
Melanol WK
Melanolpaste WV
Mollan A
Mollan FL
Mollan GS
Mollan P
Paralin E konz.
Paralin ES extra
Paralin ES konz.
Paralin ES spezial
Paralin NN
Preska 110
Preska 170 G
Preska 180 M
Preska 220 A
Pyran FG
Pyran W
Pyran WN
Queron W

Felix Sager & Dr. Gossler G. m. b. H., Heidelberg.

Drucköl LT
Drucköl RT
Drucköl ST
Kollamin
Neocarmin B
Neocarmin W
Sagolit B
Sagolit W
Stabilisator SG

J. Simon & Dürkheim, Chemische u. Seifenfabrik, Offenbach a. M.

Appretin
Appreturfett „Esdeform"
Appreturöl
Appreturpulver „Esdeform"
Appreturtalg
Beuchöl „Esdeform"
Cocosölseife
Consistentes Schlichteöl
Emulgin
Encollin
Erdnußölemulsion 100%ig
(Olivenölemulsion 100%ig)
Esdeform A
Esdeform T
Esdeform-Seifen-Extrakt
Esdeformkernseife
Esdeformseifenpulver
Esdogen B
Esdogen B „hochsäurebeständig"
Gloy III
Glutinose
Impregnator
Kettenglätte
Listoform-Seifen-Extrakt
Olivenölavivage
Olivenölkaliseife 40%ig
Paraffinemulsion
Paraffinemulsion 100%ig
Paraffinemulsion EMP 100%ig
Pflanzenleim
Puropolöl „A"
Puropolöl amg
Puropolöl EM
Puropolöl EMK
Puropolöl EMP
Puropolöl „NB"
Puropolöl NB „amg"
Puropolöl S
Puropolseife
Rayonit
Sidurolkaliseife T
Sidurolpflanzengummi
Softening
Softenol
Solutol „P"
Spinnfett „S & D"
Schlichteöl
Schlichtetalg
Schmelz-Extrakt
Universol A
Universol T
Walköl 80%ig
Wollschlichtetabletten

Sudfeldt & Co., Melle b. Hannover, Zweigniederlassung: Berlin W 35.

Alrunol B
Emulgator G
Kontakt-Spalter
Kontakt-Spalter T
Kunstseidenöl
Salsulfon Base W

Salsulfon FD
Salsulfon FH
Salsulfon KS
Salsulfon LL
Skomellon
Skorayon
Skowettil
Skowettil 10
Twitchells Doppelreaktiv
Twitchell-Spalter

F. C. Wilhelm Schmidt jr., Magdeburg-Sudenburg.

Patentol-Extrakt

Dr. A. Schmitz, Düsseldorf-Oberkassel.

Beuchöl T 2
Cleanol
Detachol
Diaminöl
Egalin BF
Egalin W
Entbastungsöl
Indulan PE
Meline
Meline K
Monopolöl
Monopolöl I extra
Neberon B
Neberon BA
Neberon BF
Neberon M 40
Neberon S
Neberon W
Nebrol B
Nebrol BA
Nebrol BF
Nebrol W
Nerolan
Nettolavol
Nettolavol C
Patentappreturöl IW
Pulitol
Universalbrillantöl SO 30
Universalöl
Universalöl BP 200
Universalöl E
Universalöl FD
Universalöl GKW
Universalöl-„Monosolvol“
Villol

W. Schön Nachf., Werdau.

Werdauer Elfenbeinschmälze

Joh. Wilh. Schürmann, Wuppertal-Barmen.

Schiropol A
Vismatt

W. Städting Nachf., Leipzig-Lindenau.

Prima Wollschmälze K
Prima Wollschmälze M
Schmälzöl FF
Schmälzöl SS

V. Sternberg, Hamburg.

Lavado F
Noval B

Chemische Fabrik Stockhausen, Kommanditgesellschaft, Velten (Mark) (früher: Chem. Fabr. Stockhausen & Cie., Buch & Landauer AG., Berlin SO 16, Melchiorstr. 4).

Benzapon
Buchol
Buchol 124
Buchol 124 E
Diamantseife
Gumbenzapon
Kalischnitzelseife
Pertürkol
Saponin K
Spulöl „Colloidöl St“
Tetracarnit
Türkischrotöl CO
Türkon-Avivageöl P
Türkonöl
Türkonöl A
Türkonöl N
Türkonöl S
Türkonöl 2

Chemische Fabrik Stockhausen & Cie., Krefeld.

Appreturöl W
Cekit
Chlorexit
Chlorexit OP
Diamantseife
Este-Emulsion WK

Este-Mattierung EK
Este-Mattierung P
Este-Mattierung V
Este-Öl für Schwefelschwarz
Flüssige Industrieseife B
Glyzerin-Ersatz-Stoko
Intrasol
Kuspifan A
Kuspifan AB
Kuspifan C
Kuspifan CB
Kuspifan CW
Monopolavivageöl
Monopolbrillantöl
Monopolbrillantöl konz.
Monopolbrillantöl DX
Monopolbrillantöl DX konz.
Monopolbrillantöl F
Monopolbrillantöl G
Monopolbrillantöl NFE
Monopolbrillantöl NFE konz.
Monopolbrillantöl SO 100%ig hü
Monopolbrillantöl SO fest
Monopoldrucköl M
Monopolseife
Monopolspinnöl
Neopol
Neopol T
Neopol T extra
Neopol T Pulver
Neopol T Pulver konz.
Neopol T extra Pulver
Neopol TB
Novoneopol
Perintrol
Prälanol
Präparol
Prästabitöl CH
Prästabitöl G
Prästabitöl GA
Prästabitöl K spez.
Prästabitöl KG
Prästabitöl KN
Prästabitöl NR
Prästabitöl S
Prästabitöl TL
Prästabitöl V
Prästabitöl VA
Prästabitöl Z
Prästabitöl ZA
Prästabitöl ZN
Prästapol
Prästapol BF
Prästapol TP
Ricinusölsaures Natrium
Sebosan F
Sebosan GM
Sebosan K
Sebosan K pulv.
Sebosan W
Softening
Solopol PW
Spezial-Industrieseife B
Spezialseife C
Sultafonöl
Stoko-Emulgator O
Stoko-Emulgator O neu
Stoko-Emulgator Z
Stoko-Glyzerin
Stoko-Imprägnierung G 2
Stoko-Paste SS
Stoko-Präparation G
Stoko-Präparation R
Stoko-Präparation S
Stoko-Schlichte SO
Stoko-Tablette
Stoko-Tablette N
Stokotal FSB
Tallofin
Tallofin AR
Tallofin BW
Tallofin C
Tallofin JW
Tallofin N extra
Tallosan CH
Tallosan BWK
Tallosan K
Tallosan L
Tallosan LT
Tallosan S
Tallosan St
Tallosan 34
Terpinopol
Terpinopol BT
Terpinopol K
Terpinopol N extra
Tetralix
Tetralix spez.
Tetralix T
Tetrapol
Tetrapol konz.
Tetrol BF
Tetrol F
Verapol
Verapol konz.
Verapol N extra
Verapolbenzinseife extra
Verapolbenzinseife fest
Verapolbenzinseife W
Verapolseife
Walkopol

Thouet & Schüller, Zanitwerk, Aachen (Rhld.).

Zanit A
Zanit B
Zanit C

Vereinigte chemische Werke AG., Berlin-Charlottenburg.

Pfeilring-Spalter

Hugo Weipert, Aachen.

Dissol

Max Wunderlich, Glauchau i. Sa.

Färböl KM
Netzöl Brillant MW
Sulfanol W

Zschimmer & Schwarz, Chemische Fabriken, Chemnitz (Werk: Chemische Fabrik Dölau, Greiz-Dölau).

Algatine
Aluminiumtriformiat
Anthydrin
Anthydrin PL
Beuchöl K
Beuchöl P
Beuchöl PL
Beuchöl PO
Beuchseife N
Bleichavivage ZS
Boilit
Caragheenextrakt
Carbolan
Cefadol V
Cellana Schmelze ST
Cellana Schmelze WZ
C.F.D. 1931 N
C.F.D. 1931 S
Contrapon L 50
Desilpon A
Desilpon VK
Desilpon VK konz.
Dölauer Benzinseife fest
Dölauer Benzinseife flüssig
Durchspulöl Spezial
Durchspulöl SWN
Emulgator A 134
Entschlichter ZS
Glydol
Gumagon
Imprägnierseife CFD
Imprägnierung CFD (Fixierlösung CFD)
Kaseito
Kunstseidenavivage ZS
Kunstseidenschlichte ZS
Kupferoxydammoniak (Kuoxan)
Lamol ACG
Lertisan
Leukofix
Mattierung A 85
Meconin
Neogon GL
Neosetavin
Netzpaste ZS
Newalol
Newalol AK
Newalol O
Newalol TT
Olivenöl-Avivage
Omnipon M
Optan extra
Paravon
Peptapon
Perstabil
Pimethyl
Produkt CFD 1931 Pulver
Purton-Stärke
Purton, Wasch- und Bleichpulver
Pyrex A
Pyrex extra
Pyridol O
Pyridol PT
Reißöl CFD
Sebumol extra
Setaform-Benzinseife fest
Setaform-Benzinseife flüssig
Setaform-Detachiermittel N
Setaform-Detachiermittel T
Setavin ON
Setavinpaste DS
Spezialmattierung GL
Spinnfett BB konz.
Spinnschmelze CFD
Sulfetal P
Sulfetal W
Sulfetal W konz.
Supralan A 132
Supralan extra
Supralan H
Supralan LA
Supralan S 131
Supralan T
Supralan TS
Supralan W 280
Supralan-Seife
Supramattan
Supramolstärke
Talvon JW
Talvon SE
Talvon T
Talvon 100
Tetraseife
Tetraseife P
Tetraseife WW
Tetraseife WW Supra
Tetrilsapon W
Trikolin
Triumph-Avivage K.S.P.
Triumph-Avivage OS 99
Triumph-Avivage SW
Triumph-Avivage V
Triumph-Öl
Triumph-Öl-Spezial
Triumph-Öl-Spezial L
Triumph-Öl-Spezial M
Triumphöl Supra Z
Triumph-Seife
Walk-Kernseife CFD
Waschextrakt N
Waschextrakt O
Weichmachmittel L
Weichmachungsmittel 1936 FB
Weißappretur CFD
Zetesap TA
Zetesap TB

Verzeichnis der Textilhilfsmittel unbekannten Herstellers.

(Alphabetisch geordnet.)

Aducissol
Algosol
Alsatine
Antibenzinpyrin
Apparatine
Backros liquefier
Benzapol
Benzinosol
Brimal
Cardosal
Chloröl
Comedol

Diaphanöl
Diastase L
Diastol
Dinaton
Duferol
Efinol M
Epifosol
Eukesolappretur
Fadenfest
Falxan
Filzit
Gabalit
Glicorzo
Keranit
Ketterol
Kristallappretur
Maizena
Maltine
Maltoferment
Maltose
Mondamin
Monoxanthol
Multomalt
Okoton
Oktaton
Oleol
Oleolith
Orzil
Owokettenglätte
Ozonstärke
Paranantholin
Paraneon
Parasanol
Perkosal
Pflanzengummi
Poliokolle
Polygen
Polyval
Prosapol
Protamol
Purpurol
Quellin
Resolin NCP
Richterol
Sapoleine
Sipalon MOB
Solvenol
Solvin
Syrop de malt
Terpin
Terpipetrol
Thiolfest
Türkischrotöl D
Universalleim
Unisol
Unomalt
Usol
Vitranol
Walkit
Webewachs
Webolin
Zellomaltin
(Zellomaltoin ?)
Zinnöl

GPSR Compliance

The European Union's (EU) General Product Safety Regulation (GPSR) is a set of rules that requires consumer products to be safe and our obligations to ensure this.

If you have any concerns about our products, you can contact us on ProductSafety@springernature.com

In case Publisher is established outside the EU, the EU authorized representative is:

Springer Nature Customer Service Center GmbH
Europaplatz 3
69115 Heidelberg, Germany

Batch number: 10682439

Printed by Printforce, the Netherlands